国家科学技术学术著作出版基金资助出版

颗粒粒度测量技术及应用

第二版

蔡小舒 苏明旭 沈建琪 等著

化学工业出版社

·北京·

内容简介

本书是作者所在团队多年来科研成果的总结，反映和代表了我国目前颗粒粒度测量技术的水平。图书分为四部分。第一部分介绍了颗粒粒度的基本知识；第二部分系统介绍了光散射理论、超声散射理论和图像处理理论等，以及基于上述理论发展的各种颗粒测量技术，其粒度测量范围覆盖了在科学研究及各领域和行业应用涉及的从纳米到毫米粒度范围；第三部分介绍了颗粒粒度测量仪器和应用，并引入其它颗粒测量技术作为补充；第四部分为作者多年来收集的大量物质的折射率和其它物性参数，以及国际和国内有关颗粒测量的标准等资料。

本书适合从事颗粒科学研究与应用的科研人员和工程技术人员参考，也可作为高等学校相关学科教师和研究生的教材或参考书。

图书在版编目（CIP）数据

颗粒粒度测量技术及应用/蔡小舒等著. —2版. —北京：
化学工业出版社，2022.11（2023.8 重印）
  ISBN 978-7-122-42009-1

  Ⅰ.①颗… Ⅱ.①蔡… Ⅲ.①光散射-应用-颗粒-粒度-
测量 Ⅳ.①TQ577.7②TB44

  中国版本图书馆 CIP 数据核字（2022）第 148331 号

责任编辑：李晓红
文字编辑：陈　雨
责任校对：李　爽
装帧设计：刘丽华

出版发行：化学工业出版社
　　　　　（北京市东城区青年湖南街 13 号　邮政编码 100011）
印　　装：北京虎彩文化传播有限公司
710mm×1000mm　1/16　印张 30½　字数 597 千字
2023 年 8 月北京第 2 版第 2 次印刷

购书咨询：010-64518888
售后服务：010-64518899
网　　址：http://www.cip.com.cn
凡购买本书，如有缺损质量问题，本社销售中心负责调换。

定　　价：198.00 元

自 2010 年化学工 业出版社出版《颗粒粒度测量技术及应用》一书迄今已有 12 年了。该书是作者从 20 世纪 80 年代到 2010 年二十多年在颗粒测量理论、方法、技术和应用研究的总结，反映了我国和国际上当时颗粒测量的技术水平。该书不仅成为从事颗粒测量技术研究和仪器开发的研究人员和工程技术人员的最主要参考书，也是众多涉及到颗粒制备与应用的科技人员的重要参考书。

该书出版以后的 12 年间，颗粒测量方法、技术和仪器有了很大发展，出现了不少新的技术和仪器，颗粒粒度涉及的面也越来越广泛。十多年前，沙尘暴曾经是环境颗粒领域被关注的重点，但 $PM_{2.5}$ 并不为人所知。近十年，大气环境污染雾霾使得 $PM_{2.5}$ 成为家喻户晓的名词，新型冠状病毒的传播更使气溶胶这样的专业词汇得到普及。纳米颗粒、生物颗粒、微泡、药物颗粒、能源颗粒等新的颗粒应用以及越来越广泛的在线测试需求促进了颗粒测试技术的快速发展。除颗粒粒度外，颗粒的形貌也成为颗粒表征的重要参数。另一方面，这十多年来，远心镜头、液体变焦镜头、各种新型激光光源和发光二极管（LED）光源等光电子技术和计算机技术等硬件技术的发展，以及金属氧化物半导体器件（CMOS）技术的发展推动了各种数字相机技术的飞速发展。大数据分析、人工智能算法等手段被引入测量数据的处理中。众多领域对颗粒测试的需求、软硬件技术的发展等诸多因素，催生了许多新的颗粒测量方法和技术手段。例如，图像测量方法不再局限于对微米级以上颗粒的成像，也应用于纳米颗粒的粒度测试，将图像测量方法与光散射等其它方法融合，形成了多种在线颗粒测量新方法。

显然，12 年前撰写出版的《颗粒粒度测量技术及应用》一书已不能反映颗粒测量技术的发展，也无法满足读者的需要。在化学工业出版社的支持下和国家科学技术学术著作出版基金的资助下，作者在第一版的基础上，补充了作者团队最近 12 年来在光散射理论及测量、超声理论及测量、图像法测量、纳米颗粒测量、多方法融合测量、在线测量等技术及应用的研究成果。同时对第一版的部分章节结构作了调整，将原书第 7 章的"纳米颗粒的测量"内有关动态光散射原理的纳米颗粒测量内容并入第 5 章"动态光散射法纳米颗粒测量技术"，有关超声纳米颗粒测量的内容并入第 6 章"超声法颗粒测量技术"，第 7 章改成了"图像法颗粒粒度测量技术"，第 10 章是前面各章介绍的颗粒测量方法在实际中的一些应用实例。同时补充并更新了国际标准和国家标准的目录等内容，以使本书尽可能反映颗粒测量技术的发展现状，还改正了第一版的个别错误。再版后该书不仅可以成为从事颗粒相关研究和应用的研究人员和工程技术人员的主要参考书，也可以作为相关专业研究生的教学参考书。

第二版各章节的撰写和修订者分别是：第 1 章蔡小舒，第 2 章和第 3 章沈建琪、于海涛和浙江大学吴学成、吴迎春，第 4 章蔡小舒和沈建琪，第 5 章蔡小舒，第 6

前·言

章苏明旭，第 7 章周骜，第 8 章沈建琪、苏明旭和于海涛，第 9 章蔡小舒，第 10 章分别是蔡小舒、周骜、苏明旭、沈建琪、于海涛、吴迎春等。全书最后由蔡小舒汇总定稿。

研究所许多老师、博士生和硕士生的工作对本书的撰写做出了很大贡献，在木书最后的统稿、资料整理以及图表制作和附录资料整理等方面得到了许多研究生的帮助，书中有关资料的获取得到了有关单位的大力支持。在此一并表示感谢。

颗粒粒度测量技术涉及面广，限于作者的水平，以及不同作者的写作风格不同等，书中仍会存在不少疏漏之处，敬请读者批评指正。

蔡小舒

于上海理工大学思雷堂

2022 年 10 月

自然界中很多物质属颗粒，例如黏土、沙子和灰尘；人类的食物也往往是颗粒，例如谷粒、豆子、盐和蔗糖；很多加工物，例如煤炭、催化剂、水泥、化肥、颜料、药物和炸药也大多属粉体或颗粒。研究和制备颗粒是一门跨学科的新兴科学技术：颗粒学。它由多门基础科学和大量相关的应用技术组成，涉及化学、物理、数学、生物、医学、材料等若干基础科学，与工艺、工程应用技术密切相关。它对能源、化工、材料、石油、电力、轻工、冶金、电子、气象、食品、医药、环境和航空等领域的发展有着非常重要的作用。颗粒学的一个重要部分是颗粒的测试。

上海理工大学自 1980 年起在王乃宁教授领导下进行光散射颗粒测量方法和仪器的研究，于 2000 年撰写了《颗粒粒径的光学测量技术及应用》。蔡小舒教授是中国颗粒学会常务理事，兼任颗粒测试专业委员会副主任。他自 20 世纪 80 年代在上海理工大学进行光散射颗粒测量方法和仪器的研究，于 1999 年成立了颗粒及两相流测量技术研究所，将原来的研究拓宽到了超声颗粒测量、在线颗粒测量及其它颗粒测量方法和应用研究，目前已成立了包含颗粒测量、两相流在线测量、燃烧监测诊断和环境与排放在线监测四个研究方向的研究基地，承担着国家自然科学基金、教育部、上海市等的研究项目，并与美、德、法、意大利、捷克等国建立了合作关系，又是上海颗粒学会的挂靠单位。

该书在上述背景下撰写而成，包括十章：第 1 章介绍颗粒的基本知识；第 2~6 章分别介绍光散射、散射光、透射光以及纳米颗粒和超声颗粒的测量；其它四章介绍反演算法、应用实例、与其它方法的比较和颗粒测量中须注意的问题。该书不但阐述了当代的国际测量技术及其应用，且包括了作者和他团队创新的理论分析和测试技术。

本人向从事颗粒研究、加工、应用的科技人员推荐这本专著。

中国科学院过程工程研究所研究员、名誉所长

中国科学院资深院士　　郭慕孙

中国颗粒学会名誉理事长

2010.5.25

第一版·序

颗粒（包括固体颗粒、液滴、气泡）与能源、动力、环境、机械、医药、化工、轻工、冶金、材料、食品、集成电路、气象等行业密切相关，也和人们的日常生活密切相关。据文献介绍，70%以上的工业产品与颗粒有关，近年来经常出现的沙尘暴、冬季大范围的浓雾等也都与空气中的颗粒物有关。颗粒粒径是颗粒的最重要参数，许多情况下，颗粒粒径大小不仅直接影响到产品的性能与质量，而且与能源的高效利用、环境保护、工艺过程优化等都密切相关。近年来，各种新型颗粒材料，特别是纳米颗粒的问世和应用，给颗粒粒径的测量提出了新的更高的要求。

自20世纪80年代以来，科学研究和生产实践飞速发展的需要极大促进了光散射法颗粒测量技术的飞速发展，在许多应用领域已逐步替代了原来应用其它工作原理（如筛分、显微镜、沉降、电感应等）的颗粒测量仪器，成为占主导地位的颗粒测量方法。特别是近年来激光技术、光电技术、微电子技术、光纤技术和计算机技术等的迅速发展和应用，光散射法易于实现在线测量的突出特点更进一步推动了光散射颗粒测量方法的发展，出现了一些新的基于光散射原理的颗粒测量方法，以及与微流体芯片技术相结合等多方法融合的颗粒测量仪器。光散射法颗粒测量技术的发展趋势将会是颗粒测量仪器的微型化和智能无线网络化。

尽管光散射法颗粒测量技术有众多的优点，但它的穿透性不强限制了它在高浓度颗粒实时在线测量中的应用。超声具有很强的穿透能力，正好弥补了光散射颗粒测量技术在这方面的弱点，使得超声颗粒测量技术可以用于高浓度颗粒的测量而无需对被测对象进行稀释，这个特点尤其适合在过程中的颗粒实时在线测量。近年来国际上对超声颗粒测量方法的研究发展迅速，成为一类新的颗粒测量方法。而图像法则随数码相机技术的飞速发展，近年来重新崛起，正以崭新的面貌出现，成为颗粒粒度及形态测量的一类新方法。

作者多年从事颗粒粒度测量方面的研究和教学工作，先后得到多个国家自然科学基金重点和面上项目、863项目、上海市纳米计划项目等的支持，开展了光散射理论、基于光散射原理的多种颗粒测量方法、基于超声的多种颗粒测量方法、纳米颗粒测量方法、图像法、颗粒在线测量等方面的研究，积累了丰富的经验以及大量资料。10年前王乃宁教授及本书作者曾出版过一本有关颗粒测量的著作《颗粒粒径的光学测量技术及应用》。10年来颗粒测量技术有了很大发展，原书已不能满足当前颗粒工作者的需要。本书是在原书的基础上，调整了原书的结构，增加了近年来颗粒测量技术的新发展，如超声颗粒测量方法、消光起伏光脉动法和纳米颗粒测量技术等。旨在从理论和实践两个方面向国内广大的工程技术人员、研究人员、实验人员以及高校师生全面系统地介绍颗粒的光散射和超声测量理论、方法和技术，并简要介绍其它一些颗粒测量方法。

全书共分十章和附录部分。第 1 章介绍了颗粒的基础知识以及颗粒和颗粒系粒径分布的表征方法。第 2 章全面系统地讨论了有关光散射颗粒粒径测量方面的基础知识，重点对夫琅和费衍射（Fraunhofer Diffraction）和米氏散射（Mie Scattering）理论作了详细的讨论。第 3 章和第 4 章分别介绍了基于散射光能测量和透射光能测量的多种颗粒测量方法，包括激光粒度仪、消光法、光脉动法和消光起伏法等颗粒测量方法。第 5 章是动态光散射理论及研究现状。第 6 章则是近年来发展的超声颗粒测量理论、方法和技术，包括超声散射的基础理论、超声衰减谱法、超声速度谱法等。纳米颗粒的测量已成为当前颗粒测量的一个重要方面，近年来有许多发展。第 7 章则详细介绍了纳米颗粒粒度的测量方法，包括动态光散射法、可视法纳米颗粒测量方法、超声纳米颗粒测量方法等。反演算法是光散射和超声散射颗粒测量方法中都涉及到的很重要的理论问题，本书第 8 章专门讨论了这个问题。在线颗粒测量在生产过程中有极重要的作用，第 9 章专门介绍了作者近年来开展在线颗粒测量应用研究的一些例子，供广大读者参考。第 10 章则介绍了其它一些传统测量方法，以及基于图像处理的颗粒测量方法。

颗粒测量中涉及到颗粒的折射率、标准颗粒、颗粒的物性参数等，而这些资料很难获得。为方便读者，作者将多年来收集的这些资料作为附录放在本书的最后，并收集了国内外主要颗粒测量仪器和标准颗粒生产厂商的信息也作为书的附录，供读者参考。

本书各章节的撰写者分别是：第 1 章 1.1 ~ 1.4—蔡小舒，1.5—黄春燕；第 2 章 2.1，2.2—沈建琪，2.3，2.4—徐峰；第 3 章—沈建琪；第 4 章 4.1—蔡小舒，4.2，4.3—沈建琪；第 5 章—沈嘉琪；第 6 章—苏明旭；第 7 章 7.1，7.4—苏明旭，7.2—沈嘉琪，7.3—蔡小舒；第 8 章 8.1—苏明旭和徐峰，8.2—沈建琪；第 9 章—蔡小舒，其中 9.1.2—沈建琪；第 10 章 10.1，10.2，10.4—王乃宁，10.3—苏明旭。全书由蔡小舒汇总定稿。

研究所许多老师、博士生和硕士生的工作对本书的撰写起了很大作用和贡献，在本书最后的统稿和资料整理以及书中图表和附录资料的整理等得到了研究所包括王文华老师、马力、吴健、董学金、于彬、王华睿、张晶晶、成林虎、景伟、龚智方、刘海龙等许多研究生的帮助，一些资料的获得得到了有关单位的大力支持。在此一并表示感谢。

由于颗粒粒度测量技术涉及面广，限于作者的水平以及不同作者的写作风格不同等，书中定会存在不少疏漏之处，敬请读者批评指正。

蔡小舒

于上海理工大学动力馆

2010.5.1

目　录

第 1 章

颗粒基本知识

1.1 概述

颗粒（particle）是与周围有界面分割状态的微小固体、液体或气体，也可以是具有生命的微生物、细菌、病毒等。多数情况下，颗粒一词泛指固体颗粒，而液体颗粒和气体颗粒则相应地称为液滴（droplet）和气泡（bubble）。由许多个颗粒组成的颗粒群称为颗粒系。粉末则是干燥固体颗粒在疏松状态下的堆积。

随着科学技术的日益进步和发展，在国民经济的许多部门中出现了越来越多与细微颗粒密切相关的技术问题有待解决。颗粒粒径的测量就是其中最基本也是最重要的一个方面。除此之外，许多情况下，对颗粒浓度（单位体积中的颗粒数或颗粒重量）的测量也是重要的。

颗粒的粒度范围非常广，跨度可达 7 个数量级，图 1-1 给出了各种颗粒物质的粒度范围。在工业应用中大多数颗粒的粒径在数百微米（μm，$1\mu m = 10^{-3}mm$）以下，一些情况下，也有超过一千微米，甚至达数千微米。它们对产品性能和质量、能源消耗、环境污染、人类健康、全球气候变化以及生物成长等都有重大影响。

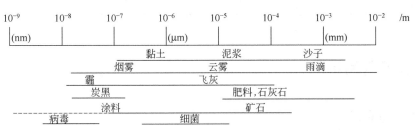

图 1-1 颗粒的粒度范围[1]

按欧盟标准的定义，纳米颗粒是指任意一个维度的尺寸小于 100nm 的颗粒，最小可小于 1nm，但在应用中一般把小于 1000nm 的都称为纳米颗粒。纳米颗粒由于性质特殊，应用越来越广泛。

颗粒有在自然条件下形成的，更多的则是在各种不同的工农业生产过程中产生的。它们的形态不同，尺寸也在很大的范围内变化。分割状态下的液滴和气泡，在表面张力的作用下，绝大多数保持为球形（粒径较小时）或椭球形（粒径较大时），对它们的表征比较简单。与此相反，固体颗粒除极少数情况外，大都为非球形，具有复杂的形状，且各颗粒之间的形状也不相同，见图 1-2。因此，固体颗粒以及颗粒系的表征比较复杂。表 1-1 描述了颗粒和颗粒系的一些参数[2]。

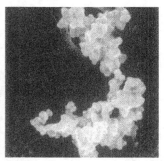

图1-2　各种固体颗粒形状

表1-1　颗粒和颗粒系的参数

单颗粒的参数	颗粒系的参数	单颗粒的参数	颗粒系的参数
粒度	粒度分布	光折射和吸收	孔隙度
形状（宏观和微观）	表面积		孔径分布
表面积（内、外表面积）	堆密度		湿含量
密度	振实密度		电导率
折射率	黏着性		绝缘强度
硬度	黏着力		抗张强度
熔点	表面能		剪切强度
湿度	表面电荷		阻光度

1.2　颗粒的几何特性

1.2.1　颗粒的形状

颗粒的形状（shape）与颗粒材料的结构和产生颗粒时的过程有关，如破碎、燃烧、凝结和蒸发、合成等过程所形成颗粒的形状就各不相同，颗粒形状还与其用途有关。颗粒形状虽然变化多端，但大致可分成表 1-2 中的几类[3]。表中动力形状因子的定义是颗粒在层流介质中运动时受到的阻力与相同体积的球在相同状态介质中以同样速度运动时的阻力之比。复杂的颗粒形状对粒度测量会产生很大影响。

表 1-2　颗粒形状分类

形状	典型颗粒	动力形状因子	形状	典型颗粒	动力形状因子
球形	烟，飞灰，花粉	1.00	絮状	浓烟，氧化物	
立方形	煤渣	1.07	盘状	云母	
薄片形	某些矿物		链状	炭黑	1.07～2.14[2]
纤维状	头发，棉绒	1.31[1]	不规则状	矿物	1.18[3]

① 长度与直径比大于 4 的柱形的值。

② 4～8 个颗粒组成的链的值。

③ 铜矿石的值。

1.2.2　颗粒的比表面积

颗粒的比表面积（surface area）在化学反应等过程中是很重要的，它直接影响到化学反应及吸附的速度和效率。比表面积定义为单位体积或单位质量颗粒的总表面积，如

$$S_v = S/V \tag{1-1}$$

式中，S_v 为比表面积；S 为颗粒的总表面积；V 为颗粒的体积。

对于表面致密的球形颗粒，比表面积 S_v 越大，意味着颗粒的粒度越小。但对于多孔表面颗粒，则情况并不一定如此，在粒径较大时，它也可以有较大的比表面积。比表面积可以用气体或溶液吸附法、压汞法或气体通过法等测量[4]。

1.2.3　颗粒的密度

颗粒的密度（density）分成表观密度（apparent density）和堆积密度或容积密度（volume density）。表观密度是对于单个颗粒而言的。它与颗粒的材料和结构有关，其中颗粒的结构对其影响极大。如某些飞灰颗粒是中空的球体，它的表观密度就大大小于它的母体材料的密度(又称真密度)。又如由几个颗粒凝聚成一个较大的颗粒，它的表观密度也将小于单个颗粒时的密度。表 1-3 给出了一些凝聚颗粒表观密度与母体材料密度的比较。

堆积密度或容积密度是对颗粒群而言的。它的定义是单位填充体积中颗粒的质量

$$\rho_B = \frac{V_B(1-\varepsilon)\rho_P}{V_B} = (1-\varepsilon)\rho_P \tag{1-2}$$

表1-3 凝聚颗粒表观密度与母体材料密度的比较

材料	颗粒密度 / (g/cm³)	母体材料密度 / (g/cm³)	材料	颗粒密度 / (g/cm³)	母体材料密度 / (g/cm³)
氧化铝	0.18	3.7	氧化钙	0.51	6.5
二氧化锡	0.25	6.7	氧化铅	0.62	9.4
二氧化锰	0.35	3.6	银	0.94	10.5

式中，V_B 是颗粒堆积的体积；ρ_P 是颗粒的真密度；ε 称为空隙率，是颗粒群中空隙体积占总填充体积的比率。

堆积密度与颗粒的形状、粒度、堆积方式等许多因素有关。在不同的场合，往往需要不同的堆积密度。如在物料管道运输时，就希望颗粒能处于较疏松的填充状态，即较小的堆积密度，而在造粒过程中则希望致密的填充状态，即有较大的堆积密度。

1.3　颗粒粒度及粒度分布

1.3.1　单个颗粒的粒度

颗粒的粒度定义为颗粒所占据空间大小的尺度。它的范围变化很大，可以从零点几纳米到几千微米，表1-4 中给出了各种粉尘和烟雾颗粒大小的大致情况。表面光滑球形颗粒的粒度即是它的直径。但非球体或不光滑表面颗粒的粒度表征就复杂得多，基本上采用等效球（圆）径的表征方式。表1-5 是几种基于不同物理原理表

表1-4 各种粉尘和烟雾的粒径

类别	种类	粒径/μm	类别	种类	粒径/μm
粉尘	型砂	200～2000	粉尘	静止大气中粉尘	0.01～1.0
	肥料用石灰	30～800	凝结固体烟雾	金属精炼烟雾	0.1～100
	浮选尾矿	20～400		氯化铵烟雾	0.1～2
	煤粉	10～400		碱烟雾	0.1～2
	浮选用粉碎硫化矿	4～200		氧化锌烟雾	0.03～0.3
	铸造厂悬浮粉尘	1～200	烟	油烟	0.03～1.0
	水泥粉	1～150		树脂烟	0.01～1.0
	烟灰	3～80		香烟烟	0.01～0.15
	面粉厂粉尘	15～20		炭烟	0.01～0.2
	谷物提升机内粉尘	15	霭	硫酸霭	1～10
	滑石粉	10		三氧化硫霭	0.5～3
	石墨矿粉尘	10	雾	雾	1～40
	水泥工厂窑炉排气粉尘	10		露	40～500
	颜料粉	1～8		雨滴	0.01～5000

表 1-5　不规则颗粒粒度表征的几种等效球（圆）径的方法

体积直径 D_v	与颗粒体积相同的球的直径
表面积直径 D_s	与颗粒表面积相同的球的直径
体积表面积直径 D_{sv}	与颗粒体积与表面积比相同的球的直径
阻力直径 D_d	与颗粒在同样黏度介质中以相同速度运动时受到相同阻力的球的直径
自由沉降直径 D_f	与颗粒密度相同，在同样密度和黏度的介质中具有相同自由沉降速度的球的直径
斯托克斯直径 D_{St}	在层流区的自由沉降直径
投影面积直径 D_a	与静止颗粒有相同投影面积的圆的直径
筛分直径 D_A	颗粒刚能通过的最小方孔的宽度
Feret 直径 D_F	在一定方向与颗粒投影面两边相切的两平行线的距离
Martin 直径 D_M	在一定方向与颗粒投影面成两个等面积的弦长

征不规则颗粒粒度等效球径的方法[5]。

从表 1-5 可见表征颗粒粒度的方法很多，但大致可分成等效球直径、等效圆直径和统计直径几类。等效于球直径的有阻力直径 D_d、自由沉降直径 D_f、斯托克斯直径 D_{St}（Stokes 直径）等。等效于圆直径的有筛分直径 D_A、投影面积直径 D_a 等。而等效于统计直径的有 Feret 直径 D_F 和 Martin 直径 D_M 等。

对于一般的非球形颗粒，还可以这样定义它的直径：从颗粒表面任一点通过重心到达表面上另一点的直线距离 d_i。显然这样的 d_i 有无数个，而且是连续分布的，所以可以用统计的方法来确定颗粒的直径。采用不同的统计方法，可以得到不同的统计直径[6]，如

几何平均直径

$$M_1 = (\Pi d_i)^{1/n} \tag{1-3}$$

算术平均直径

$$M_2 = \frac{1}{n}\sum d_i \tag{1-4}$$

调谐平均直径

$$M_3 = \left(\frac{1}{n}\sum \frac{1}{d_i}\right)^{-1} \tag{1-5}$$

其它还有许多颗粒直径的定义，有些直径与测量原理有关（由各种方法或定义得到的粒径是不相同的），因而在对颗粒尺寸进行比较时，需注意采用的是什么仪器和什么直径。即使是同一非球形颗粒，用不同测量原理进行测量，得到的颗粒粒径会是不同的。

1.3.2　颗粒群的粒径分布

颗粒群或颗粒系（particle system）是由许多颗粒组成的。如果组成颗粒群的所有颗粒均具有相同或近似相同的粒度，则称该颗粒群为单分散的（monodisperse）。当颗粒群由大小不一的颗粒组成时，则称为多分散的（polydisperse）。颗粒群尺寸或粒径分布指组成颗粒群的所有颗粒尺寸大小的规律。

实际颗粒群的颗粒粒度分布严格讲是不连续的，但当测量的数目很大时，可以认为是连续的。由不同大小的颗粒组成的多分散颗粒系的尺寸分布有单峰分布（unimodel）和多峰分布（multimodel）等形式，见图 1-3。

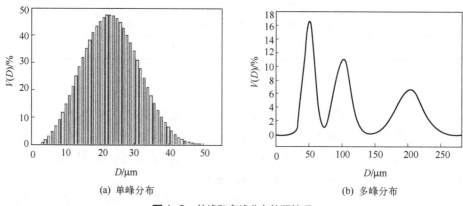

(a) 单峰分布　　　　　　　　　　(b) 多峰分布

图 1-3　单峰和多峰分布的颗粒系

表达颗粒群粒度分布的方法有多种，根据物理意义分有 2 类，即颗粒数分布（number distribution）和颗粒体积（重量）分布（volume distribution）。颗粒数分布 $N(D)$ 与体积分布 $V(D)$ 的关系是

$$V(D) = \frac{\pi}{6} N(D) D^3 \qquad (1\text{-}6)$$

由于颗粒体积是直径的 3 次方，在体积分布中存在少量大颗粒可对体积分布状况产生很大影响。因此在表示尺寸分布时，很重要的一点是要说明该尺寸分布是体积分布还是颗粒数分布（简称数目分布）。

以上两种分布又分频度分布（frequency distribution）和累积分布（cumulative distribution）。频度分布又称频率分布，是指落在某个尺寸范围内的颗粒数或颗粒体积占总量的百分率。累积分布是指大于或小于某一尺寸的颗粒数或体积占总量的百分率，大于某一粒径的累积分布称为上累积分布，小于某一粒径的称为下累积分布。

常用的表示颗粒群尺寸频度分布和累积分布的方法有 3 种：表格法、直方图法和函数表达法。

1.3.2.1 表格法

表格法是最通用的表示方法，在表格中可以按颗粒尺寸区间或尺寸范围 ΔD 列出一种或几种表示颗粒分布特点的数据。它的优点是通过列表能给出颗粒在各个尺寸范围内的分布情况和其它一些参数。在不同的应用场合，可以采用不同的粒径分档（size class），如等分法、几何级数法、算术级数法等。表 1-6 是用表格法表示的某种乳胶颗粒尺寸分布，给出了按等分法确定的多个尺寸区间内颗粒的体积频度分布和累积分布。表中的数据显示出颗粒分布比例最高的在 3.33～3.55μm 范围内，按体积计 95%的颗粒在 3.7μm 以下。根据表 1-6 中的数据，可以进一步计算得到该颗粒群的各种平均粒径以及中位径等。

表 1-6   乳胶颗粒尺寸的体积分布

粒度范围 /μm	频度分布 /%	累积分布（小于）/%	粒度范围 /μm	频度分布 /%	累积分布（小于）/%
0.00～0.22	0	0	2.67～2.89	4.979	7.203
0.22～0.44	0	0	2.89～3.11	13.124	20.327
0.44～0.67	0	0	3.11～3.33	26.926	47.253
0.67～0.89	0	0	3.33～3.55	34.186	81.439
0.89～1.11	0	0	3.55～3.78	17.031	98.470
1.11～1.33	0	0	3.78～4.00	1.522	99.9924
1.33～1.55	0	0	4.00～4.22	0.0076	100
1.55～1.78	0.0045	0.0045	4.22～4.44	0	100
1.78～2.00	0.0249	0.0294	4.44～4.66	0	100
2.00～2.22	0.116	0.1454	4.66～4.89	0	100
2.22～2.44	0.462	0.6074	4.89～5.11	0	100
2.44～2.67	1.617	2.224			

1.3.2.2   直方图法

将表格法上的数据用直方图的形式表示称为直方图法（histogram）。图的纵坐标一般是颗粒数或体积分数，横坐标为粒径，各矩形纵坐标之和为 100%。这种表示方法的优点是直观，但数据不够精确，也无法由此计算颗粒系的平均粒径等参数。与表格法相同，横坐标颗粒尺寸分档 ΔD 可以等分，也可以不等分。在 ΔD 不同时，如果以 $\Delta\phi/\Delta D$ 作为纵坐标，则在$(\Delta\phi/\Delta D)$-ΔD 坐标系中，每个矩形的面积就等于该颗粒分档在总数中所占的百分比，各面积之和应是 100%。这里 $\Delta\phi$ 可以是数目频度分布或体积频度分布。用这种方法作纵坐标比用 $\Delta\phi$ 作纵坐标可更直观地显示出粒度的分布情况。图 1-4 是根据表 1-6 数据绘制的直方图。

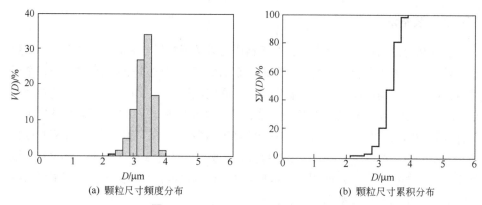

(a) 颗粒尺寸频度分布   (b) 颗粒尺寸累积分布

图1-4 颗粒尺寸分布的直方图表达法

1.3.2.3 函数表达法（function）

在直方图法中，将每个矩形的中点连接起来形成曲线，若 ΔD 足够小，这样获得的曲线就称为频度分布曲线。当 $\Delta D \to \mathrm{d}D$ 时，就可用函数来表示此曲线。这种函数就称为尺寸分布函数或尺寸分布概率密度，用 $V(D)$ 表示，见图 1-5。

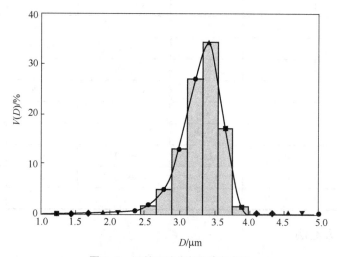

图1-5 颗粒尺寸分布函数表达法

当前所用的分布函数很多是双参数分布函数。所谓双参数就是该函数可由 2 个特征参数来确定，一个参数是特征尺寸参数，表征颗粒群的粒度大小，另一个参数是分布参数，表征颗粒群的粒度分布状况。

常用的分布函数[7]有以下几种。

（1）Rosin-Rammler 函数（Rosin-Rammler function）

Rosin-Rammler 函数简称 R-R 分布函数，它是 1933 年由 Rosin 和 Rammler 研究

磨碎煤粉颗粒的尺寸分布时提出来的，后来的研究表明对于大多数由破碎形成的颗粒均能用此函数来表示尺寸分布。它的表达式是

$$V(D) = 1 - \exp[-(D/\bar{D})^k] \tag{1-7}$$

这是一个累积分布函数，$V(D)$表示直径小于 D 的颗粒的累积体积分数。$\bar{D}$ 是特征尺寸参数，表示小于这个值的颗粒占总体积的 63.21%。k 是分布参数，k 值越大，颗粒分布越窄；k 值越小则分布越宽。$k \to \infty$ 为单分散颗粒。而在实际应用中，$k > 4$ 后即可认为是单分散性较好的颗粒。

对式（1-7）求导，可得到 R-R 分布的体积频度分布表达式为

$$\frac{\mathrm{d}V}{\mathrm{d}D} = \frac{k}{\bar{D}}(D/\bar{D})^{k-1}\exp[-(D/\bar{D})^k] \tag{1-8}$$

因为

$$\mathrm{d}V = \frac{\pi}{6}D^3\mathrm{d}N \tag{1-9}$$

代入式（1-8）有

$$\frac{\mathrm{d}N}{\mathrm{d}D} = \frac{6}{\pi D^3}(k/\bar{D})(D/\bar{D})^{k-1}\exp[-(D/\bar{D})^k] \tag{1-10}$$

这是 R-R 分布函数的数目频度分布表达式。图 1-6 是 $\bar{D} = 25$，k 取不同值时的函数曲线图。R-R 函数曲线为非对称形。

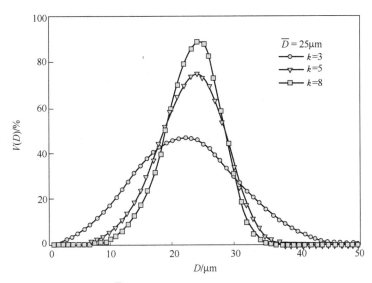

图1-6 相同 $\bar{D}$ 不同 k 的 R-R 分布函数的数目频度分布曲线

（2）正态分布函数（normal distribution function）

正态分布函数的形式如下

$$\frac{dV}{dD} = \frac{1}{\sqrt{2\pi}\sigma} \exp\left[-\frac{1}{2}\left(\frac{D-\overline{D}}{\sigma}\right)^2\right]$$ (1-11)

式中，$\overline{D}$ 和 σ 分别是尺寸参数和分布参数。正态分布函数是对称函数，故尺寸参数 $\overline{D}$ 就等于颗粒群的体积平均直径，而分布参数 σ 越小，分布就越窄，σ 越大，分布越宽。当 $\sigma<0.2$ 后，可以视作单分散颗粒系。图 1-7 是正态分布的曲线。

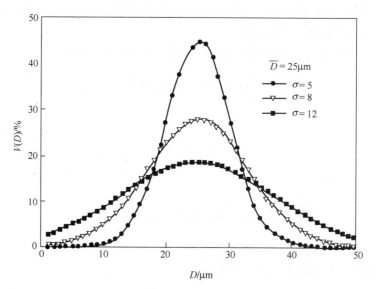

图 1-7 相同 $\overline{D}$ 不同 σ 的正态分布函数曲线

（3）对数正态分布函数（log-normal distribution function）

实际颗粒的分布形状很少是对称的。故正态分布函数实际应用并不多，较常用的是对数正态分布函数，其形式如下

$$\frac{dV}{dD} = \frac{1}{\sqrt{2\pi}\ln\sigma} \exp\left[-\frac{1}{2}\left(\frac{\ln D - \ln\overline{D}}{\ln\sigma}\right)^2\right]$$ (1-12)

对数正态分布是非对称曲线，见图 1-8。根据对数的定义，D 必须大于 0，这符合颗粒分布的物理意义。

（4）上限对数正态分布函数

上限对数正态分布函数一般用于描述喷雾液滴的尺寸，其形式为

$$\frac{dV}{dD} = \frac{D_{max}}{\sqrt{2\pi}\sigma D(D_{max}-D)} \exp\left\{-\frac{\left[\ln\left(\frac{aD}{D_{max}-D}\right)\right]^2}{2\sigma}\right\}$$ (1-13)

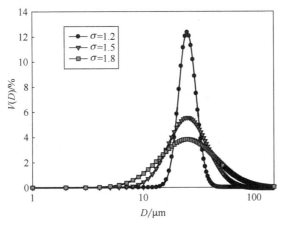

图1-8   相同 $\overline{D}$ 不同 σ 的对数正态分布函数曲线

式中，D_{max} 为实际被测颗粒群的最大颗粒直径；a 为尺寸参数。由于需事先定出最大颗粒的粒径，这给实际应用带来困难，故一般用于根据经验已知 D_{max} 的情况。

在大气悬浮物测量中还经常用到幂函数[8]

$$N(D) = KD^{-\gamma} \tag{1-14}$$

这里 $\gamma > 0$，K 是个常数，由下式确定

$$K = \frac{\gamma - 1}{D_{min}^{1-\gamma} - D_{max}^{1-\gamma}} \tag{1-15}$$

以及用到指数分布函数[9]

$$N(D) = a\gamma^{\alpha} \exp[-b(D/2)^{\gamma}] \tag{1-16}$$

这里 a、b、α、γ 是正的参数。由于该分布函数有 4 个可调整的参数，故能用于描述云、雨霭中的水滴的分布参数。

1.3.3   颗粒群的平均粒度

所谓颗粒群的平均粒径就是用一个设想的尺寸均一的颗粒群来代替原有的实际颗粒群，而保持颗粒群原有的某些特性不变。最常用的平均粒径有索太尔直径（Sauter mean diameter，SMD）D_{32}、质量中位径 D_{w50}、体积中位径 D_{V50}、数目中位径 D_{N50}、体积四次矩平均粒径 D_{43} 等。其中质量中位径与体积中位径是等价的。

以颗粒数为基准的平均粒径一般表达式为

$$D_{平均} = \left(\frac{\sum ND^{\alpha}}{\sum ND^{\beta}} \right)^{\frac{1}{\alpha - \beta}} \tag{1-17}$$

以质量（体积）为基准的平均粒径一般表达式为

$$D_{平均} = \left(\frac{\sum f_w D^{\alpha-3}}{\sum f_w D^{\beta-3}} \right)^{\frac{1}{\alpha-\beta}} \tag{1-18}$$

当颗粒的粒径分布用分布函数表征时，上述式子的求和号可以用积分号取代。在实际应用中有 2 种系列的平均粒径，如下所示。

系列一：

$$\alpha=1 \qquad \beta=0 \qquad D_{NL} = \frac{\sum ND}{\sum N} \qquad\qquad 长度平均粒径 \tag{1-19}$$

$$\alpha=2 \qquad \beta=0 \qquad D_{NS} = \left(\frac{\sum ND^2}{\sum N} \right)^{1/2} \qquad 表面积平均粒径 \tag{1-20}$$

$$\alpha=3 \qquad \beta=0 \qquad D_{NV} = \left(\frac{\sum ND^3}{\sum N} \right)^{1/3} \qquad 体积平均粒径 \tag{1-21}$$

系列二：

$$\alpha=1 \qquad \beta=0 \qquad D_{NL} = D_{10} \qquad\qquad 长度平均粒径 \tag{1-22}$$

$$\alpha=2 \qquad \beta=1 \qquad D_{LS} = D_{21} = \frac{\sum ND^2}{\sum ND} \qquad 长度表面积平均粒径 \tag{1-23}$$

$$\alpha=3 \qquad \beta=2 \qquad D_{SV} = D_{32} = \frac{\sum ND^3}{\sum ND^2} \qquad 体积面积平均粒径（索太尔直径）$$
$$\tag{1-24}$$

$$\alpha=4 \qquad \beta=3 \qquad D_{VM} = D_{43} = \frac{\sum ND^4}{\sum ND^3} \qquad 体积四次矩平均粒径 \tag{1-25}$$

上述平均粒径有以下关系

$$D_{VM} \geqslant D_{SV} \geqslant D_{LS} \geqslant D_{NL} \tag{1-26}$$

当颗粒群为单一尺寸球形颗粒时，式（1-26）中的等号成立。

（1）索太尔（Sauter）平均直径 D_{32}

索太尔平均直径的意义是，设想直径为 D_{32} 的单分散颗粒群，它的体积与表面积均与被测颗粒相同。这是应用最广泛的平均粒径之一。由上节可知，

$$D_{32} = \frac{\sum ND^3}{ND^2} = \frac{\int_{D_{min}}^{D_{max}} D^3 \, dN}{\int_{D_{min}}^{D_{max}} D^2 \, dN} = \frac{\int_{D_{min}}^{D_{max}} D^3 N(D) dD}{\int_{D_{min}}^{D_{max}} D^2 N(D) dD} \tag{1-27}$$

在求得颗粒的粒度分布函数 $N(D)$ 后，代入上式就能得到 D_{32}。

如将上限对数正态分布函数式（1-13）代入式（1-26），可得到

$$D_{32} = \frac{D_{max}}{1 + a\exp\left(-\dfrac{\sigma^2}{2}\right)} \tag{1-28}$$

对于 R-R 分布函数，可以得到 D_{32} 的更为方便的表达式

$$D_{32} = \frac{\overline{D}\displaystyle\int_0^\infty e^{-u}du}{\displaystyle\int_0^\infty e^{-u}u^{-1/k}du} = \frac{\overline{D}}{\Gamma\left(1-\dfrac{1}{k}\right)} \tag{1-29}$$

这里 Γ 是伽马函数，其值可由数学手册查到。

$$\Gamma(\alpha) = \int_0^\infty x^{\alpha-1}e^{-x}dx \tag{1-30}$$

（2）中位径 D_{V50}、D_{N50}

D_{V50} 称为体积中位径或体积平均粒径，它的物理意义是大于或小于该直径的颗粒的体积各占颗粒总体积的 50%。D_{N50} 则称为数目中位径，其物理意义是大于或小于该直径的颗粒的数目各占颗粒总数的 50%。

对于正态分布函数，由于曲线是对称的，因此峰值对应的 $\overline{D}$ 值就是中位径，即

$$\overline{D} = D_{V50} \tag{1-31}$$

在上限对数正态分布中

$$D_{N50} = \frac{D_{max}}{1+a} \tag{1-32}$$

对 R-R 分布函数，则有

$$D_{V50} = (0.693)^{1/k}\,\overline{D} \tag{1-33}$$

虽然双参数分布函数中的 $\overline{D}$ 和 k（或 σ）表示了被测颗粒系的粒度大小分布，但由这 2 个参数并不能直观地看出颗粒的大致分布情况，还可以用 D_{V03}、D_{V10}、D_{V90}、D_{V97} 等来表示颗粒的分布情况。D_{V03} 表示小于该直径的颗粒占颗粒总体积的 3%，其余类推。

对于实际被测颗粒，其分布并不会完全符合某种分布函数，或事先并不清楚该被测颗粒的实际分布近似符合哪种分布函数。因而在实际测量中，可以用实际测量值与计算值的平方和的大小来判断该被测颗粒最符合哪种分布函数，参见第 3 章和第 8 章。

1.4　标准颗粒和颗粒测量标准

1.4.1　标准颗粒

基于光散射等一些绝对测量方法的颗粒粒度测量仪器，在出厂前或在使用一定时间后，需要对其测量性能进行校验。而对于其它一些基于相对测量方法的颗粒粒度仪

器，在出厂前或使用一定时间后，需要进行标定。仪器的校验或标定是仪器给出可靠测量结果的保证，而标准颗粒（standard reference materials）则是对粒度测量仪器性能进行评价、校验或标定，以及进行颗粒测量方法和技术研究的最重要工具或参照物。

对于标准颗粒，要求材质均匀、化学性能稳定，不会因长期浸泡在液体中发生变形。制作标准颗粒的材料主要有聚苯乙烯、玻璃和二氧化硅等。对于纳米、亚微米和微米级标准颗粒，大都由聚苯乙烯材料制备，在常温下保存，一般标称使用寿命是 2 年。也有些公司生产的标准颗粒是用硼硅玻璃或钠钙玻璃，或硅制成，其使用寿命较长。聚苯乙烯标准颗粒又称乳胶球（latex particle），它的折射率是 1.59（波长 λ_0=589nm），密度是 1.05g/cm³，与水的密度相近，可以长时间悬浮在水中。玻璃标准颗粒的折射率依材料的不同有所不同，钠钙玻璃的折射率在 1.50～1.52（波长 λ_0=589nm），硼硅玻璃的折射率是 1.56（波长 λ_0=589nm）。它们的密度都较大，分别为 2.43g/cm³ 和 2.6g/cm³，在使用时要注意沉降对测量结果的影响。国产硼硅玻璃标准颗粒的折射率和密度则分别是 1.9（波长 λ_0=589nm）和 4.19g/cm³。

标准颗粒依其用途不同有不同的等级。由美国国家标准技术研究院（NIST）和欧洲标准局（BCR）提供的标准颗粒在国际上被公认为最具权威性，其它有可溯源到 NIST 或 BCR 的标准颗粒，以及研究用的一般标准颗粒等。中国国家市场监督管理总局批准的标准颗粒分成一级和二级标准颗粒。一级标准颗粒粒径定值精度较高，主要用于对测量方法的评价和对二级标准颗粒的定值之用，也用于高精度颗粒测量仪器的校验和标定。二级标准颗粒则广泛用于生产厂商对出厂仪器的校验和标定，以及计量部门对颗粒粒度仪器的检定，还广泛用于颗粒测量方法的研究和仪器的开发中。不管哪级标准颗粒都应附有经标准部门认定的标准物质证书。图 1-9

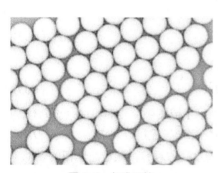

图1-9 标准颗粒

是标准颗粒的电镜照片。

除美国国家标准技术研究院（NIST）和欧洲标准局（BCR）外，美国 Duke Scientific 公司（现 Thermo Fisher Scientific）和北京海岸鸿蒙标准物质技术有限公司分别是国际和国内最大的标准颗粒商业化生产厂商，品种很多，覆盖了从 20nm 到 2000μm 相当大的粒度范围。有关标准颗粒国内外生产商的信息可参见附录。

在各种颗粒粒度测量方法中基本上是基于球形颗粒的假设来进行讨论的，测量结果都是与等效的球形颗粒进行比较。因此，绝大多数标准颗粒也是球形的，并且对球形度有很高的要求。标准颗粒通常是单分散颗粒，粒度分布非常窄，其粒径以标签粒径或名义粒径表示。表 1-7 给出了部分国家二级标准颗粒的参数。图 1-10 是两种标准颗粒的粒度分布。

表1-7　标准颗粒性能参数

国家编号	标称粒径 /μm	平均粒径 /μm	标准偏差 (±)/μm	变异系数 (±)/%	固体含量 /%	瓶装量 /mL
GBW（E）120021	2	2.1	0.12	5.71	0.13	10
GBW（E）120022	3	3.1	0.14	4.52	0.3	10
GBW（E）120023	5	5.1	0.31	6.08	0.5	10
GBW（E）120024	10	10.9	0.60	5.5	1.5	10
GBW（E）120025	15	15.1	0.80	5.3	1.8	10
GBW（E）120026	20	21.3	0.70	3.21	2.0	10
GBW（E）120027	25	25.0	1.20	4.8	2.5	10
GBW（E）120028	40	39.0	1.70	4.36	3	10
GBW（E）120029	60	57.9	2.40	4.15	3.5	10
GBW（E）120030	80	76.9	4.30	5.59	4	10
GBW（E）120031	100	97.9	4.70	4.8	5	10

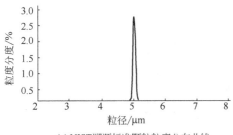

(a) NIST溯源标准颗粒粒度分布曲线

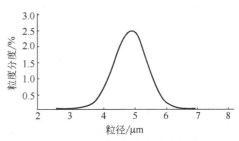

(b) 一般用途标准颗粒粒度分布曲线

图1-10　标准颗粒粒度分布曲线

单分散标准颗粒虽然是用来评价颗粒测量仪器性能最常用的标准，但无法检验颗粒测量仪器测量有一定分布宽度颗粒时的测量性能。为适应颗粒测量仪器性能评价的需要，欧洲标准局（BCR）早在三十多年前就开始提供有一定粒度分布范围的标准颗粒。起初多分散标准颗粒主要用于对标准筛网的标定，现也用于校验激光粒度仪测量粒度分布性能。目前欧洲标准局提供 10 种石英粉末和刚玉粉末的多分散标准颗粒，见表 1-8，但欧洲标准局没有给出多分散标准颗粒的分布曲线。欧洲标准局还提供一种双峰分布的胶体硅纳米标准颗粒，2 个峰值分别是 17.8nm 和 88.5nm，以及纳米棒标准颗粒。国内外一些公司和研究机构也都已研制出聚苯乙烯球形多分散标准颗粒和玻璃球形多分散标准颗粒，并且有些提供分布曲线。图 1-11 是 0.1～1.0μm 多分散标准颗粒的电镜照片，图 1-12 是它的累

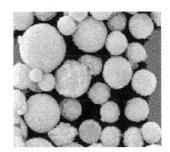

图1-11　多分散聚苯乙烯标准颗粒电镜照片

积分布曲线。表 1-9 给出了美国 Whitehouse Scientific 公司的 6 种可溯源至 NIST 和 BCR 的多分散标准颗粒的粒度分布。ISO 制定了多分散标准颗粒的标准制，我国也正在制定相应的多分散标准颗粒标准。

表 1-8 欧洲标准局的多分散标准颗粒粉末

标准号	材料	认证特性	粒度范围/μm	包装单位/g
BCR-066	石英粉末	Stokes 直径	0.35～3.5	10
BCR-067	石英粉末	Stokes 直径	2.40～32.00	10
BCR-068	石英砂末	体积直径	160.0～630.0	100
BCR-069	石英粉末	Stokes 直径	14.0～90.0	10
BCR-070	石英粉末	Stokes 直径	1.20～20.00	10
BCR-130	石英粉末	体积直径	50～220	50
BCR-131	石英粉末	体积直径	480～1800	200
BCR-132	石英砂砾	体积直径	1400～5000	700
ERM-FD066	刚玉粉末	体积直径	1.4～7.5	40
ERM-FD069	刚玉粉末	体积直径	14～80	63

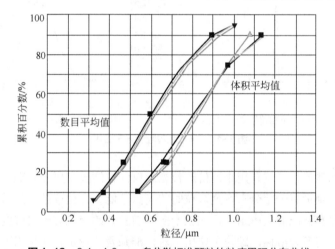

图 1-12 0.1～1.0μm 多分散标准颗粒的粒度累积分布曲线

表 1-9 美国 Whitehouse Scientific 公司的多分散标准颗粒粒度分布

粒度范围 /μm	颗粒粒度分布				
	10%	25%	50%	75%	90%
1～10	2.9	3.4	4.2	5.3	6.2
3～30	9.1	11.0	12.34	16.5	20.3
10～100	25.4	31.7	41.3	52.6	62.9
50～350	94	119	151	190	239
150～650	244	306	362	424	527
500～2000	691	853	1010	1248	1534

1.4.2　颗粒测量标准

为规范颗粒测量方法、颗粒样品制备和操作等，国际标准化组织 ISO 和国家市场监督管理总局/国家标准化管理委员会设置了专门的颗粒测试表征标准委员会 ISO/TC 24/SC4 和全国颗粒表征与分拣及筛网标准化技术委员会 SAC/TC168。ISO/TC 24/SC4 和 SAC/TC168 制定颁布了许多与颗粒测量表征有关的标准，其它一些与颗粒技术有关的标准化技术委员会也制定颁布了相关的颗粒表征。根据国家有关规定，一些社会团体组织也开始组织制定与颗粒测量有关的团体标准。

ISO 和国家有关颗粒表征和测量技术的标准目录见附录 2。

1.5　颗粒测量中的样品分散与制备

对于目前的许多颗粒测量方法，被测颗粒试样都要预先进行充分的分散。在本书涉及到的多种光学颗粒测量方法中，如何确保颗粒能均匀分散在分散介质中，使粒子不发生团聚，且不与分散介质发生化学反应，是准确测定颗粒粒径的重要前提。因此，对于特定的颗粒测量对象，选择适宜的分散介质、分散剂和分散方法以保证测量对象充分分散是最终能否得到可信测量结果的关键所在，也往往是测量的难点所在。这一方面是由于随着颗粒测量技术的发展，颗粒测量对象也是呈现多样性，属性千差万别，如自然界中的土壤、沙子、灰尘等，人工制品诸如煤粉、催化剂、水泥、肥料、颜料、药品和炸药等，不胜枚举；另一方面测量对象颗粒愈来愈向细小的方向发展，例如纳米级颗粒由于具有极大的比表面积和较高的表面能，在测量过程中极易发生粒子团聚，形成二次粒子，从而直接影响到测量结果的准确性，这也加大了颗粒测量的难度。此外，在细微颗粒，如纳米级颗粒测量中，极易有杂质颗粒进入，分散介质中还会存在极少量的杂质颗粒及气泡，这些极少量杂质颗粒的存在将会对测量结果产生很大影响。

图 1-13 是实际颗粒在分散后连续实测的颗粒粒径随时间增加过程。该图显示出在测量过程中颗粒发生了团聚，粒径逐渐增大。这充分表明颗粒在测量过程中保持分散状态的重要性。

1.5.1　颗粒分散方法

颗粒分散指粉体颗粒分散相在特定的分散介质中分离散开，并形成均匀分布保持一定时间相对稳定的分散体系的过程，目前关于颗粒分散技术已经成为一门新兴的专门学科，在很多领域均有广泛应用。本小节中仅仅针对在颗粒测量过程中常见的分散相为固体，分散介质为液体的液固分散问题进行阐述。

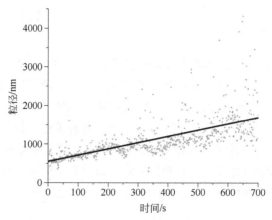

图 1-13 颗粒团聚过程中粒径随时间的变化

在颗粒测量时，对于分散介质的选择总体原则是相似极性原则，即：非极性颗粒易于在非极性介质中分散，而极性颗粒易于在极性介质中分散。表 1-10 列出了常见的颗粒分散相的分散介质。有研究表明[10]，亲水性颗粒在水、有机极性介质和有机非极性介质中的分散性顺序为：水>有机极性介质>有机非极性介质；而疏水颗粒的分散性顺序为：有机非极性介质>有机极性介质>水。在实际测量过程中，在确定可以较好地保证测量结果情况下，常用的分散介质是水（蒸馏水、纯净水或去离子水）、30%乙醇水溶液和乙醇、甘油和煤油等相对廉价并且容易获得的介质。

表 1-10　典型的分散介质与分散相[11]

分散介质		分散相
水		大多数无机盐、氧化物、硅酸盐、无机颗粒、金属颗粒等
有机极性液体	乙醇、乙二醇、甘油、丙酮、环己醇等	无机颗粒、金属颗粒等
有机非极性液体	环己烷、二甲苯、苯、四氯化碳、煤油、烷烃类等	大多数疏水颗粒等

一般而言，分散过程通常分为三个阶段：①液相分散介质润湿固体颗粒；②通过外界作用力使较大的聚集体分散为较小的颗粒；③稳定分散粒子，保证粉体颗粒在液相中保持至少在进行测量过程的时间内均匀分散，防止已分散的粒子重新聚集。根据分散方法的不同，可分为物理分散和化学分散。

常见的物理分散方法有机械搅拌、振荡、超声分散；而化学分散实际上是通过添加分散剂利用表面化学的方法来实现试样分散的方法。

分散剂是一种少量的、能使液体表面张力显著降低，从而使颗粒表面得到良好润湿的物质。分散剂对微细颗粒的分散作用是利用它在颗粒表面上的吸附作用来增强颗粒间的排斥作用能，增强排斥作用能主要通过以下 3 种方式来实现[12]：

① 增大颗粒表面电位的绝对值，提高颗粒间静电排斥作用能。

② 通过高分子分散剂在颗粒表面形成吸附层，产生并强化位阻效应，使颗粒间产生强位阻排斥力。

③ 调控颗粒表面极性，增强分散介质对它的润湿性，在满足润湿原则的同时，增强了表面溶剂化膜，提高了它的表面结构化程度，使结构化排斥力大为增强。

目前分散剂大致有三类：无机电解质、表面活性剂和高分子分散剂。分散剂的选择因试样的不同而有所差别，表 1-11 中给出了某些颗粒在水介质中分散时适宜的分散剂。值得注意的是，在使用分散剂时，分散剂的量不宜过多，一个原因是分散剂的浓度和分散体系稳定性之间存在一个最佳关系；另外在光学测量中，分散介质的光学特性也是在选择时需考核的一个重要指标，分散剂的用量要确保不破坏分散介质的光学特性，否则反而会影响分散体系的稳定性和测试结果。如 ISO 22412: 2017 标准中推荐在动态光散射纳米颗粒测量中加入少量离子添加剂，如浓度为 10mmol/L（约 0.6g/L）的 NaCl 来促进和保持纳米颗粒的分散。

表1-11　某些颗粒在水介质中分散时适宜分散剂的选择[13]

颗粒名称	分散剂	颗粒名称	分散剂
三氧化二铝	非离子表面活性剂"司盘 20"	氧化铁	六偏磷酸钠
刚玉磨料	乙醇	煤粉	异辛烷、非离子表面活性剂"司盘 20"
锌粉	六偏磷酸钠 0.1%	氧化镁	六偏磷酸钠
硫酸钡	六偏磷酸钠 0.1%	碳酸锰	六偏磷酸钠、非离子表面活性剂"司盘 20"
磷酸钙	乙醇	碳酸钙	六偏磷酸钠
金刚石	六偏磷酸钠	二氧化钛	六偏磷酸钠
石墨	非离子表面活性剂"吐温 20"	石膏	乙二醇

颗粒在介质中的分散实际上是一个分散与平衡的过程。尽管物理方法可以较好地实现颗粒在分散介质中的分散，但是如果外力停止，粒子间由于分子间相互作用力又会相互聚集，而采用化学分散，可通过改变颗粒表面性质，增强颗粒相互间的排斥力，产生相对较为持久的分散平衡。实际过程中，应考虑将物理分散和化学分散相结合，用物理方法快速消除颗粒团聚现象，而化学方法可以保持分散稳定，从而达到较为理想的分散效果。

1.5.2　颗粒样品制备

在颗粒测量中，样品的取样与制备是关键。首先要保证测量的颗粒样品的代表性。对于多分散颗粒，受颗粒粒度分布的影响，提取的测量样品很可能与真实颗粒的粒度分布不一致。尤其是纳米颗粒样品，由于具有较高的表面能，为保证测试颗粒的粒度分布能代表真实颗粒的粒度分布，不同的颗粒样品有不同的取样方式。ISO 和国内相关标准都对颗粒的取样作了标准化规定，可以参考附录 2 中的国家标准和国际标准。

对于粉体颗粒，在晃动后大颗粒会存在于颗粒上部，小颗粒则主要存在于颗粒下部。为保证取样颗粒的代表性，标准规定采用缩分取样方式。先将颗粒充分混合均匀后，等分成几份，取其中一份，再次充分混合均匀，然后再等分成几份。重复几次该过程后，取其中一份作为测量样品。已有一些公司推出根据国际标准生产的分样取样器，可以直接得到有代表性的测量样品。

对于悬浮液颗粒样品，不仅在测量前要采用一定的方式使颗粒样品均匀分散，还可以在测量过程中同时加超声和搅拌来增加分散效果。如果在测量中使样品在测量循环系统循环，连续通过测量区，可以保证宽分布样品测量结果的准确性和重复性。

1.5.3　常见测量问题讨论

在颗粒测量中，水作为最为便捷、廉价的分散介质，在颗粒测量过程中成为颗粒相分散介质的首选介质。用水作分散介质对于颗粒测量而言最为方便，因为它的密度、黏度包括光学特性都是已知的，且当颗粒分散性不好时，有的还可采用加入分散剂来解决。

但是，有不少固体微粒并不能以水作为分散介质，如：①与水有化学反应的试样，要选择不与试样颗粒发生反应的分散介质，如无水乙醇，以它作为分散介质的分散效果就较好。②可溶解于水的试样，当被测试样颗粒可溶于水时，可使用以下方法，一是在测量之前先将试样颗粒在水中充分溶解，使其成为试样的饱和溶液，从而可以对尚未溶解的试样颗粒进行测量，但是在测量过程中温度应保持恒定不变，否则温度升高时，试样颗粒将进一步溶解；而温度降低时，颗粒又会长大，一般该方法适用于在水中溶解度很小的试样。而对于在水中溶解度较大的颗粒试样，采用有机溶剂无疑是更为明智的选择。③在水中会发生浸润、膨胀作用的试样，对于这种情况也要避免使用水作为分散介质。

对于颗粒测量中的颗粒分散问题，在选择分散介质时，除了要考虑颗粒与分散介质之间不反应、不互溶、不浸润等因素外，颗粒的密度、折射率等也需要考虑。

例如，对于密度较大的颗粒，适宜选用黏度较大的，但同时光吸收性又不是很强的分散介质，如甘油或蔗糖溶液，这样可以使颗粒沉降速度下降，保证颗粒在测量时间内保持相对动态稳定；另外，在测量中还常常会遇到一些完全不知道颗粒折射率的颗粒试样。多数情况下，例如，当采用衍射原理的激光衍射测量仪时，可以完全不需要知道待测颗粒和分散介质的任何物理参数；少数情况下，只要知道被测颗粒的相对折射率即可，使用中的限制很少。对于不知道颗粒试样折射率的情况，可以尽量选择与试样材料特性相似的物质的折射率代替进行反复多次测量，尽可能保证测量结果的准确性。近年来，一些研究把折射率同时作为反演参数，这就可以在不知道被测颗粒折射率的情况下测量出颗粒粒径分布和折射率[14]。

在选择了适合的分散介质以后，有时试样的分散性仍然不是很理想，这也是在测量细小颗粒时常见的问题。由于超细颗粒的表面能很大，颗粒之间极易产生团聚现象，纳米级颗粒尤其如此，以致很难把它们充分分散悬浮在介质中，此时可以使用超声分散或添加少量的分散剂。值得一提的是，对于常用的颗粒分散方法中的超声法，一般认为超声分散的时间越长，分散效果越好。其实不然，在使用超声波分散时应避免超声时间过长，因为时间过长将导致液体过热，使得颗粒间相互碰撞的概率大大增加，反而会引起颗粒间的团聚发生，因此，应慎重选择合适的超声分散时间。

合适的超声分散可以消除或极大减少团聚颗粒，而不合适的超声分散则可能会引起颗粒的团聚。图 1-14 和图 1-15 分别是两种纳米颗粒采用超声分散前后颗粒粒径测量结果，就是典型的例子。

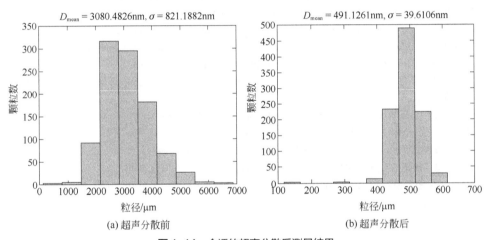

图1-14 合适的超声分散后测量结果

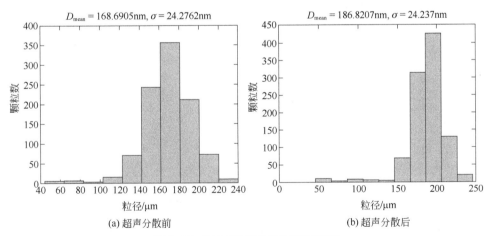

图1-15 不合适的超声分散后测量结果

实践表明，颗粒在分散介质中的分散程度对测量结果有很大影响，对于分散效果好的颗粒，测量结果较准确，对于分散效果较差的颗粒，则测得的结果误差会比较大，这种现象在超细颗粒的测量中表现得尤为明显。对于一些特殊的试样，在测量过程中，建议通过和试样提供方进行探讨并进行专门的实验，从而找到一种可行的分散介质和分散方法供测量所用。

参考文献

[1] Xu R L. Particle characterization: Light Scattering Methods. Dordrech: Kluwer Academic Publishers, 2000.
[2] Fayed M E, Otten L. 粉体工程手册. 黄长雄，等译. 北京：化学工业出版社，1992.
[3] Murphy H C. Handbook of Particle Sampling and Analysis Methods. Verlag Chemie, 1983.
[4] 童枯嵩. 颗粒粒度与比表面测量原理. 上海：上海科学技术文献出版社，1989.
[5] Allen T. Particle Size Measurement: Fifth edition. London: Chapman & Hall, 1997.
[6] Rushton A, et al. Solid-Liquid Filtration and Separation Technology. New Jersey: Wiley-VCH, 1996.
[7] Barth H G. Modern Methods of Particle Size Analysis. Now York: John Wiley & Sons, 1984.
[8] Junge C E. Air Chemistry and Radioactivity. New York: Academic Press, 1963.
[9] (美)麦卡特尼(E. J. Mccontney). 大气光学——分子和粒子散射. 潘乃先，等译.北京：科学出版社，1988.
[10] Ren J, Wang W M, Lu S C, Shen J. Power Technology, 2003, 137: 91-94.
[11] 卢寿慈. 粉体技术手册. 北京：化学工业出版社，2004.
[12] 卢寿慈，翁达. 界面分选原理与应用. 北京：冶金工业出版社，1991.
[13] 任俊，沈健，卢寿慈. 颗粒分散科学与技术. 北京：化学工业出版社，2005.
[14] 孟睿. 基于散射光谱的球形颗粒粒径和折射率测量方法的研究. 天津：天津大学，2018.

第 **2** 章

光散射理论基础

在颗粒测量技术中，光学测量方法由于其独特的优势得到飞速发展。除了有限的几种方法（譬如光学显微镜法）外，光学测量技术都建立在光散射理论基础上。因此，本章主要介绍光散射理论基础，具体内容包括：衍射散射基本理论、光散射基本理论（散射的电磁场理论）、光散射几何近似和非平面波散射理论。

2.1 衍射散射基本理论

在均匀媒质中，波动沿直线传播。当波遇到障碍物时，波动可绕过障碍物而在某种程度上传播到障碍物的几何阴影区，即发生偏离直线传播的现象，称作衍射或绕射。衍射是波传播过程中的一个重要现象。对于声波和无线电波来说，由于波长较长，因此在日常生活中可明显地感觉到其衍射现象；光的衍射则由于波长较短不易看到，只在光通过很细小的孔或狭缝时才能明显感觉到。这说明衍射现象的明显程度与障碍物的尺寸和波长相对大小有关。具体地说，当障碍物的尺寸与波长相当时，衍射较为明显。因此，光的衍射现象可以用来测量细小颗粒的粒径。本节简单介绍衍射散射的基本理论。

2.1.1 惠更斯-菲涅耳原理

最早成功地用波动理论解释衍射现象的是菲涅耳，他把惠更斯原理用相干理论加以补充，即惠更斯-菲涅耳原理，是研究衍射现象的理论基础。

众所周知，波动具有两个基本性质：它是扰动的传播，媒质中某一点的扰动能够引起附近其它点的扰动，各点的扰动相互之间存在联系；

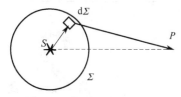

图 2-1 惠更斯-菲涅耳原理

波动具有时空周期性，能够相互叠加。惠更斯原理中的"次波"概念反映了上述基本性质。菲涅耳吸收了惠更斯提出的次波概念，并用"次波相干叠加"的思想将所有衍射情况归于统一的原理中来，这就是著名的惠更斯-菲涅耳原理。

如图 2-1 所示，S 为点波源，Σ 是从 S 发出的球面波在某个时刻到达的波阵面（也称作波前），P 是波场中的某点。根据惠更斯-菲涅耳原理，可以把 Σ 面分割成无穷多个小面元 $\mathrm{d}\Sigma$，每个 $\mathrm{d}\Sigma$ 看成发射次波的波源，从所有面元发射的次波将在 P 点相遇。一般来说，从各面元 $\mathrm{d}\Sigma$ 到 P 点的光程是不同的，因此在 P 点引起振动的位相也不同。P 点的总振动就是这些次波在该点相干叠加的结果。这就是惠更斯-菲涅耳原理的基本思想。在这里，S 到 Σ 上各面元的距离相等，因此各面元 $\mathrm{d}\Sigma$ 的位相一致。事实上，惠更斯-菲涅耳原理可以理解得更广一些：上述的 Σ 面不一定是从 S 发出的光波波面，它可以是将源点 S 和场点 P 隔开的任何曲面。不过，这样一来就必须考虑由于 S 到 Σ 面上各面元 $\mathrm{d}\Sigma$ 的光程不同，从而这些次波波源有各自的位相。因此，惠更斯-菲涅耳原理可以表述如下：波前 Σ 上各面元 $\mathrm{d}\Sigma$ 都可以看成新的振动中心，它们发出次波，在空间某点 P 处的振动就是所有这些次波在该点的相干叠加。

设 $\mathrm{d}U(P)$ 是由波前 Σ 上的面元 $\mathrm{d}\Sigma$ 发出的次波在场点 P 产生的复振幅，则在 P 点的总振动应为：

$$U(P) = \int_{\Sigma} \mathrm{d}U(P) \tag{2-1}$$

上式是惠更斯-菲涅耳原理的数学表达式，不过用它来计算还需要进一步具体化。

假设
$$\mathrm{d}U(P) \propto \mathrm{d}\Sigma$$
$$\mathrm{d}U(P) \propto U_0(Q)$$
$$\mathrm{d}U(P) \propto \frac{\exp(\mathrm{i}kr)}{r} \tag{2-2}$$
$$\mathrm{d}U(P) \propto F(\theta_0,\theta)$$

式中，$\mathrm{d}\Sigma$ 是面元的面积；$U_0(Q)$ 是面元（次波源）上 Q 点的复振幅，取其等于从波源自由传播到 Q 时的复振幅。r 是面元 $\mathrm{d}\Sigma$ 到场点 P 的距离，$k = 2\pi/\lambda$，θ_0 和 θ 分别是源点 S 和场点 P 相对次波面元 $\mathrm{d}\Sigma$ 的方位角（见图 2-2），倾斜因子 $F(\theta_0,\theta)$ 是 θ_0 和 θ 的某个函数，表示由面元发射的次波不是各向同性的。

根据以上假设，惠更斯-菲涅耳原理可表示为：

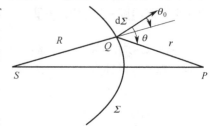

图 2-2 关于菲涅耳公式中各量的说明

$$U(P) = K \int_{\Sigma} U_0(Q) F(\theta_0, \theta) \frac{\exp(\mathrm{i}kr)}{r} \, \mathrm{d}\Sigma \qquad (2\text{-}3)$$

该式称作菲涅耳衍射积分公式。其中 K 是比例常数

$$K = -\frac{\mathrm{i}}{\lambda} = \frac{\exp(-\mathrm{i}\pi/2)}{\lambda} \qquad (2\text{-}4)$$

λ 为波长，$-\mathrm{i} = \exp(-\mathrm{i}\pi/2)$ 表明：必须假设等效次波源 $KU_0(Q)$ 的位相并非波前上的该点振动 $U_0(Q)$ 的位相，而是超前了 $\pi/2$。倾斜因子 $F(\theta_0, \theta)$ 为：

$$F(\theta_0, \theta) = \frac{\cos\theta_0 + \cos\theta}{2} \qquad (2\text{-}5)$$

一般来说，菲涅耳积分公式的计算是相当复杂的，但在波面关于通过 P 点的波面法线具有旋转对称性时，该积分比较简单。

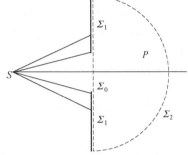

惠更斯-菲涅耳原理的提出显然不是为了解决波的自由传播问题，而是为了求解存在障碍物时衍射场的分布。考虑如图 2-3 所示的小孔衍射，波前 Σ 分为两部分：光孔部分 Σ_0 和光屏部分 Σ_1。通常假设光孔部分 Σ_0 上的复振幅 $U_0(Q)$（可称为瞳函数）取自由传播时光场的值，而 Σ_1 上的 $U_0(Q)$ 取为 0。以上称为基尔霍夫边界条件。综合以上所述，菲涅耳衍射积分公式化为：

图 2-3　基尔霍夫边界条件的说明

$$U(P) = \frac{-\mathrm{i}}{2\lambda} \int_{\Sigma_0} (\cos\theta_0 + \cos\theta) U_0(Q) \frac{\exp(\mathrm{i}kr)}{r} \, \mathrm{d}\Sigma \qquad (2\text{-}6)$$

上式中的积分范围已被基尔霍夫边界条件取代。在光孔和接收范围傍轴条件下，$\theta_0 \approx \theta \approx 0$，$r \approx r_0$（场点到光孔中心的距离），上式可进一步简化为：

$$U(P) = \frac{-\mathrm{i}}{\lambda r_0} \int_{\Sigma_0} U_0(Q) \exp(\mathrm{i}kr) \, \mathrm{d}\Sigma \qquad (2\text{-}7)$$

2.1.2　巴比涅原理

从惠更斯-菲涅耳衍射公式可导出一个很有用的原理。考虑图 2-4 中的一对衍射屏 Σ_a 和 Σ_b，Σ_a 的透光部分是 Σ_b 的遮光部分，反之亦然，即两个屏是互补的。

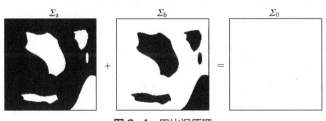

图 2-4　巴比涅原理

因 $\Sigma_0 = \Sigma_a + \Sigma_b$，我们有

$$\int_{\Sigma_0} \mathrm{d}\Sigma = \int_{\Sigma_a} \mathrm{d}\Sigma + \int_{\Sigma_b} \mathrm{d}\Sigma \qquad (2\text{-}8)$$

等式右边第一项给出 Σ_a 屏的衍射场 $U_a(P)$，第二项给出 Σ_b 屏的衍射场 $U_b(P)$，等式左边是自由波场 $U_0(P)$，于是

$$U_0(P) = U_a(P) + U_b(P) \qquad (2\text{-}9)$$

该式表明，互补屏造成的衍射场中复振幅之和等于自由场的复振幅。这个结论称为巴比涅原理。由于自由场是容易计算的，因此利用巴比涅原理可以较方便地由一种衍射屏的衍射图样求出其互补屏的衍射图样。

巴比涅原理对下面一类衍射装置特别有意义，即衍射屏由点光源照射，其后装有成像光学系统，在光源的几何像平面上接收衍射图样。这时所谓自由光场就是服从几何规律传播的光场，它在像平面上除了像点外 $U_0(P)$ 皆为 0，从而除几何像点外处处有

$$U_a(P) = -U_b(P) \qquad (2\text{-}10)$$

取它们各自复数共轭的乘积，则得

$$I_a(P) = I_b(P) \qquad (2\text{-}11)$$

即除了几何像点以外的其它地方，两个互补屏分别在像平面产生的衍射图样完全一样。在以下分析颗粒的衍射问题时，将应用到巴比涅原理。

2.1.3　衍射的分类

衍射系统由光源、衍射屏和接收屏组成。通常按它们相互间距离的大小，将衍射分为两类：一类是光源和接收屏（或两者之一）距离衍射屏有限远 [见图 2-5 (a)]，这类衍射叫作菲涅耳（Fresnel）衍射；另一类是光源和接收屏都距离衍射屏无穷远 [见图 2-5 (b)]，这类衍射叫作夫琅和费（Fraunhofer）衍射。两种衍射的区分是从理论计算上考虑的。可以看出，菲涅耳衍射是普遍的，夫琅和费衍射则是它的一个特例。不过由于夫琅和费衍射的计算简单得多，人们把它单独归成一类进行研究。近年发展起来的傅里叶变换光学，赋予了夫琅和费衍射新的重要意义。比如，Malvern 激光测粒仪也完全可以等效地用傅里叶光学的原理加以分析和计算，这里不作进一步讨论。

2.1.4　夫琅和费单缝衍射

夫琅和费衍射的计算比较简单，本节将对单缝夫琅和费衍射场的分布函数进行计算，并从中进一步概括出衍射现象的一些重要特征。

如上所述，夫琅和费衍射是平行光的衍射，在实验中它可借助两个透镜来实现。

见图 2-6，位于物方焦平面上的点光源经第一个透镜，转化为一束平行光照射到衍射屏上。衍射屏开口处的波前向各方向发出次波（即衍射光线）。方向彼此相同的衍射光线经第二个透镜，将会聚到像方焦平面的同一点上。

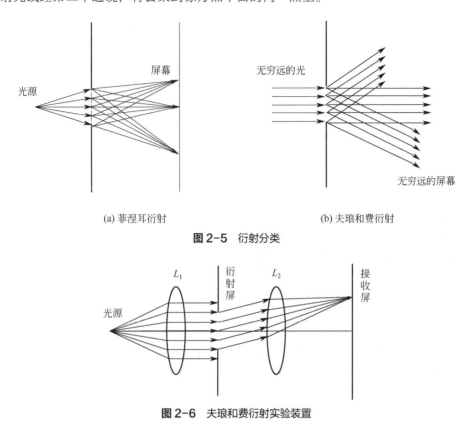

(a) 菲涅耳衍射   (b) 夫琅和费衍射

图 2-5 衍射分类

图 2-6 夫琅和费衍射实验装置

在傍轴条件下，按照菲涅耳-基尔霍夫公式（2-7），有

$$U(\theta) = -\frac{\mathrm{i}}{\lambda Z_0} \iint U_0 \exp(\mathrm{i}kr) \mathrm{d}x \mathrm{d}y \tag{2-12}$$

式中，r 是波前上坐标为 x 的点 Q 到场点 P 的光程。由图 2-7 可知 r 与 r_0 的光程差为：

$$\Delta r = r - r_0 = -x\sin\theta \tag{2-13}$$

它与 y 无关。r_0 是角度为 θ 时狭缝中心处光线到透镜面的光程。在正入射的情况下 U_0 是与 x 和 y 都无关的常数。将式（2-12）先对 y 积分，并把所有与 x 无关的因子并到一个常数 C 中，于是得到

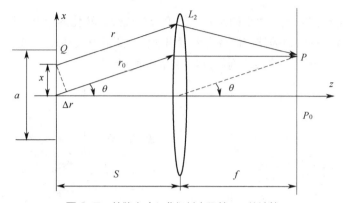

图 2-7 单缝夫琅和费衍射光程差 Δr 的计算

$$
\begin{aligned}
U(\theta) &= C\int_{-a/2}^{a/2}\mathrm{e}^{ik\Delta r}\mathrm{d}x = C\int_{-a/2}^{a/2}\exp(-ikx\sin\theta)\mathrm{d}x \\
&= C\left.\frac{\exp(ikx\sin\theta)}{ik\sin\theta}\right|_{x=-a/2}^{x=a/2} \\
&= 2C\frac{\sin(ka\sin\theta/2)}{k\sin\theta} \\
&= aC\frac{\sin\alpha}{\alpha}
\end{aligned} \tag{2-14}
$$

其中

$$
\alpha = ka\sin\theta/2 = \pi a\sin\theta/\lambda \tag{2-15}
$$

在式（2-14）中取 $\theta = 0$，得 $U(0) = aC$，于是 $U(\theta) = U(0)\sin\alpha/\alpha$，取绝对值的平方即可得到

$$
I_\theta = I_0\left(\frac{\sin\alpha}{\alpha}\right)^2 \tag{2-16}
$$

其中 $I_0 = U^*(0)U(0)$ 是衍射场的中心强度。衍射场中相对强度 I/I_0 等于 $(\sin\alpha/\alpha)^2$，它是 α 的 sinc 函数，称为单缝衍射因子。

2.1.5　夫琅和费圆孔衍射

讨论夫琅和费圆孔衍射问题对理解和掌握衍射式颗粒测量仪的工作原理是必不可少的。由于计算中用到的数学知识较多，这里只给出结果，详细的推导过程，读者可参阅有关物理光学教科书，如文献[1]。在正入射时，圆孔的夫琅和费衍射的复振幅分布为：

$$
U(\theta) \propto 2J_1(X)/X \tag{2-17a}
$$

其中

$$X = (2\pi a/\lambda)\sin\theta \tag{2-17b}$$

式中，a 是圆孔的半径，θ 是衍射角，$J_1(X)$是关于 X 的一阶贝塞尔函数，其数值可查有关数学用表，也可通过近似公式数值计算得到。强度分布公式为：

$$I(\theta) = I_0[2J_1(X)/X]^2 \tag{2-18}$$

式中，I_0 是中心强度，$I_0 \propto (\pi a^2/\lambda)^2$。$[2J_1(X)/X]^2$ 的曲线见图 2-8，该函数的极大值和极小值（零点）的数值列于表 2-1。

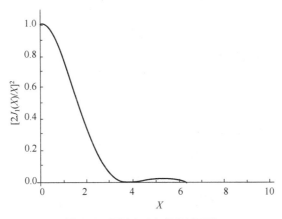

图 2-8 圆孔夫琅和费衍射因子

表 2-1 圆孔夫琅和费衍射强度分布函数的极大值和极小值

X	0	1.220π	1.635π	2.233π	2.679π	3.238π
$[2J_1(X)/X]^2$	1	0	0.0175	0	0.0042	0
极值	极大	极小	极大	极小	极大	极小

定性地看，圆孔夫琅和费衍射因子与单缝相似，但在具体数值上有些差别。圆孔夫琅和费衍射图样见图 2-9，具有轴对称性并由中心亮斑和外围一系列同心亮环组成。

与单缝情形类似，圆孔衍射场中的绝大部分能量集中在零级衍射斑内。圆孔的零级衍射斑称为爱里斑（G B Airy），其中心是几何光学像点。衍射光角分布的弥散程度可用爱里斑的大小（即第一暗环的角半径 $\Delta\theta$）来衡量。从表 2-1 可以看出：

$$\Delta\theta = 0.61\lambda/a$$

或

图 2-9 圆孔夫琅和费衍射图样

$$\Delta\theta = 1.22\lambda/D \qquad\qquad (2\text{-}19)$$

其中 $D = 2a$ 是圆孔直径，以上便是圆孔衍射弥散程度与圆孔直径的反比关系。

对衍射式激光测粒仪来说，被测对象为颗粒而非圆孔，设颗粒直径为 D，则由于圆孔和颗粒的迎光截面（是一圆屏）正好互补。由巴比涅原理可知，除衍射场的中心点（即透镜的焦点）外，颗粒的衍射光强分布与具有相同直径圆孔的衍射光强分布完全相同，即同样可由式（2-18）式（2-19）表征。在以后讨论到衍射式激光测粒仪的工作原理时将用到上述结论。

2.2 光散射基本理论

2.2.1 光散射概述

2.2.1.1 光与介质的相互作用

描述颗粒散射行为的衍射理论是一种近似方法。在衍射近似中，颗粒被看作一个挡光截面，入射到颗粒表面的光能量完全被吸收（即忽略了透过颗粒的那部分光能和被颗粒表面反射的那部分光能）。后面我们将看到，衍射近似理论只有在颗粒的物理参数（包括颗粒的粒径、折射率）满足一定条件时才成立。严格的散射理论建立在麦克斯韦（Maxwell）电磁场方程组的基础上。

众所周知，光波是电磁波，光波在介质中的传播与介质的特性有关，并且服从麦克斯韦电磁场方程组。因此，光波在介质中的传播规律（如光的传播速度、光的散射和吸收、光的偏振性等）都可通过麦克斯韦电磁场方程组解得，并且与表征该传播介质电磁性质的参量（如介质的介电常数 ε、磁导率 μ 和电导率 σ 等）有关。

光波由两个相互垂直的振动矢量——电场强度 $\bar{E}$ 和磁场强度 $\bar{H}$ 矢量来表征。对于接收光波信号的探测仪器或眼睛来说，由于产生感光作用和生理作用的主要是电矢量 $\bar{E}$，因此通常将电振荡矢量 $\bar{E}$ 称作电矢量，光强 I 与电矢量的模平方 $|\bar{E}|^2$ 成正比。

对于平面光波而言，两个相互垂直的振动矢量 $\bar{E}$ 和 $\bar{H}$ 与光波的传播方向垂直，光波为横波，光波在传播中体现出偏振性。

当光波在介质中传播时，介质的电导率 σ 决定了介质的耗散性质。根据介质的耗散性质，可将介质分成耗散介质和非耗散介质两大类。电导率 $\sigma \neq 0$ 的介质对光波存在吸收现象，称为耗散介质；电导率 $\sigma = 0$ 的介质对光波不吸收，称为非耗散介质[2,3]。

对于非耗散介质，其折射率 $m = \sqrt{\varepsilon_r \mu_r}$ 是一个实数，其中 ε_r 为介质相对介电常数，μ_r 则是介质的相对磁导率（可在相应手册中查找）。光波在非耗散介质中传播时不存在衰减情况。

对于耗散介质，折射率 m 是一个复数，称为复折射率，可写成 $m = n-\mathrm{i}\eta$ 或者 $m = n+\mathrm{i}\eta$。其中，复折射率的实部 n 称为散射系数，它反映了介质的折射（散射）特性；虚部 η 称为吸收系数，它反映了介质对光波的吸收特性。复折射率虚部的符号取决于光波时谐项的表述方式，当取 $\exp(\mathrm{i}\omega t)$ 时虚部取负号，采用 $\exp(-\mathrm{i}\omega t)$ 时则取正号。当光波在耗散介质中传播时，光强由于耗散介质的吸收而衰减。光强在耗散介质中的传播可由朗伯-比尔定律（BLBL）描述，其表达式为：

$$I = I_0\mathrm{e}^{-\tau l} \tag{2-20}$$

式中，τ 称为介质的浊度；l 是光波通过介质的距离。$T = \tau l$ 称为介质中光波传播方向的光学厚度。

2.2.1.2　光散射现象

光散射是指光线通过不均匀的介质而偏离其原来的传播方向并散开到所有方向的现象。众所周知，在均匀介质中，光线将沿原有的方向传播而不发生散射现象。当光线从一种均匀介质进入另一均匀介质时，根据麦克斯韦电磁场理论，它只能沿着折射光线的方向传播，这是由于均匀介质中偶极子发出的次波具有与入射光相同的频率，并且偶极子发出的次波间有一定的位相关系，它们是相干的，在非折射光的所有方向上相互抵消，所以只发生折射而不发生散射。反射和折射规律由 Snell 定律描述，而反射光和折射光与入射光的强度关系则由 Fresnel 公式给出。

如果在均匀介质中掺入一些大小为波长数量级且杂乱分布的颗粒物质，它们的折射率与周围均匀介质的折射率不同，譬如胶体溶液、悬乳液、乳状物等，原来均匀介质的光学均匀性遭到破坏，次波干涉的均匀性也受到破坏。这种含有不均匀无规则分布的颗粒物质的介质引起了光的散射，称为丁达尔（Tygdall）散射（又称丁铎尔散射）。在本书以下讨论光散射法测量颗粒时，均是指丁达尔散射。对于丁达尔散射，散射光的强度分布及偏振规律与散射颗粒的大小、颗粒相对周围介质的折射率有关。

有些介质表面看来均匀纯净，但在介质内部由于密度的起伏——介质中存在着局部密度和平均密度之间统计性的偏离——而破坏了其光学均匀性，也会引起光的散射，例如大气散射，这种散射称为分子散射。当物质处在气/液二相的临界点时密度涨落很大，光波照射其上就会产生强烈的分子散射，这种散射光称为临界乳光。

上述两种散射（丁达尔散射和分子散射），其散射光的波长（或频率）与入射光一致。除此之外，有些散射行为（譬如拉曼散射），其散射光中除了存在与入射光相同波长（或频率）的成分外，还存在其它波长（或频率）的散射。在本书所述的有关颗粒测量问题中，只涉及散射光与入射光具有相同频率的情况。因此，这里仅限于讨论丁达尔散射。

2.2.2 光散射基本知识

光的散射规律比较复杂，这里限于讨论最简单的散射情形，即所谓的不相关单散射。大多数的颗粒测量实验正是在不相关单散射条件下进行的。

2.2.2.1 不相关散射与相关散射

不相关散射是指：分散在均匀介质中的微小颗粒（或称散射体）相互间的距离足够大，以至于其散射不受其它颗粒的存在的影响。在这种情况下，可以不管其它颗粒的存在而研究一个颗粒的散射行为，称为不相关散射（independent scattering）。严格来说，同一入射光中由不同颗粒散射在同一方向上的散射光具有一定的位相关系，是相干的。但由于小颗粒的极其微小的位移或散射角度极微小的变化会改变其位相差，因此，大量无规则杂乱分布的小颗粒散射的净效应可近似认为是各个颗粒散射光强的相加而不管其位相关系，犹如不同颗粒的散射光是不相干的。反之，当散射体相距很近时，就必须考虑散射体之间的相互影响，这种散射称相关散射（dependent scattering）。相关散射的数学处理比不相关散射复杂得多。

Kerker 指出，颗粒间距离大于颗粒直径的三倍是保证不相关散射的条件[3]。为了保证不相关散射，介质中的颗粒浓度应不大于表 2-2 给出的数值。

表2-2 满足不相关散射的颗粒粒径和浓度对应表

颗粒直径/μm	0.1	1.0	10.0	100.0	1000.0
颗粒数浓度/cm^{-3}	10^{13}	10^{10}	10^{7}	10^{4}	10

由表可以看出，通常所遇到的实际问题都可作为不相关散射来处理。例如，即使是非常浓的雾，它由直径约为 1mm 的水滴组成，在 1cm^3 空间内大约存在一个水滴，这时颗粒之间距离大约是直径的 10 倍，满足不相关散射的条件。许多溶胶液体都有类似情况。

2.2.2.2 单散射与复散射

单散射是指每一个散射颗粒都暴露于原始入射光线中，仅对原始的入射光进行散射。反之，有部分颗粒并不暴露于原始光线中，它们对其它颗粒的散射光再次进行散射，即原始入射光线通过介质时产生多次散射，如果这种作用比较强，则称这种散射为复散射。

对于不相关的单散射，由 N 个相同颗粒作为散射中心的集合体的散射强度是单个颗粒散射强度的 N 倍，数学处理十分简单。但对于复散射，散射光强与散射颗粒数的简单正比关系不复存在，目前数学上处理这类问题仍然很困难。有兴趣的读者可参阅相关文献[4]。

可以利用介质的光学厚度 T [$T = \tau l$，见公式（2-20）下方的符号说明] 作为判别是否满足单散射的依据。实验指出，当光学厚度 $T<0.1$ 时，单散射占绝对优势，复散射的影响可略去不计；当光学厚度 $T>0.3$ 时，复散射起主导作用；当 $0.1<T<0.3$ 时，可以按单散射处理，但须作适当修正[3]。因此，为了保证实验或测量在不相关的单散射条件下进行，应对介质中散射体的浓度和光线通过介质的光学厚度加以控制。

2.2.2.3 有关散射的几个物理量

在研究光散射现象时，常常引入散射光强、散射截面、吸收截面、消光截面以及相应的散射系数、吸收系数和消光系数等描述散射现象的物理量[3,5-7]。这些物理量与散射颗粒的大小、折射率以及入射光的波长等因素存在密切的关系，利用这些关系，世界各国已研制生产了多种基于光散射原理的颗粒测量仪器。

（1）散射截面、吸收截面和消光截面及其相应系数

① 散射截面和散射系数　一个散射颗粒在单位时间内散射的全部光能量 E_{sca} 与入射光强 I_0 之比称为散射截面，记作 C_{sca}。也就是说，一个颗粒单位时间内散射的全部光能量等于入射光单位时间内投射到该颗粒散射截面上的能量。

$$\begin{cases} C_{sca} = E_{sca}/I_0 \\ E_{sca} = I_0 C_{sca} \end{cases} \tag{2-21a}$$

散射截面具有面积的量纲。还可以进一步引入一个无量纲的量——散射系数 k_{sca}，它等于散射截面与散射体迎着光传播方向的投影面积 S_P 之比。显然，散射系数等于一个颗粒单位时间内散射的全部光能量与投射到散射体上的全部光能量之比。

$$k_{sca} = \frac{C_{sca}}{S_P} = \frac{E_{sca}}{I_0 S_P} \tag{2-21b}$$

② 吸收截面和吸收系数　当颗粒受到光照射时，除了散射外常常还伴随着吸收，被颗粒吸收的光能量转变为其它形式的能量而不再以光的形式出现，这与散射情形明显不同。可以采用同样的方法定义吸收截面 C_{abs} 和吸收系数 k_{abs}。将颗粒在单位时间内吸收的光能量用单位时间内投射到某一面积上的能量来描述，该面积 C_{abs} 即为吸收截面。与上相似，吸收截面与颗粒迎着光传播方向的投影面积 S_P 之比即为吸收系数，并存在如下关系式

$$\begin{cases} C_{abs} = E_{abs}/I_0 \\ E_{abs} = I_0 C_{abs} \end{cases} \tag{2-22a}$$

$$k_{abs} = \frac{C_{abs}}{S_P} = \frac{E_{abs}}{I_0 S_P} \tag{2-22b}$$

③ 消光截面和消光系数　在光线通过介质时，沿原传播方向的透射光的强度减弱，这种光的衰减称消光。消光是由于颗粒对入射光的散射和吸收两个因素引起的，与颗粒的物理性质有关。当颗粒为非耗散介质时，消光完全由散射引起；反之，当颗粒为耗散介质时，散射和吸收同时存在，哪一因素占优势则根据颗粒的材质即颗粒相对于周围介质的复折射率中实部与虚部的大小而定。

同上，在单位时间内从原始的入射光中移去的总的光能量 E_{ext} 用单位时间内投射到某一面积 C_{ext} 上的能量来描述，该面积 C_{ext} 即消光截面。消光截面与颗粒迎着光传播方向的投影面积 S_P 之比即为消光系数 k_{ext}。

$$\begin{cases} C_{ext} = E_{ext}/I_0 \\ E_{ext} = I_0 C_{ext} \end{cases} \tag{2-23a}$$

$$k_{ext} = \frac{C_{ext}}{S_P} = \frac{E_{ext}}{I_0 S_P} \tag{2-23b}$$

显然，根据能量守恒定律，存在下述关系

$$C_{ext} = C_{sca} + C_{abs} \tag{2-24a}$$

$$k_{ext} = k_{sca} + k_{abs} \tag{2-24b}$$

对非耗散性颗粒，则有

$$C_{ext} = C_{sca} \tag{2-25a}$$

$$k_{ext} = k_{sca} \tag{2-25b}$$

（2）散射振幅函数、强度函数

对于不相关的单散射，可先对单个颗粒进行处理。设散射颗粒位于坐标原点，入射光沿 z 轴正方向传播，则入射光波可表示为 $u_i = a e^{i(\omega t - kz)}$，其中 a 为振幅，ω 为圆频率，k 为波矢常数。

在远离散射体处的散射光波为球面波，其波源就是散射体，如图 2-10 所示。图中，r 为散射光观察点与散射体的距离，散射角为 θ，观察点与 z 轴组成的平面即为散射面，φ 称为方位角。

由于在空间某点的散射波振幅与该点到散射体的距离 r 成反比，因而可把远场散射波 u_s 写成：

$$u_s = s(\theta, \varphi) \frac{1}{ikr} e^{-ikr + ikz} u_i \tag{2-26}$$

式中，$s(\theta, \varphi)$ 是无量纲函数，表征散射光方向特性，与颗粒的形状、大小、折射率及空间趋向等有关，称为颗粒的散射振幅函数，一般情况下是复数。散射光的强度即可表示为：

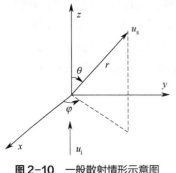

图 2-10　一般散射情形示意图

$$I_s = \frac{|s(\theta, \varphi)|^2}{k^2 r^2} I_0 = \frac{i(\theta, \varphi)}{k^2 r^2} I_0 \qquad (2\text{-}27)$$

式中，$i(\theta,\varphi) = |s(\theta,\varphi)|^2$ 也是与散射方向有关的无量纲函数，称为散射强度函数。振幅函数和强度函数均与颗粒的粒径 d、散射角 θ、方位角 φ、颗粒相对周围介质的折射率 m 有关。振幅函数和强度函数求得后，散射系数和消光系数可按下式计算[3]

$$k_{sca} = \frac{1}{k^2 \sigma} \int i(\theta,\varphi) \mathrm{d}\Omega$$

$$k_{ext} = \frac{4\pi}{k^2 \sigma} Re[s(0)] \qquad (2\text{-}28)$$

式中，$s(0)$ 是散射振幅函数 $s(\theta,\varphi)$ 在前向 $\theta = 0$ 处的值。

2.2.3 经典 Mie 光散射理论

严格的光散射电磁场理论利用光的电磁波性质，应用麦克斯韦方程组对散射颗粒形成的边界条件进行求解，可以得到各个光散射物理量。但严格解法受到许多限制，对于一些复杂问题，至今仍然难以给出精确的结果。经过一个多世纪的发展，颗粒散射的电磁场理论及其计算方法得到了飞速发展，可使用的方法很多，如分离变量法 (separation of variables method, SVM) 求解、T 矩阵方法、广义多极方法 (generalized multipole technique, GMT) 或离散源方法 (discrete sources method, DSM)、时间域有限差分法 (finite difference time domain, FDTD)、有限元方法 (finite element method, FEM)、矩计算方法 (method of moments, MOM)、体积积分方法 (volume integral equation method, VIE)、几何光学近似法 (geometrical optical approximation, GOA) 等[8]。本书限于篇幅只对分离变量法作部分介绍。对其它方法，有兴趣的读者可查阅参考文献[8]。

在分离变量法颗粒散射理论中，所处理的散射体（颗粒）都具有规则的形状和相应的对称性质，如球体、柱体、旋转椭球体等。这些理论都发展自 1908 年 Mie 提出的电磁散射理论[9]。Mie 理论是对处于均匀介质中的各向均匀同性的单个介质球在单色平行光照射下的麦克斯韦方程边界条件的严格数学解。100 多年来，Mie 散射理论得到了很大发展。其中之一是关于散射体形状的发展。按照散射体的球面对称性，将 Mie 理论的适用范围从均匀的各向同性介质球推广到多层的各向同性介质球和折射率渐变的各向同性介质球[10-15]，这些折射率按球层分布的球体呈现球对称性，因此，散射理论在球坐标系中构建。按照散射体的柱面对称性，将 Mie 理论推广到无限长柱形颗粒（折射率按柱面分布）的情形[6,16]，散射理论在柱坐标系中构建。Mie 散射理论的另一个发展方向是研究照射散射体的光束形状，将入射光束从很宽的平行光推广到高斯光束和其它有形光束 (shaped beam)，称为广义米氏理论（GLMT，将在后面介绍）[17-19]。在分离变量法中，入射光场与散射体的相互作用导致散射体产生一个内场和一个外场，外场就是入射场和散射场的叠加。内场和外场在散射体界面上存在边界条件，由此可确定内场和外场的各种物理参数。由于散射体存在几何对称性，可将内场和外场（即散射场和入射场）按照这种几何对称性分解成相应的矢量波函数[6]。Mie 散射理论最近的发展是将入射光束为高斯光或其它有形光束（shaped beam）下球形颗粒的散射广义米氏理论（GLMT）推广到椭球散射体的情况，如果改变椭球长短轴的比，可以将椭球蜕化成球或近似为圆柱，因此，椭球散射理论可以适用于更一般的情况[20]。

2.2.3.1　基本理论

推导 Mie 散射解的过程比较烦琐，以下仅给出结论，详细推导过程可参阅文献[3-7]。

在研究平行光照射下球形颗粒的散射问题时，通常引入无量纲粒径参量 $\alpha = m_1\pi d/\lambda$，其中 λ 是入射光在真空中的波长，d 是球形颗粒的直径，m_1 是颗粒周围分散介质的折射率。当颗粒分散在空气中时 $m_1 = 1$，故无量纲粒径参量为 $\alpha = \pi d/\lambda$。

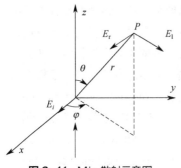

图 2-11 Mie 散射示意图

首先讨论入射光为完全偏振光的情形，如图 2-11 所示，设入射光沿 z 轴正向射入，电矢量沿 x 轴方向，r 为散射光观察点与散射颗粒的距离，散射角为 θ，观察点与 z 轴组成的平面即为散射面，φ 为入射光振动面与散射面之间的夹角。则垂直于散射面的散射光强 I_r 和平行于散射面的散射光强 I_l 以及总散射光强 I_s 的表达式分别为：

$$I_r = \frac{\lambda^2}{4\pi^2 r^2}\,|s_1(\theta)|^2 I_0\sin^2\varphi = \frac{\lambda^2}{4\pi^2 r^2}\,i_1(\theta)I_0\sin^2\varphi$$

$$I_l = \frac{\lambda^2}{4\pi^2 r^2}\,|s_2(\theta)|^2 I_0\cos^2\varphi = \frac{\lambda^2}{4\pi^2 r^2}\,i_2(\theta)I_0\cos^2\varphi \qquad (2\text{-}29a)$$

$$I_s = \frac{\lambda^2 I_0}{4\pi^2 r^2}\,[i_1(\theta)\sin^2\varphi + i_2(\theta)\cos^2\varphi] \qquad (2\text{-}29b)$$

对球形颗粒，强度函数 $i_1(\theta)$ 和 $i_2(\theta)$ 以及振幅函数 $s_1(\theta)$ 和 $s_2(\theta)$ 与散射角 θ、颗粒相对周围介质的折射率 $m = m_2/m_1$（m_2 是颗粒折射率）及表征粒径大小的无量纲参量 α 有关，而与方位角 φ 无关。振幅函数是由 Bessel 函数和 Legendre 函数组成的无穷级数，其表达式为：

$$s_1(\theta) = \sum_{n=1}^{\infty} \frac{2n+1}{n(n+1)}\,(a_n\pi_n + b_n\tau_n)$$

$$s_2(\theta) = \sum_{n=1}^{\infty} \frac{2n+1}{n(n+1)}\,(a_n\tau_n + b_n\pi_n) \qquad (2\text{-}30)$$

其中 a_n、b_n 称为 Mie 散射系数，是折射率 m 和无量纲颗粒粒径参数 α 的函数；而 π_n 和 τ_n 则与散射角 θ 有关，分别由下列表达式表示

$$
\begin{cases}
a_n = \dfrac{\psi_n(\alpha)\psi_n'(m\alpha) - m\psi_n'(\alpha)\psi_n(m\alpha)}{\xi_n^{(2)}(\alpha)\psi_n'(m\alpha) - m\xi_n^{(2)\prime}(\alpha)\psi_n(m\alpha)} \\[3mm]
b_n = \dfrac{m\psi_n(\alpha)\psi_n'(m\alpha) - \psi_n'(\alpha)\psi_n(m\alpha)}{m\xi_n^{(2)}(\alpha)\psi_n'(m\alpha) - \xi_n^{(2)\prime}(\alpha)\psi_n(m\alpha)}
\end{cases}
\tag{2-31}
$$

$$
\pi_n = \frac{P_n^{(1)}(\cos\theta)}{\sin\theta} = \frac{\mathrm{d}P_n(\cos\theta)}{\mathrm{d}\cos\theta}
$$

$$
\tau_n = \frac{\mathrm{d}P_n^{(1)}(\cos\theta)}{\mathrm{d}\theta}
\tag{2-32}
$$

其中，$\psi_n(z)$ 和 $\xi_n^{(2)}(z)$ 为 Ricatti-Bessel 函数，它们是半整数阶 Bessel 函数和第二类 Hankel 函数的函数（z 可以是 α 或 $m\alpha$）

$$
\psi_n(z) = \left(\frac{\pi z}{2}\right)^{\frac{1}{2}} J_{n+\frac{1}{2}}(z)
$$

$$
\xi_n^{(2)}(z) = \left(\frac{\pi z}{2}\right)^{\frac{1}{2}} H_{n+\frac{1}{2}}^{(2)}(z)
\tag{2-33}
$$

而 $P_n(\cos\theta)$ 和 $P_n^{(1)}(\cos\theta)$ 是关于 $\cos\theta$ 的 Legendre 函数和一阶缔合 Legendre 函数。

特别需要指出的是，在散射理论中时谐项可以有两种选择，即 $\exp(-\mathrm{i}\omega t)$ 和 $\exp(\mathrm{i}\omega t)$。与之相对应，散射函数中的 Hankel 函数可有两种选择，即第一类 Hankel 函数和第二类 Hankel 函数，本节公式中选用了第二类 Hankel 函数。对于吸收性颗粒的散射问题，其折射率的虚部应取负数。

如果入射光为自然光，则散射光为部分偏振光，与式（2-29）相对应，散射光强为：

$$
I_r = \frac{\lambda^2}{8\pi^2 r^2} i_1(\theta) I_0
$$

$$
I_l = \frac{\lambda^2}{8\pi^2 r^2} i_2(\theta) I_0
\tag{2-34}
$$

由此得到自然光入射情况下的总散射光强 I_s 和偏振度 P 为：

$$
I_s = \frac{\lambda^2}{8\pi^2 r^2}[i_1(\theta) + i_2(\theta)] I_0
$$

$$
P = \frac{i_1(\theta) - i_2(\theta)}{i_1(\theta) + i_2(\theta)}
\tag{2-35}
$$

无论入射光是偏振光还是自然光，由公式（2-28）和公式（2-30）可得到散射

系数 k_{sca}、吸收系数 k_{abs} 和消光系数 k_{ext}:

$$k_{ext} = \frac{4}{\alpha^2} Re[s(\theta)] = \frac{2}{\alpha^2} \sum_{n=1}^{\infty} (2n+1) Re(a_n + b_n) \tag{2-36a}$$

$$k_{sca} = \frac{C_{sca}}{\pi a^2} = \frac{2}{\alpha^2} \sum_{n=1}^{\infty} (2n+1)(|a_n|^2 + |b_n|^2) \tag{2-36b}$$

$$k_{abs} = k_{ext} - k_{sca} \tag{2-36c}$$

Mie 散射理论适用于一切均质球形颗粒，是散射规律的普遍情况。当散射颗粒的线度远比波长小，即无量纲参量 $\alpha \ll 1$ 及 $\alpha(m-1) \ll 1$ 时，Mie 散射理论的解与瑞利公式接近，这种情况下的散射就是瑞利散射；当散射颗粒的线度远大于入射光波长时，Mie 散射理论的解给出与惠更斯-基尔霍夫衍射理论相近似的结果，此时的散射称衍射散射。当 $\alpha \to \infty$ 时，Mie 散射理论的解给出与几何光学相同的结果。

2.2.3.2 光散射有关物理量的数值计算

通过上述可知，有关光散射物理量的数值计算的最初步问题是 Mie 系数 a_n 和 b_n 的计算，由 Mie 系数通过公式（2-36）即可得到散射系数、消光系数和吸收系数。散射光强也即振幅函数 $s_1(\theta)$ 和 $s_2(\theta)$ 的计算也依赖于 Mie 系数的计算。

一般而言，Mie 系数的计算可通过 $\psi_n(z)$ 和 $\xi_n^{(2)}(z)$ 的递推关系和初始值求解。

$$\begin{cases} \psi_n(z) = \dfrac{2n-1}{z} \psi_{n-1}(z) - \psi_{n-2}(z) \\[2mm] \psi_n'(z) = -\dfrac{n}{z} \psi_n(z) + \psi_{n-1}(z) \\[2mm] \xi_n^{(2)}(z) = \dfrac{2n-1}{z} \xi_{n-1}^{(2)}(z) - \xi_{n-2}^{(2)}(z) \\[2mm] \xi_n^{(2)\prime}(z) = -\dfrac{n}{z} \xi_n^{(2)}(z) + \xi_{n-1}^{(2)}(z) \end{cases} \tag{2-37}$$

$$\begin{cases} \psi_{-1}(z) = \cos z \\ \psi_0(z) = \sin z \\ \xi_{-1}^{(2)}(z) = \exp(-iz) \\ \xi_0^{(2)}(z) = i \exp(-iz) \end{cases} \tag{2-38}$$

光散射强度函数 $i_1(\theta)$ 和 $i_2(\theta)$ 可通过函数 π_n 和 τ_n 的递推关系和初始值求得。

$$\pi_n = \frac{2n-1}{n-1} \cos\theta \pi_{n-1} - \frac{n}{n-1} \pi_{n-2}$$

$$\tau_n = n\cos\theta \pi_n - (n+1)\pi_{n-1} \tag{2-39}$$

$$\pi_0 = 0$$

$$\pi_1 = 1 \tag{2-40}$$

在国内早先发表的计算方法中，散射系数 a_n 和 b_n 由以上递推关系和初始值计算[21-24]，这种方法称作向上递推法。

Mie 散射物理量由无穷多个不同阶的项之和表示，由于来自高阶项的贡献很小而且随着阶数的升高不断减小，在实际计算时，可以只取前面 n_{stop} 项。对此，Wiscombe 给出了一个经验公式[25]：

$$n_{stop} = \alpha + c\alpha^{1/3} + b \qquad (2-41)$$

其中，c 的范围在 4～4.05 之间，b 在 1～2 之间。实际计算时，b 和 c 的选取与颗粒粒径大小参数 α 有关。

递推公式（2-37）只在一定范围内是稳定的。例如 $\psi_n(z)$，在阶数 n 比较高时，由于 $\psi_{n-1}(z)$ 和 $\psi_{n-2}(z)$ 都很小，当 $(2n-1)/z$ 的数量级为 1 时，由递推公式（2-37）得到的 $\psi_n(z)$ 就会由于有效位数大大减少出现很大的误差[25]。数值计算发现，递推公式（2-37）出现不稳定的阶数 n 与 Wiscombe 给出的 n_{stop} 基本一致。这就限制了 Mie 散射计算在某些情况下的应用（如水中的气泡 $m = 0.75$ 等）。

当计算吸收性大颗粒时，公式（2-37）和公式（2-38）中自变量 $z = m\alpha$ 的虚部非常大以至于会产生溢出，这同样限制了 Mie 散射的计算范围。

对此，Lentz 作了改进，他采用 $D_n^{(1)}(m\alpha) = \psi_n'(m\alpha)/\psi_n(m\alpha)$ 来计算 Mie 系数，并发展了一种连分式算法[26]。在 Lentz 的方法中，Mie 散射系数被表示成如下形式：

$$\begin{cases} a_n = \dfrac{\psi_n(\alpha)D_n^{(1)}(m\alpha) - m\psi_n'(\alpha)}{\xi_n^{(2)}(\alpha)D_n^{(1)}(m\alpha) - m\xi_n^{(2)\prime}(\alpha)} \\[4mm] b_n = \dfrac{m\psi_n(\alpha)D_n^{(1)}(m\alpha) - \psi_n'(\alpha)}{m\xi_n^{(2)}(\alpha)D_n^{(1)}(m\alpha) - \xi_n^{(2)\prime}(\alpha)} \end{cases} \qquad (2-42)$$

这种方法的优点是克服了由于颗粒粒径与折射率虚部的乘积过大而产生的数据溢出和递推关系中的不稳定性，从而使计算范围大大扩展。但同时带来的问题是计算速度大为降低。虽然计算机技术的发展使该问题得以部分缓解，但在某些场合（如实时测量）中显然是不能容忍的。为此，有些学者对 Lentz 的方法提出了改进，建议采用向下递推法来计算 $D_n^{(1)}(z)$[27-30]：

$$D_{n-1}^{(1)} = \frac{n}{z} - \frac{1}{n/z + D_n^{(1)}(z)} \qquad (2-43)$$

初始值 $D_n^{(1)}(z)$ 的计算非常重要，对此许多学者给出了各种不同的计算方法[27-35]。在这些报道中，初始值 $D_n^{(1)}(z)$ 的选取带有某种随意性，其相应的阶数 n^* 则采用 Wiscombe 的结果作适当放大。例如有学者建议用 $D_{n^*}^{(1)}(z) = 0 + i_0$，其阶数 n^* 取 $n_{stop}+15$。然而进一步的研究发现，简单地从这个初始值开始并不能得到完全正确的结果，比较合理的方案是先采用 Lentz 的连分式方法计算 $D_{n^*}^{(1)}(z)$，然后再用向下递推法计算

低阶项 $D_n^{(1)}(z)$ [36]。

Mie 理论数值计算的关键首先是截止阶数 n_{stop} 的合理选取。通常情况下截止阶数 n_{stop} 并不是取得越大越好，这与递推关系的选用有关。需要指出的是，超出 n_{stop} 范围的计算有时会由于迭代不稳定而导致计算失败。尽管 Wiscombe 给出了 n_{stop} 的经验公式，但参量 b 和 c 是分段选择的并且缺乏直观性。另外是递推关系的选择，选择不同的递推关系决定了算法的适用范围和运行效率。一个好的算法应该尽可能地做到有效、精确并且不受颗粒粒径和折射率范围的限制。

文献[36]中报道了一种比较稳定、快速而且适用范围比较广的算法，通过对 Mie 系数进行重新构造如下：

$$a_n = R_n^{(14)}(\alpha) \times T_{a_n}(m,\alpha)$$

$$b_n = R_n^{(14)}(\alpha) \times T_{b_n}(m,\alpha) \tag{2-44}$$

其中 $T_{a_n}(m,\alpha)$ 和 $T_{b_n}(m,\alpha)$ 定义为：

$$T_{a_n}(m,\alpha) = \frac{D_n^{(1)}(m\alpha)/m - D_n^{(1)}(\alpha)}{D_n^{(1)}(m\alpha)/m - D_n^{(4)}(\alpha)}$$

$$T_{b_n}(m,\alpha) = \frac{mD_n^{(1)}(m\alpha) - D_n^{(1)}(\alpha)}{mD_n^{(1)}(m\alpha) - D_n^{(4)}(\alpha)} \tag{2-45}$$

$R_n^{(14)}(\alpha)$ 和 $D_n^{(4)}(\alpha)$ 则为：

$$\begin{cases} R_n^{(14)}(\alpha) = \psi_n(\alpha) / \xi_n^{(2)}(\alpha) \\ D_n^{(4)}(\alpha) = \xi_n^{(2)'}(\alpha) / \xi_n^{(2)}(\alpha) \end{cases} \tag{2-46}$$

由此，散射系数的计算归结于 $D_n^{(1)}(\alpha)$、$D_n^{(1)}(m\alpha)$、$R_n^{(14)}(\alpha)$ 和 $D_n^{(4)}(\alpha)$ 的计算。前两个函数 $D_n^{(1)}(\alpha)$ 和 $D_n^{(1)}(m\alpha)$ 的计算可采用向下递推公式（2-43）实现，其初始值 $D_{n^*}^{(1)}(\alpha)$ 和 $D_{n^*}^{(1)}(m\alpha)$ 可由 Lentz 连分式方法得到。由于 Lentz 连分式方法中 $D_n^{(1)}(z)$ 的收敛速度与 z 和 n 有关，当 $n \gg |z|$ 时，$D_n^{(1)}(z)$ 收敛非常快。因此，初始值 $D_{n^*}^{(1)}(\alpha)$ 和 $D_{n^*}^{(1)}(m\alpha)$ 的计算不会对整个程序的计算速度产生明显的影响。

由递推公式（2-37）和公式（2-38）及 $R_n^{(14)}(\alpha)$、$D_n^{(4)}(\alpha)$ 和 $D_n^{(1)}(\alpha)$ 的定义可得到 $R_n^{(14)}(\alpha)$ 和 $D_n^{(4)}(\alpha)$ 的向上递推关系式及其初始值：

$$R_n^{(14)}(\alpha) = R_{n-1}^{(14)}(\alpha) \times \frac{D_n^{(4)}(\alpha) + n/\alpha}{D_n^{(1)}(\alpha) + n/\alpha} \tag{2-47a}$$

$$D_n^{(4)}(\alpha) = -\frac{n}{\alpha} + \frac{1}{n/\alpha - D_{n-1}^{(4)}(\alpha)} \tag{2-47b}$$

$$R_1^{(14)}(\alpha) = \frac{1}{1 + i\dfrac{\cos\alpha + \alpha\sin\alpha}{\sin\alpha - \alpha\cos\alpha}} \tag{2-48a}$$

$$D_0^{(4)}(\alpha) = -i \tag{2-48b}$$

对中间计算结果 $|R_n^{(14)}(\alpha)|$、$|T_{a_n}(m,\alpha)|$ 和 $T_{b_n}(m,\alpha)|$ 的分析表明：它们的低阶项呈现剧烈振荡；当阶数 n 达到一定值以后，$|T_{a_n}(m,\alpha)|$ 和 $T_{b_n}(m,\alpha)|$ 两项的数值变化趋于平缓，而 $|A_n(\alpha)|$ 的数值随着阶数 n 的增大迅速减小。因此，截止阶数 n_{stop} 可由 $|R_n^{(14)}(\alpha)|$ 的这种特性决定。对 $\alpha \in (0,100000)$ 范围内的数值计算分析得到：

$$n_{\text{stop}} = \begin{cases} \alpha + 7.5\alpha^{0.34} + 2 |R_n^{(14)}(\alpha)| < 1\times10^{-18} \\ \alpha + 6\alpha^{1/3} + 2 |R_n^{(14)}(\alpha)| < 1\times10^{-12} \\ \alpha + 4\alpha^{1/3} + 1 |R_n^{(14)}(\alpha)| < 1\times10^{-6} \\ \alpha + 4.88\alpha^{0.31} |R_n^{(14)}(\alpha)| < 1\times10^{-5} \end{cases} \tag{2-49}$$

这与 Wiscombe 给出的结论［见公式（2-41）］基本类似。由此可见，截止阶数 n_{stop} 的选取可根据实际对计算精度的要求来确定。向下递推计算 $D_n^{(1)}(\alpha)$ 和 $D_n^{(1)}(m\alpha)$ 的出发点 n^* 可取与 n_{stop} 相同的数值。

应用该方法对 $\alpha \in (0,100000)$ 范围内很多不同折射率情况进行了实际计算，在整个计算范围内始终是稳定的，并将计算结果与许多发表的数据作了详细比较验证。

2.2.3.3 Mie 光散射的光强分布

给出颗粒的大小 α 及颗粒材质的折射率 m 后，散射光强函数 $i_1(\theta)$ 和 $i_2(\theta)$ 即可通过数值计算得到。例如，图 2-12 中给出了 $m=1.33$、$m=1.55$ 和 $m=2.00$ 时散射强度函数 $i_1(\theta)$ 和 $i_2(\theta)$ 曲线（数据取自文献[5]）；图 2-13 为 $m=1.33$ 时不同 α 值下散射光强的矢极图。

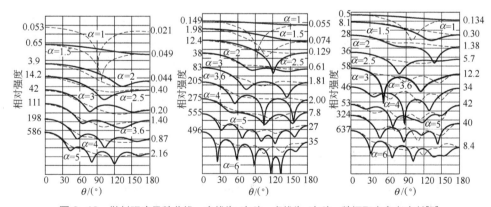

图 2-12 散射强度函数曲线，实线为 $i_1(\theta)$，虚线为 $i_2(\theta)$，数据取自参考文献[5]

从图 2-12 可见，α 越小，$i_1(0)$、$i_2(0)$ 和 $i_1(180°)$、$i_2(180°)$ 相差越小。当 $\alpha \to 0$ 时，图形呈现对称性，$i_1(0) \cong i_1(180°)$ 和 $i_2(0) \cong i_2(180°)$，即前向散射光强和后向散射光

强相等。此时，$i_1(\theta)$曲线几乎与θ轴平行，这说明散射光中分量I_r相对于散射体球对称；而$i_2(\theta)$曲线对$\theta = 90°$轴对称，即分量I_l或总的散射光强I_s对通过散射颗粒和入射光垂直的平面对称。在$\theta = 0°$及$\theta = 180°$处，光强有极大值，这就是瑞利散射情形。

随着无量纲参量α的增大，散射光强分布的对称性开始变差，$i_1(0)$和$i_2(\theta)$都大于$i_1(180°)$和$i_2(180°)$，前向散射强于后向散射。随着α进一步增大，散射光几乎全部集中在前向$\theta = 0°$的附近，这种现象称米氏效应。

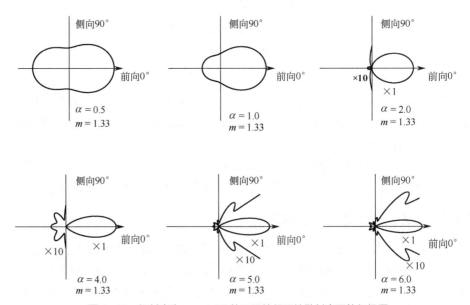

图 2-13 折射率为$m = 1.33$的不同粒径颗粒散射光强的矢极图

从图 2-13 的矢极图可进一步看出，随着α的增大，散射光强呈现向前向集中的趋势。此外，在散射光强逐渐偏离对称性的同时，还出现了一系列的极大值和极小值（称为分叶结构），它们最初是不规则分布的，但当α很大时，极大值和极小值的位置与本章前面所讨论的惠更斯-基尔霍夫衍射理论一致。进一步的计算表明，与非耗散介质颗粒相比，耗散介质颗粒散射光强分布的这种分叶结构要微弱得多，而且主要集中在前向更小的角度范围内。

2.2.3.4 散射、吸收和消光规律

图 2-14 中给出了不同m值时消光系数k_{ext}与无量纲参量α的函数曲线。由图可见，对于非耗散颗粒，曲线的振荡明显，曲线具有一系列的极大值和极小值，二极值之间还有一些微小起伏（毛刺），随着α值的增大消光系数趋近于 2，而对于折射率为复数的耗散颗粒，整个曲线的振荡明显减弱，毛刺现象也消失，随着α值的增大，消光系数很快地趋近于 2。

图 2-14 表明，对非耗散颗粒，不同 m 值时消光系数 k_{ext} 与 α 之间的函数曲线虽不相同，但 k_{ext} 随 $\alpha(m-1)$ 的变化几乎呈现完全一致的走势，如图 2-15 所示。消光系数的第一个极大值出现在 $\alpha \approx 4/2(m-1)$ 处，对水滴而言（折射率 $m = 1.33$），极大值出现在 $\alpha \approx 6$，消光系数 $k_{ext, max}$ 的数值约为 4。

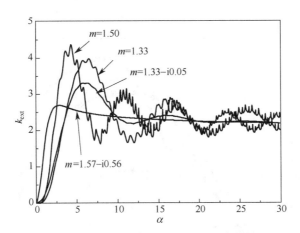

图 2-14　消光系数 k_{ext} 与 α 的函数曲线

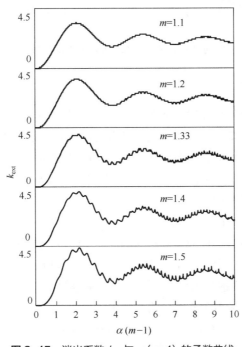

图 2-15　消光系数 k_{ext} 与 $\alpha(m-1)$ 的函数曲线

非耗散颗粒的吸收系数为零，其散射系数与消光系数相等；而耗散介质颗粒对入射光存在吸收，吸收系数不为零，消光系数是散射系数与吸收系数之和。颗粒吸收系数的大小与相对折射率的虚部 η 有关，当折射率虚部较小时，吸收随折射率虚部的增大而增大；但折射率虚部过大，耗散颗粒具有良导体的性质时，吸收系数反而随折射率虚部的增大而减小。如图 2-16 中所示，折射率虚部在某个值附近吸收系数存在最大值。

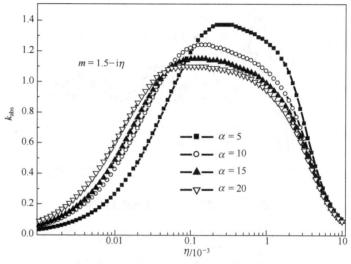

图 2-16　吸收系数与折射率虚部的关系

2.2.3.5　偏振规律

当入射光为完全偏振光时，散射光的偏振情况与方位角 φ 有关。当 $\varphi = 0°$ 时，散射面与入射光电矢量平行，散射光也是电矢量在散射面内的完全偏振光；当 $\varphi = 90°$ 时，散射面与入射光电矢量垂直，散射光是电矢量在垂直散射面内的完全偏振光；一般情况下，散射光是椭圆偏振光。但是，理论分析和计算表明，当 $\alpha \to 0$ 即瑞利散射时，散射光总是完全偏振光。

当入射光为自然光时，其散射光是部分偏振光。当 $\alpha \to 0$ 时，偏振度 P 是关于通过球心并与入射光方向垂直的平面对称的。在 $\theta = 90°$ 处偏振度 P 的值为 1，说明在此方向上，散射光为完全偏振光而且其电矢量垂直散射面。

随着 α 的增大，散射光的偏振情形变得越来越复杂，偏振极大值的位置发生移动。大多数情况下向散射角 θ 较大的方向移动；而对于耗散颗粒，偏振极大值移向散射角 θ 较小的方向；对电导率 $\sigma \to \infty$ 及高介电常数 $\varepsilon \to \infty$ 的颗粒，偏振极大处在 $\theta = 60°$，这个角称为汤姆森角。

2.2.3.6 入射光波长对散射的影响

入射光波长变化通过无量纲参量 α（$= m_1\pi d/\lambda$）和相对折射率 m 影响散射光。对于电导率 σ 很小的颗粒，m 实际上与入射光频率或波长关系不大，此时波长通过 α（$= m_1\pi d/\lambda$）起作用，因此改变波长引起的效应实质上等效于适量改变颗粒的粒径引起的效果。对于电导率 σ 较大的颗粒，在入射光频率不同时 m 的量值变化很大。改变波长对无量纲参量 a 和相对折射率 m 均有影响。

当入射光为复色光时，由于对不同波长的偏振极大值的角位置不同，因此用起偏仪观察散射光时能看到复杂的颜色变化，这种现象称为多向色性。散射光偏振对波长的依赖关系通常称为偏振色散。

2.2.3.7 光通量计算公式

基于光散射原理所开发和生产的各种颗粒测量技术和仪器都是以颗粒试样的某个（或某几个）光散射信号作为粒径测量的依据和尺度的。颗粒在某一立体角内的散射光通量是经常被用到的一个测量信号。根据散射光通量采集方式的不同，可以分为同轴采光系统和异轴采光系统两类，相应地也就有两种不同情况下的光通量计算方法。

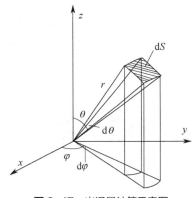

图 2-17 光通量计算示意图

光通量是单位时间内某个立体角内的光能量。先讨论一般情况下的光通量计算公式，如图 2-17 所示，在球面坐标系中，设颗粒位于原点，则半径为 r 的球面上，方位角在 $\varphi\sim(\varphi+\mathrm{d}\varphi)$ 和散射角在 $\theta\sim(\theta+\mathrm{d}\theta)$ 范围内的光通量，即面积元 $\mathrm{d}S$ 上的光通量可按关系式 $\mathrm{d}F = I_s\mathrm{d}S$ 求得，其中 I_s 为面积元 $\mathrm{d}S$ 处的散射光强，而面积元 $\mathrm{d}S$ 可表示为：

$$\mathrm{d}S = r^2\sin\theta\mathrm{d}\theta\mathrm{d}\varphi \tag{2-50}$$

代入后即得 $\varphi_1\sim\varphi_2$ 方位角和 $\theta_1\sim\theta_2$ 散射角范围内光通量的计算公式为：

$$F = \int I_s\mathrm{d}S = \int_{\varphi_1}^{\varphi_2}\mathrm{d}\varphi\int_{\theta_1}^{\theta_2}I_s r\sin\theta\mathrm{d}\theta \tag{2-51}$$

具体计算时，根据各台仪器的结构和采光方式的不同，其方位角 $\varphi_1\sim\varphi_2$ 和散射角 $\theta_1\sim\theta_2$ 的数值可在很大的范围内变化。

（1）同轴采光系统的光通量计算

同轴采光系统在光散射式颗粒测量技术中得到很多的应用，其工作原理如图 2-18 所示，光通量的表达式为：

$$F = \int_0^{2\pi} d\varphi \int_{\theta_1}^{\theta_2} I_s r^2 \sin\theta d\theta \tag{2-52}$$

可以证明，在同轴采光情况下，无论入射光是自然光或是完全偏振光，其光通量具有相同的形式，按公式（2-51）可写为：

$$F = \frac{\lambda^2 I_0}{4\pi} \int_{\theta_1}^{\theta_2} [i_1(\theta)+i_2(\theta)]\sin\theta d\theta \tag{2-53}$$

在衍射或小角前向散射法中，常采用特制的半圆环形（或扇形）多元光电探测器采集颗粒的散射光通量，这种方式也属同轴采光，但各环光通量是公式（2-53）计算值的一半（或更少，根据扇形张角而定）。

（2）异轴采光方式的光通量计算

异轴采光系统在光散射式颗粒测量技术中也得到较多的应用，如图 2-19 所示。设入射光仍沿 z 轴方向照射到位于坐标原点的颗粒，但散射光通量不是以 z 轴为对称轴，而是在偏离 z 轴的某点附近的一个球冠面范围内（散射角范围为 $\theta_1 \sim \theta_2$）进行采集。这时，式（2-51）中的方位角范围 $\varphi_1 \sim \varphi_2$ 与散射角 θ 有关，使得光通量计算比同轴系统时更为复杂、烦琐。

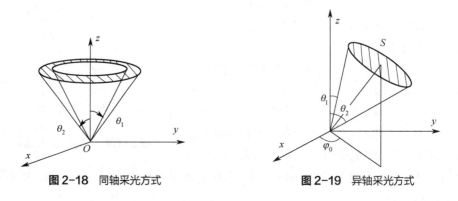

图 2-18　同轴采光方式　　　　　　　图 2-19　异轴采光方式

当入射光为自然光时，光通量可按下式计算[37]

$$F = \int_{\varphi_1}^{\varphi_2} d\varphi \int_{\theta_1}^{\theta_2} I_s r^2 \sin\theta d\theta = \frac{\lambda^2 I_0}{4\pi^2} \int_{\theta_1}^{\theta_2} [i_1(\theta)+i_2(\theta)]\Delta\varphi \sin\theta d\theta \tag{2-54}$$

其中

$$\Delta\varphi = (\varphi_2-\varphi_1)/2 = \arccos\left[\frac{\cos\dfrac{\theta_2-\theta_1}{2} - \cos\theta\cos\dfrac{\theta_2+\theta_1}{2}}{\sin\dfrac{\theta_2+\theta_1}{2}\sin\theta} \right] \tag{2-55}$$

当入射光为完全偏振光时，光通量为：

$$F = \frac{\lambda^2 I_0}{4\pi} \int_{\varphi_0-\Delta\varphi}^{\varphi_0+\Delta\varphi} \int_{\theta_1}^{\theta_2} [i_1(\theta)\sin^2\varphi + i_2(\theta)\cos^2\varphi]\sin\theta\mathrm{d}\theta\mathrm{d}\varphi \tag{2-56}$$

上式光通量计算为二重积分，可在某个散射角 θ 值处先对方位角积分，然后再对散射角积分，式（2-56）可改写为：

$$F = \frac{\lambda^2 I_0}{4\pi} \int_{\theta_1}^{\theta_2} \left\{ [i_1(\theta) + i_2(\theta)]\Delta\varphi - \frac{i_1(\theta) - i_2(\theta)}{2}\cos2\varphi_0\sin2\Delta\varphi \right\} \sin\theta\mathrm{d}\theta \tag{2-57}$$

2.2.3.8　浊度、消光和朗伯-比尔公式

在各种光散射式颗粒测量技术中，除上面所讨论的散射光通量外，浊度或消光也是一个经常被测量的光散射信号。考虑一介质对入射光进行不相关单散射，如图 2-20 所示。假设介质中单位体积内有 N 个无规则分布的形状和尺寸均相同的散射颗粒。设散射区域的截面积为 S，则厚度为 $\mathrm{d}l$ 的介质层中所包含的颗粒数为 $NS\mathrm{d}l$。由于受到

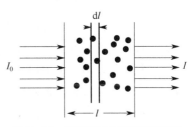

图 2-20　光波穿过介质的消光情形

颗粒的散射和吸收作用，光强为 I 的光经单元层 $\mathrm{d}l$ 后，单位时间内减少的光能量为 $-S\mathrm{d}I$，按消光截面的定义可写出：

$$-S\mathrm{d}I = IC_{\mathrm{ext}}NS\mathrm{d}l \tag{2-58}$$

则光强为 I_0 的入射光通过总厚度为 l 的介质层后，透射光的强度 I 可对上式积分后得：

$$I = I_0\mathrm{e}^{-NC_{\mathrm{ext}}l} = I_0\mathrm{e}^{-N\sigma k_{\mathrm{ext}}l} \tag{2-59}$$

与朗伯-比尔定律 $I = I_0\mathrm{e}^{-\tau l}$ 比较即得浊度 τ 与消光截面 C_{ext} 和消光系数 k_{ext} 之间的关系为：

$$\tau = NC_{\mathrm{ext}} = Nk_{\mathrm{ext}}\sigma \tag{2-60}$$

不难看出，浊度 τ 即是单位体积内颗粒的总消光截面。对直径为 d 的球形颗粒，浊度为：

$$\tau = Nk_{\mathrm{ext}}\frac{\pi d^2}{4} \tag{2-61}$$

测量颗粒时，经常遇到的情况是介质中含有成分相同、但大小不等的多分散颗粒系，设颗粒个数分布函数为 $N(d)$，则 $N(d)\mathrm{d}d$ 表示单位体积内直径为 d 到 $d+\mathrm{d}d$ 范围内的颗粒数，而 $\int_0^\infty N(d)\mathrm{d}d = N$ 为单位体积内的总颗粒数。此时，浊度 τ 为：

$$\tau = \int_0^\infty \frac{\pi d^2}{4} k_{\mathrm{ext}}(d)N(d)\mathrm{d}d \tag{2-62}$$

以无量纲参数α表示，则

$$\tau = \int_0^\infty \frac{\lambda^2}{4\pi} \alpha^2 k_{\text{ext}}(\alpha) N(\alpha) \mathrm{d}\alpha \tag{2-63}$$

由公式（2-60）得到朗伯-比尔方程（Lambert-Beer）为：

$$\frac{4\pi}{\lambda^2 l} \ln\left(\frac{I_0}{I}\right) = \int_0^\infty \alpha^2 k_{\text{ext}}(\alpha) N(\alpha) \mathrm{d}\alpha \tag{2-64}$$

2.2.3.9 经典 Mie 散射的两种特殊情况

前面讨论的经典 Mie 散射理论给出了球形颗粒在平行光照射下散射行为的严格解，但由于理论复杂、计算烦琐，在早期计算技术相对不发达、计算机还没有得到普及的情况下，Mie 散射理论难以得到应用，而一些近似理论和公式由于其特有的简洁性在实践中发挥了很大作用。20 世纪 80 年代以来，计算机技术得到了迅速发展和广泛应用，为了得到更准确的测量结果，经典 Mie 散射理论才在颗粒测量仪中得到普遍应用。但是，近似理论和近似公式因其特有的简洁性和实用性仍然在一些情况下继续得到应用，尤其是在某些测试对象确定的在线测量中。

经典 Mie 散射理论适用于所有球形颗粒的普遍情况，颗粒的无量纲参数α可以从很小到很大，颗粒的折射率m也可以有一个很大的变化范围。这两个参数决定了颗粒的散射规律。van de Hulst 根据颗粒的折射率m、无量纲参数α以及光波通过颗粒中心产生的相移$2\alpha(m-1)$将颗粒的散射情况进行了划分，并给出了相应的近似公式。详细情况读者可以参阅文献[4]。下面仅对工程实践中应用较多的夫琅和费衍射和瑞利散射作一介绍。

（1）大颗粒近似——夫琅和费衍射[4]

定义两个相位角A_n和B_n：

$$\tan A_n = -\frac{\psi_n(\alpha)\psi_n'(m\alpha) - m\psi_n'(\alpha)\psi_n(m\alpha)}{\chi_n(\alpha)\psi_n'(m\alpha) - m\chi_n'(\alpha)\psi_n(m\alpha)} \tag{2-65a}$$

$$\tan B_n = -\frac{m\psi_n(\alpha)\psi_n'(m\alpha) - \psi_n'(\alpha)\psi_n(m\alpha)}{m\chi_n(\alpha)\psi_n'(m\alpha) - \chi_n'(\alpha)\psi_n(m\alpha)} \tag{2-65b}$$

其中

$$\chi_n(z) = -\left(\frac{\pi z}{2}\right)^{\frac{1}{2}} N_{n+\frac{1}{2}}(z) \tag{2-66}$$

$N_{n+\frac{1}{2}}(z)$为半整数阶 Neuman 函数。计算表明：如果折射率$m \gg 1$，则当$n < \alpha$时，相位角A_n和B_n比较大；当n接近α时，A_n和B_n迅速衰减；当满足$n > \alpha$时，相位角A_n和B_n近似为 0。

将公式（2-65a）和公式（2-65b）代入 Mie 系数的表达式（2-31）可得到：

$$a_n = \frac{1}{2}[1-\exp(-2\mathrm{i}A_n)] \tag{2-67a}$$

$$b_n = \frac{1}{2}[(1-\exp(-2\mathrm{i}B_n)] \tag{2-67b}$$

这表明每一散射系数由两部分组成：与颗粒性质无关的项"1"和与颗粒性质有关的项 $\exp(-2\mathrm{i}A_n)$、$\exp(-2\mathrm{i}B_n)$。从前面关于衍射的讨论我们知道，夫琅和费衍射与颗粒的性质无关。因此上式可表示为：

$$a_n = b_n = \frac{1}{2} \quad n < \alpha \tag{2-68a}$$

$$a_n = b_n = 0 \quad n \geqslant \alpha \tag{2-68b}$$

对于比较大的颗粒，求和项的数目 n 比较大，可以求得与散射光分布有关的函数表达式：

$$\pi_n(\theta) = \frac{1}{2}n(n+1)[J_0(u)+J_2(u)] \tag{2-69a}$$

$$\tau_n(\theta) = \frac{1}{2}n(n+1)[J_0(u)-J_2(u)] \tag{2-69b}$$

其中 $u = (n+1/2)\theta$。由此可得散射振幅函数

$$S_1(\theta) = S_2(\theta) = \sum_{n=1}^{\alpha}\left(n+\frac{1}{2}\right)J_0(u) \tag{2-70}$$

由上面的讨论可知，此处的求和项数可以改写为尺寸参数 α。于是上式为：

$$S_1(\theta) = S_2(\theta) = \int_0^{\alpha}\left(n+\frac{1}{2}\right)J_0(u)\mathrm{d}n = \alpha^2\frac{J_1(\alpha\theta)}{\alpha\theta} \tag{2-71}$$

则散射强度函数表达式为：

$$i_1(\theta) = i_2(\theta) = \alpha^4\left[\frac{J_1(\alpha\theta)}{\alpha\theta}\right]^2 \tag{2-72}$$

散射光强度为：

$$I_s(\theta) = \frac{\lambda^2}{4\pi^2 r^2}I_0\alpha^4\left[\frac{J_1(\alpha\theta)}{\alpha\theta}\right]^2 \tag{2-73}$$

上式即是夫琅和费衍射公式［参见公式（2-18）］。将上述结果代入公式（2-36）即可得到夫琅和费衍射的消光系数、散射系数和吸收系数。

$$k_{\mathrm{ext}} = 2$$

$$k_{\mathrm{sca}} = k_{\mathrm{abs}} = 1 \tag{2-74}$$

夫琅和费衍射适用于大粒径颗粒的散射，即当满足 $\alpha \gg 1$、$m \gg 1$ 和 $\alpha|m-1| \gg 1$

时，Mie 散射理论的解给出与夫琅和费衍射理论相一致的结论。

在具体利用夫琅和费衍射理论来处理散射问题时，应注意其适用范围。许多学者对此提出了各自的见解。例如，Kerker 认为夫琅和费衍射理论适用于测量粒径 $d >$ 4λ 的情况（相当于 $\alpha > 12$，当以 He-Ne 激光为光源时，粒径约为 2.5μm）；van de Hulst 则建议在颗粒满足 $2\alpha|m-1| > 30$ 时才采用夫琅和费衍射理论，当 $m = 1.6$ 时，相当于 $\alpha > 25$（当以 He-Ne 激光为光源时，粒径约为 6μm）。

事实上，从物理光学的角度看，颗粒的散射行为包含了衍射效应、光线在颗粒表面的反射和在颗粒内部的多次折射这些因素，夫琅和费衍射理论只是考虑了衍射这一因素。光线的反射和折射导致的散射比较分散。当颗粒粒径较大时，衍射效应集中在前向较小的角度范围内。因此，对于大粒径颗粒，在前向小角度范围内的散射光分布主要以衍射为主。正是由于这个原因，大颗粒的散射与颗粒的折射率关系不是很明显，这为颗粒测量提供了方便。但当颗粒粒径较小时，衍射光分布变得很宽，此时必须考虑反射与折射效应的影响。Jones 等人对利用夫琅和费衍射理论来处理颗粒散射问题带来的误差进行了详细的分析[38]。在颗粒测量中，对于 $\alpha \gg 1$ 或者粒径大于 2～3μm 的颗粒，一般都可利用夫琅和费衍射理论进行计算。但还应指出，当颗粒相对折射率 $m \to 1$ 时，即颗粒折射率与周围介质折射率很接近时，即使颗粒很大，前向散射光分布与夫琅和费衍射也有不同，称为非正常衍射[39]。研究还发现，即使颗粒相对折射率 m 偏离 1，衍射理论与严格的 Mie 散射理论对前向散射光分布的描述还是存在一定的差异，这种差异会导致最终得到的颗粒粒径分布函数在测量下限附近（颗粒小粒径范围）给出错误信息[40,41]。

用几何光学对散射问题描述在本章稍后还要详细讨论。

（2）小颗粒近似——瑞利散射[4,5]

当散射颗粒的线度远比波长小，即无量纲参数 $\alpha \ll 1$ 和 $\alpha|m-1| \ll 1$ 时，Mie 理论的近似解就是瑞利公式，这种情况下的散射就是瑞利散射。

将 Mie 系数表达式中的 Ricatti-Bessel 函数 $\psi_n(z)$ 和 $\xi_n^{(2)}(z)$ 写作

$$\psi_n(z) = z\left(\frac{\pi}{2z}\right)^{\frac{1}{2}} J_{n+\frac{1}{2}}(z) = zj_n(z)$$

$$\xi_n^{(2)}(z) = z\left(\frac{\pi}{2z}\right)^{\frac{1}{2}} H_{n+\frac{1}{2}}^{(2)}(z) = z h_n^{(2)}(z) = z[j_n(z) - in_n(z)] \tag{2-75}$$

式中，$j_n(z)$ 为球 Bessel 函数；$h_n^{(2)}(z)$ 为第二类球 Hankel 函数；$n_n(z)$ 为球 Neuman 函数。当 $\alpha \ll 1$ 时，$j_n(z)$ 和 $n_n(z)$ 的自变量很小，可按幂级数展开为：

$$j_n(z) = \frac{z^n}{1 \times 3 \times 5 \times \cdots \times (2n+1)}\left[1 - \frac{z^2/2}{1!(2n+3)} + \frac{(z^2/2)^2}{2!(2n+3)(2n+5)} - \cdots\right]$$

$$n_n(z) = \frac{1\times3\times5\times\cdots\times(2n-1)}{z^{n+1}}\left[1-\frac{z^2/2}{1!(1-2n)}+\frac{(z^2/2)^2}{2!(1-2n)(3-2n)}-\cdots\right] \tag{2-76}$$

将上述近似式代入公式（2-75）可得 $\psi_n(z)$ 和 $\xi_n^{(2)}(z)$ 的前几项：

$$a_1 = -\frac{\mathrm{i}2\alpha^3}{3}\frac{m^2-1}{m^2+2}-\frac{\mathrm{i}2\alpha^5}{5}\frac{(m^2-2)(m^2-1)}{(m^2+2)^2}+\frac{4\alpha^6}{9}\left(\frac{m^2-1}{m^2+2}\right)^2+O(\alpha^7)+\cdots$$

$$b_1 = -\frac{\mathrm{i}\alpha^5}{45}(m^2-1)+O(\alpha^7)+\cdots$$

$$a_2 = -\frac{\mathrm{i}\alpha^5}{15}\frac{m^2-1}{2m^2+3}+O(\alpha^7)+\cdots$$

$$b_2 = O(\alpha^7)+\cdots \tag{2-77}$$

其中 $O(\alpha^7)$ 是无量纲参数 α 的 7 阶无穷小，当 $\alpha\ll1$ 时，散射系数可只保留 a_1 这一项，并可进一步近似为：

$$a_1 = -\frac{\mathrm{i}2\alpha^3}{3}\times\frac{m^2-1}{m^2+2} \tag{2-78}$$

由此可得散射振幅函数：

$$S_1 = \frac{3}{2}a_1 \tag{2-79a}$$

$$S_2 = \frac{3}{2}a_1\cos\theta \tag{2-79b}$$

则在偏振入射光照射下，瑞利散射的散射光强度为：

$$\begin{aligned}
I_s(\theta) &= \frac{\lambda^2}{4\pi^2r^2}I_0[i_1(\theta)\sin^2\varphi+i_2(\theta)\cos^2\varphi]\\
&= \frac{\lambda^2}{4\pi^2r^2}I_0\alpha^6\left(\frac{m^2-1}{m^2+2}\right)^2[\sin^2\varphi+\cos^2\theta\cos^2\varphi]\\
&= \frac{\pi^4d^6}{4r^2\lambda^4}I_0\left(\frac{m^2-1}{m^2+2}\right)^2[\sin^2\varphi+\cos^2\theta\cos^2\varphi]
\end{aligned} \tag{2-80}$$

这就是瑞利散射光强表达式，瑞利散射的特点是：散射光强与颗粒粒径的 6 次方成正比，而与波长的 4 次方成反比。在完全偏振光照射下，散射光一般是椭圆偏振光，仅在 $\theta=0°$、$\theta=180°$ 和 $\theta=90°$ 处散射光仍然是完全偏振光。

当入射光是自然光时，散射光强分布为：

$$I_s(\theta) = \frac{\pi^4d^6}{8r^2\lambda^4}I_0\left(\frac{m^2-1}{m^2+2}\right)^2[1+\cos^2\theta] \tag{2-81}$$

此时，散射光在前向 $\theta=0°$ 和后向 $\theta=180°$ 仍然是自然光，在与入射光垂直（$\theta=90°$）

方向上散射光则是完全偏振光且振动面垂直于散射面，其它地方均为部分偏振光。

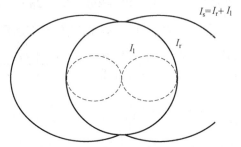

$$I_s = I_r + I_l$$

图 2-21　瑞利散射光强的矢极图

在瑞利散射范围内，散射光随散射角的分布图形都是一样的，前向散射与后向散射呈现出对称性，图 2-21 给出了自然光照射下散射光强度分布的矢极图［公式 (2-81)］。因此，仅依赖散射光强分布并不能得到颗粒粒径信息。

在瑞利近似下，由于 Mie 系数只需保留 a_1 这一项，因此消光系数、散射系数和吸收系数为：

$$k_{sca} = \frac{8}{3}\alpha^4 \left| \frac{m^2-1}{m^2+2} \right|^2$$

$$k_{abs} = 4\alpha I_m \left(\frac{m^2-1}{m^2+2} \right)$$

$$k_{ext} = k_{sca} + k_{abs} \tag{2-82}$$

可以看出，在瑞利散射范围内，颗粒粒径越大，消光系数、散射系数和吸收系数越大。

Mie-Debye 的计算表明：当颗粒的直径 $d < 0.3\lambda/\pi$（即 $\alpha < 0.3$）时（当以 He-Ne 激光为光源时粒径为 0.06μm），瑞利公式才能适用[4]。这时，瑞利公式计算结果与严格 Mie 散射理论的解相差大约 2%～3%（按不同折射率而有所不同），如果将瑞利散射的适用范围扩大到 $\alpha = 0.5$，则偏差增大到 3%～5%。

2.2.4　Mie 散射的德拜级数展开

Lorenz-Mie 理论给出了球形颗粒在平面波照射下光散射物理量的严格解，但无法直观地解释光与颗粒相互作用的内在机制。例如，散射光强度随着角度变化呈现出的振荡特征、彩虹散射等。为了从机理上描述入射波照射下球形颗粒的散射行为及其规律，本小节简要介绍 Mie 散射的德拜级数展开理论(Debye series expansion, DSE)。

DSE 理论从行波的角度描述入射波与颗粒的相互作用，将入射平面波在球坐标系中展开成两个部分，一部分为发散的球面波，另一部分为收敛的球面波。发散球面波与颗粒相互作用可用衍射效应来解释，收敛球面波照射到颗粒表面后发生反射和折射现象，其中折射到颗粒内部的那部分球面波在球体内部可发生多次反射并再次折射到颗粒外，如图 2-22 所示。根据 DSE 理论，散射光包含了衍射波成分、表面反射波成分和经过多次内表面反射后再折射到颗粒外的成分。其中，衍射波和表面反射波合起来称作零阶 Debye 分波 ($p = 0$)；在颗粒内部传播一次后再折射到周围介质的部分称作一阶 Debye 分波 ($p = 1$)，依此类推得到各阶次 Debye 分波 ($p = 2,3,\cdots$)。各阶次 Debye 分波的振幅取决于球面波在颗粒表面反射和折射的 Fresnel 系数。

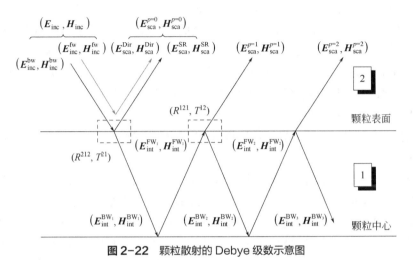

图 2-22 颗粒散射的 Debye 级数示意图

在 DSE 理论中，Mie 散射系数 a_n、b_n 被展开成各阶次 Debye 分波的无穷级数形式：

$$\left.\begin{array}{l} a_n \\ b_n \end{array}\right\} = \frac{1}{2}\left\{ 1 - R_n^{212} - \sum_{p=1}^{\infty} T_n^{21}(R_n^{121})^{p-1} T_n^{12} \right\} \tag{2-83}$$

这里上标 1 表示颗粒、上标 2 表示颗粒周围介质，Fresnel 系数 R_n^{212} 表示 n 阶球面波在颗粒外表面反射、T_n^{21} 表示球面波从周围介质折射到颗粒内部的折射系数、R_n^{121} 表示发散球面波在颗粒内表面的反射系数、T_n^{12} 表示球面波从颗粒内部向周围介质传播时的折射系数。在正时谐项 $\exp(\mathrm{i}\omega t)$ 项条件下，Fresnel 系数表达式为：

$$R_n^{212} = \frac{\eta \xi_n^{(1)\prime}(\alpha)\xi_n^{(1)}(m\alpha) - \gamma \xi_n^{(1)}(\alpha)\xi_n^{(1)\prime}(m\alpha)}{D_n}$$

$$R_n^{121} = \frac{\eta \xi_n^{(2)\prime}(\alpha)\xi_n^{(2)}(m\alpha) - \gamma \xi_n^{(2)}(\alpha)\xi_n^{(2)\prime}(m\alpha)}{D_n}$$

$$T_n^{21} = m\frac{2\mathrm{i}}{D_n} \tag{2-84}$$

$$T_n^{12} = \frac{2\mathrm{i}}{D_n}$$

其中，m 是颗粒相对周围介质的折射率；$\xi_n^{(1)}(z)$ 是第一类 Riccati-Hankel 函数，与第一类球 Hankel 函数对应；系数 η、γ 以及 D_n 分别为：

$$\eta = \begin{cases} m & \text{对应 } a_n \\ 1 & \text{对应 } b_n \end{cases}, \qquad \gamma = \begin{cases} 1 & \text{对应 } a_n \\ m & \text{对应 } b_n \end{cases} \tag{2-85}$$

$$D_n = -\eta \xi_n^{(2)'}(\alpha)\xi_n^{(1)}(m\alpha) + \gamma \xi_n^{(2)}(\alpha)\xi_n^{(1)'}(m\alpha) \tag{2-86}$$

理论上已经证明，公式（2-83）所示的 Mie 散射系数与公式（2-31）的 Mie 散射系数完全一致。但是，公式（2-31）的数值计算只能给出总散射光结果。而采用 Debye 级数展开的 Mie 散射计算则更加灵活。它可以计算任意一阶 Debye 分波对散射光的贡献，也可以计算任意两阶或多阶 Debye 分波的相干效应。因此，Debye 级数展开的数值计算有利于探究光与颗粒相互作用的内在机制。

Debye 级数展开的计算方法与上一小节介绍的 Mie 散射计算类似，但在算法上更为复杂，尤其是对吸收性颗粒的计算，具体可参阅文献[42]。此外，也可通过 Mieplot 进行计算[43]。

图 2-23 给出了水滴（颗粒粒径参数 $\alpha = 100$ 和折射率 $m = 1.33$）的 Mie 散射光强函数曲线和 $p = 0,1,2$ 的 Debye 分波光强曲线（只给出垂直于散射面的分量）。可以看出，在小于 $10°$ 的散射角范围内，散射光主要来自于 $p = 0$ 的零阶 Debye 分波（衍射效应）；在 $10° \sim 90°$ 散射角范围内，散射光主要含 $p = 0$ 和 $p = 1$ 的 Debye 分波；在 $100° \sim 150°$ 散射角范围内，$p = 0$ 和 $p = 2$ 的 Debye 分波对散射起到主要贡献。在同一散射角处不同阶 Debye 分波的相干叠加形成总散射光，相干叠加的强度取决于颗粒粒径和颗粒折射率，并随着散射角的变化而变化，最终导致散射光强度随散射角的变化而振荡。

图 2-24 给出粒径参数 $\alpha = 200$ 和折射率 $m = 1.33$ 的水滴在 $30° \sim 90°$ 散射角范围内垂直于散射面的散射光计算曲线，在 Debye 级数展开曲线的计算中考虑了水滴表面的反射效应（$p = 0$）和入射光折射到水滴内部并经历一次传播后再折射到水滴外的分波（$p = 1$）。为了更好地比较 Mie 散射和 Debye 级数的计算结果，图中将 Debye 级数曲线作了上移处理。可以看出，两条曲线随散射角的振荡频率一致，但振动幅度稍有区别。这是因为在该散射角范围内的散射光振荡主要由 $p = 0$ 和 $p = 1$ 两阶 Debye 分波的相干叠加引起，同时更高阶 Debye 分波在某些散射角附近也起到一定的作用。数值计算和实验研究表明，随着折射率或粒径增大，散射光分布曲线的振荡频率增高。根据散射光随角度的振荡频率与颗粒粒径和折射率的依赖关系，可以通过图像法测试散射光的振荡曲线，并由此得到颗粒的粒径和折射率，该测试方法称作颗粒相干图像法（interferometric particle imaging，IPI）[44,45]或者 Mie 散射图像法（Mie scattering imaging，MSI）[46]。

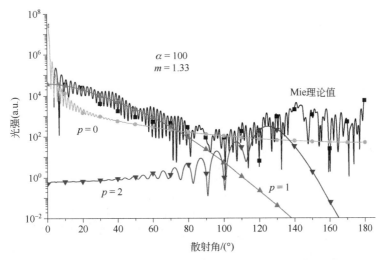

图 2-23 球形颗粒 Mie 散射光强曲线和 Debye 分波光强曲线

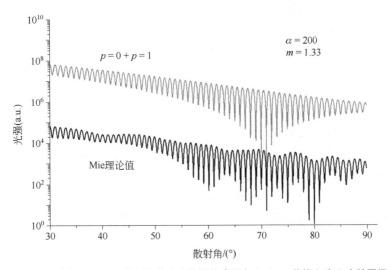

图 2-24 水滴在 30°～90°散射角范围内的振荡（图中 Debye 曲线上移 3 个数量级）

图 2-25 给出粒径参数 $\alpha = 1000$ 和折射率 $m = 1.33$ 的水滴在平行光照射下的彩虹散射曲线，其中 Debye 分波曲线作了上移处理。可以看出，$p = 2$ 阶 Debye 分波曲线呈现出光滑的 Airy 结构，而 $p = 0 + p = 2$ 阶 Debye 分波曲线上则呈现出 Ripple 结构，这是由于两阶 Debye 分波的相干叠加造成的。与 Mie 散射曲线相比较，带有 Ripple 结构的曲线极为接近。这说明在此情况下的总散射光强主要源于 $p = 0$ 和 $p = 2$ 阶 Debye 分波的贡献。彩虹散射可以被用来测试球形颗粒的粒径和折射率[47,48]。其中 Airy 结构主要包含了折射率信息，而 Ripple 结构则体现了颗粒粒径的信息。数值计算表明，随着折射率增大，Airy 结构逐步向更大的散射角移动；随着粒径增大，

Ripple 结构的振荡频率增高。

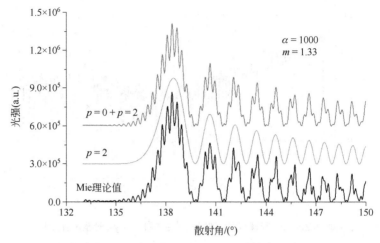

图 2-25 水滴彩虹散射的 Mie 散射计算和 Debye 分波计算（图中两条 Debye 曲线上移）

以上仅针对均匀分布的球形颗粒散射的 Debye 级数展开理论作了简单介绍。Debye 级数展开还适用于多层球形颗粒散射[49]、均匀或多层无限长圆柱形颗粒散射[50-52]、椭球颗粒或其它非球形颗粒散射[53,54]。与 Mie 散射理论相比较，Debye 级数展开在数值计算上更加灵活，可揭示入射光与颗粒之间相互作用的内在机制。但是，其算法实现也更复杂。

无论是 Mie 散射理论还是 Debye 级数展开，都无法直观地体现出散射光信号与颗粒参数的依赖关系，而需要通过数值计算进行分析比较。但是，Debye 级数展开为我们提供了这样一种可能：在粒径远大于入射光波长的情况下，采用几何光学近似模型研究 Debye 级数展开，可以得到散射光信号与颗粒粒径和折射率参数的显式。

2.3 几何光学对散射的描述

2.3.1 概述

如前所述，经典 Mie 散射理论[9]和下节要提到的非平面波散射理论[17,55]给出了球形颗粒在平行光或者非平面光照射下散射的严格解。尽管 Mie 理论复杂、计算烦琐，但随着计算机和计算技术的飞速发展，粒径大的颗粒散射的计算瓶颈基本上被突破，因此越来越多地得到了应用。尽管如此，一些近似理论和算法因其特有的简洁和实用仍然在工程实践中发挥了作用。比如，在许多特殊情况下，如点光源入射、光源内置[56,57]、彩虹方法液滴测量[58]等场合，几何光学对于分析散射机理具有一定的优势和意义。本节对与散射测粒法相关的前向大角度范围内几何光学近似法（geometrical optics approximation, GOA）作一介绍。

van de Hulst 系统地给出了几何光学的研究框架[5]，包括所有出射光线的振幅和相位的计算。在此基础上，Glantschnig 等人[59]通过将衍射光线和反射光线、直接透射光线叠加，研究了水滴在平行光照射下[0°,60°]范围内的前向散射。为了将这一方法应用到基于前向散射的激光粒度仪，Kusters 等人[60]通过仅考虑衍射和直接透射光线，给出了一个更为紧凑的计算式。Ungut 等人[61]将几何光学计算散射的结果跟 Mie 理论对比，发现对于无量纲参数大于 5 的非吸收和弱吸收性颗粒，该方法在近前向 [0°～20°]范围内与 Mie 理论有极好的吻合性。在此基础上，Xu 等人[62]、Yu 等人[63, 64]将该方法延伸到双层球颗粒的前向散射近似、气泡散射和强吸收性颗粒散射。

2.3.2　几何光学近似方法

考虑沿 x 轴极化的平面偏振光入射到一直径为 d，折射率为 $m = m_r - i m_i$ 的颗粒上，从几何光学角度看，散射是衍射、折射和反射三部分光的叠加，即：

$$i(\alpha, m_r, \theta) = i_{diff}(\alpha, \theta) + i_{refr}(m_r, \theta) + i_{refl}(m_r, \theta) \tag{2-87}$$

其中，i 和 i_{diff} 分别为散射和衍射强度，i_{diff} 由式（2-88）计算；i_{refr} 和 i_{refl} 为折射和反射（统称几何散射）强度，θ 为散射角。注意，式（2-87）没有考虑衍射、折射和反射三部分光之间的干涉。

$$i_{diff}(\theta) = \frac{\pi^2 d^2}{\lambda^2} \left[\frac{2 J_1(X)}{X} \right]^2 \tag{2-88}$$

式中，λ 为入射光波长；α 为颗粒的无量纲粒径参数；$X = \alpha \sin\theta$。

van de Hulst[5]给出了经折射或反射后的出射光线在垂直于散射面和平行于散射面情况下的散射强度表达式，如下：

$$i_1(p, \tau) = \varepsilon_1^2\, D e^{-p \gamma d \sin\tau'} \tag{2-89}$$

$$i_2(p, \tau) = \varepsilon_2^2\, D e^{-p \gamma d \sin\tau'} \tag{2-90}$$

如图 2-26 所示，p 表示第 p 阶出射光线（注意，$p = 0$ 时，表示反射光线），τ 与 τ' 分别为入射角和折射角的余角，吸收因子 $\gamma = 4\pi m_i / \lambda$，$\varepsilon_1$ 和 D 分别由下式计算：

$$\begin{cases} \varepsilon_1 = r_1 & p = 0 \\ \varepsilon_1 = (1 - r_1^2)(-r_1)^{p-1} & p = 1, 2, 3, \cdots \end{cases} \tag{2-91}$$

$$D = \frac{\sin\tau\cos\tau}{\sin\theta |d\theta'/d\tau|} \tag{2-92}$$

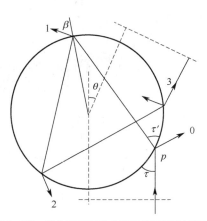

图 2-26　光在球形颗粒内部的传播及出射轨迹

$$\frac{\mathrm{d}\theta'}{\mathrm{d}\tau} = 2 - 2p\frac{\tan\tau}{\tan\tau'} \tag{2-93}$$

θ' 为反射或折射光线与入射光线的偏转角。将式（2-91）中 r_1 改为 r_2，可以得到 ε_2 的表达式。r_1 和 r_2 为 Fresnel 反射系数：

$$r_1 = \frac{\sin\tau - m_r\sin\tau'}{\sin\tau + m_r\sin\tau'} \tag{2-94}$$

$$r_2 = \frac{m_r\sin\tau - \sin\tau'}{m_r\sin\tau + \sin\tau'} \tag{2-95}$$

最终可以得到自然光入射下散射强度分布函数和光强的如下表达式：

$$i = \frac{1}{2}(i_1 + i_2) \tag{2-96}$$

$$I = \frac{\lambda^2 I_0}{4\pi^2 f^2} I \tag{2-97}$$

式中，I_0 为入射平行光初始强度；f 为颗粒到观察点的距离。

按衍射理论、Mie 理论以及式（2-96）分别对直径 50μm 和 20μm、相对折射率为 1.235 的聚苯乙烯颗粒计算前向 60°范围内的三种光强分布，结果如图 2-27 和图 2-28 所示。对于 50μm 和 20μm 的大颗粒而言，在前向小角范围内，衍射理论与 Mie 理论吻合很好；在大角区域，折射与反射光强曲线与之吻合充分。将衍射光强与几何散射光强相加，可以得到与 Mie 理论基本吻合的结果。这种近似手段对于处理一般衍射效果明显，但对于非正常衍射（$|m_r-1|\to 0$），无法得到合理的近似，原因是没有考虑三部分光线相位引起的干涉。

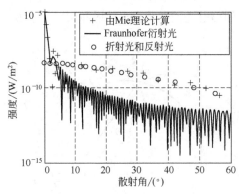

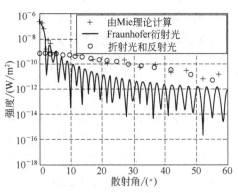

图 2-27 直径 $d=50\mu m$ 颗粒的散射光强   **图 2-28** 直径 $d=20\mu m$ 颗粒的散射光强

Kuster 等人[46]处理非正常衍射的前向光强分布时，引入了调谐因子 k：

$$k(m_r, \theta) = 4\left(\frac{m_r}{m_r^2 - 1}\right)^4 \frac{\left[m_r\cos\left(\frac{\theta}{2}\right) - 1\right]^3 \left[m_r - \cos\left(\frac{\theta}{2}\right)\right]^3}{\cos\left(\frac{\theta}{2}\right)\left[m_r^2 + 1 - 2m_r\cos\left(\frac{\theta}{2}\right)\right]^2} \times \left[1 + \frac{1}{\cos^4(\theta/2)}\right] \quad (2\text{-}98)$$

得到散射强度的如下表达式：

$$I(\theta) = \frac{d^2 I_0}{8f^2}\left\{\frac{\pi^2 d^2}{2\lambda^2}\left[\frac{2J(X)}{X}\right]^2 + k(m_r, \theta)\right\} \quad (2\text{-}99)$$

该方法用于计算无吸收颗粒前向大角度范围内的光强分布有良好的近似效果。

Glantschnig 等人[59]在研究光入射水滴后的散射效应时，不仅考虑出射光的强度，还考虑了衍射、折射和反射三部分光线之间的干涉效应，给出了一个复杂的近似公式，该方法较成功地解决了非正常衍射的近似问题，提高了计算精度，但未被推广到吸收性颗粒。

数值计算表明，绝大部分的几何散射光能被包含在衍射、反射（$p = 0$）和直接透射光线（$p = 1$）中。因此在考虑三部分光干涉的基础上，将在颗粒内部经过反射后的出射光线忽略，并引入吸收因子 $\gamma = 4\pi m_i/\lambda$ 来表征光在微耗散颗粒中传播时发生的衰减，推导后可以得到自然光入射下吸收性颗粒在任意衍射状态下大角度范围内散射强度函数的几何近似计算式：

$$i_1(\alpha, m_r, \theta) = \alpha^2\left[\underset{①}{\alpha^2 q^2} + \underset{②}{\alpha q\left(\rho_1\psi_0 + 2\sigma_1\psi_1 e^{-\frac{1}{2}\gamma d\sin\tau'}\right)} + \underset{③}{\frac{1}{4}\rho_1^2} + \underset{④}{\sigma_1^2 e^{-\gamma d\sin\tau'}} - \underset{⑤}{\rho_1\sigma_1\psi_2 e^{-\frac{1}{2}\gamma d\sin\tau'}}\right]$$

$$(2\text{-}100)$$

$$i_2(\alpha, m_r, \theta) = \alpha^2\left[\underset{①}{\alpha^2 q^2} + \underset{②}{\alpha q\left(\rho_2\psi_0 + \frac{1}{2}\sigma_2\psi_1 e^{-\frac{1}{2}\gamma d\sin\tau'}\right)} + \underset{③}{\frac{1}{4}\rho_2^2} + \underset{④}{\sigma_2^2 e^{-\gamma d\sin\tau'}} - \underset{⑤}{\rho_2\sigma_2\psi_2 e^{-\frac{1}{2}\gamma d\sin\tau'}}\right]$$

$$(2\text{-}101)$$

式中

$$\sigma_1 = \left[1 - \left(\frac{1 + m_r^2 - 2m_r\cos\frac{\theta}{2}}{1 - m_r^2}\right)^2\right] \times \sqrt{\frac{m_r^2\sin\frac{\theta}{2}\left(m_r\cos\frac{\theta}{2} - 1\right)\left(m_r - \cos\frac{\theta}{2}\right)}{2\sin\theta\left(1 + m_r^2 - 2m_r\cos\frac{\theta}{2}\right)^2}} \quad (2\text{-}102)$$

$$\rho_1 = \frac{\sin\frac{\theta}{2} - \sqrt{m_r^2 - \cos^2\frac{\theta}{2}}}{\sin\frac{\theta}{2} + \sqrt{m_r^2 - \cos^2\frac{\theta}{2}}} \quad (2\text{-}103)$$

$$\sigma_2 = \left[1 - \left(\frac{(1+m_i^2)\cos\frac{\theta}{2} - 2m_r}{(m_i^2 - 1)\cos\frac{\theta}{2}}\right)^2\right] \times \sqrt{\frac{m_r^2\sin\frac{\theta}{2}\left(m_r\cos\frac{\theta}{2} - 1\right)\left(m_r - \cos\frac{\theta}{2}\right)}{2\sin\theta\left(m_r^2 + 1 - 2m_r\cos\frac{\theta}{2}\right)^2}} \tag{2-104}$$

$$\rho_2 = \frac{m_r^2\sin\frac{\theta}{2} - \sqrt{m_r^2 - \cos^2\frac{\theta}{2}}}{m_r^2\sin\frac{\theta}{2} + \sqrt{m_r^2 - \cos^2\frac{\theta}{2}}} \tag{2-105}$$

$$\psi_0 = \cos\left(\frac{\pi}{2} + 2\alpha\sin\frac{\theta}{2}\right) \tag{2-106}$$

$$\psi_1 = \cos\left(\frac{3\pi}{2} - 2\alpha\sqrt{1 + m_r^2 - 2m_r\cos\frac{\theta}{2}}\right) \tag{2-107}$$

$$\psi_2 = \cos\left[2\alpha\left(\sin\frac{\theta}{2} + \sqrt{1 + m_r^2 - 2m_r\cos\frac{\theta}{2}}\right)\right] \tag{2-108}$$

$$q = J_1(X)/X \tag{2-109}$$

式（2-100）和式（2-101）中，①、②、④部分与括号外 α^2 相乘后分别表示衍射、反射和折射光强，③、⑤部分与括号外 α^2 相乘后为衍射与折射、反射及折射、反射之间的干涉项。

另外，τ' 由以下关系式结合插值求解：

$$\begin{cases} \theta = 2\left|\beta + \tau' - \frac{\pi}{2}\right| \\ \sin\beta = m_r\sin\left(\frac{\pi}{2} - \tau'\right) \end{cases} \tag{2-110}$$

式中，β 为一次折射光线的出射角（见图 2-26）。

数值计算表明：对于正常衍射状态下的颗粒，只要无量纲参量 $a > 40$，折射率虚部 $m_i < 0.01$，几何光学近似方法在前向大角度范围内可以得到与 Mie 理论一致的光强分布曲线，且粒径越大，吻合越好，同时计算时间大大缩短。图 2-29～图 2-32 给出了应用几何光学近似方法计算粒径 $d = 100\mu m$，折射率分别为 $m = 1.8$、$m = 1.05-i0.001$ 和粒径 $d = 20\mu m$，折射率分别为 $m = 1.235$、$m = 0.98-i0.01$ 的颗粒前向 [0°～25°] 范围内光强分布的实例。

值得一提的是：不同于反射光线在 [0°,180°] 内的分布，直接透射光（$p = 1$）有固定的出射角范围。研究表明：仅考虑 $p = 1$ 的光线，在折射光线缺失的角度，由几何近似得到的强度分布曲线会停止波动，这与精确理论相悖。如果定义图 2-26 中标记为 1 号的折射光线开始消失的角度为"折射终止角"——θ_t，那么用几何近似方

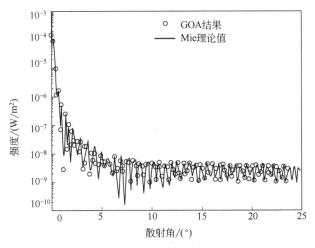

图 2-29 $d=100\mu m$，$m=1.8$ 的颗粒向前 [0°~25°] 范围内光强分布

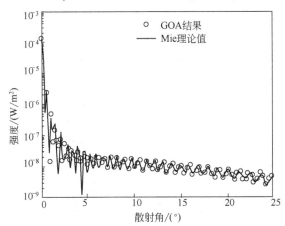

图 2-30 $d=100\mu m$，$m=1.05-i0.001$ 的颗粒向前 [0°~25°] 范围内光强分布

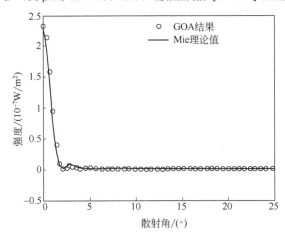

图 2-31 $d=20\mu m$，$m=1.235$ 的颗粒向前 [0°~25°] 范围内光强分布

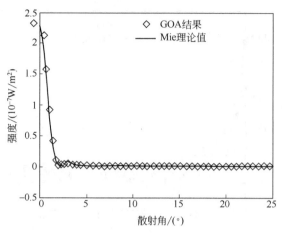

图 2-32 $d = 20\,\mu\text{m}$，$m = 0.98 - i0.01$ 的颗粒向前 $[0°\sim25°]$ 范围内的光强分布

法计算得到折射终止角以外的光强具有显著的误差，这时就需要考虑更高阶 $(p \geqslant 2)$ 的折射光线。值得一提的是，几何光学忽略了波动光学中的表面波和复杂光线[65]，前者对于 90° 区域的散射有较大的贡献，而后者对于彩虹区域的散射有一定影响。

微纳气泡研究为近年来的热点之一，气泡即为相对于周围介质折射率小于 1 的颗粒。几何光学近似方法可以被用于计算气泡散射光强分布，图 2-33 给出了无量纲粒径参数 50 和 500 的气泡散射光强模拟结果，由图可见：几何光学近似结果与严格 Mie 理论结果吻合，除了 $\theta = 80°$ 附近有些差异，差异的分析见文献[66]。由于 100° 附近光强分布剧烈振荡，图 2-33（b）的插图给出了[90°，110°]小角度范围内的结果对比，两者完全吻合。这里考虑了光线入射到气泡时的全反射效应、反射光线的相位变化，光强分布为衍射光和前 10 阶光线的相干叠加，即 p 的最大值取 10。

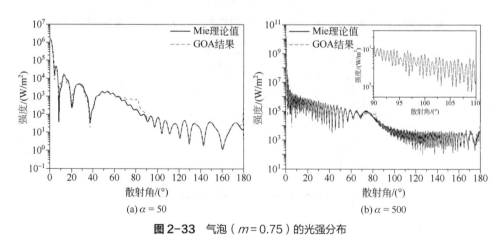

图 2-33 气泡（$m = 0.75$）的光强分布

根据几何光学近似，反射（$p = 0$）或折射光线（$p \geqslant 1$）与入射光线的偏转角

$\theta'_p(\theta_i)$ 为：

$$\theta'_p(\theta_i) = 2p\theta_r - 2\theta_i - (p-1)\pi \quad p = 0, 1, 2, 3, \cdots \tag{2-111}$$

这里 θ_i 和 θ_r 分别为入射光线的入射角和折射角。偏转角与颗粒折射率、入射角和光线阶数相关，当 $p \geqslant 2$ 时，偏转角存在极值，即几何光学彩虹角 θ_{rg}。对于 $p = 2$，θ_{rg} 为：

$$\theta_{rg} = \pi + 2\sin^{-1}\sqrt{\frac{4-m^2}{3}} - 4\sin^{-1}\sqrt{\frac{4-m^2}{3m^2}} \tag{2-112}$$

由上式可见：几何光学彩虹角仅与颗粒的折射率 m 相关。因此，如果可以通过实验测得几何光学彩虹角，就可以通过上式反演计算颗粒的折射率；根据折射率和温度的关系，又可以实现颗粒的温度测量；颗粒的粒径反演与入射激光波长、颗粒折射率和散射角度有关，即为彩虹方法液滴测量（将在第 3 章的 3.7 节给出测量的详细介绍）。

表 2-3 给出了彩虹角的位置及其对应的入射角[66]，一阶彩虹的位置大约为 138°，从几何光学角度分析，它由 $p = 2$ 的光线引起；二阶彩虹大约在 129°，由 $p = 3$ 的光线引起。

表 2-3 球形颗粒的彩虹角及其对应的入射角（折射率：$m = 4/3$）

项目	$p = 2$	$p = 3$	$p = 4$	$p = 5$	$p = 6$	$p = 7$	$p = 8$	$p = 9$
入射角/(°)	59.39	71.83	76.84	79.63	81.43	82.69	83.62	84.34
几何光学彩虹角/(°)	137.97	129.02	41.61	43.86	128.42	147.53	63.79	19.74

另外，根据 2.2.4 节的讨论，某些散射角范围内散射光的振荡主要由 $p = 0$ 和 $p = 1$ 两阶分波的相干叠加引起。可以通过图像法测得散射光的振荡，根据散射光振荡频率与颗粒参数（粒径和折射率）的依赖关系，得到颗粒的折射率和粒径，即干涉粒子成像（IPI）方法。

由几何光学可以得到 $p = 0$ 和 $p = 1$ 两阶分波的相位，根据 $p = 0$ 和 $p = 1$ 的相位差得到颗粒的粒径关系式[67]：

$$d = \frac{2\lambda N}{n_1 \alpha}\left(\cos\frac{\theta}{2} + \frac{m\sin\frac{\theta}{2}}{\sqrt{1+m^2-2m\cos\frac{\theta}{2}}}\right)^{-1}, \quad m > 1 \tag{2-113}$$

上式为 IPI 方法反演计算粒径的公式，其中 λ 为入射光波长，N 为干涉条纹数目，n_1 为周围介质的折射率，α 为系统的收集角，θ 为粒子的散射光角度。对于相对折射率 $m > 1$ 与相对折射率 $m < 1$ 两种情况，公式中仅相差一个负号。后面将在第 3 章 3.8 节中给出 IPI 测量的详细介绍。

2.4 非平面波的散射理论

为了严格求解球形颗粒对非平面波（或称作有形光束）的散射，在 Lorenz-Mie 理论[32] 的基础上，法国学者 Gouesbet 等人提出了广义 Mie 理论（generalized Lorenz-Mie theory，GLMT）[17]。该理论最初主要用于求解球形颗粒对圆形高斯波束在轴或离轴入射条件下的散射[55,68,69]。20 世纪 90 年代后，又被拓展到多层颗粒[70]、柱状颗粒[71,72]、椭球颗粒[73]等，入射波束也由高斯波束拓展到椭圆形[74]或其他有形波束[75]，由连续波拓展到脉冲波[76]，逐步形成一个完善的理论体系。广义 Mie 理论需要知道入射光束电磁场的空间分布表达式。对于球形颗粒散射，GLMT 将电磁场物理量在球坐标系中的径向分量展开成关于球谐函数的无穷级数形式，并利用球谐函数的正交性确定级数项的权重系数，这些待定系数通常称作光束形状因子。非平面波散射问题的关键在于光束形状因子的数值计算，在广义 Mie 理论中计算光束形状因子的方法有积分法、无穷级数法、局域近似法和积分局域近似法。角谱展开法（angular spectrum decomposition，ASD）是确定非平面波光束形状因子的另一种方法。与广义 Mie 理论不同，角谱展开法只需要知道某个特定平面上的电磁场分布，通过傅里叶变换获得电磁场的空间分布。电磁场的空间分布通过角谱的积分式来描述，其中的角谱就是沿各种不同方向传播的平面波。利用单个角谱在球坐标系中的球谐函数级数形式，得到非平面波的级数式，并由此得到光束形状因子。本节将介绍针对球形颗粒散射的广义 Mie 理论和角谱展开法。

2.4.1 广义 Mie 理论

考虑一波束在波束坐标系 O_G-$x'y'z'$ 中沿 z' 轴正向传播，电场沿 x' 方向极化，时间因子为 $\exp(i\omega t)$。如图 2-34 所示，该波束入射到一个半径为 a 的均质球形颗粒上，颗粒所在坐标系为 O_P-xyz。波束中心 O_G 在颗粒坐标系 O_P-xyz 中的坐标为 (x_0, y_0, z_0)，空间任意一点 P 的球坐标为 (r, θ, φ)。

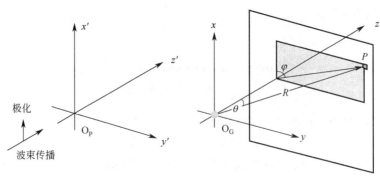

图 2-34　广义 Mie 理论的坐标关系

根据电磁场理论，空间任意场总可以用表达成径向磁场消失（$H_{r,\text{TM}}=0$）的横磁波（TM波）和径向电场消失（$E_{r,\text{TE}}=0$）的横电波（TE波）之和[77]。若将相应的磁标势和电标势分别表示为 U_{TM} 和 U_{TE}（统称为 Bromwich 标量势），则两者在球坐标系 (r, θ, φ) 中满足微分方程：

$$\frac{\partial^2 U}{\partial r^2} + k^2 U + \frac{1}{r^2\sin\theta}\frac{\partial}{\partial\theta}\left(\sin\theta\frac{\partial U}{\partial\theta}\right) + \frac{1}{r^2\sin\theta}\frac{\partial^2 U}{\partial\varphi^2} = 0 \tag{2-114}$$

其中，波数 $k = \omega(\mu\varepsilon)^{1/2}$，$\mu$ 和 ε 分别为介质的磁导率和介电常数。上述方程的两个线性无关解为：

$$\begin{cases} U_{\frac{\text{TM}}{\text{TE}}}^{(1)} = \psi_n(kr)P_n^m(\cos\theta)_{\cos m\varphi}^{\sin m\varphi} \\ U_{\frac{\text{TM}}{\text{TE}}}^{(2)} = \xi_n^{(2)}(kr)P_n^m(\cos\theta)_{\cos m\varphi}^{\sin m\varphi} \end{cases} \tag{2-115}$$

其中，设 λ 为入射光在介质中的波长，则波数 $k = 2\pi/\lambda$，ψ_n 为 Ricatti-Bessel 函数：

$$\psi_n(x) = xj_n(x) \tag{2-116}$$

$$\xi_n^{(2)}(x) = \psi_n(x) + \mathrm{i}(-1)^n(\pi x/2)^{1/2}J_{-n-1/2}(x) \tag{2-117}$$

$j_n(x)$ 为球贝塞尔函数，$J_{-n-1/2}(x)$ 为负的半整数阶贝塞尔函数。$U_{\frac{\text{TM}}{\text{TE}}}^{(1)}$ 或 $U_{\frac{\text{TM}}{\text{TE}}}^{(2)}$ 的选择取决于边界条件，$P_n^m(\cos\theta)$ 为 Hobson 定义的连带勒让德函数：

$$P_n^m(\cos\theta) = (-1)^m(\sin\theta)^m d^m P_n(\cos\theta)/[d(\cos\theta)]^m \tag{2-118}$$

由于式中两个线性无关解叠加后是方程式（2-114）的通解，而入射场、散射场及内场均可以展开成两者的如下叠加：

入射场：

$$\begin{cases} U_{\text{TM}}^{\text{i}} = \dfrac{E_0}{k}\sum_{n=1}^{\infty}\sum_{m=-n}^{n} C_n^{\text{pw}} g_{n,\text{TM}}^m \psi_n(kr)P_n^{|m|}(\cos\theta)\exp(\mathrm{i}m\varphi) \\ U_{\text{TE}}^{\text{i}} = \dfrac{H_0}{k}\sum_{n=1}^{\infty}\sum_{m=-n}^{n} C_n^{\text{pw}} g_{n,\text{TE}}^m \psi_n(kr)P_n^{|m|}(\cos\theta)\exp(\mathrm{i}m\varphi) \end{cases} \tag{2-119}$$

散射场：

$$\begin{cases} U_{\text{TM}}^{\text{s}} = -\dfrac{E_0}{k}\sum_{n=1}^{\infty}\sum_{m=-n}^{n} C_n^{\text{pw}} A_n^m \xi_n^{(2)}(kr)P_n^{|m|}(\cos\theta)\exp(\mathrm{i}m\varphi) \\ U_{\text{TE}}^{\text{s}} = -\dfrac{H_0}{k}\sum_{n=1}^{\infty}\sum_{m=-n}^{n} C_n^{\text{pw}} B_n^m \xi_n^{(2)}(kr)P_n^{|m|}(\cos\theta)\exp(\mathrm{i}m\varphi) \end{cases} \tag{2-120}$$

内场：

$$\begin{cases} U_{\text{TM}}^{\text{w}} = \dfrac{kE_0}{k_{\text{sp}}^2}\sum_{n=1}^{\infty}\sum_{m=-n}^{n} C_n^{\text{pw}} E_n^m \psi_n(k_{\text{sp}}r)P_n^{|m|}(\cos\theta)\exp(\mathrm{i}m\varphi) \\ U_{\text{TE}}^{\text{w}} = \dfrac{kH_0}{k_{\text{sp}}^2}\sum_{n=1}^{\infty}\sum_{m=-n}^{n} C_n^{\text{pw}} D_n^m \psi_n(k_{\text{sp}}r)P_n^{|m|}(\cos\theta)\exp(\mathrm{i}m\varphi) \end{cases} \tag{2-121}$$

式（2-121）中 k_{sp} 表示颗粒中的复波数，引入颗粒相对于周围媒质的复折射率 $\hat{m} = m_r - im_i$，对于非磁性颗粒，计算如下 $k_{sp} = \hat{m} \times k$；$C_n^{pw}$ 为平面波项：

$$C_n^{pw} = \frac{1}{k} i^{n-1}(-1)^n \frac{2n+1}{n(n+1)} \tag{2-122}$$

$g_{n,TM}^m$ 和 $g_{n,TE}^m$ 称为波束因子，严格意义上由下面的三重积分计算：

$$g_{n,TM}^m = \frac{(2n+1)i^{n+1}}{2\pi^2} \frac{(n-|m|)!}{(n+|m|)!} \int_0^\infty \psi_n(kr) \int_0^{2\pi} \exp(-im\varphi)$$

$$\times \int_0^\pi \frac{E_r(r,\theta,\varphi)}{E_0} P_n^{|m|}(\cos\theta)\sin\theta d\theta d\varphi d(kr) \tag{2-123}$$

$$g_{n,TE}^m = \frac{(2n+1)i^{n+1}}{2\pi^2} \frac{(n-|m|)!}{(n+|m|)!} \int_0^\infty \psi_n(kr) \int_0^{2\pi} \exp(-im\varphi)$$

$$\times \int_0^\pi \frac{H_r(r,\theta,\varphi)}{H_0} P_n^{|m|}(\cos\theta)\sin\theta d\theta d\varphi d(kr) \tag{2-124}$$

在此基础上，横磁波和横电波的各分量均可由标势 U_{TM} 和 U_{TE} 导出：

$$E_r = E_{r,TM} = \frac{\partial U_{TM}}{\partial r^2} + k^2 U_{TM} \tag{2-125}$$

$$E_\theta = E_{\theta,TM} + E_{\theta,TE} = \frac{1}{r} \frac{\partial^2 U_{TM}}{\partial r \partial \theta} - \frac{i\omega\mu}{r\sin\theta} \frac{\partial U_{TE}}{\partial \varphi} \tag{2-126}$$

$$E_\varphi = E_{\varphi,TM} + E_{\varphi,TE} = \frac{1}{r\sin\theta} \frac{\partial^2 U_{TM}}{\partial r \partial \varphi} + \frac{i\omega\mu}{r} \frac{\partial U_{TE}}{\partial \theta} \tag{2-127}$$

$$H_r = H_{r,TE} = \frac{\partial U_{TE}}{\partial r^2} + k^2 U_{TE} \tag{2-128}$$

$$H_\theta = H_{\theta,TM} + H_{\theta,TE} = \frac{i\omega\varepsilon}{r\sin\theta} \frac{\partial U_{TM}}{\partial \varphi} + \frac{1}{r} \frac{\partial^2 U_{TE}}{\partial r \partial \theta} \tag{2-129}$$

$$H_\varphi = H_{\varphi,TM} + H_{\varphi,TE} = -\frac{i\omega\mu}{r} \frac{\partial U_{TM}}{\partial \theta} + \frac{1}{r\sin\theta} \frac{\partial^2 U_{TE}}{\partial r \partial \varphi} \tag{2-130}$$

此外，由 TM 波和 TE 波的定义，$H_{r,TM} = E_{r,TE} = 0$。

引入无量纲参量 $\alpha = ka$ 和 $\beta = \hat{m}\alpha$，根据电磁场（在球外是入射场加散射场，在球内是内场）的切向分量在球的边界 $r = a$ 处连续的边界条件，经代数运算后得到：

$$\hat{m}[g_{n,TM}^m \psi'_n(\alpha) - A_n^m \xi_n^{(2)\prime}(\alpha)] = E_n^m \psi'_n(\beta) \tag{2-131}$$

$$[g_{n,TM}^m \psi_n(\alpha) - A_n^m \xi_n^{(2)}(\alpha)] = E_n^m \psi_n(\beta) \tag{2-132}$$

$$\hat{m}^2[g_{n,TE}^m \psi_n(\alpha) - B_n^m \xi_n^{(2)}(\alpha)] = D_n^m \psi_n(\beta) \tag{2-133}$$

$$\hat{m}\left[g_{n,\mathrm{TE}}^m \psi_n'(\alpha) - B_n^m \xi_n^{(2)'}(\alpha)\right] = D_n^m \psi_n'(\beta) \tag{2-134}$$

解得：

$$A_n^m = a_n g_{n,\mathrm{TM}}^m \tag{2-135}$$

$$B_n^m = b_n g_{n,\mathrm{TE}}^m \tag{2-136}$$

其中，a_n 和 b_n 为普通 Mie 理论中涉及的 2 个散射系数，由式（2-31）计算得到。将 A_n^m 和 B_n^m 代入式（2-120）后再代入式（2-125）～式（2-130），可以得到散射场表达式：

$$E_r = -kE_0 \sum_{n=1}^{\infty} \sum_{m=-n}^{n} C_n^{\mathrm{pw}} a_n g_{n,\mathrm{TM}}^m \left[\xi_n^{(2)''}(R) + \xi_n^{(2)}(R)\right] P_n^{|m|}(\cos\theta)\exp(im\varphi) \tag{2-137}$$

$$E_\theta = -\frac{E_0}{r} \sum_{n=1}^{\infty} \sum_{m=-n}^{n} C_n^{\mathrm{pw}} \left[a_n g_{n,\mathrm{TM}}^m \xi_n^{(2)'}(R) \tau_n^{|m|}(\cos\theta) + mb_n g_{n,\mathrm{TE}}^m \xi_n^{(2)}(R) \pi_n^{|m|}(\cos\theta)\right]\exp(im\varphi)$$

$$\tag{2-138}$$

$$E_\varphi = -\frac{iE_0}{r} \sum_{n=1}^{\infty} \sum_{m=-n}^{n} C_n^{\mathrm{pw}} \left[ma_n g_{n,\mathrm{TM}}^m \xi_n^{(2)'}(R) \pi_n^{|m|}(\cos\theta) + b_n g_{n,\mathrm{TE}}^m \xi_n^{(2)}(R) \tau_n^{|m|}(\cos\theta)\right]\exp(im\varphi)$$

$$\tag{2-139}$$

$$H_r = -kH_0 \sum_{n=1}^{\infty} \sum_{m=-n}^{n} C_n^{\mathrm{pw}} b_n g_{n,\mathrm{TE}}^m \left[\xi_n^{(2)''}(R) + \xi_n^{(2)}(R)\right] P_n^{|m|}(\cos\theta)\exp(im\varphi) \tag{2-140}$$

$$H_\theta = \frac{H_0}{r} \sum_{n=1}^{\infty} \sum_{m=-n}^{n} C_n^{\mathrm{pw}} \left[ma_n g_{n,\mathrm{TM}}^m \xi_n^{(2)}(R) \pi_n^{|m|}(\cos\theta) - b_n g_{n,\mathrm{TE}}^m \xi_n^{(2)'}(R) \tau_n^{|m|}(\cos\theta)\right]\exp(im\varphi)$$

$$\tag{2-141}$$

$$H_\varphi = \frac{iH_0}{r} \sum_{n=1}^{\infty} \sum_{m=-n}^{n} C_n^{\mathrm{pw}} \left[a_n g_{n,\mathrm{TM}}^m \xi_n^{(2)}(R) \tau_n^{|m|}(\cos\theta) - mb_n g_{n,\mathrm{TE}}^m \xi_n^{(2)'}(R) \pi_n^{|m|}(\cos\theta)\right]\exp(im\varphi)$$

$$\tag{2-142}$$

其中，角函数：

$$\tau_n^m(\cos\theta) = \frac{\mathrm{d}}{\mathrm{d}\theta} P_n^m(\cos\theta) \tag{2-143}$$

$$\pi_n^m(\cos\theta) = \frac{P_n^m(\cos\theta)}{\sin\theta} \tag{2-144}$$

注意，对于 $r \to \infty$ 的远场散射，Ricatti-Bessel 函数具有以下渐近形式：

$$\xi_n^{(2)}(R) \to i^{n+1}\exp(-ikr) \tag{2-145}$$

此时

$$\xi_n^{(2)''}(R) + \xi_n^{(2)}(R) = 0 \tag{2-146}$$

导致式（2-137）和式（2-140）变为：

$$H_r = E_r = 0 \qquad (2\text{-}147)$$

$$E_\theta = -\frac{iE_0}{kr}\exp(-ikr)\sum_{n=1}^{\infty}\sum_{m=-n}^{n}\frac{2n+1}{n(n+1)}[a_n g_{n,\mathrm{TM}}^m \tau_n^{|m|}(\cos\theta)+ mb_n g_{n,\mathrm{TE}}^m \pi_n^{|m|}(\cos\theta)]\exp(im\varphi) \qquad (2\text{-}148)$$

$$E\varphi = -\frac{E_0}{kr}\exp(-ikr)\sum_{n=1}^{\infty}\sum_{m=-n}^{n}\frac{2n+1}{n(n+1)}[ma_n g_{n,\mathrm{TM}}^m \pi_n^{|m|}(\cos\theta)+ ib_n g_{n,\mathrm{TE}}^m \tau_n^{|m|}(\cos\theta)]\exp(im\varphi) \qquad (2\text{-}149)$$

$$H_\varphi = \frac{H_0}{E_0}E_\theta \qquad (2\text{-}150)$$

$$H_\theta = -\frac{H_0}{E_0}E_\varphi \qquad (2\text{-}151)$$

故在远场条件下，散射振幅 $s_{1,2}$、散射系数 k_{sca} 和消光系数 k_{ext} 等物理量由下式计算：

$$s_1 = -\frac{kr}{E_0}\exp(-ikr)E_\theta \qquad (2\text{-}152)$$

$$s_2 = -\frac{ikr}{E_0}\exp(-ikr)E_\varphi \qquad (2\text{-}153)$$

$$k_{\mathrm{sca}} = \frac{\lambda^2}{\pi}Re\left[\sum_{n=1}^{\infty}\sum_{m=-n}^{n}\frac{2n+1}{n(n+1)}\frac{(n+|m|)!}{(n-|m|)!}(a_n^2|g_{n,\mathrm{TM}}^m|^2 + b_n^2|g_{n,\mathrm{TE}}^m|^2)\right] \qquad (2\text{-}154)$$

$$k_{\mathrm{ext}} = \frac{\lambda^2}{\pi}Re\left[\sum_{n=1}^{\infty}\sum_{m=-n}^{n}\frac{2n+1}{n(n+1)}\frac{(n+|m|)!}{(n-|m|)!}(a_n|g_{n,\mathrm{TM}}^m|^2 + b_n|g_{n,\mathrm{TE}}^m|^2)\right] \qquad (2\text{-}155)$$

本书主要讨论颗粒的光散射测量方式，故仅给出散射振幅及消光系数等相关物理量的计算方式。其它物理量，如横向、纵向辐射压力、辐射扭矩等的计算，可以参考文献[55, 78, 79]等。

值得一提的是，在平面波入射的特殊情况下，除了 $m = \pm 1$ 外，其余为 0。即：

$$g_{n,\mathrm{TM}}^{m\neq 1} = g_{n,\mathrm{TE}}^{m\neq 1} = 0 \qquad (2\text{-}156)$$

$$g_{n,\mathrm{TM}}^1 = g_{n,\mathrm{TM}}^{-1} = \frac{1}{2} \qquad (2\text{-}157)$$

$$g_{n,\mathrm{TM}}^1 = -g_{n,\mathrm{TE}}^{-1} = -\frac{1}{2}i \qquad (2\text{-}158)$$

此时：

$$k_{\text{sca}} = \frac{\lambda^2}{2\pi^2} \sum_{n=1}^{\infty} (2n+1)(a_n^2 + b_n^2) \tag{2-159}$$

$$k_{\text{ext}} = \frac{\lambda^2}{2\pi^2} \sum_{n=1}^{\infty} (2n+1) \, Re(a_n + b_n) \tag{2-160}$$

即退化为一般 Mie 理论的情形。

2.4.2 波束因子的区域近似计算

作为描述入射波特性的 2 个系数，波束因子 $g_{n,\text{TM}}^m$ 和 $g_{n,\text{TE}}^m$ 除了由前面的三重积分计算外，还可以由级数法和区域近似方法获得[80]。积分法因严格、准确和灵活而适用于任何入射场，但其计算烦琐，耗时；而级数法具有计算快速、简便的特性，但不够灵活。本书采用的是 Ren 等人提出的积分区域近似法[81]，该方法兼备积分法和级数法的优点：快速、灵活和高效，适用于对任意入射场的描述。

首先简述区域近似的基本原理[4]：设电子处于与传播方向垂直（$\theta = \pi/2$），且位于离波束传播方向距离为 r 的第 l 层和第 $l+1$ 层轨道中，由角动量守恒得到：

$$\frac{(l+1/2)\hbar}{2\pi} = m_e v r \tag{2-161}$$

其中，m_e 为电子质量；v 为电子的切向速度。设 λ 为德布罗意波长，则普朗克常数 h 为：

$$\hbar = \lambda m_e v \tag{2-162}$$

最终得到：

$$2\pi r/\lambda = l+1/2 \tag{2-163}$$

或写为：

$$kr = l+1/2 \tag{2-164}$$

在此基础上，Ren 等人[81]的研究表明，对于给定入射场的径向分量 E_r 和 H_r，在式（2-123）和式（2-124）中，进行以下的变换：

$$\begin{cases} r = (l+1/2)/k \\ \theta \to \dfrac{\pi}{2} \end{cases} \tag{2-165}$$

可获得波束因子的积分区域近似法的表达式：

$$g_{n,\text{TM}}^m = \frac{Z_n^m}{2\pi E_0} \int_0^{2\pi} E_r \left(r \to \frac{n+1/2}{k}, \ \theta \to \frac{\pi}{2}, \ \varphi \right) \exp(-im\varphi)\mathrm{d}\varphi \tag{2-166}$$

$$g_{n,\text{TE}}^m = \frac{Z_n^m}{2\pi E_0} \int_0^{2\pi} H_r \left(r \to \frac{n+1/2}{k}, \ \theta \to \frac{\pi}{2}, \ \varphi \right) \exp(-im\varphi)\mathrm{d}\varphi \tag{2-167}$$

其中，

$$Z_n^0 = \frac{2n(n+1)\mathrm{i}}{2n+1}, \quad m = 0 \tag{2-168}$$

$$Z_n^m = \left(\frac{-2\mathrm{i}}{2n+1}\right)^{|m|-1}, \quad m \neq 0 \tag{2-169}$$

2.4.3　高斯波束照射

高斯波束是最常用到的有形波束之一，广义 Mie 理论给球形颗粒的散射研究提供了有力的工具。假设 TEM_{00} 高斯波束在波束坐标系 O_G-$x'y'z'$ 中沿 z' 轴正向传播，电场沿 x' 方向极化。其强度分布和传播如图 2-35 所示，等相位面见图 2-36。

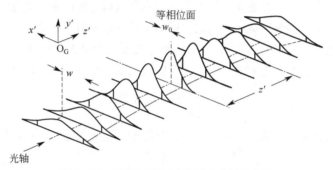

图 2-35　基模高斯波束的强度和传播示意图

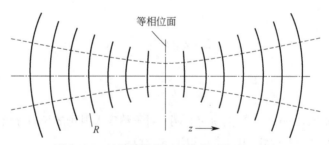

图 2-36　基模高斯波束的等相位面曲率示意图

根据 Davis 的高斯波束一阶近似[82]，在颗粒坐标系 O_P-xyz 中，入射波束可以由分量 E_x、E_y、E_z、H_x、H_y 和 H_z 描述为：

$$E_x = E_0\psi_0\exp[-\mathrm{i}k(z-z_0)] \tag{2-170}$$

$$E_y = 0 \tag{2-171}$$

$$E_z = -\frac{2Q}{l}(x-x_0)E_x \tag{2-172}$$

$$H_x = 0 \tag{2-173}$$

$$H_y = H_0\psi_0\exp[-\mathrm{i}k(z-z_0)] \tag{2-174}$$

$$H_z = -\frac{2Q}{l}(y-y_0)H_y \tag{2-175}$$

其中：

$$\psi_0 = \psi_0^0\psi_0^\varphi \tag{2-176}$$

$$\psi_0^0 = \mathrm{i}Q\exp\left(-\mathrm{i}Q\frac{r^2\sin^2\theta}{w_0^2}\right)\exp\left(-\mathrm{i}Q\frac{x_0^2+y_0^2}{w_0^2}\right) \tag{2-177}$$

$$\psi_0^\varphi = \exp\left[\frac{2\mathrm{i}Q}{w_0^2}r\sin\theta(x_0\cos\varphi+y_0\sin\varphi)\right] \tag{2-178}$$

$$Q = \frac{1}{\mathrm{i}+2\left(\dfrac{z-z_0}{l}\right)} \tag{2-179}$$

通过投影，可以转化得到相应球坐标系 (r,θ,φ) 中用于波束系数计算的径向分量 E_r 和 H_r：

$$E_r = E_0\psi_0\left[\cos\varphi\sin\theta\left(1-\frac{2Q}{l}r\cos\theta\right)+\frac{2Q}{l}x_0\cos\theta\right]\exp[-\mathrm{i}k(r\cos\theta-z_0)] \tag{2-180}$$

$$H_r = H_0\psi_0\left[\sin\varphi\sin\theta\left(1-\frac{2Q}{l}r\cos\theta\right)+\frac{2Q}{l}y_0\cos\theta\right]\exp[-\mathrm{i}k(r\cos\theta-z_0)] \tag{2-181}$$

代入式（2-123）和式（2-124）或式（2-166）和式（2-167），即可获得波束系数，进而根据式（2-152）和式（2-153）计算远场散射。

图 2-37 给出位于波束中心的直径 $d = 10\mu\mathrm{m}$、折射率 $m = 1.33$ 的水滴，在束腰 ω_0 分别为 2.5μm、5μm、10μm 和 10000μm、波长 $\lambda = 0.6328\mu\mathrm{m}$ 的高斯波束照射下，在 $\varphi = 45°$ 的平面上产生的散射。束腰半径增大到粒径大小之后，散射的波纹结构明显增强，这是因为折射光线之间及其和反射光线的干涉加强了。继续增加束腰半径，散射图样向平面波结果过渡，并逐步稳定。事实上，当束腰半径是颗粒粒径的 10 倍以上时，散射效应几乎等同于平面波散射的情形。

2.4.4　角谱展开法

角谱展开法分两步求解光波的光束形状因子，首先根据光束在某个特定平面内的分布函数得到空间任意位置光束的角谱积分式；然后利用角谱在球坐标系中的球谐函数级数展开式得到光束在球坐标系中的级数表达式。

如图 2-34 所示，假设光束在坐标系 $\mathrm{O_G}$-$x'y'z'$ 中沿 z' 轴正向传播，光束参考点位

于该坐标系原点 O_G，光束在 $z' = 0$ 平面内的分布用矢量势函数 $\boldsymbol{A}(x', y', 0)$ 表示。鉴于大部分有关角谱展开法的文献在负时间因子中描述，本小节采用 $\exp(-i\omega t)$。将矢量势函数在 $x'y'$ 平面内作傅里叶变换得到其谱分布函数：

$$\tilde{\boldsymbol{A}}(k_x, k_y; 0) = \int_{-\infty}^{+\infty}\int_{-\infty}^{+\infty} \boldsymbol{A}(x', y', 0)e^{-i(k_x x' + k_y y')}dx'dy' \tag{2-182}$$

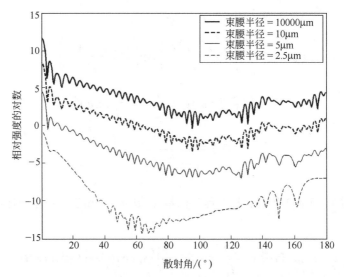

图2-37 位于波束中心（$x_0 = y_0 = z_0 = 0$），直径 $d = 10\,\mu m$ 的水滴在束腰 ω_0 分别为 $2.5\,\mu m$、$5\,\mu m$、$10\,\mu m$ 和 $10000\,\mu m$ 的高斯波束照射下产生的散射（散射面 $\varphi = 45°$，为求清晰，后三者的散射强度被乘以 10^3、10^6 和 10^9）

根据 Maxwell 电磁场理论，矢量势函数 $\boldsymbol{A}(x', y', z')$ 满足 Helmholtz 方程 $\nabla^2 \boldsymbol{A} + k^2 \boldsymbol{A} = 0$。因此，在任意 z' 平面内的谱分布函数与 $z' = 0$ 平面内的谱分布函数之间满足关系[83]：

$$\tilde{\boldsymbol{A}}(k_x, k_y; z') = \tilde{\boldsymbol{A}}(k_x, k_y; 0)e^{ik_z z'} \tag{2-183}$$

对该谱分布函数作逆傅里叶变换即可得到矢量势函数在空间任意位置的分布函数：

$$\boldsymbol{A}(x', y', z') = \frac{1}{4\pi^2}\int_{-\infty}^{+\infty}\int_{-\infty}^{+\infty} \tilde{\boldsymbol{A}}(k_x, k_y; z')e^{i(k_x x' + k_x y')}dk_x dk_y \tag{2-184}$$

光束参考点 O_G 在颗粒坐标系 $O_P\text{-}xyz$ 中的坐标为 $\boldsymbol{r}_0(x_0, y_0, z_0)$，因此矢量势函数在颗粒坐标系中表示为：

$$\boldsymbol{A}(x, y, z) = \frac{1}{4\pi^2}\int_{-\infty}^{+\infty}\int_{-\infty}^{+\infty} \tilde{\boldsymbol{A}}(k_x, k_y; 0)e^{ik(r - r_0)}dk_x dk_y \tag{2-185}$$

其中，$\boldsymbol{r}(r, \theta, \varphi)$ 是颗粒坐标系 $O_P\text{-}xyz$ 中任意一点 P 的球坐标。根据电磁场理

论[84]，矢量势函数与电场强度和磁场强度的关系满足：

$$\begin{cases} \boldsymbol{E} = \boldsymbol{A} + k^{-2}\nabla(\nabla \cdot \boldsymbol{A}) \\ \boldsymbol{H} = \dfrac{-\mathrm{i}}{\omega\mu}\nabla \times \boldsymbol{A} \end{cases} \tag{2-186}$$

将公式（2-185）代入公式（2-186）得到电场强度和磁场强度的角谱表达式：

$$\begin{cases} \boldsymbol{E} = \dfrac{1}{4\pi^2}\int_{-\infty}^{+\infty}\int_{-\infty}^{+\infty}\tilde{\boldsymbol{E}}(k_x,k_y;0)\mathrm{e}^{\mathrm{i}k(r-r_0)}\mathrm{d}k_x\mathrm{d}k_y \\ \boldsymbol{H} = \dfrac{1}{4\pi^2}\int_{-\infty}^{+\infty}\int_{-\infty}^{+\infty}\tilde{\boldsymbol{H}}(k_x,k_y;0)\mathrm{e}^{\mathrm{i}k(r-r_0)}\mathrm{d}k_x\mathrm{d}k_y \end{cases} \tag{2-187}$$

其中，$\tilde{\boldsymbol{E}}(k_x,k_y;0)\mathrm{e}^{\mathrm{i}kr}$ 和 $\tilde{\boldsymbol{H}}(k_x,k_y;0)\mathrm{e}^{\mathrm{i}kr}$ 是平面波（即角谱）在时间因子为 $\exp(-\mathrm{i}\omega t)$ 时的电场强度和磁场强度，$\tilde{\boldsymbol{E}}(k_x,k_y;0)$ 和 $\tilde{\boldsymbol{H}}(k_x,k_y;0)$ 是对应的振幅，它们与矢量势函数的关系为：

$$\begin{cases} \tilde{\boldsymbol{E}}(k_x,k_y;0) = \tilde{\boldsymbol{A}}(k_x,k_y;0) - \boldsymbol{e}_k[\boldsymbol{e}_k\tilde{\boldsymbol{A}}(k_x,k_y;0)] \\ \tilde{\boldsymbol{H}}(k_x,k_y;0) = \dfrac{k}{\omega\mu}\boldsymbol{e}_k\tilde{\boldsymbol{A}}(k_x,k_y;0) \end{cases} \tag{2-188}$$

这里，$\boldsymbol{e}_k$ 是波矢量 $\boldsymbol{k}$ 的单位矢量，在球坐标系中可用角度 (α,β) 表示方向。存在关系式 $k_x = k\sin\alpha\cos\beta$、$k_y = k\sin\alpha\sin\beta$ 和 $k_z = k\cos\alpha$。式（2-187）中满足 $k_x^2 + k_y^2 \leqslant k^2$ 的积分区间对应了 $0 \leqslant \sin\alpha \leqslant 1$，此时角谱是沿 $\boldsymbol{e}_k$ 方向传播的均匀平面波；积分区间 $k_x^2 + k_y^2 > k^2$ 对应 $\sin\alpha > 1$，此时波矢的 z 分量是虚数 $k_z = \mathrm{i}k\sqrt{\sin^2\alpha - 1}$，角谱是倏逝波。将角谱在球坐标系中作矢量球谐函数级数展开，得到：

$$\begin{cases} \tilde{\boldsymbol{E}}(k_x,k_y;0)\mathrm{e}^{\mathrm{i}kr} = \sum_{n=1}^{\infty}\sum_{m=-n}^{n}D_{nm}\{p'_{nm}\boldsymbol{M}_{nm}^{(1)} + q'_{nm}\boldsymbol{N}_{nm}^{(1)}\} \\ \tilde{\boldsymbol{H}}(k_x,k_y;0)\mathrm{e}^{\mathrm{i}kr} = \dfrac{-\mathrm{i}k}{\omega\mu}\sum_{n=1}^{\infty}\sum_{m=-n}^{n}D_{nm}\{p'_{nm}\boldsymbol{N}_{nm}^{(1)} + q'_{nm}\boldsymbol{M}_{nm}^{(1)}\} \end{cases} \tag{2-189}$$

其中，$D_{nm} = (2n+1)(n-m)!/[4n(n+1)(n+m)!]$，矢量球谐函数为：

$$\begin{cases} \boldsymbol{M}_{nm}^{(j)} = \dfrac{Z_n^{(j)}(R)}{R}[\mathrm{i}m\pi_n^m(\theta)\boldsymbol{e}_\theta - \tau_n^m(\theta)\boldsymbol{e}_\varphi]\mathrm{e}^{\mathrm{i}m\varphi} \\ \boldsymbol{N}_{nm}^{(j)} = \dfrac{Z_n^{(j)}(R)}{R^2}n(n+1)P_n^m(\theta)\mathrm{e}^{\mathrm{i}m\varphi}\boldsymbol{e}_r \\ \qquad + \dfrac{Z_n^{(j)\prime}(R)}{R}[\tau_n^m(\theta)\boldsymbol{e}_\theta + \mathrm{i}m\pi_n^m(\theta)\boldsymbol{e}_\varphi]\mathrm{e}^{\mathrm{i}m\varphi} \end{cases} \tag{2-190}$$

其中，$R = kr$，$Z_n^{(j)}(R)$ 是 Riccati-Bessel 函数。当 $j = 1$ 时，$Z_n^{(1)}(R) = \psi_n(R)$；当 $j = 3$ 时，$Z_n^{(3)}(R) = \xi_n^{(1)}(R)$。角谱展开式（2-189）中的权重系数 (p'_{nm},q'_{nm}) 为：

$$\begin{cases} p'_{nm} = -4\mathrm{i}^n \mathrm{e}^{-\mathrm{i}m\beta}\left\{\mathrm{i}m\pi_n^m(\alpha)\boldsymbol{e}_\alpha + \tau_n^m(\alpha)\boldsymbol{e}_\beta\right\}\tilde{\boldsymbol{E}}(k_x,k_y;0) \\ q'_{nm} = -4\mathrm{i}^n \mathrm{e}^{-\mathrm{i}m\beta}\left\{\mathrm{i}\tau_n^m(\alpha)\boldsymbol{e}_\alpha + m\pi_n^m(\alpha)\boldsymbol{e}_\beta\right\}\tilde{\boldsymbol{E}}(k_x,k_y;0) \end{cases} \tag{2-191}$$

公式（2-189）～公式（2-191）是沿空间任意方向传播的平面波在球坐标系中的矢量球谐函数级数展开式。该级数展开式不仅适用于均匀平面波，还适用于倏逝波。当描述均匀平面波时，如果波矢量 $\boldsymbol{k}$ 沿 z 轴方向、电场强度 $\tilde{\boldsymbol{E}}(k_x,k_y;0)$ 沿 x 方向振荡，就是 2.2.3 节介绍的 Mie 散射。

将公式（2-189）代入公式（2-187），并调换积分与求和次序，得到光束在球坐标系中的矢量球谐函数级数展开式：

$$\begin{cases} \boldsymbol{E} = \sum_{n=1}^{\infty}\sum_{m=-n}^{n} C_n^{\mathrm{pw}}\left\{\mathrm{i}A_{nm}\boldsymbol{M}_{nm}^{(1)} - B_{nm}\boldsymbol{N}_{nm}^{(1)}\right\} \\ \boldsymbol{H} = \dfrac{k}{\omega\mu}\sum_{n=1}^{\infty}\sum_{m=-n}^{n} C_n^{\mathrm{pw}}\left\{A_{nm}\boldsymbol{N}_{nm}^{(1)} + \mathrm{i}B_{nm}\boldsymbol{M}_{nm}^{(1)}\right\} \end{cases} \tag{2-192}$$

这里的平面波项 $C_n^{\mathrm{pw}} = \mathrm{i}^n(2n+1)/[n(n+1)]$ 与公式（2-122）的定义有所不同，光束形状因子 (A_{nm},B_{nm}) 与广义 Mie 理论中的 $(g_{n,\mathrm{TE}}^m, g_{n,\mathrm{TM}}^m)$ 之间存在对应关系 $A_{nm} = g_{n,\mathrm{TE}}^{m*}$ 和 $B_{nm} = -g_{n,\mathrm{TM}}^{m*}$。这里 * 表示共轭。取变换 $k_x = k\sin\alpha\cos\beta$ 和 $k_y = k\sin\alpha\sin\beta$，并令 $\sin\alpha = \chi$，光束形状因子 (A_{nm},B_{nm}) 的表达式如下：

$$\begin{cases} A_{nm} = \dfrac{k^2}{4\pi^2}\dfrac{(n-m)!}{(n+m)!}\int_0^{2\pi}\mathrm{d}\beta\,\mathrm{e}^{-\mathrm{i}m\beta} \\ \qquad\times\int_0^{\infty}\chi\mathrm{d}\chi[\mathrm{i}\tau_n^m(\alpha)\boldsymbol{e}_\beta - m\pi_n^m(\alpha)\boldsymbol{e}_\alpha]\tilde{\boldsymbol{E}}(k_x,k_y;0)\mathrm{e}^{-\mathrm{i}\boldsymbol{k}\cdot\boldsymbol{r}_0} \\ B_{nm} = \dfrac{k^2}{4\pi^2}\dfrac{(n-m)!}{(n+m)!}\int_0^{2\pi}\mathrm{d}\beta\,\mathrm{e}^{-\mathrm{i}m\beta} \\ \qquad\times\int_0^{\infty}\chi\mathrm{d}\chi[\mathrm{i}\tau_n^m(\alpha)\boldsymbol{e}_\alpha + m\pi_n^m(\alpha)\boldsymbol{e}_\beta]\tilde{\boldsymbol{E}}(k_x,k_y;0)\mathrm{e}^{-\mathrm{i}\boldsymbol{k}\cdot\boldsymbol{r}_0} \end{cases} \tag{2-193}$$

式（2-193）中关于 χ 的积分包括 $0\leqslant\chi\leqslant1$ 和 $\chi>1$ 两个区间，前者对应均匀平面波角谱，后者对应倏逝波。对于弱会聚（发散）有形光束，其角谱主要分布在 χ 接近于零的方向上，仅涉及均匀平面波；但是对于一些强会聚（发散）光束，倏逝波部分的贡献显得重要。此外，当涉及到光束在两种不同折射率界面上的反射和折射（甚至全反射）时，式（2-193）中倏逝波的成分对光束形状因子的计算尤其重要[85]。

以上一小节中沿 x' 方向极化的圆形高斯光束为例，取束腰中心作为光束参考点，在束腰平面上的矢量势函数为：

$$A(x',y',0) = \boldsymbol{e}_x E_0 \mathrm{e}^{-\frac{x'^2+y'^2}{w_0^2}} \tag{2-194}$$

在 $x'y'$ 平面上的傅里叶变换为：

$$\tilde{A}(k_x,k_y;0) = \boldsymbol{e}_x E_0 \pi w_0^2 \mathrm{e}^{-\frac{1}{4}k^2 w_0^2 \sin^2\alpha} \tag{2-195}$$

公式（2-195）代入公式（2-188）得到 $\tilde{E}(k_x,k_y;0)$，然后再代入公式（2-193）并进行一系列数学推导，可得高斯光束之光束形状因子的一维积分式：

$$A_{nm} = E_0 \mathrm{i}^{-m-1} \frac{k^2 w_0^2}{4} \frac{(n-m)!}{(n+m)!} \int_0^\infty \chi \mathrm{d}\chi \mathrm{e}^{-\frac{1}{4}k^2 w_0^2 \chi^2 - \mathrm{i}Z_0\sqrt{1-\chi^2}}$$

$$\times \left\{ \left[\tau_n^m(\alpha) + m\pi_n^m(\alpha)\sqrt{1-\chi^2} \right] \mathrm{e}^{-\mathrm{i}(m-1)\varphi_0} J_{m-1}(R_0\chi) \right.$$

$$\left. + \left[\tau_n^m(\alpha) - m\pi_n^m(\alpha)\sqrt{1-\chi^2} \right] \mathrm{e}^{-\mathrm{i}(m+1)\varphi_0} J_{m+1}(R_0\chi) \right\} \qquad (2\text{-}196a)$$

$$B_{nm} = -E_0 \mathrm{i}^{-m} \frac{k^2 w_0^2}{4} \frac{(n-m)!}{(n+m)!} \int_0^\infty \chi \mathrm{d}\chi \mathrm{e}^{-\frac{1}{4}k^2 w_0^2 \chi^2 - \mathrm{i}Z_0\cos\alpha}$$

$$\times \left\{ \left[m\pi_n^m(\alpha) + \tau_n^m(\alpha)\sqrt{1-\chi^2} \right] \mathrm{e}^{-\mathrm{i}(m-1)\varphi_0} J_{m-1}(R_0\chi) \right.$$

$$\left. + \left[m\pi_n^m(\alpha) - \tau_n^m(\alpha)\sqrt{1-\chi^2} \right] \mathrm{e}^{-\mathrm{i}(m+1)\varphi_0} J_{m+1}(R_0\chi) \right\} \qquad (2\text{-}196b)$$

其中，参数 (R_0,φ_0,Z_0) 是光束中心坐标的无量纲量，定义为 $R_0 = k\sqrt{x_0^2 + y_0^2}$、$\varphi_0 = \arctan(y_0/x_0)$ 和 $Z_0 = kz_0$。

一般而言，角谱展开法中光束形状因子的数值计算涉及二维积分，但对于一些具有轴对称分布特征的光束，譬如圆分布高斯光束、椭圆高斯光束、Bessel 光束等，关于 β 的积分可以用整数阶 Bessel 函数替换，因此光束形状因子的计算退化为一维积分[86,87]。这使得光束形状因子的数值计算速度提升约一个数量级。弱会聚圆形高斯光束和椭圆高斯光束的角谱展开法经过适当近似后，其光束形状因子与广义 Mie 理论中的局域近似法公式完全一致[87,88]。局域近似法在牺牲计算精度的前提下极大地提升了数值计算的速度。对于强会聚（发散）光束、锥角较大的 Bessel 光束，局域近似法的计算结果应该进行验证，验证后方可使用。

对于严格满足 Maxwell 方程组的光束，广义 Mie 理论中的积分方法和角谱展开法给出相同的光束形状因子，由此重构得到的光束场与预设的电磁场分布完全一致。但在某些情况下，无法给出严格满足 Maxwell 方程组的光束电磁场分布函数，譬如上一小节介绍的高斯光束就只能得到近似表达式。在此情况下，广义 Mie 理论和角谱展开法由于方法上的不同，所得到的光束形状因子存在一定的差异，由此得到的重构场也互不相同，且与预设的电磁场分布也存在差异。这种差异在弱会聚（发散）情况下可忽略不计，但随着光束发散程度的增强，其差异变得越来越明显。广义 Mie 理论要求给出光束电磁场在空间的解析表达式，而角谱展开法只要求给出在某个平面内的分布。因此在某些情况下角谱展开法具有更强的处理能力。譬如，涉及到有形光束在两种不同介质的界面上反射和折射时，广义 Mie 理论对反射场和折射场描述存在困难，而角谱展开法能轻松解决此问题。

需要指出，在光散射的电磁场理论中，由于时间因子和相关函数的不同选择，关于光束形状因子以及电磁场的表述存在相应的差别[89]。当采用正时谐项 $\exp(+i\omega t)$ 时，球坐标系中的散射波径向函数采用 $\xi_n^{(2)}(\rho)$，介质的复折射率虚部应取负值；反之，采用负时谐项 $\exp(-i\omega t)$ 时，散射波径向函数采用 $\xi_n^{(1)}(\rho)$，介质的复折射率虚部取正值。此外，连带勒让德函数也有两种不同的选择，一种是 Hobson 定义的函数，另一种是 Ferrer 定义的函数，它们之间的区别在于是否带 Condon–Shortley 因子。

本节给出的所有公式中采用了连带勒让德函数 $P_n^m(\cos\theta)$，以及相关的散射角函数 $\pi_n^m(\theta)$ 和 $\tau_n^m(\theta)$。众所周知，连带勒让德函数的数值变化范围会随着阶次的增大而变得越来越大，严重时会出现数据溢出。因此，在数值计算中宜采用归一化的连带勒让德函数[90]，可有效防止数值计算中由于溢出导致的错误。

参考文献

[1] 梁铨廷. 物理光学. 北京: 机械工业出版社, 1980.

[2] 郭硕鸿. 电动力学. 北京: 人民教育出版社, 1979.

[3] Kerker M. The Scattering of Light and Other Electromagnetic Radiation. New York: Academic Press, 1969.

[4] Tsang L, Kong J. Scattering of Electromagnetic Waves: Advanced Topics, John Wiley & Sons, Inc. 2001.

[5] van de Hulst H C. Light Scattering by Small Particles. London: Chapman and Hall, 1957.

[6] Bohren C F, Huffman D R. Absorption and Scattering of Light by Small Particles.New York: Wiley, 1983.

[7] Xu R L. Particle Characterization: Light Scattering Methods.Dordrecht: Kluwer Academic Publishers, 2000.

[8] Wriedt T. Light Scattering Theories and Computer Codes. J Quant Spectrosc Radiat Transfer, 2009, 110: 833-843.

[9] Mie G. Beiträge zurOptiktrüber Medien，Speziell Kolloidaler Metallösungen. Ann Phys, 1908, 25: 377-445.

[10] Aden K M. Scattering of Electromagnetic Waves from Two Concentric Spheres. J. Appl Phys, 1951, 22: 1242-1246.

[11] Wu Z, Guo L, Ren K, et al. Improved Algorithm for Electromagnetic Scattering of Plane Waves and Shaped Beams by Multilayered Spheres. Appl Opt，1997, 36: 5188-5198.

[12] Toon O B, Ackerman T P. Algorithms for The Calculation of Scattering by Stratified Spheres. Appl Opt, 1981: 3657-3660.

[13] Yang W. Improved Recursive Algorithm for Light Scattering by a Multilayered Sphere.Appl Opt, 2003, 42: 1710-1720.

[14] Horvath H.Gustav Mie and the Scattering and Absorption of Light by Particles：Historic Developments and Basics. J Quant Spectrosc Radiat Transfer, 2009, 110: 787-799.

[15] Michael I Mishchenko.Gustav Mie and the Fundamental Concept of Electromagnetic Scattering by Particles: A perspective. J Quant Spectrosc Radiat Transfer, 2009, 110: 1210-1222.

[16] Gurwich I, Shiloah N, Kleiman M. The Recursive Algorithm for Electromagnetic Scattering by Tilted Infinite Circular Multi-layered Cylinder. J Quant Spectrosc Radiat Transfer, 1999, 63: 217-229.

[17] Gouesbet G, Gréhan G. Generalized Lorenz-Mie Theory. second Edition. Springer, 2017.

[18] James A Lock, Gouesbet G. Generalized Lorenz-Mie Theory and Applications. J Quant Spectrosc Radiat Transfer, 2009, 110: 800-807.

[19] Gouesbet G. Generalized Lorenz-Mie Theories, The Third Decade: A Perspective. J Quant Spectrosc Radiat Transfer, 2009, 110: 1223-1238.

[20] 徐峰. 椭球粒子对有形波束的散射及光谱消光法在湿蒸汽测量中的应用. 上海: 上海理工大学, 2007.

[21] 顾冠亮, 王乃宁. 有关光散射物理量的数值计算. 上海机械学院学报. 1984, 5: 21-32.

[22] 郑刚, 等. Mie 散射的数值计算. 应用激光, 1992, 12: 221-223.

[23] 王少清, 任中京, 张希明, 等. Mie 散射系数的新算法. 激光杂志, 1997, 18: 15-22.

[24] 杨晔, 张镇西, 蒋大宗. Mie 散射物理量的数值计算. 应用光学, 1997, 18: 17-19.

[25] Wiscombe W J. Improved Mie Scattering Algorithms. Appl Opt, 1980, 19: 1505-1509.

[26] Lentz W J. Generating Bessel Functions in Mie Scattering Calculations using Continued Fractions. Appl Opt, 1976, 15: 668-671.

[27] Dave J V. Subroutines for Computing the Parameters of the Electromagnetic Radiation Scattered by a Sphere. Report 320-327(IBM Scientific Center, Palo Alto, Calif., 1968).

[28] Dave J V. Coefficients of the Legendre and Fourier Series for the Scattering Functions of Spherical Particles. Appl Opt, 1970, 9: 1888-1896.

[29] Kattawar G W, Plass G N.Electromagnetic Scattering from Absorbing Spheres. Appl Opt, 1967, 6: 1377-1382.

[30] Jones A R. Electromagnetic Scattering and Its Applications.London and New Jersey, 1981: 26-27.

[31] Dave J V.Scattering of Electromagnetic Radiation by a Large Absorbing Sphere.IBM J Res Dev, 1969, 13: 302-313.

[32] Wang R T, van de Hulst H C. Rainbows: Mie Computations and the Airy Approximation. Appl Opt, 1991, 30: 106-117.

[33] Kai L, Massoli P.Scattering of Electromagnetic-Plane Wave by Radially Inhomogeneous Spheres: A Finely Stratified Sphere Model. Appl Opt, 1994, 33: 501-511.

[34] 王式民, 朱震, 叶茂, 等. 光散射粒度测量中 Mie 理论两种改进的数值计算方法. 计量学报, 1999, 20(4): 279-285.

[35] Du H. Mie-Scattering Calculation. Appl Opt, 2004, 43: 1951-1956.

[36] 沈建琪, 刘蕾. 经典 Mie 散射的数值计算方法改进. 中国粉体技术, 2005, 11(4): 1-5.

[37] 王建华, 王乃宁. 单个颗粒激光散射在任意方向光通量计算的数学模型. 应用激光, 1995, 15(2): 79-80.

[38] Bayvel L P, Jones A R. Electromagnetic Scattering and Its Applications. London: Applied Science Publishers Ltd, 1981.

[39] 顾冠亮, 王乃宁. 由经典的光散射理论看 Malvern 衍射测粒仪的局限性. 上海机械学院学报, 1988, 10(3).

[40] 张福根, 荣跃龙, 程路. 用激光散射法测量大颗粒时使用衍射理论的误差. 中国粉体技术, 1996, 2: 7-14.

[41] 徐峰, 蔡小舒, 赵志军, 沈嘉琪. 光散射粒度测量中采用Fraunhofer衍射理论或Mie理论的讨论. 中国粉体技术, 2003, 9(2): 1-6.

[42] Shen J, Wang H. Calculation of Debye Series Expansion of Light Scattering. Appl Opt, 2010, 49: 2422-2428.

[43] Laven P. MiePlot: A Computer Program for Scattering of Light from a Sphere Using Mie Theory & the Debye Series, http://www. philiplaven. com/mieplot. htm.

[44] Lv Q, Kan H, Baozhen G, et al. High-accuracy Simultaneous Measurement of Particle Size and Location Using Interferometric out-of-focus Imaging. Opt Express, 2016, 24: 16530–16543.

[45] Yao K, Shen J. Measurement of particle size and refractive index based on interferometric particle imaging. Optics & Laser Technology, 2021, 141: 107110.

[46] Mounaïm-Rousselle C, Pajot O. Droplet sizing by Mie scattering interferometry in a spark ignition engine. Particle & Particle Systems Characterization: Measurement and Description of Particle Properties and Behavior in Powders and Other Disperse Systems, 1999, 16: 160-168.

[47] Briard P, Saengkaew S, Wu X, et al. Droplet characteristic measurement in Fourier interferometry imaging and behavior at the rainbow angle. Appl Opt 2013, 52: A346-355.

[48] Wu X, Wu Y, Saengkaew S, et al. Concentration and composition measurement of sprays with a global rainbow technique. Measurement Science and Technology, 2012, 23: 125302.

[49] Li R, Han X, Jiang H, et al. Debye series for light scattering by a multilayered sphere. Appl Opt, 2006, 45: 1260-1270.

[50] Lock J A, Adler C L. Debye-series analysis of the first order rainbow produced in scattering of a diagonally incident plane wave by a circular cylinder. J Opt Soc Am A, 1997, 14: 1316-1328.

[51] Li R, Han X, Jiang H, et al. Debye series of normally incident plane-wave scattering by an infinite multilayered cylinder. Appl Opt, 2006, 45: 6255-6262.

[52] Li R, Han X, Jiang H. Generalized Debye series expansion of electromagnetic plane wave scattering by an infinite multilayered cylinder at oblique incidence. Phys Rev E, 2009, 79: 036602.

[53] Lock J A, Laven P. The Debye Series and Its Use in Time-Domain Scattering. Springer Berlin Heidelberg, 2016.

[54] Xu F, Lock J A, Gouesbet G. Debye series for light scattering by a nonspherical particle. Phys Rev A, 2010, 81: 043824.

[55] Gouesbet G, Maheu B, Gréhan G. Light Scattering from A Sphere Arbitrarily Located in A Gaussian Beam, Using A Bromwich Formulation. J Opt Soc Am, 1988, 5: 1427-1443.

[56] Lock J A. Semi-Classical Scattering of An Electric Dipole Source Inside A Spherical Particle. J Opt Soc Am, 2001, 18: 3085-3097.

[57] Adler C L, Lock J A, Mulholland K B, Ekelman D. Experimental Observation of Total-internal-reflection Rainbows. Appl Opt, 2003, 42: 406-411.

[58] van Beeck I P A J, Riethmuller M L. Rainbow Phenomena Applied to The Measurement of The Droplet Size and Velocity and to The Detection of Nonsphericity. Appl Opt, 1996, 35: 2259-2266.

[59] Glantschnig W J, Chen S H. Light Scattering from Water Droplets in The Geometrical Optics Approximation. Appl Opt, 1980, 20: 2499-2509.

[60] Kusters K A, Wijers J G, Thoenes D. Particle Sizing by Laser Diffraction Spectrometry in The Anomalous Regime. Appl Opt, 1991, 30: 4839-4847.

[61] Ungut A, Gréhan G, Gouesbet G. Comparisons between Geometrical Optics and Lorenz-Mie Theory. Appl Opt, 1981, 20: 2911-2918.

[62] Xu F, Cai X S, Ren K F. Geometrical-optics Approximation of Forward Scattering by Coated Particles. Appl Opt, 2004, 43: 1870-1879.

[63] Yu H, Shen J, Wei Y. Geometrical Optics Approximation of Light Scattering by Large Air Bubbles. Particuology, 2008, 6: 340-346.

[64] Yu H, Shen J, Wei Y. Geometrical Optics Approximation for Light Scattering by Absorbing Spherical Particles. J Quant Spectrosc Radiat Transfer, 2009, 110: 1178-1189.

[65] Hovenac E A, Lock J A. Assessing The Contributions of Surface Waves and Complex Rays to Far-field Mie Scattering by Use of The Debye Series. J Opt Soc Am, 1992, 9: 781-795.

[66] 于海涛. 光散射几何光学近似的研究. 上海: 上海理工大学, 2008.

[67] 刘享. 激光干涉粒子成像技术基础研究. 上海: 上海理工大学, 2020.

[68] Lock J A, Gouesbet G. Rigorous Justification of the Localized Approximation to the Beam-shape Coefficients in Generalized Lorenz-Mie Theory. Ⅰ. On-Axis Beams. J Opt Soc Am, 1994, 11: 2503-2515.

[69] Gouesbet G, Lock J A. Rigorous Justification of the Localized Approximation to the Beam-Shape Coefficients in Generalized Lorenz-Mie Theory. Ⅱ. Off-Axis Beams, J Opt Soc Am, 1994, 11: 2516-2525.

[70] Onofri F, Gréhan G, Gouesbet G. Electromagnetic Scattering from a Multilayered Sphere Located in an Arbitrary Beam. Appl Opt, 1995, 34: 7113-7124.

[71] Mee L, Ren K F, Gréhan G, Gouesbet G. Scattering of a Gaussian Beam by an Infinite Cylinder with Arbitrary Location and Arbitrary Orientation: Numerical Results. Appl Opt, 1999, 38: 1867-1876.

[72] Ren K F, Gréhan G, Gouesbet G. Scattering of a Gaussian Beam by an Infinite Cylinder in the Framework of Generalized Lorenz-Mie Theory: Formulation and Numerical Results. J Opt Soc Am, 1997, 14: 3014-3025.

[73] Han Y P, Wu Z S. Scattering of a Spheroidal Particle Illuminated by a Gaussian Beam. Appl Opt, 2001, 40: 2501-2509.

[74] Ren K F, Gréhan G, Gouesbet G. Evaluation of Laser-sheet Beam Shape Coefficients in Generalized Lorenz-Mie Theory by Use of a Localized Approximation. J Opt Soc Am, 1994, 11: 2072-2079.

[75] Gouesbet G. Exact Description of Arbitrary-Shaped Beams for Use in Light Scattering. J Opt Soc Am, 1996, 13: 2434-2440.

[76] Loïc M, Gouesbet G, Gréhan G. Scattering of Laser Pulse. Appl Opt, 2001, 40: 2546-2550.

[77] Born M, Wolf E. Principles of Optics. Oxford: Pergamon Press, 1987.

[78] Ren K F, Gréhan G, Gouesbet G. Radiation Pressure Forces Exerted on a Particle Arbitrarily Located in a Gaussian Beam by Using the Generalized Lorenz-Mie Theory, and Associated Resonance Effects. Opt Commun, 1994, 108: 343-354.

[79] Barton J P, Alexander D R, Schaub S A. Theoretical Determination of Net Radiation Force and Torque for a Spherical Particle Illuminated by a Focused Laser Beam. J Appl Phys, 1989, 66: 4594-4602.

[80] Gouesbet G, Gréhan G, Maheu B. Computations of the gn Coefficients in the Generalized Lorenz-Mie Theory Using Three Different Methods. Appl Opt, 1988, 27: 4874-4883.

[81] Ren K F, Gouesbet G, Gréhan G. Integral Localized Approximation in Generalized Lorenz-Mie Theory. Appl Opt, 1998, 37: 4218-4225.

[82] Davis L W. Theory of Electromagnetic Beams. Phys Rev, 1979, 19: 1177-1179.

[83] Goodman W J. Introduction to Fourier Optics. 2nd Ed. McGraw-Hill, 1996: 55-57.

[84] Stratton J A. Electromagnetic theory. McGraw-Hill Book Company, 1941.

[85] Wang C, Shen J, Ren K-F. Spherical harmonics expansion of the evanescent waves in angular spectrum decomposition of shaped beams. J Quant Spectros Radiat Transfer, 2020, 251: 107012.

[86] Qiu J, Shen J. Beam shape coefficient calculation for a Gaussian beam: localized approximation, quadrature and angular spectrum decomposition methods. Appl Opt, 2018, 57: 302-313.

[87] Wang W, Shen J. Beam shape coefficients calculation for an elliptical Gaussian beam with 1-dimensional quadrature and localized approximation methods. J Quant Spectrosc Radiat Transfer, 2018, 212: 139-148.

[88] Doicu A, Wriedt T. Plane wave spectrum of electromagnetic beams. Optics Commun, 1997, 136: 114-124.

[89] Wang J, Gouesbet G. Note on the use of localized beam models for light scattering theories in spherical coordinates. Appl Opt, 2012, 51: 3832-3836.

[90] Guo L, Shen J. Internal and external-fields of a multilayered sphere illuminated by the shaped beam: Rescaled quantities for numerical calculation. J Quant Spectrosc Radiat Transfer, 2020, 250: 107004.

第 **3** 章

散射光能颗粒测量技术

3.1 概述

随着 20 世纪 70 年代以来激光技术、光电技术以及计算机技术的迅速发展和广泛应用，基于光散射原理的颗粒测量技术得到了很大的发展[1]。

当光束入射到颗粒（不管是固体颗粒、液滴或气泡）上时将向空间四周散射，光的各个散射参数则与颗粒的粒径密切相关，这就为颗粒测量提供了一个尺度。可用于确定颗粒粒径的散射参数有：散射光强的空间分布、散射光能的空间分布、透射光强度相对于入射光的衰减、散射光的偏振度等。通过测量这些与颗粒粒径密切相关的散射参数及其组合，可以得到粒径大小和分布，这导致了光散射式颗粒测量仪的形式多样性。目前，市场上光散射式颗粒测量仪的形式种类很多，但其工作原理基本一致，来自光源的光束照射到含有待测颗粒的某一空间（测量区），在光与颗粒的相互作用下产生光的散射。与颗粒粒径相关的散射光信号由光电检测器接收并转换成电信号，经放大器放大后由接口送入计算机进行处理。计算机按编制的软件对所接收的散射光信号进行处理，即可从中得到颗粒大小及分布的信息。所使用的光源可以是白炽光也可以是激光，目前激光得到了最大程度的应用。为此，业内人员常把这类仪器简称为激光粒度仪。

光散射法之所以能在很短的时间内获得广泛的应用，是因为与其它测量方法相比，光散射法具有如下显著优点：

① 适用性广　除测量固体颗粒（粉末）外，还可以测量液体颗粒（液滴）、气体颗粒（气泡），这是其它方法无法比拟的。

② 粒径测量范围宽　从几个纳米（$10^{-3}\mu m$）到约 $10^3\mu m$ 甚至更大。可测粒径的响应范围高达 6 个数量级，这是其它方法难以做到的。

③ 测量准确、精度高、重复性好　对单分散性高分子聚合物标准颗

粒的测量误差和重现性偏差可以限制在1%～2%之内。

④ 测量速度快　由于光电转换的时间十分短促（约 10^{-8}s），加上现代计算机技术的应用，一次测量（包括数据采集和处理）可以在1min、几秒甚至更短的时间内完成，实时性好。光散射式颗粒测量仪是现代光电技术、微电子技术和计算机技术发展的集中体现。

⑤ 所需知道的被测颗粒及分散介质的物理参数量少　多数情况下,只要知道被测颗粒与分散介质的相对折射率即可。一些情况下，例如，当采用衍射式激光粒度仪时，甚至可以完全不需要知道待测颗粒和分散介质的任何物理参数，使用中的限制量少。

⑥ 仪器的自动化和智能化程度高　可以避免或排除测量过程中操作人员主观因素的影响。仪器的操作简单，使用方便，一般人员经两三天培训即可掌握。

⑦ 在线测量　由于光的透射性，光散射法特别适宜于在线测量。在线测量时，无需取样，避免了由此可能产生的各种偏差，也不会对被测对象或测量环境造成干扰，测量结果更符合真实情况。当前，生产过程的规模日益增大，为了准确及时地监控生产过程，保证产品的性能质量，减少损失，对在线测量提出了越来越多的要求。光散射法可以满足这一要求，已在在线测量中得到了应用，并将获得日益增多的应用。

光散射法颗粒测量仪的形式种类很多，可以有不同的分类方法。

（1）按散射信号分类

按仪器所测量的散射信号可以分为散射光空间分布测量法、角散射法、消光法、动态光散射法和偏振光法等。

散射光空间分布测量法依据散射光信号在不同散射角范围内的信号分布与颗粒粒径和折射率的依赖关系，测量不同角度范围内的散射光信号，从中求得颗粒的粒径分布。在 20 世纪 80 年代初期，散射光空间分布测量法仅测量前向小角度范围内的散射光信号，因此被称作小角前向散射法。对于粒径较大的颗粒，由于前向小角度范围内的散射以衍射为主，因此小角前向散射法又称为衍射散射法。小角前向散射法的测试下限通常在 0.5μm 左右，为了延伸测试下限，散射光的探测角范围逐渐向大角度范围延伸，散射光信号的探测方式更加丰富，逐渐形成了全方位多角度探测的颗粒测试技术。

消光法测量的是颗粒的非散射光信号。由于颗粒的散射作用，透射光的强度将小于入射光的强度，其衰减程度与光的散射（也即颗粒粒径）有关。消光法测量的就是入射光穿过含有待测颗粒介质后的透射光强度。

角散射法读取颗粒在空间某一（或多个）角度下的散射光强或散射光能信号，从中求得被测颗粒的粒径信息。也有文献把它称为经典光散射法（classical scattering)。

动态光散射法（dynamic light scatterging，DLS）测量颗粒在某一角度或多个角度下散射光强度随时间的变化，从起伏振荡变化的散射光强信号中求得颗粒的粒径大小及分布。根据不同的信号测量和处理方法，有光子相关光谱法（PCS）、粒子跟踪法等。现在基于该测量原理的各种方法均称为 DLS 测量方法。

颗粒的散射光是偏振光，偏振光法测量颗粒散射光在不同角度下的偏振度，以此为依据获得颗粒的粒径信息和形貌信息。

（2）按被测颗粒数目（单个、多个）分类

按同时被测量的颗粒数目可以分为单粒式和多粒式（或群组式）。前者的测量区很小，每次只对流过测量区的一个颗粒进行测量，因此称为单粒式，如颗粒计数器。而后者的测量区较大，位于测量区中的颗粒数很多，测量是以测量区中的全部颗粒为对象进行的，为此称为多粒式或群组式，如小角前向散射法、消光法、动态光散射法和偏振光法等。多粒式测量结果的空间分辨率较低，它只能给出测量区内所有颗粒的总体粒径的统计情况，无法得知测量区中个别点或个别位置处的粒径大小信息。为提高测量结果的空间分辨率，应减小测量区的体积。

散射光能颗粒测量技术以散射光在某些角度范围内的光能作为探测量。其中发展最为成熟并最早得到广泛应用的是小角前向散射法（small-angle forward scattering，SAFS），它通过测量颗粒群在前向某一小角度范围内的散射光能分布，从中求得颗粒的粒径大小和分布。通常以激光为光源，因此习惯上将这类测量仪器称为激光粒度仪。对于粒径较大的颗粒，由于前向小角度范围内的散射以衍射为主，因此小角前向散射法又称为衍射散射法（diffraction）。其测量上限可达 1000μm 或更大，测量下限约为 0.5μm。

激光衍射散射式粒度分析仪的形式及种类有许多，但一般来说，它们的理论基础都是相同的。早期的小角前向散射法测粒仪建立在 Fraunhofer 衍射理论的基础上，其测量下限约为 2μm。为了满足对细微颗粒进行精确测量的要求，逐步采用了经典 Mie 光散射理论。有的测粒仪制造厂商通过扩大前向光电探测器的尺寸以增大采光散射角和采用倒置傅里叶光学变换等技术，其测量下限得到相应降低。

在最近 30 多年内，散射光能颗粒测量技术得到更进一步发展。在侧向和后斜向设置了光电探测单元，并与前向小角度范围内的散射光能测量相结合，从而达到延伸测量下限的目的。这种激光粒度仪的测量下限可达 0.1μm 左右，一些仪器公司宣称可以达到 0.02μm，并在实验室测试中得到了广泛应用。此外，得益于 CCD/CMOS 等成像器件的不断提升和图像处理技术的发展，基于光散射理论的图像测试技术也得到了飞速发展，例如彩虹测量技术、颗粒干涉成像技术、数字全息测量技术等。

3.2 基于衍射理论的激光粒度仪

3.2.1 衍射散射式激光粒度仪的基本原理

激光粒度仪的装置如图 3-1 所示[2, 3]。由激光器（一般为 He-Ne 激光器或半导体激光器）发出的光束经针孔滤波器及扩束器后成为一束直径约为 5～10mm 的平行单色光，当该平行光照射到测量区中的颗粒群时便会产生光衍射现象。衍射散射光强度的空间分布与测量区中被照射的颗粒直径和颗粒数有关，这就为颗粒测量提供了一个尺度。用接收透镜（一般为傅里叶透镜）使由各个颗粒散射出来的相同方向的光聚焦到焦平面上，在这个平面上放置一个多元光电探测器，用来接收衍射光能的分布。光电探测器一般由数十个同心半圆环或扇形环组成（如英国 Malvern 公司的 Malvern2600、3600 型等及大部分国产激光粒度仪），如图 3-2 所示，也有采用其它形式的光电探测器。光电探测器把照射到每个环面上的散射光能转换成相应的电信号，在这些电信号中包含有颗粒粒径大小及分布的信息。电信号经放大和 A/D 转换后送入计算机，计算机根据测得的各个环上的衍射光能按预先编好的计算程序可以很快地解出被测颗粒的平均粒径及其分布。根据消光公式还可以给出颗粒浓度（见第 4 章），并将全部测量结果打印输出。

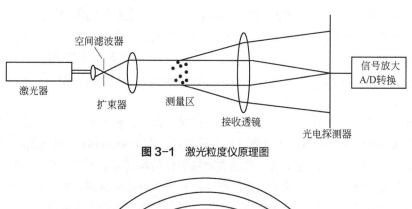

图 3-1 激光粒度仪原理图

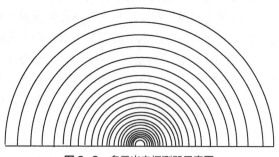

图 3-2 多元光电探测器示意图

假设测量区中只有一个直径为 D 的颗粒，则在单色平行光的照射下，由

Fraunhofer 衍射理论及巴比涅原理可知，在接收透镜的后焦面即多元光电探测器上，颗粒的衍射光强分布可写为：

$$I(\theta) = I_0 \frac{\pi^2 D^4}{16 f^2 \lambda^2} \left[\frac{2 J_1(X)}{X} \right]^2 \tag{3-1}$$

式中，I_0 为平行入射光强度；f 为接收透镜的焦距；$X = \pi D \sin\theta / \lambda$；$\theta$ 为衍射角；J_1 为一阶 Bessel 函数。令 $\theta = 0$（即 $X = 0$），按 Bessel 函数的特征，可求得 $2 J_1(X)/X = 1$。因而，光电探测器中心处的衍射光强为：

$$I(0) = I_0 \frac{\pi^2 D^4}{16 f^2 \lambda^2} \tag{3-2}$$

需要指出的是：在其它参数不变的情况下，$I(0)$ 的大小与被照射颗粒粒径的四次方成正比。粒径越大，衍射光的强度越大。将上式代入式（3-1）可得任意角度 θ 下的衍射光强相对于中心衍射光强比的分布为：

$$P(\theta) = \frac{I(\theta)}{I(0)} = \left[\frac{2 J_1(X)}{X} \right]^2 \tag{3-3}$$

由上一章中对圆孔衍射的讨论知，对于一定直径的颗粒，式（3-3）决定的衍射图形是一组同心的明暗交替的光环，其中心亮斑即为爱里（Airy）斑，它的半张角 θ_0，即衍射图形中的第一极小点对衍射中心法线的夹角为：

$$\theta_0 = \arcsin(1.22\lambda/D) \approx 1.22\lambda/D \tag{3-4}$$

对于一定的入射光波长 λ，颗粒直径 D 越大，则张角越小，也即爱里斑越向中心靠拢，整个衍射图形集中在前向较小的角度范围内。由式（3-2）还可知道，粒径 D 越大，相应的衍射光也就越亮。因此，当颗粒直径变化时，衍射图形也随之而变，衍射图形与颗粒直径之间存在着完全确定的对应关系。

根据衍射理论，球形颗粒散射光的角分布存在如下特征：入射光中被颗粒衍射到各个方向的总能量与颗粒迎光面积成正比，即与颗粒粒径的平方成正比；沿着入射光传播方向的衍射光强度与颗粒粒径的四次方成正比；不同大小颗粒的衍射光 Airy 斑角分布宽度近似与颗粒粒径成反比，即颗粒越小其角分布越宽。为此，前向光电探测器上各探测单元的宽度近似按照对数规律分布。探测器内侧各个环对应较小的散射角、环宽度较窄，主要用于探测大颗粒的衍射峰；外侧探测单元对应较大的散射角、环宽度较大，主要用于探测小颗粒的衍射峰。探测器各单元受光面由内向外的对数递增方式兼顾了大颗粒和小颗粒衍射光信号的响应，同时还使得激光粒度仪的粒径探测范围达到几个数量级。

3.2.2　多元光电探测器各环的光能分布

衍射光经接收透镜后，在光电探测器每个环上所获得的光能量可通过对式（3-1）在每个环面上的积分得到。根据第 2 章同轴接收方式计算公式可知，第 n 环上的衍射散射光能量为：

$$e_n = \int_{S_{n,1}}^{S_{n,2}} I(\theta) \cdot \pi S \mathrm{d}S \tag{3-5}$$

其中 $S_{n,1}$ 为内环半径、$S_{n,2}$ 为外环半径，对应的衍射角为 $\theta_{n,1}$ 和 $\theta_{n,2}$，$n = 1, 2, \cdots,$ M，其中 M 为多元光电探测器总环数，如图 3-3 所示。

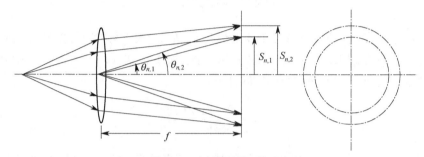

图 3-3　光能量计算示意图

当接收透镜的焦距 f 远大于光电探测器的最大半径即衍射角 θ 很小时，可作如下近似：

$$\theta \approx \sin\theta \approx \tan\theta = S/f \tag{3-6}$$

将式（3-1）、式（3-6）代入式（3-5），通过积分变量变换并化简后可得：

$$e_n = \frac{I_0 \pi D^2}{4} \int_{X_{n1}}^{X_{n2}} \frac{J_1^2(X)}{X} \cdot \mathrm{d}X \tag{3-7}$$

式中，$X_{n,1} = \pi D\theta_{n,1}/\lambda$；$X_{n,2} = \pi D\theta_{n,2}/\lambda$。利用 Bessel 函数的递推公式，上式经积分后可得第 n 环的衍射光能：

$$e_n = I_0(\pi D^2/8)[J_0^2(X_{n,1}) + J_1^2(X_{n,1}) - J_0^2(X_{n,2}) - J_1^2(X_{n,2})] \tag{3-8}$$

已知颗粒的直径和多元光电探测器各环的内外半径以及接收透镜的焦距，利用上式就可算出衍射光在光电探测器各个环上的能量。图 3-4 给出了当颗粒直径分别为 10μm、20μm 和 30μm 时衍射光能量分布的理论计算曲线（光电探测器尺寸见表 3-1，环数取 30 环，衍射光能取相对值）。

图中的横坐标为光电探测器的环数 n，纵坐标为光能量分布 e_n。从图中可以看出，不同直径的颗粒所产生的衍射光在光电探测器各个环上的能量分布是不同的。例如，颗粒直径越大，光能分布曲线的第一峰值越向中心（即环数 n 较小方向）移。

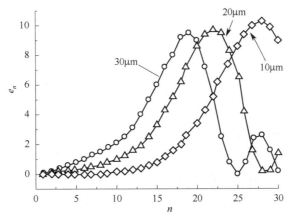

图3-4 不同颗粒直径所对应的光能量分布

表3-1 某多元光电探测器各环几何尺寸

环数 n	内半径 $S_{n,1}$/mm	外半径 $S_{n,2}$/mm	环数 n	内半径 $S_{n,1}$/mm	外半径 $S_{n,2}$/mm
1	0.149	0.218	17	2.774	3.101
2	0.254	0.318	18	3.137	3.513
3	0.353	0.417	19	3.549	3.978
4	0.452	0.578	20	4.013	4.501
5	0.554	0.625	21	4.536	5.085
6	0.660	0.737	22	5.121	5.738
7	0.772	0.856	23	5.773	6.469
8	0.892	0.986	24	6.505	7.282
9	1.021	1.128	25	7.318	8.184
10	1.163	1.285	26	8.219	9.185
11	1.321	1.461	27	9.220	10.287
12	1.496	1.656	28	10.323	11.501
13	1.692	1.880	29	11.537	12.837
14	1.915	2.131	30	12.873	14.300
15	2.167	2.416	31	14.336	15.900
16	2451	2.738			

因此，从理论上讲，如果能够测得光电探测器各环的衍射光能分布，就能利用式（3-8）求出一个与该光能分布对应的颗粒直径，而且这个值是唯一的。这就是衍射式粒度分析仪的基本原理。

以上讨论基于测量区内只有一个颗粒的情况。在实际情况下，测量区中的颗粒很多。最简单的情况是，颗粒群中所有颗粒的大小 D 完全相同。假设这些颗粒的排列无一定规则，则当测量区中的颗粒数 N 足够大时，可以证明所有这些颗粒所产生的总衍射光能将是单个颗粒衍射时衍射光能的 N 倍（即假设这些颗粒所产生的散射光满足不相关的单散射条件），则光电探测器第 n 环所接收到的衍射光能量将是式（3-8）的 N 倍，即：

$$e_n = NI_0(\pi D^2/8)[J_0^2(X_{n,1}) + J_1^2(X_{n,1}) - J_0^2(X_{n,2}) - J_1^2(X_{n,2})] \tag{3-9}$$

进一步推论可得，如果测量区中是由许许多多大小不同的颗粒所组成的颗粒群，并设直径为 D_i 的颗粒共有 N_i 个（下标 i 表示颗粒粒径分档，$i = 1, 2, \cdots, K$），则该颗粒群所产生的总衍射光能将是每种颗粒所产生的衍射光能的总和。这时，光电探测器第 n 环上的总衍射光能量就为：

$$e_n = I_0(\pi/8)\sum_i N_i D_i^2[J_0^2(X_{i,n,1}) + J_1^2(X_{i,n,1}) - J_0^2(X_{i,n,2}) - J_1^2(X_{i,n,2})] \tag{3-10}$$

其中，$X_{i,n,1} = \pi D_i \theta_{n,1}/\lambda$，$X_{i,n,2} = \pi D_i \theta_{n,2}/\lambda$。

在很多情况下，颗粒的尺寸分布不是采用颗粒数 N，而是采用重量频率来表示。设直径为 D_i 的颗粒重量为 W_i（$i=1, 2, \cdots, K$），则颗粒重量 W_i 和颗粒数 N_i 之间存在如下简单关系：

$$N_i = 6W_i/(\rho\pi D_i^3) \tag{3-11}$$

将上式代入式（3-10）并化简可得：

$$e_n = C\sum_i (W_i/D_i)[J_0^2(X_{i,n,1}) + J_1^2(X_{i,n,1}) - J_0^2(X_{i,n,2}) - J_1^2(X_{i,n,2})] \tag{3-12}$$

其中 $C = 3I_0/4\rho$ 为一常数，在数据处理过程中，由于对光能量的计算采用归一化方法，同时对颗粒的尺寸分布用百分率表示，因此常数 C 在计算中可略去不计。为方便起见，在后面的有关方程中均省略不写。

对其中的每一个环按式（3-12）写出其相对衍射光能，得到一个线性方程组：

$$\begin{aligned} e_1 &= t_{1,1}W_1 + t_{2,1}W_2 + t_{3,1}W_3 + \cdots + t_{K,1}W_K \\ e_2 &= t_{1,2}W_1 + t_{2,2}W_2 + t_{3,2}W_3 + \cdots + t_{K,2}W_K \\ \vdots \quad &\quad \vdots \qquad \vdots \qquad \vdots \qquad\qquad \vdots \\ e_M &= t_{1,M}W_1 + t_{2,M}W_2 + t_{3,M}W_3 + \cdots + t_{K,M}W_K \end{aligned} \tag{3-13}$$

其中

$$t_{i,n} = (1/D_i)[J_0^2(X_{i,n,1}) + J_1^2(X_{i,n,1}) - J_0^2(X_{i,n,2}) - J_1^2(X_{i,n,2})] \tag{3-14}$$

可将式（3-13）所示的线性方程组表示为矩阵形式：

$$E = TW \tag{3-15}$$

其中

$$E = (e_1, e_2, \cdots, e_M)^{\mathrm{T}} \tag{3-16}$$

称为光能分布列向量。

$$W = (W_1, W_2, W_3, \cdots, W_K)^\mathrm{T} \qquad (3\text{-}17)$$

称为尺寸分布列向量。而

$$T = \begin{pmatrix} t_{1,1} & t_{2,1} & t_{3,1} & \cdots & t_{K,1} \\ t_{1,2} & t_{2,2} & t_{3,2} & \cdots & t_{K,2} \\ \vdots & \vdots & \vdots & \vdots & \vdots \\ t_{1,M} & t_{2,M} & t_{3,M} & \cdots & t_{K,M} \end{pmatrix} \qquad (3\text{-}18)$$

称为光能分布系数矩阵，矩阵中的每一个元素 $t_{i,n}$ 的物理意义是单位重量的直径为 D_i 的颗粒所产生的衍射光落在多元光电探测器第 n 个环上的光能量。

3.2.3 衍射散射法的数据处理方法

式（3-13）建立了衍射光能与粒径之间的对应关系，如果颗粒的尺寸分布（W_1, W_2, $\cdots$, W_K）已知，则由该式就可求得多元光电探测器上各个环的衍射光能量（e_1, e_2, $\cdots$, e_M）。反之，如果由光电探测器检测到某一颗粒系在各个环上的衍射光能分布，从原理上说也完全能够计算出与这个光能分布相对应的颗粒尺寸分布。但是，利用式（3-13）由光电探测器上的光能分布列向量 E 来求取颗粒的尺寸分布时，要预先计算出光能的分布系数矩阵 T。由式（3-14）可知，系数矩阵 T 中的每一个元素 $t_{i,j}$ 取决于光电探测器各个环的几何尺寸（$S_{n,1}$, $S_{n,2}$）及各个颗粒直径（D_1, D_2, $\cdots$, D_K）。

表 3-1 给出了某一激光粒度仪所采用的多元光电探测器各环的几何尺寸。当接收透镜的焦距 f 确定以后，激光粒度仪的散射光接收角范围也随之确定，由此可确定颗粒粒径测量范围。在衍射式激光粒度仪中，颗粒粒径范围以及分档一般由 Swithenbank 和 Hirleman 给出的无量纲准则数来估算[4-6]：

$$X = \frac{\pi DS}{\lambda f} = 1.357 \qquad (3\text{-}19)$$

该准则数的物理意义如下[6]：在前向小角度范围内，光电探测器的径向尺寸 S 近似与参数 X 成正比。则在单位 X 区域内，衍射光能分布由因子 $J_1^2(X)/X$ 表示。该因子的最大值位于 $X = 1.357$ 处。这说明光电探测器上各个环对不同粒径颗粒的散射光的敏感度是不一样的。因此，如果测量区中只存在某一特定粒径的颗粒群，则由光能分布的最大值位置可很快估算对应的颗粒大小。

从式（3-19）可以看出，光电检测器有多少环就可得到相同数量的粒径区间。例如，对于由 31 环组成的多元光电探测器，就有 31 个粒径区间。在对测量粒径分档要求不高的情况下，也可把相邻两环的信号合并成一个。这样共得 15 个有效环，粒径区间也相应地变为 15 个[7-9]。

表 3-2 给出的是当接收透镜的焦距 $f = 300\mathrm{mm}$，激光波长 $\lambda = 0.6328\mu\mathrm{m}$，采用表 3-1 光电探测器尺寸参数时，按式（3-19）计算所得的各个粒径区间。多元光电探测

器最外环的外径决定了粒径测量范围的下限，最内环的内径则决定了其上限。当选用焦距为 300mm 的接收透镜时，粒度仪的测量范围为 5.8～564μm。如果改变接收透镜的焦距，则各个粒径区间以及可测粒径的最大值以及最小值也就不同。早期的一些激光粒度仪有配置多达 6 个不同焦距的透镜（f= 63mm，100mm，300mm，600mm，800mm，1000mm）。表 3-3 列出了所对应的粒径测量范围。从表中可以清楚地看出，f 越大，粒径测量范围的上下限也就越大。因此，在测量颗粒之前要根据被测颗粒的大小合理地选择透镜。颗粒粒径的各个区间确定后，在利用式（3-14）计算光能分布系数矩阵 T 中的各个元素时，D_i 可取为每个粒径区间的平均直径。光能分布系数矩阵 T 一旦算得，即可根据多元光电探测器所测量到的被测颗粒群的衍射光能分布 E，通过对线性方程组的合理求解，求得颗粒尺寸分布 W。

表 3-2　f= 300mm 时的各个粒径区间

序号	粒径范围/μm		序号	粒径范围/μm	
	下限	上限		下限	上限
1	5.8	7.2	9	39.0	50.2
2	7.2	9.1	10	50.2	64.6
3	9.1	11.4	11	64.6	84.3
4	11.4	14.5	12	84.3	112.8
5	14.5	18.5	13	112.8	160.4
6	18.5	23.7	14	160.4	261.6
7	23.7	30.3	15	261.6	564.0
8	30.3	39.0			

表 3-3　不同接收透镜所对应的粒径测量范围

f/mm	测量范围/μm	f/mm	测量范围/μm
63	1.2～118.4	600	11.6～1128.0
100	1.9～188.0	800	15.5～1503.9
300	5.8～564.0	1000	19.4～1879.9

当系数矩阵 T 求得后，问题在于如何通过所测得的衍射光能分布列向量 E 来求解线性方程组或矩阵方程式（3-15），以获得被测颗粒的尺寸分布 W。从数学上讲，如果系数矩阵 T 满秩，则尺寸分布列向量 W 可由下式计算得到：

$$W = T^{-1}E \tag{3-20}$$

但是大量计算表明，按上式计算所得到的尺寸 W 常常会产生非正数解，这与实际情况是有矛盾的。因此，一般不采用这种方法进行求解，而用一种称为逆运算的方法（反演计算）来取代。

当前，各种衍射散射式激光粒度仪所采用的逆运算方法大致上可以分为两大类，即约束算法（又称非独立模式法）及非约束算法（又称独立模式法）。

约束算法的基本思想是：先假定颗粒满足某种特定的分布函数（如 R-R 分布、正态分布、对数正态分布或者其他双参数分布函数），给出被测颗粒群的尺寸分布。例如，在假定为 R-R 分布的情况下，给定特征粒径参数和粒径分布宽度参数，由此求出尺寸分布列向量 W，再代入式（3-13）或式（3-15），求出相应的多元光电探测器各环的衍射光能分布列向量的计算值 e_{cn}，然后将此计算值 e_{cn} 与测量值 e_{mn} 进行比较。初次计算时，各环衍射光能分布的计算值 e_{cn} 与测量值 e_{mn} 之间总是有差别的，求出二者之间的偏差，即计算目标函数：

$$F = \sum_{n=1}^{M} (e_{cn} - e_{mn})^2 \qquad (3\text{-}21)$$

需要指出，衍射散射法测量的是散射光能的分布，而不是散射光能的绝对大小，因此在实际计算目标函数之前先对计算值 e_{cn} 与测量值 e_{mn} 作归一化处理。

$$e_{cn} \Leftarrow e_{cn} / \sum_{n'=1}^{M} e_{cn'} \qquad (3\text{-}22\text{a})$$

$$e_{mn} \Leftarrow e_{mn} / \sum_{n'=1}^{M} e_{mn'} \qquad (3\text{-}22\text{b})$$

目标函数的大小反映了光能分布的测量值与计算值之间的接近程度。调整特征粒径参数和粒径分布宽度参数的值，可得到不同的目标函数值，这样计算机通过寻优搜索可找到最佳特征粒径参数和粒径分布宽度参数的值，使目标函数达到最小。这时特征粒径参数和粒径分布宽度参数所对应的尺寸分布 W 就是所求的颗粒尺寸分布[10]。对式（3-21）中目标函数的最小值取对数后所得的值称为拟合误差，即：

$$\text{拟合误差} = \lg(F_{\min}) \qquad (3\text{-}23)$$

拟合误差又称对数误差，它的大小表示了测量结果的完善性和精确度。对数误差越小，测量结果越符合实际情况，准确性越高。实践指出：当光电探测器的环数为 15 时，对数误差值在 4～6 的范围内是允许的。一般测量时，很难做到使对数误差小于 4，而当对数误差大于 6 时，测量结果也就不能令人满意了。

在约束算法中，预先假定被测颗粒的尺寸分布符合某个特定的函数规律。但是，实际的颗粒尺寸分布有时很难与假定的完全相符，或被测颗粒的尺寸分布规律事前不完全知道，这时如果仍采用约束算法可能会得出不够理想的结果，而要改为无约束算法，即对待测试样的粒径分布不做任何假定。目前生产厂家一般都提供按无约束算法求解的软件。无约束算法一般采用非负最小二乘问题求解[11]，这一问题归结为解线性方程组 $TW = E$，同时满足下列条件：

$$\|TW - E\| = \min \qquad (3\text{-}24)$$

$$W \geqslant 0$$

其中 $W \geqslant 0$ 表示 $W_i \geqslant 0$ $(i = 1, 2, \cdots, K)$, 即均为非负数解。根据所编制的计算程序, 由多元光电探测器各环所测得的衍射光能分布数据同样可以最终求得待测颗粒群的粒径分布。

这里仅对约束算法和非约束算法的思想作简要介绍, 详细内容请参见第 8 章。

约束算法和非约束算法在求解颗粒尺寸分布时各有自己的特点, 不能绝对地说哪一个解法更好一些。非约束算法可用于被测颗粒的尺寸分布规律未知或其分布规律比较复杂 (如存在多峰现象等) 的情况。图 3-5 和图 3-6 给出了对两种不同颗粒尺寸分布颗粒系的计算结果。前一情况下, 被测颗粒符合 R-R 单峰分布, 如图 3-5 (a) 所示。这时, 两种解法所得的结果与实际情况均比较接近, 相差不大, 如图 3-5 (b) 所示, 图中实线表示用约束算法求得的解, 而虚线为非约束算法的解。但是, 当被测颗粒系具有双峰分布时 [图 3-6 (a)], 用约束算法就不可能得到满意的结果, 但用非约束算法却仍然可以求出和实际分布接近的解 [图 3-6 (b)]。另外从拟合误差来说, 非约束算法可能比约束算法要小, 这是由于非约束算法是对各环衍射光能量进行的拟合。但正因为这个原因, 在用非约束算法时, 对多元光电探测器

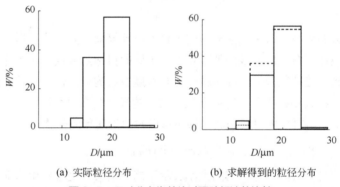

(a) 实际粒径分布　　　　　　(b) 求解得到的粒径分布

图 3-5　尺寸分布为单峰时两种解法的比较

(实线为约束算法, 虚线为非约束算法)

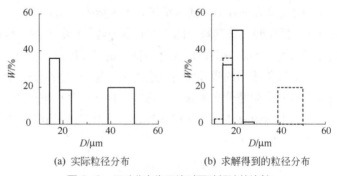

(a) 实际粒径分布　　　　　　(b) 求解得到的粒径分布

图 3-6　尺寸分布为双峰时两种解法的比较

(实线为约束算法, 虚线为非约束算法)

各个环的衍射光能量的测量精度要求较高。否则，测量误差对解的影响比较大。而用约束算法时，测量误差对计算结果的影响就比较小。需要指出，非约束算法虽然从理论上讲可以得到比约束算法更为满意的测量结果，但是如果计算程序设计不当或各环衍射光能分布测量得不够准确，反而可能得出不好的结果。

3.3　基于 Mie 散射理论的激光粒度仪

早期的衍射式激光粒度仪一般都基于 Fraunhofer 衍射原理，以上讨论也是建立在 Fraunhofer 衍射原理基础之上。但是，由第 2 章光散射理论知道，颗粒与入射光之间的光散射规律服从经典的 Mie 散射理论。Mie 理论是对均质的球形颗粒在平行单色光照射下的电磁场方程的精确解，它适用于一切大小和不同折射率的球形颗粒。而 Fraunhofer 衍射理论只是经典米氏散射理论的一个近似，仅当颗粒直径 D 与入射光波长 λ 相比很大时（$D \gg \lambda$）才能适用。这就决定了基于 Fraunhofer 衍射理论的激光粒度仪的测量下限不能很小。然而，随着科学技术和生产工艺过程的日益进步和发展，生产实践中提出了越来越多的对微细颗粒测量的要求。为了满足市场需要，各厂商生产的激光粒度仪测量下限不断降低，由最初的 2μm 降为 1.2μm 和 0.5μm，甚至更小到 0.1μm 及以下[12,13]。显然，对于这么小的颗粒，Fraunhofer 衍射原理已不再适用。因此，各种基于 Fraunhofer 衍射原理的激光粒度仪在小颗粒范围内的测量精度是不够高的，这一点在仪器使用时应十分注意。目前，几乎所有厂商的激光粒度仪都采用了经典 Mie 散射理论。

3.3.1　基于 Mie 理论激光粒度仪的基本原理

按照 Mie 散射理论，当一束强度为 I_0 的自然光入射到各向同性的球形颗粒时，其散射光强为：

$$I_{\text{sca}} = \frac{\lambda^2}{8\pi^2 r^2} I_0 [i_1(\theta, \alpha, m) + i_2(\theta, \alpha, m)] \tag{3-25}$$

而当入射光为一平面偏振光时，在散射面上的散射光强为：

$$I_{\text{sca}} = \frac{\lambda^2}{4\pi^2 r^2} I_0 [i_1(\theta, \alpha, m)\cos^2\varphi + i_2(\theta, \alpha, m)\sin^2\varphi] \tag{3-26}$$

上两式中，θ 为散射角，α（$= \pi D/\lambda$）为无量纲尺寸参数，$m = n - i\eta$ 为颗粒相对于周围介质的折射率（虚部不为零，表示颗粒有吸收），λ 为入射光在颗粒周围介质中的波长，r 为散射体（颗粒）到观察面的距离，φ 为入射光的电矢量相对于散射面的夹角，而 i_1、i_2 则分别为垂直及平行于散射平面的散射强度函数分量。

由光强式（3-25）或式（3-26），可求出在 Mie 散射时单个颗粒在多元光电探测

器第 n 环上的散射光能为：

$$E_n = \int_{\varphi=0}^{\pi} \int_{\theta=\theta_{n,1}}^{\theta_{n,2}} I_{sca} f^2 \sin\theta \mathrm{d}\theta \mathrm{d}\varphi$$
$$= C' \int_{\theta_{n,1}}^{\theta_{n,2}} (i_1 + i_2) \sin\theta \mathrm{d}\theta \tag{3-27}$$

其中

$$\theta_{n,1} = \arctan(r_{n,1} / f) \tag{3-28a}$$

$$\theta_{n,2} = \arctan(r_{n,2} / f) \tag{3-28b}$$

对于多颗粒系统，则为：

$$E_n = C' \sum_i \frac{W_i}{D_i^3} \int_{\theta_{n,1}}^{\theta_{n,2}} (i_1 + i_2) \sin\theta \mathrm{d}\theta \tag{3-29}$$

或改写为：

$$E_n = C' \sum_i t_{n,i} W_i \tag{3-30}$$

式中

$$t_{i,n} = \frac{1}{D_i^3} \int_{\theta_{n,1}}^{\theta_{n,2}} (i_1 + i_2) \sin\theta \mathrm{d}\theta \tag{3-31}$$

C' 为常数（与前相同，在归一化数据处理过程中可忽略不计）。式（3-30）也可更简单地写成矩阵形式，即：

$$E = TW \tag{3-32}$$

上式就是用 Mie 散射理论计算颗粒在光电探测器各环上散射光能分布的计算公式。比较式（3-32）与式（3-15）可见，用 Fraunhofer 衍射理论与用 Mie 散射理论计算光能分布的公式在形式上基本相同，两者的主要差别仅是光能分布系数矩阵 T 中对应的各元素 $t_{i,n}$ 的计算公式不同。由于 Mie 散射理论自身比较复杂，对它的各有关物理量的计算常需编制专门的计算程序方能进行，读者可参阅第 2 章和相关文献[14-16]。基于 Mie 散射理论的激光粒度仪的数据处理方法与上述基于衍射理论的激光粒度仪的数据处理方法相同，在此不再赘述。

基于 Mie 散射理论的激光粒度仪的粒径测量范围比基于 Fraunhofer 衍射理论的激光粒度仪的粒径测量范围更宽。其粒径范围和粒径分档不能再简单地使用 Swithenbank 给出的准则数来判定[6]。一种简单的办法是，由该准则数计算粒径范围并对测量下限作适当放宽。由于多元光电探测器各环的尺寸按对数规律分布，因此在大多数激光粒度仪中选用对数规律进行粒径分档。

此外还应该指出，式（3-15）和式（3-32）是以重量分布（或者说体积分布）作为颗粒分布向量。事实上，矩阵方程或称为线性方程组也可以用颗粒数或者颗粒散射截面作为颗粒分布向量。由下式表示：

$$E = T^{(r)}q^{(r)} \tag{3-33}$$

其中

$$t_{i,n}^{(r)} = D_i^{-r} \int_{S_{n1}}^{S_{n2}} (i_1+i_2)SdS \tag{3-34}$$

r 表示颗粒分布向量 $q^{(r)}$ 所代表的颗粒维数。零维（$r=0$）时，$q^{(r)}$ 就是颗粒数分布；二维（$r=2$）时，$q^{(r)}$ 就是颗粒截面积或表面积分布；三维（$r=3$）时，$q^{(r)}$ 表示颗粒体积或重量分布。不同维数的颗粒分布可通过下式实现相互之间的转化。

$$q^{(r)}(D_i) = Cq^{(r-l)}(D_i)\cdot D_i^l \tag{3-35}$$

其中 C 为归一化常数，与颗粒的形状等因素有关。

在散射光能测粒技术中，散射信号对颗粒的散射截面总和敏感，而不是对散射颗粒的数目、直径或者体积敏感。因此，从理论上讲，如式（3-15）和式（3-32）这样利用颗粒重量来作为颗粒分布向量的做法并不是最理想的。同样，也不宜以颗粒数目作为颗粒分布向量。这可以从矩阵 $T^{(r)}$ 的具体情况得到说明。图 3-7 给出了 $r=0$、2 和 3 三种情况下由 Mie 散射理论计算得到的矩阵三维图（颗粒折射率取 1.35，接收透镜焦距为 63mm，多元光电探测器尺寸取自表 3-1）。从反演计算的角度来说，

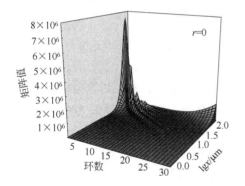
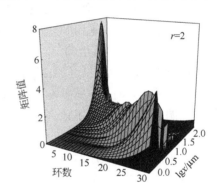
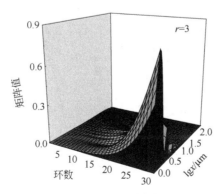

图 3-7 不同维数下的特征矩阵

$r = 0$ 和 3 所对应的矩阵是非常病态的，而 $r = 2$ 的情况则比较好。详细讨论请参阅第 8 章。

3.3.2 粒径与光能变化关系的反常现象

基于衍射理论的激光粒度仪和基于 Mie 散射理论的激光粒度仪在前向散射光信号的测试装置上并无明显区别，但在粒度反演中所采用的矩阵是不同的。前者采用了 Fraunhofer 衍射近似，后者利用 Mie 散射理论。根据散射的 Debye 级数展开理论，颗粒对入射光的散射除了衍射效应外，还存在表面反射和包括了多次内表面反射的折射效应。因此，在反演计算中仅仅考虑衍射必然会带来一些理论误差。但是，当被测颗粒的粒径比较大、颗粒是吸收性时，颗粒表面的反射光和折射散射光与衍射光信号相比非常小，采用衍射理论可以获得比较满意的测量结果。当颗粒粒径比较小且颗粒是非吸收性时，探测器接收到的前向散射光信号中表面散射成分和折射散射成分占有不可忽视的比例，则必须采用严格的 Mie 理论。

图 3-8 给出了采用不同理论计算得到的分散在水中粒径为 2.1μm 的吸收和非吸收性颗粒的散射光信号的分布曲线，颗粒折射率分别为 1.59 和 1.59–i0.5。散射光信号为 $I_{sca}(\theta)\sin\theta$，其物理意义是探测器上单位散射角区间环面接收到的散射光能量。散射光强 $I_{sca}(\theta)$ 分别采用 Mie 理论、Debye 级数 $p = 0$ 和 $p = 0 + p = 1$ 以及衍射近似进行计算。对于非吸收性颗粒，$p = 0 + p = 1$ 级 Debye 曲线与 Mie 理论吻合，但是 $p = 0$ 级 Debye 曲线和衍射近似曲线均明显偏离 Mie 理论计算结果。这表明 $p = 1$ 级折射效应对散射光信号的贡献不可忽视。对于吸收性颗粒，Debye 级数中折射效应对散射光的贡献可以忽略不计，因此，两条 Debye 级数分布曲线与 Mie 散射曲线基本吻合。但是它们与衍射光分布曲线依然存在明显的差别，这是由于表面反射引起的。归结起来，在粒径较小时衍射近似得到的散射光信号分布与实际情况存在差异，主要体现在主峰位置的偏移和次峰强度的变化。这里所说的主峰是指与 Airy 斑对应的

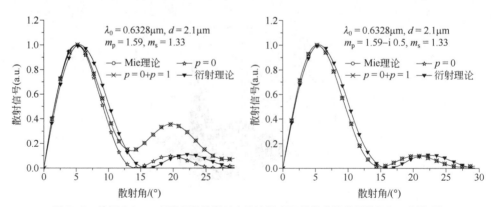

图 3-8 粒径 2.1μm 标准颗粒的散射光比较 (为便于比较曲线峰值进行归一化处理)

强度较高的中心衍射峰，次峰是指 Airy 斑外的第一个峰（参见图 2-8）。对于吸收性颗粒这种差异相对较小，但对非吸收性颗粒而言会显得很大[17-19]。

图 3-9 是粒径为 30.9μm 颗粒的散射光计算结果。对于非吸收性颗粒，$p = 0$ 级 Debye 曲线和衍射近似曲线相互吻合，$p = 0 + p = 1$ 级 Debye 曲线与 Mie 理论曲线吻合。衍射近似曲线与 Mie 理论曲线的主峰吻合良好，但次峰存在差别。当颗粒对入射光存在吸收时，所有曲线均相互吻合。这表明，当颗粒粒径远大于入射光波长时，衍射近似理论能很好地描述颗粒的光散射分布。

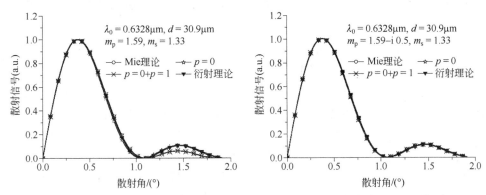

图 3-9 粒径 30.9μm 标准颗粒的散射光比较（为便于比较曲线峰值进行归一化处理）

表 3-4 给出了基于衍射理论的激光粒度仪与基于 Mie 散射理论的激光粒度仪对部分标准颗粒的对比性测量结果[20]。由表中数据可以看出，当用基于衍射理论的激光粒度仪测量小尺寸的颗粒时，其测量精度已难以满足工程应用上的需要；而使用基于 Mie 散射理论的激光粒度仪得到的测量结果，在小粒径范围内的测量精度有很大的提高和改善。

表 3-4　基于 Fraunhofer 衍射理论与基于 Mie 散射理论的激光粒度仪测量结果的比较

标准颗粒的名义直径/μm	基于 Mie 散射理论		基于衍射理论	
	测量值/μm	误差/%	测量值/μm	误差/%
0.58	0.59	1.71	0.74	27.6
0.71	0.70	1.41	1.00	40.8
1.25	1.25	0	1.45	16.0
3.17	3.24	2.24	1.76	44.5

从散射的机理分析，衍射近似理论和 Mie 散射理论的差异实际上是忽略了入射光在颗粒表面的反射和在颗粒中的折射效应引起的[21]。这种差异在小粒径颗粒范围内尤为明显，主要体现在散射光信号主峰的偏移和次峰的强度变化。在衍射近似理论中，散射光信号主峰对应的散射角与颗粒粒径满足准则数 $X = \pi D \sin\theta / \lambda = 1.357$ ［见

公式 (3-19)]，即散射光信号主峰位置与颗粒粒径近似成反比，存在一一对应关系。同样，该对应关系也体现在 Airy 斑角宽度与颗粒粒径的关系中，即圆孔衍射第一级极小值对应的 $X \approx 1.22\pi$。小粒径颗粒的主峰出现在较大的散射角度、主峰的角度分布范围较宽，而大粒径颗粒的主峰出现在较小的散射角度、主峰角度分布范围较窄。这也是激光粒度仪通过探测前向散射光信号来获取颗粒粒径分布的理论基础。然而，数值计算发现：Mie 散射理论计算得到的准则数 X 随颗粒粒径变化呈现出振荡特征。颗粒折射率实部越大，准则数 X 随粒径的振荡频率越高；颗粒的吸收性越弱，振荡越剧烈；颗粒粒径越小，振荡也越剧烈[6, 22]。图 3-10 给出了吸收性颗粒和非吸收性颗粒的前向散射光信号主峰[23]和 Airy 斑宽度[22]随颗粒粒径的变化规律。其中，入射光波长为 0.6328μm，颗粒分散在水中，水的折射率取 1.33。可以看出，在某些粒径区间内，非吸收或弱吸收颗粒散射光信号主峰位置和 Airy 斑宽度随颗粒粒径的增大而增大。譬如，折射率为 1.59 的非吸收性颗粒，在 3.0～3.6μm 粒径范围内，粒径越大对应的主峰散射角也越大。换个角度看，在 2.7～4.2μm 粒径范围内存在三种不同粒径的颗粒对应同一个散射信号主峰位置。颗粒粒径与散射光信号主峰位置的一一对应关系不再成立。同理，颗粒粒径在 5.4～6.3μm 范围内粒径越大对应的主峰散射角也越大。显然，在这些特定粒径区间内随着粒径增大散射主峰在探测器上向外侧（即散射角增大的方向）移动的这种现象与之前讨论的衍射理论给出的规律相悖。文献[22,23]中将该现象称作 Airy 斑反常变化（anomalous change of Airy disk，ACAD），将这种现象对应的粒径区间称作反常区间（abnormal interval）。伴随着信号主峰位置的这种反常现象，信号主峰的宽度呈现出类似的规律。从图 3-10 （b）可以看出，与主峰位置的反常情况相比，非吸收性颗粒主峰宽度反常现象的程度更大。研究发现，对于某个特定粒径的颗粒，当 Mie 散射的主峰角度大于衍射主峰角度时，Mie 散射的主峰分布宽度同样大于衍射主峰的分布宽度。这种散射光信号分布的反常现象对粒度测试带来了不确定性，尤其是粒径较小的颗粒。譬如，分散在

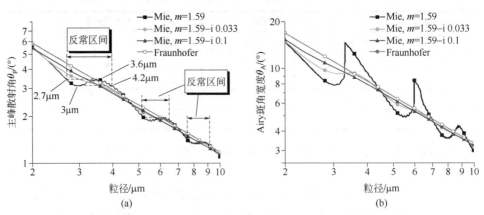

图 3-10 前向散射光信号主峰位置和 Airy 斑宽度与颗粒粒径的关系

水中的标称粒径为 3.1μm 的聚苯乙烯标准颗粒就落在反常区域内。文献[22]基于 Mie 散射主峰分布宽度的反常现象，从理论上推导得到了反常区间的公式。在小粒径颗粒测试时，可以据此判别测试情况是否处于反常区间。当颗粒的吸收性增大时，这种反常现象的程度逐渐降低，直至消失。

理论分析显示，反常区间与颗粒折射率和入射光波长有关。因此，选用不同波长的入射光或者将颗粒分散在不同折射率的介质中，有可能调整反常区间的位置，使得待测对象落在反常区域外，从而得到比较可信的粒径测量结果。这对分布比较窄的颗粒测试是可行的。光散射信号的这种反常现象仅在最近几年才被意识到，反常现象对颗粒粒径分布的反演计算带来挑战，相关的解决方案尚在发展之中[24]。

3.4 影响激光粒度仪测量精度的几个因素

从以上讨论可知：散射式激光粒度仪是一种性能良好的颗粒测量仪器，已在颗粒测量中得到广泛应用，并将继续得到越来越多的应用。当前，国际上基于散射原理的各种激光粒度仪也日益增多，并在市场上占据了主导地位。

需要指出：尽管激光粒度仪具有良好的性能，但是每一种仪器都有其使用条件和使用范围，散射式激光粒度仪也不例外。因此，在这类仪器的使用过程中，如果不加注意，也可能得不到预期的结果。

毫无疑问，仪器应处于良好的状态（如光源稳定性、对中正确等），这是得到理想的测量结果非常重要的前提条件。除此之外，以下各点也应给予充分的注意。

3.4.1 接收透镜焦距的合理选择

早期的一些散射式激光粒度仪都配置好几个焦距不同的接收透镜，由式（3-22）和表 3-3 可知，每一个透镜都有相应的粒径测量范围。例如，当接收透镜的焦距（f）分别为 63mm、100mm 和 300mm 时，仪器的可测粒径范围分别为 1.2～118μm、1.9～188μm 和 5.8～564μm，如图 3-11 所示。但在实际测量时，往往会发生这种情况，即被测样品的颗粒大小事先不知道或不确切知道，那么怎么判定所选择的透镜焦距是否合适呢？一般要求被测颗粒的粒径大小及分布应落在所选定的透镜的可测粒径范围内，即所选透镜的可测粒径范围应该覆盖被测颗粒的全部粒径。否则，将会导致较大的测量误差。例如，假设选定接收透镜的焦距为 $f = 100$mm，相应的可测粒径范围为 1.9～188μm，而输出打印结果显示出被测样品中有大于最大粒径(188μm)，或小于最小粒径（1.9μm）的颗粒，且数量较多时，则前一情况下，应换用焦距较大（如 300mm）的接收透镜，后一情况下应换用焦距较小（如 63mm）的接收透镜，再次进行测量。当测量的颗粒分布较宽时，测量得到的粒径分布范围应占有比较多的粒径分档数。

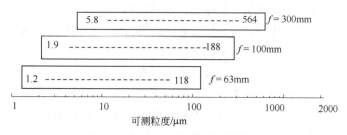

图 3-11　不同透镜焦距时的测量范围

　　另一个需要注意的问题是，各个不同焦距的接收透镜的可测粒径范围都有一定的"重叠"（参见图 3-11 及表 3-3）。假设被测试样的粒径分布在 20～80μm 范围内，这时选用任一个接收透镜原则上应该都是可以的。但是，选用不同的接收透镜所得结果会有所差别，选用较小焦距的接收透镜可使散射光信号分布在比较多的探测单元上，而且散射信号受探测器对中状态的影响也比较小。因此，在可能的条件下以选用较小焦距的接收透镜为好。

　　现在的激光粒度仪在结构等改进后，基本上都采用 1 个透镜即覆盖整个测量范围的思路，但因各厂商的设计不同，粒度覆盖的范围也不尽相同，用户需根据使用的需要确定仪器。

3.4.2　被测试样的浓度

　　在讨论各种激光粒度仪的工作原理时，一般都假设颗粒与入射平行光之间满足不相关的单散射条件。因此，在实际测量时，一定要保证被测样品中的颗粒浓度足够稀，以满足单散射的前提条件。表 3-5 中给出了不同粒径和不同光程时，为满足单散射条件的颗粒最大浓度估算值，其中光程一般情况下为样品池两平行玻璃片之间的距离。

表 3-5　不同粒径（D）及不同光程下的最大颗粒浓度

D/μm	几种光程下最大颗粒浓度/（个/cm³）		
	10mm	100mm	300mm
1	6.4×10^7	6.4×10^6	2.1×10^6
2	1.6×10^7	1.6×10^6	5.3×10^5
5	2.6×10^6	2.6×10^5	8.5×10^4
10	6.4×10^5	6.4×10^4	2.1×10^4
20	1.6×10^5	1.6×10^4	5.3×10^4
50	2.6×10^4	2.6×10^3	850
100	6.0×10^3	640	210

实际测量时，这一问题可以比较方便地通过控制遮光度 *OB* 值的大小来实现。*OB* 值表示被测试样对入射光的衰减程度，它与光束透过率 *T* 之和为 1，即 *OB* = 1−*T*。

透过率 *T* 为样品池中含有颗粒及没有颗粒时的透射光强之比，即多元光电探测器中心孔处所接收到的光强之比。显然，*OB* 值越大，即激光穿过含有待测颗粒的样品池时受到的衰减程度越大，表示样品池中颗粒数越多，即颗粒浓度越大；反之，*OB* 值越小，则入射光的衰减程度越小，也即颗粒越稀。理论和实践指出：测量时 *OB* 值不允许超过 0.5，否则，复散射作用将会增大，从而导致测量精度降低。但是，*OB* 值也不宜过低，*OB* 值很小时，被测试样中的颗粒数太少，使信噪比降低，随机误差增大，同样不能保证得到满意的测量结果。

图 3-12 给出的是对某一标准试样（45.5μm 的乳胶球）在不同 *OB* 值（即不同试样浓度）时的测量结果[2]。可以看出，当 *OB* 值小于约 0.5 时，所测得的 R-R 分布特征参数 *X*（粒径参数）及 *N*（粒径分布宽度参数）值基本保持不变，试样浓度对测量结果的影响很小，可略去不计。但是当 *OB* 值大于 0.5 后，*X* 及 *N* 的数值逐渐减小。粒径参数 *X* 值的减小，表示被测试样的粒径偏小，而分布参数 *N* 值的减小，则表示粒径分布范围变宽，导致测量误差的产生。*OB* 值越大，误差越大。为此，*OB* 值的最佳值推荐在 0.2～0.3 范围内。

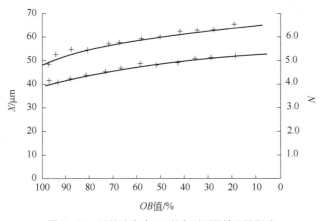

图 3-12 颗粒浓度（*OB* 值）对测量结果的影响

实际测量时，如果 *OB* 值过大（表示被测试样浓度偏大），可向样品池中适当添加一些液体（如纯净水）；反之，则继续加入一些颗粒试样。某些情况下，也可以通过改变光程（如调整样品池两平行玻璃片之间的距离）使 *OB* 值处于最佳推荐范围内。特殊情况下，尤其是在在线测量时，受到实验条件的限制，往往无法控制或调整 *OB* 值，使之减小到 0.5 以下（例如测量喷嘴的雾化液滴时），这时就要对测量结果作必要的修正，以消除复散射对测量结果的影响。最常用的方法是对测量到的 *X* 及 *N* 值（假设为 R-R 分布）乘以一个修正系数，修正系数的大小可事先通过试验的方法确定。例如文献[25]基于实验研究的结果，给出了如下修正系数的计算式。对 R-R 分布，设 X 和 N 为 OB 值较大时的测量值，则考虑复散射的影响，修正后被测试样的实际参数 X' 和 N' 为：

$$X' = XC_X$$
$$N' = NC_N \tag{3-36}$$

式中修正系数 C_X 和 C_N 分别为：

$$C_X = 1.0 + [0.036 + 0.4947(OB)^{8.997}]N^{1.9-3.437(OB)}$$
$$C_N = 1.0 + [0.035 + 0.1099(OB)^{8.65}]N^{0.35-1.45(OB)} \tag{3-37}$$

图 3-13 给出对 2 种喷嘴雾化液滴修正后的测量结果，图中横坐标为 OB 值，纵坐标为液滴的平均粒径。由图明显看出，当 OB 值小于 0.5 时，测量结果比较稳定，试样浓度对测量结果的影响可略去不计。但当 OB 值大于 0.5 后，测量值明显小于实际值，而经上述公式修正后，可给出满意的测量结果。不过当浓度过大时（OB 值大于约 0.9 后），修正后的结果仍然存在一定的误差。

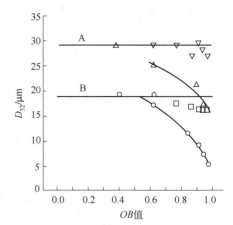

图 3-13 燃油喷嘴修正前与修正后的液滴直径
○, △ 为未修正值；□, ▽ 为修正值

3.4.3 被测试样轴向位置的影响

目前市场上的散射式激光粒度仪，大都采用把被测试样（样品池）放置在接收透镜之前的配置方案，见图 3-14（也有把样品池放在接收透镜之后和光电探测器之前，见以下讨论）。

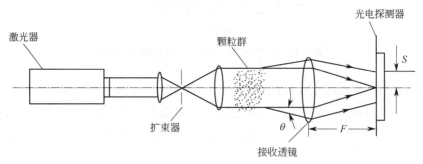

图 3-14 激光粒度仪的光路系统

下面讨论待测试样的轴向放置位置对测量结果可能造成的影响，这实质上是接

收透镜有效孔径为有限时对测量结果的影响。设接收透镜的直径为 D_a，多元光电探测器最外环的半径为 S_a，而入射平行光的光束直径为 D_b（图 3-15）。

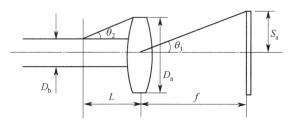

图 3-15 激光粒度仪中被测颗粒的轴向位置

显然多元光电探测器所能接收到的最大衍射角为：

$$\theta_1 = S_a/f \qquad (3\text{-}38)$$

而颗粒相对于接收透镜的最大衍射角，也即透镜能接收到的最大衍射角为：

$$\theta_2 = (D_a - D_b)/(2L) \qquad (3\text{-}39)$$

式中，f 及 L 分别是接收透镜的焦距以及试样与接收透镜之间的轴向距离。不难看出，只有当 $\theta_2 \leqslant \theta_1$ 时，试样的轴向位置或接收透镜孔径为有限值时才不至于影响到光能量的接收。由此可得试样轴向距离的最大允许值为：

$$L = f(D_a - D_b)/(2S_a) \qquad (3\text{-}40)$$

或接收透镜有效孔径的最小值为：

$$D_a = (2L/f) \times S_a + D_b \qquad (3\text{-}41)$$

如果取激光光束的平均直径为 9mm，已知激光粒度仪多元光电探测器最外径的直径为 28.6mm（半径 $S_a = 14.3$mm），所配置的三个接收透镜（焦距分别为 63mm、100mm 和 300mm）的有效孔径相应为 35mm、45mm 及 48mm，则代入式（3-40）后，可得 L 理论计算值（表 3-6），当样品池置于表 3-6 所给出的轴向距离以内时，测量结果将不受影响。

表 3-6 样品池最大轴向距离的理论值

f/mm	63	100	300
L/mm	57	126	409

由式（3-40）可以看出：当 L 值较小时，接收透镜的孔径 D_a 可以减小。实际操作中，当被测试样为固体颗粒时，常将其分散在某一液体介质中并盛放于样品池内。这时可将样品池紧贴在接收透镜的前面，以满足式（3-40）的限制条件。但是，当测量干粉时，为了防止接收透镜的表面受到被测介质污染，往往要使二者之间保持足够的距离，这时，就要注意不要使被测试样距接收透镜太远。

需要指出的是：根据前面的讨论，衍射角与颗粒直径成反比，见式（3-4）。被测颗粒群中粒径最小的颗粒对应于最大的衍射角。因此，以上分析讨论首先发生在被测试样中粒径最小的颗粒。当样品池与接收透镜的距离逐渐增大时，最小颗粒的衍射光将首先有可能超出透镜的孔径范围而不被放置其后的光电探测器所接收。由此导致的后果是使测量结果向大颗粒的方向偏移，即测量结果偏大。

以上讨论不难通过试验的方法予以验证和确定。把盛有被测颗粒的样品池沿激光束的方向移动，当二者之间的距离逐渐变大时，可发现多元光电探测器各环所接收到的衍射光能分布在开始时基本上保持不变。当继续将距离增大到某一值时，光能分布曲线的形状开始发生变化，从而可以确定应该保证的试样轴向距离。

3.4.4 被测试样折射率的影响

通过前面的讨论已经知道：一般情况下大于 2μm 的颗粒可以采用 Fraunhofer 衍射理论，也可以采用 Mie 理论进行测量。但当颗粒比较小的时候，用衍射理论会导致较大的误差，此时只能用 Mie 理论。衍射理论的优势是无须知道待测颗粒的折射率，理论比较简单。但存在一些限制，就是除了要求颗粒远大于光波长之外，还要求颗粒与周围介质的相对折射率比较大。

在考虑测量方案时，希望尽可能提高被测颗粒的相对折射率。因为相对折射率越大的颗粒，Fraunhofer 衍射理论就越接近于实际散射情况，这对保证测量精度是有益的。提高相对折射率的可行方法就是设法降低被测颗粒周围介质的折射率（如更换折射率更小的分散液体）。例如，某颗粒的折射率为 1.591，如在空气中对这种颗粒进行测量，则其相对折射率仍然是 1.591。而如果将这种颗粒分散在水中进行测量，由于水的折射率为 1.333，此时颗粒的相对折射率为 1.591/1.333 = 1.194，所以能在空气中进行测量是较为理想的。当然，要提高被测试样的相对折射率在很多情况下并非一件容易做到的事。

在使用 Mie 理论测量时，要求输入颗粒的相对折射率。研究表明，当输入折射率与颗粒实际情况不一致时，可能导致很大的误差，在使用激光粒度仪时应得到充分重视。因此，应仔细查实待测颗粒的折射率参数，在确实无法知道折射率参数的情况下，可输入一个比较大的参数[26]。

3.4.5 光电探测器对中不良的影响

散射式激光粒度仪使用时的一个基本而十分重要的要求是多元光电探测器与入射光的严格对中[27,28]。否则，将不可避免地导致测量误差的产生。对中不良包括以下两种可能：一是多元光电探测器与入射光不垂直（倾斜）；二是多元光电探测器各环的几何中心与入射光轴线不重合（偏心）。图 3-16 给出了对中情况在笛卡尔坐标系中的示意图，O 为坐标原点。在对中良好的情况下 [图 3-16 (a)]，入射光轴 VQ

与 Z 轴重合。假设多元光电探测器位于 XY 平面内，与 Y 轴对称且以 Y 轴为正向，此时多元光电探测器各环的几何中心 V 与坐标原点 O 重合。在倾斜情况下 [图 3-16（b)]，入射光轴线 VQ 虽然穿过多元光电探测器的中心 V 但与 Z 轴之间呈一夹角 ψ，称为倾角。在偏心情况下 [图 3-16 (c)]，入射光虽与多元光电探测器垂直（即与 Z 轴平行），但并未穿过多元光电探测器的中心 V，而是有一偏置 r，称为偏心距。图 3-16 (d) 则表示对中不良的一般情况，通常可以把它分解成倾斜与偏心两种情况加以考虑。倾角 ψ 和偏心距 r 分别表示对中不良的程度。

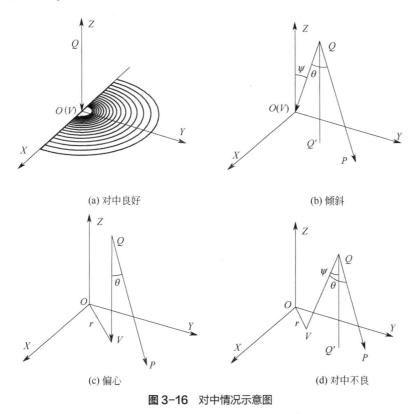

(a) 对中良好　　　　　　　　　(b) 倾斜

(c) 偏心　　　　　　　　　(d) 对中不良

图 3-16　对中情况示意图

理论分析指出[27, 28]：在倾斜情况下，测量误差与倾角 ψ 的大小关系，还与倾角的方位（即 Q 点的垂足 Q′点在哪一个象限内）以及被测颗粒的粒径大小有关。数值计算表明，当倾角 ψ 小于 3.5°时，由此引起的测量误差一般不大于 1.0%，倾角增大，误差相对增大。在偏心情况下，测量误差除与偏心距 r 的大小密切相关外，还与 V 点位于 XY 平面的哪一象限以及被测颗粒的粒径大小有关。当偏心距 r 为 0.15mm 时，由此引起的测量误差可达 3.0%，偏心距越大，误差相应增大。为此，衍射散射式激光粒度仪在使用前，应仔细调整光路，力求入射光与多元光电探测器有良好的对中关系，从而减小由此引起的测量误差。

3.4.6 非球形颗粒的测量

在实际应用中的绝大部分颗粒是非球形的，甚至是偏离球形很远的片状颗粒或棒状颗粒。对这类颗粒的粒度测量需要注意的是，由于在测量过程中，偏离球形度较远的片状或棒状颗粒等在仪器样品循环系统及样品池中流动过程中遵循最小流动阻力原理，会有取向性，不再是各向同性的流动。在这种情况下，得到的等效直径不能直接用来转换成颗粒的等效体积。在需要获得颗粒体积信息时，应对转换的体积予以修正。文献[29-31]研究了片状颗粒由测得的等效粒度转换为颗粒体积时如何修正来得到正确的体积，提出了不同径厚比时的修正系数。由于受片状颗粒形状是不规则的非圆形等因素影响，即使相同径厚比的片状颗粒，不同文献提出的修正系数也不同，在较大的一个范围内变化。

3.4.7 仪器的检验

如同其他检测仪器一样，激光粒度仪在出厂前和出厂后的较长使用期间也要对其测量性能进行定期的检验和考核。针对颗粒测量的特点，激光粒度仪的检验也有其自身的特殊性。国外曾经推荐了多种不同的检验方法，这些方法大都采用标准颗粒。对这些标准物质进行测量，比较所测得的数值是否与该物质的给定数值相符或接近，从而判断仪器的性能是否处于良好的工作状态之中。

目前使用最多的标准颗粒是聚苯乙烯乳胶球，它的相对密度接近于 1.057，能很好地悬浮于水中，折射率为 1.591。标准颗粒均为球形，一般都具有良好的单分散性，其粒径从大到小有一个系列，而且可以在市场上买到，国内也有生产。

3.5 激光粒度仪测量下限的延伸

最早投放市场的衍射散射式激光粒度仪的测量下限较大，约为 2μm 左右。20世纪 80 年代，激光粒度仪经历了快速发展阶段，许多厂家推出了多种不同型号的仪器，其技术性能不断完善，仪器的最小可测粒径也有了较大的减小，约为 0.5μm，比早期的 2μm 有了较大的降低。然而，随着科学技术和生产工艺的进步，超细颗粒的应用日益增多，为满足市场上对更细颗粒测量的要求，90 年代生产的激光粒度仪的测量下限又降低了许多，达 0.05μm 甚至更小。同时激光粒度仪的上限也在不断增大。据 Sympatec 公司宣称[32]，其上限已达 8750μm。但从实际使用角度考虑，仪器测量下限的延伸可能比其测量上限的扩大更有实际应用价值和意义。

对基于 Fraunhofer 衍射原理的散射式激光粒度仪，粒径测量下限的延伸可以有多种不同的方法。根据式（3-19）可知最小可测粒径为：

$$d_{\min} = 1.357 \frac{\lambda f}{\pi S_{\max}} \qquad\qquad (3\text{-}42)$$

其值正比于入射光波长和傅里叶采光透镜的焦距 f，而反比于多元光电探测器最外环的半径 $S_{\max}$。从式（3-42）可知，采用波长更短的光源，如蓝光激光器以及采用 2 种波长激光器，或增大光电探测器的最外环直径，都可以降低测量下限。也可以采用较短焦距的傅里叶透镜，但傅里叶透镜的焦距过小会给整个光路布置带来困难。

众所周知，颗粒对入射光的散射服从 Maxwell 电磁场理论的严格 Mie 散射理论的解，Fraunhofer 衍射理论只是颗粒参数 α 满足下列条件情况下经典米氏散射理论的一种近似。

$$\alpha = \frac{\pi d}{\lambda} \gg 1$$

$$m \gg 1 \qquad\qquad (3\text{-}43)$$

$$2\alpha |m-1| \gg 1$$

式中，m 为颗粒相对周围介质的折射率，$2\alpha|m-1|$ 表示光束通过颗粒中心线时在颗粒内部引起的相移。在颗粒测量实践中，人们常常把颗粒粒径远大于入射光波长作为衍射理论的使用条件。对此，不少学者提出了各自的适用准则。如 M. Kerker 认为衍射理论适用于测量 $d > 4\lambda$（对于 He-Ne 激光波长颗粒粒径 d 大于 2.5μm）的颗粒，van de Hulst 则建议在颗粒满足 $2\alpha|m-1| > 30$（折射率为 1.5、He-Ne 激光波长情况下颗粒粒径 d 约大于 6μm）时采用 Fraunhofer 衍射理论。

作为经典 Mie 散射理论在颗粒粒径较大时的近似，衍射理论具有极大的优越性和应用价值。但在颗粒粒径较小时，衍射理论与经典 Mie 散射理论存在不可忽视的差别。Jones 在 1977 年发表了关于散射光强的计算结果：对于非吸收性颗粒，在 $m >$ 1.3 和 $\alpha \geqslant 20$ 时，衍射理论的计算结果与 Mie 理论的计算结果相差 20%；在 $m \approx 1$ 散射属于非正常衍射时，即使颗粒粒径再大，其相差值也远大于 20%；然而，对于吸收性颗粒，当 $m > 1.2$ 和 $\alpha \geqslant 3$ 时，相差值就小于 20%。Born 和 Waldie 在 1978 年发表了类似的结论。颗粒对入射光的散射可以被理解为颗粒对入射光的衍射、颗粒表面对入射光的反射和入射光穿过颗粒时的折射这三个效应的总和[33]。衍射理论和 Mie 散射理论在小粒径颗粒范围内的这种差异实际上是忽略了入射光在颗粒表面的反射和入射光在颗粒中的折射效应引起的。理论研究表明[17-19]：当颗粒较大时，被忽略的反射和折射效应与衍射相比较弱而且分散在各个方向上。然而，当颗粒较小时，这些效应逐渐增强，可以与衍射相比。由此可以看到：衍射理论由于理论本身的近似性，在小粒径颗粒情况下已不能适用。

因此，在减小接收透镜焦距和增大前向光电探测器尺寸的同时，采用了能更精确描述颗粒散射规律的 Mie 散射理论来取代近似的 Fraunhofer 衍射理论。

此外，在有些激光粒度仪制造厂商所生产的测粒仪中，相继采用了倒置傅里叶变换光学系统、双镜头技术、双激光源技术、偏振光散射强度差技术以及全方位多角度技术等以降低测量下限。

3.5.1 倒置傅里叶变换光学系统

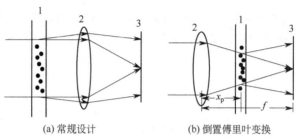

(a) 常规设计　　　　　　　　(b) 倒置傅里叶变换

图 3-17　散射式激光粒度仪光路示意图

1—测量区；2—接收透镜；3—光电探测器

在传统的散射式激光粒度仪设计中 [图 3-17 (a)]，样品池位于接收透镜之前，受到平行光照射下颗粒的散射光能被位于透镜焦平面上的多元光电探测器接收。这种情况下，减小透镜的焦距可降低仪器的测量下限。在倒置傅里叶变换光学系统中 [图 3-17 (b)]，多元光电探测器仍位于透镜的焦平面上，但样品池置于透镜和光电探测器之间，受到一会聚光的照射，颗粒的散射光能仍被多元光电探测器所接收，仪器的其他配置情况不变。可以证明，两种情况下，散射体（颗粒）的散射光能分布是相同的[34, 35]，但此时该系统的等效焦距为：

$$f_{ef} = f - x_p \tag{3-44}$$

x_p 是样品池与透镜之间的距离。由此，在无需更换透镜的情况下，通过改变样品池的不同轴向位置 x_p，即等价于改变了透镜的焦距，从而实现了粒径测量范围的改变以及最小可测粒径的降低。德国 Frisch 公司较早地采用了这一技术，所生产的 Analysette22 型激光粒度仪由一电动机构操纵，可使样品池在光束中平行移动，而透镜及多元光电探测器的位置则固定不变。样品池按需要最多可有 400 个不同的位置，整个仪器的测量范围为 0.16~1250μm，其最小粒径挡为 0.16~23.7μm。为减小倒置傅里叶变换的测量误差，样品池的厚度应尽可能小，一般为 2mm，并采用循环系统将试样送入样品池。国内外其他公司的一些型号中也有采用倒置傅里叶变换技术的。

在常规的小角前向散射法中，测量小粒径颗粒时，需要使用短焦距、大口径的傅里叶透镜，这对透镜的质量提出了较高的要求。此外，大散射角度处的散射光信号在到达光电探测元件时仍然有所损失，如接收透镜表面的反射损失、处于测量区边缘颗粒的散射光信号在对应的测量范围外等。但对入射光均匀度和样品池中颗粒分布的均匀度要求较低，样品池也不必严格定位。

在倒置傅里叶变换技术中测量下限得到了延伸，对接收透镜的焦距没有过高的要求，其口径也可大大减小。而且，散射光信号经过的光学系统少，克服了常规的小角前向散射法中短焦距情况下大散射角度处散射光信号的损失。但对入射光束的均匀度、样品池中颗粒分布情况和样品池的厚度（即测量区厚度）及其定位提出了较高的要求[32]。因此，在最近几年，常规的小角前向散射法已经逐渐走出实验室测试进入在线应用领域，然而倒置傅里叶变换技术一直未能在在线测试中一显身手。

3.5.2 双镜头技术

散射式激光粒度仪是通过测量前向某一小角度范围内的散射光能的空间分布来确定颗粒粒径大小的。由第 2 章中关于光散射理论的讨论可知，粒径增大时，散射光的分布趋向前方且集中在较小的角度范围内，散射图形的前向和后向对称性变差。而当粒径减小时（尤其当小于波长后），散射光的后向部分加强，散射图形的对称性增强，光强分布趋向均匀。图 3-18 给出了粒径分别为 0.1μm、0.2μm、0.3μm 和 0.4μm 时不同散射角 θ 下的相对散射光能曲线（与瑞利散射相比较）[35]。不难看出，在相当大的前向小角度范围内（a 点以前）各曲线变化十分平坦，走势相同，基本重合在一起；只有当散射角更大时（a 点以后），各曲线间才表现出一定的差异。

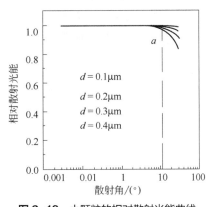

图 3-18 小颗粒的相对散射光能曲线

早期激光粒度仪的配置情况使多元光电探测器最外环所对应的最大散射角一般不超过 $11°\sim12°$。这种情况下，仍限于在前向小角度范围内接收散射光能信号已不能对小颗粒提供足够的、有效的信息，导致测量灵敏度降低、分辨率减小。增大散射光接收角可以在一定程度上改善这一情况。Coulter 公司生产的 LS 系列中，曾采用双镜头技术（binocular optics），可以在更大的散射角范围内接收颗粒的散射光信号，降低了仪器的最小可测粒径，其工作原理如图 3-19 所示。

该系统共配置了两组接收透镜和相应的多元光电探测元件，其中一组（a）与常规设计的相同，置于前方，接收前向小角度范围内（较大颗粒）的散射光信号；另一组（b）与入射光轴呈一夹角，置于斜前方，接收较大散射角范围内（较小颗粒）的散射信号，从而在保持仪器测量上限不变的前提下，延伸了仪器的测量下限，增加了对小颗粒测量的灵敏度和分辨率。Coulter 公司称，LS 系列采用双镜头技术后，测量下限可降低到 0.375μm。

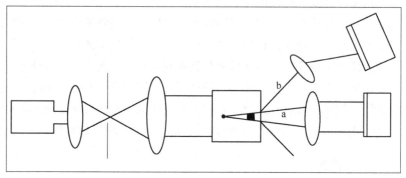

图 3-19　双镜头技术光路

3.5.3　双光源技术

Cilas 公司生产的激光粒度仪中，采用了与双镜头技术十分相似的双光源测量技术[32]，同样可以在更大的散射角范围内接收试样的散射光信号，从而降低了仪器的最小可测粒径，其工作原理如图 3-20 所示。

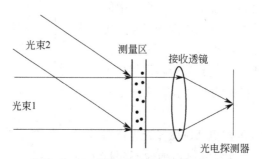

图 3-20　双激光散射式颗粒测量仪的光路

该系统仅配置了一组接收透镜和多元光电探测元件，用于接收来自两台激光器的激光照射在颗粒上的散射光。两台激光器发出的平行光束 1 和 2 分别从不同的方向入射到样品池，对光束 1 而言，傅里叶透镜和多元光电探测元件接收前向小角度（较大颗粒）的散射光信号；对光束 2 而言，傅里叶透镜和多元光电探测元件接收侧斜向大角度（较小颗粒）的散射光信号，从而达到了对仪器测量下限的延伸，增加了对小颗粒测量的灵敏度和分辨率。例如，Cilas 公司生产的 Cilas1064 型激光粒度仪的测量范围为 0.04～500μm。

3.5.4 偏振光散射强度差（PIDS）技术

PIDS（polarization intensity differential scattering）是 Coulter 公司的一项专利技术。由光散射理论可知，粒径大小不同时，散射光强的分布是不同的。此外，散射光的偏振也随粒径的大小而不同。但是，理论分析指出，当粒径较大时，散射光的偏振规律十分复杂，与颗粒粒径之间难以找出具有规律性的关联。而当颗粒粒径较小时（约小于入射光波长），散射光的偏振与粒径之间遵循着一定的规律性，例如，图 3-21 中给出了粒径为 0.07μm 和 0.2μm 时（$\lambda = 0.45$μm），偏振光散射强度差 PIDS

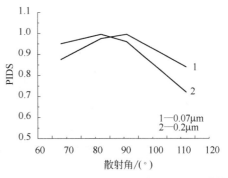

图3-21 小颗粒 PIDS 与散射角之间的关系曲线

与散射角 θ 之间的变化曲线，从而为小粒径颗粒的测量提供了一个尺度。

Coulter 公司的 LS130 即工作于这一原理，其光学系统如图 3-22 所示[36,37]。图中 a 为白色光源，b 为小转盘，盘上有 6 个滤色偏振片，依次旋转 b，即可由白光中得到三组互相垂直的、波长分别为 0.45μm、0.60μm 和 0.90μm 的偏振光。c 为样品池，盛有待测试样。d 为光电探测器，该系统共有 5 个侧向光电探测器，分别设置在散射角为 70°、80°、90°、100° 和 110° 处，用以接收这些角度下的偏振光强，按接收到的信号计算 PIDS，即可求得试样的粒径大小。图 3-23 给出了粒径为 0.3μm 和 0.1μm 时，三个波长（0.45μm、0.60μm 和 0.90μm）下 PIDS 与散射角 θ 之间的变化曲线。实际测量时，粒径分布的计算是由厂方编制的计算机软件自动进行的。Coulter 公司称，LS 系列所配置的 PIDS 技术可以测量 0.1～0.5μm 的颗粒。当粒径小于 0.1μm 后，这一方法的分辨率也在降低。

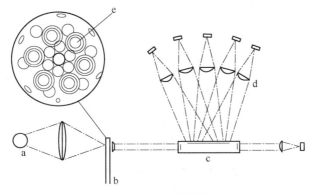

图3-22 PIDS 测量原理图

a—白色光源；b—小转盘；c—样品池；d—光电探测器；e—滤色偏振片

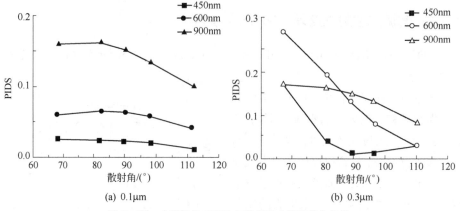

图 3-23　小颗粒的 PIDS 与散射角之间的变化曲线

3.5.5　全方位多角度技术

　　为了更大程度地降低最小可测颗粒的尺寸，许多仪器制造商在 20 世纪 90 年代推出的产品中采用了两方面的措施。一是不断加大多元光电探测器的外环尺寸，二是还在前斜向、侧向或后斜向设置了附加的光电探测单元，可以在比双镜头（或双激光源）系统更大的散射角范围内接收更多的小颗粒散射光信息，其工作原理如图 3-24 所示。例如，日本清新公司的 LMS-24/8000 型激光粒度仪除在前向设置比常规更大的多元光电探测器（50 环）外，还在前斜向 45°及后斜向 45°（135°散射角）处分别设置了光电探测单元，测量下限降低到 0.1μm。岛津公司的最新 SALD 系列中，前向设置的常规多元光电探测器为 76 环，还在侧向 90°及后斜向（散射角＞90°）处设置了光电探测元件，据称仪器的测量下限可达 0.03μm。而 Horiba 公司的 920 型

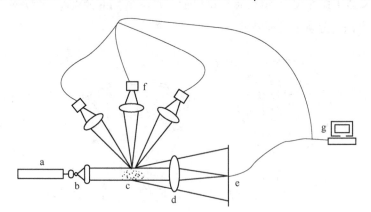

图 3-24　全方位多角度技术光路原理图

a—激光器；b—扩束器；c—试样；d—傅里叶透镜；
e—多元光电探测器；f—光电元件；g—计算机

则在前斜向、侧向和后斜向另外设置了 6 个光电探测器,更大程度地降低了测量下限。表 3-7 列出了国际上几家颗粒测量仪器制造公司所生产的基于全方位多角度技术的激光粒度仪的散射光角度探测范围和粒径范围。需要注意,由于样品池通光窗口玻璃的全反射效应,表 3-7 中给出的探测角范围中存在部分探测盲区,即部分角度范围内的散射光实际上是探测不到的。

表 3-7 采用多角度测量的光散射测粒仪

公司名称	产品名称	测量范围 /μm	探测角范围 /(°)	主要技术
Malvern 公司	Master Micro MS-S	0.05~3500	0.01~150	前向光靶和后斜的 5 个探测点
Cilas 公司	Cilas1064	0.04~500	0.03~90	前向光靶和双半导体激光光源
Coulter 公司	LS130	0.1~900	0.02~120	白光光源、双透镜系统、前向光靶和 5 个侧向探测点、PIDS 专利技术
	LS230	0.04~500	0.03~130	白光光源、双透镜系统、前向光靶和 7 个侧向探测点
清新公司	LMS-24	0.1~700	0.02~150	50 环的前向光靶、2 个 45°、2 个 135°、1 个 150° 探测点
岛津公司	SALD1001	0.1~500	0.03~90	76 环光靶、2 个侧向探测点
	SALD2001	0.03~700	0.02~90	76 环光靶、1 个侧向、2 个后斜探测点
	SALD3001	0.1~2000	0.01~90	76 环光靶、1 个侧向、2 个后斜探测点
Horiba 公司	LA-300	0.1~600	0.02~135	36 段弧形光靶、6 个侧向、反傅里叶变换技术
	LA-920	0.02~2000	0.01~135	36 段弧形光靶、6 个侧向、反傅里叶变换技术、加钨灯源

综上所述,在测量下限延伸这个问题上,激光粒度仪实际上已经摈弃了衍射的概念,取而代之的是在很大的散射角范围内探测散射光信号。为此,在探测器设置上,除了保留前向散射信号探测的多元光电探测器外,还在前斜向、侧向和后斜向加设探测器。由于小粒径颗粒散射光信号的角分布随角度的变化比较平缓,因此在大角度范围内只需设置适当数量探测器即可满足探测需求。

值得指出的是:激光粒度仪的测试依据是颗粒散射光信号的空间分布,包括散射光强度的角分布、散射光偏振度随角度的变化规律等。理论上,当颗粒粒径小于入射光波长并达到一定程度时,散射光信号的空间分布特征向瑞利散射趋近,与颗粒粒径的关系逐渐变得不明显。因此,测量下限的延伸在理论上存在制约。在粒度仪设计方面,除了增加大角度信号的探测,还需要在降低杂散光干扰、遏制电子噪声、提高光源稳定性、克服探测角盲区等多方面下功夫,以提高信号的探测能力。

3.5.6 激光粒度仪的测量上限

相对而言，人们对激光粒度仪测量上限的关注比较少。这是因为，采用激光粒度仪对数十微米至数百微米颗粒的测试比较容易实现，对毫米级颗粒的测试需求较少。当待测颗粒的粒径为数十微米及以上时，只需要探测前向散射光即可。此时，前向散射光中衍射占据绝对的主导地位，颗粒表面反射光和高阶 Debye 级数对前向散射的影响可忽略不计。

从测试原理上来说，激光粒度仪大粒径颗粒的散射光中被用于反演计算的关键信息来自于 Airy 斑（对应圆孔衍射的中心光斑），粒径越大则 Airy 斑的角宽度越小。因此，从提升粒度仪测量上限的角度来讲，应使用更长焦距的接收透镜并选用内侧单元半径更小的探测器，使得探测角更小。然而，接收透镜焦距变长，会带来两方面的问题：首先，在照明光束直径不变的情况下，该透镜焦距越长，意味着该光束被聚焦后的会聚角越小，而会聚角与光束束腰半径的乘积是一个常数，因此光束在探测平面上的光斑半径就越大；其次，焦距越长，粒度仪的体积越大，其机械稳定性就会随之变差。因此，要增大测量上限，一要增大照明光束的直径，二要减小探测器内侧探测单元的内、外半径。

当探测器对应的散射角范围较大时，接近测量上限的大粒径颗粒散射光中 Airy 斑分布往往只占据探测器内侧有限的一个或数个单元。根据 Swithenbank 和 Hirleman 给出的无量纲准则数，当衍射主峰峰值位置落在最内侧单元时，对应的颗粒粒径为：

$$D_{\mathrm{Up}} = 0.432\lambda f / r_{\mathrm{in},1} \tag{3-45}$$

其中，$r_{\mathrm{in},1}$ 是探测器最内侧单元的内半径，f 是焦距，λ 是入射光波长。这里颗粒粒径 D_{Up} 即为粒度仪测量上限的理论估算值。

要实现该测量上限，尚有多个方面需要注意。首先，入射光束的宽度应得到保证。根据 Fraunhofer 衍射理论，一束直径为 D_{B} 的均匀光束被焦距 f 的接收透镜会聚后，在焦平面上的光斑半径为 $1.22\lambda f / D_{\mathrm{B}}$，该半径应小于探测器最内侧单元的内径以避免入射光对散射信号的干扰。同理，束腰直径为 D_{B} 的高斯光束被接收透镜会聚后在焦平面上的焦点直径为 $2\lambda f / (\pi D_{\mathrm{B}})$。另一方面，入射光束的直径应数倍于颗粒粒径、且光束分布均匀，以确保颗粒被入射光均匀照射。其次，应防止大颗粒的交叠效应。对于粒径较大的颗粒，在平行光照射下会在背向照射区的一方留下阴影区。该阴影区的横向面积与颗粒的迎光截面相当、长度大约是 $D^2 / (4\lambda)$，其中 D 是颗粒直径。举例来说，在波长 $0.6328\mu\mathrm{m}$ 的平行光照射下粒径为 $1000\mu\mathrm{m}$ 颗粒的阴影区长度约为 4cm。当测量区中另外一个颗粒出现在该阴影区中时，就会发生颗粒交叠效应。颗粒交叠效应对散射光的角分布规律影响很大，导致测试结果出现较大的误差。再次，光电探测器内侧探测单元的光响应性能应得到保障。为了延伸测量上限，光电探测器内侧探测单元的径向宽度很小，分布电容和内阻对光探测的影响比较明显。最后，还要求探测器对中良好。

有研究表明[38]：即使散射光能分布的主峰向小角方向移出了探测器最小探测单元的内径，只要主峰还有部分信号被最内侧单元探测到，激光粒度仪就能反演计算出该粒径。该研究得出的测量上限 $D_u = 0.962\lambda f / \overline{r_1}$。其中，$\overline{r_1}$ 表示探测器第一单元的平均半径 $\overline{r_1} = \sqrt{r_{1,in} r_{1,out}}$。设第一单元的内外径比率为 1.2，则 $\overline{r_1} = 1.095 r_{in,1}$，由此得到：

$$D_u = 0.879\lambda f / r_{in,1} \tag{3-46}$$

对比式（3-45）可知，该研究得到的测量上限扩大了一倍多。当颗粒粒径大于测量上限、衍射主峰完全落在光电探测器探测角范围外时，光电探测器内侧单元仅探测到次峰信号。此时，反演计算得到的粒径分布结果非常不稳定，无法反映出真实情况。

3.5.7　国产激光粒度仪的新发展

激光粒度仪在国内起步较晚。最早是天津大学承接国家"六五"科技攻关项目，开始激光粒度仪的研制，1987 年通过科技部的技术鉴定。之后有上海理工大学（原名为"上海机械学院"）、重庆大学、山东建材学院（现并入"济南大学"）、四川轻工研究院、丹东仪器仪表研究所等单位相继开展研制。这一阶段研制的目的多以取得科研成果为主要目标，商品化只是附带目标。20 世纪 90 年代随着我国市场经济的发展，出现了珠海欧美克仪器有限公司、丹东百特仪器有限公司、珠海真理光学仪器有限公司、济南微纳颗粒仪器股份有限公司、成都精新粉体测试设备有限公司等以制造和销售激光粒度仪为主的商业企业。它们的诞生和发展，打破了进口仪器的垄断局面，对我国商品化激光粒度仪的发展，起到非常好的推动作用。

经过 30 多年的努力，国内厂家的粒度仪技术水平和制造能力得到大幅提升，形成了各自的专利技术，并推出了激光粒度仪系列，可测试分散在液体中的颗粒（湿法）和分散在空气中的固体颗粒（干法），以及用于喷嘴雾化测试的分体式激光粒度仪和可用于在线测试的激光粒度仪。在硬件方面上，国内激光粒度仪公司推出了多种颇具特色的专利技术和光学结构，使得散射光信号的探测范围覆盖更大的角度区间。某些国内激光粒度仪信号探测通道数目增大到 100 个以上，这使得测量得到的颗粒粒度分布分档数增加，多峰分布颗粒样品的粒度分辨力得以显著提升。此外，激光粒度仪的外围模块也不断发展，包括进样分散系统、前向探测器的对中、循环系统清洗等均实现了自动化。仪器的品质和稳定性更加可靠。在软件方面，国内生产的激光粒度仪均采用了 Mie 散射理论，反演计算内核算法更趋成熟，软件界面更加美观和功能更人性化。这使得国产激光粒度仪在测试的准确度、重复率等性能指标上可以与进口仪器相媲美，有些国产仪器甚至超过了进口仪器。大部分国产激光粒度仪对标准颗粒样品 D_{50} 的测试准确性误差和重复性误差均低于 1%。

珠海欧美克提出了大角散射光球面接收技术、双向偏振光补偿技术和梯形测量窗口技术。最近推出的 Topsizer Plus 激光粒度分析仪采用了氦-氖激光和波长 0.466μm 的半导体蓝光双光源设计，探测通道数 103 个，最小探测角 0.016°，最大探测角 140°，测量范围 0.01～3600μm。

真理光学提出了斜置梯形测量窗口、衍射爱里斑反常变化（ACAD）补偿修正技术和偏振滤波技术，采用了格栅式超大角检测技术。LT 3600 激光粒度仪的最小探测角 0.016°，测量范围 0.02～3600μm。

丹东百特研制生产的 Bettersize 3000 激光粒度仪，采用了单光源斜入射双镜头傅里叶变换光学系统，设置了 96 个探测器，最小探测角 0.0265°、最大探测角 157.49°，粒径测量范围 0.01～3500μm。在此基础上，Bettersize 3000 Plus 还增加了显微图像系统，使得粗颗粒的粒度测量准确性得到了保障，同时还具有颗粒形貌分析功能。此外，丹东百特还推出了一种应用于工业粉体生产线上实时进行粒度监测与控制的在线粒度监测控制系统 BT-Online 1，具有自动取样、测量、回收、数据处理和传输、气幕保护等功能。

济南微纳生产的 Winner 2308 采用了会聚光傅里叶变换专利技术及含自主研发的斜入射辅助光路在内的双光路设计，探测通道达 127 个，最小探测角 0.0128°，最大探测角 170°，粒径测量范围 0.01～2000μm。

成都精新推出的 JL-1197 宽量程激光粒度仪将动态光子相关光谱法和静态 Mie 散射两种测试原理汇集在同一台仪器上，实现既能测试纳米级又能测试微米级颗粒，两种测试功能只需一键快速转换。其中，静态光散射最小探测角 0.0132°、最大探测角 166°，粒径测量范围 0.01～3000μm。

国产激光粒度仪价格普遍比进口仪器低、加上售后服务的快速便捷等优势，迅速占领了国内市场并逐步走向国际市场。

图 3-25 是欧美克对倒置傅里叶变换结构的专利技术。它将大角探测器分布在以测量窗口和环形探测器中心之间的光轴为直径的球面上，从而大大改进了大角探测器上散射光的聚焦精度。

双向偏振光技术（见图 3-26）在大角散射光的聚焦上，仍采用球面接收结构。但是它在两个相互垂直的散射面上同时接收同样散射角的光能，用二者的平均值作为光能的最终值。这种技术能有效补偿由于激光器内在的偏振模式竞争引起的大角散射光的不稳定，提高了对亚微米颗粒测量的精度。欧美克 LS 900 仪器采用这种技术[39]。

在只有正入射光束的情况下，散射光从测量窗口往空气中出射时由于受全反射现象的限制，能出射的最大散射角约为 48°（假设悬浮介质为水）。就是说前向散射 48°～90°，后向散射 90°～138°，即 48°～138°范围内的散射光不能被探测器接收，而这一范围内的散射光包含了亚微米颗粒的大量信息。

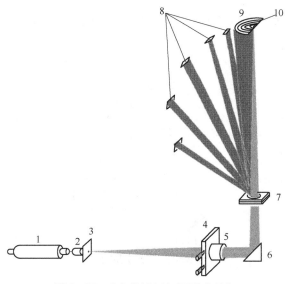

图 3-25　大角散射光的球面接收结构

1—激光器；2—扩束镜；3—针孔；4—对中装置；5—傅里叶透镜；6—反射棱镜；7—测量窗口；
8—大角探测器阵列；9—环形探测器阵列；10—中心探测器

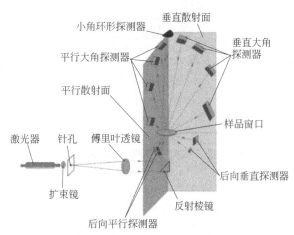

图 3-26　双向偏振光补偿技术

　　梯形测量窗技术（见图 3-27）是为了突破大角散射光在测量窗内的全反射制约而设计的。小角散射光仍从窗口的平行平面出射，而大角散射光从梯形玻璃的斜面出射。当斜面的斜角适当时，即便大至 90°的散射光，也能从窗口出射。采用这种技术后，仪器对大角散射光的接收能力与三光束结构完全相同，但仪器结构更加简洁，可靠性也将大大提高。

　　图 3-28 是真理光学提出的斜置梯形窗口系统。将梯形窗口与斜入射（窗口斜置）结合起来，同时采用遮光格栅和防串条阻断串扰光线。使得前向散射光最大散射角

达到 80°的探测范围，后向散射角探测覆盖了 135°以上的角度。

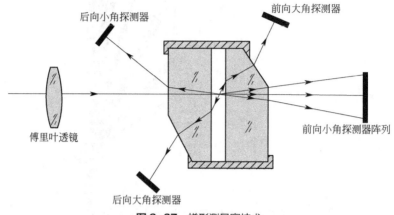

图 3-27　梯形测量窗技术

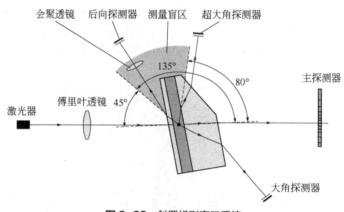

图 3-28　斜置梯形窗口系统

图 3-29 是丹东百特生产的 Bettersize 3000 激光粒度仪光路结构，采用了百特独创的单光束双镜头系统[40]，激光器发出的光束经过透镜 1 成为一束平行光照射到样

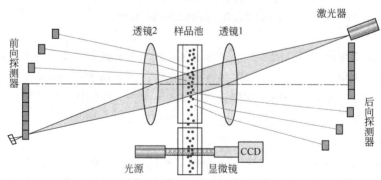

图 3-29　Bettersize 3000 激光粒度仪光路结构

品池中的颗粒上，颗粒的前向散射光由透镜 2 接收后被前向散射探测器接收、后向散射光由透镜 1 接收后被后向散射探测器接收。Bettersize 3000 激光粒度仪的测试范围达 0.01～3500μm。Bettersize 3000 Plus 还增加了显微图像系统，使得粗颗粒的粒度测量准确性得到了保障，同时还具有颗粒形貌分析功能。

图 3-30 是济南微纳 2308 全量程激光粒度仪工作原理示意图，其主要技术特点：①采用了双光束正交设置，主光束采用 2 组探测器，分别置于 2 个频谱面上，第一谱面采用楔形探测器，第二谱面采用无间隙环形探测器，第二谱面是第一谱面的放大像，加上光路折叠，因此使用很小的空间可以测量较大的粒度范围；②副光束从样品窗正交方向入射，散射光经附着于样品窗上的透镜会聚在条形阵列探测器上，测试的散射角的范围为 90°±45°，因此适用于亚微米与纳米范围的小颗粒测试；③仪器的测试范围为 0.05～2000μm，大颗粒与小颗粒一次完成测试，两套光束无需切换；④本仪器采用干湿两种样品池置于同一光路系统内，可以自动切换，适用于不同样品的测量。

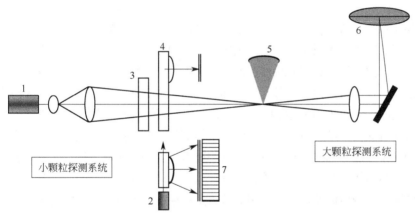

图 3-30 济南微纳 2308 全量程激光粒度仪工作原理示意图
1—主激光器；2—副激光器；3—干法样品窗；4—湿法样品窗；
5—楔形探测器；6—环形探测器；7—条形探测器阵列

图 3-31 是成都精新 JL-1197 宽量程激光粒度仪原理示意图，其主要技术特点：①将动态光散射和静态光散射集成在同一台仪器中，既能测试纳米级颗粒又能测试微米级颗粒，两种测试功能可一键切换；②静态散射光测试设置了 405nm 和 650nm 双光源照明，采用倒置傅里叶光学系统，信号探测角分布在前向、前斜向、侧向 90°附近、后斜向多个角度范围。在 0.01～3000μm 测量范围内粒径分档比为 1.099；③动态光散射测试采用 90°光路，测量范围为 1nm～10μm。

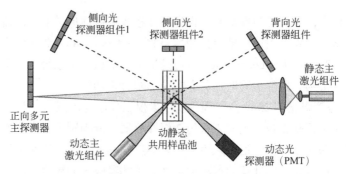

图3-31 成都精新 JL-1197 宽量程激光粒度仪原理示意图

3.6 角散射颗粒测量技术

除粒径之外，在许多领域里会遇到对颗粒数进行计量的要求。例如，对工作环境进行评价或者对产品洁净度以及它们受到杂质污染的程度进行监控和评价等。随着科学技术的日益进步和发展，许多生产过程和产品需要在洁净室内进行，否则难以保证产品的性能和质量。对洁净室内空气中的颗粒数就有严格的要求。另一个例子是医药工业，注射针剂和输液中所混入的不溶性颗粒的尺寸过大或数量过多将对人体造成不良后果。为此，各国药典都对此加以严格的限制。例如，我国药典规定每毫升输液中大于 10μm 的颗粒应少于 20 个，大于 25μm 的颗粒少于 2 个。此外，大型精密机械，如航天发动机、汽轮机组等所使用的润滑油，气力和液压系统中所使用的工作介质等都对其洁净度有严格的要求，否则，将导致设备的损坏或生产线停止运行等事故。为此，对颗粒数进行计量是生产实践中提出的另一个要求。

洁净介质中所涉及颗粒污染物的特点是粒径小、数量少，一般情况下每毫升中只有几个或更少。对洁净介质中颗粒污染物进行监控和测量是一项复杂的技术，要求能够同时测定介质（气体或溶液）中为数极少的颗粒个数以及这些颗粒物的粒径。在多数情况下二者中颗粒数的测量往往是首要的，要求有尽量高的准确度，其次才是这些颗粒物的粒径大小。当然，在一些科学研究或工业测量中，对颗粒数以及粒径大小二者的准确测量同时提出了严格的要求。

为了可靠地给出被测介质中的颗粒数以及这些颗粒的粒径大小，要求对被测试样中的全部颗粒"逐个"（一个一个）地进行测量。为此，这类仪器又统称为颗粒计数器（particle counter）。颗粒计数器共分两大类，第一类是电感应式（库尔特式），第二类是光学式。近年来微流体芯片的发展促进了微型颗粒计数器的发展[41]，一些国外公司还开发了带无线传输功能的微型颗粒计数器[42]。库尔特计数器只能对液体介质而不能对气体介质中的颗粒进行计量，这限制了它的应用范围。库尔特法测量需要配置专门的电解液，难以用于在线测量。此外，它的其它一些使用上的不便之处也限制了它在杂质污染控制中的广泛应用。光学式颗粒计数器（optical particle counter，OPC）有遮光式和散射光式两种，前者也被称作光阻式颗粒计数器，后者则被称作角散射或经典光散射法颗粒计数器。角散射法是通过接收某个（或几个）角度下散射体（颗粒）的散射光信号对颗粒进行测量的。与库尔特计数器相比，光散射式颗粒计数器适用范围广，不仅能对液体介质中的、还能对气体介质中的颗粒污染物进行检测。它的另一个显著特点是能进行在线测量，无需取样，不仅简化了测量过程，减少了测量时间，也满足了对某些生产过程连续监控的要求。角散射式颗粒计数器均由计算机操纵和控制，自动化程度高，使用方便。

角散射法工作原理如图 3-32 所示，位于测量区中的颗粒受到入射光的照射，其散射光被光电元件所接收，对接收到的散射光信号进行处理即可从中求得待测试样的粒径。

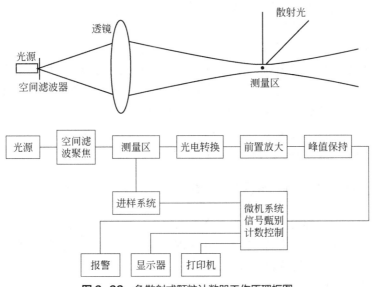

图 3-32 角散射式颗粒计数器工作原理框图

3.6.1 角散射式颗粒计数器的工作原理

角散射式颗粒计数器大都采用激光为光源，为此又称为激光颗粒计数器（laser particle counter，LPC）。图 3-32 中给出了角散射式颗粒计数器的工作原理及结构简图。来自光源的光束经透镜聚集形成一束细小明亮的束腰（beam waist），在束腰中定义一测量区。测量区容积要足够小，使得每一瞬间只有一个颗粒流过。被测介质（液体或气体）由一进样系统送入仪器并流经测量区。当存在于介质中的颗粒经过测量区时，即被入射激光所照射并产生散射光，某个（或几个）角度下的散射光由一光学系统采集，经光电系统转化成电信号。根据 Mie 散射理论可知，颗粒的散射光信号与粒径相关，粒径不同时散射光信号就不同。为此，根据光学系统所采集到的散射光信号可以确定颗粒的粒径大小。

当颗粒流出测量区后，或某一瞬间流过测量区的介质中没有颗粒时，散射光以及对应的电信号为零。待下一个颗粒流过测量区 A 时，光电系统又给出一个与其粒径相应的电信号。因此 LPC 测量到的是一个又一个的电脉冲，脉冲数就是颗粒数，每个脉冲的峰值就对应于各个颗粒的粒径。LPC 测量区 A 的容积之所以应该足够小，为的是每一瞬间只有一个颗粒流过测量区，以便正确地计数和确定其粒径大小。否则，若测量区容积较大，就存在两个或多个颗粒同时流过（或位于）测量区的可能。仪器对此无法辨认，而是把同时流过测量区的两个或多个颗粒当成是一个"等价"的大颗粒对待，不仅减少了检测到的颗粒数，颗粒粒径也相应增大，导致了测量结果的失真和偏差。

在颗粒计数器中光学系统每次所接收到的只是一个颗粒的散射光，因此其信号十分微弱，需采用一高灵敏、高信噪比的微弱信号放大电路，将每一个信号都检测到并不失真地放大，然后由峰值保持器求得每个脉冲的最大峰值。全部脉冲信号经计数器计数后即为待测介质中的污染颗粒总数。由鉴别器对每个脉冲峰值逐个进行鉴别，并按大小送入相应的通道（每个通道对应于不同的粒径范围），即可得到不同大小的颗粒各有多少个，这一切都是由计算机软件自动操作进行的。最后测量结果可以显示、打印输出或保存，也可与报警系统相连，当被测介质中的污染颗粒数或其粒径超过某一限定值或设定值后，自动报警。

3.6.2　角散射式颗粒计数器的散射光能与粒径曲线

通过 Mie 散射理论可知，颗粒的散射光分布与粒径密切相关，粒径大小不同时，散射光的空间分布也就不同。因此，当颗粒流过测量区时，如能测得该颗粒的散射光分布信号，就可求得颗粒的粒径大小。

目前得到应用的角散射法大都是采集颗粒在某一散射立体角（$\Delta\theta = \theta_2 - \theta_1$）内的散射光能或散射光通量以实现测量。颗粒的散射光能可以有两种不同的采集方式，即同轴采光和异轴采光，如图 3-33 所示。

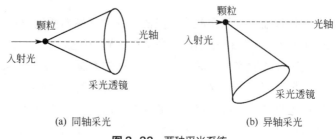

(a) 同轴采光　　　　　　　　(b) 异轴采光

图 3-33　两种采光系统

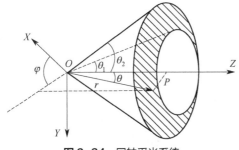

图 3-34　同轴采光系统

在图 3-34 所示的同轴采光系统中，设颗粒位于坐标原点 O, Z 轴为入射光方向，同轴采光系统就是以 Z 轴为对称轴，在散射角由 θ_1 到 θ_2 的范围内采集颗粒的散射光能或散射光通量。由 Mie 散射理论可知，颗粒的散射光强空间分布可按下式表示：

$$I_S = \frac{\lambda^2 I_0}{4\pi^2 r^2}(i_1 \sin^2\varphi + i_2 \cos^2\varphi) \tag{3-47}$$

式中，I_0 是入射光强度；λ 是光波长；r 是颗粒到观察点之间的距离；i_1 和 i_2 是 Mie 散射强度函数，二者分别是波长 λ、粒径 D、粒径相对折射率 m 和散射角 θ 的函数，$i_1 = i_1(D, m, \theta, \lambda)$，$i_2 = i_2(D, m, \theta, \lambda)$；$\varphi$ 则是采集面上任意点 P 在 XY 平面上的投影与 X 轴之间的夹角。P 点的单元面积为：

$$dS = r^2 \sin\theta d\theta d\varphi \tag{3-48}$$

该单元面积所接收到的散射光能为：

$$df = I_S dS \tag{3-49}$$

对上式积分，即可求得立体角 θ_1/θ_2 范围内的全部散射光能为：

$$\begin{aligned}
F &= \int_{\theta_1}^{\theta_2}\int_0^{2\pi} I_S(\theta, \varphi)dS \\
&= \frac{\lambda^2 I_0}{4\pi^2}\int_0^{2\pi}\int_{\theta_1}^{\theta_2}(i_1\sin^2\varphi + i_2\cos^2\varphi)\sin\theta d\theta d\varphi
\end{aligned} \tag{3-50}$$

在同轴采光系统中，i_1、i_2 相对于 Z 轴对称，不随 φ 角变化。因此对 φ 变量积分后可得一个颗粒在散射立体角 θ_1/θ_2 范围内散射光能的数学表达式：

$$F = \frac{\lambda^2 I_0}{4\pi^2}\int_{\theta_1}^{\theta_2}(i_1 + i_2)\sin\theta d\theta \tag{3-51}$$

上已提及，式中 i_1 和 i_2 是波长 λ、颗粒相对折射率 m 和散射角 θ 的函数。已知入射光波长 λ 和颗粒的相对折射率 m，给定散射立体角 θ_1/θ_2 的数值后，按公式 (3-51) 即可求得该系统的散射光能与粒径之间的 F-D 对应关系曲线。作为示例，图 3-35 中给出了当 $\lambda = 0.6328\mu m$，$m = 1.33$，散射立体角 θ_1/θ_2 分别为 5°/10° 和 5°/20° 时一个

颗粒的 $F\text{-}D$ 曲线。可以明显看出，相同情况下较大的采光角可以接收到更多的散射光能，提高了仪器的灵敏度。$F\text{-}D$ 曲线得到后，根据光学系统每次所测量到的散射光能 F，即可确定该颗粒的粒径。

异轴采光系统在散射立体角 θ_1/θ_2 范围内的散射光能 F 的计算要比同轴采光时复杂得多，可按式 (3-52) 计算，在颗粒计数器中得到了不少的应用，如图 3-36 所示。颗粒仍假设位于坐标原点 O，Z 轴为入射光方向，但采光角 θ_1、θ_2 不再以 Z 轴为对称轴，而是偏于 Z 轴的同一侧。此时计算下式[43]:

$$F = \frac{\lambda^2 I_0}{2\pi^2} \int_{\theta_1}^{\theta_2} (i_1 + i_2) \sin\theta \arccos\left[\frac{\cos\left(\dfrac{\theta_2 - \theta_1}{2}\right) - \cos\left(\dfrac{\theta_2 + \theta_1}{2}\right)}{\sin\left(\dfrac{\theta_2 + \theta_1}{2}\right)\sin\theta}\right] \mathrm{d}\theta \tag{3-52}$$

与同轴采光系统类似，给定入射光波长 λ 和颗粒相对折射率 m 后，已知立体角 θ_1/θ_2 内的散射光能与粒径 $F\text{-}D$ 曲线即可求得。

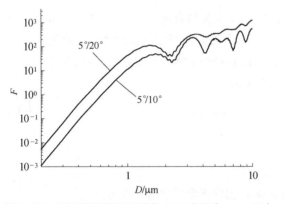

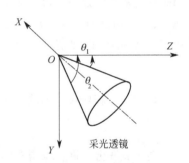

图 3-35　同轴采光时不同采光角 $F\text{-}D$ 曲线（$m=1.33$）　　**图 3-36**　异轴采光系统

3.6.3　角散射式颗粒计数器 $F\text{-}D$ 曲线的讨论

3.6.3.1　散射光能与粒径曲线的单调性

根据颗粒计数器的工作原理，要求散射光能 F 与粒径 D 之间保持一一对应的单值关系，即 $F\text{-}D$ 应是一单调曲线。这样，根据每次所测量到的散射光能 F 即可唯一地确定颗粒的粒径大小 D。但这一基本要求并不总是能够得到满足。例如，对图 3-35 中所示的 $F\text{-}D$ 曲线，当粒径很小时，曲线有着很好的单调性，但当粒径增大后，曲线开始起伏振荡，这时，根据所接收到的散射光能就难以单值地确定颗粒大小了。粒径进一步增大后，$F\text{-}D$ 曲线又逐渐恢复单调性，起伏振荡消失。

$F\text{-}D$ 曲线的起伏振荡与仪器的结构形式和设计参数有关。例如，图 3-37 给出了 PMS 公司生产的 ASAS-300X 型角散射颗粒计数器的 $F\text{-}D$ 曲线。图中实线为理论计算曲线，与试验点吻合良好，在 1.0μm 处开始振荡。文献中常把这一区域称为 Mie 谐振区（resonant）。在该区中，颗粒的散射光能与粒径之间无直接关联。例如，Liu 等的试验[44]指出 0.39μm、0.8μm 和 1.01μm 的乳胶球，其测量值均为 0.90μm。研究指出[45]，不同厂家生产的角散射式颗粒计数器，其 Mie 谐振区各有不同，对空气中的聚苯乙烯标准颗粒而言，Mie 谐振区约为 0.7～3.0μm；而对吸收性颗粒，则一般不存在 Mie 谐振区。制造商对 F-D 曲线起伏振荡的 Mie 谐振区常采用光顺化的方法进行处理，使之成为单调变化的，以满足使用要求。

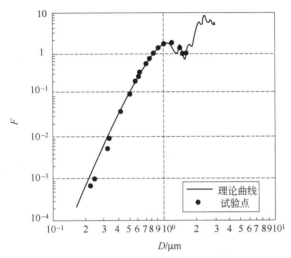

图 3-37 PMS 公司 ASAS-300X 型角散射颗粒计数器的 *F-D* 曲线

增大立体采光角（$\Delta\theta = \theta_2-\theta_1$）可以有效地减小 F-D 曲线的起伏振荡程度[46]，这是由颗粒的散射特性所决定的。设想当采光立体角 $\Delta\theta$ 很小时（$\Delta\theta\rightarrow0$），颗粒散射光能与粒径关系曲线（F-D）将逐渐退化为颗粒的散射光强与粒径关系曲线（I_S-D），由第 2 章讨论可知，I_S-D 曲线有着明显的振荡性。加大立体采光角后，可使"峰"与"谷"互相补偿扯平，使 F-D 曲线变得较为平缓。但是，加大立体采光角要受到仪器结构及布置方面的限制。采用旋转抛物面可以增大立体采光角并解决结构上的困难（参见图 3-38）。测量区位于抛物面的一个焦点 A，测量区中的颗粒发出的散射光经抛物面反射后会聚到抛物面的另一个焦点 B，将探测器置于焦点 B 即可接收来自颗粒 A 的散射光信号。增大立体采光角 $\Delta\theta$ 的另一个好处是加大了采集到的散射光能，提高了颗粒计数器的灵敏度，使仪器的最小测量粒径 D_{min} 减小。

另一个使 F-D 曲线单调增加的有效措施是以白光光源取代单色激光。由于白光是不同波长的组合光，每一个组成曲线的"峰"与"谷"互相"补偿"或"扯平"，使 F-D 曲线变得平缓。如图 3-39 所示。图中给出的是德国 Polytec 公司生产的 HC-15 型角散射式颗粒计数器的 F-D 曲线[47]，其纵坐标直接以信号的电压值给出。该仪器以白色卤素灯为光源，采用异轴侧向采光，采光角为 $\theta_1/\theta_2 = 70°/110°$，其光学系统原理图见图 3-40。白光的采用可以使 F-D 曲线的起伏振荡完全消失，整个曲线呈单调增加，但卤素灯的寿命不及激光器，光源的强度也低于激光，仪器能测量到的最小颗粒 $D_{\min}$ 较大。

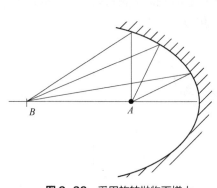

图 3-38 采用旋转抛物面增大立体采光角示意图

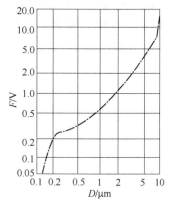

图 3-39 Polytec 公司 HC-15 型角散射式颗粒计数器 F-D 曲线

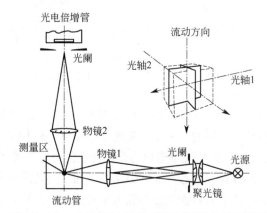

图 3-40 Polytec 公司 HC-15 型角散射式颗粒计数器的光学系统

3.6.3.2 折射率的影响

根据 Mie 散射理论可知，公式（3-51）和公式（3-52）中的强度函数 i_1 和 i_2 与颗粒的相对折射率 m 有关。当折射率或颗粒材质不同时，相应的 F-D 曲线也就不同。图 3-41 给出了 $\lambda = 0.6328\mu m$、同轴采光系统的散射立体角 θ_1/θ_2 为 5°/20° 时，折射率分别为 $m = 1.33$ 和 $m = 1.59-i0.1$ 的颗粒的 F-D 曲线。可以看出，F-D 曲线对折射率相当敏感。对于非吸收性颗粒，存在明显的 Mie 谐振区。而对于吸收性颗粒，Mie 谐振区的振荡现象减弱甚至消失。

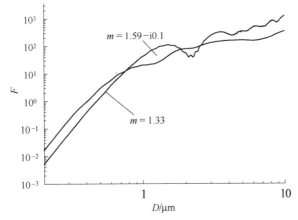

图 3-41 同轴采光时 F-D 曲线（θ_1/θ_2 分别为 5°/20°）

从理论上讲，折射率问题似乎不难解决，只要根据所编制的计算机通用程序，输入不同的折射率数值，即可得到相应于不同颗粒材质时的散射光能与粒径（F-D）关系曲线。但在实际应用中却会遇到很大的困难，因为在杂质污染控制和检测时，洁净介质中所混入的污染颗粒可能来自许多不同的污染源，这些颗粒的材质各不相同，无法得知，仪器也无法辨认每一瞬间流过测量区被监测的颗粒是哪一种材质，也就难以根据相应的 F-D 曲线确定颗粒的大小，导致了粒径测量的偏差。

制造厂商在仪器出厂时，一般都要对仪器进行标定，用于标定的物质大都是高分子聚合物颗粒，如聚苯乙烯标准颗粒 PSL（$m = 1.59$）等。因此，严格来说，仪器只能用于与仪器标定时相同材质颗粒的测量。否则在粒径测量上将产生偏差（颗粒计数的影响不大）。为此，Buttner 建议，颗粒计数器购置后，应自己重新标定，并采用与被测对象相同材质的颗粒进行标定才好，图 3-42 给出的是他对 Polytec 公司生产的 HC-15 型角散射式颗粒计数器用不同材质颗粒所得到的标定曲线[48]。可以看出，粒径相同但材质（折射率）不同的颗粒，散射光能的信号相差很大（图中纵坐标直接以电压给出）。因此，当仪器根据所测得的散射光能信号确定颗粒粒径时，由于颗粒的材质不同，粒径相差

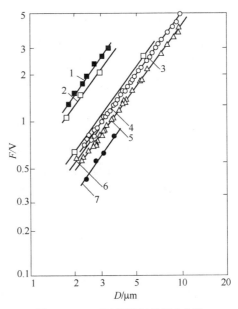

图 3-42 不同材质颗粒的标定曲线

1—石英；2—石灰石；3—乳胶球；4—DOP；

5—甘油+水；6—玻璃球；7—水

可达数倍之多，这一点在仪器使用时应加以注意。

3.6.4　角散射式颗粒计数器的测量区及其定义

颗粒计数器的测量区就是仪器的敏感区，只有当颗粒流过测量区时才会被检测到。为保证仪器的正常工作，要求进样系统送入仪器的待测介质全都流过测量区，并且每一瞬间只能有一个颗粒流过（位于）测量区，这样才能一个不漏地把试样中的全部颗粒依次地逐个测量到。为避免重合现象（coincidence）的出现（即每一瞬间同时有两个或多个颗粒流过测量区），测量区容积应该足够小。但测量区容积也不是越小越好，容积过小会降低仪器每小时的工作量。颗粒计数器测量区的大小主要与待测试样中的颗粒数浓度 N（即单位容积中的颗粒数，$1/cm^3$）有关。颗粒数浓度 N 大时，测量区容积应该小些，以避免重合现象的出现，反之测量区可以大些。测量区 V 的大小可按 Reasch 给出的公式 $V = 0.1/N$ 估算[49]。式中，N 是待测试样中的颗粒数浓度（单位为 $1/cm^3$）。Reasch 公式是根据测量区中两个或多个颗粒同时出现的概率推得的，按此式计算的最大可能重合误差小于 10%。当被测试样中的颗粒数浓度小于该式给出的 $N_{max} = 0.1/V$ 时，Reasch 认为可略去重合影响不计。由 Reasch 公式可知，当待测介质中的颗粒数浓度为 $N = 10^5/cm^3$ 时，仪器测量区的容积约为 $V = 10^{-6} cm^3$，这相当于 $100\mu m \times 100\mu m \times 100\mu m$ 大小的空间。由此可见，颗粒计数器的测量区一般情况下是很小的。据文献报道[50]，专门用来测定湿蒸汽中水滴的角散射式测量装置，由于水滴数目浓度很大（达 $10^9/cm^3$）、水滴直径很小（不超过 $1\sim2\mu m$），其测量区约 $30\mu m^3$，相当于 $3\mu m \times 3\mu m \times 3\mu m$ 大小的空间。测量区的大小直接影响到仪器的处理能力，即每小时能够检测的试样量。测量区越大，相同条件下，仪器的处理能力就越大。从使用角度考虑希望仪器在不牺牲技术性能的前提下能有尽量大的处理量。

由上可知，角散射式颗粒计数器的测量区是整个光束中某个特定的局部光学部位，只有当颗粒流过光束的该特定局部部位时，才被检测到。颗粒计数器的测量区可以通过不同的方法在整个光束中加以"限定"或定义。例如，图 3-43 中给出的是用来测定内燃机排放废气中固体颗粒的角散射式颗粒测量装置的光学系统示意图[51]，其测量区是由两个挡光片之间的距离 L 及挡光片上的环形缝隙 Δr 加以"限定"和定义的。激光束经光学系统会聚后在 C 点形成束腰和亮斑，当有一颗粒经过 C 时即被照射到，其散射光在立体角 θ_1/θ_2 的范围内被采集。由于 C 点同时是采光透镜的焦点，故颗粒的散射光经透镜后成为平行光，不受阻挡地穿过下一个挡光片上的环形缝隙，被另一透镜会聚后由光电倍增管接收，该颗粒即被计数并按所接收到的散射光能由 F-D 曲线确定其粒径。若某一颗粒不是经由 C 点穿过激光束，这时，尽管该颗粒仍有可能被激光束照射到并发出散射光，但散射光经透镜后不再是平行的，被后一个挡光片阻挡，不能穿过其上的缝隙被光电倍增管接收，这个颗粒就没

有被检测到。这样，就在 C 点的前后、上下、左右"划出"或定义了一个一定大小
的光学空间，只有当颗粒流过该区域时才被检测到，这就是测量区。透镜焦距一定
时，改变两挡光片之间的距离 L 以及挡光片上的环形缝隙 Δr，可以方便地改变或调
整测量区的大小。

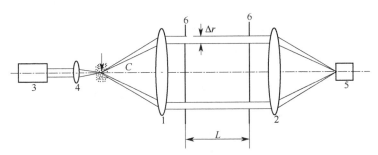

图 3-43 内燃机排气中固体颗粒测量装置原理示意图

1，2—采光透镜；3—激光器；4—会聚透镜；5—光电元件；6—挡光片

另一个更常用也是更方便的方法是通过光阑孔口来限定或定义测量区的大小。
图 3-44 中给出的是美国 Stanford 大学 1976 年所研制的用来测定大气中尘埃颗粒的
角散射式测量装置[52]，该装置以 He-Ne 激光为光源，采用异轴前向采光，立体采光
角为 θ_1/θ_2 为 10°/20°。激光束经透镜会聚后形成一能量集中的明亮束腰，束腰中 A
点位于采光透镜的焦点处。光电倍增管用以接收颗粒的散射光能，其前有一小孔光
阑。当有颗粒流过 A 点时，10°/20°范围内的散射光能被采光透镜采集，并通过光阑
小孔的中心由光电倍增管接收。每个脉冲信号经接口电子系统放大及脉冲高度分析
后确定其粒径，并由计数器计数。这样，即可得到一定时间内所检测到的尘埃颗粒
总数及其粒径大小。采光角由采光透镜前的挡光片限定，光电倍增管前有一窄带滤
波片，用以排除各种杂散光。与以上讨论情况相似，当颗粒不是通过 A 点时，尽管
该颗粒被激光照射到并发出散射光，但其散射光经采光透镜后被阻挡在光阑孔口之
外，不能被光电倍增管所接收。这样，也在束腰中的 A 点附近定义了一个一定大小

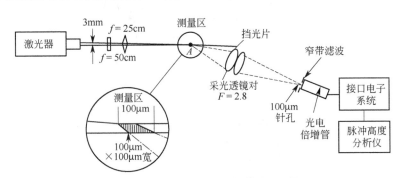

图 3-44 大气尘埃颗粒测量装置原理图

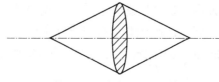

图 3-45 光学测量区形状

的光学测量区或敏感区。改变光阑的孔口直径以及采光透镜的焦距可以改变或定义不同大小的光学测量区。

光阑孔口直径给定后，测量区的大小可以通过几何成像关系求得，其形状大都为两个对置的圆锥体，如图 3-45 所示。在图 3-45 给出的系统中，当光阑孔径为 100μm 时，所定义的测量区是基圆直径约为 100μm、高约 500μm 的两个对置圆锥体所构成的空间。

激光束经透镜会聚后所形成的束腰直径可由高斯光束的特性参数求得[53,54]，Washington 给出简单公式 $\omega = 4\lambda F/(\pi d_1)$，用以估算束腰直径 ω[55]。其中 λ 是激光波长，d_1 是激光束直径，而 F 是透镜焦距。

目前，不少角散射式颗粒计数器常常就是令待测介质（气体或液体）直接流过光束，如图 3-46 所示[54]。图中待测试样由一负压系统（当介质为空气时）或压力系统（当介质为液体时）送入仪器，由一喷嘴小孔流出。喷嘴出口仅靠光束，待测介质中的颗粒即逐个地流过光束而被检测到，文献中常把它称为"空气动力聚焦"法。此外，尤其当待测试样中的颗粒数浓度较大时，还可采用辅助的手段。例如，令一股经过过滤的清洁介质同时沿喷嘴口的外周流出，"包覆"在待测试样的四周，将颗粒进一步"聚焦"后流过光束。这一方法已被证明是有效的，并得到了应用。它的另一个优点是清洁的包覆介质可以防止污染颗粒物对仪器光学零部件表面造成的沾污。除以上讨论之外，还有其它一些不同的测量区的定义方法，这里不再一一介绍。

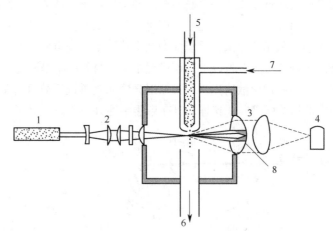

图 3-46 空气动力聚焦法

1—激光器；2—聚集透镜；3—采光透镜；4—光电倍增管；5—试样入口；
6—试样出口；7—洁净介质入口；8—光焰

需要指出：散射式颗粒计数器的光学测量区虽然很小，激光束断面上光能分布的不均匀性经空间滤波后也可得到很大程度的改善，但测量区内各点的光强分布仍不可能完全均匀一致，中心部位的较大，外缘部位的较小。这也导致测量出现误差。譬如，大小相同的颗粒由于流过测量区的部位不同，会给出不同的粒径测量值，造成测量结果的偏差。测量区内光强分布不均匀导致的另一个后果是，粒径较小的颗粒，如果通过测量区的中心部位，其粒径的测量值可能会大于另一个粒径较大但通过测量区边缘部位的颗粒的测量值。此外，还会发生颗粒只是擦过测量区的边缘部分，没有被光束完全照射到的可能性，或者两个或多个颗粒同时流过测量区的可能性等，这些都会导致粒径测量的偏差。

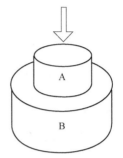

图3-47 双测量区示意图

为了避免以上所述测量误差，通常采用同时定义两个测量区的方法。如图3-47所示，定义测量区A和B，颗粒沿箭头所指方向进入测量区，测量区A的容积小于测量区B的容积。设置两个探测器分别对应两个测量区，只有当测量区A对应的探测器中给出信号时，测量区B所对应的探测信号才被接受。通过这种方法，可以有效避免检测对象出现在测量区边沿导致的测量误差。

例如，图3-48中给出的是采用两个不同的光源——He-Ne激光及氩离子激光，二者各有自己的系统Ⅰ及Ⅱ，光束经相应的光学系统后，氩离子激光束的束腰直径较大，约为300μm，而He-Ne激光的束腰较小，只有60μm[18]。两个光束的束腰部分互相重合，小的束腰正好落在大的束腰的中心部位R。对整个300μm的氩离子光束束腰来说，其光强分布是不够均匀的，但较小的R容积范围内，其光强分布可以认为是均匀的。R就是整个装置的光学测量区。这时，设有一个颗粒流过R，两个独立的测量系统都"感受"到了颗粒，分别接收其散射光信号。其中，系统Ⅰ作为触发机械，下令系统Ⅱ投入工作，对颗粒进行测量；反之，当颗粒流过R以外的部位时，由于系统Ⅰ没有"感受"到颗粒，就不发出指令，系统Ⅱ就不投入工作，不

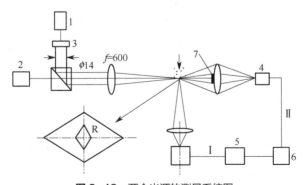

图3-48 两个光源的测量系统图

1—He-Ne激光器；2—氩离子激光器（0.48μm）；3—扩束器；
4—光电倍增管；5—触发器；6—信号采集器；7—光陷

对该颗粒进行测量。

3.6.5　角散射式颗粒计数器的计数效率

颗粒计数器的计数效率 η_c 定义为测量到的颗粒数与试样中实有颗粒数的比值，这是仪器的一个重要技术性能指标。根据前面所讨论过的颗粒计数器的工作原理，从理论上说仪器可以有 100% 或接近 100% 的计数效率，能够把试样中的污染颗粒都检测到。实际上并非如此，对市场上出售的颗粒计数器实测表明，大多数的计数效率都低于 100%。

角散射式颗粒计数器每次只对一个颗粒进行测量，散射光的信号非常微弱，特别当粒径较小时，信号会被仪器电子线路本底噪声所淹没，无法辨认和计数，使计数效率降低。此外，前面讨论过的一些现象，如光学测量区内光强分布的不均匀，两个或两个以上颗粒同时流过测量区以及颗粒只是擦过测量区的边缘等，都会使仪器的计数效率降低。为此，即使对较大的颗粒，仪器也不一定能给出 100% 的计数效率。加大光源强度，增大立体采光角等都是提高计数效率的有效措施，但这些措施都有一个限度。粒径较大时，仪器具有较高的计数效率 η_c；但是，粒径减小后，计数效率 η_c 下降很多，特别当颗粒粒径接近仪器的测量下限时，计数效率 η_c 急剧下降。

3.6.6　角散射式颗粒计数器的主要技术性能指标

3.6.6.1　最小粒径

最小粒径（d_{min}）是仪器所能测量到的最小颗粒粒径。d_{min} 越小，仪器的灵敏度越高，技术性能越好。整个角散射式颗粒计数器发展过程的重要标志之一就是仪器 d_{min} 不断减小。购置仪器时，要根据使用要求慎重选定。

增大光源功率，选用较大的立体采光角，设计高灵敏度、高放大倍率、高信噪比的微弱信号电子放大线路可以降低仪器的最小粒径 d_{min}。根据目前的发展水平，对用于测量气体介质中污染颗粒的颗粒计数器，当以白光为光源时，其 d_{min} 约为 0.3μm，采用激光后，可使光源强度增大约一个数量级，此时，如采用普通的光电元件，其 d_{min} 约为 0.1μm，如采用光电倍增管，d_{min} 可减至约 0.08μm，如采用光电倍增管并配合使用抛物面采光，可使 d_{min} 进一步降低到 0.05μm[1]。

当前，随着科学技术和生产工艺水平的日益进步和发展，更多的生产过程需要在更高的净化环境下进行并使用更洁净的试剂材料。以大规模集成电路芯片生产为例，随着芯片集成度的迅速提高，对生产环境的净化等级和所使用试剂材料的洁净度提出了比以前更为严格的要求。相应地，也就要求仪器制造商开发研制出能监控和检测更小粒径的颗粒计数器。图 3-49 中给出的是 PMS 公司生产的 2 种散射式颗粒计数器[56]，二者均以激光为光源，在仪器结构上有两个重要特征，一是为了得到更强的光源强度，都采用了外腔式激光器，把测量区设计为置于激光谱振腔的内部，这可使光强提高约一个数量级，二是在大的立体采光角范围内采集更多的散射光能，为此，二者均采用了抛物镜面。一个为同轴采光系统 [图 3-49 (a)]，采光角 θ_1/θ_2 为 35°/120°。有 3 种不同的仪器型号，其粒径测量范围分别是 0.09～3.0μm、0.12～3.0μm 和 0.12～7.5μm。另一个为异轴双侧向采光系统 [图 3-49 (b)]，其中另一侧的散射光能经反射镜后也被光电元件所接受，仪器的最小粒径 d_{min} 为 0.05μm。

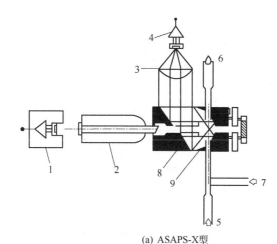

(a) ASAPS-X型

1—参考光电系统；2—He-Ne 激光器；3—采光透镜；4—光电元件；5—试样入口；
6—试样出口；7—洁净空气；8—45°反光镜；9—抛物面反光镜

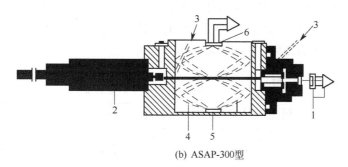

(b) ASAP-300型

1—参考光电系统；2—He-Ne 激光器；3—洁净空气；4—抛物面反射镜；5—平面反光镜；6—光电元件

图 3-49 PMS 公司的散射式颗粒计数器

除了不断开发 d_{min} 更小的颗粒计数器外，另一个可行的方法是使仪器难以检测到的小颗粒"长大"到大于仪器的最小粒径 d_{min}，使之成为可测，这是通过冷凝核计数器（condensation nuclear counter，CNC）而实现的。CNC 的结构如图 3-50 所示[57]。被测试样在进入角散射式颗粒计数器之前，先通过充有某种介质（通常为酒精或正丁醇）的饱和蒸汽室。试样中的细小颗粒与饱和蒸汽随后共同进入冷却室。在冷却中由于温度降低，蒸汽呈过饱和状态。这时，蒸汽即以这些细小颗粒为冷凝核心，不断冷凝，使颗粒的直径"长大"，成为可测。颗粒（液滴）的最后直径与蒸汽的过饱和度有关，可按 Kelvin 公式确定[58,59]。美国 TSI 公司生产的 CNC，在冷却室的出口处，颗粒（液滴）的直径约为 10μm，然后进入其后的角散射式颗粒计数器，即可很容易地被检测到。CNC 的测量下限为 0.005μm，最大颗粒数浓度可达 $10^6 \sim 10^7 cm^{-3}$，采样量为 300L/min。

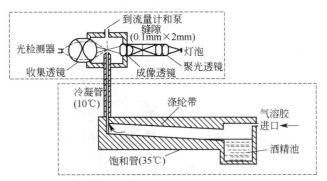

图 3-50   冷凝核计数器工作原理图

测定液体介质中污染颗粒的颗粒计数器大都采用激光光源，其最小粒径 d_{min} 较大，一般为 0.4～0.5μm，也有少数达到 0.1μm 的。这类仪器使用中的突出问题是溶解在液体中的空气会释放出来，形成小气泡，这一现象特别容易发生在当试样的流速较大时。仪器不能对小气泡和固体颗粒加以区别辨认，导致测量结果的偏差和失真。为减小或避免气体的释出，其进料系统大都在压力下操作运行，这能有效地防止试样在输送、流动过程中气泡的形成。

3.6.6.2 最大颗粒浓度

最大颗粒浓度即被测试样的最大允许颗粒数目浓度（个/cm³），目前生产的散射式颗粒计数器，其最大颗粒数目浓度可达 $8 \times 10^4 cm^{-3}$。当被测试样的颗粒数目浓度超出仪器给出的使用范围时，应采用洁净介质对试样稀释后再进行测量。除人工操作外，国外也为此专门设计了自动稀释装置，如图 3-51 所示[41]。当颗粒数目浓度超过仪器限值后，稀释装置启动，投入运行，待颗粒数目浓度降低到允许值后，装置自动关闭。

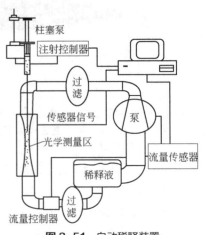

图 3-51   自动稀释装置

3.6.6.3　采样量

采样量 Q 即仪器单位时间所能处理（测量）的试样量，或仪器的进样量。采样量是仪器的一个重要技术性能指标。从使用角度出发，要求仪器能有尽量大的采样量，以便在单位时间内能测量更多试样，获得更多的信息，及时发现生产过程中的隐患，排除故障，提高经济效益。仪器的采样量过小时，测量结果统计意义上的客观性和参考性就差，完成规定样品量的测量时间也相应变长。不断提高采样量也是角散射式颗粒计数器整个发展过程中的一个重要方面。早期生产的仪器，其采样量很小，不足 1L/min。近代颗粒计数器已将采样量提高到 1L/min 以上，大大提高了仪器的使用效率。当试样进样量超过仪器给定的允许值后，将导致计数效率 η_c 的明显降低和粒径测量值的偏差，使测量结果的可信度降低，应予避免。

3.6.6.4　分辨率

分辨率是仪器给出的颗粒粒径的分档数或通道数，每一个通道对应于一定的粒径范围。通道数越多，可以获得越详细的颗粒粒径分布信息。用于洁净介质杂质污染控制中的角散射式颗粒计数器，通道数一般不超过 6～8 个。从使用角度考虑，已能满足需求。

3.6.6.5　计数效率

计数效率无疑是每一台颗粒计数器的重要技术性能指标，由于受到仪器电子线路本底噪声等一些因素的限制，小颗粒特别是当粒径接近仪器的最小粒径 d_{min} 时，计数效率会有明显的降低。当仪器超过允许的使用范围和使用条件时（如采样量过大），也会导致计数效率的下降。

以上讨论了散射式颗粒计数器的一些主要技术性能指标，这些指标之间互有牵连，不能盲目地追求某一单项指标的完善。由于在光源、测量区、采光角、光电元件、微电子系统、进样系统以及结构等方面的不同，各仪器制造厂商所生产的角散射式颗粒计数器，其技术性能之间有很大的差异。实际上，即使是同一厂家同一型号的颗粒计数器，各台仪器之间的性能也会有一定的差异，应予以注意。

3.7　彩虹测量技术

彩虹散射方法是光散射法颗粒测量方法的一种，这里的颗粒是指具有透射性的液滴，彩虹散射方法的优势在于能够实现液滴多参数的同步测量，包括液滴粒径、粒径分布、折射率、温度和组分等。根据被测量对象分为标准彩虹技术（standard rainbow technique）和全场彩虹技术（global rainbow technique）。其中，标准彩虹技术是针对单液滴的测量，由 Roth 等人提出[60]，它通过单液滴的一阶彩虹散射测量液滴的折射率和粒径，由于折射率是温度的函数，因此又可以通过折射率获取液滴的温度信息，从而实现单液滴粒径和温度的同步测量。全场彩虹技术是针对雾化液滴群的测量，由 van Beeck 等将标准彩虹散射方法推广到雾化场中液滴群粒径分布、折射率和平均温度的同步测量[61, 62]。

3.7.1 彩虹技术的原理

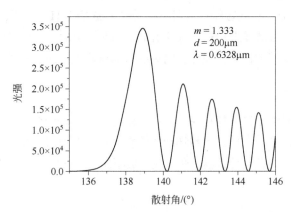

图 3-52 液滴一阶彩虹区域的散射光强分布

图 3-52 为球形液滴一阶彩虹区域的散射光强分布，是基于 Airy 近似理论的模拟结果，即仅考虑 $p = 2$ 阶折射光线的相干效应，没有考虑其他阶光线的影响。光强分布的峰值位置对应散射角分别用 θ_1 和 θ_2 表示，由 Airy 近似理论可以得到几何光学彩虹角 θ_{rg} 与峰值角度（θ_1 和 θ_2）有关[63, 64]，即：

$$\theta_{rg} = \frac{\theta_1 - C\theta_2}{1 - C} \tag{3-53}$$

几何光学彩虹角 θ_{rg} 是液滴折射率 m 的函数，即：

$$\theta_{rg} = \pi + 2\sin^{-1}\sqrt{\frac{4 - m^2}{3}} - 4\sin^{-1}\sqrt{\frac{4 - m^2}{3m^2}} \tag{3-54}$$

因此若通过实验测得 θ_1 和 θ_2，然后可以实现液滴折射率的反演计算。液滴粒径（即直径）d 的计算公式与入射激光波长、散射角和折射率的关系[63, 64]，即：

$$d = \frac{\lambda}{4}\left(\frac{\alpha_1 - \alpha_2}{\theta_1 - \theta_2}\right)^{\frac{3}{2}}\left[\frac{3(4 - m^2)^{\frac{1}{2}}}{(m^2 - 1)^{\frac{3}{2}}}\right]^{\frac{1}{2}} \tag{3-55}$$

这里 λ 为入射激光的波长，α_1 和 α_2 为常数，由 Airy 理论给出。

上述以球形单液滴为例给出了折射率和粒径的计算公式，是基于一阶彩虹散射。

同样基于高阶彩虹散射也可以实现液滴信息测量，但是，上述公式需要相应变化。

针对椭球形液滴，彩虹散射条纹的曲率与液滴形状（椭球度）有关，基于矢量光线追踪模型（vector ray tracing，VRT）可以建立液滴椭球度与彩虹条纹曲率的关联[65,66]。由图 3-53 可见：当液滴椭球度小于 1.25 时，条纹曲率随液滴椭球度增大而增大。因此可以根据条纹曲率反演计算液滴的椭球度。

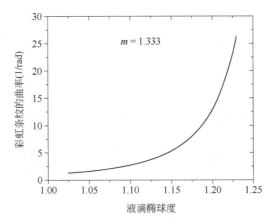

图 3-53 椭球液滴一阶彩虹条纹曲率和液滴椭球度的关系

3.7.2 彩虹法液滴测量

椭球液滴测量的实验装置如图 3-54 所示。

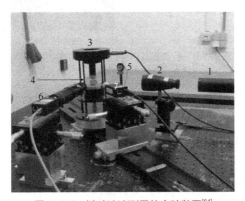

图 3-54 椭球液滴测量的实验装置[64]

1—He-Ne 激光器，其波长 $\lambda = 632.8$nm；2—激光扩束器；3—超声悬浮仪；4—悬浮在空气中的液滴；5—LED 光源；6—成像相机系统（用于标定液滴大小和形状）；
7—远场探测相机系统（CCD 的感光面位于透镜的焦平面位置处）

超声悬浮仪的超声发射端和反射端形成驻波场，超声驻波场将给液滴一个向上的作用力，抵消液滴重力作用，从而使液滴悬浮于空气中。通过调节超声悬浮仪的超声发射端和反射端的距离、功率，可以获得不同椭球度的液滴。实验中采用超声悬浮仪获得各种椭球度的液滴，直径 0.80～2.00mm、椭球度小于 1.25 的液滴容易获取。

图 3-55（a）所示为近似球形液滴，其赤道面粒径 $d = 0.80$mm，椭球度 $d/c = 1.03$，图 3-55（b）为平行光照射下液滴对应的彩虹散射图样。图 3-55（c）所示为椭球形液滴（$d = 0.84$mm，$d/c = 1.23$），其对应的彩虹散射图样如图 3-55（d）所示。由于椭球液滴关于赤道面对称，散射图样也呈现对称性。由图可见：不同椭球度的液滴具有不同的彩虹散射图样特征，因此可以根据彩虹散射图样反演计算液滴信息。

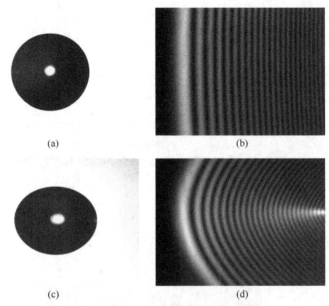

图 3-55　液滴及其对应的广义彩虹散射图样[65]

实验测量结果是所有阶光线的相干叠加，而图 3-52 的模拟结果仅仅考虑了 $p = 2$ 的光线的相干叠加，因此实验测量结果和图 3-52 的模拟结果不完全一致，即存在毛刺结构（ripple structure），需要对赤道面上的总散射光强做滤波处理，得到类似于图 3-52 的光顺曲线。图 3-56 为液滴彩虹散射光强的滤波结果和 Airy 模拟结果对比，彩虹散射光强的滤波结果与 Airy 模拟结果吻合，即前两个峰值的角度位置一致。这里液滴的赤道面粒径为 $d = 1.77$mm，椭球度 $d/c = 1.15$。

然后获得光强分布的峰值对应角度（θ_1 和 θ_2），再根据式（3-53）～式（3-55）计算液滴的折射率和赤道面粒径[63, 64]。图 3-57（a）为基于彩虹光强分布反演计算的液滴折射率与实际折射率的比较，并给出了一阶方差，可见彩虹光强分布反演计算的液滴折射率与液滴实际折射率非常吻合。图 3-57（b）为反演折射率的绝对误差，绝对误差小于 0.5×10^{-4}。因为液滴温度是折射率的函数，因此又可以实现温度测量。

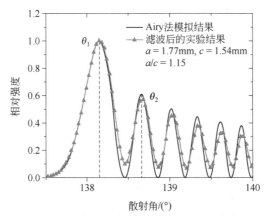

图 3-56 液滴彩虹散射光强的滤波结果和 Airy 模拟结果对比[61]

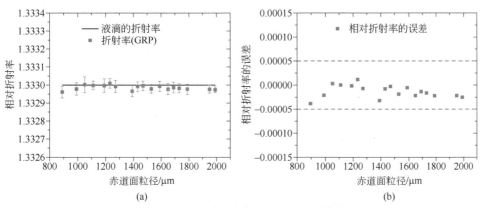

图 3-57 基于彩虹光强分布反演计算的液滴折射率与实际折射率
（$m=1.333$）的比较（a）；反演折射率的绝对误差（b）

图 3-58（a）给出了基于彩虹光强分布反演计算的液滴粒径[63]，试验中同时通过成像测量液滴大小，经过试验标定后，可以获得液滴的粒径和形状。可见基于彩虹光强分布计算的液滴粒径与成像法测得的结果非常吻合。图 3-58（b）为彩虹方法的误差，反演粒径相对误差的绝对值小于 5%。

图 3-59（a）给出了基于彩虹光强分布反演计算的液滴椭球度[63]，试验中同时通过成像测量液滴椭球度，经过试验标定后，可以获得液滴椭球度。可见基于彩虹计算的液滴椭球度与成像法测得的结果非常吻合。图 3-59（b）为彩虹方法的误差，反演椭球度的相对误差小于 1%。

另外，基于彩虹图样的 Ripple 结构，也可以测量液滴的粒径[67]。关于雾化液滴群的反演类似激光衍射颗粒反演方法，可以参见 van Beeck 的论文及其引用的参考文献[68, 69]。

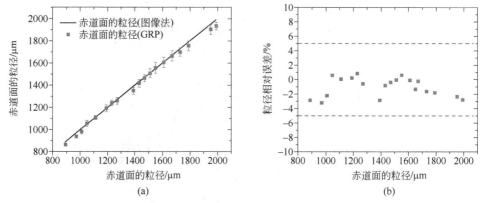

图3-58 基于彩虹反演计算的液滴粒径与图像法测量结果的比较（a）；反演粒径的相对误差（b）

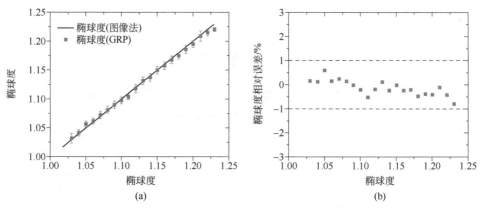

图3-59 基于彩虹反演计算的液滴椭球度与图像法测量结果的比较（a）；反演粒径的相对误差（b）

由于彩虹散射方法在液滴多参数同步测量的优势，国内外许多科研团队开展了彩虹测量研究：比利时布鲁塞尔大学的 van Beeck 等人应用彩虹技术研究了雾化液滴粒径、温度测量，以及液-液悬浮系统测量[61, 62, 67-69]；法国鲁昂大学 Gréhan 课题组研究了液滴径向折射率梯度、彩虹信号处理等问题[70, 71]；美国卡耐基-梅隆大学 Hom 等将标准彩虹散射方法应用于液滴粒径、折射率和温度的同步测量[72]；德国达姆斯塔特 Bakic 等将飞秒脉冲激光器作为入射光源，拓展了彩虹散射方法的测量下限[73]；德国斯图加特大学 Wilms 等研究了液滴组分问题[74]；德国不莱梅大学 Mädler 团队研究了燃烧液滴的彩虹散射模型[75, 76]。国内对彩虹研究相对较晚，主要有东南大学、西安电子科技大学、浙江大学和上海理工大学的科研团队开展了相关研究，分别包括全场彩虹的算法问题和液柱的彩虹散射、基于彩虹散射研究液滴蒸发、液滴组分和内部包含微小颗粒的液滴的测量、液滴彩虹散射的光学焦散、高斯光束照射下球形液滴粒径和折射率同步反演的问题[77-86]。燃烧液滴、非均匀液滴、非球形液滴的测量和有型光束照射下的液滴测量还有待于进一步研究。

3.8 干涉粒子成像技术

3.8.1 干涉粒子成像技术介绍

干涉粒子成像（interferometric particle imaging，IPI）技术可以用于测量液滴或气泡尺寸，它通过在离焦图像平面上形成的条纹图案来提取透明或弱吸收性球形颗粒的尺寸和空间分布[87-89]。该技术也被称为干涉激光成像（interferometric laser imaging，ILI）[90]或 Mie 散射成像（Mie scattering imaging，MSI）[91]。图 3-60 为 IPI 测量原理图[92]，激光照射到透明/弱吸收性球形颗粒，颗粒表面反射光和经过颗粒折射的散射光将在后面的聚焦平面上形成两点像（glare points），其中一个点是经反射路径（$p = 0$）形成的聚焦像，另一个点是经折射路径（$p = 1$）形成的聚焦像；在离焦平面上形成干涉条纹。

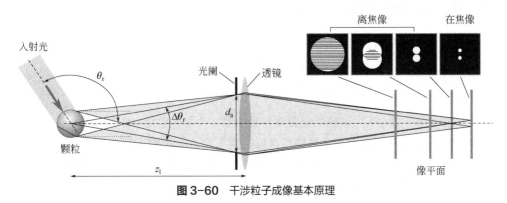

图 3-60 干涉粒子成像基本原理

干涉条纹的间距取决于颗粒折射率、颗粒粒径以及记录干涉条纹的散射角。干涉条纹间距对应于散射光的角振荡，可以用 Lorenz-Mie 理论计算得到。基于几何光学近似计算条纹间距表达式有不同的推导方式[93]：方法一是研究通过球形粒子的反射光和折射光的路径长度差异；方法二是参照杨氏条纹实验，以相关眩光点为光源计算远场干涉图。两种推导都忽略了高阶 Debye 分量的贡献（$p > 1$）。几何光学近似阐明了散射光角振荡的物理起因，并建立了条纹间距和粒子参数（即颗粒粒径与相对折射率）之间的近似关系。

König 等人[87]在 1986 年首先提出了 IPI 技术，基于 Lorenz-Mie 理论分析了前向散射区域颗粒粒径与散射光振荡之间的关系，并在实验中使用 45°散射角方位接收颗粒散射光信息计算验证了颗粒粒径。1991 年，Hesselbacher 等人[94]通过几何光学推导出颗粒直径与 IPI 干涉条纹角间距之间的关系。2000 年，Niwa 等人[95]基于几何光学近似计算得到 IPI 测量中气泡的干涉条纹数量与粒径的关系式，然后利用 IPI 系统对干涉图案连续拍摄，并利用图像处理算法计算得到气泡的运动速度；2020 年，IPI 技术被扩展到同时测量粒径和折射率，吕且妮等人[96]使用两束反向传播的激光束照颗粒，利用成像焦平面上的 glare points 间距计算得到颗粒粒径，然后利用离焦平面上的干涉条纹间距计算得到颗粒相对折射率。

还有学者致力于 IPI 干涉图案的处理算法研究。2002 年，Maeda 等人[97]对经柱透镜压缩之后的一维线性条纹图做二值化处理后，使用逐行扫描的方法进行定位，这种采用柱透镜压缩的一维线性条纹方法使得 IPI 技术可用于测量高浓度颗粒系统的粒径和折射率；2010 年，Hardalupas 等人[98]提出一种基于小波变换的颗粒定位方法，其条纹中心位置可通过小波变换的峰值得到；2010 年，Quérel 等人[99]对离焦平面干涉条纹采用一维快速傅里叶变换计算，得到颗粒粒径分布。2011 年，Bilsky 等[100]提出"压缩"条纹图像的方法寻找 IPI 中的液滴图像，能在分辨率为 100 万像素的图片中确定大约 1000 个液滴图像。

3.8.2 干涉粒子成像法颗粒测量

对于给定的颗粒相对折射率 m 和固定散射角 θ，任意阶光线的光程对应的相移量与无量纲参量 α 呈线性关系[98]：

$$\delta_p = 2\alpha(\cos\theta_{\mathrm{i}} - pm\cos\theta_{\mathrm{r}}) \tag{3-56}$$

其中，$\alpha = 2\pi d/\lambda$ 为颗粒的无量纲粒径参量；θ_{i} 为入射角；θ_{r} 为折射角；p 为光线阶数；m 为颗粒折射率。上述结果可以扩展至 Debye 级数展开下的任意阶分波。

在某个散射角范围内，假定散射光由特定的几个 p 阶 Debye 分波叠加，不同 p 阶 Debye 分波之间的相位差与颗粒粒径大小成正比，因此散射光的振荡频率与 α 呈线性关系。并且当 $\alpha \to 0$ 时，条纹干涉频率 ν 必趋于 0。因此，在特定散射角下散射光的振荡频率 $\nu(\alpha,m,\theta)$ 可以由无量纲参量 α 线性表示为：

$$\nu(\alpha,m,\theta) = A(m,\theta)\alpha \tag{3-57}$$

其中 $A(m,\theta)$ 为斜率。如果从两个散射角 θ_1 和 θ_2 处同时测量，其相应频率比将与粒径无关：

$$R(m,\theta_1,\theta_2) = \frac{\nu(\alpha,m,\theta_2)}{\nu(\alpha,m,\theta_1)} = \frac{A(m,\theta_2)}{A(m,\theta_1)} \tag{3-58}$$

因此上述关系可用于测量折射率。

由几何光学可以得到 $p = 0$ 和 $p = 1$ 两阶分波的相位，根据 $p = 0$ 和 $p = 1$ 的相位差得到颗粒的粒径关系式[93]：

$$d = \frac{2\lambda N}{n_1 \alpha} \left(\cos\frac{\theta}{2} + \frac{m\sin\frac{\theta}{2}}{\sqrt{1 + m^2 - 2m\cos\frac{\theta}{2}}} \right)^{-1} , \quad m > 1$$

$$d = \frac{2\lambda N}{n_1 \alpha} \left(\cos\frac{\theta}{2} - \frac{m\sin\frac{\theta}{2}}{\sqrt{1 + m^2 - 2m\cos\frac{\theta}{2}}} \right)^{-1} , \quad m < 1$$

(3-59)

上式中 λ 为入射光波长，N 为干涉条纹数目，n_1 为周围介质的折射率，α 为系统的收集角，θ 为粒子的散射光角度。对于相对折射率 $m > 1$ 与相对折射率 $m < 1$ 两种情况，公式中仅相差一个负号。

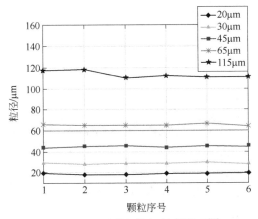

图 3-61 不同粒径的实验测量结果[93]

图 3-61 为标准聚乙烯颗粒的测量，粒径分别为 20μm、30μm、45μm、65μm 以及 115μm。利用一阶傅里叶曲线拟合方法提取了激光干涉粒子成像图的条纹数，并代入理论公式，得出实验测量的聚乙烯颗粒的粒径。20μm 的标称粒径实验测量的平均相对误差为 4.86%，30μm 的标称粒径实验测量的平均相对误差为 3.63%，45μm 的标称粒径实验测量的平均相对误差为 1.58%，65μm 的标称粒径实验测量的平均相对误差为 0.89%，115μm 的标称粒径实验测量的平均相对误差为 3.22%。

基于 IPI 技术测量水滴的蒸发过程，图 3-62 为水滴在一分钟内蒸发过程的测量结果。平均折射率为 $m = 1.333 \pm 0.011$，折射率测量误差小于 0.011，液滴直径从 190.3μm 变化至 175.5μm。

图 3-63 为悬浮在空气中单个甘油液滴测量结果[98]。环境温度为 20℃，此时甘油相对空气的折射率为 1.4746。实验在几分钟内重复了 100 次。在测量过程中，甘油液滴挥发较慢，故条纹图案几乎保持不变。甘油液滴的相对折射率在 1.428 和 1.519

之间变化，平均值为 1.472，比已知结果 1.4746 略低，折射率的标准偏差是 0.024。液滴直径在 293.0μm 和 308.4μm 之间，平均值为 301.4μm，标准偏差为 2.9μm。折射率和液滴直径的随机误差分别为 3.1%和 2.6%。

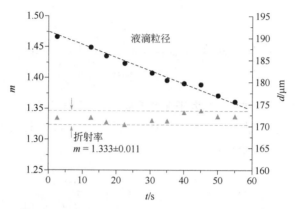

图 3-62 蒸发过程中水滴的折射率和直径测量结果[98]

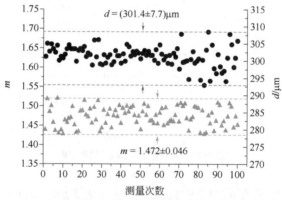

图 3-63 蒸发过程中甘油液滴的折射率和直径测量结果[101]

3.9　数字全息技术及其应用

3.9.1　数字全息技术介绍

全息技术是利用参考光和目标物体衍射或散射光干涉，以干涉条纹的形式记录物体的振幅和相位信息，再通过相同的参考光照射记录的全息图，可以重建出物光的波前，是一种典型的两步成像技术，包括全息图记录与波前重建两个步骤[102-106]。数字全息采用数字相机代替传统化学银盐干板作为记录介质，可实现全息图像传输和定量计算处理。一束激光经过空间滤波后均匀照射在目标颗粒上，颗粒散射光与参考光干涉，干涉条纹被数字相机记录，然后以标量衍射理论为基础，模拟参考光照射全息图，采用重建算法对记录图进行重建再现，从而获得颗粒场中颗粒的粒径、三维位置和体积浓度等信息，平行光照射条件下，数字同轴全息记录和重建过程的示意图见图 3-64。

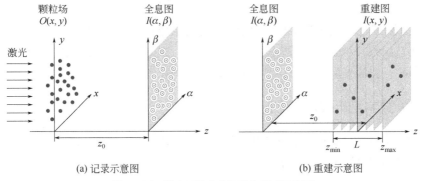

图 3-64　数字同轴全息记录和重建示意图

图 3-64 (a) 表示在平行光束照射条件下，流场颗粒全息记录过程的示意图。光波的全部信息包含两部分：振幅和相位。但是目前光电记录元件只能记录光的强度信息。为了记录流场中颗粒的全部信息（粒径和位置），全息技术运用干涉法将空间相位信息转化为强度信息。假设流场中物平面上颗粒光强函数为 $O(x, y)$，z_0 为颗粒场平面与全息记录平面之间的距离，则 CCD 阵列面记录的干涉条纹光强 $I(\alpha, \beta, z_0)$ 可表示为：

$$I(\alpha,\beta,z_0)=1-\frac{2}{\lambda z_0}O(x,y)\otimes\sin\left[\frac{\pi}{\lambda z_0}(x^2+y^2)\right] \tag{3-60}$$

其中，λ 为入射光波波长；$\otimes$ 是对函数作二维卷积运算。

数字全息图数值重建以标量衍射理论为基础，目前主要有菲涅耳变换法、卷积法、小波变换以及分数傅里叶变换等算法。研究表明基于小波变换的全息图重建算法具有重建图像信噪比高、图像背景均匀等优点。波的传播以及衍射过程可以用小波来描述，全息图的光学重建过程等同于全息图记录的逆过程，则重建全息图像的光强 $I(x, y, z_0)$ 可以用全息图 $I(\alpha, \beta)$ 的小波变换表示为：

$$
\begin{aligned}
I(x,y,z_0)&=1-I(\alpha,\beta,z_0)\otimes\psi_\alpha(x,y)\\
&=1-I(\alpha,\beta,z_0)\otimes\left\{\frac{1}{\alpha^2}\left[\sin\left(\frac{x^2+y^2}{\alpha^2}\right)-M_\psi\right]\exp\left(-\frac{x^2+y^2}{\alpha^2\sigma^2}\right)\right\}
\end{aligned}
\tag{3-61}
$$

其中，$\psi_\alpha(x, y)$ 为校正的小波函数；σ 是宽度因子；M_ψ 为引入的调零参数，使 $\psi_\alpha(x, y)$ 均值为零，它可以表示为：

$$M_{\psi} = \frac{\sigma^2}{1+\sigma^4} \qquad (3\text{-}62)$$

其中宽度因子 σ 代表窗口函数的宽度，它依赖于帧采集特性，为：

$$\sigma = \min\left[\frac{N\delta_{\text{ccd}}}{2}\sqrt{\frac{\pi}{\lambda z}\ln(\varepsilon^{-1})},\ \frac{1}{2}\sqrt{\frac{\pi\lambda z}{\ln(\varepsilon^{-1})}}\right] \qquad (3\text{-}63)$$

在颗粒场全息图被数字相机记录后，选定图像重建平面的位置 z，生成对应平面的小波函数，对全息图和小波函数进行卷积，即得到该平面的重建图像，再对重建图像进行景深扩展、识别、定位颗粒，获得颗粒场信息。

3.9.2 数字全息技术的应用

数字全息技术具有三维非接触的优势，在流体力学、能源、环境、生物医学等多个领域的三维测量中得到了发展和应用。

3.9.2.1 全息测量流场

美国纽约州立大学的 Meng 等较早地开发了全息流场可视化 (holographic flow visualization, HFV)、HPIV (holographic PIV) 技术，对流场三维可视化和测速开展了一系列研究[107]。Meng 等[108]将 HFV 用于射流火焰中的漩涡形态、多组分液体混合等场景的可视化，研究湍流的三维拟序结构和不稳定性。Pu 和 Meng[109]利用 HPIV 测量漩涡脱落过程的流场三维速度，计算时间分辨的三维涡量。对于示踪粒子浓度较低的流场，吴迎春等发展 HPTV (holographic particle tracing velocimetry) 算法，对气体近壁面流动进行三维测量[107]。

3.9.2.2 全息测量雾化液滴

喷雾测量方面，Müller 等[110]用数字全息研究熔融金属喷雾的形成过程，采用基于图像灰度的方法从全息重建图中提取液滴，得到液滴的空间分布。Sallam 等[111]用双视角数字全息研究液体射流产生的喷雾，得到液滴粒径和速度，双视角结构有效避免了颗粒重叠效应。Olinger 等[112]用数字全息研究液体射流在亚音速气流作用下的雾化过程，得到近场高浓度和远场低浓度区域液滴的粒径和速度。Guildenbecher 等[113]将高速数字全息用于激波管中液柱雾化过程的研究，得到液滴数目和粒径的时间、空间分布。浙江大学吴学成团队用数字全息研究了旋流雾化喷嘴出口附近液滴的雾化过程，获得雾化液滴的形态和三维空间分布及粒径[114,115]，进一步用数字全息研究了甩油盘雾化场，获得不同转速下甩油盘喷嘴出口雾滴的空间分布特征及粒径分布[116]。在横流雾化方向，该团队提出了一种基于图像灰度和梯度的颗粒识别与定位算法[105]，对部分重叠的颗粒也有较好的分离效果，提高了液滴粒径和速度测量的可靠性。这种方法也可以用于重建袋状破碎时形成的环形液丝的三维结构[117, 118]，得到准确的液环体积测量结果。

3.9.2.3　全息测量燃烧颗粒

Guildenbecher 等[119]用数字同轴全息测量推进燃烧器中的铝粉测量，发现在层流环境下，火焰对成像质量的影响较小，重建的颗粒图像有清晰的边界。Wu 等[120,121]则用一个三维倾斜放置的钨丝标定了热态相对于冷态条件下的尺寸和定位测量误差，发现火焰的存在容易使定位发生一个整体的位移，相对位置的误差较小。因此，数字同轴全息在煤粉燃烧中的颗粒、挥发成分、燃烧产物等分析中取得了良好的效果。根据这些研究，Wu 等[122]提出了热态颗粒全息图形成的模型，与实验结果能较好地拟合，有利于这方面应用的推广。然而，在高温度梯度的湍流等环境中，介质折射率变得更加不均匀，测量误差也会更大。

3.9.2.4　其他应用

大气颗粒物测量方面，美国密歇根理工大学 Shaw 团队开发了一种基于数字全息的高空云层中冰晶/液滴在线测量仪器[123, 124]，对云层中流场和颗粒物动力学特性进行了一系列研究。仪器安装在飞机机翼上，采用 20ns 脉宽的脉冲激光作为光源，确保了相对运动速度 100m/s 以上颗粒在全息图中位移可以忽略。该装置的粒径测量范围为 1.0μm～1.5mm，通过观察颗粒的形貌可确定颗粒的相态。最近，通过对实验层面[125]和真实云层中[126]不同位置的冰晶/水滴的粒径分布分析，研究了云层中液滴团结、湍流耗散等科学问题。该课题组还在提高颗粒粒径[127]、位置精度[128]和颗粒轨迹追踪算法[129]等方面取得了重要进展，是将全息方法研究成功用于解决实际流场问题的典型。其他数字全息测量大气颗粒的研究有：Raupach 等[130]采用两套垂直布置的数字全息系统，测量近地面空气中的冰晶颗粒，有助于提高 z 轴定位精度和分析颗粒三维形貌特征；Berg 和 Videen[131]将数字全息用于空气中 15～500μm 矿物粉尘气溶胶的测量；Prodi 等[132]用数字显微全息测量亚微米气溶胶在微重力条件下的三维布朗运动，从而计算出颗粒粒径，与 SEM 测得的结果很好地符合，为测量小于光学分辨率的颗粒粒径提供了一种思路。

数字显微全息在微流体、生物医学领域有较为广泛的应用。Satake 等[133,134]、Kim 和 Lee[135]、Verrier 等[136]、Wu 等[137]将数字显微全息应用于不同形状的微通道中流场速度测量，并针对微通道颗粒全息图进行了重建方法[138]、颗粒匹配方法[139]的优化。数字显微全息可用于研究活体细胞（如红细胞[138, 139]、肿瘤细胞[139]、精细胞[140]）的三维表面形貌和运动速度，以及活体微生物的二维形貌和运动轨迹。

图 3-65 为数字全息技术在航空发动机甩油盘雾化场测量中的试验系统，试验甩油盘转速 15000r/min，供油流量为 10kg/h，测量系统视场大小为 11.22mm×11.25mm。

图 3-66 是雾化场雾滴全息图的重建，图 3-66（a）是雾滴全息图，可以看出去

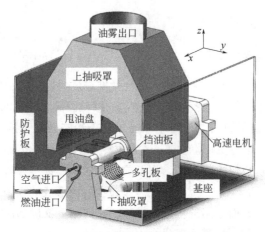

(a) 甩油盘雾化试验器示意图

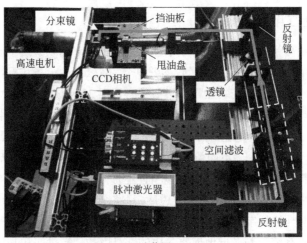

(b) 实物图

图 3-65 甩油盘雾化试验器

背景后的雾滴全息条纹清晰。采用小波算法重建全息图，每隔 0.5mm 重建一个图层，重建全息图的景深扩展图如图 3-66（b）所示，雾滴聚焦图像呈圆形，与背景区别明显，具有很高的识别度。进一步采用小波域内亮度梯度局部方差算法对雾滴进行定位，以喷嘴中心为原点，旋转轴向为 x 轴，水平方向为 y 轴，竖直方向为 z 轴建立直角坐标系，雾滴的三维空间分布如图 3-66（c）所示，大小雾滴相间均匀分布，随着距离喷嘴出口高度的增加，雾化场沿 x 方向展开。

图 3-67 展示了基于脉冲激光同轴数字全息技术测量超高速碰撞碎片云三维结构参数的试验方案，试验时弹丸速度 3.6km/s，铝板厚度 0.5mm，弹丸直径 2.25mm，相机的分辨率 3248×4872，激光脉宽 8ns。

记录碎片云全息图如图 3-68（a）所示。经过多次 z 轴重建并进行景深拓展，可

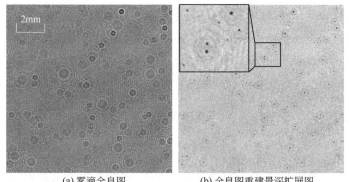

(a) 雾滴全息图 　　　　　(b) 全息图重建景深扩展图

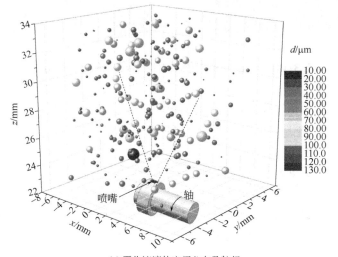

(c) 雾化液滴的空间分布及粒径

图 3-66　雾滴场全息图重建

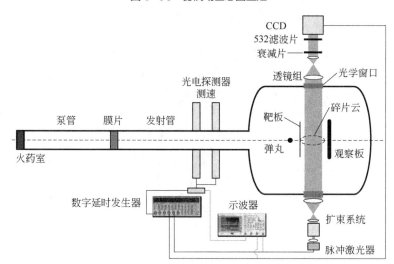

图 3-67　用于碎片云测量的脉冲数字在线全息技术实验示意图

以得到重建碎片云如图 3-68（b）所示，记录视场中心距离靶面 5.5cm，弹丸向 x 轴方向运动，记录到大量冲击碎片，大、小碎片的轮廓均可以清楚呈现，碎片形状不规则，速度 $v_x = 2{\sim}3\text{km/s}$，$v_y = 0.2{\sim}0.6\text{km/s}$。

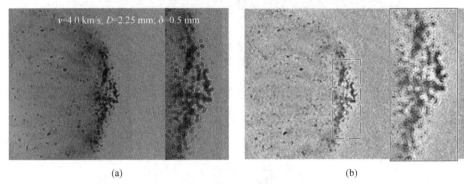

(a)   (b)

图 3-68 记录和重建的超高速碰撞碎片云全息图及其重建结果

拍摄到碎片云的结构分成三部分：

① 碎片云的前端，主要由弹丸撞击靶板后靶板的破裂形成，碎片较分散，粒径在几十微米到 $500\mu\text{m}$ 之间，速度接近弹丸速度；

② 碎片云的核心，主要由弹丸的破碎形成，碎片数量多，存在大碎片，且分布较集中，速度与碎片云前端速度接近；

③ 碎片云的外壳，由弹丸后部层裂形成，分布稀疏，扩散范围广。

基于全息技术，碎片云的位置及等效粒径分布图参数如图 3-69 所示。碎片云的

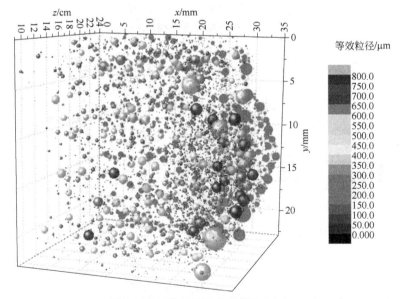

图 3-69 重建碎片云三维位置和大小

三维结构及分布得到了良好的呈现，这些测量结果证明了全息技术在高速、超高速颗粒运动场合的测量适用性。

参考文献

[1] Allen T. Particle size measurement: Volume 1. London: Chapman & Hall, 1997.

[2] Barth H G. Modern methods of particle size analysis. New York: John Wiley & Sons, 1984.

[3] 王乃宁, 张宏建, 虞先煌. FAM 激光粒度仪. 上海机械学院学报, 1990, 12(2): 1-10.

[4] Swithenbank J, Beer J M, Taylor D S, et al. A Laser diagnositic technique for the measurement of droplet and particle size distribution. AIAA Paper, 1976: 76-69.

[5] Bayvel L P, Jones A R. Electromagnetic scattering and its applications. London: Applied Science Publishers Ltd., 1981.

[6] 沈建琪, 王乃宁. 关于小角前向散射激光粒度仪准则数 X 的讨论. 中国激光, 1998, A25(10): 891-896.

[7] 郑刚, 蔡小舒, 王乃宁, 等. 衍射式激光粒度仪光靶能量的数值计算. 仪器仪表学报, 1993, 14(2): 154-158.

[8] 郑刚, 虞先煌, 王乃宁, 等. 减少测粒仪光靶环数提高颗粒尺寸求解速度. 中国激光, 1993, A20(9): 658-662.

[9] 郑刚, 张志伟, 虞先煌, 等. 减小激光粒度仪系数矩阵数目的方法. 中国激光, 1994, A21(11): 889-892.

[10] 郑刚, 虞先煌, 王乃宁, 等. 用 Powell 法求解颗粒的尺寸分布. 上海机械学院学报, 1993, 15(1): 27-31.

[11] 刘钦圣. 最小二乘问题计算方法. 北京: 北京工业大学出版社, 1989.

[12] Zheng G, Yu X H, Wang N N. Improving the accuracy of laser particle sizer with Mie scattering theory. Chinese Journal of Lasers, 1992, 1(5): 423-428.

[13] Coulter Ins. Co. Coulter LS130 系列激光粒度仪说明书, 1997.

[14] 顾冠亮, 王乃宁. 有关光散射的物理量的数值计算. 上海机械学院学报, 1984, 5(4): 21-32.

[15] 王式民, 朱震, 叶茂, 等. 光散射粒度测量中 Mie 理论两种改进的数值计算方法. 计量学报, 1999, 20(4): 279-285.

[16] 沈建琪, 刘蕾. 经典 Mie 散射的数值计算方法改进. 中国粉体技术, 2005, 11(4): 1-5.

[17] 徐峰, 蔡小舒, 沈嘉祺. 米氏理论的近似及在粒度测量中的应用. 光学学报, 2003, 23(12): 1464-1469.

[18] 徐峰, 蔡小舒, 赵志军, 等. 光散射粒度测量中采用 Fraunhofer 衍射理论或 Mie 理论的讨论. 中国粉体技术, 2003, 9(12): 1-5.

[19] 张福根, 程路. 用激光散射法测量大颗粒时使用衍射理论的误差. 粉体技术, 1996, 2(1): 7-14.

[20] Wang N N, Zhang H J, Yu X H. A versatile Fraunhofer diffraction and Mie scattering based laser particle sizer. Adv Powder Technol, 1992, 3(1): 7-14.

[21] Han X S, Shen J Q, Yin P T, et al. Influences of refractive index on forward light scattering. Optics Commun, 2014, 316: 198-205.

[22] Pan L C, Zhang F G, Meng R, et al. Anomalous change of Airy disk with changing size of spherical particles. J Quant Spectrosc Radiat Transfer, 2016, 170: 83-89.

[23] Guo L F, Shen J Q. Dependence of the forward light scattering on the refractive index of particles. Optics and Laser Technology, 2018, 101: 232-241.

[24] Pan L C, Ge B Z, Zhang F G. Indetermination of particle sizing by laser diffraction in the anomalous size ranges. Journal of Quantitative Spectroscopy & Radiative Transfer, 2017, 199: 20-25.

[25] Lefebver A H. Atomization and Sprays. New York: Hemisphere, 1989.

[26] 沈建琪, 蔡小舒, 王乃宁. 小角前向散射激光粒度仪中折射率对测量结果的影响. 中国激光, 1999, 26: 312-316.

[27] Wang N N, Shen J Q. A Study of the influence of misalignment on measuring results for particle analyzers. Particle and Particle System Characterization, 1998, 15(3): 122-126.

[28] 沈建琪, 王乃宁. 小角前向散射测粒仪光电探测元件的对中问题. 上海理工大学学报, 1998, 20(1): 30-34.

[29] 张福根. 微粉粒度测量中形貌因素的影响. 金刚石与磨料磨具工程, 2013, 33(1): 75–78+82.

[30] Renliang Xu, Olga Andreina Di Guida. Comparison of sizing small particles using different technologies. Powder Technology, 2003, 132 (2-3):145-153.

[31] Shaun Hayton, Campbell S Nelson, Brian D Ricketts, et al. Effect of Mica on Particle-Size Analyses Using the Laser Diffraction Technique. Journal of Sedimentary Research, 2001, 71 (3): 507–509.

[32] Witt W, Roethele S. Laser diffraction-unlimited. 6th European Symposium on Particle Characterization. Germany: Nuremberg, 1995.

[33] Bohren C F, Huffman D R. Absorption and scattering of light by small particles. New York: Wiley, 1983.

[34] W. 顾德门著. 傅立叶光学. 北京: 科学出版社, 1976.

[35] 沈建琪. 延伸小角前向散射法测量下限的研究. 上海: 上海理工大学, 1999.

[36] Bott S E, Hart W H. Extremely wide dynamic range, high-resolution particle sizing by light scattering, Particle Size Distribution. Washington DC: ACS Symposium Series, 1991: 472.

[37] 顾钢. 激光技术与亚微米粒度分析. 第四届全国颗粒测试学术会议论文集. 珠海, 1995.

[38] 胡华, 张福根, 吕且妮, 等, 激光粒度仪的测量上限. 光学学报, 2018, 38(4): 0429001.

[39] 张福根. 激光粒度仪的光学结构. 中国颗粒学会 2006 年年会暨海峡两岸颗粒技术研讨会论文集. 北京, 2006.

[40] https://www.bettersize.com/prodetail?id=125.

[41] Sommer H T, Harrision C F, Montague C E. Particle size distribution from light scattering// Particle Size Analysis. Des.Stanley-Wood, N.G., Lines, R.W., Cambridge: The Royal Society of Chemistry, 1992.

[42] Measurement Science Enterprise 公司资料, 2010.

[43] 王建华. 超净介质中不溶性颗粒光学在线检测技术的理论与实验研究. 上海: 上海理工大学, 1996.

[44] Liu B Y H, Szymanski W W, Ahn K H. On aerosol size distribution measurement by laser and white light optical particle counter. J Environment Sci, 1985, 28(3): 19-24.

[45] Miller B V, Lines R W. Recent advances in particle size measurement: A critical review. CRC critical reviews in analytical chemistry, 1988, 20(2): 75-116.

[46] 屠琅琦, 王乃宁. 角散射微粒测量装置合理选择散射角的理论分析. 第一届全国多相流检测技术会议论文集. 杭州, 1986.

[47] Particle Groessen-Analysator HC-15.

[48] Buettner H. In. Aerosol formation and reactivity. Oxford and New York: Perbamon Press, 1986.

[49] Reasch J, Umbaruer H. Fortschritts-Bericht der VDI-Zeitschrift R.31984, Nr.96.

[50] Dibelius G, Ederhof A, Voss H. Analysis of wet stream flow in turbines on basis of measurement with a light scattering probe// Two-phase Momentum, Heat and Mass Transfer in Chemical Process and Energy Engineering System, 1979, 2.

[51] Witting S, Sakbani K. Teilchengrossen-Besitmmung in Abgas Eines Heissgaskanals mit Hife des Prozessrechner-Gestreuerter Optischen Vielverhaltnis-Einzel Particle-Zaehlen(MRSPC). Europaisches Symposium Partikel Messtechnik, 1979.

[52] Hove D, Self S A. Optical particle sizing for in situ measurements. Applied Opttics, 1979, 18(10): 1632-1645.

[53] 周炳琨, 高以智, 陈倜嵘, 等. 激光原理. 北京: 国防工业出版社, 1980.

[54] Grant D C. Generation and maintenance of process gases with extremely low particle levels. TSI Journal of Particle Instrumentation, 1988, 3(1): 3-11.

[55] Washington C. Particle size analysis in pharmaceutics and other industries. England: Ellis Horwood Limited, 1992.

[56] PMS 公司产品目录.

[57] Pui D Y H, Liu B Y H. Advances in instrumentation for atmospheric aerosol measurement. Physica Scripta, 1988, 37: 252-269.

[58] Himds W C. Aerosol technology. New York: John Wiley & Sonc, 1982.

[59] Wu X D, Kang Y J, Xu D Y, et al. Microfluidic differential resistive pulse sensors. Electrophoresis, 2008, 29: 2754-2759.

[60] Roth N, Anders K, Frohn A. Size insensitive rainbow refractometry: Theoretical aspects. In 8th International Symposium on Applications of Laser Techniques to Fluid Mechanics (Lisbon, Portugal), 1996, 9.21-9.26.

[61] van Beeck J P A J, Giannoulis D, Zimmer L, et al. Global rainbow thermometry for droplet-temperature measurement. Opt Lett, 1999, 24(23): 1696-1698.

[62] van Beeck J P A J, Zimmer L, Riethmuller M L. Global rainbow thermometry for mean temperature and size measurement of spray droplets. Particle and Particle Systems Characterization, 2001, 18: 196-204.

[63] Yu H T. Laser beam interaction with spheroidal droplets: Computation and measurement. Doctoral Dissertation.   Technische Universität Darmdtadt, 2013.

[64] Yu H T, Xu F, Tropea C. Spheroidal droplet measurements based on generalized rainbow patterns. J Quant Spectrosc Radiat Transfer, 2013, 126: 105-112.

[65] Yu H T, Xu F, Tropea C. Optical caustics associated with the primary rainbow of oblate droplets: Simulation and application in non-sphericity measurement. Optics Express, 2013, 21(22): 25761-25771.

[66] Yu H T, Xu F, Tropea C. Simulation of optical caustics associated with the secondary rainbow of oblate droplets. Opt Lett, 2013, 38(21): 4469-4472.

[67] van Beeck J P A J, Riethmuller M L. Rainbow phenomena applied to the measurement of droplet size and velocity and to the detection of nonsphericity. Applied Optics, 1996, 35: 2259-2266.

[68] van Beeck J P A J. Rainbow phenomena: Development of a laser-based, non- intrusive technique for measuring droplet size, temperature and velocity. Doctoral Dissertation. Technische Universiteit Eindhoven, 1997.

[69] Vetrano M R, van Beeck J P A J, Riethmuller M L. Global rainbow thermometry: improvements in the data inversion algorithm and validation technique in liquid-liquid suspension. Appl Opt, 2004, 43(18): 3600-3607.

[70] Saengkaew S, Charinpanitkul T, Vanisri H, et al. Rainbow refractometry on particles with radial refractive index gradients. Experiments in Fluids, 2007, 43(4): 595-601.

[71] Saengkaew S, Charinpanikul T, Laurent C, et al. Processing of individual rainbow signals. Experiments in Fluids, 2010, 48(1): 111-119.

[72] Hom J, Chigier N. Rainbow refractometry: Simultaneous measurement of temperature, refractive index, and size of droplets. Appl Opt, 2002, 41(10): 1899-1907.

[73] Bakic S, Xu F, Damaschke N, et al. Feasibility of extending rainbow refractometry to small particles using femtosecond laser pulses. Particle and Particle Systems Characterization, 2009, 26: 34-40.

[74] Wilms J, Weigand B. Composition measurements of binary mixture droplets by rainbow refractometry. Appl Opt, 2007, 46(11): 2109-2118.

[75] Rosebrock C D, Shirinzadeh S, Soeken M, et al. Time-resolved detection of diffusion limited temperature gradients inside single isolated burning droplets using rainbow refractometry. Combustion and Flame, 2016, 168: 255-269.

[76] Li H P, Rosebrock C D, Wu Y C, et al. Single droplet combustion of precursor/solvent solutions for nanoparticle production: optical diagnostics on single isolated burning droplets with micro-explosions. Proceedings of the Combustion Institute, 2018: 21-38.

[77] Song F H, Yang P J, Xu C L, et al. An improved global rainbow refractometry for spray droplets characterization based on five-point method and optimization process. Flow Measurement and Instrumentation, 2014, 40: 223-231.

[78] Duan Q W, Han X E, Idlahcen S, et al. Three-dimensional light scattering by a real liquid jet: VCRM simulation and experimental validation. J Quant Spectrosc Radiat Transfer, 2019, 239:106677.

[79] Wu Y C, Li C, Cao J Z, et al. Mixing ratio measurement in multiple sprays with global rainbow refractometry. Experimental Thermal and Fluid Science, 2018, 98: 309-316.

[80] Wu X C, Li C, Cao K L, et al. Instrumentation of rainbow refractometry: portable design and performance testing. Laser Phys, 2018, **28**: 085604.

[81] Wu Y C, Promvongsa J, Wu X C, et al. One-dimensional rainbow technique using Fourier domain filtering. Opt Express, 2015, **23**(23): 30545-30556.

[82] Wu Y C, Promvongsa J, Saengkaew S, et al. Phase rainbow refractometry for accurate droplet variation characterization. Opt Lett, 2016, **41**: 4672-4675.

[83] Li C, Lv Q M, Wu Y C, et al. Measurement of transient evaporation of an ethanol droplet stream with phase rainbow refractometry and high-speed microscopic shadowgraphy. Int J Heat Mass Transfer, 2020, 146: 118843.

[84] Li C, Wu Y C, Wu X C, et al, Simultaneous measurement of refractive index, diameter and colloid concentration of a droplet using rainbow refractometry. J Quant Spectrosc Radiat Transfer, 2020, 245: 106834.

[85] Yu H T, Shen J Q, Tropea C, et al. Model for computing optical caustic partitions for the primary rainbow from tilted spheriodal drops. Opt Lett, 2019, 44(4): 823-826.

[86] Cao Y Y, Wang W W, Yu H T, et al. Characterization of refractive index and size of a spherical drop by using Gaussian beam scattering in the secondary rainbow region. J Quant Spectrosc Radiat Transfer, 2020, 242: 106785.

[87] König G, Anders K, Frohn A. A new light-scattering technique to measure the diameter of periodically generated moving droplets. J Aerosol Sci, 1986, 17(2): 157-167.

[88] Graßmann A, Peters F. Size Measurement of Very Small Spherical Particles by Mie Scattering Imaging (MSI). Part Part Syst Charact, 2004, 21: 379-389.

[89] Lu Q N, Han K, Ge B Z, et al. High-accuracy simultaneous measurement of particle size and location using interferometric out-of-focus imaging. Opt Express, 2016, 24(15): 16530-16543.

[90] Glover A R, Skippon S M, Boyle R D. Interferometric laser imaging for droplet sizing: a method for droplet-size measurement in sparse spray systems. Appl Opt, 1995, 34(36): 8409-8421.

[91] Mounaïm-Rousselle C, Pajot O. Droplet sizing by Mie scattering interferometry in a spark ignition engine. Particle and   Particle System Characterization, 1999, 16(4): 160-168.

[92] Tropea C. Optical Particle Characterization in Flows. Ann Rev Fluid Mech, 2011, 43(1): 399-426.

[93] 刘享. 激光干涉粒子成像技术基础研究. 上海: 上海理工大学, 2020.

[94] Hesselbacher K H, Anders K, Frohn A. Experimental investigation of Gaussian beam effects on the accuracy of a droplet sizing method. Appl Opt, 1991, 30(33): 4930-4935.

[95] Niwa Y, Kamiya Y, Kawaguchi T, et al. Bubble sizing by interferometric laser imaging. International Symposium on Application of Laser Techniques to Fluid Mechanics, 2000.

[96] Lv Q N, Li Z X, Fu C S, et al. Simultaneous retrieval of particle size and refractive index by extended interferometric particle imaging technique. Opt Express, 2020, 28(2): 2192-2200.

[97] Maeda M, Akasaka Y, Kawaguchi T. Improvements of the interferometric technique for simultaneous measurement of droplet size and velocity vector field and its application to a transient spray. Experiments in Fluids, 2002, 33(1): 125-134.

[98] Hardalupas Y, Sahu S, Taylor A M, et al. Simultaneous planar measurement of droplet velocity and size with gas phase velocities in a spray by combined ILIDS and PIV techniques. Experiments in Fluids, 2010, 49(2): 417-434.

[99] Quérel A, Lemaitre P, Brunel M, et al. Real-time global interferometric laser imaging for the droplet sizing (ILIDS) algorithm for airborne research. Meas Sci Technol, 2010, 21(1): 015306.

[100] Bilsky A V, Lozhkin Y A, Markovich D M. Interferometric technique for measurement of droplet diameter. Thermophysics and Aeromechanics, 2011, 18(1): 1-12.

[101] 姚焜元. 基于干涉粒子成像的颗粒粒径与折射率同步测量技术. 上海: 上海理工大学, 2021.

[102] Wu X C, Gréhan G, Meunier-Guttin-Cluzel S, et al. Sizing of particles smaller than 5 μm in digital holographic microscopy. Opt Lett, 2009, 34(6): 857-859.

[103] Wu Y C, Wu X C, Yang J, et al. Wavelet-based depth-of-field extension, accurate autofocusing and particle pairing for digital inline particle holography. Appl Opt, 2014, 53(4): 556-564.

[104] Wu X C, Xue Z L, Zhao H F, et al. Measurement of slurry droplets by digital holographic microscopy: Fundamental research. Fuel, 2015, 158: 687-704.

[105] 姚龙超. 数字全息颗粒燃烧与液滴雾化测量方法与应用. 杭州: 浙江大学, 2019.

[106] 吴迎春. 数字颗粒全息三维测量技术及其应用. 杭州: 浙江大学, 2014.

[107] Meng H, Hussain F. Holographic particle velocimetry: a 3D measurement technique for vortex interactions, coherent structures and turbulence. Fluid Dynamics Research, 1991, 8(1-4): 33-52.

[108] Meng H, Estevadeordal J, Gogineni S, et al. Holographic flow visualization as a tool for studying three-dimensional coherent structures and instabilities. J Visual, 1998, 1(2): 133-144.

[109] Pu Y, Meng H. Four-dimensional dynamic flow measurement by holographic particle image velocimetry. Appl Opt, 2005, 44(36): 7697-7708.

[110] Müller J, Kebbel V, Jüptner W. Characterization of spatial particle distributions in a spray-forming process using digital holography. Meas Sci Technol, 2004, 15(4): 706.

[111] Sallam K, Lin K C, Carter C. Spray structure of aerated liquid jets using double-view digital holography. AIAA Aerospace Sciences Meeting Including the New Horizons Forum and Aerospace Exposition, 2010: 194.

[112] Olinger D S, Sallam K A, Lin K C, et al. Digital holographic analysis of the near field of aerated-liquid jets in crossflow. J Propulsion and Power, 2014, 30(6): 1636-1645.

[113] Guildenbecher D R, Wagner J L, Olles J D, et al. kHz rate digital in-line holography applied to quantify secondary droplets from the aerodynamic breakup of a liquid column in a shock-tube. AIAA Aerospace Sciences Meeting, 2016: 1044.

[114] Wu X C, Wang L, Lin W H, et al. Picosecond pulsed digital off-axis holography for near-nozzle droplet size and 3D distribution measurement of a swirl kerosene spray. Fuel, 2021, 283: 119124.

[115] Wu X C, Lin W H, Wang L, et al. Measurement of airblast atomization of low temperature kerosene with 25 kHz digital holography. Appl Opt, 2021. 60(4): A131-A139.

[116] 薛志亮, 蒋志, 李峰,等. 基于脉冲数字全息的甩油盘雾化特性. 航空动力学报, 2020, 35(9): 9.

[117] Yao L C, Wu X C, Wu Y C, et al. Characterization of atomization and breakup of acoustically levitated drops with digital holography. Appl Opt, 2015, 54(1): A23-A31.

[118] Yao L C, Chen J, Sojka P E, et al. Three-dimensional dynamic measurement of irregular stringy objects via digital holography. Opt Lett, 2018, 43(6): 1283-1286.

[119] Guildenbecher D R, Cooper M A, Gill W, et al. Quantitative, three-dimensional imaging of aluminum drop combustion in solid propellant plumes via digital in-line holography. Opt Lett, 2014, 39(17): 5126-5129.

[120] Wu Y C, Yao L C, Wu X C, et al. 3D imaging of individual burning char and volatile plume in a pulverized coal flame with digital inline holography. Fuel, 2017, 206: 429-436.

[121] Wu Y C, Wu X C, Yao L C, et al. Simultaneous particle size and 3D position measurements of pulverized coal flame with digital inline holography. Fuel, 2017, 195: 12-22.

[122] Wu Y C, Brunel M, Li R X, et al. Simultaneous amplitude and phase contrast imaging of burning fuel particle and flame with digital inline holography: Model and verification. J Quant Spectroscopy and Radiat Transfer, 2017, 199: 26-35.

[123] Fugal J P, Shaw R A. Cloud particle size distributions measured with an airborne digital in-line holographic instrument. Atmos Meas Tech, 2009, 2(1): 259-271.

[124] Fugal J P, Shaw R A, Saw E W, et al. Airborne digital holographic system for cloud particle measurements. Appl Opt, 2004, 43(32): 5987-5995.

[125] Larsen M L, Shaw R A. A method for computing the three-dimensional radial distribution function of cloud particles from holographic images. Atmos Meas Tech, 2018, 11(7): 4261-4272.

[126] Larsen M L, Shaw R A, Kostinski A B, et al. Fine-scale droplet clustering in atmospheric clouds: 3D radial distribution function from airborne digital holography. Phys Rev Lett, 2018, 121(20): 204501.

[127] Lu J, Shaw R A, Yang W D. Improved particle size estimation in digital holography via sign matched filtering. Opt Express, 2012, 20(12): 12666-12674.

[128] Yang W D, Kostinski A B, Shaw R A. Phase signature for particle detection with digital inline holography. Opt Lett, 2006, 31(10): 1399-1401.

[129] Lu J, Fugal J P, Nordsiek H, et al. Lagrangian particle tracking in three dimensions via single-camera in-line digital holography. New J Phys, 2008, 10(12): 125013.

[130] Raupach S M F, Vössing H J, Curtius J, et al. Digital crossed-beam holography for in situ imaging of atmospheric ice particles. J Opt A: Pure and Applied Optics, 2006, 8(9): 796-806.

[131] Berg M J, Videen G. Digital holographic imaging of aerosol particles in flight. J Quantit Spectrosc Radiat Transfer, 2011, 112(11): 1776-1783.

[132] Prodi F, Santachiara G, Travaini S, et al. Digital holography for observing aerosol particles undergoing Brownian motion in microgravity conditions. Atmos Res, 2006, 82(1): 379-384.

[133] Satake S I, Anraku T, Kanamori H, et al. Measurements of Three-Dimensional Flow in Microchannel With Complex Shape by Micro-Digital-Holographic Particle-Tracking Velocimetry. J Heat Transfer, 2008, 130(4): 042413.

[134] Satake S I, Kunugi T, Sato K, et al. Measurements of 3D flow in a micro-pipe via micro digital holographic particle tracking velocimetry. Meas Sci Technol, 2006, 17(7): 1647.

[135] Kim S, Lee S J. Measurement of 3D laminar flow inside a micro tube using micro digital holographic particle tracking velocimetry. J Micromech Microeng, 2007, 17(10): 2157-2162.

[136] Verrier N, Remacha C, Brunel M, et al. Micropipe flow visualization using digital in-line holographic microscopy. Opt Express, 2010, 18(8): 7807-7819.

[137] Wu Y C, Wu X C, Wang Z, et al. Measurement of microchannel flow with digital holographic microscopy by integrated nearest neighbor and cross-correlation particle pairing. Appl Opt, 2011, 50(34): H297-H305.

[138] Choi Y S, Lee S J. Three-dimensional volumetric measurement of red blood cell motion using digital holographic microscopy. Appl Opt, 2009, 48(16): 2983-2990.

[139] Sun H Y, Song B, Dong H P, et al. Visualization of fast-moving cells in vivo using digital holographic video microscopy. J Biomed Opt, 2008, 13(1): 014007.

[140] Caprio G D, Ferrara M A, Miccio L, et al. Holographic imaging of unlabelled sperm cells for semen analysis: a review. J Biophotonics, 2015, 8(10): 779-789.

第 4 章

透射光能颗粒测量技术

4.1 消光法

4.1.1 概述

消光法（extinction）是光散射颗粒测量技术中的一种，又称浊度法（turbidimetry）。消光法的基本原理是，当光束穿过一含有颗粒的介质时，由于受到颗粒的散射和吸收，使得穿过介质后的透射光强度受到衰减，其衰减程度与颗粒的大小和数量（浓度）相关，这就为颗粒测量提供了一个尺度。与散射光能颗粒测量方法显著不同的是，消光法测量时所接收的不是颗粒的散射光，而是非散射光（透射光），所以光强较强。光源大都采用白光而不是单色激光，此外，除颗粒粒径外，消光法还能同时测得颗粒的浓度，与其它光散射方法相比，这是它的一个突出特点。

消光法的原理简单，测量方便，对仪器设备的要求较低，测量范围相对较宽，下限约 100nm，上限约 10μm，测量结果准确，重复性好，测量速度快。因此，该方法不仅在胶体化学、高分子化学以及分析化学等实验室分析中得到了广泛应用，还在在线测量中得到越来越多的应用，如对高分子聚合过程的测量和监控[1-3]，内燃机排气中固体微粒粒径的测量[4]，大型火力发电厂和原子能电厂中蒸汽湿度和水滴直径的测量[5]，烟尘排放浓度的监控[6]等。

4.1.2 消光法测量原理

消光法的测量原理如图 4-1 所示。如果一束直径远大于被测颗粒粒径、强度为 I_0、波长为 λ 的平行单色光入射到一含有被测颗粒群的介质时，由于颗粒对光的散射和吸收作用，光的强度将按下式衰减：

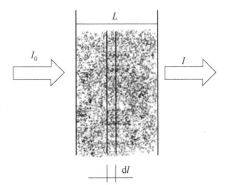

图 4-1 消光法测量原理

$$-\mathrm{d}I = I\tau\mathrm{d}l \qquad (4\text{-}1)$$

式中，τ 是介质的浊度。

设颗粒群在介质中的空间分布是无序而均匀的，即浊度 τ 与光程 L 无关，将式（4-1）沿整个光程积分：

$$-\int_{I_0}^{I} \frac{1}{I}\mathrm{d}I = \int_0^L \tau\mathrm{d}l \qquad (4\text{-}2)$$

则透射光的强度为：

$$I = I_0 \exp(-\tau L) \qquad (4\text{-}3)$$

式（4-3）即是著名的 Lambert-Beer 定理，它描述了光在颗粒介质中的衰减规律。

如果被测量颗粒是球形颗粒，且各个颗粒的光散射满足不相关的单散射，则从第 2 章讨论可知，N 个粒径为 D、迎光面积为 a 的单分散颗粒系（monodispersion）由于光的散射和吸收而导致的浊度为：

$$\tau = Nak_{\text{ext}} = \frac{\pi}{4}ND^2 k_{\text{ext}}(\lambda, D, m) \qquad (4\text{-}4)$$

式中 k_{ext} 称为消光系数，是入射光波长 λ、被测颗粒直径 D、颗粒相对于周围介质的相对折射率 $m(=n-\mathrm{i}\eta)$ 的函数，可以由第 2 章中的 Mie 散射理论计算得到。将式（4-4）代入式（4-3）后可得：

$$\ln(I / I_0) = -\frac{\pi}{4}ND^2 L k_{\text{ext}}(\lambda, D, m) \qquad (4\text{-}5)$$

式中，比值 I / I_0 称为消光或消光值。实际情况下，被测量的颗粒大多不是单分散颗粒系，而是有一定尺寸分布范围的多分散颗粒系（polydispersion），此时，该介质的浊度为：

$$\tau = \frac{\pi}{4}\int_a^b N(D)D^2 k_{\text{ext}}(\lambda, D, m)\mathrm{d}D \qquad (4\text{-}6)$$

代入式（4-3）后得：

$$\ln(I / I_0) = -\frac{\pi}{4}L\int_a^b N(D)D^2 k_{\text{ext}}(\lambda, D, m)\mathrm{d}D \qquad (4\text{-}7)$$

式中，a 和 b 分别是颗粒尺寸分布的下限和上限；$N(D)$ 是以颗粒数计的尺寸分布函数或频度函数。

由式（4-5）或式（4-7）可知，入射光的衰减 I / I_0 中包含颗粒尺寸和浓度（颗粒数）的信息，从而为它们的测量提供了一个尺度。为此，消光法可以归结为：测得入射光和透射光的强度 I_0 和 I 或其比值 I / I_0，已知入射光波长 λ、光程 L 和被测颗粒折射率 m 后，就可得到颗粒的尺寸分布函数 $N(D)$ 及浓度，此时体积浓度可表

示为:

$$c_V = \frac{\pi}{6} \int_a^b N(D) D^3 \mathrm{d}D \tag{4-8}$$

乘以颗粒的密度后即得其质量浓度。

4.1.3 消光系数

消光法中消光系数的计算是最关键问题之一。由第 2 章知,当被测的颗粒系有吸收和散射时,其消光系数可由下式计算:

$$k_{\mathrm{ext}} = k_{\mathrm{abs}} + k_{\mathrm{sca}} = \frac{2}{\alpha^2} \sum_{l=0}^{\infty} (2l+1)\left(|a_l| + |b_l|\right) \tag{4-9}$$

式中

$$a_l = \frac{\phi_l(\alpha)\phi_l(m\alpha) - m\phi_l(\alpha)\phi_l(m\alpha)}{\varsigma_l(\alpha)\phi_l(m\alpha) - m\varsigma_l(\alpha)\phi_l(m\alpha)} \tag{4-10}$$

$$b_l = \frac{m\phi_l(\alpha)\phi_l(m\alpha) - \phi_l(\alpha)\phi_l(m\alpha)}{m\varsigma_l(\alpha)\phi_l(m\alpha) - \varsigma_l(\alpha)\phi_l(m\alpha)} \tag{4-11}$$

其中

$$\phi_l = \sqrt{\pi\alpha/2} J_{1+1/2}(\alpha) \tag{4-12}$$

$$\varsigma_l = \sqrt{\pi\alpha/2} H_{1+1/2}(\alpha) \tag{4-13}$$

当颗粒具有吸收特性时,如炭黑粒子,金属粉末等,颗粒折射率 $m = n - i\eta$ 的虚部不为零,而当颗粒对光无吸收时,则折射率的虚部 η 为零,此时吸收系数 k_{abs} 等于零,即消光系数等于散射系数, $k_{\mathrm{ext}} = k_{\mathrm{sca}}$ 。

需要注意的是在计算消光系数时所用的折射率 m 是相对折射率,即被测颗粒的折射率除以周围介质的折射率。如聚苯乙烯的折射率是 1.59,水的折射率是 1.33。在计算聚苯乙烯颗粒在水中的消光系数时,代入式 (4-10) 和式 (4-11) 的折射率应该是 1.59/1.33 = 1.195。在测量水中气泡时,因为气体的折射率等于 1,水的折射率是 1.33,则相对折射率是 0.7519,小于 1。

上述式中 $J_{1+1/2}(\alpha)$ 和 $H_{1+1/2}(\alpha)$ 分别是半整数阶贝塞尔函数和第一类汉克尔函数,其计算可参阅文献[7]。由于 $J_{1+1/2}(\alpha)$ 和 $H_{1+1/2}(\alpha)$ 均为级数函数,故 a_l 和 b_l 的计算相当烦琐,且收敛非常慢, k_{ext} 的计算时间随无量纲尺寸 α 的增大而急剧增加。为减少消光系数的计算时间,不少研究人员进行了专门研究[8-11]。有些文献还附有详细计算源程序[12,13],从互联网上也可下载 Mie 光散射理论计算程序。图 4-2 是按 Mie 散射理论计算得到的不同折射率 m 时消光系数 k_{ext} 随无量纲颗粒尺寸 α 变化的曲线。

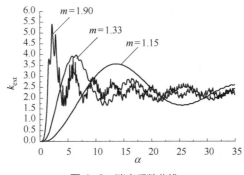

图 4-2　消光系数曲线

从图 4-2 可知，消光系数随折射率不同变化很大，呈振荡形。一般而言，折射率越接近 1，曲线越光滑。随着 m 的增大，曲线的振荡性加强，且出现许多小毛刺，同时，第一个峰值向左移动。但随着无量纲尺寸 α 的增大，k_{ext} 值最终都趋于 2。因而，在具体应用时，可根据实际情况，当 α 大于一定值后，取 $k_{\text{ext}} = 2$，这样可大大简化测量或数据处理。

按经典 Mie 理论计算消光系数十分繁复，为此，文献[14-16]等给出了一些近似算法，这些算法具有相当的精确度。但需注意的是不同近似算法的应用范围不同，在使用这些近似算法时，应使计算范围处于公式的推荐范围内。例如，文献[15]给出的近似公式如下：

$$k_{\text{ext}} = (1 - e^{-\alpha/A}) \left\langle 2 + B \left\{ (\alpha/C)^2 \exp[-(\alpha/C)^2] + \frac{\alpha/(4C)}{(\alpha/C)^{1.5} + 1.5} \right\} \right.$$
$$\left. - \frac{\cos\{E - F \exp[-\alpha/(2C)]\}\alpha}{(D\alpha)^{1.3} + 0.5} \right\rangle \tag{4-14}$$

式中的系数 A、B、C、D、E、F 见下式：

$$A = \frac{0.5}{n - 1 + 3\eta^2}$$

$$B = 1.18n^2(n-1)^{0.1} \exp\left\{ -\left[\frac{\eta n}{n-1} - (n-1)D \right] \right\}$$

$$C = \frac{2(1-\eta)}{n-1}$$

$$D = 0.8231 \left(\frac{5n-3}{3n-1} + 10\frac{\sqrt{\eta}}{n} \right)$$

$$E = 0.7(n-1)(1.7 + n^{0.13})$$

$$F = 0.7(n-1)n^{0.13}$$

它的适用范围为 $1.05 \leqslant n \leqslant 1.6$，$0 \leqslant \eta \leqslant 0.2$，$0 \leqslant \alpha \leqslant 100$。

文献[16]给出的公式如下：

$$k_{\text{ext}} = \frac{Q_R}{\left[1 + \left(Q_R \middle/ Q_V T\right)^{\mu}\right]^{1/\mu}} \tag{4-15}$$

$$Q_R = -I_m \left\{ 4\frac{m^2-1}{m^2+2}\alpha + \left[\frac{4}{15}\left(\frac{m^2-1}{m^2+2}\right)^2 \frac{m^4+27m^2+38}{2m^2+3}\right]\alpha^3 \right\} + Re\left[\frac{8}{3}\left(\frac{m^2-1}{m^2+2}\right)^2\right]\alpha^4 + \cdots$$

$$Q_V = Re\left[2 + 4\frac{\exp(-\omega)}{\omega} + 4\frac{\exp(-\omega)-1}{\omega^2}\right]$$

式中：

$$\omega = 2\alpha\eta + \mathrm{i}\rho，\quad \rho = 2\alpha(n-1)，\quad T = 2 - \exp\left(-\alpha^{-\frac{2}{3}}\right)，\quad \mu = a + \gamma/\alpha$$

$$a = \frac{1}{2} + \left[(n-1) - \frac{2}{3}\sqrt{\eta} - \frac{\eta}{2}\right] + \left[(n-1) + \frac{2}{3}\left(\sqrt{\eta} - 5\eta\right)\right]^2$$

$$\gamma = \left[\frac{3}{5} - \frac{3}{4}(n-1)^{1/2} + 3(n-1)^4\right] + \frac{5}{\frac{6}{5} + \frac{(n-1)}{\eta}}$$

其适用范围为 $1.01 \leqslant n \leqslant 2.0$，$0 \leqslant \eta \leqslant 10$，$\alpha > 0$。读者在其它文献中还可找到满足不同要求的近似计算方法。

图 4-3 是根据近似公式（4-14）、公式（4-15）和按经典 Mie 光散射理论计算得到的消光系数曲线的比较。

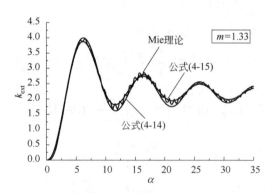

图 4-3 经典 Mie 理论与近似公式得出的消光系数的比较

当粒径很小，即 $\alpha \ll 1$ 时，Mie 理论可由瑞利散射理论取代（见第 2 章），此时消光系数为：

$$k_{ext} = \frac{8}{3}\alpha^4 \left| \frac{m^2-1}{m^2+2} \right|^2 + I_m \left[-4\alpha \left(\frac{m^2-1}{m^2+2} \right) \right] \tag{4-16}$$

如果颗粒是无吸收的，折射率的虚部 η 为零，则式（4-16）右边第二项为零，该式适用范围为 $\alpha < 1.4$，$m < 2$。而对吸收性颗粒，适用范围为 $\alpha < 0.8$，$1.25 < n < 1.75$，$\eta \leqslant 1$。

综上所述，已知颗粒粒径 D（或无量纲颗粒尺寸 α）并给定颗粒的折射率 m 后，即可按 Mie 光散射理论，或者按近似公式计算其消光系数 k_{ext}。

最后需要指出，消光系数 k_{ext} 与粒径 D（或 α）曲线的振荡性给消光法的应用带来了困难。事实上，当已知颗粒粒径后，可以单值地、唯一地计算消光系数；反之，当已知消光系数后，就难以单值地、唯一地确定所对应的颗粒粒径（图4-4）。不幸的是，消光法测量颗粒粒径中遇到的正好是这一情况。

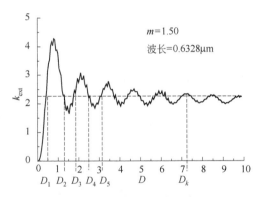

图4-4 消光法的多值性示意图

4.1.4 消光法数据处理方法

由式（4-5）和式（4-7）不难发现，要根据所测得的消光值 I/I_0 求得颗粒的粒径或其分布存在着相当大的困难，即使在最简单的单分散颗粒系情况下，式（4-5）也存在着 2 个未知数 D 和 N，对多分散颗粒系，困难就更大。为求解式（4-5）或式（4-7），发展了多种不同的数据处理方法，这些方法可分成两类：平均粒径算法和粒径分布算法。

4.1.4.1 平均粒径算法

受科学技术水平发展的限制，平均粒径算法在消光法的早期用得较多。这种方法原则上只适用于单分散颗粒系，但对多分散颗粒系，这种方法可以给出其平均粒径。

一粒径分布函数为 $N(D)$ 的多分散颗粒系，可以有多种不同的平均粒径定义方法。在消光法中，按等效消光系数的原则定义多分散颗粒系的平均消光系数 k_m 和平均直径 D_{32} 为：

$$k_m = \frac{\int k_{ext} N D^2 \mathrm{d}D}{\int N D^2 \mathrm{d}D}$$

(4-17)

$$D_{32} = \frac{\int N(D) D^3 \mathrm{d}D}{\int N(D) D^2 \mathrm{d}D}$$

(4-18)

D_{32} 称为索太尔平均直径（Sauter mean diameter），文献中常表示为 SMD。由式 (4-17) 可知，k_m 的数值应与粒径分布函数 $N(D)$ 有关，但根据文献[17]的研究，在 $\alpha < 4$ 的范围内，由不同的粒径分布函数 $N(D)$ 得到的 k_m 与按 D_{32} 得到的 k_{ext} 在数值上相差很小，即与粒径分布函数的形状关联不大，为此可以用由 D_{32} 求得的 k_{ext} 来代替 k_m。实际计算表明，此范围可扩大到 $\alpha = 30$ [18]。将式 (4-17) 和式 (4-18) 代入式 (4-5) 可得：

$$\ln(I/I_0) = -\frac{\pi}{4} L N D_{32}^2 k_m(\lambda, m, D_{32})$$

(4-19)

这样就把一个多分散颗粒系的测量转化成相当于具有单一直径 D_{32} 的单分散颗粒系的测量，并给出该颗粒系的平均粒径为 D_{32}，但不能给出其粒径分布。具体求解式 (4-5) 或式 (4-19) 时可采用单波长法[19]、双波长法[20]、多波长法[17]和多对波长法[21]等。

（1）单波长法

单波长法只用一个已知波长为 λ 的入射光对颗粒进行测量，此时，测得消光值 I/I_0 后，式 (4-19) 中有 2 个未知数即平均粒径 D_{32} 和颗粒数 N 而无法求解。通常的做法是，在试样制备时，根据样品的重量得到其浓度，然后根据消光值 I/I_0 的测量求得被测颗粒群的平均直径。文献[22]采用化学滴定法确定硫黄悬浮液中所生成硫黄颗粒的浓度，进而求得不同反应时刻所生成的硫黄颗粒大小。也有在 D（或 D_{32}）和 N 两个未知数中估计其中某个数值，然后求得另一个的方法。显然，这些方法在实际应用中有很大的限制，当需要同时测量 D（或 D_{32}）和 N 两个参数时，更无法应用。它的另一个重大缺点是，由于上面提到的 k_{ext}-$D(\alpha)$ 曲线的振荡性，测量结果会出现多值性（参见图 4-4）。为避免多值性的出现，必须把粒径测量范围限制得较小，一般情况下不大于 1～2μm。

（2）双波长法

双波长法是对单波长法的改进，它不是用 1 个波长，而是用 2 个不同波长 λ_1 和 λ_2 的入射光对同一试样同时进行测量，按式 (4-19) 即可得到如下 2 个方程：

$$\ln(I/I_0)_{\lambda_1} = -\frac{\pi}{4} LND_{32}{}^2 k_m(\lambda_1, D_{32}, m) \tag{4-20a}$$

$$\ln(I/I_0)_{\lambda_2} = -\frac{\pi}{4} LND_{32}{}^2 k_m(\lambda_2, D_{32}, m) \tag{4-20b}$$

因为 2 个波长测量的是同一颗粒系，式中的 N 和 D_{32} 应该相同，两式相除消去 N 和 D_{32} 后可得：

$$\frac{\ln(I/I_0)_{\lambda_1}}{\ln(I/I_0)_{\lambda_2}} = \frac{k_m(\lambda_1, D_{32}, m)}{k_m(\lambda_2, D_{32}, m)} \tag{4-21}$$

上式左边项是 2 个波长 λ_1 和 λ_2 下的消光值，其值由测量已知，而右边项由于消光系数只是 D_{32} 的函数（m 已知时），为此，比值 $k_m(\lambda_1, D_{32}, m) / k_m(\lambda_2, D_{32}, m)$ 也只是 D_{32} 的函数。这样，式（4-21）中只有一个未知数 D_{32}，在数学上就可解。D_{32} 求得后，代入式（4-20）中的任意一个，可进一步得到颗粒浓度 N。

与单波长法相比，双波长法的突出优点是可以无需事先知道 N 和 D_{32} 两个参数中的其中一个，仅仅通过消光测量即可同时得到平均粒径 D_{32} 和浓度 N。大大简化了测量过程，也扩大了消光法的适用范围。然而，由于上面所提到的消光系数 k_{ext} 曲线随 α 增大呈振荡形，为此，$k_m(\lambda_1, D_{32}, m) / k_m(\lambda_2, D_{32}, m)$ 与粒径 D_{32}（或无量纲参数 α）之间也是振荡形的关系，如果不对测量范围加以限制，与单波长法一样，双波长法也会得到多值解，见图 4-5。要得到唯一解，必须把颗粒测量范围限于曲线第一个峰值以内。同前，对应于可见光范围，其最大可测颗粒一般不超过 1～2μm，被测颗粒的相对折射率减小时，测量范围增大；反之，相对折射率增大时，测量范围减小。

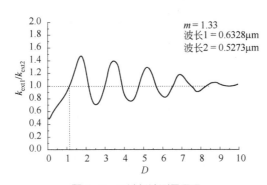

图 4-5 双波长法测量原理

（3）多对波长法

多对波长法是对双波长法的又一改进，它较好地解决了测量结果的多值性，提高了测量可靠性，同时也扩大了可测粒径的范围。多对波长法的原理与双波长法的类似，但它不是采用 2 个，而是采用更多个波长（λ_1，λ_2，λ_3…）的单色光同时对颗粒系进行消光测量。这时，对多个波长测量中的任意 2 个，按双波长法的原理可以得到如下方程组：

$$\frac{\ln(I/I_0)_i}{\ln(I/I_0)_j} = \frac{k_m(\lambda_i, D_{32}, m)}{k_m(\lambda_j, D_{32}, m)} \tag{4-22}$$

$$i \neq j, i, j = 1, 2, 3, \cdots$$

例如，当采用 3 个波长 $(\lambda_1, \lambda_2, \lambda_3)$ 时，由 λ_1 和 λ_2、λ_1 和 λ_3 以及 λ_2 和 λ_3 按式 (4-22) 可以得到 3 个求解颗粒粒径的方程式。波长数增多时，可以得到更多个方程式。尽管上述方程组的每个方程会给出多个解，但实际情况是，被测颗粒的平均直径 D_{32} 只有一个，而且，这个直径应该同时出现在每个方程的可能解中，这个解就是被测颗粒的平均粒径。分析表明，最少仅需 3 个波长就可唯一地确定颗粒系的平均直径 D_{32}，如图 4-6 所示。图中给出的是用 $\lambda_1 = 0.5273\mu m$、$\lambda_2 = 0.6328\mu m$ 和 $\lambda_3 = 0.7000\mu m$ 3 个波长的单色光对某一试样的测量结果。根据 3 个波长下的消光测量值可得 $\ln(I/I_0)_{\lambda_1}/\ln(I/I_0)_{\lambda_2} = a$，$\ln(I/I_0)_{\lambda_2}/\ln(I/I_0)_{\lambda_3} = b$ 和 $\ln(I/I_0)_{\lambda_1}/\ln(I/I_0)_{\lambda_3} = c$。在图中作 a、b、c 三条线并与相应的消光系数比函数曲线 k_{m_1}/k_{m_2}、k_{m_2}/k_{m_3} 和 k_{m_1}/k_{m_3} 相交后，不难发现，p 点所对应的粒径为其共同解，由此求得该颗粒系的平均粒径为 $D_{32} = 3.78\mu m$。

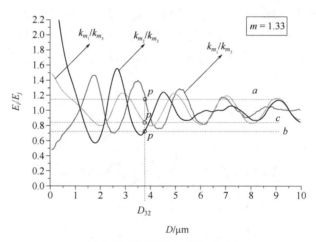

图 4-6 多对波长法测量原理

将式 (4-22) 改写成式 (4-23)，用最优化算法可以求得真正的平均粒径。该方法使粒径测量范围在可见光区域内可扩展到约 6μm 左右。

$$\min = \sum \frac{\ln(I/I_0)_i}{\ln(I/I_0)_j} - \frac{k_m(\lambda_i, D_{32}, m)}{k_m(\lambda_j, D_{32}, m)} \tag{4-23}$$

由于消光测量时必然存在误差，当测量误差较大时，$\ln(I/I_0)$ 与 $k_{m\lambda_i}/k_{m\lambda_j}$ 曲线的交点就会发生变化，使之难以正确地确定颗粒的平均粒径，故采用多对波长法时，尤应注意消光测量时的精度。

4.1.4.2 粒径分布算法

实际上，被测颗粒大多是多分散的，甚至是多峰分布的，仅仅给出颗粒的平均粒径不足以描述这些颗粒系的特性，也不能满足实际需要。为此，必须发展和开发能够根据消光测量求得颗粒粒径分布函数 $N(D)$ 的算法或数据处理方法。要得到粒径分布函数 $N(D)$，就需要求解式（4-7）。式（4-7）是个第一类 Fredholm 积分方程，这类方程目前还无法进行理论求解，只能采用数值求解方式[23,24]。与求解一般的第一类 Fredholm 方程相比，式（4-7）的求解更为困难，这主要有以下两方面的原因：

① 在实际测量中，往往事先不清楚被测量颗粒的确切尺寸分布范围，因而无法准确确定式（4-7）的积分上下限。式（4-7）的左边应是所有被测量颗粒消光效应的测量值，如果右边的积分范围小于实际颗粒的尺寸分布范围，那么得到的积分值并没有包括所有被测颗粒的消光，势必造成较大的计算误差。而积分范围选择过大，造成被积函数在部分积分区域内为零，则仅用到其余部分数值积分点，这将降低数值积分的精度，此时如果没有选择合适的数值积分方法和节点数，同样会造成较大的计算误差。

② 积分方程式（4-7）的核函数 $k_{ext}(\lambda, m, D)$ 是一个十分复杂的振荡形函数（参见图 4-2），随着 m 的增大，在大振荡波形上还出现许多的"毛刺"。由于 k_{ext} 的一阶导数不连续，这将使得 k_{ext} 作为被积函数的积分性质变坏，增加了求解的难度。

根据数据处理时是否事先假设颗粒粒径分布函数，可将反演算法分成分布函数算法（dependent model algorithm）[25-29]和无分布函数算法（independent model algorithm）[30-33]两类。二者又分别称为非独立模式算法和独立模式算法。所有这些算法都需要在多个波长下测量试样的消光值。

（1）分布函数算法

分布函数算法是假设被测颗粒系的粒径分布可以用某一函数来描述，然后计算该颗粒系在给定的多个波长下的消光值，并将计算值和消光测量值比较，最后用最优化算法寻得使计算值和测量值的比值或平方差最小的粒径分布函数。通常采用的粒径分布函数有 R-R 分布函数、正态分布函数、上限对数正态分布函数等双参数函数。为了不失一般性，在以下的讨论中，假设颗粒粒径分布的双参数函数为 $N^*(D) = N^*(D, \bar{D}, k)$，式中 $\bar{D}$ 和 k 分别是尺寸参数和分布参数，则该颗粒系中粒径为 D 的颗粒数为：

$$N(D) = NN^*(D, \bar{D}, k) \tag{4-24}$$

上式中 N 是单位体积内的颗粒总数，为待求值。将式（4-23）代入式（4-7），有：

$$\ln(I/I_0) = -\frac{\pi}{4}LN\int_a^b N^*(D,\overline{D},k)D^2 k_{\text{ext}}\,\mathrm{d}D \tag{4-25}$$

式（4-25）给出的是通用关系式。当采用许多个不同波长的单色光进行测量时，可得到相应的一组方程：

$$\ln(I/I_0)_i = -\frac{\pi}{4}LN\int_a^b N^*(D,\overline{D},k)D^2 k_{\text{ext},i}\,\mathrm{d}D \tag{4-26}$$

$$i=1,2,\cdots,n$$

显然，以上方程组中 N、$N^*(D,\overline{D},k)$、L 均是相同的，故由式（4-26）可得到如下一组方程：

$$\frac{\ln(I/I_0)_i}{\ln(I/I_0)_j} = \frac{\int_a^b N^*(D,\overline{D},k)D^2 k_i\,\mathrm{d}D}{\int_a^b N^*(D,\overline{D},k)D^2 k_j\,\mathrm{d}D} \tag{4-27}$$

$$i\neq j,\ i,j=1,2,\cdots,n$$

在实际测量时，式（4-27）左边是测量值，右边是理论计算值。对上式采用第8章介绍的约束算法，可以得到双参数函数 $N^*(D)=N^*(D,\overline{D},k)$ 的 2 个参数。

分析计算表明，要得到理想的结果，除须选择合适的算法和分布函数外，还应选择适当的波长数目和波长范围。原则上讲，以采用较多个波长进行测量，且波长范围宽些为好。

表 4-1 是应用上述算法的数值模拟结果。在数值模拟时，首先假设一分布函数 $N^*(D,\overline{D},k)$ 并给定分布参数 D^* 和 k^* 的数值。选择一组测量光波长 $\lambda_1,\lambda_2,\cdots,\lambda_i$ 和折射率 m，将其代入式（4-26），求得一组消光计算值 $\ln(I/I_0)_i^*/\ln(I/I_0)_j^*$，然后将这组 $\ln(I/I_0)_i^*/\ln(I/I_0)_j^*$ 设为消光测量值，代入式（4-27），用约束算法求得参数 $\overline{D}$、k。表 4-2 中数值模拟时采用的分布函数分别是 R-R 分布函数和正态分布函数。由表可知，按上述方法可以准确地从消光测量值中求得颗粒系的粒径大小和分布。

表4-1　分布函数算法数值模拟结果

参数	$\overline{D}^*$	k^*	$\overline{D}^*$	k^*	$\overline{D}^*$	k^*	$\overline{D}^*$	k^*	$\overline{D}^*$	k^*
设定值	2.8	4.4	3.4	5.6	4.67	11.23	2.4	5.4	2.3	4.6
计算值	2.8	4.3999	3.4001	5.6000	4.6700	11.229	2.400	5.400	2.3001	4.599
参数	$\overline{D}^*$	k^*	$\overline{D}^*$	k^*	$\overline{D}^*$	k^*	$\overline{D}^*$	k^*	$\overline{D}^*$	k^*
设定值	0.1	1.5	0.1	2.4	0.01	0.09	0.05	2.3		
计算值	0.1006	1.4999	0.1000	2.4002	0.0099	0.09	0.05002	2.3001		

表 4-2 数值模拟结果

函数 1	设定值	3.497e-3	2.727e-2	1.122e-1	2.659e-1	3.842e-1	3.579e-1	2.550e-1	1.828e-1
	计算值	2.202e-3	2.935e-2	1.123e-1	2.657e-1	3.851e-1	3.559e-1	2.853e-1	1.793e-1
函数 2	设定值	1.200e-3	3.342e-2	3.113e-1	1.3422	3.0734	3.7849	2.8655	1.9275
	计算值	1.219e-3	3.313e-2	3.375e-1	1.3381	3.0698	3.7852	2.8655	1.9321
函数 3	设定值	4.394e-2	6.065e-1	8.826e-1	1.431e-1	2.305e-1	1.4133	1.8337	4.987e-1
	计算值	4.321e-2	6.067e-1	8.828e-1	1.428e-1	2.301e-1	1.413	1.8338	4.988e-1
函数 4	设定值	2.048e-1	4.921e-1	1.752	1.517	2.906e-2	8.712e-1	5.450e-1	2.607e-2
	计算值	0	5.207e-1	1.738	1.517	4.05e-2	8.513e-1	5.760e-1	0

由单位体积内颗粒的总体积：

$$V = \frac{\pi}{6} \int_a^b N(D) D^3 \mathrm{d}D \tag{4-28}$$

得：

$$N(D) = \frac{6}{\pi D^3} V(D) \tag{4-29}$$

将式（4-29）代入式（4-25），可得：

$$\ln(I/I_0) = -\frac{3}{2} LV \int \frac{k_{\mathrm{ext}}}{D} N^*(D, \bar{D}, k) \mathrm{d}D \tag{4-30}$$

虽然式（4-30）与式（4-26）形式相同，但在实际计算中，尤其在小颗粒情况时，式（4-30）更易于求解。

当无法确知被测颗粒尺寸分布的上下限时可采用自适应分布函数算法[33]。

（2）无分布函数算法

上述分布函数算法虽然可以求得颗粒系的分布函数，但在不少实际情况中，测量之前并不确切知道被测颗粒系的尺寸分布规律，或其分布很难用某一双参数来描述，这就需要发展其它求解方法，即无分布函数算法，也称为非约束算法。所谓非约束算法就是在根据测得的消光值求解颗粒系粒径分布时不事先假设颗粒系的粒径分布函数，直接进行求解。第 8 章详细介绍了各种非约束算法。对式（4-7）用非约束算法进行求解，就可以得到被测颗粒的粒度分布。

在表 4-2 中给出了非约束算法的数值模拟结果。数值模拟时，首先设定一任意分布函数 $N(D)^*$，折射率 m 和光波长 $\lambda_1, \lambda_2, \cdots, \lambda_i$，代入式（4-7）求得一组 $\ln(I/I_0)_i^*$，并求出一组不同颗粒粒径 D_i 下的分布函数值 $N(D)_i^*$。然后，与函数分布算法中数值模拟一样，将此计算值 $\ln(I/I_0)^*$ 设为测量值，用非约束算法求出同样一组粒径 D_i 下的分布函数值 $N(D)_i$，并比较它们之间的误差。

4.1.5　消光法颗粒浓度测量

许多情况下仅测得颗粒系的平均粒径或粒径分布是不够的，往往还需要知道颗粒系的浓度。在按上述方法求得颗粒系的平均粒径 D 或粒径分布 $N(D)$ 后，由式（4-5）或式（4-7）得颗粒系的颗粒数浓度：

$$N = \frac{4 \ln(I_0 / I)}{\pi D_{32}^2 L k_{\mathrm{ext}}} \tag{4-31}$$

或

$$N = \frac{4 \ln(I_0 / I)}{\pi L \int_a^b N(D) D^2 k_{\mathrm{ext}} \mathrm{d}D} \tag{4-32}$$

以及体积浓度

$$c_V = \frac{2 D_{32} \ln(I_0 / I)}{3 L k_{\mathrm{ext}}} \tag{4-33}$$

$$c_V = \frac{2 \ln(I_0 / I)}{3 L \int_a^b k_{\mathrm{ext}} N(D) / (D \mathrm{d}D)} \tag{4-34}$$

在已知颗粒密度 ρ 时，则由体积浓度可得到被测颗粒的质量浓度。

4.1.6　消光法粒径测量范围及影响测量精度的因素

4.1.6.1　消光法的粒径测量范围

消光法的理论基础是 Mie 理论，Mie 理论是严格的电磁场理论的解，适用于任何尺寸的球形颗粒在平行入射光下的散射问题。当 $\alpha \ll 1$ 时，Mie 理论可用瑞利散射理论来近似。由 4.1.3 节知在瑞利散射区，消光系数为（对非吸收性颗粒）：

$$k_{\mathrm{ext}} = \frac{8}{3} \alpha^4 \left| \frac{m^2 - 1}{m^2 + 2} \right|^2 \tag{4-35}$$

则两个波长下的消光比为：

$$\frac{k_{m_1}}{k_{m_2}} = \frac{\alpha_1^4}{\alpha_2^4} = \frac{\left(\dfrac{\pi D}{\lambda_1} \right)^4}{\left(\dfrac{\pi D}{\lambda_2} \right)^4} = \frac{\lambda_1^4}{\lambda_2^4} \neq f(D) \tag{4-36}$$

这已不是被测颗粒粒径的函数，也就无法用多波长反演的方法求得 D 或 $N(D)$ 了。因而，消光法的测量下限可以根据这一原则来确定。表 4-3 给出了按 Mie 散射和按瑞利散射进行计算的结果，不同折射率 m 和无量纲颗粒尺寸参数 α 时消光系数间的相对误差，一般可取相对误差 5% 作为确定消光法测量下限的准则。根据这个原则，在可见光波长范围，测量下限在 0.06μm 以上。减小测量光的波长可降低测量下限。

表 4-3 Mie 散射消光系数和瑞利散射消光系数间的相对误差   单位：%

α \ m	1.1	1.2	1.3	1.4	1.5	1.6	1.7	1.8	1.9	2.0
0.1	0.3498	0.1944	0.1035	0.017	0.066	0.1453	0.2115	0.2809	0.3348	0.3945
0.3	2.716	1.817	0.9752	0.1884	0.5444	1.223	1.850	2.427	2.959	3.449
0.5	7.809	5.362	3.072	0.9442	1.024	2.837	4.506	6.041	7.453	8.753
0.7	16.15	11.49	7.718	3.222	0.3999	3.709	6.735	9.503	12.05	14.39
1.0	36.82	28.11	20.33	13.41	7.244	1.724	3.270	7.859	12.17	16.34

消光法的测量上限可以根据同样的原则来确定。当颗粒尺寸很大，或 $\alpha \gg \lambda$ 时，可用衍射理论来近似 Mie 散射理论，此时消光系数 $k_{\text{ext}} \approx 2$，消光比 $k_{m\lambda_1} / k_{m\lambda_2} = 1 \neq f(D)$，也不再是被测颗粒粒径的函数，此即为消光法的测量上限。在可见光范围内，消光法的测量上限约为 10μm，且与颗粒的折射率有关，若为吸收性颗粒，上限将相应减小。

4.1.6.2 影响测量精度的因素

影响消光法测量精度的因素主要有：折射率、光波长、光强信号、颗粒浓度以及反演运算算法的优劣。

（1）折射率

由图 4-2 可知，折射率不同时，同样大小颗粒的消光系数相差很大，因而必将影响到最后测量结果。物质的折射率一般是光波长的函数，在用多个波长测量时，为得到准确的测量结果，应考虑这种变化，但这类数据很难得到。这时，可用对应于中间波长的折射率代入进行数据处理。分析表明，由此产生的误差并不大。

当从手册上查不到被测颗粒材料的折射率时，特别是一些由复合材料制成的颗粒，其折射率往往无法从手册中确切查到，这时要特别小心，数据处理时如果输入不合适的折射率值，将有可能导致很大的粒径测量误差。例如，表 4-4 中的数值模拟计算结果给出了当颗粒的实际折射率为 $m = 1.60$，而输入折射率分别为 1.605、1.61、1.62、1.64、1.66、1.68 和 1.70，或 $\Delta m = 0.005$、0.01、0.02、0.04、0.06、0.08 和 0.10 时，不同颗粒系平均粒径的误差[34]。计算时，假定颗粒粒径符合 R-R 分布规律，分布系数 $k = 2$。由表可知，消光法对折射率是很敏感的，但由此导致的误差并无明显的规律性。总的来说，Δm 越大，误差越大。为此，应尽可能输入准确的折射率，当被测颗粒的折射率不确切知道时，可参考选用类似材料的折射率进行数据处理，并进行相应的数值计算，以便对测量结果的可靠程度有所了解。或先用其它方法测量，获得颗粒的粒度。然后用消光法进行测量，改变折射率，检查在不同折射率时的颗粒测量结果。当在某一折射率下得到的测量结果与用其它方法测得的颗粒的粒径吻合时，可以认为该折射率就是这种颗粒的折射率，在其后的测量中采用该折射率值。

表4-4　折射率不准确导致的粒径测量误差　（R-R 分布，$k=2, m=1.6$）单位：%

D ＼ Δm	0.005	0.01	0.02	0.04	0.06	0.08	0.10
2.0	−1.85	−2.81	−4.27	−5.18	−2.86	−0,81	−0.93
2.5	+0.30	+0.62	+1.21	+3.43	+7.59	+10.9	+14.0
3.0	+0.89	+1.52	+2.60	+5.15	+8.82	+11.8	+14.8
3.5	+0.59	+1.58	+2.66	+5.03	+7.96	+10.4	+12.9
4.0	+0.87	+1.44	+2.44	+4.57	+6.85	+9.00	+11.2
4.5	+0.78	+1.28	+2.21	+4.15	+5.90	+7.89	+9.90
5.0	+0.71	+1.17	+2.05	+3.64	+5.16	+7.09	+9.02

（2）光波长

光波长偏差对测量结果误差影响较小，数据处理时一般允许光波长计算值与实际值的偏差不大于±10nm[24]，这对大多数光学系统均不难达到。

（3）光强信号

在测量入射光强和透射光强时，不可避免地会产生一定的误差，原因主要有光源不够稳定、光学元件表面受到污染、外界杂散光对光敏探测元件的干扰、A/D 数据采集系统精度等。文献[18]的研究表明，消光值 I/I_0 的偏差应小于 1%，否则，测量结果的误差将有可能大于 10%。

（4）浓度

消光法的理论基础是 Mie 散射理论，是在不相干的单散射前提条件下成立的。由第 2 章讨论可知，若颗粒浓度过高，将会造成复散射现象。为此，在应用消光法测量颗粒时应控制被测颗粒的浓度或浊度，使之满足不相干单散射的条件。一般用消光值 I/I_0 或遮光率（obscuration）$OB = 1-I/I_0$ 作为测量时浓度控制的指标，OB 值的范围应在 0.05 到 0.50 之间，以 0.3 左右为宜，过大或过小均会增大测量误差。

4.1.7　消光法颗粒测量装置和仪器

消光法颗粒测量装置通常由直流稳压电源，多波长（卤素灯、白光 LED、多波长 LED 和激光等）光源，光学系统，样品池，分光及光电检测系统，信号放大，A/D 数据采集和计算机等组成。也可以采用光纤光谱仪简化测量系统。图 4-7 给出

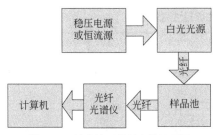

图 4-7 消光法颗粒粒度仪原理图

采用光纤光谱仪的消光法颗粒粒度仪的原理性示意图。白光（多波长）光源发出的光经透镜后成为平行光入射到样品池，样品池中有浓度适当的被测颗粒悬浮液，由于受到颗粒的散射和吸收，强度减弱了的透射光经透镜会聚到光纤进入光纤光谱仪，得到在不同波长下的透射光强信号，然后通过计算机的 USB 口被计算机采集并进行处理，得到被测颗粒的粒径分布。

对实验室用消光法粒度仪，测量通常分两步进行，首先测量样品池中不存在被测颗粒样品蒸馏水时的透射光信号作为背景信号 I_0，然后，测量加入试样后的透射光信号 I。二次测量可以避免和消除大部分寄生误差。为提高测量结果的准确性，可多次采集信号，然后取其平均值进行数据处理。

表 4-5 中给出了对 8 种名义直径最小为 0.17μm、最大为 10μm 的不同单分散聚苯乙烯乳胶球粒子（$m = 1.591$）的测量结果[32,35,36]。由表可见，测量值与名义值吻合良好，误差一般在 5%～10% 之内，在标准粒子制造商给出的直径偏差范围（10%）之内。表 4-6 中给出了对其中名义直径为 3.26μm 标准粒子的详细测量结果。表 4-7 进一步给出了对 1.25μm 标准粒子的重复性测量结果。图 4-8 中给出了由 1.98μm 和 4.91μm 两种标准乳胶球粒子组成的混合系的测量结果，不难看出，两个峰值分别出现在 1.98μm 和 4.91μm 附近，与预期值吻合良好。这些测量充分说明了消光法的可用性。

表 4-5　对 8 种标准颗粒的测量结果（$m=1.591$）

名义直径/μm	0.170	1.15	1.23	1.31	1.98	3.26	4.91	9.89
测量直径/μm	0.179	1.09	1.24	1.23	2.17	3.17	4.96	10.7
误差/%	5.3	5.2	0.8	6.9	9.6	2.8	0.6	8.2

表 4-6　3.26μm 标准颗粒的详细测量结果

粒径分档/μm	频率重量/%	累积重量/%	粒径分档/μm	频率重量/%	累积重量/%
0.0～0.222	0	0	2.444～2.667	1.617	2.225
0.222～0.444	0	0	2.667～2.889	4.979	7.204
0.444～0.667	0	0	2.889～3.111	13.125	20.329
0.667～0.889	0	0	3.111～3.333	26.926	47.255
0.889～1.111	0	0	3.333～3.556	34.186	81.441
1.111～1.333	0	0	3.556～3.778	17.031	98.472
1.333～1.556	0.001	0.001	3.778～4.00	1.522	99.994
1.556～1.778	0.004	0.005	4.00～4.222	0.005	100
1.778～2.00	0.025	0.030	4.222～4.444	0	100
2.00～2.222	0.116	0.146	4.444～4.667	0	100
2.222～2.444	0.462	0.608	4.667～4.889	0	100

表4-7　1.25μm标准颗粒的重复性测量结果

序号	1	2	3	4	5	6	7	8	9	10
粒径/μm	1.23	1.24	1.23	1.23	1.24	1.24	1.24	1.24	1.24	1.24

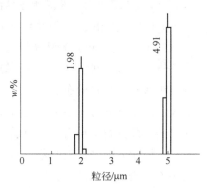

图4-8　1.98μm和4.91μm混合颗粒的测量结果

4.2　光脉动法颗粒测量技术

在大多数光学颗粒测量技术中，一般都对不同时刻的散射光信号测量值进行求和平均，目的是消除一些偶然因素带来的信号波动，上一节中介绍的消光法也是如此。这些信号波动的来源各不相同，有些与被测颗粒无关，如光电、电子器件的固有噪声；而有些则是颗粒本身某种特性对外界提供的信息，如由于测量区内不同时刻颗粒数量及其粒度分布变化引起的透射光通量信号的脉动。对于前者，测量时是必须设法加以消除的；而对于后者，如果能建立起适当的理论描述体系，则有可能从这种信号脉动起伏中获取有关颗粒的信息。光子相关光谱法（动态光散射法）就是从散射光信号中提取小颗粒布朗运动的特征信息，由此获取颗粒粒径的粒度信息的光学测量方法。本节即将介绍的光脉动法（也称作消光起伏法）也是利用这种信息来测量颗粒粒径和浓度的一种光学方法。

在光脉动法中，采用一束细光束照射流动的颗粒群，接收透射光信号。由于颗粒的散射和吸收作用，透射光强度发生衰减，透射光强度 I 与入射光强度 I_0 之比称为透过率 T。测量区中颗粒浓度的起伏导致了透射光信号起伏脉动，由此包含了颗粒的粒径和浓度信息。最早用光脉动法来对颗粒进行测量的是 Gregory[37,38]，他得到了颗粒的平均粒径和浓度。然而，该模型无法合理地解释宽分布颗粒的消光起伏信号，因此无法得到颗粒的粒径分布。1999 年 Wessely 等人[39-42]对该模型进行了修正，提出采用改变光束大小的方法来得到颗粒的粒径分布的设想。在这个模型里，考虑了很多修正因素如颗粒位于光束边界、颗粒交叠效应和颗粒的粒径分布等对测量的影响，而且可测量的颗粒浓度也受到一定的限制。

4.2.1　光脉动法的基本原理[37-45]

当颗粒不受人为因素影响随机出现在某一小体积光束照射范围内时，受光照射的颗粒数（即出现在测量区中的颗粒数）是一个随机变量，在测量区中出现 N 个颗粒的概率服从二项分布规律：

$$P_n(X = N) = \binom{n}{N} p^N (1-p)^{n-N} \tag{4-37}$$

这里 n 是总颗粒数，p 是在测量区中只出现一个颗粒的概率。根据统计原理，当 $n \to \infty$ 且 $p \ll 1$ 时，在测量区中出现 N 个颗粒的概率服从泊松（Poisson）分布：

$$P(X = N) = \frac{\lambda^N}{N!} \exp(-\lambda) \tag{4-38}$$

这里参数 λ 是泊松分布的期望值，也是出现在测量区中的颗粒数期望值，可以确定当出现在测量区中的颗粒数平均值为 $\bar{N}$ 时，相应的标准偏差为 $\sigma_N = \sqrt{\bar{N}}$。

测量区中的颗粒数目 N 由于颗粒的运动随时间变化。与之相关，透射光强 I 或透过率信号 T 也是一个随时间变化的随机变量。为简便起见，先假定颗粒系由单分散的球形颗粒组成；在不同时刻颗粒随分散介质运动，在光束截面上的投影为圆形，投影圆的数目和位置是不同的，而且这些投影圆相互独立、互不交叠；颗粒的投影面积远小于光束的截面积，从而可忽略光束截面边界对颗粒投影的影响；光束截面范围内的强度均匀分布。

当光束照射区域（即测量区）V_M 中存在 N 个粒径为 D_P 的颗粒时，透过率信号可由上一节所述的 Lambert-Beer 定律描述：

$$T = \exp\left(-\frac{N \pi D_P^2 k_{ext}}{4 V_M} L\right) \tag{4-39}$$

这里 k_{ext} 是消光系数，与颗粒粒径和入射光波长有关，L 是测量区厚度即光程，光束截面 A_M、光程 L 与测量区大小 V_M 存在关系 $V_M = L A_M$（如图 4-9 所示）。

透过率信号的大小和起伏可用透过率的平均值 $\bar{T}$ 和标准偏差 σ_T 来描述。其中透过率平均值 $\bar{T}$ 与出现在测量区中的颗粒平均数 $\bar{N}$ 的关系服从公式（4-40）的形式：

$$\bar{T} = \exp\left(-\frac{\bar{N} \pi D_P^2 k_{ext}}{4 V_M} L\right) \tag{4-40}$$

标准偏差 σ_T 则表示为：

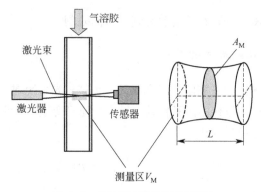

图 4-9 光脉动法测量原理示意图

气溶胶

激光束

激光器

传感器

测量区 V_M

A_M

L

$$\sigma_T = \frac{1}{2}\left\{ \exp\left[-(\bar{N}-\sqrt{\bar{N}})\frac{\pi D_P^2 k_{ext}}{4V_M}L \right] - \exp\left[-(\bar{N}+\sqrt{\bar{N}})\frac{\pi D_P^2 k_{ext}}{4V_M}L \right] \right\}$$
$$= \exp\left(-\frac{\bar{N}\pi D_P^2 k_{ext}}{4V_M}L \right)\sinh\left(\frac{\sqrt{\bar{N}}\pi D_P^2 k_{ext}}{4V_M}L \right) \tag{4-41}$$

单位体积颗粒数浓度 c_N 与测量区颗粒平均数 $\bar{N}$ 的关系为：

$$c_N = \bar{N}/V_M \tag{4-42}$$

求解式（4-39）～式（4-41）可以得到颗粒平均粒径和颗粒数浓度：

$$D_P = \sqrt{\frac{4V_M}{\pi L k_{ext}\ln\bar{T}}\mathrm{arcsinh}^2\left(\frac{\sigma_T}{\bar{T}} \right)} \tag{4-43}$$

$$c_N = \frac{1}{V_M}\left[\frac{\bar{T}}{\sigma_T}\ln\bar{T} \right]^2 \tag{4-44}$$

图 4-10 给出透过率平均值与标准偏差之间的关系，每条曲线对应一个固定的颗粒粒径，当颗粒浓度从小变大时，透过率平均值从大变小。图中任意一点由透过率平均值和标准偏差 $(\bar{T},\sigma_T)$ 决定，根据式（4-43）和式（4-44）可以求出颗粒直径和颗粒数浓度 (D_P,c_N)。

对式（4-43）需要作进一步讨论，这是因为公式右边除了测量量 $(\bar{T},\sigma_T)$ 以外，还包含了消光系数 k_{ext}。由 Mie 散射理论知道，消光系数是颗粒粒径的函数。因此，式（4-43）实际上是一个超越方程。当颗粒粒径很小时，由于消光系数和颗粒粒径之间是一个起伏的多值对应关系，该方程求解并不方便。但当颗粒粒径比较大时，消光系数 k_{ext} 可以认为是一个固定的数值，具体数值视测试装置的结构参数而定，式（4-43）的求解就变得非常简单。

如前所述，假定颗粒为球形，由此根据测得的颗粒数浓度 c_N 和颗粒粒径 D_P 可进一步求得颗粒体积浓度 c_V：

$$c_V = c_N \frac{\pi D_P^3}{6} \tag{4-45}$$

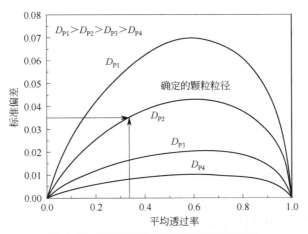

图 4-10 透过率平均值与标准偏差关系曲线

图 4-11 和图 4-12 给出了 Wessely 等人[40]的实验结果。图 4-11 是对平均粒径为 14.9μm 的多分散的氯化乙烯颗粒系(polyvinyl chloride, PVC-KCWB)、粒径均为 5μm 的单分散的聚苯乙烯颗粒（polystyrene lattices, PSL 50μm）和平均粒径均为 5μm 的 CAOLINE 多分散颗粒在不同浓度下测量得到的颗粒粒径。可以看出，在很大的透过率范围（颗粒浓度范围）内可以得到比较可靠的测量结果。图 4-12 比较光脉动法测量得到的颗粒体积浓度与称重法得到的体积浓度。图中所示的测试结果证明，光脉动法可以在很大的颗粒浓度范围内得到颗粒的粒径和浓度信息。

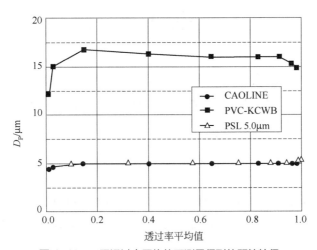

图 4-11 不同透过率平均值下测量得到的颗粒粒径

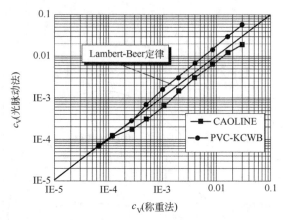

图4-12 光脉动法测量得到的颗粒体积浓度与称重法的比较

4.2.2 光脉动法测量颗粒粒径分布

在光脉动法理论中，造成透射光信号脉动的原因是流过测量区的颗粒数目发生变化。这对于颗粒粒径是单一分布的情况而言是正确的，但在多分散颗粒粒度分布的情况下，造成透射光信号脉动的原因还可能是流过测量区的颗粒大小的变化。在这种情况下，上述仅考虑颗粒数目变化造成透射信号脉动的方法已不适用。

对于多分散颗粒，可以认为是由若干组单分散颗粒构成，如图4-13所示。将该多分散颗粒的粒度分布 $N_i^*(D_i)$ 划分成 n 个子区间，对于每个子区间，用平均粒径 D_i 代表该子区间的颗粒粒度，该子区间相应的颗粒浓度是 N_i，参见图4-14。总颗粒浓度为：

$$N = \sum_{i=1}^{n} N_i(D_i) \tag{4-46}$$

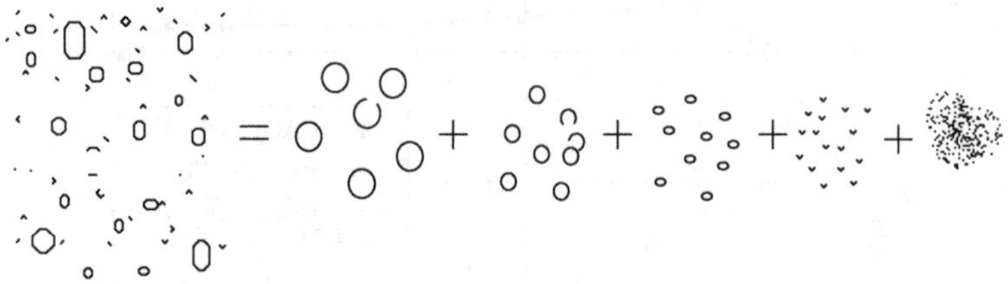

图4-13 多分散颗粒构成

由前面章节讨论知，当颗粒浓度不超过一定范围，可以认为总的由于在测量区中的颗粒散射和吸收造成的透射光衰减是各子区间颗粒造成的透射光衰减之和，用下式表达[46]：

$$\Delta I = I_0 - I = \sum_{i=1}^{n} \Delta I_i = \sum_{i=1}^{n} (I_0 - \overline{I}_i) \tag{4-47}$$

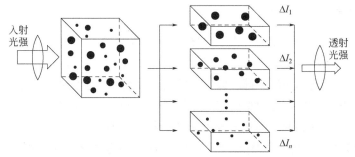

图 4-14 由一系列单分散颗粒系叠加构成多分散系统

如果可以得到每个子区间内的颗粒浓度和大小，那么就可以相应得到被测颗粒粒度分布。根据式（4-5）和式（4-47），对于每个子区间颗粒散射及吸收与颗粒粒度和浓度的关系有：

$$\ln\left(\frac{\overline{I_i}}{I_0}\right) = -\frac{\pi}{4} L N_i D_i^2 E(\lambda, m, D_i), \quad i = 1, 2, \cdots, n \tag{4-48}$$

根据式（4-40）和式（4-41），可以得到如下方程组：

$$\ln\left(\frac{I_0}{\overline{I_i}}\right) / (\sigma_{Ti} / \overline{I_i}) = (N_i L A)^{\frac{1}{2}}, \quad i = 1, 2, \cdots, n \tag{4-49}$$

现问题转化成如何确定式（4-49）中的 $\overline{I_i}$ 和 σ_T 以求得 N_i，以及由式（4-48）得到 D_i，进而得到被测颗粒的粒度分布和浓度。

（1）$\overline{I_i}$ 的求取[47]

由图 4-14 可知总的透射光强衰减可认为是不同单分散系颗粒作用的线性叠加效果，因而也可以认为总的浊度是每个单分散系浊度的线性叠加。由 Lambert-Beer 定理可知：$\ln(I/I_0)$ 对应的是浊度和光程以及消光系数的乘积，在测量区确定的情况下，对于大颗粒消光系数取 2，则可以认为 $\ln(I/I_0)$ 直接对应浊度。

对测得的透射光时域信号用 FFT 算法进行滤波处理，得到不同频率段的频谱信号和功率谱。该频谱信号和功率谱信号反映了不同大小颗粒的粒度和数量信息，总的浊度和各频率段的功率谱对应了各颗粒粒度子区间的浊度，也就是浓度信息。求出各子区间频率段后，各频率段对应的浊度大小也可以求得，求得的浊度与各子区间的单分散颗粒系是一一对应的，各子区间对应的频率段的功率谱强度则对应了子区间颗粒的浓度。此时，在知道透射光强平均值 I 和入射光原始光强 I_0 的前提下，通过各子区间的对应频率段下各个功率谱的比值就可求出浊度比和对应的 $\overline{I_i}$：

$$\frac{\ln(I/I_0)}{\ln(I_i/I_0)} = \frac{\tau}{\tau_i} \tag{4-50}$$

（2）方差 σ_{T} 的求取[48]

在流体流动达到稳定时，由于滑移速度的存在，不同大小颗粒的实际运动速度是不同的，较大的颗粒速度较慢，而较小的颗粒速度较快，在流过测量光束时不同大小颗粒所需的时间有所不同。即使小颗粒和大颗粒的运动速度相同，较大颗粒流过测量光束所需的时间也因直径较大而花费较长的时间。在这两种效应的综合作用下，测得的透射光强时间序列信号的频率变化与颗粒的大小有关。

图 4-15 第一行给出了对电厂气力输运煤粉测得的煤粉原始透射光信号，对此信号进行滤波处理可以得到不同频率段的脉动信号，各波段的信号有明显的差异。按照各单分散系确定的频率范围对原始透射光信号滤波，得到一组如图 4-15 的系列透射光强信号，对每个信号分别求取方差 $\sigma_{\mathrm{T}i}$。

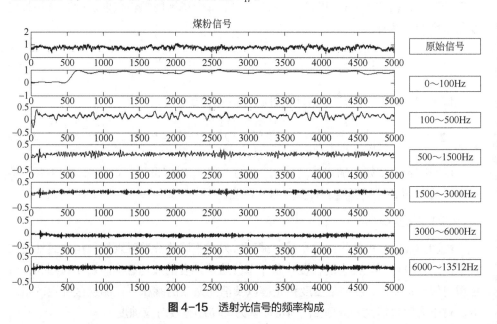

图 4-15 透射光信号的频率构成

将测得的 I_i 时间序列经 FFT 处理，得到该信号的频率谱和功率谱。图 4-16 给出了对图 4-15 的原始信号进行 FFT 处理后得到的功率谱。

由前述可知，所有频率下功率谱的积分对应的是所有颗粒的总浊度，而不同波段下的功率谱积分对应的是相应粒度区间颗粒的浊度。在被测颗粒粒度较大时，根据 Mie 理论，消光系数 E 等于 2。根据这两个关系，可以得到各粒度子区间对应的透射光强的平均值 $\overline{I}_i$。由上述原理，对图 4-15 各波段信号进行处理，求得它们的标准偏差 $\sigma_{\mathrm{T}i}$ 和均值 $\overline{I}_i$，就可由式（4-49）和式（4-50）得到各粒度区间的颗粒浓度 N_i 和颗粒的总浓度。而颗粒的粒度分布可由下式确定：

$$N^*(D_i) = \frac{N(D_i)}{\sum_{i=1}^{n} N(D_i)} \times 100\% \qquad (4\text{-}51)$$

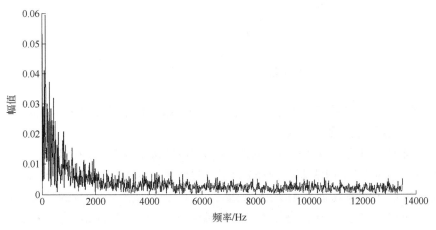

图4-16 FFT处理后得到的功率谱

各子区间的平均粒度 D_i 则由式（4-43）求得。

颗粒的粒度分布一般可用 Rosin-Rammler 粒度分布函数表达，将求得的颗粒粒度分布 $N^*(D_i)$ 代入 Rosin-Rammler 函数，就可以得到 R-R 函数的2个参数 $\bar{D}$ 和 k。

在颗粒粒度相对于入射光波长很大的情况下，该方法不再需要知道被测颗粒的折射率，而折射率数据往往难以得到，且消光系数计算比较复杂。这就为该方法在线测量大颗粒提供了极大的便利。

（3）原始入射光强 I_0 的估算[49]

从上述介绍可知，光脉动法测量方法简单，且被测颗粒须处于流动状态，尤其适合进行在线测量。但在在线测量中，原始入射光强 I_0 的测量是困难的。要测量 I_0 须确保测量区中没有颗粒存在，这在实际应用中较难实现。另外，在长时间的在线测量中，由于各种原因，如光源的稳定性、测量窗口的污染、环境温度的变化等因素，使得 I_0 发生变化，这将导致测得的颗粒浓度和粒度不准确。研究表明，如果消光值 I/I_0 偏差到1%，测量误差可能达到10%以上，这就需要研究在在线测量时不能测量 I_0 的情况下如何正确估算原始入射光强。

在在线测量中，假设在很短时间内流过测量区的被测颗粒的粒径基本没有发生变化，透射光强的变化是由于流入测量区的颗粒数目变化导致的，且入射光强 I_0 在短时间内没有发生变化，对极短时间间隔内连续测量2次，可获得2个时间序列信号。由式（4-49）有：

$$\ln\left(\frac{I_0}{\overline{I_i}}\right)/(\sigma_{\mathrm{T}i}/\overline{I_i}) = (N_i LA)^{\frac{1}{2}}, \quad i=1,2 \tag{4-52}$$

将上述方程两边相除，可得：

$$\frac{\ln\left(\dfrac{I_0}{\overline{I_1}}\right)/(\sigma_{\mathrm{T}1}/\overline{I_1})}{\ln\left(\dfrac{I_0}{\overline{I_2}}\right)/(\sigma_{\mathrm{T}2}/\overline{I_2})} = \left(\frac{N_1}{N_2}\right)^{\frac{1}{2}} \tag{4-53}$$

式（4-53）中只有一个未知数 I_0，其余参数都可由测量得到。这样就可以估算出原始入射光强 I_0 的大小。

图 4-17 给出了不同颗粒浓度时测得的透射光脉动信号序列。在该实验中含有被测玻璃珠颗粒样品的水从样品池经驱动泵流过测量段再回到样品池进行循环，测量段是 12mm×12mm 截面的矩形透明玻璃管。一束直径大约为 0.4mm 的激光束从测量段一侧入射，在另一侧用光敏二极管测量透射光。实验时先测量没有加入颗粒时的原始透射光信号,经光电转换后信号为 3.2434V，然后在样品池中加入 1g、2g、3g 和 4g 玻璃微珠，测量在不同浓度颗粒流动时的透射信号透射光序列。图中从上到下分别是浓度为 1g、2g、3g 和 4g 玻璃珠。

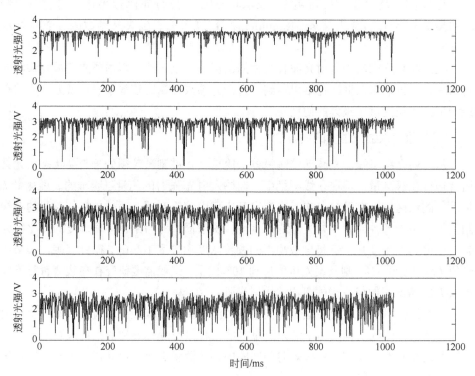

图 4-17 不同浓度颗粒透射光强信号

表 4-8 是根据测得的不同颗粒浓度下信号序列，用上述算法估算得到的原始入射光强和偏差。

表 4-8 原始光强估算结果

样品质量/g	透射光强/V	透射光强标准差/V	浓度比（下/上）	估算的原始光强/V	偏差/%
1	3.0338	0.3875	3.65	3.248	0.142
3	2.5328	0.6181			
3	2.5328	0.6181	1.496	3.279	1.098
4	2.2288	0.6652			
2	2.7703	0.5429	2.3194	3.267	0.728
4	2.2288	0.6652			
3	2.4837	0.6263			

从表 4-8 可见估算得到的原始光强与实验开始时测得的实际原始光强吻合很好，最大偏差小于 1.1%。这表明在在线测量中，可以用该方法来估算入射光强。

4.2.3 光脉动法测量的影响因素

在以上的讨论中，颗粒粒径和浓度的测量由透过率平均值及其标准偏差得到。理论分析和实验表明，标准偏差的测量主要受到三个方面的影响[42]。首先是边界效应的影响，在 Gregory 的理论模型中没有考虑颗粒的投影截面出现在光束截面边界的情况。然而，根据统计规律可以证明，这种情况出现的概率大小与颗粒投影截面和光束截面的相对大小有关。只有当光束截面与颗粒投影截面相比很大时，其出现的概率才会很小。但由此会导致透过率信号的起伏变弱，不利于颗粒测量。其次是颗粒交叠效应的影响，在理论模型中假设了颗粒的投影圆相互独立、互不交叠。然而，颗粒投影圆之间的交叠是一个与颗粒浓度有关的统计事件。当颗粒浓度升高时，颗粒投影圆之间的交叠机会逐渐增大，由此会导致测量误差的增加。只有当颗粒浓度很低时这种颗粒交叠的概率才会变得很低，从而可以忽略它对测试信号的影响。最后是多分散颗粒系的影响。该理论模型只限于对单分散的颗粒系进行测量，当测量对象为多分散颗粒系时，测量得到的只是与颗粒消光截面对应的平均直径，而无法得到颗粒的粒径分布。图 4-18 给出了这三种情况的示意图。Feller 等人对此作了详细讨论并给出了经验修正公式。本书不再详细叙述，有兴趣的读者可参阅相关文献[42]。

由公式（4-54）可以发现，平均消光截面 C_{ext} 是测量区光束截面积的函数：

$$C_{ext} = \frac{\pi D_P^2}{4} k_{ext} = \frac{V_M}{L} \cdot \frac{1}{\ln \overline{T}} \text{arcsinh}^2 \left(\frac{\sigma_T}{\overline{T}} \right) = A_M \frac{1}{\ln \overline{T}} \text{arcsinh}^2 \left(\frac{\sigma_T}{\overline{T}} \right) \quad (4\text{-}54)$$

假定光束截面是一个矩形，其宽度固定（$B_{meas} = 610\mu m$）、高度（H_{meas}）可以调节，则对于不同光束高度情况下颗粒的最大消光截面可由图 4-19 和图 4-20 表示。

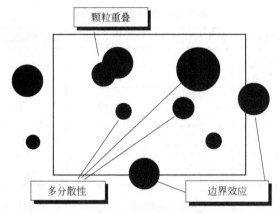

图 4-18　光脉动法中边界效应、颗粒交叠效应和多分散颗粒系效应（图示光束截面为矩形）

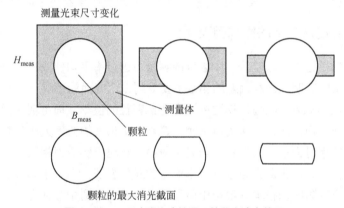

图 4-19　不同光束高度情况下的最大消光截面

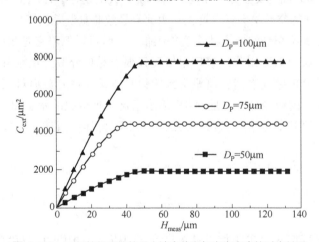

图 4-20　不同粒径颗粒的最大消光截面与光束高度的对应关系

可见，当颗粒投影面积接近或大于光束截面积时，最大消光截面 C_{ext} 与光束截面积近似成正比；当光束截面积大于颗粒投影截面积时，最大消光截面 C_{ext} 饱和，这一变化规律有望用来对颗粒粒径分布进行测量[42]。

光脉动法可同时测量颗粒的粒径和浓度信息，由于测量原理和测量光学装置简单、测量速度快，有望在在线、实时监测场合（如电厂煤粉监测）中使用[43-45]。此外，还应指出，Gregory 的模型只适用于 $D_B \geqslant 5D_P$ 的情况，如果颗粒相对较大，则所得结果会存在较大的误差。在下一节的消光起伏频谱法中将给出进一步的讨论。

4.3 消光起伏频谱法

4.1 节和 4.2 节分别介绍了消光法和光脉动法颗粒测量技术。在消光法中，颗粒的粒度远小于测量光束的直径，且测量区中颗粒数量巨大，透射光强是稳态信号。在光脉动法颗粒测量技术中光束直径 D_B 比较小但又大于颗粒直径 D_P，测量区内颗粒数为有限个且随时间发生变化，透射信号是非稳态的脉动信号。当光束直径 D_B 与颗粒粒径相当甚至远小于颗粒直径 D_P 时，光束截面的边界效应变得非常强，从而需要修正。本节介绍消光起伏频谱法（transmission fluctuation spectrometry，TFS）颗粒测量技术，就是基于这一情况发展起来的方法。相对光脉动法（消光起伏法），TFS 在数学模型上更加复杂和严格，可同时测量颗粒的粒径分布和浓度，无需作边界修正，具有可测量颗粒粒径范围宽和浓度动态范围广的优点。并且实现的手段多，分为空间平均法[50,51]、时间平均法[50,52,53]、时空综合法[52,54]、频率域法[55-57]和自相关频谱法[58-60]。

4.3.1 数学模型

消光起伏频谱法建立在层模型的基础上，并假定颗粒是全黑的球形颗粒，光束传播满足几何光学原理。透过率起伏信号采用透过率平方的期望值来表示。

4.3.1.1 颗粒系的层模型

如图 4-21 所示，在消光起伏频谱法中，颗粒系被分成一系列的单层，每层的厚度大于或者等于颗粒的粒径。入射光通过颗粒系的透过率 T 被看成通过各层的透过率 T_{ML} 的乘积，由此，消光起伏信号可通过单层颗粒的消光起伏来描述。

一个在光传播方向上厚度为 ΔZ、粒径为 D_P 的单分散球形颗粒系统可以被分成 N_{ML} 个单层，每个单层的厚度为：

$$\Delta Z_{ML} = \frac{P}{1.5} \cdot D_P \tag{4-55}$$

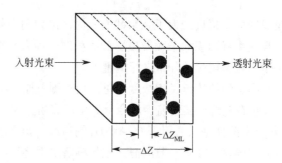

图 4-21　颗粒系统的层模型

其中 P 为结构参数且 $P \geqslant 1.5$ ，则层数：

$$N_{ML} = \frac{\Delta Z}{\Delta Z_{ML}} = \frac{1.5}{P} \cdot \frac{\Delta Z}{D_P} \tag{4-56}$$

颗粒系统的光透过率为光束通过每个单层时衰减的乘积：

$$T = \prod_{i=1}^{N_{ML}} T_{ML,i} = (T_{ML})^{N_{ML}} \tag{4-57}$$

或者表示为消光值

$$E = -\ln T = -N_{ML} \cdot \ln T_{ML} \tag{4-58}$$

4.3.1.2　消光起伏信号的描述

对于任何一个随时间变化的随机信号 $A(t)$ ，我们总可以找到一个平均值 $\overline{A}$ ，由下式定义：

$$\overline{A} = \frac{1}{t_s} \int_0^{t_s} A(t) \mathrm{d}t \tag{4-59}$$

t_s 是统计时间长度。信号的起伏可以用方差 σ 来表示或者用随机信号平方的期望值 $\langle A^2 \rangle$ 来表示。

$$\sigma^2 = \frac{1}{t_s} \int_0^{t_s} [A(t) - \overline{A}]^2 \mathrm{d}t \tag{4-60}$$

$$\langle A^2 \rangle = \overline{A}^2 + \sigma^2 \tag{4-61}$$

在消光起伏频谱法中，采用透过率平方的平均值 $\langle T^2 \rangle$ 来表示消光起伏信号。结合层模型，整个颗粒系统的消光起伏信号可以用单层的消光起伏信号来近似表示。

$$\langle T^2 \rangle = \left\langle \left[\prod_{i=1}^{N_{ML}} T_{ML,i} \right]^2 \right\rangle = \left\langle \prod_{i=1}^{N_{ML}} T_{ML,i}^2 \right\rangle = \prod_{i=1}^{N_{ML}} \langle T_{ML}^2 \rangle = \langle T_{ML}^2 \rangle^{N_{ML}} \tag{4-62}$$

$$\ln \langle T^2 \rangle = N_{ML} \cdot \ln \langle T_{ML}^2 \rangle \tag{4-63}$$

公式（4-62）中第三个等号成立的条件是层与层之间的相互关系可以忽略不计。显然，这只是颗粒系统在低浓度情况下的近似，当颗粒浓度比较高时，这个条件不再满足。

由公式（4-62）和式（4-63）可以看出，颗粒系统的消光起伏信号可以由单层颗粒的消光起伏信号来描述。

4.3.1.3 单层颗粒的描述

考虑一个单分散的球形颗粒单层，面积为 A ，颗粒粒径为 D_P （相应的迎光截面面积为 $\pi D_\mathrm{P}^2 / 4$ ），在单层中的颗粒数为 N 。单层的颗粒面密度 β 定义为层中所有颗粒的迎光截面面积与单层面积之比：

$$\beta = \frac{N \cdot \pi D_\mathrm{P}^2 / 4}{A} = N \cdot \frac{\pi D_\mathrm{P}^2}{4A} \tag{4-64}$$

由公式（4-63）结合公式（4-55）和式（4-56）可得到单层颗粒面密度 β 与颗粒体积浓度 c_V 之间的关系：

$$\beta = P \cdot c_\mathrm{V} \tag{4-65}$$

前面已经提到，假定颗粒是全黑的球形颗粒，光的传播及其与颗粒的相互作用服从几何光学。当浓度较低时，颗粒在单层中的位置是随机分布的，颗粒之间不可相互交叠（颗粒中心距离须大于等于颗粒粒径），则颗粒单层的透过函数可表示成：

$$T_\mathrm{ML}(\vec{r}) = 1 - \sum_{k=1}^{N} H\left(\frac{D_\mathrm{P}}{2} - \left| \vec{r} - \vec{r}_k \right| \right) \tag{4-66}$$

如图 4-22 所示，$\vec{r}$ 是坐标位置，$\vec{r}_k$ 是颗粒中心的坐标，H 是矩形函数，定义为：

$$H(u) = \begin{cases} 1 & u \geqslant 0 \\ 0 & u < 0 \end{cases} \tag{4-67}$$

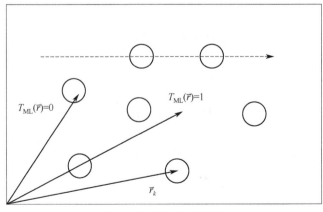

图 4-22 颗粒单层示意图

4.3.2　测量方法和测量原理

在消光起伏频谱法中，要求透过率信号的采集在时空上具有高的分辨率。从空间分辨率意义上来说，当光束很窄（光束直径远小于颗粒粒径）时，透过率信号表现为一个二进制数"0"和"1"。透过率"0"对应有颗粒挡光的情况，透过率"1"对应无颗粒挡光的情况。当光束逐渐增大时，测量得到的透过率信号是光束透过函数在光束截面范围内的一个平均效应（称作空间平均效应），由此导致透过率起伏信号逐渐变得平滑。从时间分辨率意义上来说，要求接收到的透射光信号具有即时性。

对于时空意义上高分辨率的透过率信号采用不同的平均方法即可得到相应的消光起伏频谱。其实现手段很多，具体来说可分为空间平均法、时间平均法、时空综合法、频率域法以及相关频谱法，分别介绍如下。

4.3.2.1　空间平均法

以透过率平方的平均值 $\langle T^2 \rangle$ 来表示消光信号的起伏：

$$\langle T^2 \rangle = \lim_{t_s \to \infty} \frac{1}{t_s} \int_0^{r_s} [T(t)]^2 \, \mathrm{d}t \tag{4-68}$$

透射光信号可以连续采集，也可离散采集。当离散情况下，$\langle T^2 \rangle$ 可表示为：

$$\langle T^2 \rangle = \lim_{N_q \to \infty} \frac{1}{N_q} \sum_{i=1}^{N_q} T_i^2 \tag{4-69}$$

N_q 是采集信号的总数，每个采集点之间的间隔可任意选取。

通过改变光束的直径 D_B 可得到透射光信号平方的平均值 $\langle T^2 \rangle$ 与光束直径 D_B 的关系即消光起伏频谱。通常由光束直径 D_B 与颗粒粒径 D_p 的比值 $\Lambda = D_B / D_p$ 来表达，称为光束颗粒直径比。当光束直径远小于颗粒粒径（$\Lambda \approx 0$）时，透射光信号只有 0 和 1 两种情况，因此：

$$\langle T_{\Lambda \to 0}^2 \rangle = \lim_{t_s \to \infty} \frac{1}{t_s} \int_0^{r_s} [T(t)]^2 \, \mathrm{d}t = \lim_{t_s \to \infty} \frac{1}{t_s} \int_0^{r_s} T(t) \mathrm{d}t = \bar{T} \tag{4-70}$$

反之，当光束远大于颗粒（$\Lambda \to \infty$）时存在：

$$\langle T_{\Lambda \to \infty}^2 \rangle = \lim_{t_s \to \infty} \frac{1}{t_s} \int_0^{r_s} [T(t)]^2 \, \mathrm{d}t = \lim_{t_s \to \infty} \frac{1}{t_s} \int_0^{r_s} \bar{T}^2 \mathrm{d}t = \bar{T}^2 \tag{4-71}$$

因此从 $\Lambda \approx 0$ 变化到 $\Lambda \to \infty$ 时，$\ln \langle T^2 \rangle$ 从 $\ln \bar{T}$ 变化到 $2\ln \bar{T}$，理论研究发现其转折点出现在 $\Lambda \approx 1$ 处，由此可以得到颗粒的粒径信息。颗粒的浓度信息则由 $\ln \bar{T}$ 得到（如图 4-23 所示）。

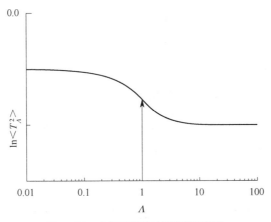

图 4-23 空间平均法的消光起伏频谱

在低浓度情况下对多分散颗粒系的理论推导得到空间域内的消光起伏频谱为：

$$\ln\langle T^2_{A_i(D_{P,j})}\rangle = -\Delta Z \cdot \sum_{j=1}^{M}\frac{1.5}{D_{P,j}}c_V(D_{P,j})\{2-\chi[A_i(D_{P,j})]\} \tag{4-72}$$

颗粒粒径离散值为 $\{D_{P,j},\ j=1,2,\cdots,M\}$，$M$ 是颗粒粒径分档数；$c_V(D_{P,j})$ 是相应的颗粒体积浓度；光束颗粒直径比为 $A_i(D_{P,j})=D_{B,i}/D_{P,j}$，其中光束直径离散值为 $\{D_{B,i},\ i=1,2,\cdots,K\}$，$K$ 是采样数；ΔZ 是测量区厚度；特征函数 $\chi(A)$ 为：

$$\chi(A)=\int_{0}^{+\infty}F_S\frac{2J_1^2(u)}{u}\mathrm{d}u \tag{4-73}$$

其中光束因子 F_S 与光束的强度分布有关，对于高斯光束为 $\exp[-(uA/2)^2]$，对于光强均匀分布的圆形光束为 $[2J_1(uA)/(uA)]^2$。特征函数的极限值为 $\chi(0)=1$ 和 $\chi(\infty)=0$，代入公式（4-63）可得到极限情况下的频谱值：

$$\ln\langle T^2_{A=0}\rangle = -\Delta Z \cdot \sum_{j=1}^{M}\frac{1.5}{x_j}c_V(x_j)=\ln\overline{T}$$

$$\ln\langle T^2_{A\to\infty}\rangle = -2\Delta Z \cdot \sum_{j=1}^{M}\frac{1.5}{x_j}c_V(x_j)=2\ln\overline{T}$$

$$\tag{4-74}$$

公式（4-72）是一个线性方程组，特征函数 $\chi(A)$ 见式（4-73），可以通过数值计算得到；改变光束直径 $D_{B,i}$，测量透射光强度，可得消光起伏信号 $\ln\{T^2_{A(x_j)}\}$ 与光束直径（或者光束-颗粒直径比）之间的对应关系，即消光起伏频谱。由此利用反演算法计算得到颗粒的粒径分布和浓度信息。

需要指出的是，当待测颗粒为单分散颗粒系时，公式（4-72）简化为如下形式：

$$\ln\langle T^2_{A(D_P)}\rangle = -\Delta Z \cdot \frac{1.5}{D_P}c_V(D_P)\{2-\chi[A(D_P)]\} \tag{4-75}$$

此时，不必改变光束直径即可得到颗粒粒径的信息。这种情况与上一小节中的光脉动法一致，所不同的是理论模型与 Gregory 的有所差别。研究表明，本节介绍的理论模型能更好地描述透过率起伏信号，而且其适用的光束-颗粒直径比值 $\Lambda = \dfrac{D_\mathrm{B}}{D_\mathrm{P}}$ 的范围更大。Gregory 模型适用于 $\Lambda \geqslant 5$ 的情况，而本节的理论模型则适用于 $\Lambda \geqslant 0.05$。在满足 $\Lambda \geqslant 5$ 时，Gregory 模型与本节介绍的理论模型给出相同的信号特征。有兴趣的读者可参阅文献[61]。

4.3.2.2 时间平均法

时间平均法与空间平均法类似。在时间平均法中，使用一束远小于颗粒粒径的光束（$\Lambda \approx 0$）。在时间序列上连续采集透射光信号 $T(t)$，在时间间隔 τ 内对透过率求平均：

$$T_\tau(t) = \frac{1}{\tau} \int_t^{t+\tau} T(t')\mathrm{d}t' \tag{4-76}$$

并由此计算透过率平方的平均值：

$$\langle T_\tau^2 \rangle = \lim_{t_\mathrm{s} \to \infty} \frac{1}{t_\mathrm{s}} \int_0^{t_\mathrm{s}} [T_\tau(t)]^2 \,\mathrm{d}t \tag{4-77}$$

当时间间隔 $\tau \to 0$ 时有 $T_\tau(t) = T(t)$，因此公式（4-70）的情况适用，$\langle T_{\tau \to 0}^2 \rangle = \overline{T}$；反之，当时间间隔 $\tau \to \infty$ 时有 $T_\tau(t) = \overline{T}$，因此存在 $\langle T_{\tau \to \infty}^2 \rangle = \overline{T}^2$。从 $\tau \to 0$ 开始改变平均时间到 $\tau \to \infty$，取不同的平均时间间隔并记录消光起伏信号 $\langle T_\tau^2 \rangle$ 即可得到时间域内的消光起伏频谱，其极限值分别为 $\ln \langle T_{\tau \to 0}^2 \rangle = \ln \overline{T}$ 和 $\ln \langle T_{\tau \to \infty}^2 \rangle = 2\ln \overline{T}$。假定颗粒以速度 v 通过测量区，则平均时间间隔可由一个无量纲参量 $\Theta = v\tau / D_\mathrm{P}$ 代替。消光起伏频谱的转折点出现在 $\Theta \approx 1$ 处（如图 4-24 所示），由此可得到颗粒粒径信息。

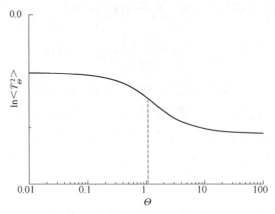

图 4-24 时间平均法的消光起伏频谱

时间平均法的线性方程组及其特征函数为：

$$\ln\langle T_{\Theta_i(x_{\mathrm{P},j})}^2 \rangle = -\Delta Z \sum_{j=1}^{M} \frac{1.5}{x_{\mathrm{P},j}} c_{\mathrm{V}}(x_{\mathrm{P},j})\{2 - \chi[\Theta_i(x_{\mathrm{P},j})]\} \tag{4-78}$$

$$\chi(\Theta) = \int_0^{+\infty} {}_1F_2\left\langle \frac{1}{2};\frac{3}{2},2;-\Theta^2 u^2 \right\rangle \frac{2J_1^2(u)}{u} \mathrm{d}u \tag{4-79}$$

其中，$\Theta_i(x_{\mathrm{P},j}) = \dfrac{v\tau_i}{D_{\mathrm{P},j}}$，${}_1F_2\left\langle \dfrac{1}{2};\dfrac{3}{2},2;-\Theta^2 u^2 \right\rangle$ 是超几何函数。数值计算得到，特征函数的极限值为 $\chi(0) = 1$ 和 $\chi(\infty) = 0$。

与空间平均法一样，该线性方程组可以通过反演计算求解颗粒系的粒径分布和浓度信息。

4.3.2.3 时空综合法

在空间平均法中改变光束直径需要机械动作，这在具体实现方面受到限制，尤其是对小颗粒的测试要求光束直径远小于颗粒直径相当困难。光的衍射效应对光束直径的大小起到限制作用。时间平均法无需进行机械动作，但要求光束直径远小于颗粒粒径，这在实际测量中同样存在困难。基于以上原因，发展了时空综合法，使消光起伏频谱得以在细小光束中实现。在此情况下对光束直径的要求比较宽松，并不严格要求光束直径远小于颗粒直径。

与时间平均法相同，通过改变平均时间间隔 τ 来得到消光起伏频谱。理论推导得到线性方程组：

$$\ln\langle T_{\Theta_i(x_j)}^2 \rangle = -\Delta Z \sum_{j=1}^{M} \frac{1.5}{x_{\mathrm{P},j}} c_{\mathrm{V}}(x_{P,j})\{2 - \chi[\Lambda(x_{\mathrm{P},j}),\Theta_i(x_{P,j})]\} \tag{4-80}$$

其中特征函数为：

$$\chi(\Lambda,\Theta) = \int_0^{+\infty} {}_1F_2\left\langle \frac{1}{2};\frac{3}{2},2;-\Theta^2 u^2 \right\rangle F_{\mathrm{S}} \frac{2J_1^2(u)}{u} \mathrm{d}u \tag{4-81}$$

光束因子 F_{S} 与公式（4-73）一致。需要指出，由于包含了光束因子 F_{S}，虽然特征函数在 $\Theta \to \infty$ 处的极限值依然是 $\chi(\Lambda,\Theta \to \infty) = 0$，但在 $\Theta = 0$ 时其极限值不再等于 1，而是一个与光束因子 F_{S} 有关且小于等于 1 的数。当 $\Theta = 0$ 时，超几何函数 ${}_1F_2\langle 0.5;1.5,2;0 \rangle = 1$。因此，公式（4-81）与公式（4-73）完全等价，可通过数值计算得到其数值。图 4-25 给出了不同值下特征函数的计算结果。可以看出，光束截面的空间平均效应导致消光起伏频谱在两个极限情况下的透过率起伏信号之间的差值降低。光束越大，空间平均效应越强。因此，在实际中应将光束大小控制在合适的范围内。

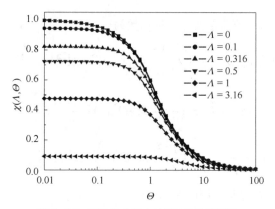

图 4-25 时空综合法中特征函数计算结果

4.3.2.4 频率域法

时空综合法改善了时间平均法对光束直径的限制,然而在频谱实现上继承了改变时间间隔的特点。在实际测量中,通常先采集很长一段时间内的透射光信号,然后由公式(4-75)和式(4-79)计算得到消光起伏频谱。这就意味着需要更快速的采集速度和更大容量的储存空间,因此对实时测量来说并不理想。频率域法可克服这个缺点。

在频率域法中,信号处理全部通过硬件实现,如图 4-26 所示。透射光信号经过预放大以后送到一系列并联设置的低通滤波器,由滤波器处理后的信号通过一个实时 RMS 处理器先平方后平均得到透过率平方的平均值。每个滤波器的截止频率不同,由每个通道得到的透过率平方的平均值构成与截止频率有关的消光起伏频谱。

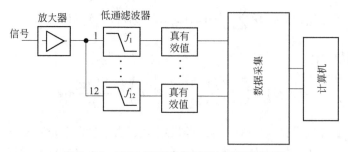

图 4-26 频率域消光起伏频谱法信号处理系统

相应的线性方程为:

$$\ln\langle T^2_{\Psi_i(x_j)}\rangle = -\Delta Z \sum_{j=1}^{M} \frac{1.5}{x_{P,j}} c_V(x_{P,j})\{2 - \chi[\varLambda(x_{P,j}), \Psi_i(x_{P,j})]\} \tag{4-82}$$

无量纲频率参量为 $\Psi_i(x_{P,j}) = \pi x_{P,j} / v \cdot f_i$,$f_i$ 是第 i 个滤波器的截止频率,特

征函数为:

$$\chi(\Lambda, \Psi) = \int_0^{+\infty} F_T(\Psi) F_S \frac{2J_1^2(u)}{u} du \qquad (4-83)$$

其中滤波器函数因子 $F_T(\Psi)$ 是一个与滤波器传输函数有关的表达式。图 4-26 给出的低通滤波器可以是一阶或者二阶的,也可以由带通滤波器实现。研究指出,二阶低通滤波器比一阶低通滤波器具有更高的测量分辨率,而带通滤波器则比低通滤波器具有更高的分辨率。有兴趣的读者可参阅文献[62,63]。

图 4-27~图 4-30 给出了部分实测结果。图 4-27 是对单分散颗粒系(SiC)在低浓度条件下测试得到的体积累积分布曲线 Q_3,其中实线是消光起伏频谱法测试结果,虚线为衍射方法测试结果(测试仪器选用了 SYMPATEC 公司生产的 HELOS)。图中结果显示:两种不同方法测试结果具有可比较性,但消光起伏频谱法测试得到的颗粒粒径分布稍宽,这与两种方法不同的测试条件有关。

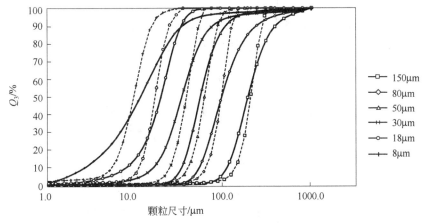

图 4-27　单分散颗粒系的测量结果

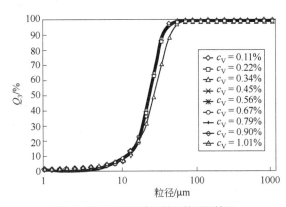

图 4-28　不同浓度颗粒系的测量结果

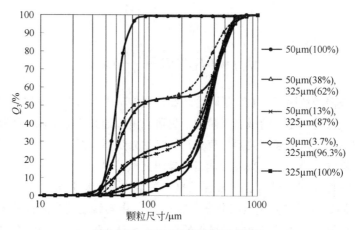

图 4-29　双峰分布颗粒系测试结果

图 4-29 中所示是消光起伏频谱法对双峰分布的玻璃球颗粒系的测试结果 (以实线表示)，图中用虚线表示模拟结果，可以看出模拟与实测结果之间具有可比较性。图 4-30 给出了对单分散球形颗粒体积浓度的测试结果，其中横坐标是通过称重得到的颗粒体积浓度，纵坐标是消光起伏频谱法测试结果。

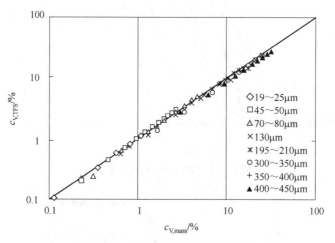

图 4-30　单分散颗粒系浓度测量结果

测试结果表明：频率域的消光起伏频谱法可以同时得到颗粒粒径分布和颗粒浓度；测量颗粒粒径分布范围达 3 个数量级 (从 1μm 到 1mm)；颗粒浓度动态范围大于 1 个数量级，其浓度值可测范围与颗粒粒径有关。这里给出的每个结果其单个测量 (包括测量与计算得到最后结果) 可在数十秒内完成。需要指出的是，消光起伏频谱法可以适用更大的颗粒粒径范围，然而对于粒径在数微米以下的情况则不适用。

4.3.2.5　消光起伏信号的相关分析谱

本小节介绍消光起伏相关频谱法（transmission fluctuation correlation spectrometry，TFCS）。与消光起伏频谱法类似，TFCS 首先采集一个长时间段的透过率信号 $T(t)$，对不同时刻的透过率信号作相关处理 $T(t)T(t+\tau)$，得到相关信号的期望值。该相关信号可以称作透过率乘积的期望值（expectancy of transmission product，ETP）。

$$\langle ETP_\tau \rangle = \lim_{t_s \to \infty} \frac{1}{t_s} \int_0^{t_s} T(t) \cdot T(t+\tau) \mathrm{d}t \tag{4-84}$$

在相关时间 $\tau \to 0$，$T(t)$ 和 $T(t+\tau)$ 完全相关。当光束直径 D_B 远小于颗粒直径 D_p 时，存在关系：

$$\langle ETP_{\tau \to 0} \rangle = \lim_{t_s \to \infty} \frac{1}{t_s} \int_0^{t_s} T^2(t) \mathrm{d}t = \lim_{t_s \to \infty} \frac{1}{t_s} \int_0^{t_s} T(t) \mathrm{d}t = \overline{T} \tag{4-85}$$

反之，当相关时间 $\tau > D_p / v$ 时，透过率信号 $T(t)$ 和 $T(t+\tau)$ 之间的相关性已经完全消失。所以有：

$$\left\langle ETP_{\tau > \frac{D_p}{v}} \right\rangle = \lim_{t_s \to \infty} \frac{1}{t_s} \int_0^{t_s} T(t) \cdot T(t+\tau) \mathrm{d}t = \overline{T}^2 \tag{4-86}$$

可以看出，当相关时间从 $\tau \to 0$ 变化到 $\tau > D_p / v$ 时，相关起伏信号由 $\overline{T}$ 变化到 $\overline{T}^2$。

对于一个单分散颗粒系，理论推导得到：

$$\ln \langle ETP_\Theta \rangle = -1.5 \cdot \frac{c_V}{D_p} \cdot \Delta Z \cdot [2 - \chi(\Theta)] = -c_{PA} \cdot \Delta Z \cdot [2 - \chi(\Theta)] \tag{4-87}$$

上式中相关时间 τ 转化为无量纲参数 $\Theta = \tau v / D_p$，ΔZ 是光传播方向上颗粒系厚度，c_V 是颗粒体积浓度，$c_{PA} = 1.5 c_V / D_p$ 是颗粒迎光面积浓度（projected area），$\chi(\Theta)$ 是消光起伏相关频谱法的特征函数。

在 $D_B \ll D_p$ 时，建立不同的理论模型可以得到不同的表达式：

$$\chi(\Theta) = \begin{cases} \Theta < 1: & 1 - \frac{2}{\pi}\left(\Theta \sqrt{1 - \Theta^2} + \sin^{-1}\Theta\right) \\ \Theta \geq 1: & 0 \end{cases} \tag{4-88}$$

或者

$$\chi(\Theta) = \int_0^\infty J_0(2u\Theta) \cdot \frac{2J_1^2(u)}{u} \mathrm{d}u \tag{4-89}$$

数值计算表明，由公式（4-88）和公式（4-89）计算得到的结果完全一致。图

4-31 给出了消光起伏相关频谱的理论计算曲线。与 TFS 类似，从曲线的转折点可以很快得到颗粒的粒径信息 D_P，由曲线在纵坐标上的值可以得到颗粒的体积浓度 c_V。此外，与图 4-24 比较可以发现该频谱曲线更陡。因此，可以期待消光起伏相关频谱法（TFCS）比消光起伏频谱法（TFS）具有更高的颗粒粒径分辨率。

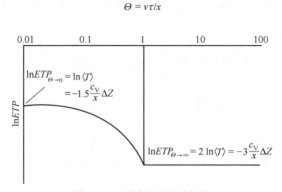

图 4-31　消光起伏相关频谱

对于多分散颗粒系，公式（4-86）可以写成如下形式：

$$\ln\langle ETP_{\tau_j}\rangle = -1.5 \cdot \Delta Z \cdot \sum_i \frac{c_{V,x_{P,i}}}{x_{P,i}} \cdot \left[2 - \chi\left(\frac{v\tau_j}{x_{P,i}}\right)\right]$$
$$= -\Delta Z \cdot \sum_i c_{PA,x_{P,i}} \cdot \left[2 - \chi\left(\frac{v\tau_j}{x_{P,i}}\right)\right] \tag{4-90}$$

式中，$x_{P,i}$ 是第 i 个粒径分档区间内的平均颗粒粒径，相应的颗粒体积浓度为 $c_{V,x_{P,i}}$、颗粒迎光面积浓度为 $c_{PA,x_{P,i}}$，τ_j 是可变化的相关时间参数。

图 4-32 给出了由 2 种不同粒径组成的颗粒系的消光起伏相关谱。和图 4-31 类似，从曲线上可以很快得到颗粒的粒径信息 x_1 和 x_2 及相应的颗粒体积浓度 c_{V,x_1} 和 c_{V,x_2}。

显然，对于一个多分散颗粒系，其消光起伏相关频谱不会像图 4-32 给出的曲线那么明显。然而，只要控制不同的相关时间参数 τ_j，得到一系列的 ETP 值（即消光起伏相关频谱），就可以通过对公式（4-90）表示的线性方程组进行反演计算，由此得到颗粒的粒径分布和浓度信息。

上面介绍的是光束直径与颗粒粒径相比为无穷小的情况，在实际情况下光束-颗粒直径比 $\varLambda$ 是一个有限大小的数值，则公式（4-89）所表示的特征函数需作如下转换：

$$\chi(\varTheta) = \int_0^\infty J_0(2u\varTheta) F_S \frac{2J_1^2(u)}{u} du \tag{4-91}$$

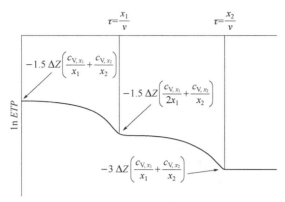

图4-32 双分散颗粒系的消光起伏相关频谱

图 4-33 和图 4-34 分别给出了消光起伏相关频谱法对中位径为 265μm 的单分散玻璃球测试结果（颗粒粒径分布和浓度）。

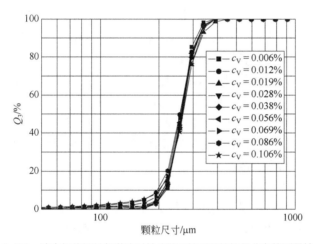

图4-33 消光起伏相关频谱法对单分散颗粒系颗粒粒径分布的测量结果

4.3.3 消光起伏频谱法的发展现状

前面介绍了消光起伏频谱法的测量原理和实验结果，通过不同的数据处理方法得到消光起伏频谱，由此达到对颗粒粒径和浓度分布同时测量的目的。

其中，空间平均法通过改变光束直径大小来实现，该方法需要机械动作，因此在实施时存在较大难度；时间平均法克服了空间平均法的缺点，但要求光束直径远小于颗粒粒径，这在测量小颗粒时很困难；时空平均法将时间平均法的理论模型推广到光束直径与颗粒大小可以比拟甚至稍微大于颗粒直径的情形，但该方法继承了时间平均法的数据记录方式，因此在测量过程中需要大量的计算时间和内存，不利

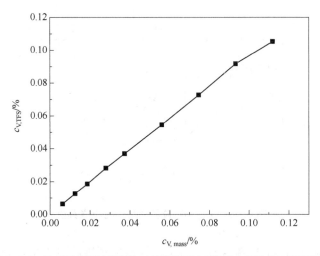

图4-34 消光起伏相关频谱法对单分散颗粒系颗粒体积浓度的测量结果

于实现实时测量;频率域法采用模拟电子信号处理单元来实现消光起伏频谱的采集,和时空综合法相比,它可以节省大量的计算机时间和内存,因此适合实时测量。实际使用时,可选择低通或者带通滤波器。

迄今为止,消光起伏频谱法(尤其是消光起伏相关频谱法)还处于发展阶段。光束的大小由于光束自身在传播过程中的衍射效应而呈发散的趋势,因此要得到很细小的光束并不是一件容易的事。这限制了消光起伏频谱法的测粒下限。

此外,消光起伏频谱法理论建立在低浓度基础上,这限制了消光起伏频谱法可测量的浓度范围。当颗粒浓度比较高时,颗粒之间的空间相互作用(颗粒在单层内的空间相互作用和不同层内颗粒之间的相互交叠作用)导致消光起伏频谱产生频谱漂移[64,65]。对此,目前在理论上还无法给予严格的描述,只能通过模拟计算得到经验公式来对测量得到的消光起伏频谱进行修正[66],从而得到合理的测量结果。

光脉动法、消光起伏频谱法以及消光起伏相关频谱法具有光学测试结构简单、测量速度快,可以同时测量颗粒系统的多个物理参数、可测颗粒粒径范围和颗粒浓度范围宽等优点,目前光脉动法已经在火力发电厂煤粉输送管道煤粉监测和汽轮机水滴测试中得到应用。消光起伏频谱法在特大喷嘴雾化测试系统中得到应用,可测雾滴粒径范围在 30~8000μm。随着该技术的继续发展和成熟,可望在更多的实时在线监测场合中得到应用。

参考文献

[1] Kiparissides C. Modelling and Experimental Studies of a Continuous Excalsonic Polymerization Reactor. Ph.D. Dissertation. Mcmartic University, Hacttion, Ontaris, Canada. 1978.

[2]   Bradolin A, Garcia-Rubis L. H. Online Particle Size Distribution Measurements for Latex Reactors. ACS Symposium Series No. 472, Particle Size Distribution Assessment and Characterization. Provder T ed, 1991.

[3]   Raphall N, Rohaui S. On-line Estimation of the Solid Concentration and Mean Particle Size Using a Turbiditemetry Method. Powder Technol, 1996, 89(2).

[4]   Wittig S, Sakbani K. Teilchengroessen-Bestimmung in Abgas Eines Heissgaskanals mit Hilfe des MRSPC. Europaisches Symposium Partikel Messtechnik, 1979.

[5]   王乃宁, 卫敬明, 蔡小舒, 郑刚, 虞先煌. Optical Measurement of Wet Steam in Turbines. ASME Journal of Engineering for Gas Turbines and Power, 1998, 120(4).

[6]   王乃宁, 尉士民. 排放源颗粒物浓度及粒径在线连续测量技术的研究, 工程热物理学报, 1999.

[7]   梁昆淼. 数学物理方法. 北京: 人民教育出版社, 1978.

[8]   Wang R T, van de Hulst H C. Rainbows: Mie Computation and the Airy Approximation. Appl Opt, 1991, 30(1).

[9]   Verner B. Note on the Recurrence Between Mie's Coefficients. J Opt Soc Am, 1976, 66(12).

[10]   Nussengveig H M, Wiscombe W J. Efficiency Factors on the Mie Scattering. Phys Rev Lett, 1980, 45(18).

[11]   余其铮, 等. Mie 散射法的改进. 哈尔滨工业大学学报, 1987, 4.

[12]   Barber P W, Hill S C. Light Scattering by Particles: Computational Methods. Singapore: World Scientific, 1990.

[13]   Wickramasinghe N C. Light Scattering Functions for Small Particles with Applications in Astronomy. London: ADAM HILGER, 1976.

[14]   Deimedjiam D. Electromagnetic Scattering on Spherical Polydispersions. New York: Elsevier, 1969.

[15]   张宏建. Approximate Calculation of Extinction Coefficient. J Phys D: App Phys, 1990, 24.

[16]   Blair T N, et al. Simple Approximation to Extinction Efficiency Valid over All Size Parameters. Appl Opt, 1990, 29(31).

[17]   Walters P T. Optical Measurement of Water Droplets in Wet Steam Flows. Inst Mech Eng Conf Publ, 1973, 3.

[18]   张宏武. 利用光学探针测量汽轮机排汽湿度的应用研究. 上海: 华东工业大学, 1995.

[19]   Wyler J S. Moisture Measurement in a Low Pressure Steam turbine Using Laser Scattering Probe. Trans. ASME J Eng Power, 1978.

[20]   王乃宁. Nassemessung in Nederdruckturbinen mit Lichtsondem. Dr.-Ing Dissertation der Universitaet Stuttgart, 1982.

[21]   王乃宁, 卫敬明. 光学全散射微粒测量方法的改进和发展. 上海机械学院学报, 1987, 9(4).

[22]   La Mer V K. Light Scattering Properties of Monodispersed Sulfur Solo. J Colloid Sci, Vol.82, No.1, 1949.

[23]   云天铨. 积分方法及其在力学中的应用. 广州: 华南理工大学出版社, 1990.

[24]   Delves L M, Mohamed J L. Computational Methods for Integral Equations. Cambridge: Cambridge Uni. Press, 1985.

[25]   Ramachandran G, Leith D. Extraction of Aerosol-size Distributions from Multispectral Light Extinction Data. Aerosol Sci Technol, 1992, 17(3).

[26]   Dellago C, Horvath H. On the Accuracy of the Size Distribution Information Obtained from Light Extinction and Scattering Measurements-1: Basic Consideration and Models. J. Aerosol Sci, 1993, 24(2).

[27]   蔡小舒, 王乃宁. 光全散射法测量微粒尺寸分布的研究. 光学学报, 1991, 11(11).

[28] Kaijser T. A Simple Inversion Method for Determining Aerosol Size Distributions. J Computational Physics, 1983, 52(1).

[29] Twomey S. Introduction to the Mathematics in Remote Sensing and Indirect Measurement. New York: Elsevier, 1979.

[30] Kyoichi T. The Inversion Method for Determining the Particle Size Distribution from the Light Pattern in a Laser Droplet Sizer. 计测自动制御学会论文集, 1983, 19(10).

[31] Ben-David A Benjamin, Herman M. Method for Determining Particle Size Distribution by Nonlinear Inversion of Backscattered Radiation. Appl Opt, 1985, 24(7).

[32] 蔡小舒, 王乃宁. Determination of Particle Size Distribution Using the Light Extinction Method. Adv Powder Technol, 1992, 3(3).

[33] 蔡小舒. A New Dependent Model for Particle Sizing with Light Extinction. J Aerosol Sci, 1985, 26(4).

[34] 王乃宁, 卫敬明, 张宏武, 洪昌义. Influence of Refractive Index on Particle Size Analysis Using the Turbidimetry Spectrum Method. Part Part Syst Charact, 1996, 13.

[35] 王乃宁, 郑刚, 蔡小舒. A Theoretical and Experimental Study of the Total Light Scattering Technique for Particle Size Analysis. Part Part Syst Charact, 1994, 11.

[36] 蔡小舒, 卫敬明, 郑刚, 王乃宁. 光全散射法测粒方法的实验研究. 上海机械学院学报, 1992, 14(2).

[37] Gregory J. Turbidity Fluctuations in Flowing Suspensions. J. Colloid and Interface Science, 1985, 105(2): 357-371.

[38] Gregory J. Turbidity and Beyond. Filtration & Separation. Jan./Feb, 1998: 63-67.

[39] Wessely B. Extinktionsmessung von Licht zur Charakterisierung disperser Systeme. Düsseldorf: VDI-Verlag, 1999.

[40] Wessely B. Altmann J, Ripperger S. The Use of Statistical Properties of Transmission Signals for Particle Characterization. Chem. Eng. Technol. 1996, 19: 438-442.

[41] Wessely B. Extinktionsmessung von Licht zur Charakterisierung disperser Systeme, Düsseldorf: VDI-Verlag, 1999.

[42] Feller U, Wessely B, Ripperger S. Particle Size Distribution Measurement by Statistical Evaluation of Light Extinction Signals, 7th European Symposium on Particle Characterization, 10-12 März, 1998, Nürnberg, Preprints 1: 367-376.

[43] 蔡小舒, 潘咏志, 欧阳新, 等. 电厂煤粉管道中煤粉运行状况诊断研究. 中国电机工程学报, 2001, 21(7): 83-86.

[44] 蔡小舒, 欧阳新, 李俊峰, 等. 电厂煤粉在线实测研究. 工程热物理学报, 2002, 23(6): 753-756.

[45] 蔡小舒, 李俊峰, 欧阳新, 等. 光脉动法煤粉在线监测技术进展. 华北电力大学学报, 2003, 30(6): 38-42.

[46] 秦授轩. 基于光脉动谱法的煤粉颗粒在线测量. 上海: 上海理工大学, 2010.

[47] 秦授轩, 蔡小舒. 光脉动法在线测量煤粉粒度分布的实验研究. 动力工程学报, 2018, 38(04): 272-277.

[48] 秦授轩, 蔡小舒. 基于联合泊松分布的光脉动法煤粉粒度分布算法研究. 中国电机工程学报, 2018, 38(04): 1126-1131+1290.

[49] 秦授轩, 蔡小舒, 马力, 于彬. 基于Gregory理论的光脉动法颗粒在线测量中背景光强的估算. 光学学报, 2011, 31(8), 153-158.

[50] Kräuter U. Grundlagen zur in-situ Partikelgrößenanalyse mit Licht und Ultraschall in Konzentrierten Partikelsystemen. Karlsruhe: Dissertation, 1995.

[51] Shen J, Riebel U, Breitenstein M, et al. Fundamentals of Transmission Fluctuation Spectrometry with Variable Spatial Averaging. China Particuology, 2003, 1: 242-246.

[52] Breitenstein M. Grundlagnuntersuchung zur statistischen Partikelgrößenspektrometrie mittels Auswertung der Transmissionsfluktuation von Licht in dispersen Systemen. Cottbus: Dissertation, 2000.

[53] Breitenstein M, Kräuter U, Riebel U. The Fundamentals of Particle Size Analysis by Transmission Fluctuation Spectrometry. Part 1: A Theory on Temporal Transmission Fluctuations in Dilute Suspensions. Part Part Syst Charact, 1999, 16: 249-256.

[54] Breitenstein M, Riebel U, Shen J. The Fundamentals of Particle Size Analysis by Transmission Fluctuation Spectrometry. Part 2: A Theory on Transmission Fluctuations with Combined Spatial and Temporal Averaging. Part Part Syst Charact, 2001, 18: 134-141.

[55] Shen J. Particle size analysis by transmission fluctuation spectrometry: Fundamentals and case studies. Cuvillier Verlag Göttingen, 2003.

[56] Shen J, Riebel U. The Fundamentals of Particle Size Analysis by Transmission Fluctuation Spectrometry. Part 3: A Theory on Transmission Fluctuations in a Gaussian Beam and with Signal Filtering. Part Part Syst Charact, 2003, 20: 94-103.

[57] Shen J, Riebel U. Particle Size Analysis by Transmission Fluctuation Spectrometry: Experimental Results Obtained with a Gaussian Beam and Analog Signal Processing. Part Part Syst Charact, 2003, 20: 250-258.

[58] 沈建琪, 蔡小舒, 郭小爱. 消光起伏相关频谱法测量原理. 2004 年中国工程热物理学会学术会议论文集.

[59] Shen J, Riebel U, Guo X. Transmission Fluctuation Spectrometry with Spatial Correlation. Part Part Syst Charact, 2005, 22: 24-37.

[60] Shen J, Riebel U, Guo X. Measurements on Particle Size Distribution and Concentration by Transmission Fluctuation Spectrometry with Temporal Correlation. Opt Lett, 2005, 30(16): 2098-2100.

[61] Shen J, Xu Y, Yu B, Wang H. Transmission fluctuation method for particle analysis in multiphase flow. Int J Multiphase Flow, 2008, 34(10): 931-937.

[62] 许亚敏, 于彬, 刘蕾, 沈建琪. 基于二阶滤波器的消光起伏谱颗粒测量结果. 光学学报, 2006, 26 (10): 1495-1500.

[63] Xu Y, Shen J, Cai X, Riebel U, Guo X. Particle Size Analysis by Transmission Fluctuation Spectrometry with Band-pass Filters. Powder Technol, 2008, 184: 291-297.

[64] Shen J, Riebel U. Transmission Fluctuation Spectrometry in Concentrated Suspensions. Part 1: Effects of the Monolayer Structure. Part Part Syst Charact, 2004, 21: 429-439.

[65] Riebel U, Shen J. Transmission Fluctuation Spectrometry in Concentrated Suspensions. Part 2: Effects of Particle Overlapping. Part Part Syst Charact, 2004, 21: 440-454.

[66] Shen J, Riebel U. Transmission Fluctuation Spectrometry in Concentrated Suspensions. Part 3: Measurements. Part Syst Charact, 2005, 22: 14-23.

第 **5** 章

动态光散射法纳米颗粒测量技术

5.1 概述

在动态光散射技术思想被提出前，人们就已开始尝试由丁铎尔效应来观察胶粒的分布和各种运动状况，1902 年，Zsigmondy 和 Siedentopf 就发明了这样一件利器——超显微镜（ultramicroscope）[1]（现称暗场显微镜）。暗场显微镜可以用来计量胶粒在视场内的个数，在预知胶粒浓度的前提下可以进一步估计粒径。自从 Einstein、Smoluchowski 等人揭示了布朗运动的基本规律起，暗场显微镜开始被用来观测胶粒的布朗运动以给出实验验证[2]，不过在人们使用暗场显微镜的早期阶段，布朗运动规律本身并未被应用于测粒。近百年后，基于纳米颗粒布朗运动规律并结合暗场显微镜技术和数字相机的纳米颗粒粒度测量技术得到了应用[3]。

虽然早在 19 世纪人们就观测到微粒的散射光斑[4]，但动态光散射技术的思想直到 1926 年才被苏联的 Mandelshtam（Мандельштам）提出。Mandelshtam 认识到聚合物大分子的扩散系数可以从其散射光的光谱求得[5]。1943 年，印度的 Ramachandran 首次给出了关于散射光斑形成的准确理论表述，并以置于玻璃板上的一层石松粉的散射光斑观测结果作了相应的验证，还提出有可能通过观测这些散射光斑的脉动来研究胶粒的布朗运动[6]。

1947 年，苏联的 Gorelik（Горелик）与美国的 Forrester、Parkins 和 Gerjuoy 分别独立地提出测量光学干涉下的差频频谱的散射光光谱分析方法[7,8]，即后来所谓的光拍光谱法/ 光学混合光谱法（light beating spectroscopy/optical mixing spectroscopy）。Forrester、Gudmunsen 和 Johnson 于 1955 年发表了用这种方法测量一个汞灯在磁场作用下产生的塞曼分裂谱线（Zeeman component）的光频差的结果[9]。由于信噪比很低，当时这种方法未获普及。

1960 年激光器的问世引发了整个光学领域前沿研究的变革。1961 年 Forrester 建议将激光器与光电混合（photoelectric mixing）结合实现类似于无线电超外差接收（super-heterodyne receiving）的光谱检测方法[10]。1964 年，美国哥伦比亚大学化学系的 Pecora 指出：通过使用激光器测量微粒散射光相对入射光的微小频移，可以得到微粒的扩散系数以及一些其它相关信息[11]。同年，哥伦比亚大学物理系的 Cummins、Knable 和 Yeh 报道了运用 Forrester、Pecora 论述的方法首次测得微粒的瑞利散射谱峰展宽的实验。他们以一台氦氖激光器作为光源照射聚苯乙烯乳胶球悬浮液，使散射光与从入射光束分出经布喇格盒（Bragg cell）移频 12MHz 的光混合后被光电倍增管探测，将光电倍增管输出的电流信号接入频谱分析仪（wave analyzer）获得其频谱分布，结果测得了单分散球粒悬浮液对应的呈洛伦兹函数曲线的频谱分布，并从其宽度求得了球粒的扩散系数[12]。1965 年，美国麻省理工学院物理系与材料科学工程中心的 Ford 和 Benedek 报道了运用工作于自拍检测模式的动态光散射技术测量六氟化硫在临界点附近的热扩散率[13]；两年后，同一个研究小组的 Dubin、Lunacek 和 Benedek 报道了用相同方法测量几种生物大分子溶液的瑞利散射谱线的扩散展宽[14]。此后，自拍检测模式开始流行于动态光散射技术的各项应用研究。

随着自拍检测模式的流行，20 世纪 60 年代末兴起了关于以数字式相关器替代频谱分析仪建立光子相关光谱法的讨论[15]。70 年代初，由 Pike 主持的英国皇家雷达基地（Royal Radar Establishment）的研究小组成功地将数字式相关器应用于动态光散射技术[16]，精密设备与系统有限公司（Precision Devices & Systems, Ltd.，马尔文仪器有限公司的前身）推出了数字式相关器和光子相关光谱仪（photon correlation spectrometer）的商业产品。数字式相关器的应用显著改善了动态光散射的信噪比，促进了动态光散射技术的实用化和普及。至此，动态光散射技术初步定型，工作于自拍检测模式的光子相关光谱法渐成动态光散射技术的主流。

纳米颗粒的存在形式多种多样，它的形态可能是乳胶体、聚合物、陶瓷颗粒、金属颗粒或者碳颗粒等，正在越来越多地被应用于医学、防晒化妆品以及电子产品等多种行业中。在医药领域，由于纳米颗粒能够渗透到膜细胞中，沿神经细胞突触、血管和淋巴血管传播，并有选择性地积累在不同的细胞和一定的细胞结构中。因此，纳米颗粒的这种强渗透性不仅为药物的使用提供了有效性，同时，也对人体健康构成了潜在威胁。在电子行业中采用磁性颗粒作为磁记录介质，随着社会的信息化，要求信息储存量大、信息处理速度高，推动着磁记录密度日益提高，促使磁记录用的磁性颗粒尺寸趋于超微化。在所谓的隐身飞机中，其机身外表所包覆的红外与微波隐身材料中亦包含多种纳米颗粒，它们对不同波段的电磁波有强烈的吸收能力。在火箭发射的固体燃料推进剂中添加 1%重量比的超微铝或镍颗粒，每克燃料的燃烧热可增加 1 倍。由此可见，纳米颗粒在国防、国民经济各领域均有广泛的应用。

目前，众多方法被应用于纳米颗粒的检测，常用的纳米颗粒测量手段有电子显微镜、原子力显微镜、动态光散射法、高速离心沉降法、X 射线衍射法等。其中电子显微镜方法是测量纳米颗粒粒度与形貌常用的方法，但是由于设备价格昂贵，使用条件严格以及取样的代表性问题，无法实现原位在线测量等限制了该种方法的应用。动态光散射方法作为纳米颗粒测试方法之一，无论在样品制备、测量时间和数据处理等方面都要比电子显微镜和原子力显微镜等快得多，操作简便，目前已在纳米颗粒粒度测量中得到广泛应用。

5.2　纳米颗粒动态光散射测量基本原理

5.2.1　动态光散射基本原理

动态光散射测量纳米颗粒的基本原理是建立在纳米颗粒的布朗运动基础上。由分子运动学理论可知，1 个悬浮在液体（水）中的颗粒要受到四周介质分子的不断碰撞，而 1 个颗粒表面四周的液体分子数目约正比于二者直径比的平方。如 1 个 100nm 的颗粒四周约有 13 万个水分子（水分子直径约 0.28nm），即使是 10nm 的颗粒周围也有约 1300 个水分子，该颗粒受到如此多水分子无序的不断碰撞而作随机的布朗运动。当纳米颗粒的粒径与周围介质（水分子）的直径同一数量级，则颗粒的运动不再符合布朗运动的基本条件。因此，基于布朗运动原理的动态光散射的测量下限一般是 2nm 以上。

图 5-1 给出了动态光散射测量的基本原理简图。激光器发出的一束激光入射到样品池中的被测纳米颗粒，测量区中的被测纳米颗粒受到激光照射产生散射光。在某个角度 θ 下检测其散射光。假设被测颗粒粒度是完全一致的，且位置固定不变，

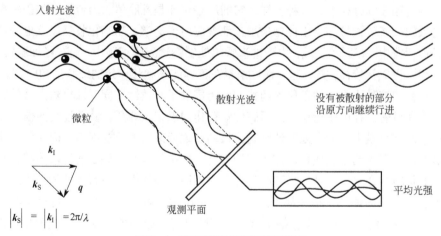

图 5-1　动态光散射测量原理示意图

则散射光的强度也是恒定的，不随时间发生变化。但由于受颗粒周围介质分子的撞击，被测纳米颗粒不断作随机布朗运动，使得颗粒对于光电探测器的位置不断改变，颗粒间的散射光相位也在不断变化。此外，布朗运动使得颗粒不断加入和离开测量光束（测量区）。这些因素导致测得的散射光信号不再保持恒定，而是围绕某一平均值随时间不断起伏涨落（fluctuation）。当粒径较小时，颗粒在介质中的扩散较快，即布朗运动较快，其散射光信号的随机涨落也较快。当粒径较大时，颗粒的布朗运动较慢，散射光信号的随机涨落也就较慢。这表明颗粒散射光信号的涨落包含了颗粒的粒径信息。

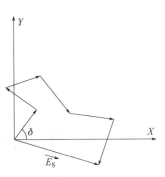

图 5-2　各个颗粒的散射矢量

在讨论散射体内多个颗粒各自对散射光强的贡献，可以先计算单个颗粒的散射电场 E_{iS}，然后矢量相加并取其平均值，所得即为散射光强。为讨论方便起见，假设所有颗粒具有相同粒径（单分散颗粒），则每个颗粒的散射电场 E_{iS} 的数值大小相同，但相位不同，如图 5-2 所示。

矢量相加后得：

$$E_S = \sum_i E_{iS} = iE_S \sum \cos\delta_i + jE_S \sum \sin\delta_j \tag{5-1}$$

对上式取平方，即得到散射体中颗粒的总的散射光强：

$$I_S = I_S(1)\left[\left(\sum_{i=1}^N \cos\delta_i\right)^2 + \left(\sum_{i=1}^N \sin\delta_i\right)^2\right] \tag{5-2}$$

上式中的中括号可以简化为：

$$
\begin{aligned}
&\left(\sum_{i=1}^N \cos\delta_i\right)^2 + \left(\sum_{i=1}^N \sin\delta_j\right)^2 \\
&= \sum_{i=1}^N (\cos^2\delta_i + \sin^2\delta_i) + 2\sum_{j>i=1}^N (\cos\delta_i \sin\delta_i + \sin\delta_j \cos\delta_j) \\
&= N + 2\sum_{j>i=1}^N \cos(\delta_i - \delta_j)
\end{aligned}
\tag{5-3}
$$

代回式（5-2）后得：

$$I_S = I_S(1)\left[N + 2\sum_{j>i=1}^N \cos(\delta_i - \delta_j)\right] \tag{5-4}$$

式中，$I_S(1)$ 是单个颗粒的散射光强；N 是颗粒数；δ_i 和 δ_j 分别是散射体中第 i 个和第 j 个颗粒散射电场的相位角，$\delta_i - \delta_j$ 则是第 i 个颗粒与第 j 个颗粒散射电场的相位差。由于颗粒处在不断的布朗运动中，其值与时间有关，但在一段时间内，$\cos(\delta_i - \delta_j)$ 的平均值为零。因此，静态散射光中散射光强的时间平均值是单个颗粒散射光的 N 倍，这就是前面第 3 章讨论的静态光散射情况。

$$\langle I_\mathrm{S}\rangle = NI_\mathrm{S}(1) \tag{5-5}$$

但在动态光散射情况下，式（5-4）括号中的后一项数在某一瞬间并不为零。因而，散射集合体的散射光强将随时间以某一均值$\langle I_\mathrm{S}\rangle$而不断起伏涨落，如图5-3所示。散射光强2极值之间涨落1次的时间间隔取决于2个颗粒散射光的相位差从0变化到2π的时间。该时间与散射角度θ及颗粒粒径有关，一般在几个微秒（小颗粒）到几个毫秒（大颗粒）之间。

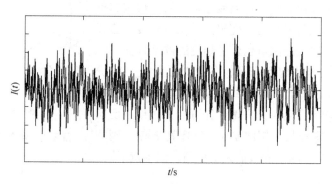

图 5-3 纳米颗粒散射光强随时间的涨落

动态光散射纳米颗粒测量技术所给出的粒径的定义一般基于描述细微颗粒布朗运动的物理模型，其中最基本的是某个颗粒关于时刻t和位矢r的概率分布密度函数$P(r,t)$满足扩散定律：

$$\partial P(r,t)/\partial t = D_0\nabla^2 P(r,t) \tag{5-6}$$

式中，扩散系数D_0表征纳米颗粒平动布朗运动的剧烈程度，又称为平动扩散系数。由条件$P(0,0)=\delta(r)$ [$\delta(r)$是空间的狄拉克函数（Dirac delta function）]，可得如下以原点为中心呈正态分布的解：

$$P(r,t) = \left(\frac{3}{2\pi\langle r^2\rangle}\right)^{3/2}\exp\left(-\frac{3r^2}{2\langle r^2\rangle}\right) \tag{5-7}$$

式中，$\langle r^2\rangle$是在时刻t该颗粒相对于原点位移平方的期望值，由下式给出：

$$\langle r^2\rangle = 6D_0 t \tag{5-8}$$

为了清晰了解平动扩散系数D_0与颗粒其它参数之间的关系，引入分子运动论的思想，且作如下简化假设：①颗粒是被连续分散介质包围的刚性球，其直径d远大于分散介质分子热运动的平均自由程；②颗粒受到来自周围分散介质分子的扩散力和流动阻力的作用，而其余作用力可忽略不计；③颗粒的密度ρ_p足够大，以致分散介质响应剪切扰动的弛豫时间τ_F相对于颗粒响应黏滞力的弛豫时间τ_B可忽略，又考虑到颗粒布朗运动的雷诺数很小，满足描述准稳态下作用于小球的拖曳力的斯托克斯定律（Stokes' law）的适用前提。在这些假设下有：

$$D_0 = \frac{k_B T}{3\pi\eta d} \tag{5-9}$$

式中，k_B 为玻尔兹曼常数；T 为颗粒的热力学温度（通常认为与周围介质处于热平衡状态，可以用周围介质的温度代表）；η 为分散介质的动力黏度。该式被称作斯托克斯-爱因斯坦关系式（Stokes-Einstein relation），由该式定义的颗粒等效球径 d 被称作斯托克斯直径，也常被称作流体动力直径（hydrodynamic diameter）。

在基本假设中颗粒受到的其余作用力忽略不计，为此，测试样品的浓度应充分稀释，避免颗粒间的范德华力，颗粒表面也不应该有静电荷，以避免静电力的作用。

5.2.2 动态光散射纳米颗粒粒度测量技术的基本概念和关系式

动态光散射技术是通过测量由相干光束照射微粒形成的散射光斑（speckle）的脉动来表征微粒运动的一种技术，将它用于测量纳米颗粒粒径的基本依据是描述布朗运动的基本规律的式（5-7）和式（5-8）以及描述布朗运动的扩散系数与粒径之间关系的斯托克斯-爱因斯坦关系式，即式（5-9）。

作如下近似假设：①纳米颗粒被相干光束照射而发生散射并被观测到的区域[简称"散射区域"（scattering volume）或测量区]所包含的颗粒数目 N_T 足够多，在观测的时间尺度内相对恒定；②除纳米颗粒外的其余粒子（包括分散介质流体分子和分散系中的离子）的散射光可忽略；③只考虑垂直于散射面的场幅；④一级玻恩近似（first-order Born approximation）成立，即入射光波与各个颗粒的散射场相对独立[17]；⑤颗粒呈球形，散射区域内每个颗粒的散射光波的场幅恒定。在这些近似假设下，式（5-4）描述的散射光强写成总散射场的形式如下：

$$E_S(q,t) = \sum_{k=1}^{N_T} b_k(q)\exp[iq r_k(t)] \tag{5-10}$$

式中，$b_k(q)$、$r_k(t)$ 分别为第 k 个颗粒在对应 q 的散射角上的散射场幅（实数）和在时刻 t 的位矢；q 为散射矢量，定义为散射光波与入射光波的波矢之差 $q \equiv k_S - k_I$（见图 5-1）；其模 q 与散射角 θ 以及光波波长和周围介质的折射率的关系为：

$$q = 4\pi\sin(\theta/2)/\lambda = 4\pi n\sin(\theta/2)/\lambda_0 \tag{5-11}$$

式中，θ 为散射角；λ、λ_0 分别为光波在分散介质和真空中的波长；n 为分散介质的折射率。散射矢量 q 的重要性在于：任意两个颗粒的散射光波的相位差为 $q(r_2 - r_1)$，其中 r_1、r_2 为各个颗粒的位矢。

必须注意：动态光散射是基于散射光信号的相干探测（coherent detection），即散射光信号的探测应满足空间相干性（spatial coherence）、时间相干性（temporal coherence）的要求。前者与观测张角、散射区域的大小有关，后者与光源的相干长度（coherence length）以及观测的时间尺度有关。

各个颗粒散射光波的相干叠加形成散射光斑，作布朗运动的纳米颗粒的散射光斑信号在一定的观测时间尺度范围内是平稳脉动的随机信号。一般以自相关函数（autocorrelation function，ACF）或功率谱密度（power spectral density，PSD）来表征平稳随机信号。引入以下两个自相关函数：

$$g^{(1)}(\tau) \equiv \frac{\langle E_S(q,t)E_S^*(q,t+\tau)\rangle}{\langle I_S\rangle} \tag{5-12}$$

$$g^{(2)}(\tau) \equiv \frac{\langle I_S(q,t)I_S(q,t+\tau)\rangle}{\langle I_S^2\rangle} \tag{5-13}$$

式中，τ 为相关时间；I_S 为散射场的强度，$I_S \equiv |E_S|^2 = E_S E_S^*$；外围尖括号表示取对时刻 τ 的积分平均值；上标星号表示取复共轭；$g^{(1)}(\tau)$、$g^{(2)}(\tau)$ 分别是 E_S、I_S 的归一化自相关函数。$g^{(1)}(\tau)$ 一般是复数，在很多情况下是实数，归一化是指 $g^{(1)}(0) = g^{(2)}(\infty) = 1$。

为了简化 $g^{(1)}(\tau)$ 和 $g^{(2)}(\tau)$ 之间的关系描述，需要作进一步假设：①各个颗粒的运动在所观测的空间尺度上相对独立；②散射区域包含的颗粒数目 N 足够大。基于以上两个假设，根据中心极限定理可知，E_S 服从高斯分布，由高斯分布的性质可获得西格尔特关系式（Siegert relation），其常见形式如下[18, 19]：

$$g^{(2)}(\tau) = 1 + \beta_{\text{coh}} \left| g^{(1)}(\tau) \right|^2 \tag{5-14}$$

式中，β_{coh} 是仪器常数——相干性因数，包含了对于时间相干性和空间相干性的度量，$0 < \beta_{\text{coh}} \leqslant 1$。

考察散射区域内各自独立作布朗运动的颗粒对应的 $g^{(1)}(\tau)$，将式（5-12）写成：

$$g^{(1)}(\tau) = \frac{1}{N_T \overline{b^2}(q)} \sum_j b_j^2(q) \int P(r_j,\tau)\exp(\mathrm{i}qr_j)\mathrm{d}r_j \tag{5-15}$$

式中，r_j 为第 j 个颗粒相对于起点的位移；$P(r_j,\tau)$ 为第 j 个颗粒关于 r_j 和时刻 τ 的概率分布密度函数。将式（5-7）、式（5-8）代入，可以得到：

$$\begin{aligned} g^{(1)}(\tau) &= \frac{1}{N_T \overline{b^2}(q)} \sum_j b_j^{\ 2}(q)\exp(-q^2\langle r_j^2\rangle/6) \\ &= \frac{1}{N_T \overline{b^2}(q)} \sum_j b_j^{\ 2}(q)\exp(-D_{0,j}q^2\tau) \end{aligned} \tag{5-16}$$

式中，$D_{0,j}$ 为第 j 个颗粒的自由扩散系数，对应于颗粒个体独立的布朗运动（即"自由扩散"）。注意到此时自相关函数 $g^{(1)}(\tau)$ 是实数，其指数项的衰减率 $D_0 q^2$ 具有时间倒数的量纲，记作 Γ [20]，又称为衰减线宽：

$$\Gamma \equiv -\frac{\mathrm{d}}{\mathrm{d}\tau} \ln g^{(1)}(\tau) = D_0 q^2 \tag{5-17}$$

按斯托克斯-爱因斯坦关系式（5-9），它是关于粒径 d 的函数，而单个颗粒的散射场幅 b 或强度 i_S 也是关于 d 的函数，若引入数目-粒径分布 $f(d)$，则式（5-16）中的求和项可以被改写为关于 Γ 或 d 的连续积分[21]：

$$g^{(1)}(\tau) = \int_0^\infty G(\Gamma) \exp(-\Gamma\tau) \mathrm{d}\Gamma \tag{5-18}$$

$$g^{(1)}(\tau) = \int_0^\infty i_\mathrm{S}(q,d) \exp[-\Gamma(d)\tau] f(d) \mathrm{d}d \Big/ \left[\int_0^\infty i_\mathrm{S}(q,d) f(d) \mathrm{d}d \right] \tag{5-19}$$

显然，式（5-18）中的函数 $G(\Gamma)$ 应定义为：

$$\begin{aligned}
G(\Gamma) &= -i_\mathrm{S}(q,d) f(d) \frac{\mathrm{d}d}{\mathrm{d}\Gamma} \Big/ \int_0^\infty i_\mathrm{S}(q,d) f(d) \mathrm{d}d \\
&= d i_\mathrm{S}(q,d) f(d) \Big/ \left[\Gamma \int_0^\infty i_\mathrm{S}(q,d) f(d) \mathrm{d}d \right]
\end{aligned} \tag{5-20}$$

若散射区域内所有纳米颗粒的粒径均一，即被测分散系是单分散的，则式（5-18）可简化为：

$$g_\mathrm{M}^{(1)}(\tau) = \exp(-\Gamma_\mathrm{M}\tau) \tag{5-21}$$

下标 M 表示被测分散系为单分散的。为了显示 Γ_M 与容易直接测得的 $g^{(2)}(\tau)$ 或 $s^{(2)}(\omega)$ 的关系，将式（5-19）代入西格尔特关系式（5-14），得：

$$g_\mathrm{M}^{(2)}(\tau) = 1 + \beta_\mathrm{coh} \exp(-2\Gamma_\mathrm{M}\tau) \tag{5-22}$$

将上式再代入式（5-15）：

$$s_\mathrm{M}^{(2)}(\omega) = \delta(\omega) + \beta_\mathrm{coh} \frac{2}{\pi\Gamma_\mathrm{M}(4 + \omega^2/\Gamma_\mathrm{M}^2)} \tag{5-23}$$

上式右端第一项是频域的狄拉克函数，对应于时域信号的直流分量，分析时可略去；第二项是洛伦兹函数（Lorentzian function），注意 $s_\mathrm{M}^{(2)}(2\Gamma_\mathrm{M}) = s_\mathrm{M}^{(2)}(0)/2$，$\omega_0 = 2\Gamma_\mathrm{M}$ 被称为半峰宽[22]。

将以上结论实际应用于测量颗粒粒径分布 $f(d)$ 时，一般须先测得 $g^{(2)}(\tau)$ 或 $s^{(2)}(\omega)$，然后按式（5-14）求取 $g^{(1)}(\tau)$，最后按式（5-18）或式（5-19）、式（5-20）以及式（5-9）推算 $f(d)$；若仅测平均粒径 d_M，则可直接将测得的 $g^{(2)}(\tau)$ 或 $s^{(2)}(\omega)$ 按式（5-22）或式（5-23）拟合得到 Γ_M，再按式（5-17）和式（5-9）推算 d_M。从以上诸式可以看到：用动态光散射技术测量多分散纳米颗粒时，若按对应单分散纳米颗粒的计算式估计平均粒径，则其结果 d_M 的统计意义大致可由下式表示[20]：

$$d_\mathrm{M} \approx \int_0^\infty i_\mathrm{S}(q,d) f(d) \mathrm{d}d \Big/ \int_0^\infty \frac{i_\mathrm{S}(q,d) f(d)}{d} \mathrm{d}d \tag{5-24}$$

特别地，当所有被测颗粒粒径明显小于探测光的波长时（如用可见光照射，这个粒径范围小于100nm），则大致有 $i_S(q,d) \propto d^6$（见第2章），于是可以由下面的近似关系简化对 d_M 统计意义的阐释[23]：

$$d_M \approx \frac{\int_0^\infty d^6 f(d)\mathrm{d}d}{\int_0^\infty d^5 f(d)\mathrm{d}d} \tag{5-25}$$

从动态光散射的粒度计算式还可以看到：当用于计算纳米颗粒的粒径分布时，除了分散介质的折射率 n、黏度 η 和温度 T 外，所需输入的样品参数还应包括决定 $i_S(q,d)$-d 关系的颗粒光学参数（一般指颗粒的折射率），不然得到的是 $H(d) \equiv i_S(q,d) f(d)$，即散射光强-粒径分布。

以上分析的被检测光是纳米颗粒群的散射光斑，如上所述，它是由各个颗粒散射光波的相干叠加形成的，因此这种光学检测模式被称为"自拍"（self beating）。有时为了增强信号，在光学系统中设计将颗粒的散射光与另一束取自同一光源的强度恒定的参考光（又称本振子，local oscillator）作相干叠加，并检测其脉动信号。将此时的被检测光的强度 I_t 的自相关函数记作 $G_H^{(2)}(\tau)$，将参考光的复振幅和强度分别记作 E_{LO} 和 I_{LO}，可以写出：

$$\begin{aligned}G_H^{(2)}(\tau) &\equiv \langle I_t(t) I_t(t+\tau) \rangle \\ &= \langle |E_S(t) + E_{LO}(t)|^2 \cdot |E_S(t+\tau) + E_{LO}(t+\tau)|^2 \rangle\end{aligned} \tag{5-26}$$

展开上式，注意到 $I_{LO}(t) \equiv I(t+\tau)_{LO}$，且 E_{LO} 与 E_S 不相关，于是可简化成：

$$G_H^{(2)}(\tau) = \langle I_{LO}^2 \rangle + 2\langle I_{LO} \rangle \mathfrak{R}\{\langle E_S(t) E_S^*(t+\tau) \rangle\} + \langle I_S(t) I_S(t+\tau) \rangle \tag{5-27}$$

式中，$\mathfrak{R}$ 表示取实部；当 $I_{LO} \gg I_S$ 时，右侧末项（"自拍"项）可略去。与"自拍"模式相对地，将这种光学检测模式称为"零差拍"（homodyne）[24]。从上式可以看到：在零差拍检测模式下，散射场强度的自相关函数 $G_H^{(2)}(\tau)$ 与 τ 的关系可直接由自拍模式下对应于 $\langle E_S(t) E_S^*(t+\tau) \rangle$ 的 $g^{(1)}(\tau)$ 来描述，绕开了西格尔特关系式，因此其应用无须作任何关于被测对象的假设。

为了简便起见，定义归一化自相关函数 $g_H^{(2)}(\tau) \equiv G_H^{(2)}(\tau) / G_H^{(2)}(0)$ 以及被检测光的相对脉动幅度 $X \equiv \langle I_S \rangle / \langle I_t \rangle$，并引入自拍检测模式的 $g^{(1)}(\tau)$、相干性因数 β_{coh} 以及西格尔特关系式（5-14），于是式（5-27）可重写作[25]：

$$g_H^{(2)}(\tau) = 1 + 2\sqrt{\beta_{coh}} X(1-X) \mathfrak{R}\{g^{(1)}(\tau)\} + \beta_{coh} X^2 |g^{(1)}(\tau)|^2 \tag{5-28}$$

为了得到在零差拍检测模式下对应于颗粒自由扩散的 $g_H^{(2)}(\tau)$ 与功率谱密度 $s_H^{(2)}(\omega)$ 的表达式，将式（5-28）中的"自拍"项略去，并将式（5-19）代入式（5-28）：

$$g_H^{(2)}(\tau) = 1 + \frac{2\sqrt{\beta_{coh}} X(1-X)}{\int_0^\infty i_S(q,d) f(d)\mathrm{d}d} \int_0^\infty i_S(q,d) \exp[-\Gamma\tau] f(d)\mathrm{d}d \tag{5-29}$$

从式（5-29）可以看到：①在零差拍模式下，被检测光的强度自相关函数中指数项的衰减率和对应的功率谱密度中洛伦兹函数的半峰宽是在自拍模式下对应数值的一半；②相干性因数的作用相对自拍模式降低了（$\sqrt{\beta_{coh}} \geqslant \beta_{coh}$）；③ $g^{(1)}(\tau)$ 在 $g_H^{(2)}(\tau)$ 中的权重大体上正比于被检测光的相对脉动幅度 X。

以上阐述了将动态光散射技术用于纳米颗粒粒度测量应用的一般原理。若以光谱学的观点来看，由纳米颗粒作布朗运动形成的脉动散射光反映了一种多普勒效应（Doppler effect）——由于各个散射体无序运动形成的以入射光光频为中心的瑞利散射谱峰的展宽（称作"扩散展宽"diffusion broadening），也常将它称作"准弹性光散射"（quasi-elastic light scattering，QELS），以区别于光频完全等同于入射光光频的弹性光散射（elastic light scattering）以及光频偏移到入射光光频两侧的非弹性光散射（inelastic light scattering）（见图5-4）。纳米颗粒作布朗运动对应的扩散展宽一般在数百赫兹至数万赫兹范围内。

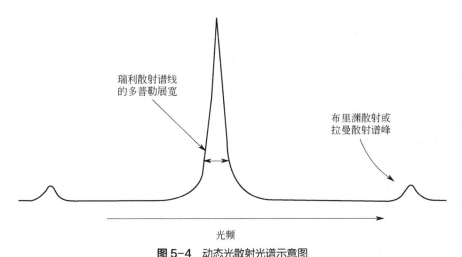

图5-4 动态光散射光谱示意图

5.2.3 动态光散射纳米颗粒测量典型装置

目前，大多数应用于纳米颗粒测量的动态光散射装置工作在自拍检测模式下，其信号检测调理系统多配备光子计数模块（photon counting module）和数字式相关器（digital correlator）：前者的功能是将微弱的被检测散射光转化为数字脉冲序列，在每个采样时段内的脉冲个数正比于被检测光的强度；后者的功能是先累计前者的输出脉冲序列在各个采样时段内的脉冲个数，在每次累计完毕后移位寄存到各个对应不同相关时间 τ 的级（stage），在每次寄存前完成与寄存器（shift register）中各级原有对应数据的乘法操作，并将结果累加到相关函数存储器（correlation function memory）中的对应通道上，这些操作持续进行足够多的采样时段即可从相关函数存

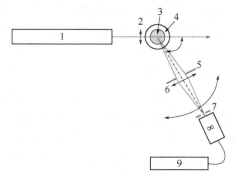

图 5-5 光子相关光谱法的典型装置示意图
1—激光器；2—会聚透镜；3—样品池；4—盛有折射率匹配液的温控槽；5—视场光阑；6—成像透镜；7—针孔；8—光子计数模块；9—数字式相关器+计算

储器输出被检测光强度的自相关函数。配备这种实时高效的信号检测调理后端的动态光散射技术也被称作"光子相关光谱法"（photon correlation spectroscopy，PCS）[26]。

如图 5-5 所示，光子相关光谱法的典型装置包括：①由激光器、会聚透镜组成的发射系统；②散射角可变的旋转器（goniometer）或固定散射角的装置，其中心固定了可容纳样品池的温控槽，其臂上安装了由视场光阑（field stop）、成像透镜、针孔和光子计数模块组成的检测系统；③由数字式相关器和电子计算机组成的信号处理和数据分析系统[26, 27]。

激光器可以选用工作波长为 632.8nm 的氦氖激光器或工作波长为 488.0nm/514.5nm 的氩离子激光器，仅当被检测的散射光极其微弱时才有必要选用后者。对于前者，激光器的输出功率在 1~50mW，对于后者，激光器的功率在 200~500mW。激光器的输出光是线偏振的，一般要求其偏振方向垂直于散射平面。目前越来越多地采用半导体激光器作为测量光源。

会聚透镜将直径约为 1mm 的平行入射光束会聚到束腰直径约 100μm 的一个小区域内[27]，以控制散射区域的大小，保证良好的空间相干性。

耀光（flare light）和尘埃是光子相关光谱法的大敌：前者的作用类似于本振子，使基于自拍检测模式测算的平均粒径和粒径分散度偏大；后者除了具有类似于本振子的作用外，其自身的散射光脉动还会"污染"所检测的信号，降低分析的可靠性。耀光是由器件表面的反射和散射引起的，在光子相关光谱法的装置中主要来自空气和器皿的界面，与器皿的表面质量、形状以及散射角都有关。一般地，散射角越小，测量越容易受到耀光的干扰。一种常见的有效对策是将样品池置入盛有折射率匹配液（index-matching liquid）的大槽中以抑制耀光的产生，实现在较小散射角上的测量。耀光仅与装置本身有关，而尘埃与器皿、样品、测试环境的洁净度都有关。为了保证符合测试要求的洁净度，装置的用户须悉心注意操作维护的各个细节，如：测试环境的空气洁净度；样品和折射率匹配液的预处理；加样操作规程；需要反复使用的器皿的洗涤。

按式（5-9），获知样品的温度和分散介质的动力黏度对于纳米颗粒粒径测量是必要的。室温下的常规测试无须控温，因为样品的温度在测试周期内的变动一般不超过 100mK。只有在某些应用中须获取样品在不同温度下的数据，或须进行长时间的稳定性监测，或须降低分散介质的黏度，才需要对样品进行控温。注意：①一般地，分散介质的动力黏度对温度的变动比较敏感，如在室温下水的温度每变动 1K，黏度变动 2%~3%；②测试时应尽量使样品中温度分布均匀，以免引入干扰布朗运动的对流，故样品池不宜过大。

考虑到调节散射矢量 q 有利于在某些应用中获得较全面的信息，可以在多个角度进行测量。在多角度光子相关光谱法的装置中可以配置以步进电机驱动的旋转器，在一定范围内调节散射角，或在不同角度上布置多个测量装置[28]。一般散射角的调节范围为 20°~160°。不过，在多数测量应用中，分析单个散射角上的测量数据已足以获取有用信息。单角度测试的散射角一般选定为 90°，大致出于如下几点考虑：①限制耀光的影响；②受到样品容器及其控温系统的形状和体积的限制；③光学系统易于布置；④迄今所积累的大量相关研究结果是在 90°散射角上测得的，相同角度上的测试便于结果的对比评估。

在接收光路中，针孔的孔径以及成像透镜的放大率决定了除照射光束的束腰直径之外的散射区域的另一个线性尺寸，而视场光阑的口径以及它与散射区域的间距决定了观测张角，故接收光路的设计直接关系到空间相干性。

光子计数模块一般由光电倍增管（photo multiplier/photo multiplier tube，PMT）或雪崩二极管及其配套的高压偏置电源和脉冲放大甄别器（pulse amplifier-discriminator，PAD）组成。由于有用信号的单个脉冲一般不宽于 50ns，故所选用的光电倍增管的响应应当足够快，幅值高于甄别阈值的跟随脉冲（after pulse）的发生率应当足够低。光电倍增管的输出信号被脉冲放大甄别器转化为幅值均一的数字脉冲序列，送入信号处理和数据分析系统作后续处理。

数字式相关器作为光子相关光谱法的装置中最重要的器件之一，其可靠性与性能对于测试的质量与量程至关重要。一般地，一款带有 64 个通道的、最短采样时段长度为 100ns 的 4 位计数数字式相关器即可保证常规的纳米颗粒测试质量。

5.2.4 数据处理方法

图 5-6 给出了 3 种不同大小纳米颗粒的自相关函数曲线，从图中可见，颗粒越小，自相关函数衰减越快。这反映了颗粒越小，布朗运动越激烈。基于上述纳米颗粒动态光散射理论，在纳米颗粒粒度测量中数据分析一般包括估计基线（$\langle I_S \rangle^2$）、按式（5-18）从自相关函数 $g^{(1)}(\tau)$ 计算衰减率分布函数 $G(\Gamma)$、按式（5-20）从 $G(\Gamma)$ 计算数目-粒径分布函数 $f(d)$ 这三个步骤，其中以计算 $G(\Gamma)$ 最为重要、复杂。

5.2.4.1 单分散颗粒系的数据处理

对于单分散颗粒系，其光强自相关函数可以由测得的数据处理得到，如图 5-6 给出的待测纳米颗粒的自相关函数曲线，该光强自相关函数是以指数衰减的函数，可用式（5-22）由该自相关函数得到衰减线宽 Γ：

$$g_M^{(2)}(\tau) = 1 + \beta_{\text{coh}} \exp(-2\Gamma_M \tau) \qquad (5\text{-}22)$$

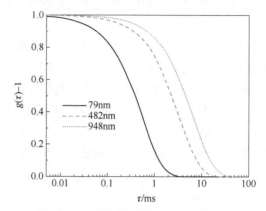

图 5-6 不同大小颗粒的自相关函数曲线

式（5-17）给出了 Γ 与表征纳米颗粒布朗运动平移扩散系数 D_0 的关系：

$$\Gamma \equiv -\frac{d}{d\tau} \ln g^{(1)}(\tau) = D_0 q^2 \qquad (5\text{-}17)$$

上式中 q 是散射矢量，与散射角、入射光波长及介质折射率有关，式（5-11）给出了它们之间的关系：

$$q = 4\pi \sin(\theta/2)/\lambda = 4\pi n \sin(\theta/2)/\lambda_0 \qquad (5\text{-}11)$$

根据上述这些关系式，以及测得的光强自相关衰减函数，就可以根据式（5-9）得到被测纳米颗粒的粒径 d：

$$D_0 = \frac{k_B T}{3\pi \eta d} \qquad (5\text{-}9)$$

5.2.4.2 多分散颗粒系的数据处理

如果被测颗粒不是单一粒径，而是有分布的多分散颗粒系，则由式（5-18）给出：

$$g^{(1)}(\tau) = \int_0^\infty G(\Gamma) \exp(-\Gamma\tau) d\Gamma \qquad (5\text{-}18)$$

上式 $G(\Gamma)$ 是依赖于散射光强的衰减线宽函数，对于多分散颗粒系的数据处理，归结为求解 $G(\Gamma)$，求得 $G(\Gamma)$ 后，就可以按式（5-17）和式（5-11）求得颗粒的粒度分布。但遗憾的是式（5-18）是个第一类 Fredholm 积分方程，它的求解问题属于病态方程求解，在理论上尚没有很好解决。本书第 8 章介绍了多种用于光散射和超声颗粒测量中求解第一类 Fredholm 积分方程的反演算法，可以参考该章给出的各种反演算法。但与其它静态光散射颗粒测量方法不同，在动态光散射测量中，从衰减函数中获得的信息较静态光散射测量中少。这加剧了反演求解的难度，也导致动态光散射测量的分辨率较低。

下面通过一个简单例子对此加以说明：假设某一纳米颗粒系由 2 种不同粒径的纳米颗粒构成，由前可知，该混合系的光强相关函数将是 2 个衰减函数的权和。由于 2 种颗粒的粒度不同，它们各自的光强自相关函数也就不同，分别对应各自的衰减线宽 Γ_1 和 Γ_2。设二者的光强自相关函数分别是：

$$y_1 = \exp(-0.2\tau)$$

$$y_2 = \exp(-0.4\tau)$$

再设二者的份额各占 50%，则该双峰多分散颗粒系的合成光强自相关函数为：

$$y = 0.5y_1 + 0.5y_2 = 0.5\exp(-0.2\tau) + 0.5\exp(-0.4\tau)$$

该函数可以用一个单峰分布颗粒系的光强自相关函数来近似：

$$y_3 = \exp(-0.2775\tau)$$

图 5-7 给出了这两个函数的曲线。从图中可以看到 y 和 y_3 这 2 个方程随时延 τ 变化的曲线很相近，仅有很小的不同。这表明对于 y 这个双峰分布的颗粒系在反演计算时很有可能得到 y_3 这样一个单峰分布的结果。这就要求在进行式（5-18）反演计算时测量数据必须非常准确。

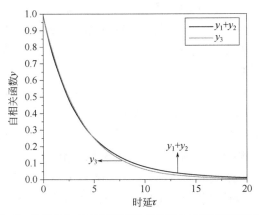

图 5-7 双峰分布衰减线宽函数与单峰分布衰减线宽函数比较

在式（5-18）的反演计算中存在的主要问题是该方程是第一类 Fredholm 积分方程，对它的求解属病态方程问题。对于病态方程的求解在理论上存在很小的原始数据误差可能会导致很大的结果误差。这是动态光散射方法测量中较大颗粒测量误差增加的原因之一。

式（5-20）$G(\Gamma)$ 的计算方法种类较多，按文献[24,29]所述，获得广泛应用的主要有累积量法、本征值分解法、奇异值分解法（singulary value decomposition, SVD）、正则化法等，其中以累积量法和正则化方法中的 CONTIN 算法应用最为普遍。以下简要介绍这 2 种方法。其它反演方法可以参考第 8 章介绍的反演算法。

（1）累积量法

该方法系 Koppel 于 1972 年提出[30]。其中心思想是将式（5-18）的指数项在 Γ 附近展开：

$$\ln\left|g^{(1)}(\tau)\right| = -\langle\Gamma\rangle\tau + \frac{1}{2!}K_2\tau^2 - \frac{1}{3!}K_3\tau^3 + \cdots \tag{5-30}$$

$$K_j \equiv \int_0^\infty (\Gamma - \langle\Gamma\rangle)^j G(\Gamma)\mathrm{d}\Gamma \tag{5-31}$$

式中，K_j 被称作 Γ 的 j 阶累积量。将 $\ln\left|g^{(1)}(\tau)\right|$ 按式（5-30）拟合得到 $\langle\Gamma\rangle$、K_j 等统计量，以此为基础估计粒径分布参数。

该方法的优点是计算简便，但由于它是基于自相关函数的指数项在 $\langle\Gamma\rangle$ 附近的展开，加之实践中三阶以上的累积量分析基本失效，故其应用局限于对 $K_2/\langle\Gamma\rangle^2 \leqslant 0.3$ 的窄分布参数作大致估计[26]。

（2）CONTIN 算法

该方法系 Provencher 等于 1978 年提出[31]。其中心思想是通过非负约束下的正则化求解离散化的式（5-17）。与一般的正则化法不同的是：CONTIN 算法引入了简约性准则来对一组对应不同正则化参数的解进行优选：从误差可接受的诸解中选取最简约的。误差是否可接受，是由关于目标函数的残差和自由度的一致性统计检验决定的，而简约性则反映了解的稳定性。引入简约性准则的目的是尽可能使计算结果的信息含量与测量结果的保持一致。

CONTIN 算法具有广泛的影响，除了被不少动态光散射仪器的制造厂商和相关应用研究者采用，还被应用于其它研究领域的各种反演计算。这些应归功于整个软件的被公布以及一些独特的细节，如：关于离散化后各区间的权重分配；关于引入测量误差、定义额外约束的选项设置；面向各项应用的子程序集。

从以上关于光子相关光谱法的典型装置和数据分析方法的描述可以看到：整个装置系统结构复杂，操作分析手续烦琐，测试结果可能会受到多个环节的影响。一般地，动态光散射测量纳米颗粒的各个环节中对结果准确性起重要作用的有观测的时间尺度、数据采样的总长度及每个采样时段的长度、颗粒的浓度、散射角等，其中前两个环节的作用机制比较简单，也比较容易根据实际情况作有效控制。观测的时间尺度 τ 范围的选定必须保证计算依据的有效性，即须满足斯托克斯-爱因斯坦关系式（5-9）成立的前提假设。Pusey 与 Tough 指出：只有当观测的时间尺度 τ 远大于颗粒响应黏滞力的弛豫时间 τ_B，且小于颗粒响应各颗粒之间直接相互作用的弛豫时间 τ_I 时，才可能测得对应颗粒自由扩散的数据[8]。数据采样的总长度直接关系到自相关函数的统计误差，一般推荐一次连续采样须包含至少数十万个采样时段，而每个采样时段的最适长度则由自相关函数的衰减率 Γ 的范围确定，故数据采样的总长度与每个采样时段的最适长度都因工作波长、散射角、粒径范围而异。

目前用于测粒的动态光散射技术的粒径量程一般约为 2nm～2μm，不过由于技术原理的限制，约 0.5μm 以上粒径测量的可靠性和效率都较低，且对样品有一定的选择性。

（3）全局优化算法

全局优化算法是寻求一个在整个求解域中使得目标函数值最小的解。全局优化算法可以分成三类：进化算法、神经网络优化算法和种群智能优化算法等。进化算法主要包括遗传算法（genetic algorithm）、分散搜索算法（scattering search algorithm）等算法。进化算法的特点是群体搜索策略和个体之间进行信息交换，不需要用到目标函数导数信息，直接用到的是目标函数值信息，因此应用广泛，可用于非线性问题和传统优化算法难以解决的复杂问题。神经网络优化算法包括随机神经网络算法（random neural networks algorithm, RNN）、混沌神经网络算法（chaotic neural networks algorithm, CNN）等算法。神经网络优化算法的特点是收敛速度快、能快速跳出局部极小值、能很容易和其他优化算法结合以提高智能优化性能。种群智能优化算法包括粒子群优化算法（particle swarm optimization algorithm, PSO）、蚁群优化算法（ant colony optimization algorithm, ACO）、果蝇优化算法（fruit fly optimization algorithm, FFO）等算法。种群智能优化算法是受自然界生物种群所表现出来的智能现象启发而建立的算法，其特点是把个体看成一个单一的、具有学习能力的生物来解决问题。全局搜索算法（global search）是由 Zaolt Ugray 等人[32]提出的一种结合分散搜索算法（scatter search）和局部求解器（local solver）的多起点（multistart）全局优化算法。对于像分散搜索算法这类的启发式搜索算法，其优点是能找到一个近似的全局优化点，但其精确度不够。而局部搜索算法能够得到精确度很高的解，但只能收敛到局部优化点。因此结合分散搜索算法和局部优化算法的优点，同时避开其缺点是全局搜索算法的最大特点。

全局搜索算法基本流程图如图 5-8 所示，分成 5 个步骤[33]：

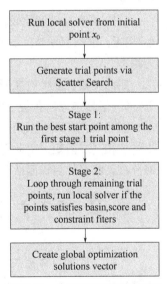

图 5-8　全局搜索算法基本流程

① 在初始点 x_0 处运行局部优化算法。如果求解能得到一个极小值，以极小值点为圆心，初始点和极小值点之间距离初步估计吸引盆地（basin of attraction）的半径。同时记录目标函数的值 $f(x_0)$，得到此时的评价函数（score function）的值。

评价函数的值 = 该点目标函数值+惩罚因子×限制条件越界程度

因此可行点（此处即为x_0）的评价函数的值等于其目标函数的值，评分函数值越小表示该点越优。

② 通过分散搜索法生成一个试验点参考集 R（m 个）。

③ 第一阶段，从 R 中选取部分试验点（n 个）评估对应的评价函数，选取评价值最好的点作为开始点 x_1，并运行局部优化算法求解对应的极小值。比较 $f(x_0)$ 和 $f(x_1)$的大小，选取两者之间最小值作为初始局部阈值。将已经计算过的点从试验点参考集中删除。

④ 第二阶段，重复检查剩余试验点（除了第一阶段中的部分试验点），判断是否需要运行局部优化算法。当试验点 x 满足以下全部条件时，运行局部优化算法：

a. 点 x 不落于任何现有吸引盆地内；

b. 点 x 的评价函数比当前阈值小；

c. 点 x 在可行域内。

如果点 x 满足以上全部条件，利用局部优化算法作局部优化，有两种可能结果：

a. 与现有局部解比较，如果点 x 的位置距离现有局部解点 x_p 较远或者点 x 的目标函数值 $f(x)$ 与局部解都相差较大，此时算法认为点 x 到 x_p 的半球区域为一个新吸引盆地。

b. 与现有局部解比较，如果存在一个局部解点 x_q，与点 x_p 的位置和目标函数值$f(x)$ 相近，那么算法认为 x_q 与 x_p 相同，扩大此时的吸引盆地半径为此时 x 到 x_q 之间的距离。

如此反复直至检查完所有试验点，吸引盆地之间叠加，再无试验点可选为止。

⑤ 最后选取所有极小值中的最小值作为全局最小值，算法运行结束。

以双峰分布颗粒系为例，将颗粒系的每个组分粒径分布参数用累积量法展开为平均值和其二阶矩，由此可得反演参数为 7 个（Γ_1、Γ_2、k_1、k_2、a_1、a_2、B）双峰分布颗粒系的目标函数和约束条件：

$$f = \sum_{i=1}^{M} \left[a_1 \exp\left(-\Gamma_1 \tau_i + \frac{k_1}{2} \tau_i^{\,2} \right) + a_2 \exp\left(-\Gamma_2 \tau_i + \frac{k_2}{2} \tau_i^{\,2} \right) - g^{(1)}(\tau_i) - B \right]^2 \quad (5\text{-}32)$$

$$a_1 + a_2 + B = 1, \quad a_1 \geqslant 0, \quad a_2 \geqslant 0 \quad (5\text{-}33)$$

其中，B 为整体相关获得的自相关曲线基线；Γ_1、Γ_2 分别是两种颗粒粒径的衰减线宽；a_1、a_2 分别是对应颗粒粒径所占份额；k_1、k_2 分别是平均衰减线宽 Γ_1、Γ_2 的二阶距。多分散度可表示为：

$$PDI_j = \frac{\sqrt{k_j}}{\Gamma_j} \ (j = 1, 2) \quad (5\text{-}34)$$

使用正态分布来描述单个组分颗粒粒径分布：

$$f(D) = \frac{1}{s\sqrt{2\pi}} \exp\left[-\frac{(D-\langle D\rangle)^2}{2s^2}\right] \tag{5-35}$$

式中 $\langle D \rangle$ 和 s 分别为正态分布的平均值和标准偏差，其中 $s = PDI \cdot \langle D \rangle$。

因此该双峰颗粒粒径分布可表示为：

$$f(D) = \frac{1}{PDI_1\langle D_1\rangle\sqrt{2\pi}} \exp\left[-\frac{(D-\langle D_1\rangle)^2}{2(PDI_1\langle D_1\rangle)^2}\right] + \frac{1}{PDI_2\langle D_2\rangle\sqrt{2\pi}} \exp\left[-\frac{(D-\langle D_2\rangle)^2}{2(PDI_2\langle D_2\rangle)^2}\right]$$

$$\tag{5-36}$$

采用上述算法，就可以求解得到颗粒系的粒度分布。

图 5-9 和图 5-10 给出了用全局寻优算法得到的单峰和双峰颗粒的实验测量结果。作为比较，同时给出了累积量算法和双指数算法的结果。表 5-1 给出了具体的反演结果。

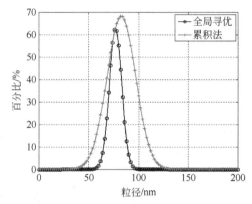

图 5-9 单峰分布颗粒系反演结果（79nm）

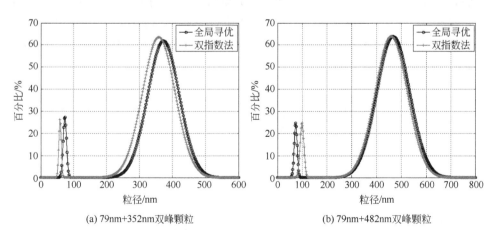

(a) 79nm+352nm双峰颗粒   (b) 79nm+482nm双峰颗粒

图 5-10 双峰分布颗粒系反演结果

表 5-1 实测双峰分布颗粒系反演数据

粒径/nm	项目	双指数法		全局寻优	
79nm + 352nm	D/nm	359.39	58.54	373.53	73.21
	误差/%	2.1	25.9	6.11	7.33
	PDI/%	13.84	6.3	12.86	7.01
	a	0.6349	0.2942	0.6182	0.2752
	B	0.1075		0.1066	
79nm + 482nm	D/nm	459.98	99.51	467.83	73.84
	误差/%	4.57	25.96	2.94	6.53
	PDI/%	14.08	7.96	14.18	8.22
	a	0.6384	0.2465	0.694	0.2204
	B	0.1109		0.0936	

5.3 图像动态光散射测量

5.3.1 图像动态光散射测量方法（IDLS）[34]

在图 5-5 中给出了目前常用的动态光散射测量装置示意图，在这类仪器中均采用光电倍增管或雪崩管在某个散射角下测量颗粒的动态光散射信号。为获得足够数量的信号以得到可靠的自相关函数，仪器的测量时间一般在数十秒到百秒以上，依颗粒粒度大小而定。

根据第 2 章的光散射理论可知，颗粒在激光入射下的散射光是向空间所有方向传播的。如果将图 5-5 中的光电探测器（光电倍增管、雪崩管）改用 CCD/CMOS 面阵探测器件，并对光路作适当的改进，如图 5-11 所示，则可以获得纳米颗粒动态光散射的空间分布信号，见图 5-12。该测量方法称为图像动态光散射测量法（image-based dynamic light scattering, IDLS）。

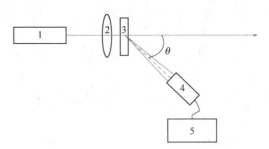

图 5-11 图像动态光散射测量原理示意图

1—激光器；2—透镜；3—样品池；4—面阵数字相机；5—计算机

图5-12 纳米颗粒动态光散射信号的空间分布

相机按设定的帧率连续拍摄纳米颗粒的动态光散射信号后获得一系列图像，每幅图像的时间间隔是 τ，图5-13给出了该系列图像的示意图。

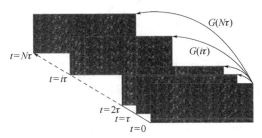

图5-13 相机采集到的系列动态光散射信号

对上述系列图像进行数据处理的基本思想之一是：面阵 CCD/CMOS 拍摄的每幅图像上的百万像素（$m \times n$）同时记录了某时刻一定散射角范围内的散射光强。将每幅图像按同样大小离散成 $i \times j$ 个网格（block），如图5-14所示，这样一幅图像等效于 $i \times j$ 个探测器同时记录了某时刻颗粒动态光散射光强的空间分布信号。设一次连续拍摄得到的动态光散射信号图像为 N 帧，每帧图像的时间间隔为 Δt，共获得 $i \times j$ 个样本数是 N 的信号序列函数。

$$
\begin{aligned}
&E_{1,1}(e_{1,1},1,e_{1,1},2,\cdots,e_{1,1},N) \\
&\qquad\qquad \vdots \\
&E_{1,j}(e_{1,j},1,e_{1,j},2,\cdots,e_{1,j},N) \\
&\qquad\qquad \vdots \\
&E_{i,1}(e_{i,1},1,e_{i,1},2,\cdots,e_{i,1},N) \\
&\qquad\qquad \vdots \\
&E_{i,j}(e_{i,j},1,e_{i,j},2,\cdots,e_{i,j},N)
\end{aligned}
\tag{5-37}
$$

将这 $i \times j$ 个信号序列函数按式（5-9）、式（5-12）、式（5-17）和式（5-22）进行数据处理，就可以得到被测颗粒的平均粒度。

也可以对获得的 $i \times j$ 个时间序列信号采用颗粒粒度分布算法进行处理，得到被测纳米颗粒的粒度分布。

在上述测量方法中，各网格序列对应的散射角是不同的，如以中心网格的散射角为 θ，其它围绕中心网格呈对称状态。理论分析表明，正负角度的变化影响相互

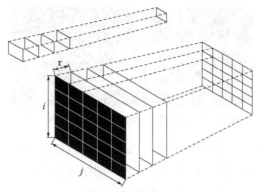

图5-14 图像的网格处理

抵消。因此，对于所有网格，可以按中心网格的散射角处理。

在该方法中，图像分割构成的 $i×j$ 个时间序列动态光散射信号等效于 $i×j$ 个光电倍增管或雪崩管获得的信号，从而使得测量时间大幅度减少到原来测量时间的 $i×j$ 分之一。

5.3.2 超快图像动态光散射测量方法（UIDLS）[35,36]

在动态光散射法测量中的关键是相关函数的确定。对式（5-22）、式（5-17）、式（5-12）和式（5-9）分析可以发现，在确定散射角 θ、入射激光波长 λ、介质折射率 n 和时延 τ 后，如果可以直接求得时延 τ 时间间隔后颗粒布朗运动的相关性，则被测颗粒的粒径可以由相关系数唯一确定，如图5-15所示。

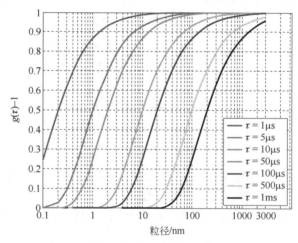

图5-15 相关系数与颗粒粒径及时延 τ 的关系

在图 5-15 中可见，如 $\tau = 50\mu s$，测得相关系数等于 0.5，则可以得到被测颗粒的粒径是 10nm。

在图像动态光散射测量中，相机的各像素在极短曝光时间中同时获得纳米颗粒动态光散射信号的空间分布，如果按确定的时间间隔 τ（或帧率）连续拍摄图像，则这些图像就记录了纳米颗粒在该时间间隔 τ 内的布朗运动状态。对每 2 幅图像进行相关性分析，得到相关系数 $g^{(1)}(\tau)$，然后可以根据式（5-22）、式（5-17）、式（5-12）和式（5-9）得到颗粒的平均粒径，如图 5-16 所示。

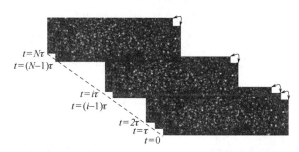

图 5-16 超快图像动态光散射（UIDLS）测量数据处理示意图

设第一幅图像为 A，第二幅图像为 B，两幅图像的相关系数为：

$$G(\tau) = R[A(m,n), B(m,n)]$$

$$= \frac{\sum_m \sum_n (A_{m,n} - \overline{A})(B_{m,n} - \overline{B})}{\sqrt{\left[\sum_m \sum_n (A_{m,n} - \overline{A})^2\right]\left[\sum_m \sum_n (B_{m,n} - \overline{B})^2\right]}} \tag{5-38}$$

其中 m 和 n 分别表示图像的第 m 行和第 n 列像素。$\overline{A}$ 和 $\overline{B}$ 分别是两幅图像的总平均灰度值，$A_{m,n}$ 和 $B_{m,n}$ 分别是图像 A 和 B 中第 m,n 像素的灰度值。

在该方法中，仅需要计算两幅图像间的相关系数，而不是一系列纳米颗粒随时间变化信号得到的相关系数，以"空间换时间"，极大缩短了测量时间，从传统动态光散射测量时间数十秒级缩短到毫秒级甚至微秒级。由于测量时间极短，在如此短时间的测量过程中被测样品的温度变化很小，不会影响颗粒的布朗运动，该方法不再需要维持样品在测量期间的温度恒定，仅需要同步测量样品温度。这两个特点使得该方法能用于纳米颗粒的原位实时在线测量，拓宽了动态光散射测量方法的应用范围。

表 5-2 是超快图像动态光散射（UIDLS）方法测量的 6 种标准颗粒的结果。

表 5-2　标准颗粒测量结果

标称尺寸/nm	46	70	100	203	508	900
测量结果/nm	46.81	70.47	101.3	203.9	507.3	897.8

5.3.3 偏振图像动态光散射法测量非球形纳米颗粒

5.3.3.1 偏振图像动态光散射法理论（DUIDLS）[37]

纳米颗粒的布朗运动可以分解成平移和转动两种扩散运动形式。在球形颗粒中，因其对称性，颗粒散射光信号只受其平移扩散的影响，而与其自身转动无关，从而只需要考虑平移运动。这就是本章前面介绍的动态光散射理论。但对于非球形颗粒，其形貌会同时影响颗粒布朗运动的平动和转动。

建立如图 5-17 的纳米颗粒等效圆柱模型[37]，等效尺寸为 L、d、$p(p = L/d)$，分别是圆柱的长、直径和长径比。当 $L \gg d$ 时，等效棒状二维颗粒或线状一维颗粒；当 $L \ll d$ 时，等效盘状二维颗粒或片状二维颗粒；当 $L \approx d$ 时，等效球形颗粒。

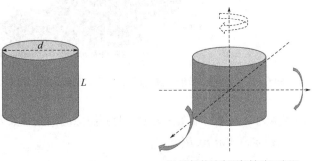

(a) 非球形纳米颗粒的等效圆柱模型图　　　　(b) 圆柱状纳米颗粒转动示意图

图 5-17　二维纳米颗粒等效圆柱模型示意图

纳米颗粒的布朗运动由 6×6 广义扩散张量 D 所描述[38]。该张量由四个 3×3 的张量组成：

$$D = \begin{bmatrix} D_{tt} & D_{tr} \\ D_{rt} & D_{rr} \end{bmatrix} \tag{5-39}$$

式中，D_{tt} 表示平动-平动耦合；D_{rr} 表示转动-转动耦合；$D_{tr} = [D_{rt}]^{T}$ 表示平动-转动耦合。颗粒的平动扩散系数 D_0 是对角元素 D_{tt} 的平均值。式（5-9）已给出了球形纳米颗粒粒径与平动扩散系数的关系。对于如图 5-17 给出的模型，转动扩散运动可分成绕旋转对称轴转动和垂直于旋转对称轴转动两种方式，其转动扩散系数可以表示为：

$$D_r = \frac{2D_r^{\perp} + D_r^{\parallel}}{3} \tag{5-40}$$

式中，$D_r^{\parallel}$ 和 $D_r^{\perp}$ 分别是绕旋转对称轴旋转和垂直于旋转对称轴旋转时的转动扩散系数。纳米棒的散射光强的涨落不受粒子绕轴旋转的影响，因此非球形纳米颗粒垂直于旋转对称轴旋转时的平移扩散系数和转动扩散系数与形貌之间的函数关系[39]

可以表示为：

$$D_0 = \frac{k_{\mathrm{B}}T}{3\pi\eta L}[\ln p + C_{\mathrm{t}}(p)]$$

$$D_{\mathrm{r}}^{\perp} = \frac{3k_{\mathrm{B}}T}{\pi\eta L^3}[\ln p + C_{\mathrm{r}}(p)] \tag{5-41}$$

式中，$C_{\mathrm{t}}(p)$ 和 $C_{\mathrm{r}}(p)$ 分别代表平移和转动扩散的修正系数。在 $2 \leqslant p \leqslant 30$ 的范围内，文献[40]给出的修正系数表达式为：

$$C_{\mathrm{t}}(p) = 0.312 + \frac{0.565}{p} - \frac{0.100}{p^2}$$

$$C_{\mathrm{r}}(p) = -0.662 + \frac{0.917}{p} - \frac{0.050}{p^2} \tag{5-42}$$

二维纳米棒在 VV 和 VH 偏振方向的散射光涨落与其布朗运动的两个扩散系数有关：

$$g_{\mathrm{VV}}^{(1)}(q,\tau) = \exp(-\Gamma\tau)\sum_{k=0}^{\infty}\mathrm{e}^{-D_{\mathrm{r}}^{\perp}k(k+1)\tau}S_{2k} \tag{5-43}$$

$$g_{\mathrm{VH}}^{(1)}(q,\tau) = \exp[-(q^2D_0 + 6D_{\mathrm{r}}^{\perp})\tau] \tag{5-44}$$

$S_{2k}(qL)$ 为权重系数。

$$S_{2k}(qL) = \frac{(4k+1)\left[\int_{-1}^{1}P_{2k}(x)J_0\left(\frac{1}{2}qLx\right)\mathrm{d}x\right]^2}{2\int_{-1}^{1}J_0^2\left(\frac{1}{2}qLx\right)\mathrm{d}x} \tag{5-45}$$

式中，k 是 Legendre 多项式函数的阶数，可以取 0,1,2 等；P_k 为 $2k$ 阶 Legendre 多项式函数；J_0 为 0 阶球面 Bessel 函数。纳米颗粒在悬浮液中的布朗运动随着纳米颗粒尺寸的减小而加快，粒径较小的纳米棒具有较大的扩散系数。当纳米棒长度较短时 k 为零，$g_{\mathrm{VV}}^{(1)}$ 中包含转动扩散系数的项相对较小，系数 S_0（$k=0$ 时）接近于 1，因此式（5-43）可以简化为：

$$g_{\mathrm{VV}}^{(1)}(q,\tau) = \exp(-D_0q^2\tau) \tag{5-46}$$

具有和球形动态光散射相关系数同样的形式。这表明即使对于非球形纳米颗粒，仍可以用 I_{VV} 偏振方向的动态光散射信号来获得被测颗粒的等效球形粒径。

在上述模型中假设纳米棒的长度很短（$qL < 5$），此时理论中自相关函数只考虑 S_0 项，忽略了含有较高阶权系数（$k>0$）的项。当 $qL > 5$ 时，高阶权系数 $S_{2k}(qL)$ 就不能再忽略。文献[41]给出了在 $qL > 5$ 后考虑高阶权系数 $S_{2k}(qL)$ 的自相关函数的计算。

5.3.3.2 偏振图像动态光散射的测量和实验

偏振图像动态光散射的测量原理如图 5-18 所示。激光器发出的光束经一线偏振起偏器成为线偏振光束，入射到样品池，在 90°散射角方向通过偏振相机接收偏振散射光（VV）和去偏振散射光（VH）的动态光散射信号，然后用上述理论对信号进行处理，得到二维纳米颗粒的粒度参数。

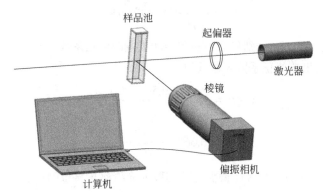

图 5-18 偏振图像动态光散射测量示意图

偏振相机（图 5-19）是一种特殊的相机，在 CMOS 传感器上每四个像素上具有四个不同方向的偏振滤波器（0°、45°、90°、135°），分辨率为 2448×2048，像素尺寸为 3.45μm(H)×3.45μm(V)。可同时获得四个偏振方向的信号。对获得的偏振图像进行分割处理，可以获得同一时刻四个偏振方向的四幅纳米颗粒图像动态光散射偏振图像。

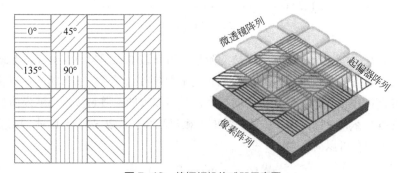

图 5-19 偏振相机传感器示意图

图 5-20 是偏振相机获得偏振图像动态光散射图像，其中（a）是球形标准颗粒在四个偏振方向的图像动态光散射信号，（b）是 20nm×300nm 纳米金棒在四个偏振方向的图像动态光散射信号。从图中可以看出标准球形粒子在 VH 偏振方向上的散射光信号几乎为零，而非球形颗粒在 VH 偏振方向上存在明显的偏振散射光。这与本书第 2 章及文献[42]的偏振散射光理论预测符合，球形颗粒的 $I_{VH} = 0$，非球形颗粒的 $I_{VH} \neq 0$。

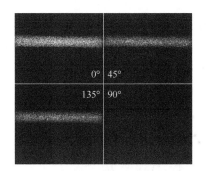
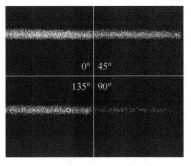

(a) 100nm球形标准颗粒   (b) 20nm×300nm棒状金颗粒

图 5-20 球形纳米颗粒和纳米金棒的偏振动态光散射图像

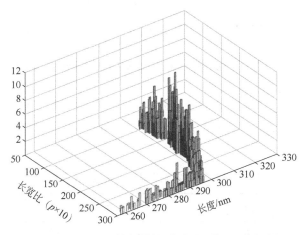

图 5-21 20nm×300nm 纳米金棒的实验测量结果，激光波长 780nm

在用偏振相机连续拍摄获得四个偏振方向的一系列偏振动态光散射图像后，就可以按上述理论进行数据处理。对于 I_{VV} 偏振方向的图像用式（5-38）处理可以得到被测纳米颗粒的等效球粒径。根据上述理论同时处理 I_{VV} 和 I_{VH} 偏振方向的图像，就可以得到非球形颗粒的尺度参数。图 5-21 是 20nm×300nm 纳米金棒的实验测量结果。

详细求解过程可以参考有关文献[43]。

5.3.3.3 非球形纳米颗粒形貌估测

图 5-22 是根据 Mie 散射理论得到的在 650nm 波长激光入射下聚苯乙烯不同粒径纳米颗粒在 90°散射角的 VH 方向偏振光强与 VV 方向偏振光强的比值。在球形颗粒粒径小于大约 450nm 时，二者的比值很小。故采用偏振图像动态光散射法测量出颗粒粒径后，可以根据 VH 与 VV 方向偏振散射光强度比值的大小来判断颗粒偏离球形的程度。图 5-20 的结果证明了这点。在图 5-20（a）球形颗粒的偏振在 VH 偏

振方向光散射强度为零，而对于非球形颗粒，在 VH 方向的光散射强度与颗粒的非球形度有关，如图 5-20（b）所示。从而可以在采用偏振图像动态光散射测量纳米颗粒粒度的同时，根据纳米颗粒在不同偏振方向散射强度间的关系来简单估测颗粒的形貌。

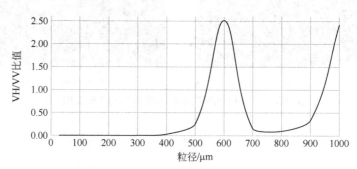

图 5-22　不同粒径纳米颗粒的垂直偏振光强度与水平偏振光强度的比值

表 5-3 给出了球形颗粒和纳米金棒在不同偏振方向的测量结果。对于球形颗粒，I_{VH} / I_{VV} 的比值很小，符合图 5-22 给出的规律，对于纳米金棒，长径比越大，I_{VH} / I_{VV} 的比值也越大。

表 5-3　球形和棒状纳米颗粒的偏振散射强度比

形貌	粒度/nm	I_{45}/I_0	I_{90}/I_0	I_{135}/I_0
球形颗粒	51	0.494	0.004	0.503
	269	0.506	0.007	0.502
	565	0.521	0.012	0.491
棒状颗粒	10×51	0.61	0.227	0.628
	20×34	0.556	0.118	0.628
	20×46	0.643	0.29	0.574
	20×51	0.663	0.325	0.66
	20×60	0.673	0.346	0.674
	40×84	0.664	0.336	0.695

偏振散射的另一个特点是对于球形颗粒，在 45°和 135°方向的偏振散射强度基本相同，大致等于在 VV 偏振方向的 50%。而非球形颗粒在 45°和 135°偏振方向的偏振强度与 VV 方向偏振强度的比值大于 50%，且随颗粒偏离球形的程度越大，这个比值也越大。

可以将在 45°、90°和 135° 3 个偏振方向的散射光偏振强度之和与 0°方向（VV）的散射光偏振强度之比的倒数定义为类球形度 Ω，与球形度参数一样作为一个形貌参数来判断纳米颗粒偏离球形的程度。该值越接近 1，颗粒球形度越好。

$$\Omega = \frac{I_0}{I_{45} + I_{90} + I_{135}} \qquad (5\text{-}47)$$

5.4 纳米颗粒跟踪测量法（PTA）

如前所述，动态光散射法测量纳米颗粒的基本原理是基于纳米颗粒的布朗运动，在此技术上发展了不同的测量方法以及数据处理方法，如光子相关光谱法（PCS）等。这意味着如果采用其它方法测得纳米颗粒的布朗运动，也同样可以得到纳米颗粒的粒度。近年出现的一种新的纳米颗粒测量方法——纳米颗粒跟踪测量法 [particle tracking analysis (PTA) method, NanoSight][3]，即是基于这样的想法发展形成的。

如图 5-23 所示，悬浮在液体中的纳米颗粒在激光照射下，由于颗粒的折射率与液体不同，会产生散射，形成光质点。在显微镜下这些光质点很容易被观察到。在瑞利散射情况下，颗粒的散射强度随颗粒粒径的增大而增大，在显微图像中较大颗粒的光质点因较强的散射光强而显得较亮。当颗粒粒径进一步增加，颗粒的散射不再满足瑞利散射条件时，颗粒的散射出现衍射"艾利斑"。因此，这些光质点的亮度反映了颗粒大小，如图 5-24 给出了放大的 100nm+200nm 混合聚苯乙烯标准颗粒的显微光散射图像，可以见到 200nm 颗粒的光质点大于 100nm 颗粒的光质点。

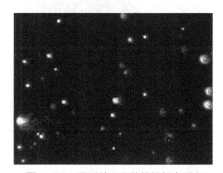

图 5-23 悬浮纳米颗粒的散射光质点

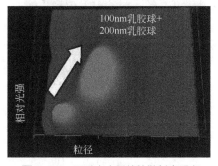

图 5-24 不同大小颗粒的散射光质点

由于布朗运动的存在，这些光质点会在液体中作随机运动，较大颗粒的随机运动频率较低，运动速度较慢，而较小颗粒的随机运动频率较高，运动速度较快。颗粒的扩散系数与粒度的关系可以用 5.2 节中的斯托克斯-爱因斯坦公式描述：

$$D_0 = \frac{k_B T}{3\pi\eta d} \qquad (5\text{-}9)$$

式中，k_B 是玻尔兹曼常数；T 是热力学温度；η 是黏度；d 是待测颗粒的半径。而描述纳米颗粒的扩散系数与颗粒布朗运动造成的位移的关系已经在式（5-8）

给出。如果连续拍摄光质点的布朗运动图像，记录下颗粒的运动轨迹，再对这些运动轨迹进行处理，就可以由斯托克斯·爱因斯坦公式得到颗粒的粒度。图 5-25 给出了记录的纳米颗粒布朗运动轨迹。

由于这种方法直观地看见纳米颗粒的布朗运动，所以把这种方法称为"纳米颗粒跟踪测量法"。图 5-26 给出了该方法的测量示意图。激光从样品的侧面入射，采用暗场显微镜测量纳米颗粒的散射光，显微镜上方的 CCD 摄像机记录纳米颗粒的布朗运动图像，摄像机的拍摄速度为每秒 30 帧，通常记录时间为 30s，共获得大约900 帧图像，在每帧图像中可以同时记录多个颗粒的图像。图 5-27 是用该方法测得的 20nm 金颗粒的粒度分布。

图 5-25 纳米颗粒的布朗运动轨迹

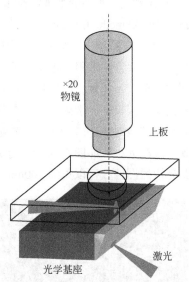

图 5-26 可视法纳米颗粒测量原理示意图

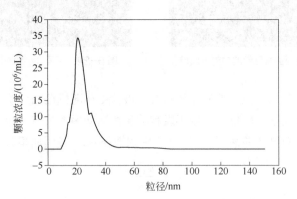

图 5-27 NanoSight 测得的 20nm 金颗粒的粒度分布

目前这种方法测量的纳米颗粒的粒度范围是 10～1000nm，但测量下限与被测颗粒的折射率有关。对于纳米金和纳米银颗粒，由于有较高的折射率，测量下限可以达到 10nm，但对于其它颗粒，如液体中的气泡，测量下限在大约 50～60nm。ISO 19430 国际标准给出了该方法测量不同物质纳米颗粒时的测量下限，见表 5-4。

表 5-4　纳米颗粒跟踪测量法（PTA）的测量下限

颗粒材料	金	银	聚苯乙烯	二氧化硅	生物材料	气泡	其它金属或金属氧化物
水动力直径/nm	10	10	40	50	65	50	25

　　显微镜在使用时视野和景深是确定的，也就是说测量体积是确定的，因此记录下测量体内的所有颗粒数，还可以得到颗粒的浓度。为得到正确的浓度结果，测量时视野里的颗粒数应有一定的数量，不宜太多，也不能太少。在颗粒浓度过高时，可以通过精确的稀释来得到合适的浓度，然后进行测量，获得稀释后的颗粒浓度。

　　对于团聚颗粒其散射光质点的形状与单颗粒的形状不同，很容易区分，可以在数据处理时剔除团聚颗粒，且布朗运动会有较大变慢。因此，采用该方法可以比较有效地测量易团聚的颗粒。

5.5　高浓度纳米颗粒测量

　　在动态光散射中为了避免多次散射对分析的影响，一般要求限制试样的浓度上限：对于 90°采光、1cm 见方的样品池，试样在工作波长处的吸光度不宜超过 0.04[44]；在这一限制下，动态光散射的测试样品外观都是淡雾状的。实际上，大多数胶体产品原样的体积浓度在 5%以上，外观是浑浊的，用动态光散射法分析前不得不对之作高倍率的稀释，这既不便于使用，又可能会破坏胶体的稳定性；另外，动态光散射法很容易受到外界污染的干扰，由此，可用于高浓度纳米级胶粒粒度分析的动态光散射技术应运而生。

　　粒度分析系统公司（Particle Sizing Systems, Inc.）的 NICOMP 动态光散射亚微米颗粒粒度分析仪是较早出现的可用于高浓度纳米级胶粒粒度分析的动态光散射仪器[45]。这种仪器采用了该公司所持有的一项自动稀释专利技术，可以在其内部快速、精确地实现指定倍率的自动化稀释。此外，粒度分析系统公司还为 NICOMP 的用户提供配备高功率激光器和高灵敏度探测器的选择，以助于准确分析散射光较弱的纳米颗粒。但该仪器的测量方法实际上仍是低浓度的测量方法。

　　采用自动化稀释要求事先备有足量的稀释原液以及限制每次稀释的倍率，这在某些情况下难以满足，提高激光器输出的光功率和探测器灵敏度的作用也相对有限，因此自 20 世纪 80 年代起兴起的动态光散射技术的变革的主要目标之一就是提高工作浓度上限。1981 年，美国密歇根大学的 Phillies 提出了互相关法：将两套相同的散射角为 90°的光子相关光谱法装置对冲布置，使两者的散射区域重合，将探测到的两路散射光信号送入相关器得到其互相关函数。Phillies 指出：由此获得的两路信号的互相关函数与单路信号的自相关函数在多次散射可忽略的前提下是等价的，而在分析高浓度试样时前者受到多次散射的影响比后者小得多[46,47]。德国基尔大学的 Schätzel 提出三种散射角不限于 90°的互相关法方案用于高浓度试样分析[48]，其中一种后来由德国夫琅和费制造工艺与实用材料研究所（Fraunhofer-Institut für Fertigungstechnik und Angewandte Material-forschung）的 Aberle、Hülstede 等人发展成三维互相关法（3-D cross-correlation method），其特点是两路散射光信号对应的散射平面不重合，以保证对应的两个散射矢量完全一致（见图 5-28）[49]。目前，采用互相关法的动态光散射粒度分析仪器产品有新帕泰克公司（Sympatec GmbH）出品的 NANOPHOX 和 LS 仪器公司（LS Instruments GmbH）出品的三维动态光散射光谱仪（3D DLS spectrometer），使用时允许试样在工作波长处的吸光度达到 5.0。

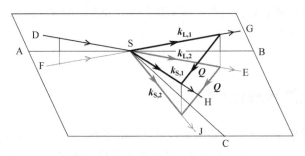

图 5-28　三维互相关法原理示意图

下标 L、S 分别表示入射光波矢和散射光波矢，下标 1、2 分别表示各路信号
对应的散射平面，Q 为散射矢量

提高动态光散射浓度测量上限的另一种思路是保证散射体积足够小，降低多次散射光在信号光中的比重，例如：只需将传统光子相关光谱法中的 1cm 见方的样品池换成内径为 1.25mm、最大容量为 50μL 的毛细管，即可将工作浓度上限提升约 10 倍[50]。目前，一些动态光散射仪器配备可选的容量在 100μL 以下的微量样品池，既节省试样，又有利于分析高浓度试样。此外，将发射端和接收端布置于试样的同侧，并适当控制散射区域的大小及其与样品池内壁的间距，可以获得更理想的抑制多次散射的效果，柯多安技术公司（Cordouan Technologies）的 VASCO 粒度分析仪是个典型样例：试样被置于一块导光棱镜上，顶上由一个玻璃棒盖住，玻璃棒上带有用以吸收透射光的光阱，可以通过设定玻璃棒的垂直位置控制试样的厚度和散射区域的大小（见图 5-29）；由于试样的厚度可以设定得小至数十微米，大多数情况下多次散射可得到有效抑制，工作的体积浓度上限可高达 40%。ALV 激光公司（ALV Laser Vertriebs GmbH）发明、目前属马尔文仪器公司（Malvern Instruments, Inc.）所有的非侵入式背向散射（non-invasive back-scattering，NIBS）技术与布鲁克海文仪器公

司（Brookhaven Instruments Corporation）所有的光纤光学准弹性光散射（fiber optic quasi-elastic light scattering，FOQELS）技术类似：都采集分析背向散射光信号，且都可以通过调节散射区域相对于样品池的位置来抑制多次散射和来自样品池表面的耀光，区别在于后者的样品池位置的有效范围很小，对操作者的要求较高。

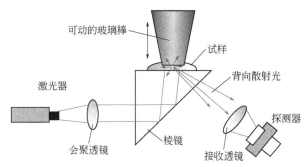

图 5-29 VASCO 粒度分析仪的光学系统示意图

当采用非侵入式测量时，样品池的壁厚对散射区域的大小和相对位置的影响较大，为稳定分析质量起见，相关仪器产品厂商都提供专用的样品池。采用侵入式测量则无须如此，分析时仪器的测试端浸没于试样中，对所用样品池无特殊要求，麦奇克公司（Microtrac, Inc.）的受控参考法（controlled reference method）是个典型样例：照明光由一根光纤导入，信号光由另一根光纤导出，两根光纤通过一个光纤耦合器与测试端光纤相连；信号光是光纤所接收的散射光和光纤端面的反射光的干涉合成（见图 5-30）——这是少见的采用零差拍干涉模式的商业技术[51]。光纤输出的照明光场的有效距离短于 100μm，故大多数情况下多次散射的影响可忽略，工作浓度上限大致与前述系统相当。该系统的结构相对简单、紧凑，若激光器和探测器采用半导体器件，并采用嵌入式计算分析数据，则可作集成应用。

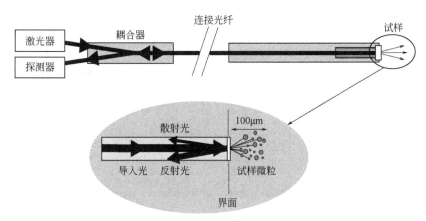

图 5-30 受控参考法的光学系统示意图

上述侵入式测量设计的主要问题是难以调节本振光的强度，这就限制了每个测试端适用的试样种类和浓度范围，就这点来说，侵入式测量设计采用自拍干涉模式更容易获得理想的试样适应性：导入照明光和导出信号光的光纤被一并浸入被测试样且相互分离，若设法使其间距保持在 50μm 以下，则同样可获得很小的散射区域和相当可观的工作浓度上限（10%以上）[52,53]，且容易获得不同散射角下的分析数据。这种设计的典型样例有大塚电子公司的一种光纤光学粒度分析仪，其特点是导入、导出光纤的端部都被固定于一个截锥形套箍内，套箍呈截锥形的用意是留出足够的空间，使两根光纤的端部不致因外套相抵而难以接近。

值得一提的是：虽然大多数动态光散射粒度分析仪器的粒径量程下限的参考值在 10nm 以下，但是实际粒径量程下限因被测试样的种类而异。仪器的粒径量程下限与信号光相对背景光脉动的强弱、探测器的灵敏度都有关。另外应注意：当被测颗粒相对分散介质分子热运动的平均自由程不太大时，斯托克斯-爱因斯坦关系式所基于的简化假设不再成立，由此计算的颗粒粒径必然存在明显的偏差。

参考文献

[1] Zsigmondy R A. Properties of Colloids. Nobel Lecture, 1926.

[2] Svedberg T. Ueber die Eigenbewegung der Teilchen in kolloidalen Lösungen. Z. Elektrochem. angewandte phys. Chem., 1906, 12: 853.

[3] Carr B, Hole P, Malloy A, Nelson P, Wright M, Smith J. "Applications of nanoparticle tracking analysis in nanoparticle research-a WHITEPAPER 27 Nanoscale Material Characterization: a Review of the use of Nanoparticle Tracking Analysis (NTA) minireview". European Journal of Parenteral & Pharmaceutical Sciences, 2009, 14(2): 45-50.

[4] Exner K. Über die Fraunhofer'schen Ringe, die Quetelet'schen Streifen und verwandte Erscheinungen. Sitzb. kais. Aka. Wien Mathem. naturw. Klasse, Abt. Ⅱ, 1877, 76: 522.

[5] Мандельштам Леонид Исаакович. К вопросу о рассеянии света неоднородной. Журнал Русского физико-химического общества. 1926, Т.58: 381.

[6] Ramachandran G N. Fluctuations of light intensity in coronae formed by diffraction. Proc. Indian Acad. Sci. A, 1943, 18: 190.

[7] Gorelik G. Dokl. Acad. Nauk, 1947, Т.58: 45.

[8] Forrester A T, Parkins W E, Gerjuoy E. On the possibility of observing beat frequencies between lines in the visible spectrum. Phys Rev, 1947, 72: 728.

[9] Forrester A T, Gudmunsen R A, Johnson P O. Photoelectric mixing of incoherent light. Phys Rev, 1955, 99: 1691.

[10] Forrester A T. Photoelectric mixing as a spectroscopic tool. J Opt Soc Am, 1961, 51: 253.

[11] Pecora R. Doppler shifts in light scattering from pure liquids and polymer solutions. J Chem Phys, 1964, 40: 1604.

[12] Cummins H Z, Knable N, Yeh Y. Observation of diffusion broadening of Rayleigh scattered light. Phys Rev Lett, 1964, 12: 150.

[13] Ford N C, Benedek G B. Observation of the spectrum of light scattered from a pure fluid near its critical point. Phys Rev Lett, 1965, 15: 649.

[14] Dubin S B, Lunacek J H, Benedek G B. Observation of the spectrum of light scattered by solutions of biological macromolecules. P. NAS. US., 1967, 57: 1164.

[15] Jakeman E, Oliver C J, Pike E R. A measurement of optical linewidth by photon-counting statistics. J Phys A: Gen Phys, 1968, 1: 406.

[16] Foord R, Jakeman E, et al. Determination of diffusion coefficients of haemocyanin at low concentration by intensity fluctuation spectroscopy of scattered laser light. Nature, 1970, 227: 242.

[17] Born M, Wolf E. Principle of Optics: Electromagnetic Theory of Propagation, Interference and Diffraction of Light. Cambridge: Cambridge University, 7th ed. 1999.

[18] Siegert A J F. On the fluctuations in signals returned by many independently moving scatterers. MIT Rad. Lab. Rep. 465, Massachusetts Institute of Technology, 1943.

[19] Mandel L. Fluctuations of light beams. in: Wolf E. eds. Progress in Optics, Vol. Ⅱ. Amsterdam: North-Holland, 1963.

[20] Dahneke B E, eds. Measurement of Suspended Particles by Quasi-Elastic Light Scattering. New York: John Wiley & Sons, 1983.

[21] McWhirter J G, Pike E R. On the numerical inversion of the Laplace transform and similar Fredholm integral equations of the first kind. J Phys, 1978, 11: 1729.

[22] Rabal H J, Braga R A Jr, eds. Dynamic Laser Speckle and Applications. Boca Raton, FL: CRC Press, 2008.

[23] Finsy R, Jaeger N D. Particle sizing by photon correlation spectroscopy. Part Ⅱ: Average values. Part Part Syst Charact, 1991, 8: 187.

[24] Chu B. Laser Light Scattering: Basic Principles and Practice. Boston: Academic Press, 2nd ed., 1991.

[25] Joosten J G H, McCarthy J L, Pusey P N. Dynamic and static light scattering by aqueous polyacrylamide gels. Macromolecules, 1991, 24: 6690.

[26] Pecora R, eds. Dynamic Light Scattering: Applications of Photon Correlation Spectroscopy. New York: Plenum, 1985.

[27] Schärtl W. Light Scattering from Polymer Solutions and Nanoparticle Dispersions. Berlin, Heidelberg: Springer-Verlag, 2007.

[28] Huang L, Sun M, Gao S T, et al. Precise measurement of particle size in colloid system based on the development of multiple‐angle dynamic light scattering apparatus. Appl Phys B, 2020, 126: 162.

[29] Finsy R, Jaeger N D, Sneyers R, Geladé E. Particle sizing by photon correlation spectroscopy. Ⅲ: Mono and bimodal distributions and data analysis. Part Part S, 1992, 9: 125.

[30] Koppel D E. Analysis of macromolecular polydispersity in intensity correlation spectroscopy: The method of cumulants. J Chem Phys, 1972, 57: 4814.

[31] Provencher S, Hendrix J, De Maeyer L. Direct determination of molecular weight distributions of polystyrene in cyclohexane with photon correlation spectroscopy. J Chem Phys, 1978, 69: 4273.

[32] Ugray Z, Lasdon L, Plummer J, et al. Scatter search and local NLP solvers: A multistart framework for global optimization. INFORMS Journal on Computing, 2007, 19(3): 328-340.

[33] 张杰. 图像动态光散射法测量纳米颗粒粒度分布算法研究. 上海: 上海理工大学, 2016.

[34] 王志永. 动态光散射图像法测量纳米颗粒粒度研究. 上海: 上海理工大学, 2013.

[35] Wu Zhou, Jie Zhang, Lili Liu, Xiaoshu Cai. Ultrafast image-based dynamic light scattering for nanoparticle sizing. Citation: Review of Scientific Instruments 86, 115107 (2015).

[36] 刘丽丽.一种纳米颗粒粒度测量的快速图像动态光散射法研究. 上海: 上海理工大学，2015.

[37] 陈远丽. 基于图像动态光散射法的纳米颗粒粒度表征方法研究. 上海: 上海理工大学，2020.

[38] Fernandes M X, Torre J G D L. Brownian Dynamics Simulation of Rigid Particles of Arbitrary Shape in External Fields. Biophys J, 2002, 83(6): 3039-3048.

[39] Tirado M M, de la Torre J G. Translational friction coefficients of rigid, symmetric top macromolecules. Application to circular cylinders. J Chem Phys, 1979, 71(6): 2581-2587.

[40] Tirado M M, de la Torre J G. Rotational dynamics of rigid, symmetric top macromolecules. Application to circular cylinders. The Journal of Chemical Physics, 1980, 73(4): 1986-1993.

[41] 刘泽奇，蔡小舒, Paul Briard, 周骛. 基于去偏振-偏振图像动态光散射的纳米棒尺度测量. 光学学报，2021, 41(21): 2129001-1

[42] Berne R J, Pecora R. Dynamic light scattering with applications to chemistry, biology and physics. New York: John Wiley & Sons, 1976.

[43] 刘泽奇. 基于偏振图像动态光散射测量非球形纳米颗粒形貌尺度的研究. 上海: 上海理工大学，2021.

[44] Jaeger N D, Demeyere H, et al. Particle sizing by photon correlation spectroscopy. Part Ⅰ: Monodisperse latices: influence of scattering angle and concentration of dispersed material. Part Part, Syst Charact, 1991, 8: 179.

[45] Nicoli D F, Kourti T. On-Line Latex Particle Size Determination by Dynamic Light Scattering. in: Provder T. eds. ACS Symposium Series, Volume 472, Particle Size Distribution Ⅱ: Assessment and Characterization. Washington, D.C.: American Chemical Society, 1991.

[46] Phillies G D. Suppression of multiple scattering effects in quasielastic light scattering by homodyne cross-correlation techniques. J Chem Phys, 1981, 74: 260.

[47] Phillies G D. Experimental demonstration of multiple-scattering suppression in quasielasticlight-scattering spectroscopy by homodyne coincidence techniques. Phys Rev A, 1981, 24: 1939.

[48] Schätzel K. Suppression of multiple scattering by photon cross-correlation techniques. J Modern Opt, 1991, 38: 1849.

[49] Aberle L B, Hülstede P, et al. Effective suppression of multiply scattered light in static and dynamic light scattering. Appl Opt, 1998, 37: 6511.

[50] Patapoff T W, Tani T H, Cromwell M E M. A low volume, short pathlength dynamic light scattering sample cell for highly turbid suspensions. Analyt. Bioc., 1999, 270: 338.

[51] Trainer M N, Freud P J, Leonardo E M. High-concentration submicron particle size distribution by dynamic light scattering. American Laboratory July, 1992: 34.

[52] Van Keuren E R, Wiese H, Horn D. Fiber-optic quasielastic light scattering in concentrated latex dispersions: angular dependent measurements of singly scattered light. Langmuir, 1993, 9: 2883.

[53] 沈嘉琪. 用于高浓度胶体粒径测量的动态光散射技术研究. 上海: 上海理工大学，2010.

第 **6** 章

超声法颗粒测量技术

6.1 声和超声[1-6]

6.1.1 声和超声的产生

声，从物理学的观点来讲，是一种通过媒介振动的传播。这种振动有三种不同的形式：横波、纵波和表面波，多以纵波形式传播。

超声波是声波的一部分，通常指频率高于 20kHz 的声波，实用频率上限在 100MHz 左右，但原理上并未有上限。超声又可分为低强度超声和高强度超声，二者区别是明显的，低强度超声其声功率常为数微瓦到数十毫瓦，典型工作频率在兆赫兹范围；高强度超声其声功率可以从数毫瓦至上千瓦，其频率在 20kHz 到 5MHz 之间，也称功率超声。高强度超声在物体表面清洁、分散化学和声化学中有许多的应用。

超声波的能量可以转化为其它形式的能量。当声波被吸收时，系统将被加热。超声波的物理性质对于样品的影响是由其强度决定的，增加强度，波的振幅也将增加，这能够改变能量转换中不同机理的重要性。

物体的振动能在介质中产生波。超声的频率非常高，限制了普通扬声器的使用。Galton 曾使用一种类似于口哨的传感器在气态介质中产生超声波以测量听觉上限。产生超声最普通的装置是磁致和压电传感器。磁致伸缩现象是由焦耳于 1842 年发现的，所以又被称为焦耳效应。它指的是一些铁磁体及其合金被放在磁场中，由于磁场效应，物体的分子将重新排列，材料沿磁场方向的长度就会发生变化。当磁场被移开时，材料将恢复到原来的尺寸。磁场的强度决定尺寸改变的范围。伸缩的频率取决于外磁场频率。

压电效应是 1880 年由居里兄弟发现的。压电效应可以描述为：在某些电介质（例如晶体、陶瓷、高分子聚合物等）的适当方向施加作用力时，内部的电极化状态会发生变化，在电介质的相对两表面内会出现与外力成正比但符号相反的束缚电荷，这种外力作用时电介质带电的现象叫做压电效应。相反地，若在电介质上外加电场，在此电场作用下，电介质内部电极化状态会发生相应的变化，产生与外加电场强度成正比的应变现象，这一现象叫做逆压电效应。有两种压电效应很常用，一种是形变方向和电场方向相重合，称为纵向压电效应，另一种是形变方向与电场的方向垂直，称为横向压电效应。

压电材料大致可以分为五类：①压电单晶体，②压电多晶体（压电陶瓷），③压电半导体，④压电高分子聚合物，⑤复合压电材料。

压电陶瓷材料制作工艺简单、成本低、可制成各种形状并通过不同极化方式制成各种形式的超声换能器，在工业中得到广泛应用。而石英、铌酸锂等非常适合高频超声应用。压电传感器是非常有效的：超过 95%的所加能量能转化为超声。不过，在较高的温度下，材料的性能将退化，此时有必要对传感器进行冷却。

6.1.2　超声波特征量

介质中有超声波存在的区域称为超声场，可用声压、声速、声特性阻抗等参数加以描述。

6.1.2.1　声压

将连续弹性介质看作许多彼此紧密相连的质点，当弹性介质中的质点受到某种扰动时，此质点便产生偏离其平衡位置的运动，这一运动势必推动与其相邻质点开始运动。随后，由于介质的反弹作用，该质点及相邻质点相继返回其平衡位置。但因质点运动惯性，它们又在相反方向重复上述过程。如此，介质中质点相继在各自的平衡位置附近往返运动，将扰动以波动形式传播至周围更远的介质中，形成声波。

对流体介质（气体和液体）而言，设在平衡态（无扰动）时，空间各点存在一个静态压强，即静压力 P_0，当介质受到扰动而产生声场时，其空间各点的压强变为 P，因扰动而产生的"逾量压强"即为声压：

$$p = P - P_0 \tag{6-1}$$

在流体介质中，声压是标量。声场中某一瞬态的声压值称为瞬时声压。在一定的时间间隔中，瞬时声压对时间取均方根值称为"有效声压"：

$$p_e = \sqrt{\frac{1}{T'} \int_0^{T'} p^2 \mathrm{d}t} \tag{6-2}$$

式中，T' 为平均时间间隔。对随时间作简谐规律变化的声压而言，T' 应取周期的整数倍或不影响计算的结果。声压大小反映了声波的强弱，其单位为帕（Pa）、微巴（μbar）或以大气压（atm）作单位，1Pa = 10μbar = 10⁻⁵atm。由于通常超声波只需比较其幅值，所以在实用中也常将"有效声压"简称为声压，用符号 p 表示。

6.1.2.2 声速

声波在弹性介质中传播的速度（反映介质受声扰动时的压缩特性），称为声速，其符号为 c，单位为米每秒，即 m/s。声速大小与介质的性质和形状有关。从声波产生的物理过程可知，声速与质点速度是完全不同的两个概念。因为声波的传播只是扰动形式和能量的传递，并不把在各自平衡位置附近振动的介质质点传走。

气体中只能传播纵波，理想气体中小振幅声波的声速公式为：

$$c = \sqrt{\frac{\gamma P_0}{\rho}} \tag{6-3}$$

式中，γ 是气体中定压比热与定容比热之比，即 $\gamma = c_p / c_V$；P_0 是周围环境压力。

对于空气，考虑其与温度的关系，可以得到如下近似计算式：

$$c \approx 331.6 + 0.6t\,(\text{m}/\text{s}) \tag{6-4}$$

这里，温度 t 的单位为℃。

和气体一样，液体中也没有剪切弹性，所以，液体中也只能传播纵波。液体中的声速公式为：

$$c = \sqrt{\frac{B}{\rho}} = \sqrt{\frac{1}{\kappa_a \rho}} \tag{6-5}$$

式中，B 为绝热体积模量；$\kappa_a = 1/B$ 为液体的绝热压缩系数。

由于液体的压强与密度之间的关系比较复杂，理论上分析声速与温度的关系比较困难，通常根据实验测定得出一些经验公式，如下为纯水中的一个公式：

$$c = 1402.336 + 5.03358t - 5.79506 \times 10^{-2} t^2 + 3.31636 \times 10^{-4} t^3 \\ - 1.45262 \times 10^{-6} t^4 + 3.0449 \times 10^{-9} t^5 \,(\text{m}/\text{s}) \tag{6-6}$$

这里，温度 t 的单位为℃。

在固体中，除体积弹性外还有剪切弹性、弯曲弹性、扭转弹性等，所以，固体中既可以传播纵波，也可以传播横波。根据介质形状的不同，还可产生弯曲波、扭转波等其它波型。

在无限大各向同性均匀固体中的声速由下面公式给出：

纵波波速

$$c_l = \sqrt{\frac{E(1-\nu)}{\rho_0(1+\nu)(1-2\nu)}} \tag{6-7}$$

横波波速

$$c_{t} = \sqrt{\frac{E}{2\rho_0(1+\nu)}} \qquad (6-8)$$

式中，E 为弹性模量；ν 为泊松比。

为方便应用，又可利用各向同性固体的两个弹性系数，即拉梅常数 λ 和 μ（也称切变弹性系数）与 E 和 ν 的关系：

$$\lambda = \frac{E\nu}{(1+\nu)(1-2\nu)} \qquad (6-9)$$

$$\mu = \frac{E}{2(1+\nu)} \qquad (6-10)$$

可将式（6-7）和式（6-8）改写为：

$$c_{l} = \sqrt{\frac{\lambda + 2\mu}{\rho_0}} \qquad (6-11)$$

$$c_{t} = \sqrt{\frac{\mu}{\rho_0}} \qquad (6-12)$$

由这些公式可知，固体介质的弹性越强，密度越小，声速就越高。可以导出纵波声速和横波声速之间的关系如下：

$$\frac{c_{l}}{c_{t}} = \sqrt{\frac{2(1-\nu)}{1-2\nu}} \qquad (6-13)$$

对一般固体 ν 大约在 0.33 左右，因此 $c_{l}/c_{t} \approx 2$。即纵波声速约为横波声速的两倍。

6.1.2.3　声特性阻抗

声阻抗率定义为声场中某点的声压 p 与该点的质点速度 u 的比值：

$$Z = \frac{p}{u} \qquad (6-14)$$

单位是 Pa·s/m。声阻抗率 Z 在一般情况下也是复数。其实数部分反映此位置处声能的损耗。在平面简谐波条件下声阻抗率 Z 的表达式为：

$$Z = \frac{p}{u} = \rho c \qquad (6-15)$$

这里特别指出，介质的密度 ρ 与声速 c 的乘积 ρc 值是表征介质固有特性的一个重要物理量，称为介质的特性阻抗。在声波的传播及阻抗匹配过程中，特性阻抗 ρc 的影响比 ρ 或 c 单独的作用还要大。

6.1.2.4 声强

声强 I 定义为通过垂直于声传播方向的单位面积上的平均声能量流。即 $I = W / S$。声强的单位为瓦每平方米,即 $\mathrm{W / m^2}$。按定义,声强还可以用下面公式表达:

$$I = \frac{1}{T} \int_0^T Re(p) Re(u) \mathrm{d}t \tag{6-16}$$

对平面波,有:

$$I = p_\mathrm{e} u_\mathrm{e} \tag{6-17}$$

式中,u_e 为有效质点速度。声强 I 是个矢量,它的指向就是声传播的方向。因此,声强矢量的空间分布,实际上反映声场中声能流的状况。当考虑声场中各处声与局部介质相互作用的程度时,声强是很重要的特征量。

6.1.2.5 声衰减

从广义上讲,声波在介质中传播时,其强度随传播距离的增加而逐渐减弱的现象,统称为声衰减。按照引起声强衰减的不同原因,可把声波衰减分为三种主要类型:吸收衰减、散射衰减和扩散衰减。前两类衰减取决于介质的特性,而后一类则由声源的特性而引起。通常在考虑声波与介质的关系时,仅考虑前两类衰减;但在估计声波传播损失,例如声波作用距离或回波强度时,必须计及这三类衰减。

声学理论证明,吸收衰减和散射衰减都遵从指数衰减规律。对沿 x 方向传播的平面波而言,由于不需要计及扩散衰减,则声压随距离 x 的变化,由下式表示:

$$p = p_0 \mathrm{e}^{-\alpha x} \tag{6-18}$$

或

$$I = I_0 \mathrm{e}^{-2\alpha x} \tag{6-19}$$

式中,α 为声衰减系数,单位为 Np/m(奈培/米);x 为传播距离。总的衰减系数 α 等于吸收衰减系数 α_a 和散射衰减系数 α_s 之和,即:

$$\alpha = \alpha_\mathrm{a} + \alpha_\mathrm{s} \tag{6-20}$$

α 的单位也常采用 dB/m(分贝/米)、dB/cm 等。有以下换算关系:

$$1\mathrm{Np/m} = 8.686\mathrm{dB/m} \tag{6-21}$$

吸收衰减的机制比较复杂,涉及介质的黏滞性、热传导及各种弛豫过程。单相介质中的声衰减系数较为普遍的表达式为[5]:

$$\alpha_\mathrm{a} = \frac{\omega^2}{2\rho c^3} \left[\frac{4}{3}\eta' + \tau\left(\frac{1}{c_\mathrm{V}} - \frac{1}{c_\mathrm{p}}\right) + \sum_{i=1}^{n} \frac{\eta_i''}{1 + \omega^2 t_i^2} \right] \tag{6-22}$$

式中，η' 为介质切变黏滞系数；τ 为热导率；c_V 为定容比热；c_p 为定压比热；η_i'' 为第 i 种弛豫过程所引起的低频容变黏滞系数；t_i 为第 i 种弛豫过程的弛豫时间。

当声波频率不太高时，上式中的 $\omega t_i \ll 1$，声吸收系数 α_a 大致与 ω^2 成正比，即 α / f^2 应近似为常数。这一关系对单原子气体和大多数液体而言是适合的。表 6-1 为水的声吸收与温度的关系。

表 6-1 水的声吸收 α / f^2 与温度 t 的关系[5]

$t/°C$	0	5	10	15	20	23	25	30
$(\alpha/f^2)/(10^{-14}\mathrm{Np \cdot s^2/m})$	5.69	4.41	3.58	2.98	2.53	2.30	2.20	1.99
$t/°C$	40	50	60	70	80	90	100	
$(\alpha/f^2)/(10^{-14}\mathrm{Np \cdot s^2/m})$	1.46	1.20	1.02	0.871	0.789	0.724	0.687	

散射衰减指声波在一种介质中传播时，因碰到由另外一种介质组成的障碍物而向不同方向产生散射，从而导致声波减弱的现象，统称为散射衰减。散射衰减的问题也很复杂，它既与介质的性质、状态有关，又与障碍物的性质、形状、尺寸及数目有关。有关问题将在后面进行介绍。

扩散衰减主要考虑声波传播中因波阵面的面积扩大导致声强衰减。显然，这仅仅取决于声源辐射的波型及声束状况，而与介质的性质无关。且在这一过程中，总的声能并未变化。若声源辐射时的球面波，因其波阵面随半径 r 的平方增大，故其声强随 $1/r^2$ 规律减弱。同理，对柱面波，其声强随 $1/r$ 规律衰减。对于工业检测中应用广泛的活塞波，其声束扩散规律则更复杂，需要事先估算其近场区和半扩散角。由此可知，因波型形成的扩散衰减，因不符合指数衰减规律，不能纳入衰减系数之中，一般按其波型，单独进行计算。

6.2 超声法颗粒测量基本概念

低强度超声常被用于检测，其应用非常广泛。例如无损探伤，检测金属、非金属物体中缺陷、伤痕，也可以用来测量液位、流速、流量、厚度、黏度、硬度和温度等，还可做成延迟线和信息处理器件，在医学上用来诊断某些疾病和探测血液流动等。此外，超声通信、超声成像和声发射等都属于超声检测的应用范围。

本章重点探讨关于颗粒物的参数测量和表征的超声理论（包括了颗粒粒径的大小和分布，浓度或其它特性）。该技术具有广泛的应用背景，涉及很多材料和工业产品，如油漆、陶瓷、硝酸盐、硅、氧化铝、钡、钛酸盐、水泥、橡胶、煤，还包括了如泥沙、泥浆、水煤浆以及制衣、化妆、照相业中所用材料、食品医疗行业中的多种油、乳制品。其对象还可能涵盖混合材料，以及下限达到 1nm 的超细微粒和不同尺度的气泡，涉及到液固、气液、气固等两相甚至多相体系。超声检测在胶体相关领域具有很强的应用前景（胶体体系是介于真溶液和粗分散体系之间的一种特殊分散体系，至少有一个方向尺寸在 1nm～1μm 之间）。由于胶体体系中粒子分散程度高，具有很大的比表面积，可表现出显著的表面特征，图 6-1 给出一些由胶体物质构成的商品。

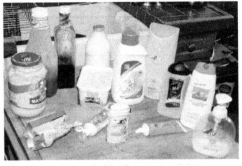

图 6-1　一些由胶体物质构成的商品[7]

　　与目前广泛使用的基于光散射原理的颗粒测量技术相比较，超声法颗粒测量和表征的特点可概述为：适合于高浓度对象和在线条件的测量，总体上声具有比可见光更好的穿透介质能力，同时其探测器也更适应现场测试的恶劣条件（例如探头污染）。光散射方法通常要求将样品进行稀释以适应检测，而电感应方式的"Coulter颗粒计数器"在对样品测量之前要对样品加上电解液。但是对样品的稀释在很多时候是不适用的，因为稀释过程有可能会导致混合物的性状发生变化，比如反团聚絮凝作用，这会改变等效颗粒尺寸大小。而超声法通常对样品的预处理要求不高，其探测器可以通过缓冲块与样品隔离，甚至可以安装在管道外壁面，实现高浓度对象的在线测量。表 6-2 列出了超声法颗粒测量的一些特点，表 6-3 列出与超声法测量颗粒相关的一些研究历程。

表6-2　超声测量技术的特点[8]

特点
（1）测量时无需稀释、节省时间、无损检测，不易受混杂污物影响，硬件简单，性价比高；
（2）有较宽的波带范围，保证测量数据有效，较易区分声散射和声吸收的影响，测粒范围涵盖 5nm～1000μm；
（3）在 50%体积分数时仍可能消除复散射的影响，现有的理论模型考虑了颗粒间的相互作用时声吸收；
（4）对于气、液、固态颗粒均适用，可以测量多种分散介质混合时颗粒粒径；
（5）理论模型丰富，极大、极小颗粒测量时有简化理论模型，允许使用简化理论降低颗粒形状的影响

表6-3　与颗粒测量相关声学方法研究[8]

年份	作者	主题
1910	Sewell	胶体中的黏性衰减理论
1933	Debye	电声效应、离子介绍
1936	Morse	波长与尺寸任意比下的散射理论
1938	Hermans	电声效应、胶体介绍
1944	Foldy	关于气泡的声学理论
1946	Pellam, Galt	脉冲技术
1948	Isakovich	胶体中的热衰减理论

年份	作者	主题
1948	R.J. Urick	悬浊液中的声吸收理论和实验
1951～1953	Yeager, Hovorka, Derouet, Denizot	早期电声测量方法
1951～1952	Enderby, Booth	胶体的早期电声理论
1953	Epstein 和 Carhart	稀释颗粒系声衰减通用理论
1958～1959	Happel, Kuwabara	流体动力 Cell 模型
1962	Andreae 等	多频声衰减测量
1967	Eigen	流体中化学反应声学理论
1972	Allegra 和 Hawley	稀释颗粒系 ECAH 理论
1973	Cushman	声学颗粒粒径测量首项专利
1978	Beck	超声波 ζ 电势测量
1983	Marlow, Fairhurst, Pendse	高浓度液体的初步电声理论
1983	Uusitalo	平均粒径的声学测量专利
1983	Oja, Peterson, Cannon	ESA 电声效应
1987	U. Riebel	粒径分布测量、大颗粒测量技术专利
1988	Harker, Temple	高浓度声学耦合相模型
1988～1989	O'Brien	电声理论、电声学对颗粒粒径与 ζ 电势的研究
1989	Richard L. Gibson 等	高浓度声学耦合相模型
1990 至今	L. W. Anson, R.C. Chivers	材料物性数据库、声波动理论、声散射数值计算
1990 至今	R. E. Challis 等	颗粒声散射理论、数值计算方法、测量技术
1990 至今	McClements, Povey	乳剂中的声测量和表征
1992	F. Alba	颗粒分布和浓度测量专利
1995	F. Eggersy 和 U. Kaatze	宽带声衰减测量技术
1996	S. Temkin	悬浊液中声波动和声衰减
1996 至今	A. Dukhin, P.Goetz	超声和电声颗粒测量理论、书籍
1996 至今	J. M. Evans 等	热损失效应的耦合相模型
2000, 2008	U. Kaatze 等	液体中超声谱测量
2006	Meyer 等	乳制品的超声法测量、与激光衍射对比
2009	王学重	超声纳米悬浊液和结晶测量
2012	S. Wöckel	高浓度颗粒系后向散射表征
2012	A.Chaudhuri	声速法油水相含率测量
2013	Povey	超声颗粒表征综述
2016	Thao	硅微胶囊颗粒测量
2018	R. D. Braatz	结晶过程的数学模型
2020, 2021	Tomohisa Norisuye	ECAH 模型的黏弹性修正、静态和动态声散射测量乳剂颗粒
2021	F. Hossein	颗粒和流体中声学方法综述

6.2.1 声衰减、声速及声阻抗测量

在颗粒测量和表征中，通常有三类方法经常被使用，分别是基于超声波的衰减

系数（包含了吸收和散射）、超声波速度及超声波阻抗。

如前所述，当超声波通过含颗粒物的介质时，由于颗粒与声波的作用而产生衰减、相位及阻抗变化。这些作用包括波的扩散性、吸收、散射、反射和折射。声衰减通常是样品黏性和损失性质的特性，对于胶体状悬浊液，相比于悬浊液颗粒引起的声衰减，由连续相介质引起的衰减可以被忽略，这是因为热和黏度效应在胶体颗粒和熔剂之间的边界上占有主导地位。声衰减决定了声能能够在样品中传播多远，和对样品影响的能力。声速是表示样品弹性性质的特征，它取决于温度。声阻抗直接影响超声波反射信号和透射信号的幅值强度。由于颗粒特性实际上是通过介质的重要声特性——声衰减、声速及声阻抗获得。因此对于它们的测量就对最终结果至关重要。

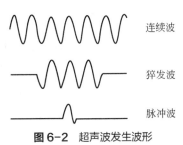

图6-2 超声波发生波形

在超声法颗粒测量中，按发生波的形式通常可以将测量方法分为脉冲回波法、连续波和猝发波方法，如图6-2所示。

对于连续波测量技术，在GB/T 29023.1—2012[9]中推荐了基于变程干涉仪原理，其特点是通过射频振荡器输出固定频率信号作用于窄带（单一频率）换能器，信号在样品中传播并在对面反射板之间往复反射，形成干涉，通过调整声程获得最大的信号值。类似地，还可采用定程干涉仪原理，通过慢斜坡调制电压控制射频正弦波振荡器产生频率随时间变化的射频信号，作用在超声波换能器，超声波经过样品后被接收并分析出包含透射和入射（发射）信号比值的幅值和相位信息。

在猝发波测量技术中，猝发单频波较为常用，其可以结合扫频技术，但实际操作相对复杂，不过该类波形兼有连续波单频定义和脉冲波能量不连续发出的特性，对猝发单频波进行叠加以获得更好测量结果。

直接数字合成（DDS）函数发生器作为一种有效的通用仪器，易实现多频成分叠加，且局部相对能量可控，在电子制造领域得到迅速发展。采用基于DDS的猝发多频超声技术，增加超声频谱带宽，可有效改善猝发单频波的缺陷。

见图6-3，其过程主要包括以下四步：

① 根据超声换能器的标称频率和有效带宽，设计一组不同频率信号进行匹配，其频率用一维数组 F 表示。

② 计算波形数据所需正弦波数 n，并用一维数组 N 表示：

$$N = F / f_m \tag{6-23}$$

其中，f_m 是 F 中所有元素的最大公约数。

③ 生成一个周期内不同 n 值波形数据。

④ 通过上位机软件编写波形数据，得到包含各个频率成分波的叠加信号。

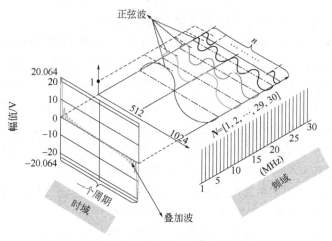

图6-3 单频波的叠加过程

为了比较超声脉冲波、猝发单频波和猝发叠加波的特性,采用了超声脉冲波(带宽1~35MHz)、频率为2MHz的猝发单频波和猝发叠加波(带宽1~30MHz)分别激励中心频率为15MHz的同一超声换能器。不同激励方式获得频谱如图6-4所示,脉冲波和叠加波的能量分布非常接近,但在高于中心频率区域(17~23MHz)叠加波的能量强于脉冲波。考虑到高频范围内的能量提升会为颗粒粒径测量提供更多的频谱信息,优势是显而易见的。

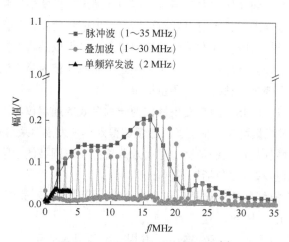

图6-4 不同激励方式的超声频谱[10]

对于脉冲波测量技术,其又可分为透射法和反射法。其中反射法又可分为脉冲回波法(pulse echo)和反射比样法(reference reflection)。发射换能器/晶体将电能转化为声能,超声波在样品中传播后由另一接收换能器将超声波转化成电信号,即常称一发一收模式(透射法),当然也可以在声波反射后由发射换能器接收,称自发自收模式（反射法）。

　　超声衰减谱和相速度谱实验获取方法又有双样法和插入取代法之分。前者在两次测量时采用不同间距的声程（例如采用透声性能好的材料制成具有不同厚度的样品池），并可在此基础上推广到多间距测量，通过对透射信号取对数值并进行拟合以获得声衰减，但应注意声衍射效应的修正；插入取代法往往利用一种参比介质来计算样品的声衰减，除气蒸馏水就是一种典型的参比介质。

　　为便于说明测量原理，图 6-5 给出超声透射和反射信号同步测量示意。换能器发出超声信号 A_0 经过缓冲块-样品界面时，由于缓冲块和样品间阻抗差发生反射，反射信号再经过缓冲块并被接收为信号 A_1，透射波则继续传播并相应得反射信号 A_2 和 A_3 及透射信号 A^*，更多次反射信号是否使用视情况而定，如衰减和干扰较为严重则不予考虑。

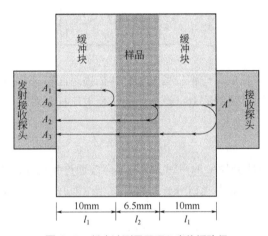

图 6-5　超声波测量原理和声传播路径

　　根据不同测量原理可以将测量方法分为三类：脉冲回波法、反射比样法和透射法，分别介绍其衰减系数的计算方法。

（1）脉冲回波法

脉冲回波法属于自发自收型单探头测量技术。分析的是一次回波 A_1 和二次回波 A_2，二者区别在于 A_2 经历了样品层，而 A_1 只在缓冲块内传播。计算式如下：

$$\alpha = \frac{\ln\left\{ A_1\left[1-\left(\frac{A_1}{A_a}\right)^2\right] / A_2 \right\}}{2l_2} \tag{6-24}$$

式中，A_a 为样品池中没有盛放任何样品时的反射信号；l_2 为样品区厚度。

（2）反射比样法

反射比样法也属于单探头测量技术。利用的是参比介质（例如水）的反射波 A_{2w} 和样品反射波 A_2，二者都经过了样品测量区。计算式如下：

$$\alpha_s = \alpha_w + \frac{\ln\left\{\dfrac{A_{2w}(A_1/A_a)[1-(A_1/A_a)^2]}{A_2 R_w(1-R_w^2)}\right\}}{2l_2} \tag{6-25}$$

式中，R_w 为缓冲块与参比介质间反射系数；α_w 为参比介质衰减系数。

（3）透射法

透射法利用参比介质透射波 A_w^* 和样品透射波 A^*，属于一发一收模式。计算式如下：

$$\alpha_s = \alpha_w - \frac{\ln\left\{\dfrac{A^*(1-R_w^2)}{A_w^*[1-(A_1/A_a)^2]}\right\}}{l_2} \tag{6-26}$$

超声相速度谱的测量只与相位偏差和脉冲传播时间有关，而与信号幅值变化无直接关系。根据不同方法的测量特点，采用了反射比样法对其求解，计算式如下：

$$c_s = \frac{c_w}{(1-c_w\Delta t/l_2)} \tag{6-27}$$

式中，c_w 表示参比介质中的声速；Δt 是超声波通过参比介质和样品所用的时差。为进行相速度谱计算，应在频谱分析时将声波相位展开，进而通过相位差计算与频率相关的时差。

超声阻抗谱仅能由反射信号获得，根据信号的幅值变化比值可以确定。采用了脉冲回波法对其测量，表达式如下：

$$Z_2 = \frac{Z_1\left(1-\dfrac{A_1}{A_a}\right)}{\left(1+\dfrac{A_1}{A_a}\right)} \tag{6-28}$$

式中，Z_1、Z_2 分别为缓冲块、样品的声阻抗。

超声谱可以很好地反映对象的基本物理特性，且高度依赖于颗粒材料成分和微观结构，与颗粒粒径及分布密切相关。若想获得准确的测量结果既要保证测量装置处于良好状态，又要根据需要和具体的实验条件选择恰当测量模式及测量方法。

6.2.2 能量损失机理

在接收器方向上声的衰减是由于波的吸收和散射引起的。这可以与光相类比，当采用光散射测量颗粒粒径时，吸收效应通常可以被忽略。测量声衰减时，吸收效应往往是非常强烈的，以至于可以占到主导地位。其差别基于这样一个事实：声的吸收是水动和热力学效应而不是电动力效应。

能量的损失包括 5 种不同的吸收机理：热损失、黏度、吸收机制、结构和电声损失。散射也可以导致损失，也有一些理论设想将热量和黏度损失看成是声散射的一种形式。

（1）吸收损失

吸收损失（intrinsic absorption losses）即介质本身吸收，正如前面所介绍，该损失的发生是由于声波与介质和颗粒的材料在分子水平上直接作用产生的。这与样品的宏观特征是不相关的。当总的声衰减非常低时，比如在很低的浓度或小颗粒测量时，要考虑内在吸收机制损失。颗粒测量中常将除吸收外衰减称逾量衰减（excess attenuation）。

（2）散射

声的散射与光的散射在本质上是相同的。虽然声能不会由于散射转化成为其它形式的能量，但是能导致衰减，因为它能减少到达接收器的一部分能量。当直径大于 $1\mu m$ 和超声频率大于 100MHz 时，散射作用对于损耗非常重要。声的散射随着颗粒尺寸的减小而迅速下降。

（3）黏性损失

在动量交换过程中，黏度将导致能量的损失。由于颗粒与液体间密度的差异，靠近颗粒的液体层将相对滑动，这会导致剪切摩擦力。

黏度损失依赖于两个要素，剪切黏度 η 和体积黏度 η_v。对于刚性颗粒和直径小于 $3\mu m$ 的颗粒，黏性损失占有主导作用。

（4）热损失

由于压力与温度的热力学耦合关系，波动的热力损失将会出现。在波的压缩区，压力升高，同时温度也升高。由于较热的分子有着比较高的速度，并且按温度梯度扩散到温度较低的区域内。这个效应将降低压缩时的压力，使得波的振幅减小。热损失通常对于各种乳剂、聚合物胶体和其它体系具有小（$<1\mu m$）的非刚体颗粒，且密度差比较小的情况下起主导作用。稀释液中的热损失可以按照 Isakovich 理论计算。

（5）结构损失

当颗粒组成网状物时，结构损失指的是颗粒之间能量的损失。颗粒结合物的振动会导致能量的额外损失。

（6）电声损失

电声损失（也指电动损失）指的是超声与颗粒电偶层相互作用而产生的损失。

该损失机理的贡献对声衰减的颗粒测量意义不大，但是对于测量 Zeta 电势十分有用。

对于直径在 1μm 以下的颗粒，当频率低于 100MHz 时，散射不会发生。这就意味着对于这种颗粒相对简单的吸收理论就可有效应用。

图 6-6（a）给出了几种最常见的损失机制示意，不同的损失机理分别使得可以定义一个总衰减系数 α_T 作为各种声衰减的总和 [图 6-6（b）]。

$$\alpha_T = \alpha_i + \alpha_s + \alpha_v + \alpha_t \tag{6-29}$$

线性叠加使得颗粒间相互作用问题变得更加简单，因为黏性衰减被证明在颗粒相互作用中最敏感。从下面的讨论可以知道，对于小颗粒测量问题，最为关心的是黏性和热损失机制，而随着颗粒粒径增加，散射机制则逐渐变得重要。

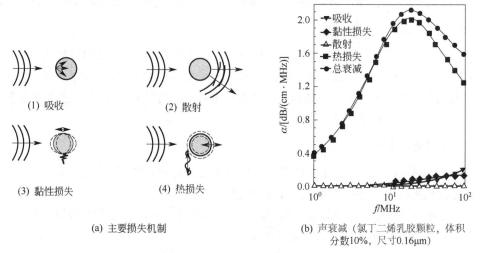

(a) 主要损失机制

(b) 声衰减（氯丁二烯乳胶颗粒，体积分数10%，尺寸0.16μm）

图 6-6　声与颗粒作用及声衰减机制

6.3　超声法颗粒测量理论

超声法颗粒测量理论中，声频谱分析法是最重要的一种方法，它可以通过频率相关的声衰减、相速度、声阻抗分析体积分数（volume fraction/concentration）、颗粒粒径分布（particle size distribution，PSD）以及颗粒系的结构和热力学特征的有关信息。为了从测量到的有关声的参数中选取有用的信息，需要建立一个理论体系。

图 6-7 表示了超声法颗粒测量的典型过程：基于一个合适的理论模型，在具备了连续相和颗粒相的物性参数等条件下，可以对一个预设粒径分布和浓度的颗粒两相体系中声传播过程进行描述，并获取理论预测的声衰减和速度谱，为进行数据反演，这一步通常还得到一个反映颗粒系和声衰减速度谱对应关系的矩阵——模型矩

阵（系数矩阵）；与此同时，测量样品中的声衰减或相速度谱，再结合模型矩阵可以通过数据反演求解实际（最优）的粒径分布和浓度。

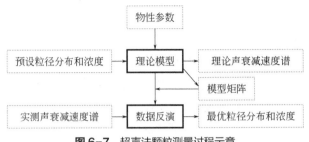

图6-7　超声法颗粒测量过程示意

其中主要包含了以下两方面的理论问题：

正问题：如何通过合适的理论模型来解释超声的传播过程及与颗粒的作用、由此带来的对声衰减作用和声速的影响，尤其要探讨颗粒的粒径、粒径分布、浓度等特性在该过程中所起作用。

反问题：如何将实际测定的声衰减或速度与构建起的理论模型（矩阵）结合，求解最为准确或最接近真实的颗粒粒径分布和浓度。

在光散射理论中，可借助 Mie 理论建立起不同散射角度（或不同波长范围）所测量得到的光强与颗粒尺寸及分布的关系。在声学方法中同样有可类比的模型，即通常所称的 ECAH 模型。模型建立分为两个过程：第一，计算出单个颗粒周围的超声波动和散射（包含了黏性和热损失），又称微观过程；第二，将单个颗粒的尺度标准与可见水平相联系，这样就能反映为可测量的量（例如声衰减），又称宏观过程。该理论模型本身相当完备且复杂（针对不同颗粒粒径和超声波长，前述四类损失有效计入）。模型发展在超声法颗粒测量中具有里程碑式意义。

6.3.1　ECAH 理论模型

1953 年 Epstein 提出了一个不仅考虑了液体介质的黏性和固体的弹性效应，同时还考虑到热传导影响的数学模型。Epstein 和 Carhart[11]还通过一个详细的理论解推导出热损失在声衰减中的影响。在此基础上，Allegra 和 Hawley[12] 进一步发展了该模型。这一模型通常被称为 Epstein-Carhart-Allegra-Hawley 模型，简称 ECAH 模型（亦称 AH 模型）。近些年来，Challis 等人[13-16]对于模型物理解释、数值方法和应用等方面进行了拓展。该模型第一次从理论上较为全面地考虑各种声衰减因素的影响，并获得了切实可行的求解。

整个模型可以描述为：对液固悬浊液中的声衰减进行理论分析前，应获取压缩波、剪切波、热波在弹性、各向同性、导热的固体介质以及连续相介质中的波动方程，这可以通过质量、动量和能量的守恒定律、应力应变关系以及热力学状态方程得到。波动方程在球坐标下求解，按照球 Bessel 函数和球谐函数的级数展开，其中包含了待定散射系数。在颗粒与介质界面运用边界条件，可以得到一个 6 阶的线性方程组。求解这一方程组即可得到与复波数有关的散射系数。

6.3.1.1 理论假设

理论模型基于守恒型流体动力学方程，作了如下一些假设：
① 采用 Navier-Stokes 形式的动量守恒方程，热应力影响甚微，并没有考虑。
② 整个系统为一个准稳态过程，即不计温度和压力随时间的变化。
③ 将黏性系数和热传导系数当作常数处理。
④ 应力应变张量满足关系式 $P_{ij} = \eta e_{ij} - \left(\dfrac{2}{3}\eta - \eta_{\mathrm{V}} \right) \nabla \cdot v \delta_{ij}$。

6.3.1.2 声场方程

按照质量、动量和能量守恒关系式，并利用声学和热力学关系式，可以建立声场方程

$$\left. \begin{aligned} &\gamma\sigma\nabla^2 T - \dot{T} = (\gamma-1)(1/\beta)\nabla \cdot v \\ &\frac{\partial^2 v}{\partial t^2} - (c^2/\gamma)\nabla(\nabla \cdot v) - \frac{\left(\eta' + \dfrac{4}{3}\eta\right)}{\rho}\nabla\left(\nabla \cdot \frac{\partial v}{\partial t}\right) + \frac{\eta}{\rho}\nabla \times \nabla \times \frac{\partial v}{\partial t} = -(\beta c^2/\gamma)\nabla\dot{T} \end{aligned} \right\} \tag{6-30}$$

式中，$\sigma = \tau/(\rho_0 c_{\mathrm{p}})$ 为导温系数；τ 为热导率；$\gamma = c_{\mathrm{p}}/c_{\mathrm{V}}$ 为比热比；$\beta = -(1/\rho_0)(\partial\rho/\partial T)_{\mathrm{p}}$ 称为热膨胀系数；c 为声速。

6.3.1.3 波动方程

一般情况下，向量 v 可以写成标量势 φ 的梯度和矢量势 A 的旋度的和的形式。即进一步给出波动方程：

$$\nabla^2 A + k_{\mathrm{s}}A = 0 \tag{6-31}$$

$$\nabla^2\varphi_{\mathrm{c}} + k_{\mathrm{c}}^2\varphi_{\mathrm{c}} = 0, \quad \nabla^2\varphi_{\mathrm{T}} + k_{\mathrm{T}}^2\varphi_{\mathrm{T}} = 0 \tag{6-32}$$

这里的复波数 k_{c}、k_{T} 和 k_{s} 分别由下式给出：

$$\left. \begin{aligned} &k_{\mathrm{c}} = \omega/c + \mathrm{i}\alpha_{\mathrm{L}} \\ &k_{\mathrm{T}} = (1+\mathrm{i})(\omega/2\sigma)^{\frac{1}{2}} \\ &k_{\mathrm{s}} = (1+\mathrm{i})\left(\frac{\omega\rho}{2\eta}\right)^{\frac{1}{2}} \end{aligned} \right\} \tag{6-33}$$

其中，α_L 为纵波的声衰减系数。

注意以上公式以液态颗粒推导得，对于固体颗粒物，Allegra 和 Hawley 给出公式：

$$k_s = \left(\frac{\omega^2 \rho}{\mu} \right)^{1/2} \tag{6-34}$$

不同之处在于用剪切模量 μ 取代 $-\mathrm{i}\omega\eta$ {R. E. Challis 等指出，更严格地说，对液态颗粒应为 $-\mathrm{i}\omega[\eta + (4/3)\eta_V]$}。

6.3.1.4 边界条件

为求解上述方程，引入边界条件，下面考虑一个理想球形颗粒与介质的作用：见图 6-8，平面压缩波通过连续介质并入射到一个半径为 R 的球形颗粒。球体的存在将会反射压缩波，在球内也产生一个压缩波。同样，在球内部也分别有热波和剪切波产生。剪切波的产生是由于颗粒在声压场中的振荡，这主要是由于颗粒和连续介质中的密度差所引起，这种密度差别导致颗粒作相对介质的运动。热损失的原因则是由于在颗粒表面附近的温度梯度所产生，这种温度梯度是由于温度压力的热力学耦合所致，将在颗粒表面产生热流动。散射损失的产生机理与黏性和热损失不同，在声散射中颗粒仅仅是将部分的声能流方向作了改变，其结果是这部分声不能到达（准直）接收换能器。

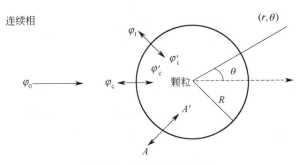

图 6-8 声波与颗粒的作用

A—剪切波；φ_0—入射压缩波；φ_c—压缩波；φ_t—热波

在球形颗粒的表面，可以给出速度、应力分量以及温度、热流连续的边界条件，在轴对称条件下，有：

$$
\begin{aligned}
&v_r = v_r' \qquad\qquad v_\theta = v_\theta' \\
&T = T' \qquad\qquad \tau \frac{\partial T}{\partial r} = \tau' \frac{\partial T'}{\partial r} \\
&P_{rr} = P_{rr}' \qquad\qquad P_{r\theta} = P_{r\theta}'
\end{aligned}
\tag{6-35}
$$

6.3.1.5 散射系数和线性方程组

将通解形式代入边界条件中，得到如下线性方程组，该方程组实质上描述了在颗粒内部和周围介质的三种波动势函数，对它的求解可以确定散射系数 A_n、B_n、C_n、A_n'、B_n'、C_n'。

$$a_c j_n'(a_c) + A_n a_c h_n'(a_c) + B_n a_T h_n'(a_T) - C_n n(n+1) \times h_n(a_s)$$
$$= (-j\omega)[A_n' a_c' j_n'(a_c') + B_n' a_T' j_n'(a_T') - C_n' n(n+1) j_n(a_s')] \tag{6-36a}$$

$$j_n(a_c) + A_n h_n(a_c) + B_n h_n(a_T) - C_n[h_n(a_s) + a_s h_n'(a_s)]$$
$$= (-j\omega)\{A_n' j_n(a_c') + B_n' j_n(a_T') - C_n'[j_n(a_s') + a_s' j_n'(a_s')]\} \tag{6-36b}$$

$$b_c[j_n(a_c) + A_n h_n(a_c)] + b_T B_n h_n(a_T) = (-j\omega)[b_c' A_n' j_n(a_c') + b_T' B_n' j_n(a_T')] \tag{6-36c}$$

$$\tau\{a_c b_c[j_n'(a_c) + A_n h_n'(a_c)] + B_n b_T a_T h_n'(a_T)\}$$
$$= (-j\omega)\tau'[A_n' b_c' a_c' j_n'(a_c') + B_n' b_T' a_T' j_n'(a_T')] \tag{6-36d}$$

$$\eta\{[(a_s^2 - 2a_c^2)j_n(a_c) - 2a_c^2 j_n''(a_c)] + A_n[(a_s^2 - 2a_c^2)h_n(a_c) - 2a_c^2 h_n''(a_c)]$$
$$+ B_n[(a_s^2 - 2a_T^2)h_n(a_T) - 2a_T^2 h_n''(a_T)] + C_n 2n(n+1)[a_s h_n'(a_s) - h_n(a_s)]\}$$
$$= A_n'[(\omega^2 \rho' a^2 - 2\mu' a_c'^2)j_n(a_c') - 2\mu' a_c'^2 j_n''(a_c')] \tag{6-36e}$$
$$+ B_n'[(\omega^2 \rho' a^2 - 2\mu' a_T'^2)j_n(a_T') - 2\mu' a_T'^2 j_n''(a_T')]$$
$$+ C_n' 2\mu' n(n+1)[a_s' j_n'(a_s') - j_n(a_s')]$$

$$\eta\{a_c j_n'(a_c) - j_n(a_c) + A_n[a_c h_n'(a_c) - h_n(a_c)]$$
$$+ B_n[a_T h_n'(a_T) - h_n(a_T)] - (C_n/2) \times [a_s^2 h_n''(a_s) + (n^2 + n - 2)h_n(a_s)]\}$$
$$= \mu'\{A_n'[a_c' j_n'(a_c') - j_n(a_c')] + B_n'[a_T' j_n'(a_T') - j_n(a_T')] \tag{6-36f}$$
$$- (C_n'/2)[a_s'^2 j_n''(a_s') + (n^2 + n - 2)j_n(a_s')]\}$$

式中，$j = \sqrt{-1}$，a_c、a_s 和 a_T 分别是半径 R 与压缩波、黏性剪切波和热波波数的乘积。j_n 和 h_n 分别为球贝塞尔函数（spherical Bessel function）和球汉克尔函数（spherical Hankel function），上撇号指代球贝塞尔和球汉克尔函数的导数（即 j_n' 和 h_n'）或表示球内部的参变量（如 a_n'）。

线性方程组可简写为：

$$[M]_{AH} \begin{bmatrix} A_n \\ C_n \\ A_n' \\ C_n' \\ B_n \\ B_n' \end{bmatrix} = \begin{bmatrix} a_c j_n'(a_c) \\ j_n(a_c) \\ X[(a_s^2 - 2a_c^2)j_n(a_c) - 2a_c^2 j_n''(a_c)] \\ X[a_c j_n'(a_c) - j_n(a_c)] \\ b_c j_n(a_c) \\ \kappa a_c b_c j_n'(a_c) \end{bmatrix} \tag{6-37}$$

其中 M 为 6 阶方阵；X 对液体用 η，对固体用 $\mu/(-j\omega)$。系数 A_n 表示压缩波；B_n 表示转换的热波动；C_n 表示转换的剪切波动。

由于热波和剪切波在流体介质中都很快衰减（在颗粒的界面附近就会迅速减

弱），在接收位置 r $(k_c r \gg 1)$，它们对散射能没有什么贡献，声散射作用通过压缩波体现。给出压缩波势函数：

$$\varphi_c = \sum_{n=1}^{\infty} i^n (2n+1) A_n h_n(k_c r) P_n(\cos\theta) \tag{6-38}$$

其中 P_n 为 n 阶的勒让德多项式（Legendre polynomials）。可以看出，在方程组（6-37）解中，对声衰减起作用的仅为系数 A_n，但线性方程组中散射系数相互耦合，无法单独计算 A_n，而只能通过求解线性方程组（6-36）压缩波散射散射系数 A_n。

由式（6-38）知，系数 A_n 表征了由单个颗粒散射的压缩波场的幅度大小，它与对应的 n 阶球汉克尔函数有关，表示了声场随着远离颗粒界面后的衰减程度，而声场在角度上分布则取决于 n 阶的勒让德多项式。例如 $n=0$ 对应单极对称，$n=1$ 为偶极子对称，$n=2$ 为四极子对称。

系数 A_0 项包含了三方面的物理意义：材料取代的基本效果，按悬浮颗粒与连续相的波速差别表示，如果复波数被应用，那么颗粒材料和连续相不同的声吸收也被包括在内；两相间不同的压缩率产生的效果，即颗粒和连续相对声压产生的体积形变不一样；热波效果按压力-温度耦合的形式也被包括在 A_0 中，反映从颗粒到连续相的热流动和两相间不同的热膨胀系数的效果。

系数 A_1 表示了黏性损失，主要是由于颗粒和连续介质中的密度差所引起，导致颗粒作相对介质的运动。在颗粒远小于波长的长波条件，对 $n>1$ 的系数由于减少很快不必再考虑。如果此时两相间密度非常接近，那么 A_1 项也可以被忽略，求解结果以系数 A_0 主导。而对于密度差比较大的情况，例如 $\rho'/\rho > 2$，求解结果以系数 A_1 主导，那么 A_0 在多数情况下也可以被忽略。

系数 A_2 及更高阶次系数表示了颗粒共振，与更高阶的勒让德多项式和汉克尔函数有关，具有更为复杂的散射场。

应该指出系数 A_n 的求解是困难的，首先它需要较多的物性参数，对颗粒和连续相均为 7 个物性参数。同时，须计算各阶的贝塞尔函数（颗粒内部）和汉克尔函数（颗粒外部），函数自变量为复波数与颗粒半径乘积，贝塞尔和汉克尔函数在高阶和自变量很大或很小时，可能会出现发散现象（或者直接导致数值溢出），并使得矩阵呈病态，当矩阵 M 的条件数大于 10^{p-2} 时（双精度计算 $p=18$），导致数值计算的不稳定，使线性方程组求解困难。对于这一问题，可以通过贝塞尔函数及其求导的递推关系，构造相关的变量，进而改造矩阵 M 得以解决。另外，要得到一个收敛的 A_n 序列，需要确定最高阶次 n，按 O'Neill 等[17]，可以由下式给出：

$$n \approx 1.05 k_c R + 4 \tag{6-39}$$

即 n 为右端计算的取整。

6.3.1.6 声衰减和声速

前面讨论了压缩波入射到单个悬浮颗粒后的波动散射系数 A_n 求解问题，利用波的散射理论将单个颗粒的散射效应和整个离散颗粒群的宏观效果联系起来，并最终得到悬浊液（或乳剂）中的复波数，求解得声衰减和相速度。Epstein、Carhart、Allegra 和 Hawley 给出了在远场接收时（热和剪切形式的波已消失）的声衰减系数，其中总的能量损失被简单设想为与颗粒浓度成正比：

$$\alpha_s = -\frac{3\varphi}{2k_c^2 R^3} \sum_{n=0}^{\infty} (2n+1) A_n \tag{6-40}$$

这里 φ 为颗粒相体积分数，此公式给出颗粒（作为散射体）对总的声损失的贡献——逾量衰减，对公式本身使用时还应该考虑到介质本身的声吸收，即：

$$\alpha_T = \alpha_s + (1-\varphi)\alpha_i + \varphi\alpha_i' \tag{6-41}$$

按照 Warterman 等[18]对随机介质中的波动理论的发展，考虑前向散射场的波动散射理论，得颗粒两相混合系的复波数表达式（该式同样可由 Lloyd[19]的波动理论推导得出）：

$$\left(\frac{\kappa}{k_c}\right)^2 = 1 + \frac{3\varphi}{jk_c^3 R^3} \sum_{n=0}^{\infty} (2n+1) A_n \tag{6-42}$$

根据其定义，有：

$$\kappa = \frac{\omega}{c_s(\omega)} + j\alpha_s(\omega) \tag{6-43}$$

这里 α_s 和 c_s 分别表示混合介质（如颗粒悬浊液）的声衰减系数和声速。

下面将通过数值分析，来探讨利用声衰减谱或者相速度的信息对颗粒粒径和浓度测量的指导意义。

表 6-4　水、二氧化钛和玻璃珠的物理参数（25℃）

项目	水	二氧化钛	玻璃
密度 ρ/(kg/m³)	997.0	4260.0	2500.0
压缩波速 c_L/(m/s)	1496.7	7900.0	5640.0
剪切黏度 η/(Pa·s)	9.03×10^{-4}	—	—
剪切模量 μ/(N/m²)	—	3.54×10^{10}	2.78×10^{10}
热导率 τ /[W/(m·K)]	0.5952	4.98	68.2
比热容 c_p/[J/(kg·K)]	4178.5	930.1	829
声吸收系数 (α/f^2) /(Np·s²/m)	2.2×10^{-14}	1.3×10^{-16}	8.06×10^{-14}
热膨胀系数 β/K⁻¹	2.57×10^{-4}	8.61×10^{-6}	9.6×10^{-6}

按表 6-4 给出物性参数，由 ECAH 模型，对微米级的二氧化钛粉末的水悬浊液进行研究，图 6-9 为具有单一分布的二氧化钛颗粒水悬浊液的衰减谱。由图可见，声衰减始终随着频率而递增，一定范围内可近似呈线性，该递增趋势随浓度的增加而加剧。在图示低浓度范围内，声衰减系数随浓度单调递增，ECAH 模型中声衰减系数随浓度呈线性变化(在高浓度条件与真实情况出现偏差)。如果颗粒的粒径已知，仅需要测量 2 个频率的衰减即可测得颗粒的浓度。

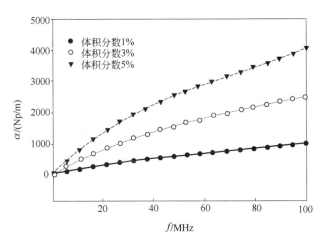

图 6-9 二氧化钛-水悬浊液数值模拟结果：声衰减-频率曲线

图 6-10 是半径 $R = 0.15\mu m$ 具有单一分布的二氧化钛颗粒水悬浊液在体积分数分别为 1%、3%和 5%时，在同等参数下得到的声速与频率的关系图谱。声速随频率呈现递增关系，频率增大时，该递增关系明显趋于平缓。

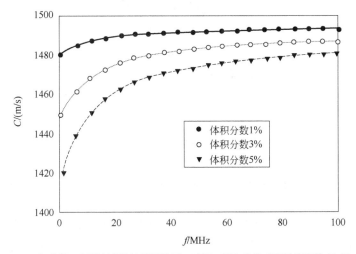

图 6-10 二氧化钛-水悬浊液数值模拟结果：声速-频率曲线（颗粒半径为 0.15μm）

不同频率下衰减和相速度随颗粒尺寸变化关系由图 6-11 和图 6-12 表示。图 6-11 中，声衰减随颗粒粒径的变化为多峰分布曲线，在颗粒半径 10nm～2μm 区间，存在一个衰减极大值（这被认为是由于黏性或热效应引起的衰减峰）。随着频率由 1MHz 增加到 30MHz，该峰值朝小粒径方向移动（颗粒尺寸参数 $\sigma = kR$ 保持一定），而整个曲线的形状未发生改变。将该结论应用到颗粒粒径的测量，考虑具有单一尺寸的颗粒系，在忽略测量误差的情况下，测量在 3 个频率下的声衰减，按图中所给变化关系，可唯一地定出颗粒的大小。在更多频率下进行测量，可以获得更高质量的谱信息，减小误差影响，确保所得到的颗粒尺寸是可靠的。

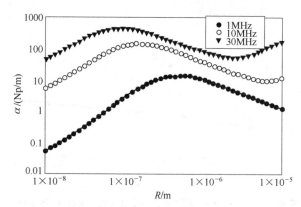

图 6-11 二氧化钛-水悬浊液数值模拟结果：衰减-颗粒粒径曲线（体积分数为 1%）

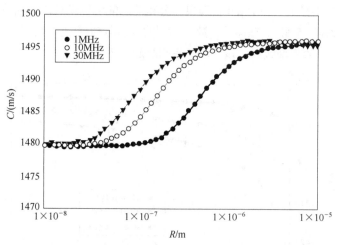

图 6-12 二氧化钛-水悬浊液数值模拟结果：相速度-颗粒粒径曲线（体积分数为 1%）

对相速度来说，在颗粒半径小于某一值（如图 6-12 中 10^{-8}）或大于另一值（如图 6-12 中 10^{-5}）时，不同频率的声波具有趋于一致的相速度，无频散现象出现。而在此范围内，不同频率的声波的相速度随颗粒粒径的变化而变化，这意味着基于声速测量来确定粒径，只能局限在某一尺寸范围内。

图 6-13 和图 6-14 分别为 5% 体积分数的玻璃微珠悬浊液的声衰减和声速谱。

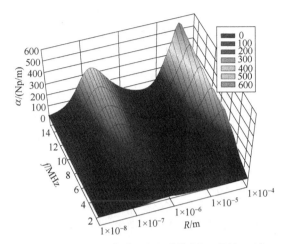

图 6-13 玻璃微珠悬浊液声衰减谱（体积分数 5%）

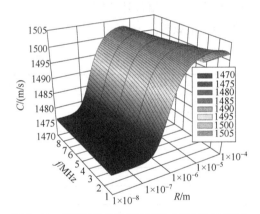

图 6-14 玻璃微珠悬浊液声速谱（体积分数 5%）

6.3.1.7 物性参数及其敏感性

由表 6-4 所列参数即可看出，要使用完整的 ECAH 模型至少需要 14 个参数，具体为：

对每一相都有：声速，密度，热膨胀系数，比热容，热导率，声吸收系数；

对连续相（或液体颗粒、气泡）：黏性系数；

对固体颗粒相：剪切模量。

对于一些熟知的常用物质，例如水、部分金属（如铁、铝）、非金属物质和有机物（如高分子材料、有机液体），上述参数都已有比较好的了解。但对于很多待测物质，比如现代化工处理过程中一些颗粒物质，要测定上述物性参数要么非常困难、代价高，要么根本不可能。这种情况下，一种做法是根据相应的知识去猜测物质属性参数，并验证它对于整个模型的敏感程度（比如对于声衰减系数的影响）。例如，由前述讨论大致了解到，对矿浆类物质测量时，由于两相间的密度差别较大，系数 A_1 起主导作用，那么混合物的热物性参数就不重要；反之当系数 A_0 起主导作用的时候混合物热物性参数就非常重要。通常情况下获得准确的颗粒物性参数要比获得连续介质（如水）的物性参数更困难。

数值方法可以很好地理解模型对各参数的敏感性[20]，以半径 0.15μm，体积分数 1%的二氧化钛-水悬浊液为例，声频率 2MHz 时，在不改变其它参数的情况下，按公式（6-44）计算将二氧化钛各项物理属性参数分别单独增加 10%后所引起的声衰减系数误差，声速误差也可类似获得：

$$\frac{\Delta \alpha}{\alpha} = \left| \frac{\alpha(f, \varphi, R, \Delta P) - \alpha(f, \varphi, R, P)}{\alpha(f, \varphi, R, P)} \right| \tag{6-44}$$

其中，f、φ、R 分别是声频率、颗粒体积分数和半径，而 P 为包含了各种参数的矢量（对 ECAH 模型两相各为 7 个参数）。结果见表 6-5，表明无论声衰减系数还是相速度对于颗粒密度都最敏感，压缩波速的影响次之，而对颗粒的声吸收系数、热导率和热膨胀系数等则非常不敏感。

表6-5 颗粒物性变化对声衰减和相速度的影响

二氧化钛物性参数	悬浊液声衰减误差/%	悬浊液相速度误差/%
压缩波速	0.69	0.0077
比热容	0.45	0.0019
声吸收系数	0.0000037	7.6E-10
热膨胀系数	0.20	0.0019
热导率	0.01	0.000015
密度	25	0.17
剪切模量	0.23	0.0024

Patricia Mougin 等[21]对平均粒径为 1μm、10μm 和 100μm 的谷氨酸有机晶体颗粒（几何标准差 1.2），采用某仪器所测得声衰减谱进行粒径测量，讨论了当不同参数的单独输入误差会引起测量颗粒粒径结果的误差大小，表 6-6 列出部分结果，结果表明：对于有机晶体颗粒而言，颗粒和液体相密度、剪切模量、液体相声速和声吸收系数都非常重要，大致上为保证 3%的平均粒径误差和 6%的浓度误差范围，需要将上述输入参数的误差控制在 1%内；而另外一些参数如比热容、热导率和颗粒相声吸收系数则对结果不敏感。

声衰减系数并非在所有情形下都对颗粒热物性不敏感。图 6-15 中，对聚苯乙烯乳胶球的水悬浊液的数值模拟表明，声衰减系数对于热物性（如比热容、热导率）的敏感程度最高。这是因为聚苯乙烯乳胶球具有和水非常接近的密度值，这样黏性剪切波动的影响会被明显削弱,热波动起主导作用。

表6-6 单一物理属性参数变化±20%时测得颗粒尺寸分布参数平均变化和谱残差

(颗粒声速变化为50%)

项目		1μm			10μm			100μm		
		平均径误差/%	体积分数误差/%	残差/%	平均径误差/%	体积分数误差/%	残差/%	平均径误差/%	体积分数误差/%	残差/%
颗粒相	密度	5.5	91	1.08	20.9	38	2.57	0.8	6	0.79
	声速	2.7	2	0.16	4.9	5	3.56	11.1	6	5.03
	热导率	0.0	0	0.00	0.0	0	0.00	0.0	0	0.00
	热膨胀系数	0.0	0	0.00	0.0	0	0.00	0.0	0	0.00
	比热容	0.1	0	0.00	0.1	0	0.00	0.0	0	0.00
	剪切模量	0.3	0	0.00	4.0	5	0.95	4.5	16	1.41
	声吸收系数	0.0	0	0.00	0.0	0	0.00	0.0	0	0.00
液体相	密度	46.5	96	0.15	26.0	38	2.74	5.2	11	0.09
	声速	6.9	26	0.14	13.2	22	1.66	39.0	12	1.36
	热导率	0.0	0	0.00	0.0	0	0.00	0.0	0	0.00
	热膨胀系数	0.1	1	0.01	0.2	0	0.00	0.0	0	0.00
	比热容	0.1	1	0.01	0.2	0	0.01	0.0	0	0.00
	剪切模量	7.4	2	0.06	3.7	7	0.06	0.0	0	0.00
	声吸收系数	1.0	13	3.02	10.2	20	0.72	0.6	2	1.96

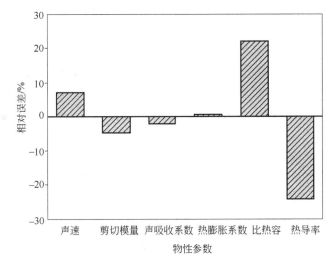

图6-15 聚苯乙烯乳胶球的水悬浊液声衰减系数对物性参数的敏感性

(其它计算参数:半径0.15μm,体积分数1%,声频率2MHz,各物性参数分别单独增加10%)

表6-7经验性地给出了实际测量过程中需要输入的最简参数(其余参数采用估计形式给出),这是最简单的情形,由此带来的误差在一定程度上是可以预测的。

表 6-7　实际应用中需输入最基本参数——经验结果[8]

胶体颗粒	颗粒属性	连续相属性
刚性亚微米颗粒	密度	密度、剪切黏度
软性亚微米颗粒（液滴）	热膨胀系数	热膨胀系数
大刚性颗粒	—	—
大软性颗粒	密度、声速	密度、声速

注：上述情况液体吸收均需考虑。

6.3.2　ECAH 理论模型的拓展和简化

6.3.2.1　复散射修正

ECAH 模型是一个较为全面的声学理论，考虑了四种最重要的机制（黏性、热、散射、内在机制）对颗粒两相介质的声衰减和相速度的影响。该模型是针对稀释的单分散性球形颗粒介质的。

单分散是指所有的颗粒具有相同的直径。将 ECAH 模型推广到多分散系的典型做法就是设想衰减按照每种颗粒组分的多少线性叠加。球形则表示在所有计算中的颗粒被假设为球体。

由于该理论是基于球形颗粒，而实际问题中的颗粒严格说是非球形的，所以应该注意该颗粒粒径定义所带来的影响。在许多矿物质胶体中，两相间的密度差异是主要的，对声波的影响很大程度上是由于黏弹性机制，即与系数 A_1 项有关。这种情况下，采用 Stokes 径在理论和实验上是比较吻合的。而在长波长范围（$k_c R \ll 1$），尤其在热损失机制占主导作用的时候，非球形所引起的误差是不大的。

由于该模型本身是按单个颗粒散射为基础，因此对于 ECAH 模型显然只能应用到稀释的条件，即适用的浓度范围是比较低的。对于 ECAH 模型的拓展主要是考虑到在浓度更高的条件下的适用性问题。具体来说，在高浓度的条件下必须考虑到如下的两个方面新机制影响：复散射（或称多次散射，multiple scattering）和颗粒相互作用。

关于复散射模型，Urick 和 Ament[22]曾经提出一个"薄层近似"的设想得到按单散射幅值的近似波数。而 Warterman[18]已经给出了一个比较完善的复散射理论，并且给出了最后波数显式表达形式，利用前向振幅理论，可得如下公式：

$$\left(\frac{\kappa}{k_c}\right)^2 = \left[1 + \frac{2\pi n_0 f(0)}{k_c^2}\right]^2 - \left[\frac{2\pi n_0 f(\pi)}{k_c^2}\right]^2 \tag{6-45}$$

$f(0)$ 和 $f(\pi)$ 为前向和后向散射振幅，$n_0 = 3\varphi / (4\pi R^3)$ 指单位体积内的散射颗粒数。变换上式有：

$$\left(\frac{\kappa}{k_c}\right)^2 = 1 + \frac{4\pi n_0 f(0)}{k_c^2} + \left[\frac{2\pi n_0 f(0)}{k_c^2}\right]^2 - \left[\frac{2\pi n_0 f(\pi)}{k_c^2}\right]^2$$

$$= 1 + \frac{4\pi n_0 f(0)}{k_c^2} + \left(\frac{2\pi n_0}{k_c^2}\right)^2 [f(0)^2 - f(\pi)^2] \tag{6-46}$$

将 $f(0)$ 和 $f(\pi)$ 代入，获得了散射介质中复波动常数的表达式（6-47）。注意该式等号右端前两项即为式（6-42），即与基于单散射公式比较，多出了一个 φ 的高次项。可以看出，它和颗粒相的体积分数是平方关系，反映了复散射影响。

$$\left(\frac{\kappa}{k_c}\right)^2 = 1 + \frac{3\varphi}{jk_c^3 R^3} \sum_{n=0}^{\infty}(2n+1)A_n$$

$$- \frac{9\varphi^2}{4k_c^6 R^6} \times \left\{ \left[\sum_{n=0}^{\infty}(2n+1)A_n\right]^2 - \left[\sum_{n=0}^{\infty}(-1)^n(2n+1)A_n\right]^2 \right\} \tag{6-47}$$

仅考虑零阶和一阶散射系数（即 A_0 和 A_1），上式表示为：

$$\left(\frac{\kappa}{k_c}\right)^2 = 1 + \frac{3\varphi}{jk_c^3 R^3}(A_0 + 3A_1 + 5A_2) - \frac{27\varphi^2}{k_c^6 R^6}(A_0 A_1 + 5A_1 A_2) \tag{6-48}$$

Lloyd 和 Berry[19] 按照介质中能量密度平衡的观点出发，推导出一个广泛适用的复散射模型，按照该理论，可以将离散混合物中的波数按下式给出：

$$\left(\frac{\kappa}{k_c}\right)^2 = 1 + \frac{3\varphi}{jk_c^3 R^3}(A_0 + 3A_1 + 5A_2)$$

$$- \frac{27\varphi^2}{k_c^6 R^6}(A_0 A_1 + 5A_1 A_2) - \frac{54\varphi^2}{k_c^6 R^6}\left(A_1^2 + \frac{5}{3}A_0 A_2 + 3A_1 A_2 + \frac{115}{21}A_2^2\right) \tag{6-49}$$

该式等号右端第一项为单散射项，第二项为 Waterman 和 Truell 给出的复散射修正，第三项为 Lloyd 和 Berry 给出的复散射额外修正。

可以看到，随着颗粒浓度的增加，φ^2 项就会增加更明显，但与此同时更高阶的 A_n 项由于互相乘积或者自身平方数值非常小。因此复散射的影响很大程度上依赖于颗粒与连续相间的物性参数差异，它与声波动和颗粒以及连续相的作用是密切相关的。对于大部分的微米级颗粒混合物在超声频率低于 100MHz 时，其共振效应可以忽略，此时 A_2 项不明显。这样，可以参考前面对 A_0 和 A_1 项的分析，即对密度差小的乳剂和一些聚合物悬浮液，由于 A_1、A_2 项较小，复散射效果很弱，但对于如矿浆等高密度差的情况，A_0、A_1 和 A_1^2 作用都是明显的。

以上的复散射理论中均有两个假设：其一，某一颗粒的散射波不与另外散射波相互干涉，即没有出现颗粒相互作用现象；其二，颗粒被假设为点源。这两个假设尤其是第一个在高浓度情况下会带来误差。无论是热波还是剪切波，这种相互作用都是可能发生的。

图 6-16 给出了两种典型情况的复散射效果。对聚苯乙烯乳胶球颗粒悬浊液当热耗散占主导地位时，不论 Waterman 和 Truell 还是 Lloyd 和 Berry 的结果，与没有任何修正的 ECAH 结果并没有明显差别。而对于二氧化钛悬浊液则有更为明显的复散射效应出现。

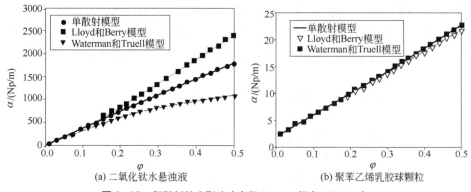

(a) 二氧化钛水悬浊液   (b) 聚苯乙烯乳胶球颗粒

图 6-16 复散射效应影响（半径 1μm，频率 10MHz）

从查阅的部分资料看：对于 20%体积分数的甲苯乳剂，10%体积分数的十六烷乳剂，10%体积分数的聚苯乙烯乳胶球悬浊液[15, 16]的实验观察。对一些乳剂的实验[23-26]，均获得了与 ECAH 模型吻合得非常好的实验结果。

另外，在考虑复散射效应的时候，超声接收器的作用也是值得考虑的。将超声和电磁波传递进行比较，对于光电探测器来说，接收到的是光强信号，而对超声换能器，所接收的是声信号的幅值。它们的衰减是不能完全等同的，光探测器对于复散射所引起的相移是敏感的，而对声信号来说，经过了明显相移的复散射信号是有可能探测不到的，即便这部分超声能量仍然存在。

6.3.2.2 长波区模型

超声波具有很宽的波长范围，例如对于频率为 100MHz 在水中传播的超声波，波长约为 15μm，而对于更低频率 1MHz 的超声波，波长可以达到 1.5mm。而光散射通常的波长在可见光范围，约 0.4～0.7μm。当颗粒小于波长并满足如 Rayleigh 长波条件的时候，通常比中波段或者短波范围具有更满意的测量效果，因为此时对于颗粒的形状因素具有更低的敏感性，并可以采用更为简单的理论解释，因此声波更宽的波长范围可以确保对更宽范围内的颗粒进行测量。

在考虑对模型进行简化的可能时，首先会考虑将颗粒粒径与波长比较限制在一些特定区域，比较声波长和颗粒粒径，当 $\lambda \ll R$ 和 $\lambda \gg R$ 情况下，模型能否简化的问题。按不同的波长-粒径比较将其大致分为三个区域（图 6-17）：短波区（$\lambda \ll R$），中波区（$\lambda \approx R$），长波区（$\lambda \gg R$）。其大致的标准可以按短波区 $\lambda < R/25$、中波

区 $R/25 < \lambda < 20R$ 、长波区 $\lambda > 20R$ 标准给定。

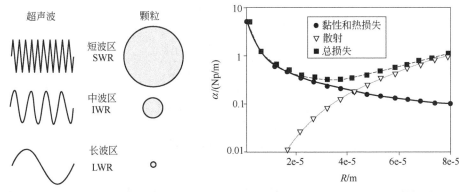

图 6-17　短波、中波和长波区域示意图

图 6-18　散射与黏性和热损失在不同区域对声衰减贡献（1%玻璃微珠悬浊液，声频率 1.45MHz）

图 6-18 给出了声衰减在两个区域间频谱的例子。可以看到，吸收（这里指黏性和热损失）和散射发生在不同的颗粒粒径（或超声频率）范围内，而且仅仅只有很小的交叠。通常可以这样理解：长波区对应声吸收，短波区对应声散射，可以看到当吸收和散射分开时，理论模型将得到简化。

下面将介绍在长波区情况下相对更为简化的理论和计算公式。这部分内容将介绍由 McClements[26]、Povey[27]、Herrmann[28-30]、Hemar[31]等在长波区条件对于颗粒-连续相密度差较小，热损效应占主导条件建立的声波动理论模型，从章节结构考虑将该内容作为 ECAH 简化。

考虑在声压缩波中颗粒相对周围介质脉动，如果两相具有不同的热性质，那么在颗粒内的温度波动和外面介质是不一样的，在界面上就会出现温度梯度，这会削弱颗粒的脉动。温度在颗粒周围介质中衰减到界面值 1/e 的距离称为"热厚度"，即 $\delta_{\mathrm{T}} = \sqrt{2\tau/(\omega \rho c_{\mathrm{p}})}$。颗粒的脉动产生一个单极散射场，其振幅与 A_0 项有关。当颗粒和周围介质的密度不一样时，有黏弹性的传递机制，超声波的出现使得一个净内力作用在颗粒上，引起颗粒对介质的相对运动，这种振动由周围介质的黏性而衰减。由颗粒振动产生的剪切波的振幅衰减到其 1/e 的距离称为"黏性厚度"$\delta_{\mathrm{s}} = \sqrt{2\eta/(\omega\rho)}$。这种振动产生偶极散射场，其振幅和 A_1 项有关。这里的 A_0、A_1 为散射系数 A_n 的前两项。在长波极限时，McClements 给出了更简洁的表达式：

$$A_0 = -\frac{\mathrm{i}k_1 R}{3}\left[(k_1 R)^2 - (k_2 R)^2 \frac{\rho_1}{\rho_2} \right] - \frac{\mathrm{i}(k_1 R)^3 (\gamma_1 - 1)}{b_1^2}\left(1 - \frac{\beta_2 c_{\mathrm{p1}} \rho_1}{\beta_1 c_{\mathrm{p2}} \rho_2} \right)^2 H \tag{6-50}$$

$$A_1 = \frac{\mathrm{i}(k_1 R)^3 (\rho_2 - \rho_1)(1 + T + \mathrm{i}s)}{\rho_2 + \rho_1 T + \mathrm{i}\rho_1 s} \tag{6-51}$$

其中

$$H = \left[\frac{1}{1 - \mathrm{i}b_1} - \frac{\tau_1}{\tau_2} \frac{\tan(b_2)}{\tan(b_2) - b_2} \right]^{-1} \tag{6-52}$$

$$b_1 = \frac{(1+i)R}{\delta_{T,1}}, \quad b_2 = \frac{(1+i)R}{\delta_{T,2}} \tag{6-53}$$

$$\delta_{T,i} = \sqrt{\frac{2\tau_i}{\rho_i c_{pi} \omega}}, \quad \delta_s = \sqrt{\frac{2\eta_1}{\rho_1 \omega}} \tag{6-54}$$

$$T = \frac{1}{2} + \frac{9\delta_s}{4R}, \quad s = \frac{9\delta_s}{4R}\left(1 + \frac{\delta_s}{R}\right) \tag{6-55}$$

这里使用下标"1"表示连续相，下标"2"表示颗粒相。ρ 为密度，τ 为热导率，β 为热膨胀系数，c_p 为定压比热，$\gamma_1 = 1 + T\beta_1^2 C_1^2 / c_{p1}$ 为比热比，C 为声速，T 为热力学温度。

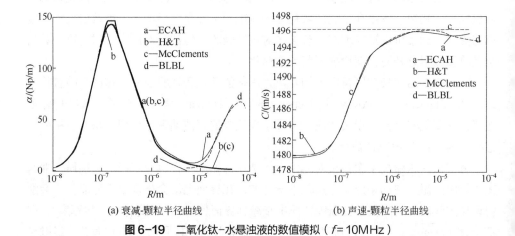

(a) 衰减-颗粒半径曲线　　　　　　　　(b) 声速-颗粒半径曲线

图 6-19 二氧化钛-水悬浊液的数值模拟（$f = 10\text{MHz}$）

图 6-19 给出了不同理论模型的比较，可以看出对于超声频率 10MHz 声波，在颗粒半径小于 5μm 范围的长波区，McClements 的结果和 ECAH 吻合很好，而随着粒径增大，McClements 的结果呈递减，但 ECAH 的结果又出现递增，这是由于声散射损失影响，而没有考虑声散射损失的 McClements 模型则出现了较大的偏差。这一结果与该模型的特点和适用范围完全吻合。

McClements 模型中用到了黏性厚度和热厚度两个概念（图 6-20），如前所述，这两个参数表征了由声波与颗粒作用引起的剪切波和热波在离开颗粒界面后的衰减程度。McClements 考虑了二者的关系，对于水的悬浮液，黏性厚度比热厚度的值大 2.6 倍以上。这在一定程度上决定了颗粒周围的黏性厚度相互交叠的可能性大于热厚度，或者说出现黏性交叠的浓度临界值要远小于出现热交叠作用的浓度临界值。

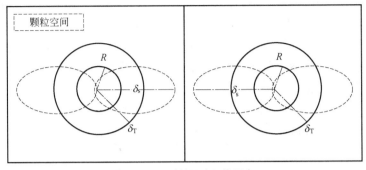

图 6-20 黏性厚度和热厚度

事实上，回到式（6-33），可以看到热波波长和剪切黏性波波长与黏性厚度和热厚度的关系：

$$\lambda_{\mathrm{T}} = 2\pi\sqrt{\frac{2\tau}{\rho c_{\mathrm{p}}\omega}} = 2\pi\delta_{\mathrm{T}} \tag{6-56}$$

$$\lambda_{\mathrm{s}} = 2\pi\sqrt{\frac{2\eta}{\rho\omega}} = 2\pi\delta_{\mathrm{s}} \tag{6-57}$$

在水中对于 10MHz 声波，热波波长 424nm（δ_{T}=67nm），对于直径 400nm 颗粒，当热波波长的大小接近或者大于颗粒空间距离时，颗粒的相互热交叠作用发生（也有认为当热厚度 δ_{T} 大于颗粒界面的最短距离一半时，热交叠作用发生），可以推算 ECAH 模型需要进行颗粒相互热作用临界体积分数 φ_{T} 约为 44%。对于更高或者更低的频率，对应的波长相应按照 $f^{1/2}$ 变化，体积分数限度相应增高或降低。

在水中剪切波的波长总是要大于热波波长的，这意味着出现黏性交叠作用的临界浓度肯定会低于出现热交叠作用的临界浓度。在水中对于 10MHz 声波，剪切波波长 1060nm（δ_{s}=337nm），同样对直径 400nm 颗粒，对应发生黏性交叠作用的体积分数 φ_{T} 仅为 2.8%。

关于热和黏性作用临界体积分数之间关系，文献[32]给出如下式子：

$$\frac{\varphi_{\mathrm{v}}}{\varphi_{\mathrm{T}}} = \left(\frac{R\sqrt{\pi f} + 1/2.6}{R\sqrt{\pi f} + 1}\right)^3 \tag{6-58}$$

其中，频率 f 单位为 MHz，颗粒半径 R 单位为 μm。临界体积分数的比值随频率变化，当频率增大后，比值向 1 接近。

6.3.2.3 Core-Shell 模型

在对 Core-Shell 模型介绍之前，有必要先了解 Isakovich 对超声传播中热耗散机制的分析建立的热耗散理论[33]，他发现当超声在悬浊液中传播时颗粒两相之间有一种热交换机制，并命名为"热弹性效应"。并认为这一效应是影响超声在稀释悬浊液中传播的重要因素。Isakovich 热耗散理论在一定程度上可以看成 ECAH 模型在仅仅考虑热损失情况下的理论模型。该模型还按体积分数引入了颗粒-连续相混合物的等效密度、等效压缩系数等概念。并由热波动方程和颗粒连续相界面边界条件求得了混合物的等效复波数：

$$\kappa(\omega) = \frac{\omega}{c_3}\left[1 + i\frac{3\varphi}{\omega R^2}\frac{T}{k_{a3}}\left(\frac{\beta_1}{\rho_1 c_{p1}} - \frac{\beta_2}{\rho_2 c_{p2}}\right)^2 H\right]^{1/2} \tag{6-59}$$

式中，$H = \left[\dfrac{1}{\tau_2\left[n_2 R / [\tanh(n_2 R)] - 1\right]} + \dfrac{1}{\tau_1(1 + n_1 R)}\right]^{-1}$，下标"3"指代等效介质，$k_{a3}$、$c_3$ 的定义见式（6-62）和式（6-63）。

Isakovich 热耗散理论是对稀释情况适用的理论，它没有考虑到颗粒相互作用的影响，这里即为热交叠作用。不过"稀释"这个词有时候会引起误导，在体积分数高达 30% 的时候，也没有出现颗粒的热交叠作用，这意味着 Isakovich 的理论是无需任何修正的。尽管如此，在更高浓度条件下的理论模型——Core-Shell 模型得到了很好发展，可将适用的体积分数提高至 50%。

Y. Hemar 等人的研究考虑了周围颗粒产生的热波交叠作用，将这一理论扩展到高浓度领域，形成了 Core-Shell 理论模型。

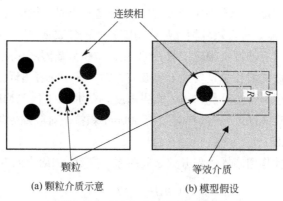

(a) 颗粒介质示意　　　(b) 模型假设

图 6-21　Core-Shell 模型示意图

如图 6-21 所示，Core-Shell 模型中的核（Core）是指媒质中的颗粒相，壳（Shell）是指包含在颗粒周围的连续相介质，而在壳之外的媒质则定义为等效介质。其中，连续相介质和等效介质的界面为一球面，其半径 b 为：

$$b = \frac{R}{\varphi^{1/3}} \tag{6-60}$$

式（6-60）为最常见形式。可见，壳半径 b 大小是受浓度制约的，当体积分数趋近于 0 时，有 $b \to \infty$ 意味着此时等效介质不会出现在颗粒周围，即退化为稀释条件下模型对单颗粒-连续相界面的假设。另一方面，当体积分数增加至 100% 时，有 $b = R$，即相邻颗粒已经实际接触。

等效介质的热物性可由以下表达式得到：

$$\rho_3 = (1-\varphi)\rho_1 + \varphi\rho_2 \tag{6-61}$$

$$k_{a3} = (1-\varphi)k_{a1} + \varphi k_{a2} \qquad = \tag{6-62}$$

$$c_3 = 1/\sqrt{k_{a3}\rho_3} \tag{6-63}$$

$$\rho_3 c_{p3} = (1-\varphi)\rho_1 c_{p1} + \varphi\rho_2 c_{p2} \tag{6-64}$$

$$\beta_3 = (1-\varphi)\beta_1 + \varphi\beta_2 \tag{6-65}$$

而等效介质的导热率的表达式相对复杂：

$$\tau_3 = \tau_1 \frac{1 + 2\varphi\chi - 2(1-\varphi)\zeta\chi^2}{1 - \varphi\chi - 2(1-\varphi)\zeta\chi^2} \tag{6-66}$$

$$\chi = \frac{\kappa_2 - \kappa_1}{\kappa_2 + 2\kappa_1}, \quad \zeta = 0.21068\varphi - 0.04693\varphi^2 \tag{6-67}$$

Core-Shell 模型所考虑的三种介质层，颗粒相介质层（$r \leqslant R$）、连续相介质层（$R < r \leqslant b$）和等效介质层（$r > b$）的温度场波动，利用边界条件（$r = R, r = b$）推导出的复波数同式（6-59）一致，只是 H 为：

$$H = \tau_1\tau_2 \frac{n_2 R - \tanh(n_2 R)}{E \cdot C + F \cdot D} \times \left[2\tau_3 \frac{g_1 - g_3}{g_2 - g_1} n_1 b(n_3 b + 1) + C(1 + n_1 R) + D(1 - n_1 R) \right] \tag{6-68}$$

式中

$$g_j = \beta_j / (\rho_j c_{pj}) \qquad n_j = (1-i)/\delta_{T,j} = (1-i)\sqrt{\omega\rho_j c_{pj}/(2\tau_j)} \tag{6-69}$$

$$C = e^{n_1(b-R)}[\tau_1(n_1 b - 1) + \tau_3(n_3 b + 1)] \tag{6-70}$$

$$D = e^{-n_1(b-R)}[\tau_1(n_1 b + 1) - \tau_3(n_3 b + 1)] \tag{6-71}$$

$$E = \tau_2 n_2 R + [\tau_1(n_1 R + 1) - \tau_2]\tanh(n_2 R) \tag{6-72}$$

$$F = \tau_2 n_2 R - [\tau_1(n_1 R - 1) + \tau_2]\tanh(n_2 R) \tag{6-73}$$

Core-Shell 模型的建立主要是考虑了热波交叠效应。但热厚度值随着超声频率的升高而逐渐减小，例如在水中，超声频率在 1MHz 时，$\delta_T = 212\text{nm}$；10MHz 时，$\delta_T = 67\text{nm}$；100MHz 时，$\delta_T = 21\text{nm}$。

随着超声频率的升高，热厚度值逐渐减小，而复散射效应对超声传播的影响逐渐增强。由于原始的 Core-Shell 模型并没有考虑复散射的影响，因此在高频率范围内 Core-Shell 模型的预测结果必定会出现偏离。而对该模型进行复散射的修正可以扩展其应用范围。

典型的复散射效应 Waterman 和 Trull 公式为：

$$\left(\frac{\kappa}{k_1}\right)^2 = \left[1 - \frac{3\mathrm{i}\varphi A_0}{(k_1 R)^3}\right]\left[1 - \frac{9\mathrm{i}\varphi A_1}{(k_1 R)^3}\right] \tag{6-74}$$

其中散射系数 A_0 和 A_1，仍按 McClements 给出的表达式（6-50）和式（6-51）计算。

$$\left(\frac{\kappa}{k_1}\right)^2 = \left[1 + \mathrm{i}\frac{3\varphi}{\omega R^2}\frac{T}{k_{a1}}\left(\frac{\beta_1}{c_{p1}\rho_1} - \frac{\beta_2}{c_{p2}\rho_2}\right)^2 H\tau_1\right] \tag{6-75}$$

这里 H 为：

$$H = \frac{\tau_2 k_{a1}}{k_{a3}}\frac{n_2 R - \tanh(n_2 R)}{E \cdot C + F \cdot D} \times \left[2\tau_3\frac{g_1 - g_3}{g_2 - g_1}n_1 b(n_3 b + 1) + C(1 + n_1 R) + D(1 - n_1 R)\right] \tag{6-76}$$

这里 $H[H_{\text{Core-Shell}} = k_{a1}/(k_{a3}\tau_1)]$ 表达式与 Y. Hemar 的 Core-Shell 模型略有不同，H 计算式中所用参数意义完全等同 Core-Shell 模型。

图 6-22 中 Core-Shell 模型对于乳剂中的声衰减系数和声速给出了与实验结果非常一致的曲线，一直保持到浓度高达 80%。可见，当浓度增加，声衰减系数随浓度的变化曲线逐渐偏离线性变化关系，并在一定浓度后，声衰减系数随体积分数的增加反而减小。当浓度增加到一定程度后，由于过于紧密的颗粒间距使得热（黏性）

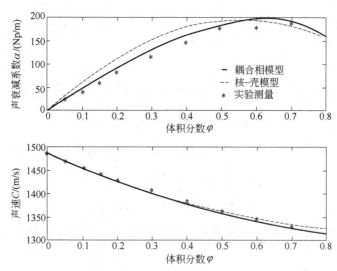

图 6-22　声衰减和声速随浓度变化

声频率 500kHz，脱芳香烃 Exxsol D80 乳剂，半径 0.96μm（考虑复散射效应
Core-Shell 模型和 Evans 和 Attenborough 的耦合相模型）

波的交叠作用发生，该作用会使得温度梯度减小，同时对颗粒和连续相之间的相互运动起到阻碍，这些作用都会导致声与颗粒相互作用时产生的耗散和损失减小，声衰减系数也相应减小。

Core-Shell 模型对高浓度的乳剂类中的声波动进行了修正，使其能够适应更高浓度情形。而由前面讨论知道，对于密度差异大的悬浊液来说，出现颗粒相互作用的临界浓度要低得多，因此发展高浓度模型就显得尤其重要。

Hipp 等[34,35]曾利用 Core-Shell 模型的观点，引入等效介质概念，其参数由颗粒和连续相按类似方式给出，将波动方程应用到颗粒-连续相界面、连续相-等效介质界面，并按受力、速度和热量传递平衡得到 12 个边界条件，相应地将原有的 6 阶线性方程组推广到 12 阶，并求解散射系数 A_n，将 ECAH 模型进行扩展，以获得一个可以使用于高浓度的通用模型，作者通过一些实验对其模型进行了检验。但上述方法使得原本就比较复杂的 ECAH 模型更为复杂，不仅数值计算难度增加，同时降低模型的实用可能性，直到目前，还没有更多实验来验证其通用性。

6.3.2.4 声散射和短波区模型

前已述及，当颗粒粒径较声波波长更大的情形，声散射引起的衰减逐渐占据主导地位。严格地讲，声散射并未造成能量损失，而仅仅是因为声传播方向的转变而使其不能准直布置地被接收器接收。为了理解短波区（散射）模型，首先讨论颗粒的声散射特性。

（1）弹性球形颗粒声散射

对于固体球形颗粒的声散射研究受到学者关注[36-38]，可追溯到 Faran 等的研究工作[39]，Hey 和 Mercer 发展了颗粒单散射模型[40]。Riebel[41]借助于 Hey 和 Mercer 的研究，由 Bouguer-Lambert-Beer 定律出发，采用与光散射中类似的方法得到了消声系数，该参数表示了由散射引起的声衰减大小，由 Riebel 的散射模型计算的声衰减系数结果见图 6-18，对于 10MHz 的声频率，当颗粒大于 20μm 后该模型与 ECAH 模型逐渐吻合，不过由于没有考虑介质的自身吸收，该值小于 ECAH 结果。

单个固体弹性球形颗粒的声散射计算，平面声波入射至单个弹性球形固体颗粒的声散射声压表达式为：

$$p_r = P_0 \sum_{n=0}^{\infty} i^n (2n+1) A_n h_n(k_c r) P_n(\cos\theta) \tag{6-77}$$

该式为一无限序列形式，其中 P_0 为入射声波幅值，h_n 和 P_n 分别为第一类 Hankel 函数和 Legendre 多项式。A_n 称（纯弹性）散射系数，下标 n 代表不同阶散射模式，例如单极散射（$n=0$）、偶极散射（$n=1$）、四极散射（$n=2$）或更高阶散射等。图 6-23 显示，A_n 随阶数 n 趋于衰减，级数趋于收敛，但收敛性随着无量纲参数 $\sigma(=kR)$

增大减缓。须建立合适的截断标准，避免过早截断带来大的误差，反之导致计算时间过长。

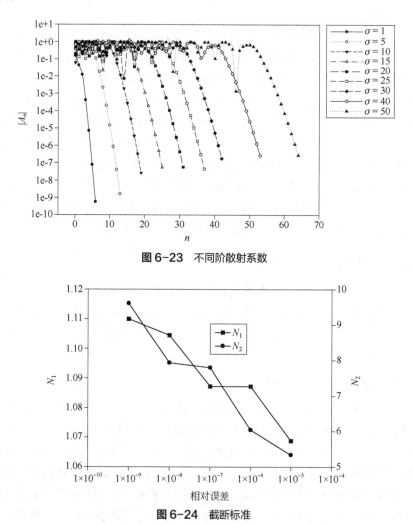

图 6-23　不同阶散射系数

图 6-24　截断标准

根据数值模拟结果，可以按照线性回归给出一个截断标准：

$$n_{\max} = N_1\sigma + N_2 \tag{6-78}$$

对于不同散射系数累积误差，给出图 6-24 所示的系数值。通过比较玻璃微珠、碳化硅颗粒和刚性颗粒（$E \to \infty$），可知弹性颗粒密度、声速对截断标准影响较小，均适用上述标准。见表 6-8。

图 6-25 中计算了颗粒无量纲参数 $\sigma = 0.3$ 和 $\sigma = 5$ 的玻璃微珠颗粒声压分布，随颗粒尺寸增加，前向散射（即入射方向）的相对强度分配逐渐增加，后向散射声压逐渐削弱；由于声的干涉效果加强，散射曲线不再平滑，出现干涉波峰谷。弹性颗

粒（玻璃珠）和刚性颗粒的散射声压角分布曲线在分布细节上差异明显，建立颗粒的声散射理论模型时应注意二者差异。

表6-8　水和玻璃、SiC的物性参数（25℃）

项目	水	玻璃	SiC
密度 ρ/(kg/m³)	997.0	2500.0	3400.0
压缩波速 c/(m/s)	1496.7	5640.0	28379.4
弹性模量 E/(N/m²)	—	6.69×10^{10}	1.60×10^{11}

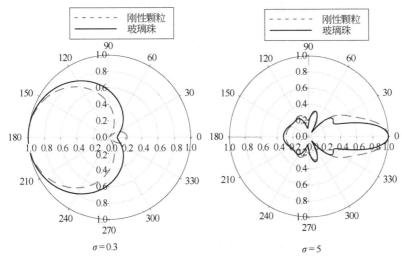

图6-25　散射声压指向性图（玻璃珠和刚性颗粒）

在球形颗粒的声散射理论中，定义消声系数以表征单个颗粒对声能的削弱能力：

$$Q_{\text{ext}} = -\frac{4}{\pi(kR)^2}\sum_{n=0}^{\infty}(2n+1)Re(A_n) \tag{6-79}$$

$$Q_{\text{scatt}} = \frac{4}{\pi(kR)^2}\sum_{n=0}^{\infty}(2n+1)\left|A_n\right|^2 \tag{6-80}$$

图6-26计算了玻璃珠消声系数变化曲线，可见随着颗粒尺寸参数 σ 增加，消声系数逐渐趋近2，即颗粒对声波的削弱相当于"遮挡"了2倍截面积的声能，这由衍射效应造成。同时计算了刚性和碳化硅颗粒曲线，可见刚性颗粒曲线呈单调递增，而弹性颗粒受声阻抗差异和共振散射效应影响，曲线会表现出与物性参数有关的振荡特性。

（2）气泡声散射

在无黏条件，声波入射含气泡体系后，当连续相的黏滞阻力可忽略且无热传导过程时，可建立由球波函数表示的入射波、散射波及透射波：

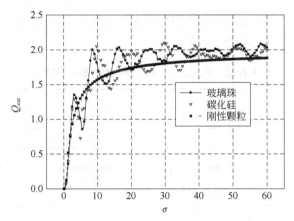

图 6-26 消声系数曲线

$$(R\psi^{\mathrm{i}}) = \sum_{n=0}^{\infty} i^{n+1}(2n+1)j_n(k_1R)P_n(\cos\theta) \tag{6-81}$$

$$(R\psi^{\mathrm{s}}) = \sum_{n=0}^{\infty} C_n^1 h_n(k_1R)P_n(\cos\theta) \tag{6-82}$$

$$(R\psi^{\mathrm{t}}) = \sum_{n=0}^{\infty} C_n^2 j_n(k_1R)P_n(\cos\theta) \tag{6-83}$$

同前，j_n 和 h_n 分别为 n 阶第一类球贝塞尔函数和汉克尔函数，P_n 为 Legendre 级数。波数的下标 1 表示连续相，下标 2 表示颗粒相，系数 C_n^1 及 C_n^2 如下：

$$C_n^1 = -i^{n+1}(2n+1)\frac{\Delta_1}{\Delta_0}\frac{j_n(k_1R)}{h_n^{(1)}(k_1R)} \tag{6-84}$$

$$C_n^2 = i^{n+1}(2n+1)\frac{\Delta_2}{\Delta_0}\frac{j_n(k_1R)}{j_n(k_2R)} \tag{6-85}$$

其中，Δ_0、Δ_1 和 Δ_2 通过边界条件（速度及压力平衡）推导，由下式表示：

$$\Delta_0 = \left[\frac{(k_2R)j_n'(k_2R)}{j_n(k_2R)} - \frac{\rho'}{\rho}\frac{(k_1R)h_n'^{(1)}(k_1R)}{h_n^{(1)}(k_1R)} - \left(1-\frac{\rho'}{\rho}\right)\right] \tag{6-86}$$

$$\Delta_1 = \left[\frac{(k_2R)j_n'(k_2R)}{j_n(k_2R)} - \frac{\rho'}{\rho}\frac{(k_1R)j_n'(k_1R)}{j_n(k_1R)} - \left(1-\frac{\rho'}{\rho}\right)\right] \tag{6-87}$$

$$\Delta_2 = \left[\frac{(k_1R)j_n'(k_1R)}{j_n(k_1R)} - \frac{(k_1R)h_n'^{(1)}(k_1R)}{h_n^{(1)}(k_1R)}\right]\left(\frac{k_2}{k_1}\right)^2 \tag{6-88}$$

式中，ρ、ρ' 分别为介质和颗粒（气泡）密度。单气泡的声散射截面及消声截面可由公式表示：

$$\sigma_{\mathrm{scatt}} = \frac{2\pi R^2}{(k_1R)^2}\sum_{n=0}^{\infty}(2n+1)\left|\frac{\Delta_1}{\Delta_0}\right|^2 \tag{6-89}$$

$$\sigma_{\text{ext}} = \frac{2\pi R^2}{(k_1 R)^2} \sum_{n=0}^{\infty} (2n+1) Re\left\{\frac{\Delta_1}{\Delta_0}\right\} \tag{6-90}$$

为便于理论模型的数值分析，采用无量纲参数——消声系数、散射系数（数值上为散射截面与颗粒投影截面积的比值）：

$$Q_{\text{ext}} = \frac{1}{\pi R^2}\sigma_{\text{ext}} = \frac{2}{(k_1 R)^2} \sum_{n=0}^{\infty} (2n+1) Re\left\{\frac{\Delta_1}{\Delta_0}\right\} \tag{6-91}$$

$$Q_{\text{scatt}} = \frac{1}{\pi R^2}\sigma_{\text{scatt}} = \frac{2}{(k_1 R)^2} \sum_{n=0}^{\infty} (2n+1)\left|\frac{\Delta_1}{\Delta_0}\right|^2 \tag{6-92}$$

对不考虑黏性及热传导等条件单气泡声散射进行分析。图 6-27 为消声系数随无量纲尺寸 σ 变化，可以看出，总消声系数为不同阶谐波累加的结果。

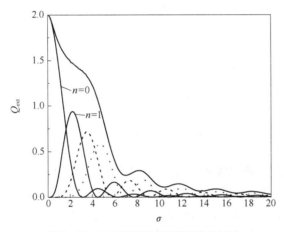

图 6-27 不同阶结果对消声系数的贡献

为分析不同阶数谐波对消声系数曲线的影响，给出 n 取值依次为 0、1、2、3 时消声系数曲线。最上方的曲线为 n 取值从 0 到 3 时消声系数之和。可以看出：阶数为 0 时，在无量纲尺寸参量 σ 小于 2 时，对总消声系数的贡献最大；随 n 增加，对应消声系数波动范围减小。随着 σ 增大，其振幅在不断减小，表明公式（6-91）在 n 的取值足够大时收敛，保证数值结果的准确性及计算效率。

在远场条件下，气泡的散射声压为：

$$p_r = -\frac{c^2\rho}{\omega} \sum_{n=0}^{\infty} i^n(2n+1)\left(\frac{\left[\dfrac{j_n'(k_2 R)}{j_n(k_2 R)}\left(\dfrac{k_2}{k_1}\right) - \dfrac{j_n'(k_1 R)}{j_n(k_1 R)}\right]\dfrac{j_n(k_1 R)}{h_n^{(1)}(k_1 R)}}{\dfrac{j_n'(k_2 R)}{j_n(k_2 R)}\left(\dfrac{k_1}{k_2}\right) - \dfrac{h_n^{(1)\prime}(k_1 R)}{h_n^{(1)}(k_1 R)}}\right) k_1 h_n(k_1 r) P_n(\cos\theta)$$

$$\tag{6-93}$$

图 6-28 为单个气泡声散射随谐波阶数的变化，无量纲尺寸参量 $\sigma = 5$。从图中可见，谐波阶数 0 增加到 5，散射旁瓣数先增加后减少，同时前向散射强度逐渐增强（亦与 σ 取值有关）；当谐波阶数为 $8\sim10$ 时，散射分布指向性特征基本保持不变，此时声散射数值上已收敛。

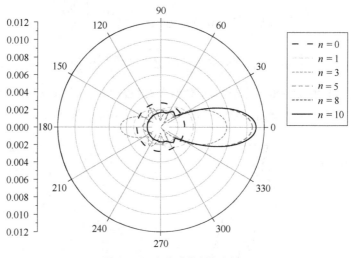

图 6-28 气泡声散射指向性图

图 6-29 给出了消声系数变化曲线。对单气泡而言，由于散射效应和吸收效应使得声波衰减的数值化表示采用无量纲参数消声系数。静压力为 0.1MPa 时，从左至右为声波频率 5MHz、1MHz、0.5MHz 时消声系数曲线。其中，声频率为 0.5MHz 时对应的消声系数峰值最大且气泡半径最大。此外，相同频率下，静压力增加时消

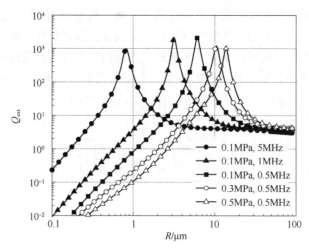

图 6-29 不同压力和声频率消声系数

声系数共振峰值减小，声散射和吸收效应对声波的衰减减弱。同时，共振峰对应的气泡半径向右推移。图中共振频率与静压力及颗粒半径的变化关系符合 Minnaert 经典公式。

结合 Beer-Lambert 定律，推导短波区超声衰减预测的颗粒散射模型（scattering model），或者按照其出发的基本定律称为 BL 模型。声衰减系数 α_s 如下：

$$\alpha_s = \frac{3Q_{ext}}{8R}c_V \tag{6-94}$$

该计算式与颗粒类型无关，即对于固体颗粒和气泡均适用，所不同之处仅在于消声系数的计算。

图 6-30 给出气泡体积分数 1%，按散射模型与 ECAH 模型计算的结果。可以看出，在共振区右侧（对应于 $\sigma > 0.1$ 时），两种模型预测的超声衰减较为一致；在共振区及其左侧（当 $\sigma < 0.1$ 时），两种模型的计算结果存在差异，由于共振区气泡的吸收特性更为明显，而 ECAH 模型在散射吸收过渡区时的吸收效应不同于气泡散射理论模型。同时，由于共振区的声散射及吸收特性较为显著，对于此过程的声能耗散机理及相应的声衰减变化特征仍待进一步研究。

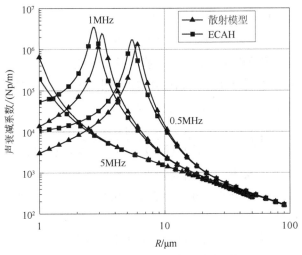

图 6-30 气泡-水悬浊液声衰减系数

6.3.3 耦合相模型

除了散射模型之外，针对高密度差异、高浓度条件的声波动模型，目前发展较为成熟且已得到应用的是基于流体动力学观点的建模方法，其研究得到很多研究者的重视，其中尤以 Biot[42,43]、Harker[44]、Gibson 和 Toksoz[45]、Dukhin 等[46,47]、Evans 和 Attenborough[48,49]、Strout[50]等对该模型发展做出了重要贡献。一种简单的理解是这类模型以"耦合"作用替代了对于单颗粒散射行为的描述和求解,以"等效"参数体现颗粒和连续相对于声衰减的贡献。

6.3.3.1 Urick 理论模型[51]

作为较早描述颗粒悬浊液中超声特性的理论模型,Urick 模型包括了两个独立的方程,即超声声速方程和超声衰减方程。模型针对稀释的悬浊液,认为颗粒两相介质的黏性是影响超声传播特性的主要因素,并对悬浊液的属性作了理想化的假设:

① 颗粒尺寸远小于声波波长;

② 声速大小和声频率、颗粒的粒径及形状无关;

③ 不考虑声散射和热耗散的影响;

④ 悬浊液声速由等效密度 ρ^* 和等效压缩率 k_a^* 决定:

$$c_s = \frac{1}{\sqrt{\rho^* k_a^*}} \tag{6-95}$$

这里,等效密度为:

$$\rho^* = \rho'\varphi + \rho(1-\varphi) \tag{6-96}$$

等效压缩系数为:

$$k_a' = k_a'\varphi + k_a(1-\varphi) \tag{6-97}$$

上标"*"表示等效概念,上标"'"指代颗粒参数。

声的衰减取决于颗粒和液体的黏性耗散。基于 Stokes 黏性耗散表达式,Urick 提出了声衰减系数的如下表达式:

$$\alpha_s = 18kj(1-\delta)^2 \times \frac{(1+y)y^2}{[2y^2(2+\delta)+9y\delta]^2 + 81\delta^2(1+y)^2} \tag{6-98}$$

这里 k 是连续相波数,y 记为颗粒半径与黏性厚度比,即 $y = R/\delta_s = R/\sqrt{2\eta/(\omega\rho)}$,$\delta = \rho/\rho'$。可以看出,声衰减是由颗粒和流体的密度、超声频率及悬浊液黏性系数决定的。

在 Urick 模型的基础上,Urick 和 Ament[22]进一步考虑了压缩波在固液两相介质中传播时,入射波、透过波和反射波之间的关系。从而推导出了包含完整流体传播波数 κ 的复波动方程。

悬浊液中声速和声衰减可由下式得到:

$$\kappa^2 = k^2 \frac{k_a^*}{k_a}\left\{1 + \frac{3\varphi\zeta[y(2y+3)+3i(y+1)]}{y(4\zeta y+6y+9)+9i(y+1)}\right\} \tag{6-99}$$

其中,$\zeta = (\rho'-\rho)/\rho$,由上式可知,声速和衰减的大小与粒径-黏性厚度比值密切相关。

6.3.3.2 流体动力学耦合相模型概念

在耦合相模型中，Urick 的等效密度和压缩系数定义式（6-96）、式（6-97）被广泛采用。按照流体动力学观点可以写出 x 方向传播的声波动的一维质量守恒方程。

对颗粒

$$\varphi \frac{\partial \rho'}{\partial t} + \rho' \frac{\partial \varphi}{\partial t} + \varphi \frac{\partial u'}{\partial x} = 0 \tag{6-100}$$

对连续相

$$(1-\varphi)\frac{\partial \rho}{\partial t} + \rho \frac{\partial \varphi}{\partial t} + (1-\varphi)\rho \frac{\partial u}{\partial x} = 0 \tag{6-101}$$

同样可以写出动量守恒方程。

对颗粒

$$\varphi \frac{\partial p}{\partial x} + \varphi \rho' \frac{\partial u'}{\partial t} - \Omega(u-u') = 0 \tag{6-102}$$

对连续相

$$(1-\varphi)\frac{\partial p}{\partial x} + (1-\varphi)\rho \frac{\partial u}{\partial t} - \Omega(u-u') = 0 \tag{6-103}$$

在方程式（6-102）和式（6-103）中，等号左边的第一项为压力梯度项，第二项为惯性项，最后一项表示了相间阻力作用，Ω 为阻力系数。阻力系数有多种形式，对应了不同颗粒物理模型。经推导，可以得到如下的颗粒两相体系的波数表达式：

$$\kappa^2 = \omega^2 \rho^* k_a^* \cdot \frac{\varphi(1-\varphi)(\rho\rho'/\rho^*) - i(\Omega/\omega)}{\varphi(1-\varphi)\rho'^* - i(\Omega/\omega)} \tag{6-104}$$

这里

$$\rho'^* = \varphi\rho + (1-\varphi)\rho' \tag{6-105}$$

如果两相的密度和压缩率均已知，那么对于给定的体积分数，只要能确定阻力系数就可以得出复波数。Harker 和 Temple 考虑了两种特例情形，当颗粒和连续相没有耦合，即阻力系数 $\Omega = 0$，复波数的表达式为：

$$\kappa^2 = \omega^2 \rho''^* k_a^* \tag{6-106}$$

这里

$$\rho''^* = \frac{\rho\rho'}{\varphi\rho + (1-\varphi)\rho'} \tag{6-107}$$

和 Urick 形式的等效密度并不一致。当颗粒和连续相耦合非常强，即没有相互滑移时，式（6-105）中的等效密度采用 Urick 形式的 ρ^*。

阻力系数 Ω 的一种简单形式可以按照作用在单位体积内的 N 个颗粒（N 即颗粒

数目浓度）的 Stokes 力给出：

$$\Omega = 6\pi R\eta N \tag{6-108}$$

其中 R 为颗粒半径，η 为黏性系数。更多的情形，是引入等效黏度的概念来更准确地描述相间的力的作用：

$$\eta^* = Q\eta \tag{6-109}$$

这里 Q 称为流体动力修正因子。它可以定义为：作用在混合介质中的颗粒上的剪切应力和作用在单独处于纯连续相的颗粒上的剪切应力的比值。最一般的情况，Q 是以复数形式出现且依赖于频率的。通过 Q 值的改变，可以使某一区域的一个颗粒的黏性效果耦合到周围的颗粒上。同样，该方法可以用来修正颗粒形状的影响，大多数情况下颗粒被设想为球形。

Einstein 考虑每个颗粒均独立地产生运动阻力，流体的流线在颗粒处发生偏移并使流动产生旋转和膨胀分量。不考虑颗粒间的流体动力相互作用，他给出了一个等效黏度的表达式：

$$\eta^* = Q\eta = \eta(1 + 2.5\varphi) \tag{6-110}$$

其中数值 2.5 表示了球形颗粒的形状因子修正。Vand 采用了 Einstein 的观点，并且在其中考虑任一颗粒对周围场的作用（甚至包括颗粒的碰撞效果），这种效果显然是随着颗粒相浓度的增加而递增的。

$$Q = 1 + 2.5\varphi + 7.349\varphi^2 + \cdots \tag{6-111}$$

6.3.3.3　Harker 和 Temple 模型[44]

Harker 和 Temple 从流体动力学的观点考虑悬浊液中的声波动现象，推导出了相间相互作用的黏性阻力方程，以及每一相独立的动量和质量守恒方程。对这些微分方程同时求解可以导出复波数方程，即：

$$\Omega = \mathrm{i}\omega\varphi\rho S \tag{6-112}$$

$$S = \frac{1}{2}\left(\frac{1+2\varphi}{1-\varphi}\right) + \frac{9}{4y} + \frac{9\mathrm{i}}{4}\left(\frac{1}{y} + \frac{1}{y^2}\right) \tag{6-113}$$

颗粒半径与黏性厚度比 $y = R/\delta_s$，$\mathrm{i} = \sqrt{-1}$。在 S 计算中该模型使用式（6-110）定义的 Vand 等效黏度 η^* 形式替代连续相黏度 η。

将其代入式（6-104）化简得：

$$\kappa^2 = \omega^2 k_a^* \times \frac{\rho\left[\rho'(1-\varphi+\varphi S) + \rho S(1-\varphi)\right]}{\rho'(1-\varphi)^2 + \rho[S+\varphi(1-\varphi)]} \tag{6-114}$$

式中，$\kappa = \omega/c_s(\omega) + j\alpha_s(\omega)$。

式（6-114）中 $\varphi = 0$ 和 $\varphi = 1$ 分别对应纯液体和纯固体颗粒的波数 $k^2 = \kappa_a\omega^2\rho$ 和

$k^2 = \kappa'_a \omega^2 \rho'$。表 6-9 给出了不同模型需要的物性参数，可见对于 Harker 和 Temple 模型，其进行计算需要的参数比 ECAH 模型少：即颗粒和连续相的密度和声速，以及连续相的黏度。这为该模型的实际应用带来很多方便。与此同时，当离散相（即颗粒）浓度直至 100%时，耦合相模型是自调和的，其波动即为离散相波动特性。图 6-31 给出了几种模型计算结果和实验测量数据的对比情况。

表6-9　不同模型需要的物性参数比较

参数	模型		
	Urick 和 Ament	Harker 和 Temple	ECAH
密度	√	√	√
压缩波速	√	√	√
剪切黏度（适用连续相）	√	√	√
剪切模量（适用颗粒）			√
热导率			√
比热容			√
声吸收系数			√

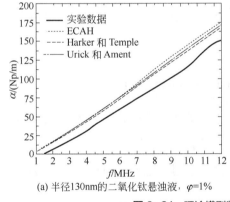
(a) 半径130nm的二氧化钛悬浊液，$\varphi=1\%$

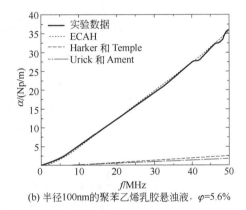
(b) 半径100nm的聚苯乙烯乳胶悬浊液，$\varphi=5.6\%$

图6-31　理论模型数值结果和实验数据比较[7]

表 6-10 从模型出发点上对单个颗粒模型和耦合相模型进行了对比。如前述及，如果把单个颗粒模型视为对微观颗粒与声波动的描述，耦合相模型则更倾向于从宏观上去理解两相的不同差异，而此时单个颗粒也被离散相这一概念取代。由于没有界面，也不存在散射现象。

前面已经提及了耦合相模型具有需要物性参数少、自调和等特点。除此之外，耦合相模型通常具有更为简洁的公式表达和更稳定的计算，而且由于基于超声谱颗粒测量中通常不可避免会涉及到反演，并经常碰到病态问题求解来说，是非常具有优势的。

表6-10　单个颗粒模型和耦合相模型的物理概念差异

项目	单个颗粒模型（如 ECAH）	耦合相模型（如 Harker 和 Temple）
状态变量	位置的函数	各相的空间平均
守恒方程	应用到每一位置	应用到每一相
热和动量	由颗粒界面梯度求解	由平均值差异求解
衰减机制	黏性，热，散射	黏性，热（常被忽略）

但是，耦合相模型也有一个很大的弊端，通常它们仅仅适用于密度差异比较大的悬浊液中，这是由于它们通常是由流体动力模型出发，并将热传递忽略。那么，如果能够将耦合相模型进一步扩展，将热传递效应引入到其中，是非常有意义的。下面将介绍这一考虑了热传递效应的耦合相模型。

6.3.3.4　考虑热效应的耦合相模型

Evans 和 Attenborough 开展了耦合相模型的热效应拓展研究[48,49]，首先采用 Harker 和 Temple 的观点，在质量和动量守恒方程式（6-100）～式（6-103）基础上，加入了两个方程描述颗粒和周围连续相之间的热平衡，按下面形式：

$$\rho' c_V \frac{\partial T'}{\partial t} + \frac{\rho'(\gamma'-1)c_V}{\beta'} \frac{\partial u'}{\partial x} = \mathrm{i}\omega\rho S_T(T-T') \tag{6-115}$$

和

$$\rho c_V \frac{\partial T}{\partial t} + \frac{\rho(\gamma-1)c_V}{\beta} \frac{\partial u}{\partial x} = \mathrm{i}\omega \frac{\varphi}{1-\varphi}\rho S_T(T-T') \tag{6-116}$$

式中，c_V 为定容比热；γ 为比热比；类似前面的动量传递项 S 的 S_T 表示热传递项：

$$S_T = -\frac{3\tau}{\mathrm{i}\omega R^2 \rho}\left\{\frac{1}{1-\mathrm{i}zR} - \frac{\tau}{\tau'}\frac{\tan(z')+3/z'-[3\tan(z'/z^2)]}{\tan(z')-z'}\right\} \tag{6-117}$$

$z = R/\delta_T = R/\sqrt{2\tau/(\rho c_p \omega)}$ 和 $z' = R/\delta_T' = R/\sqrt{2\tau'/(\rho' c_p' \omega)}$ 即颗粒半径和热厚度的比值。复波数解析表达式为：

$$\left(\frac{\kappa^2}{\omega^2}\right) =$$

$$\frac{(\gamma k_a)^*(\varphi_1\rho'+\rho^* S)[\varphi_1\rho' c_V c_V' + (c_V\rho)^* S_T]}{(\varphi_1\rho'\rho_b+S)(c_V\rho)^* S_T + \varphi_1\rho' c_V c_V'(\varphi_1\rho'\rho_\infty + \gamma^* S) + \beta^* S_T\{[\rho c_V(\gamma-1)/\beta]^* S + [c_V(\gamma-1)/\beta]^* \varphi_1\rho'\}}$$

$$\tag{6-118}$$

这里，$\rho_b = (1/\rho)^*$，$p_\infty = (\gamma/\rho)^*$，$\varphi_1 = 1-\varphi$ 表示了连续相体积分数。上标"*"表示了参数的体积平均，按下式：

$$x^* = \varphi_1 x + \varphi x' \tag{6-119}$$

其中，x 表示任意参数或组合。注意式（6-118）中使用的参数 S 意义等同式（6-113），表示了黏性力作用效果。

图 6-22 给出了 Evans 和 Attenborough 的耦合相模型和 Core-Shell 的结果比较，二者给出的声衰减和声速均吻合，并且颗粒体积分数 70%时与实验结果仍符合较好。图 6-32 为向日葵油乳剂的结果，可以看到该模型在低浓度稀释条件时与 ECAH 符合很好，当浓度增加，其声衰减［图 6-32（a）］的数值结果表现出非线性的增加趋势，与 ECAH 的差异逐渐增加，但却与实验结果符合得更好。耦合相模型给出的声速结果［图 6-32（b）］也相当不错，不过 ECAH 模型与实验数据更为吻合。

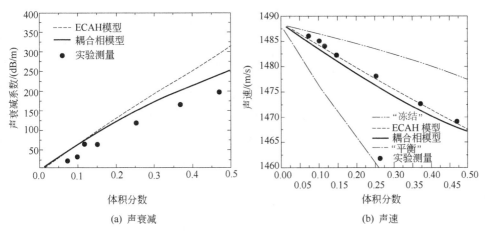

(a) 声衰减　　　　　　　　　　　　(b) 声速

图 6-32　ECAH 模型与 Evans 和 Attenborough 耦合相模型比较

（"冻结"指 $\omega \to \infty, S \to 0$，"平衡"指 $\omega \to 0, S \to 0$）

除了上述模型外，最初由 Happel 创立的自由表面 Cell 模型，经由 Strout 给出一个"振荡"流体动力修正因子并加以完善，目前 Dukhin 等已将其成功地引用到了商业仪器中。

6.3.4　蒙特卡罗方法

蒙特卡罗方法（Monte Carlo method，MCM）是以概率统计为基础的模拟计算方法。将超声发射换能器发射的连续声波抽象为大量离散的、独立的、互不影响的声子，通过统计接收器接收的声子数最终确定声衰减值[52]。对于混合颗粒系，尤其是含气泡混合颗粒悬浮液体系，由于气泡和固体颗粒声散射及吸收特性的差异，蒙特卡罗方法能够分别在两种类型单颗粒声散射理论基础上进行散射权益计算，不论是多分散单一体系还是多分散混合颗粒系，蒙特卡罗方法均能适用。

如图 6-33 所示，声波由探测发射器 T 发出，随机经历若干个随机散射自由程

L_n（n=1,2,3,…）后，被直径为 D 的探测接收器 R 接收。当模拟区域为混合颗粒系时，声子与颗粒碰撞后需判断颗粒类型以确定散射方向及散射权益。模拟区域上下边界距离为 H，探测发射、接收器间距离为 d_b。声子到达探测接收器前可能经历透射、吸收、越界、复散射等事件。透射指在颗粒悬浊液中声子直接被接收器接收，没有发生任何碰撞；吸收指在两相体系中颗粒被介质吸收从而导致消失；越界指声子越过模拟几何区域；复散射指声子在此过程中发生了多次散射事件。通过统计接收器获取声子数，即可计算在不同颗粒粒径、体积分数和超声频率下混合颗粒的声衰减系数。

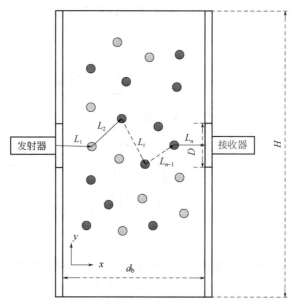

图 6-33 声子在混合颗粒两相介质中传播过程示意图

声散射系数和消声系数比值 P 定义反照率

$$P = Q_{scatt} / Q_{ext} \tag{6-120}$$

以判定声子事件是吸收、透射、越界或复散射：

$$\begin{cases} (\varepsilon_1 > P)\&(n \geq 1) & 吸收 \\ (x > d)\&(n < 1) & 透射 \\ (x < 0)\|(y \geq H) & 越界 \\ 其它 & 复散射 \end{cases} \tag{6-121}$$

ε_1 是[0 1) 区间服从均匀分布的随机数，n 为散射次数，x、y 分别为声子沿 x、y 方向运动的路程。声子进入液固体系后，可能被颗粒吸收，被接收器直接接收、越界或复散射。前三种情况下，声子湮灭不再运动，而对于复散射，则需进一步追踪声子。

声子在液固颗粒体系中发生复散射时，需要确定声子与颗粒发生碰撞后的散射方向及声子两次散射之间的运动路程以确定散射后的位置。采用公式：

$$f(\theta) = \frac{p(\theta)}{\int_0^{360} p(\theta)\mathrm{d}\theta} \tag{6-122}$$

计算归一化散射声压 $f(\theta)$，θ 为散射角，$p(\theta)$ 是颗粒表面散射声压分布函数。对于弹性固体颗粒，可按公式（6-77）计算。

为确定声子出射方向，将散射角 θ 划分为 M 份，引入另一随机数 ε_2 与归一化散射声压分布 $f(\theta)$ 比较，如果

$$\varepsilon_2 \leqslant \sum_{i=1}^{M1} f(\theta)_i \tag{6-123}$$

则声子散射后的出射角就为 θ_{M1}。确定随机散射声子的自由程 L：

$$L = -\ln(1-\varepsilon_3) / \alpha_\mathrm{T} \tag{6-124}$$

ε_3 是在[0 1）区间服从均匀分布的另一随机数。

重复上述过程，在确定经过 $n+1$ 次散射声子仍在两相体系中后，可得其散射坐标：

$$x_{n+1} = x_n + L_n \cos(\theta_n)$$
$$y_{n+1} = y_n + L_n \sin(\theta_n) \tag{6-125}$$

x_n 和 y_n 是声子第 n 次散射后的位置，θ_n 为第 n 次散射的出射角。当声子和颗粒发生碰撞时，还需判断颗粒类型。

声衰减系数计算公式为：

$$\alpha = -\ln(N_\mathrm{det} / N_\mathrm{tot}) / d_\mathrm{b} \tag{6-126}$$

N_det 是接收器接收到的声子数目，N_tot 是声子样本容量。

图 6-34 为蒙特卡罗算法流程图，其中，N_abs、N_t、N_cd 以及 N_bc 分别为两相体系中发生吸收、透射、再次散射以及越界等现象的声子数目。该过程可被描述为：参数初始化，探测发射器将大量离散的声子从特定角度发射出；记录声子轨迹，统计其最终去向。

如图 6-35 所示，共计 1×10^6 个声子主要经历了透射以及吸收。随着体积分数的增加，被吸收声子数增加，而被直接透射的声子数减少，发生复散射的声子数增加，相较而言，发生复散射的声子数远少于直接透射以及被吸收的声子数，意味着此时复散射影响并不明显。

图 6-36 给出了不同模型计算得到的玻璃微珠声衰减系数变化。可以看出不同体积分数下蒙特卡罗法预测的声衰减值和其它理论模型结果较为吻合。

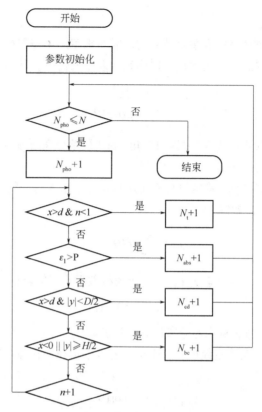

图 6-34 蒙特卡罗算法流程图

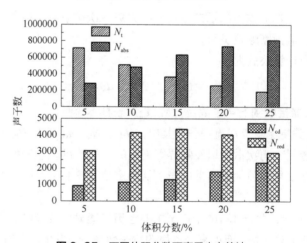

图 6-35 不同体积分数下声子去向统计

图 6-37 给出声频率为 5MHz，颗粒体积分数为 1%，玻璃珠半径为 60μm，气泡半径范围为 20～90μm 时气泡-玻璃珠-水悬浊液三相体系的声衰减系数分布。随着混合比的增加（气泡数目占比增加），声衰减递增，趋势随着气泡粒径反向增强：在气

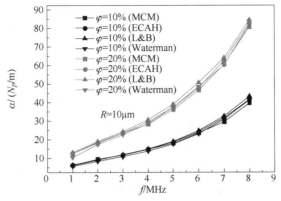

图 6-36 玻璃微珠的声衰减变化

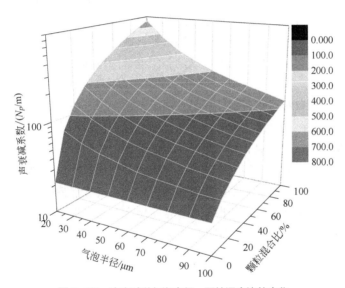

图 6-37 声衰减随气泡半径、颗粒混合比的变化

泡较小时，声衰减系数增幅较大，反之亦然。此外，颗粒混合比增大时，声衰减系数随气泡尺寸减小的幅度更为明显。在相同体积分数条件下，气泡对混合颗粒系超声衰减影响更为明显。

可以看出，蒙特卡罗方法建模方法和前述模型均有明显差异，它从统计观点出发，部分回避了经典的物理推演过程，也无需计算复波数严格数学解。将蒙特卡罗方法引入超声波颗粒测量建模具有独特的优势。

首先，内在过程明晰。在对单个颗粒和声波作用的物理过程精确描述基础上，通过追踪"声子"可直接记录每次声散射、吸收和耗散事件，同时对于"声子"最终接收、越界或湮灭，均有明确的数值结论，对于物理过程理解和超声衰减系数的准确预测至关重要。同时，对于声波复散射（可理解为"声子"和颗粒的多次作用）将不再需要通过繁复的数学推导来描述，而是通过统计自然实现，极大地降低了建模难度；对于高浓度体系中的颗粒相互作用，定义关键参数即相邻颗粒间距，将其等效于"声子"的自由行程，继而可以计算并判定不同类型颗粒相互作用强度及对声衰减的影响。简言之，采用基于蒙特卡罗方法的建模可以很好地理解和求解高浓度体系中的复散射和颗粒相互作用问题。

再者，方法具有良好扩展性。现有理论模型几乎均以球形颗粒为假设，目前少有对非球形颗粒模型的研究，显然与自然状态或者工业产品中的颗粒物形貌不一致。以椭球颗粒为例，其声散射特性不仅与其形状因子或长短轴比有关，同时还会明显地依赖声波入射、散射和方位角，较之对称的球形颗粒复杂得多，原有建模方法难以将其考虑在列，采用蒙特卡罗原理则不然，只要单个颗粒和声波的作用被研究清楚，散射声波即可被离散化，将其纳入蒙特卡罗框架中，而且通过建立三维空间结构的模型并追踪"声子"的轨迹，即可很好地反映上述椭球颗粒系中声波动过程并进行声衰减谱的预测。同样，原本复杂的多相混合颗粒建模问题，采用蒙特卡罗方法也可迎刃而解。

此外，方法具有对实验条件适应性。由于蒙特卡罗方法本身通过一次次的数值"实验"进行预测，连续声波离散化使得处理复杂波形和声场变得容易，可通过控制"声子"发射方向来模拟非平面声波（如活塞波、球面波、聚焦波）和波束中声强分布不均匀情况；同理，实验相关的几何参数，例如在发射器或接收器前面增加了缓冲层（buffer rod）或反射板（reflector），或接收器具有特定几何形状、尺寸或者接收角等均可以体现。总之，模型能够紧密结合实验，不仅仅具有超声衰减谱预测的单一作用，而且直接比拟特定实验，无需修正。

6.4 超声法颗粒测量过程和应用

前面介绍了各种声在颗粒两相混合介质中的波动理论，就上述理论的应用而言，最主要着眼于对两相颗粒介质中的离散颗粒实现非接触的在线检测。除已经提及的研究者外，Babick 等[53]对超声谱的颗粒测量中包括的测量技术、参数影响、信息分析、反演等进行了详尽的研究。还有一些研究成果作为商业秘密而未公布。

6.4.1 颗粒粒径及分布测量过程

6.4.1.1 超声谱颗粒粒径测量过程

本章中图 6-7 表示了超声谱颗粒测量的整个过程。其基本思想为采用理论模型预测出依赖于声频率和颗粒粒径的超声谱，并将其与实验中测得的超声谱作比较：

将两者的差别定义为一个误差函数，显然该误差函数越小，则表明实际的颗粒系与假设越吻合。尽管我们已经分析了 ECAH 模型的一些不足和数值计算的困难，但它仍然是目前最经常采用的预测模型。对于一个多分散系而言，可以将其理论的声衰减预测谱表示为：

$$\alpha_{sim} = \alpha(f, \varphi, R, P) \tag{6-127}$$

这里 f、φ、R 分别是声频率、颗粒体积分数和半径，而 P 为包含了各种参数的矢量。误差函数可以写成：

$$E(f) = \alpha_{meas}(f) - \alpha(f, \varphi, R, P) \tag{6-128}$$

通过对误差的最小化过程唯一地确定颗粒粒径 R。这一步骤与光散射方法完全类似。为了减少未知的体积分数带来的求解困难，可以先测量两相介质的声速，并按照公式（6-95）事先估算速度。

对于单一粒径颗粒系（或称单分散颗粒系），可以有一种非常便捷的测量方法：二频率法[54]，如图 6-38 所示，考虑两个不同频率的声衰减系数 $\alpha(f_1)$ 和 $\alpha(f_2)$，二者比值在一定颗粒粒径段呈单调变化，图中约在 $0.05 \sim 5\mu m$ 间，按照该比值的简单递变关系即可唯一确定粒径：

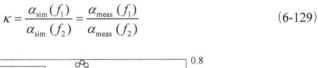

$$\kappa = \frac{\alpha_{sim}(f_1)}{\alpha_{sim}(f_2)} = \frac{\alpha_{meas}(f_1)}{\alpha_{meas}(f_2)} \tag{6-129}$$

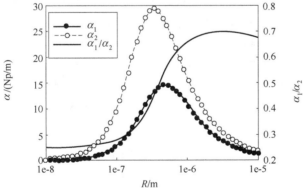

图 6-38 两个频率声衰减系数和比值

其实这是优化方法在两个频率时的一种简化，使用该方法应该注意：只在比值单调变化的一定颗粒粒径范围内使用（如图中颗粒处在亚微米段时具有非常好的分辨率），避免多值性问题出现；确保两个频率的声衰减系数测量条件一致，适当选择频率，并尽量降低测量误差对结果的影响。

6.4.1.2　颗粒粒径分布 PSD 的测量

前面介绍的含离散颗粒两相混合物的声学模型中，颗粒被认为是均匀分布，即所有颗粒具有等同的粒径。而对于多分散系，最简单的情况是考虑整个颗粒系包含了具有不同粒径分布的颗粒组分构成，这些颗粒均是由完全相同的材质构成，更一般的情况是考虑由不同材质构成并具有不同物性的混合颗粒。

对于多分散系的处理，通常需要进行离散化，可以按不同的粒径进行离散分级，在从 $j=1$ 到 N 的分级后，不同级的颗粒具有对应的粒径 R_j，不同的声散射系数 A_{nj}，总的贡献可以按求和形式给出，将方程式（6-47）改写为：

$$\left(\frac{\kappa}{k_c}\right)^2 = 1 + \sum_{j=1}^{N}\left[\begin{array}{c} \dfrac{3\varphi_j}{ik_c^3 R_j^3}(A_{0j}+3A_{1j}+5A_{2j}) \\[3mm] -\dfrac{27\varphi_j^2}{k_c^6 R_j^6}(A_{0j}A_{1j}+5A_{1j}A_{2j}) \\[3mm] -\dfrac{54\varphi_j^2}{k_c^6 R_j^6}\left(A_{1j}^2+\dfrac{5}{3}A_{0j}A_{1j}+5A_{1j}A_{2j}+\dfrac{115}{21}A_{2j}^2\right) \end{array}\right] \qquad (6\text{-}130)$$

该公式在低浓度条件下是非常有效的，但当颗粒浓度增高，其近似精度有待推敲，因为它仅仅考虑了具有近似粒径大小的颗粒的复散射效应。事实上，可以假设在浓度较高时，一个颗粒的散射波在被接收器接收之前，完全可能再次发生散射，这是一个随机的过程，当然二次散射发生时颗粒粒径大小也应该是随机的。Felix Alba[55]在其发展的商业计算软件"Scatterer"（包括了电磁、声及弹性动力学中正反问题计算）中采用 Edmonds 平移-附加理论较好地解决了这一问题。不过，通常公式（6-130）亦有不错的结果。

颗粒粒径分布的测量过程可以采用类似于单一粒径的测量方法，但更为复杂，其测量精度主要受模型矩阵质量、谱的测量精度和反演技术 3 个因素的影响。

设定相应的物性参数，并按前述方式确定近似体积分数，而此时必须考虑每一个离散化的颗粒组分浓度，改写式（6-127）为：

$$\alpha_{\text{sim}} = \alpha[f, \varphi(R), P] \qquad (6\text{-}131)$$

离散化的颗粒半径 R_j 具有对应的体积分数 φ_j，该值应等于颗粒的总体体积分数与各离散组分所占概率频度乘积。理论上讲，颗粒被离散的数目 N 可以是任意的，如式（6-130）所示。但是对于声衰减谱，如果按照多项式来拟合该曲线，通常只需要少于 3 个参数，这意味着声衰减谱很难提供足够的信息拟合任意多离散数目 N 的参数。Scott 等[56]讨论了该问题，表明了在模型反演过程中大部分的颗粒成分被忽略了，而仅有 2～3 个粒级对声衰减谱重要，也就是说，反演中采用待定参数较少的限定模式更为合适。

以对数正态分布来描述颗粒粒径分布，按对数平均值 μ 和对数标准差 σ 给出函数：

$$p(r) = \frac{1}{\sqrt{2\pi}\sigma R}\exp\left[-\frac{1}{2}\left(\frac{\ln R - \mu}{\sigma}\right)^2\right] \tag{6-132}$$

体积分数可以由概率密度换算：

$$\varphi(R) = \frac{p(R)R^3}{\exp[3\mu + (9/2)\sigma^2]} \tag{6-133}$$

预测的声衰减谱为：

$$\alpha_{\text{sim}} = \alpha(f, \varphi, \mu, \sigma, P) \tag{6-134}$$

误差函数的表示可以为偏差平方和 SSD 形式：

$$E_{\text{SSD}} = \sum_{j=1}^{N}(\alpha_{\text{sim}} - \alpha_{\text{meas}})^2 \tag{6-135}$$

或均方根 RME 形式：

$$E_{\text{RME}} = \sqrt{\frac{1}{N}\sum_{j=1}^{N}(\alpha_{\text{sim}} - \alpha_{\text{meas}})^2} \tag{6-136}$$

或按相对误差形式：

$$E(\%) = \sqrt{\sum_{j=1}^{N}\left(\frac{\alpha_{\text{sim}} - \alpha_{\text{meas}}}{\alpha_{\text{meas}}}\right)^2 \frac{100}{N}} \tag{6-137}$$

尽管形式略有不同，但表达的实质是一致的。

在确定以误差函数构建了目标函数后，颗粒粒径分布可以按照优化迭代算法进行求解。图 6-39 给出了一种通用的算法流程。在超声法中，最典型的方法是采用了基于 Marquardt 的标准优化算法，很多数学软件已经提供了该方法的标准调用，目前全局最优的方法和群智能算法得到快速发展，基于正则化的独立模式算法在超声颗粒测量中也有较多成功应用，具体可以参见本书相关内容。

就实际应用而言，除了颗粒粒径需要被离散化之外，声频率的离散也是不可避免的，尽管理论上可以有连续的声衰减谱，但在实际测量中所用声频率是有限的。通过对模型的核协方差矩阵分析可得知，即便对于一个"完美"的反演过程，声衰减谱为粒径反演所提供的信息支持也是有一定限度的。以粒径范围 10nm～10μm 的硅颗粒悬浊液为例[57]，在超声频率 3～100MHz 时，通常只能获得 3～4 个待定参数的满意解，这与 Scott 的结论一致。而在一个给定的频率范围内，增加频率数目只会对问题求解带来很少的改善。采用 6 个声频率所提供的信息与采用 18 个声频率所提供的信息是相当的。简言之，声衰减仅能确定待定参数较少，但同时对于声衰减谱中的频率数目要求并不高。最极端的情况，采用的声频率数目降低到 3。图 6-40 尝试了仅采用 3 个频率的声衰减量来测量，得到了两种不同的多分散玻璃微珠样品结果[58]，样品 1 和样品 2 可以被很好的分辨，而采用了不同反演算法：Twomey 和 Chahine 算法，所得到结果是接近的。两种样品超声法测量值均比显微镜观察结果略偏小。

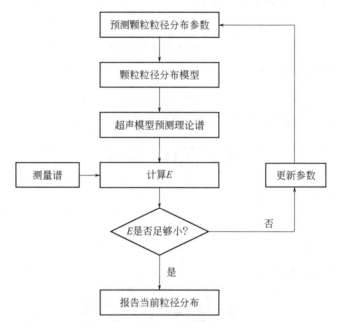

图 6-39　超声衰减谱求解颗粒粒径分布优化迭代方法

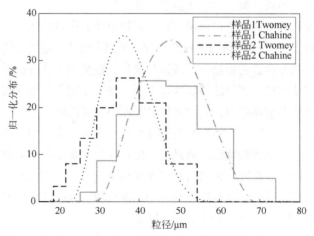

图 6-40　两种玻璃微珠的水悬浊液粒径测量结果

（显微镜观察平均值，样品 1 57.6μm，样品 2 41.1μm）

一些研究[59]已经表明了超声谱的方法完全可以测量具有双峰分布的颗粒系。对于具有双峰分布的颗粒系，问题显然更复杂。不管是采用正态分布、对数正态分布还是 R-R 分布函数，都属于单峰函数。对于双峰分布，需要设想 2 个或多个函数来描述，这样通常需要在反演时确定 6 个待定参数（每一分布的名义尺寸参数、分布参数、浓度或组分值），这会增加反演困难，但基本求解思路与单峰分布时一样。为了很好地测量双峰分布颗粒系，就需要获得更好的谱信息，增加频带宽度是很有必要的，比如对于某乳剂的数值一次模拟中，在频率低于 18MHz 部分，双峰分布颗粒系和另一单峰分布颗粒系的声衰减谱重合，而当频率增高后，两者得以区分，这表明提高超声频率对双峰分布的测量非常重要。

尽管增加声频率范围可以获得更多有用信息，但声衰减通常随着声频率的增加而递增，而且当声衰减过大时接收到的超声信号可能完全被掩盖在装置自身的噪声中，导致声衰减谱被破坏。为克服该困难，可以改变发射/接收的声程，对高频声信号测量时，声程甚至被调节至几个毫米。

图 6-41（a）给出了一种对于纳米颗粒粒径进行测量的典型实验装置：包括了超声波发射和接收仪（Panametrics 5910-PR），最高超声激励频率 400MHz；一系列高频水浸式超声波直探头，最高中心频率可以达到 50MHz 以上；对于高频超声波信号采用了美国 NI 公司 PCI-5114 型双通道高速数字化仪卡作为数据采集和存储部件，其采样频率最高 250MB/s，单通道存储容量 8MB，实时信号存储长度可以满足记录整个超声波传播过程。

图 6-41（b）所示为变声程脉冲回波测量装置，通过可以平行移动的反射板调整不同的反射距离，进而改变超声波传播的声程。该实验方法是国家标准中推荐的方法[9]，但是在具体实验中应该注意到反射板与超声波入射方向的平行、反射板使用材料、表明光洁度以及超声波近场效应等因素的影响。

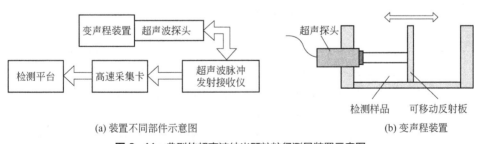

(a) 装置不同部件示意图　　　　　　　　　　(b) 变声程装置

图 6-41　典型的超声波纳米颗粒粒径测量装置示意图

图 6-42 所示是一种纳米银颗粒电镜照片，可以较清晰地看出，其颗粒可以很好地分散，这对于测量来说是有利的。对于体积分数约 0.5% 的纳米银颗粒悬浊液，获得了如图 6-43 所示范围 27～62MHz 的宽频超声衰减谱。经分析，如图 6-44 给出颗粒粒径分布曲线，表 6-11 中将测量结果与高速离心沉降法（DC24000UHR）对同种

样品的结果进行比较，可以发现它们在颗粒粒径分布范围、平均粒径、峰值粒径上均是比较吻合的。

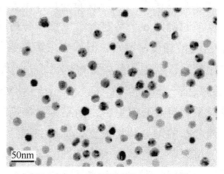

图 6-42 纳米银颗粒 TEM 照片

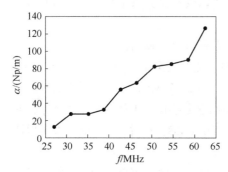

图 6-43 纳米银悬浊液超声衰减谱

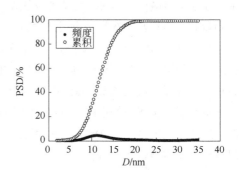

图 6-44 纳米银颗粒粒径分布

表 6-11 超声衰减谱法和离心沉降法测量结果对比

方法	颗粒分布范围（$D_{01} \sim D_{99}$）	平均粒径	粒径曲线峰值
超声法	3.414～24.34nm	13.69nm	11.62nm
高速离心沉降	5.1～22.5nm	11.4nm	10.3nm

采用超声波测量纳米颗粒粒度分布，主要通过测量纳米颗粒两相介质中的超声衰减谱，并通过与严格数学模型的预测结果相比较和反演计算来获得颗粒相的粒度分布。因此准确测量纳米颗粒两相介质中的超声衰减谱以及恰当选择数学模型和反演算法是决定超声测粒结果准确与否的关键。需要指出，超声波作为一种机械振动波，其在纳米颗粒两相介质中的衰减行为较为复杂，尤其当颗粒相体积分数较高时，造成超声衰减的机制更加复杂，需要对超声在颗粒两相介质中的衰减机制作深入分析，发展适当的数学模型来描述超声在颗粒两相介质中的衰减行为，进而采用正确的反演算法才能得到最终的准确结果。

图 6-45 为针对电解水生成微气泡进行测量系统示意图，采用非共振区气泡宽带

超声谱（3～14MHz），利用 ECAH 声学模型结合改进 Chahine 算法计算气泡粒径分布。实验采用一对水浸式宽频直换能器、脉冲超声发射接收仪、双通道高速数字化仪、计算机数据处理系统。同时集成了气泡生成装置和样品池，为确保不同方法测量结果的可比性，样品池相互垂直壁面用光学玻璃和低声衰减材料制成，同时用于光学和声学测量，配制 1L（足量）浓度为 13g/L 的 NaCl 溶液，在不同电压条件下电离。图 6-46 为实验中产生气泡图像。图 6-47 为测得的超声信号和声衰减谱。同时，在相同条件下分别通过光学图像分析和激光散射法进行测试。

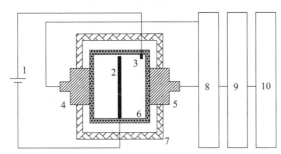

图 6-45　超声衰减谱法实验系统示意图

1—直流稳压电源；2—铜线；3—碳棒；4—发射换能器；5—接收换能器；6—样品池；
7—换能器固定装置；8—脉冲发射接收仪；9—高速数字化仪；10—计算机

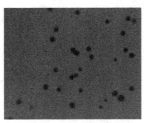
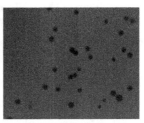

(a) 气泡幕　　　　　　(b) 气泡图像(电压4V)　　　　　　(c) 气泡图像(电压8V)

图 6-46　实验气泡图像

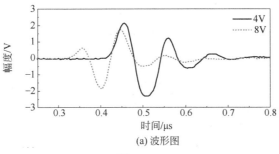

(a) 波形图

图 6-47

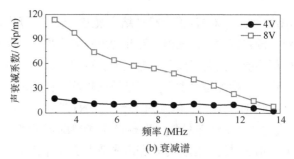

(b) 衰减谱

图 6-47 超声信号和声衰减谱

图 6-48 分别给出了超声衰减、图像和光散射方法测得的气泡粒径分布。可见，电压从 4V 增至 8V，粒径分布峰值从约 50～60μm 减至 20μm，分布宽度也相应变窄。对图像中约 2000 个气泡进行粒径统计，在电压 4V 时呈现有局部凸起的多峰分布形态，超声和光散射法粒径分布曲线均比较平滑，可能与两种方法在反演中为求解病态方程的光顺处理有关。

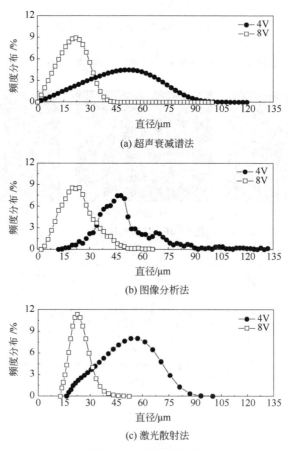

(a) 超声衰减谱法

(b) 图像分析法

(c) 激光散射法

图 6-48 气泡粒径分布

6.4.1.3 混合颗粒粒径分布测量

比双峰分布颗粒系测量更复杂的情况是混合颗粒的测量问题，比如油漆中常常包括了乳胶和添加的颜料两类颗粒，防晒油制备中不仅有乳剂也有一些吸光颗粒加入，在许多固体颗粒悬浊液中不可避免混有气泡，这些混合颗粒系不仅粒径的大小和分布不同，而且物性参数也不一样。目前，有两种基本思路处理这一问题，分别是多相方法（multi-phase）和等效介质方法（effective-media）。

多相方法中，由混合颗粒构成的颗粒系被设想为独立的颗粒构成，如果有 2 种不同颗粒，那么可以采用 2 个分布函数（比如 2 个对数正态分布函数）来描述颗粒系，在对声衰减谱进行预测时，不同类别颗粒按照自己的属性参数，而总的贡献可以由 2 种颗粒的和的形式表示。对于只有 2 种混合颗粒的情况，同样需要在反演中确定 6 个待定参数。

等效介质方法通常是用于混合颗粒系，研究者对其中某一类颗粒尤其关心时，将其余的颗粒系以某种方式等效到连续相介质中，得到等效密度、黏度、声吸收系数等。这样，将原本很复杂的混合体系简化为具有等效属性的均匀连续相的单一颗粒体系。最简单的设想只需要确定 2 个待定参数即可确定所关心的颗粒系。但是该方法的最大难点是如何确定这个合理的等效背景介质。

一般来说，多相方法适合混合颗粒种类比较少（如 2 种），而等效介质方法更适合非常复杂的离散系的情况。图 6-49 中为 3 种不同配置比的氧化锆和铝的混合颗粒悬浊液样品测量结果，为简化，2 种颗粒系被假设具有相同的分布参数，其中 2 号样品和 3 号样品均给出了相当不错的测量结果。

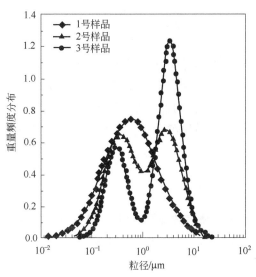

图 6-49　对 3 种不同配置比的氧化锆（0.33±0.006）/铝（2.15±0.02）悬浊液测量结果

6.4.1.4　声速和声衰减的选择

声速和声衰减对不同的化学组分具有不同的敏感程度，通常在组分测量中采用的是声速而非声衰减，这可以由图6-50中给出解释。该图表示了声速和声衰减系数在不同水-乙醇组分浓度时的大小，可以看到从乙醇浓度很低时起，声速就开始变化，而声衰减系数直至乙醇组分大于15%后才开始变化。声衰减对于分子和离子量级的成分变化并不十分敏感，但是对于胶体物质中离散颗粒相的成分是非常敏感的，此时尺寸范围可以从纳米级到微米级。简单地说，声速是在分子级（埃量级）的研究中更具有代表性的参数，而声衰减通常更适合胶体颗粒系中的粒度和粒度分布的确定。

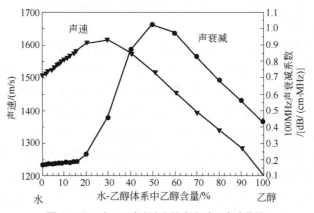

图 6-50　水-乙醇溶液中的声衰减和声速曲线

尽管目前绝大多数的测粒技术研究和应用都是关于声衰减谱，但利用声速也是有潜力的。为了说明这一点，我们将声速-颗粒粒径变化关系拓展到散射区（图6-51），可见声速约在亚微米段随粒径有较明显变化，曲线随频率改变而平移。之后由于散射效应声速又呈递减，略有振荡后趋于稳定值。其中有一段区域声速对粒径变化极不敏感，如1MHz时粒径从10μm至100μm区间，声速变化不大于10m/s。这样，可以利用声速对粒径敏感段测量粒径值[60]，利用声速对粒径不敏感段测量颗粒浓度[61]。

6.4.2　在线测量

超声法提供了一种非接触在线监测手段，能实时探测到颗粒混合系中的变化，监测其中的化学反应进行程度，观测絮凝、团聚、结晶或溶胶转变为凝胶体过程，并有可能形成一个闭环控制系统。

在线监测要求声信号发射接收装置符合现场条件，系统具有长期稳定的工作能力、快速的数据采集和处理能力，并根据测量指标实时报警或给出反馈信息。图6-52

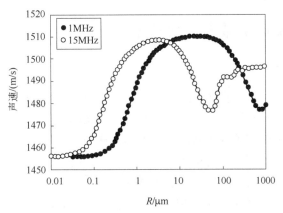

图 6-51　声速-颗粒粒径变化关系

图 6-52　典型的在线测量探头布置

给出了两类典型在线测量布置方式,左图采用法兰形式连接到待测物料的输送管道,右图中探头可以实现多点测量。更多的超声颗粒测量应用案例可见本书相关内容。

6.4.3　基于电声学理论的 Zeta 电势测量

电声理论是基于电声损失,电声损失是可测量的,并且与其它损失机制无关。与超声比较,属于更新颖的技术,需要考虑额外的电场,理论也更为复杂。从原理上讲,电声可以同时提供颗粒和 Zeta 电势信息,但通常认为超声更适合于测量颗粒粒径分布,而电声更适合用于测量 Zeta 电势。电声理论中声场对于颗粒的影响作用是通过测量被称为胶体振动电流 (colloid vibration current, CVI) 的合成电场进行的。这个效应也是可逆的。电场的应用能够提高声场,这被称为电声振幅 (electrokinetic sonic amplitude, ESA)。

电声方法具有无需稀释,体积分数可达 50%;对污染物不敏感;精度高 (0.1mV);低表面荷电 (0.1mV);非水介质离散系有较高测量精度等特点。但是电声理论是复杂的,商业仪器要通过额外的经验修正才能从 ESA 和 CVI 中得到 Zeta 电势。

6.5 超声法颗粒检测技术注意事项[9,62]

（1）换能器同轴性

超声传感器将从激励源产生的电信号转换为超声波。通常传感器中工作单元是由压电材料（如钛酸钡）或压电高分子膜（如聚偏氟乙烯 PVDF）制成。

换能器的同轴性很重要，频率量级在 10MHz 或更高时尤为关键，换能器的同轴性通过在彼此之间同轴旋转实现，以便超声信号带宽和信号强度最大。这种行为可以有效地使发射和接收的指向性模式同轴，但可能与传感器的机械轴心歪斜。如果同轴不恰当，接收器的边缘发生的破坏性干涉会使得接收透射信号失真。

（2）换能器发射不稳定性

值得注意的是，由于每次超声波发射的功率是不稳定的，这就会为变声程方法带来检测误差，解决此方法的最好途径就是进行多次测量后，将多次测量的数据进行平均，达到减小误差影响的目的。在测量条件允许的情况下，重复测量的次数可以达到 100 次以上。

（3）样品配制浓度

为了避免复散射和其它非线性浓度的影响，制备固体体积分数一般不超过 5% 的初始分析样品。如果这样无法充分衰减信号，必须增加浓度。非线性效应出现的浓度，由固体和离散液的密度差以及波长与颗粒直径的比率决定。一般情况下，低密度固体颗粒可以制备得浓度更高。对于重的或大的颗粒，则推荐对样品进行搅拌或通过循环流动以保持颗粒的悬浮。

对于浆料也就是高浓度（体积分数超过 10%）的颗粒悬浊液的测量尤其值得注意。在这些样品中复散射和颗粒相互作用会导致非线性的影响，所以在此情况下，直接应用线性理论是不恰当的。此时，有用的数据仍可得到并可根据经验观测加以解释。对浆料的制备应尽量减少气泡，推荐搅动或循环流动浆料以保持颗粒悬浮。

（4）背景测量

对于采用可变声程长度的方法，如果样品相对于背景信号有明显衰减且换能器能产生一个指向性集中的波，可不要求测量背景信号。但是，由于换能器有限的直径而导致明显的超声波束扩散，从而造成到接收器的超声能量的损失，会导致衰减系数被高估。因此建议在每个间隔处进行背景测量用以评估超声波的发散并作为频率函数的表观衰减系数。

除此之外，测量过程中应该控制样品在一个温度相对恒定的环境。而且在样品制备和测量的整个过程中，应该非常小心防止气泡的产生，以确保测量结果是准确可靠的。

6.6 总结

本章介绍了超声法测量颗粒的基本理论模型及各自特点，讨论了颗粒测量中的若干问题。超声法相比其它方法而言尤其适合高浓度条件下的在线测量，并具有测量范围宽、速度快、非接触等特点。但影响因素众多，机理复杂，理论仍尚未完全成熟。目前该技术的发展日益迅猛，已有一些商业仪器相继推出，有理由相信该技术会在颗粒测量领域发挥更多的作用。

参考文献

[1] 马大猷, 等. 声学手册(修订版). 北京: 科学出版社, 2004.

[2] 袁易全, 主编. 近代超声原理与应用. 南京: 南京大学出版社, 1996.

[3] 何祚镛, 赵玉芳, 编. 声学理论基础. 北京: 国防工业出版社, 1981.

[4] 莫尔斯 P M, 英格特 K U, 著. 理论声学(上,下册). 吕如榆, 杨训仁, 译. 北京: 科学出版社, 1984.

[5] 冯若, 主编. 超声手册. 南京: 南京大学出版社, 1999.

[6] 杜功焕, 等. 声学基础. 三版. 南京: 南京大学出版社, 2012.

[7] Challis R E , Povey M J, Mather M L, Holms A K. Ultrasound technique for characterizing colloidal dispersions. Rep Prog Phys, 2005, 68: 1541-1637.

[8] Dukhin A S, Goetz P J. Ultrasound for Characterizing Colloids Particle Sizing, Zeta Potential, Rheology. STUDIES IN INTERFACE SCIENCE. ELSEVIER, 2002.

[9] 苏明旭, 等. GB/T 29023.1—2012 超声法颗粒测量与表征 第 1 部分: 超声衰减谱法的概念和过程, 2012.

[10] Jia N, Su M X, Cai X S . Particle size distribution measurement based on ultrasonic attenuation spectra using burst superposed wave. Results in Physics, 2019, 13: 102273.

[11] Epstein P S, Carhart R R. The Absorption of Sound in Suspensions and Emulsions, Ⅰ. Water Fog in Air. J Acoust Soc Am, 1953, 25 (3): 553-565.

[12] Allegra J R, Hawley S A. Attenuation of Sound in Suspensions and Emulsions: Theory and Experiments. J Acoust Soc Am, 1972, 51: 1545-1564.

[13] Challis R E, Tebbutt J S, Holmes A K. Equivalence between three scattering formulations for ultrasonic wave propagation in particulate mixtures. J Phys, D: Appl Phys, 1998, 31: 3481-3497.

[14] Holmes A K, Challis R E. Ultrasonic scattering in concentrated colloidal suspensions. Colloids Surf, 1993, 77: 65-74.

[15] Holmes A K, Challis R E, Wedlock D J. A wide bandwidth study of ultrasound velocity and attenuation in suspensions——Comparison of theory with experimental measurements. J Colloid Interface Sci, 1993,156: 261-268.

[16] Holmes A K, Challis R E, Wedlock D J. A wideband width ultrasonic study of ultrasound velocity and attenuation in suspensions: comparison of theory with experimental measurements. J Colloid Interface Sci, 1994,168: 339-348.

[17] O'Neill T J, Tebbutt J S, Challis R E. Convergence criteria for scattering models of ultrasonic wave propagation in suspensions of particles IEEE Trans. UFFC, 2001, 48: 419-424.

[18] Warterman P C, Truell R. Multiple Scattering of Waves. J Math Phys, 1961, 2: 512-540.

[19] Lloyd P, Berry M V. Wave Propagation through an assembly of spheres: Ⅳ. Relation between different multiple scattering theories. Proc Phy Soc London, 1967, 91: 678-688.

[20] 苏明旭, 蔡小舒. 超细颗粒悬浊液中声衰减和声速的数值分析研究. 声学学报, 2002, 27(3): 218-222.

[21] Patricia Mougin. Sensitivity of particle sizing by ultrasonic attenuation spectroscopy to material properties. Powder Technol, 2003, 134: 243-248.

[22] Urick R J, Ament W S. The propagation of sound in composite media. J Acoust Soc Am, 1949, 21: 115-119.

[23] McClements D J. Comparison of multiple scattering theories with experimental measurements in emulsions. J Acoust Soc Am, 1992, 91: 849-853.

[24] McClements D J. Frequency scanning ultrasonic pulse echo reflectometer. Ultrasonics, 1992, 30: 403-405.

[25] McClements D J, Herrmann N, Hemar Y. Incorporation of thermal overlap effects into multiple scattering theory. J Acoust Soc Am, 1999,105: 915-918.

[26] McClements D J. Ultrasonic Characterisation of Emulsions And Suspensions. Adv Colloid Interface Sci, 1991,37: 33-72.

[27] Povey M J W. Ultrasonic Techniques for Fluid Characterization. San Diego, CA: Academic, 1997.

[28] Herrmann N, Boltenhagen P, Lemarechal P. Experimental study of sound attenuation in quasi-monodisperse emulsions. J Physique II,1996,6: 1389-1403.

[29] Herrmann N, Lemarechal P. Ultrasonic attenuation spectroscopy and light scattering study of the aging of very fine emulsions. Eur Phys J AP,1999, 5: 127-134.

[30] Herrmann N, McClements D J. Ultrasonic propagation in highly concentrated oil-in-water emulsions. Langmuir, 1999, 15: 7937-7939.

[31] Hemar Y, Herrmann N, Lemarechal P, Hocquart R, Lequeux F. Effective medium model for ultrasonic attenuation due to the thermo-elastic effect in concentrated emulsions. J Physique Ⅱ, 1997, 7: 637-647.

[32] Dukhin A S, Goetz P J. Acoustic Spectroscopy for Concentrated Polydisperse Colloids with High Density Contrast. Langmuir, 1996, 12 (21): 4987-4997.

[33] Isakovich M A. Propagation of sound in emulsions. Zh Eksp I Teor Fiz, 1948(18): 907-912.

[34] Hipp A K. Acoustic Characterization of Concentrated Suspensions and Emulsions. 1. Model Analysis. Langmuir, 2002, 18(2): 391-404.

[35] Hipp A K. Acoustic Characterization of Concentrated Suspensions and Emulsions. 2. Experimental Validation. Langmuir, 2002, 18(2): 405-412.

[36] Anson L W, Chivers R C. Ultrasonic propagation in suspensions A comparison of a multiple scattering and an effective medium approach. J Acoust Soc Am, 1989, 85(2): 535-540.

[37] 卓琳凯, 范军, 汤渭霖. 有吸收流体介质中典型弹性壳体的共振散射. 声学学报,2007, 32(5): 411-417.

[38] 陈九生, 朱哲民. 粘弹包膜气泡的声散射特性. 声学学报, 2005, 30(5): 385-392.

[39] Faran J J. Sound scattering by solid cylinders and spheres. J Acoust Soc Am, 1951, 23: 405-416.

[40] Hay A E, Mercer D G. On the theory of sound scattering and viscous absorption in aqueous suspensions at medium and short wavelengths. J Acoust Soc Am, 1985, 78: 1761-1771.

[41] Riebel U, Friedrich Löffler. The Fundamentals of Particle Size Analysis by Means of Ultrasonic Spectrometry. Part Part Syst Charact, 1989, 6: 135-143.

[42] Biot M A. Theory of Propagation of elastic wave in a fluid-staturated porous solid. Ⅰ. Low frequency range. J Acoust Soc Am, 1956, 28: 168-178.

[43] Biot M A. Theory of Propagation of elastic wave in a fluid-staturated porous solid. Ⅰ. Higher frequency range. J Acoust Soc Am, 1956, 28: 179-191.

[44] Harker A H, Temple J A G. Velocity and attenuation of ultrasound in suspensions of particles in fluids. J Phys, D: Appl Phys, 1988, 21: 1576-1588.

[45] Gibson R L, Toksoz M N. Viscous attenuation of acoustic waves in suspensions. J Acoust Soc Am, 1989, 85: 1925-1934.

[46] Dukhin A S, Goetz P J, Hamlet C W. Acoustic spectroscopy for concentrated polydisperse colloids with low density contrast. Langmuir,1996, 12(21): 4998-5003.

[47] Dukhin A S, Goetz P J. Acoustic and electroacoustic spectroscopy for characterizing concentrated dispersions and emulsions Adv Colloid Interface Sci. 2001, 92: 73-132.

[48] Evans J M, Attenborough K. Coupled phase theory for sound propagation in emulsions. J Acoust Soc Am, 1997, 102: 278-282.

[49] Evans J M, Attenborough K. Sound propagation in concentrated emulsions: comparison of coupled phase model and core-shell model. J Acoust. Soc Am, 2002, 112: 1911-1917.

[50] Strout T A. Attenuation of sound in high-concentration suspensions: development and application of an oscillatory cell model Thesis department of Chemical Engineering. University of Maine, 1991.

[51] Urick R J. The Absorption of Sound in Suspension of Irrgular Particles. J Acoust Soc Am, 1948, 20: 283-289.

[52] Jianfei Gu, Fengxian Fan, Yunsi Li, Huinan Yang, Mingxu Su, Xiaoshu Cai. Modeling and prediction of ultrasonic attenuations in liquid-solid dispersions containing mixed particles with Monte Carlo method. Particuology, 2019, 43: 84-91.

[53] Babick F, Hinze F, Stintz M, Ripperger S. Ultrasonic spectrometry for particle size analysis in dense submicron suspensions. Part Part syst Charact, 1998, 15: 230-236.

[54] 苏明旭, 蔡小舒, 黄春燕, 徐峰, 李俊峰. 超声衰减法测量颗粒粒度大小. 仪器仪表学报, 2004,25(4 增): 1-3.

[55] Alba F. Method and Apparatus for Determining Particle Size Distribution and Concentration in a Suspension using Ultrasonics. US Patent No. 5,121,629, 06/16/1992, granted also in the United Kingdom, France, Germany, and Japan.

[56] Scott D M, Boxman A, Jochen C E. In-line particle characterization,1998,15: 47-50.

[57] Babick F, Ripperger S. Information Content of Acoustic Attenuation spectra. Part Part syst Charact, 2002, 19: 176-185.

[58] 苏明旭, 蔡小舒, 徐峰, 张金磊, 赵志军. 超声衰减法测量悬浊液中颗粒粒度和浓度. 声学学报, 2004,29(5): 440-444.

[59] Takeda, Shin-ichi, Goetz P J. Dispersion/Flocculated Size Characterization of Alumina Particles in Highly Concentrated Slurries by Ultrasound Attenuation Spectroscopy. Colloids and Surfaces, 1998, 143: 35-39.

[60] Pinfield V J, Povey M J W, Dickinson E. The application of modified forms of the Urick equation to the interpretation of ultrasonic velocity in scattering systems. Ultrasonics,1995, 33:243-251.

[61] Udo Kräuter. Grundlagen zur in-situ. Partikelgrößenanalyse mit licht und Ultraschall in konzentriten Partikelsystemen. Dissertation. Universität Fridericiana zu Karlsruhe (Technische Hochscule), 1995.

[62] 周骛, 等. GB/T 29023.2—2016 超声法颗粒测量与表征 第 2 部分: 线性理论准则.

第 7 章

图像法颗粒粒度测量技术

7.1 图像法概述

　　图像是人类视觉的基础。广义上，图像就是所有具有视觉效果的画面，它包括：纸介质上的、底片或照片上的、电视、投影仪或计算机屏幕上的。

　　根据图像记录方式的不同，图像可分为两大类：模拟图像和数字图像。模拟图像可以通过某种物理量（如光、电等）的强弱变化来记录图像亮度信息，例如胶片和模拟电视图像；而数字图像则是用计算机存储的数据来记录图像上各点的亮度信息[1]。随着数字采集技术和信号处理理论的发展，越来越多的图像以数字形式存储。因而，有些情况下"图像"一词实际上是指数字图像。

　　从测量的角度而言，图像是对客观世界某类能量或信号的一种反映，这类能量或信号可以是光、声或电的，如 X 光片、超声成像、心电图等都是图像。本章中我们主要讨论通过光学直接成像技术获得的照片或图像并进行处理分析，获得粒度分布或粒形结果；当直接成像系统与第 3 章和第 4 章的散射式和透射式颗粒测量方法相结合时，可衍生出满足特殊测量需求的颗粒测量新技术，本章将对这部分内容进行介绍。通过光学干涉、全息等过程也可以获得相应颗粒的光学信号图像，并能对粒径进行分析，但不是对物体或颗粒对象的直接成像，这一部分已在 3.8 节中进行介绍；而采用光、声、电的层析技术等也能重构成像，获得二维甚至三维信号，但不在本章讨论的范围。

7.2　成像系统

成像系统在我们日常生活中随处可见，如各种相机、摄像机、望远镜、放大镜和投影仪等，即利用光的几何成像原理和光电或光生物传感特性获得物体的光强分布。按照所实现的功能，成像系统（除计算机外）一般可由三大部件组成：光源、光学镜头和图像传感器，如图 7-1 所示。光源提供被拍摄对象的照明，是光信号的发生源，可以是光线被物体反射成像，也可以是通过物体或利用物体的遮光效应透射成像。镜头的主要作用是将目标（颗粒或颗粒的轮廓）以一定放大倍率成像在图像传感器的光敏面上。图像传感器则是包含该光敏面的光电转换器件，通过感知光强和光的色彩，形成图像信息保存至计算机。以日常生活中采用单反相机拍照为例，所用光源即为太阳或照明灯等发光物体，镜头和图像传感器件则组成俗称的"相机"；以人眼为例，光源同上，人眼中的晶状体则相当于镜头，视网膜相当于图像传感器件。下面对这三大部件分别进行介绍。

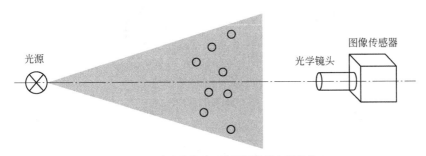

图 7-1　光学图像法颗粒测量装置主要部件

7.2.1　光学镜头

镜头是成像系统的核心部件，一般由多片透镜组成，其作用相当于一个凸透镜使物体成像。普通工业镜头成像的原理示意图如图 7-2（a）所示，长度为 d 的物体通过镜头所成像的大小为 Md，其中放大倍率 M 一般采用检定过的标准格栅或粒度标准物质标定获得。通过图像处理得到成像大小 Md 值后除以放大倍率 M 即可计算获得物体实际长度 d，但其放大倍率 M 与物体的位置 u 是相关的，即成像存在"近大远小"的问题。采用显微镜测量时，由于景深小，物距固定，该问题并不突出；采用普通工业镜头时，物体随机出现于不同深度位置上，导致放大倍率难以准确估计。

远心镜头正是为解决普通工业镜头的这一问题而设计的，它采用在镜头像方或（和）物方焦平面（过焦点、垂直于主光轴的平面）位置增加孔径光阑的方式，限制成像光束的角度和大小，使得成像光束的主光线在物方或（和）像方平行于主光轴，并由此分为物方远心镜头、像方远心镜头和双方远心镜头。例如，如图 7-2（b）所示，物方远心镜头的孔径光阑置于像方焦平面处，物方成像光束主光线平行于光轴，使得物体在一定的物距范围内移动时，成像放大倍率不发生变化，常应用于被

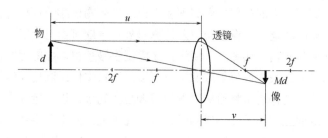

(a)普通工业镜头

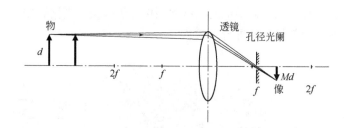

(b)物方远心镜头

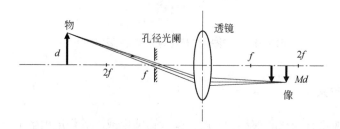

(c)像方远心镜头

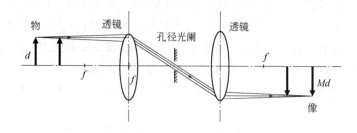

(d)双方远心镜头

图 7-2 常用镜头成像原理示意图

测物不在同一物面上的测量。其它两种远心镜头成像原理类似，如图 7-2（c）和（d）所示，像方远心镜头使得成像平面前后移动时，成像放大倍率不发生变化；双方远心镜头则能保证上述两种情况下放大倍率均不变。远心镜头由于其特有的平行光路设计一直为对镜头畸变要求很高的机器视觉应用场合所青睐。与普通工业镜头相比，远心镜头的缺点则在于其通光量有较大降低，需通过提高光源光强、增加相机曝光时间或增益以保证同样的成像亮度。

镜头参数的选择直接影响到成像的质量和效果。一般而言，需要考虑的主要参数包括镜头解析度、放大倍率、工作距离、景深以及光圈数。

镜头解析度（resolution）也叫分辨力，是用来描述镜头分辨被摄景物细节能力的物理量。镜头的分辨力可以用在物平面上 1mm 范围内能分辨的线对数来表示，或者采用调制传递函数（modulation transfer function，MTF）综合反映镜头的反差和分辨率特性。分辨力好的镜头可以分辨出被摄物体更多细微的细节，而较差的分辨力则容易丢失许多肉眼可见的细节。另一种表征解析度的指标是最小分辨距离 σ，即能够清楚分辨的两个相邻物点的最小距离，该距离一般由物镜的光学衍射极限决定，可采用公式（7-1）进行计算[2]。

$$\sigma = 1.22\lambda f / D \quad 或 \quad \sigma = 0.61\lambda / \mathrm{NA} \tag{7-1}$$

式中，σ 代表镜头的最小分辨距离；λ 为光线的波长；f 为镜头的焦距；D 为镜头的光圈；当采用显微物镜时，σ 可通过公式（7-1）中右侧的公式计算，其中 NA 为物镜的数值孔径。测量前应该对相应测量系统尺寸检测的上下限进行分析，以确保其涵盖了被测样品的尺寸范围，而该范围下限则一般由光学镜头的解析度决定。当需要进行高精度的分析时，通常建议待测颗粒的最小尺寸至少是最小分辨距离的10 倍；而当精度要求不高或小粒径颗粒占比较少时，条件可适当放宽。如以白光（可见光）为光源时，放大倍率 1 倍的工业镜头的测量下限一般为 5~10μm。

放大倍率（magnification，M）指物体通过透镜在成像平面上的成像大小与物体实际大小的比值。放大倍率的选取与物体大小和所需要达到的测量精度相关，与视场范围大小是一对矛盾体，应在满足测量精度的条件下，选择尽量小的放大倍率。

镜头的工作距离（working distance，WD）指成像清晰时，物体到工业镜头前端面的距离。它与视场大小成正比，有些系统工作空间很小因而需要镜头有小的工作距离，但有的系统在镜头前可能需要安装光源或其它工作装置因而必须有较大的工作距离。

镜头景深（depth of field，DOF），是指在摄像机镜头前沿能在成像平面上获得清晰像的物方空间深度范围，即像平面固定时，在聚焦完成后，清晰成像的物平面前后一定范围内，依然可以呈现"清晰"的图像，这一范围即为景深，如图 7-3 所示。能成清晰像的最近和最远的物平面分别称为近景平面和远景平面，它们距聚焦平面的距离称为近景距离和远景距离。在像方平面的对焦位置前后，光线会开始扩散，聚焦的点会变得模糊，从而形成一个扩大的圆。这个圆被称作弥散圆。当弥散圆过大时，图像就会过于模糊从而无法辨别。可以被辨别的最大弥散圆被称为容许弥散圆。镜头的景深就是根据容许弥散圆来定义的。例如，远心镜头的景深一般定义为，弥散圆半径不超过图像传感器像素大小的一半时对应的物体深度范围。反之，物体位置固定时，在像方焦点的前后均有一个容许弥散圆所对应的位置，它们之间的距离即为镜头的焦深。

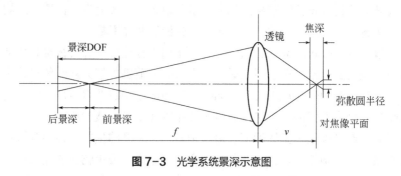

图 7-3　光学系统景深示意图

光圈是用来控制透过镜头进入机身内感光面的光束大小的装置。通常，光学系统中用一些中心开孔的薄片金属来合理地限制成像光束的宽度、位置和成像范围。这些限制成像光束和成像范围的薄金属片称为光阑。在照相机的光学镜头部分一般采用如图 7-4 所示的结构以改变系统的光圈大小。光圈越大，通光量越大，景深越小。

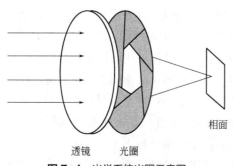

图 7-4　光学系统光圈示意图

镜头在使用和调节时，常常需要改变光圈、焦距或放大倍率。镜头光圈通过调节上述光阑实现。镜头焦距通过镜头组合的变化实现，俗称变焦，从而也改变了视场角，或者拍摄范围，也改变了放大倍率；只有变焦镜头的焦距才能改变，定焦镜头的焦距是固定的。调焦或对焦指改变像距 v 也就是镜头到成像面之间距离的过程。一般的拍摄步骤是先变焦确定拍摄范围，然后对焦或调焦使主体清晰。

7.2.2　图像传感器

图像传感器是将感光面上的光能量转换为相应比例关系的电信号的光电器件。我们生活中常说的"相机"，一般包括了上述光学镜头和图像传感器件两个部分，而工业中所提"相机"则仅指图像传感器部分，本书所指相机为后者。

图像传感器件可以是线阵的，也可以是面阵的。线阵相机，顾名思义是呈"线"

状的，长度方向上一般有几千像素，而宽度却只有几个像素。当被测视野为细长的带状，如滚筒上的检测问题，或需要极大的视野或极高的精度时，常采用线阵相机。常见的图像传感器件多为面阵，如图 7-5 所示，即感光面由几微米到十几微米大小的感光单元（像元）以矩阵排列组成，所谓"像素"多少是指这个感光面上的感光单元总数，通常用"万个"单位表示，例如 300 万像素、百万像素、

图 7-5　面阵图像传感器示意图

40 万像素等。另外，按照感光波段的不同，除可以捕获可见光以外，图像传感器还可以感应其它波段，如感应红外光来转换成可视化热能分布进行热成像，有的能够进行紫外或 X 射线成像。

根据感光元件的不同，图像传感器件可分为电荷耦合元件（charge coupled device，CCD）和金属氧化物半导体元件（complementary metal-oxide semiconductor，CMOS）两大类。但无论是 CCD 还是 CMOS，它们都采用感光元件作为图像捕获的基本手段，其核心都是感光二极管，该二极管在接受光线照射后产生输出电流，电流强度与光照强度对应。CCD 具有低照度效果好、信噪比高、通透感强、色彩还原能力佳等优点，在交通、医疗等高端领域中广泛应用。但随着 CMOS 工艺和技术的不断提升，以及高端 CMOS 价格的不断下降，在工业成像如机器视觉行业中，CMOS 逐渐占据越来越重要的地位。

相机实现彩色成像主要有两种方法，分别是棱镜分光法和 Bayer 滤波法。棱镜分光彩色相机，利用光学透镜将入射到镜头的光线分离为 R、G、B 三个分量，利用三片传感器来分别采集这三个分量的光信息，并分别转换为电信号；在图像输出的时候再将三个分量的图像信息合并而输出彩色图像。但是这种方法每台相机需要三片传感器和分光棱镜，价格比较昂贵。Bayer 滤波法在传感器像元表面加装 R、G、B 三色滤光片，以分别对红、绿、蓝三种光线进行选择性吸收；再对 R、G、B 分量值进行处理。因此，这种方法输出的彩色图像每一像素的 R、G、B 三分量中有两个分量都是由其像元周围的像元经过平均之后得到的，这种方法虽然会降低彩色照片的有效像素，但是因其简单的结构和低廉的造价，目前彩色相机主要使用的都是 Bayer 滤波法。

工业相机快门方式有全局快门和卷帘快门。全局快门（global shutter）是指整幅场景在同一时间实现曝光的快门方式，传感器所有像素点同时收集光线，同时曝光；即在曝光开始的时候，传感器开始收集光线；在曝光结束的时候，光线收集电路被阻断，传感器值读出即为一幅照片。卷帘快门（rolling shutter）与全局快门不同，它是通过传感器逐行曝光的方式实现的。在曝光开始的时候，传感器逐行扫描逐行

进行曝光，直至所有像素点都被曝光。

常用的相机参数还包括以下几个概念。曝光时间（exposure time），即相机快门开启的有效时间长度；曝光时间越长生成的照片越亮，相反越暗；在外界光线比较暗的情况下一般要求延长曝光时间。帧率（frame rate），是以帧为单位的位图图像连续保存或出现在显示器上的频率。相机分辨率，是指一个像素表示的实际物体大小，用 μm×μm 表示；数值越小，表示分辨能力越高。在图像中，表现图像的细节不是由像素多少决定的，而是由分辨率决定的，而分辨率是由相机像元大小和所选镜头的放大倍率决定的。视场（field of view，FOV）是指相机实际拍摄的面积，一般以 mm×mm 表示；FOV 是由传感器靶面和镜头放大倍率决定的。成像系统配置或选型时，需注意 CCD（CMOS）分辨率、靶面等与镜头解析度、视场等相匹配。

7.2.3　照明光源

图像传感器件需要接收到光线才能感应成像，因此需要光源提供光能，以形成能提高颗粒与背景对比度（即颗粒图像识别度）的不同照明方式。光源的照明方式可以是背光照明、侧向照明和同轴照明等，如图 7-6 所示。一般而言，在颗粒测量中主要关注于颗粒的轮廓，因此常采用背光照明方式，即光源发出的光从背面先照射到被摄对象，未被对象遮挡的光线则进入镜头和相机，这样可以使颗粒和背景之间的对比度最大化，即形成明亮背景下的暗颗粒图像，有利于颗粒轮廓的识别，但可能会丢失物体的表面特征。侧向照明时相机和光源成 90°左右，被摄体一侧受光，

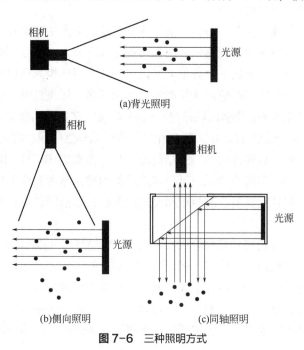

图 7-6　三种照明方式

另一侧背光，光线的方向和明暗关系十分明确。同轴照明是指与镜头轴向方向相同的光照射到物体表面的方式，一般采用半透半反射镜将光源光线反射为与镜头轴向相同的方向进行照明，对于实现具有镜面特征的平面物体表面的均匀照明是非常有用的。

目前在光学图像法测量中常采用的光源包括卤素灯、LED（发光二极管）或激光光源。卤素灯，又称为钨卤灯泡、石英灯泡，是白炽灯的一个变种。原理是在灯泡内注入碘或溴等卤素气体，在高温下，升华的钨丝与卤素进行化学作用，冷却后的钨会重新凝固在钨丝上，形成循环，避免钨丝过早断裂。因此卤素灯泡比白炽灯更长寿。发光二极管简称LED，它利用电子与空穴复合时能辐射出可见光的原理制成。激光光源是利用激发态粒子在受激辐射作用下发光的电光源。激光光源的主要优势是亮度高，色彩好，能耗低，寿命长且体积小。随着科技的发展，LED由于有着可以方便形成不同波长的单色光或白光、可以高效地将电能转化为光能、成本低廉等优点，目前使用较为普遍。

在进行图像法测量时，为减小物体近大远小造成的误差，或减小镜头畸变带来的影响，可采用物方远心镜头配以平行光源；应根据待测颗粒运动速度的大小来选择相机的曝光模式和快门时间，避免在成像过程中造成运动模糊；在测量过程中应尽量保证颗粒成像清晰，避免离焦模糊，或通过后期图像处理去除离焦的颗粒图像，否则将带来较大误差。

基于上述三大部件的图像法颗粒粒度测量技术越来越受到科研工作者和工程人员的青睐，目前已有数码显微镜（即静态颗粒图像仪）、动态颗粒图像仪等商用仪器设备，也有一些图像法颗粒测量设备应用于工业在线测量尤其是两相流中颗粒相的测量。

7.3　显微镜

显微镜法是少数能对单个颗粒同时进行观察和测量的方法，除颗粒大小外，还可以对颗粒的形状（球形、方形、条形、针形、不规则多边形等）、颗粒结构状况（实心、空心、疏松状、多孔状等）以及表面形貌等有一个认识和了解。常言道："眼见为实"，因此显微镜法是一种最基本也是最实际的测量方法，常被用来作为对其它测量方法的一种校验甚至标定。

从工作原理上讲，显微镜属于成像法，它所观察和测量的只是颗粒的一个平面投影图像。大多数情况下，颗粒在平面上的取位是其重心最低的那一个稳定位置，如图 7-7 所示，其空间高度上的尺度（H）一般情况下要小于它的另两个尺度（宽度 B 和长度 L）。当为球形颗粒时，可以直接由投影图像测量其粒径；当为不规则颗

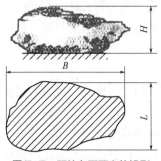

图 7-7　颗粒在平面上的投影

粒时，显微镜的测量结果主要表征该颗粒的二维尺度（宽度和长度），而不能表征其另一维尺度（高度）。

显微镜的样品量极少，一般只有约 0.1g，远少于筛分法（数十克到上百克）及其它一些方法。为此，首要的问题就是，怎样从大量物料中，取得约 0.1g 极少量具有代表性的物料粉末，然后再从中进一步抽取约 0.01g 的试样，并把它们均匀地、无固定取向地分散在载片上，这是得到可靠测量结果的重要前提，应参照有关规程执行。电子显微镜在高真空度下工作，且受到高能电子束的照射，为防止颗粒可能的脱落，要把样品颗粒沉积在厚度为 10～20nm 的薄膜上或薄膜内，如碳膜、金膜或其他金属膜等。

显微镜法为得到有统计意义的测量结果，需要对尽可能多的颗粒进行测量。被测的颗粒数越多，测量结果就越可靠。尽管试样量极少，但颗粒数仍然十分庞大（例如，粒径为 10μm 的 0.01g 试样中共有约上百万个颗粒）。人工目测的劳动强度很大，被测量的颗粒数不可能很多，即使目前已经发展了许多种不同功能的半自动或自动辅助测量装置，也不可能和没有必要把载片上所有颗粒都测量到。一般要求被测量的颗粒数不少于约 600 个。为此，先要在载片上随机地选取若干个视场，每一个视场中的颗粒数仍然很多，再进一步从选定的每个视场中无倾向性地确定几个样区。样区中的颗粒则按以下方法计数和测量[3]：

（1）点计法

对样区中位于网络交点处的那些颗粒进行计数和测量，如图 7-8（a）所示（图中带有阴影的颗粒被计量，下同）。

（2）线计法

对样区中位于直线上的颗粒进行计数和测量，如图 7-8（b）所示。

（3）带计法

对样区中位于两平行线之间的颗粒进行计数和测量，如图 7-8（c）所示。其中位于一侧直线上的颗粒被计数和测量，而位于另一侧直线上的颗粒则不被计数和测量。

（4）框计法

对样区中位于某一框形区域中的颗粒进行计数和测量，如图 7-8（d）所示。同理，位于矩形某一侧两边线上的颗粒被计数和测量，而另一侧两边线上的颗粒则不被计数和测量。

点计法的缺点是大颗粒的投影面积大，因此，落在网格交点并被计测到的概率比小颗粒的大（概率约与颗粒的线性尺度平方成正比），测量结果偏大。线计法同样存在上述缺点，但颗粒被计测到的概率与其线性尺度的一次方成正比。带计法和框计法较为合理，颗粒被计测到的概率基本上与其粒径大小无关。

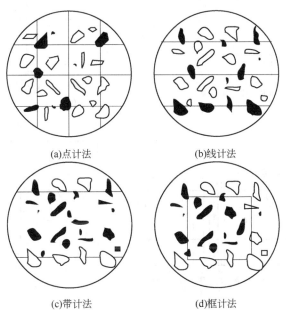

(a)点计法　　　　　　　　(b)线计法

(c)带计法　　　　　　　　(d)框计法

图7-8　样区中颗粒的计数及测量

Allen[4]认为：要得到统计意义上正确可靠的测量结果，除被测量的颗粒数不应少于约600个外，这些颗粒还应取自数十个不同的样区中。

目前，普通的光学显微镜和人工目测仍然在一些场合中得到不少的应用。因此，为便于操作和测量，在由操作者对颗粒图像进行观测时，常常在目镜中插入刻有一定标尺和不同大小的直径圆的刻度片，如图7-9及图7-10所示。在十字线刻度片的情况下，先由测微仪将其移动到颗粒图像的一侧，再移动到图像的另一侧，两次读数差即为颗粒的大小。图7-10给出的是Fairs刻度片，片上各个圆的直径按等比的几何级数增加，最大和最小圆的直径比为128：1。也可以将颗粒图像或所拍摄的照片投影到一屏幕上，屏幕上有不同的标尺和参考圆图形或者另外向屏幕投射大小可调的明亮圆形光点，用以测量各个图像。手工目测的劳动量及劳动强度大，测量时间较长，测量准确性也难以保证。电子显微镜则几乎都是先拍照再进行后续处理。

目前，已发展了许多种不同功能的半自动和自动测量装置[4,5]。它们的工作原理大致相同，当投射光点面积

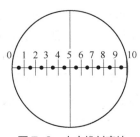

图7-9　十字线刻度片

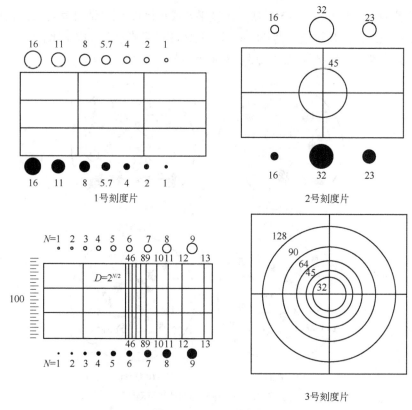

图 7-10 Fairs 刻度片

（可调节）和颗粒图像的面积相等时，输出一个与光点面积大小成正比的电信号，依次对这些电信号进行计数和测量，即可得到不同大小的颗粒各有多少。自动图像分析仪可以自动对图像或照片进行扫描，对每个颗粒进行计数、测量和计算颗粒的粒径、面积、周长和圆形度等，并给出所测试样的粒径分布（频率分布和累积分布）和各种平均粒径等，并将测量结果输出或储存。目前，全自动图像分析仪的使用逐渐广泛，部分取代了较早生产的半自动图像分析系统。

　　显微镜的测量下限取决于它的分辨距离，即仪器能够清楚地分辨两个物点之间的最近距离。当两个颗粒相距很近，其边沿之间的距离小于分辨距离时，由于光的衍射现象，这两个颗粒的图像会衔接在一起，似乎是一个颗粒而不能分辨它们；而若一个颗粒的粒径小于分辨距离，则该颗粒图像的边缘将会变得模糊不清。光学显微镜的分辨距离取决于光学系统的工作参数及光的波长，具体可由公式（7-1）计算。以白光（可见光）为光源的普通光学显微镜的测量下限为 $0.5 \sim 0.8\mu m$，通常用于 $1 \sim 200\mu m$ 颗粒的测量。

　　按照工作原理（工作方式、光源和结构等）不同，光学显微镜的种类很多，相应的测量下限也有所差别。除了普通的光学显微镜外，还有如暗视野显微镜、荧光显微镜、相差显微镜、激光扫描共焦显微镜等。

暗视野显微镜是具有暗视野聚光镜，从而使照明的光束不从中央部分射入，而从四周射向待测对象的显微镜。荧光显微镜是以紫外线为光源，使被照射的物体发出荧光的显微镜。相差显微镜常用单一波长绿色滤片，波长为550nm；高档油浸相差显微镜的物镜数值孔径NA为1.25，其最高有效分辨率为0.27μm。

激光扫描共焦显微镜（laser scanning confocal microscope，LSCM）是20世纪80年代开始投入实际应用的一种显微设备。与普通光学显微镜相比，LSCM具有更高的分辨率和放大倍率，并可以对观测样品进行分层扫描，实现样品的三维重建和测量分析。因此，这项产品的面世是显微成像技术发展史中具有划时代意义的重大进展。LSCM在形态学、分子细胞生物学、神经学、药理学、遗传学等生物医学领域，以及材料学、地质学、水利学等工业工程领域有着广泛的应用。普通光学显微镜使用的卤素灯光源为混合光，光谱范围宽，成像时样品上每个照光点均会受到色差影响以及由照射光引起的散射和衍射的干扰，影响成像质量。而LSCM结构上采用精密共焦空间滤波，形成物像共轭的独特设计，激光经物镜焦平面上针孔形成点光源对样品扫描，于测量透镜焦平面的探测针孔处经空间滤波后，有效地抑制同焦平面上非测量光点形成的杂散荧光和样品不同焦平面发射来的干扰荧光。这是因为光学系统物像共轭，只有物镜焦平面上的点经针孔空间滤波才能形成光点图像，扫描后可得到信噪比极高的光学断层图像，分辨率比普通光学显微镜提高1.4倍。LSCM的光源为激光，单色性好，基本消色差，成像聚焦后焦深小，纵向分辨率高，可无损伤地对样品作不同深度的层扫描和荧光强度测量，不同焦平面的光学切片经三维重建后能得到样品的三维立体结构，这种功能被形象地称为"显微CT"。

若采用波长更短的电子束替代可见光，可使分辨距离大大减小。透射电子显微镜（TEM）的应用范围为0.001～10μm，而扫描电子显微镜（SEM）为0.002～50μm。图7-11给出了一组透射电镜照片。扫描电子显微镜是将电子枪发射出来的电子聚焦成很细的电子束，用此电子束在样品表面进行逐行扫描，电子束激发样品表面发射二次电子，二次电子被收集并转换成电信号，在荧光屏上同步扫描成像。由于样品表面形貌各异，发射二次电子强度不同，对应在屏幕上亮度不同，得到表面形貌图像。

此外，还有扫描隧道显微镜（STM）、原子力显微镜（AFM）、近场光学显微镜（NSOM）、侧面力显微镜（IFM）、磁力显微镜（MFM）、极化力显微镜（SPFM）等二十多个品种。由于它们都是用探针通过扫描系统来获取图像，因此这类显微镜统称为扫描探针显微镜（SPM）。

扫描隧道显微镜（STM）是基于量子力学的隧道效应，通过一个由压电陶瓷驱动的探针在物体表面作精确的二维扫描，其扫描精度达到几分之一纳米。该探针尖端可以制成只有一个原子大小的粗细，并且位于距样品表面足够近的距离内。这时

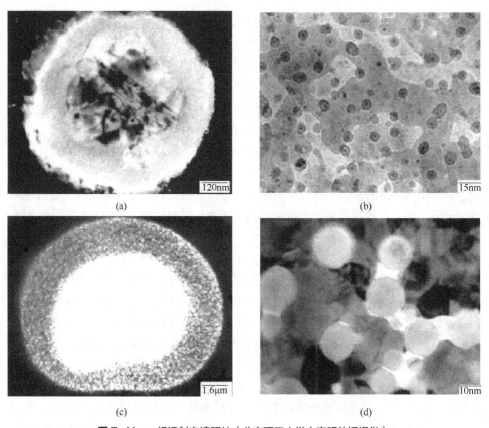

图 7-11 一组透射电镜照片（北京理工大学方克明教授提供）

（a）TiO$_2$ 包覆高岭土颗粒薄膜；（b）组装在沸石分子筛中的 CdSe 半导体纳米团簇薄膜；

（c）被包覆 Al$_2$O$_3$ 颗粒薄膜；（d）纳米 Al$_2$O$_3$ 颗粒薄膜

若在探针与样品表面之间加上一定的偏压，就会有一种被称为隧道电流的电子流流过探针。这种隧道电流对探针与物体表面的间距十分灵敏，从而在探针扫描时通过感知这种隧道电流的变化就可以记录下物体表面的起伏情况。这些信息再经计算机重建后就可以获得反映物体表面形貌的直观图像。

原子力显微镜（atomic force microscope，AFM）是利用固定在微悬臂上的微探针与样品接近，当微探针与样品接近到一定程度时，产生同距离有关的相互作用力。在微探针的扫描过程中，样品表面的起伏将引起相互作用力的变化，保持这个力的值不变，则微探针的扫描结果就是表面形貌。自 1986 年 AFM 诞生以来，它的应用领域不断扩大，已经成为庞大的扫描探针家族。在表面观察过程中，X、Y 方向的分辨率可以达到 0.1nm，Z 方向的分辨率可以达到 0.01nm。可见原子力显微镜不仅分辨率高，还能给出纵向高程差。

这种显微镜轻而易举地克服了光学显微镜所受的 Abbe 极限，能够以空前的高分辨率探测原子与分子的形状，确定物体的电、磁与机械特性，甚至能确定温度变化的情况。因此，在物理学、化学、生物学、微电子学与材料科学等领域获得了极为广泛的应用，以致人们逐渐认识到：这类显微镜的问世不仅仅是显微技术的长足发展，而且标志着一个科技新纪元——纳米科技时代的开始。

7.4 动态颗粒图像测量

近十来年，动态图像获取技术与图像处理技术已成为颗粒分析的热点，国内外都有基于上述技术的颗粒粒径和粒形分析仪推出。其核心是采用光源频闪和相机捕捉的同步技术，拍摄运动颗粒的"冻结"图像，因此减少了载玻片上样品制备的烦琐操作，提高了采样的代表性，分析的颗粒数量也极大增加，提高了测量的准确性，同时可用于运动颗粒在线测量，大大扩展了图像分析技术的应用范围和可操作性。

如图 7-12 所示，为动态颗粒图像法测量系统示意图，从硬件角度而言依然包含图像法测量系统的三大部件，但光源采用频闪模式，以避免颗粒运动导致的成像模糊，同时相机拍摄与光源频闪实现信号同步。数字相机的快门曝光时间目前最短可以达到 1μs，在被测颗粒运动速度不是太高的情况下，也可以采用连续光源、短的相机曝光时间来获得清晰颗粒图像。

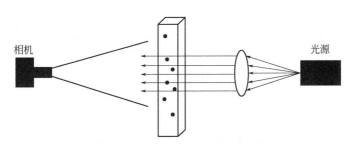

图 7-12 动态颗粒图像测量仪示意图

与显微镜或静态颗粒图像测量仪相比，动态颗粒图像法测量的难点在于颗粒运动存在深度位置的随机或不确定性，导致图片易产生离焦模糊，因此需将颗粒限制在成像系统的景深范围内，一般采用几毫米厚的扁形通道（流动样品池）以将颗粒样品限制在相应区域。但当对较小尺寸的颗粒进行测量时，需要采用较大放大倍率的镜头，其成像系统景深则较小，因此需进一步减小通道厚度，以避免产生离焦模糊的颗粒图片，如有些流动样品池厚度小到 0.1mm 左右。这一问题使得动态颗粒图像的粒径测量范围下限一般高于静态图像法，从 1μm 左右提高到 5~10μm 及以上。

采用单一放大倍率镜头进行测量时，颗粒粒径测量的动态范围最大约在两个量级，如粒径测量范围 5~500μm，当需要测量更宽分布的颗粒样品时，可采用双放大倍率成像技术，即采用两个不同放大倍率的镜头同时进行拍摄，小放大倍率镜头拍摄较大粒径的颗粒，大放大倍率镜头拍摄较小粒径的颗粒，两者测量的粒径范围有重合的部分，基于重合粒径部分颗粒浓度的一致性，计算获得全范围内的粒径分布结果。

很多工业应用都对在线测量提出了需求，因此图像法颗粒测量技术也越来越多地考虑到在线测量对硬件设备和软件处理提出的相应要求，并广泛应用于各种不同的在线测量场合，其中高强度、短脉冲的照明光源是目前直接成像法的硬件瓶颈之一。而上述离焦模糊图像处理的问题同样也成为其应用于颗粒在线测量的阻碍，尤其当测量对象在深度方向上有较大范围的分布而无法限制在系统景深范围内时。已有相关研究利用离焦特征对颗粒的三维位置进行识别，并基于离焦模糊的图片实现对颗粒粒径的测量[6]，但还未有相关商业化应用。

7.5 颗粒图像处理与分析[7,8]

在早期的显微镜法中，对颗粒粒径的分析过程通常是由测试人员通过手工方式完成，这增加了测试人员的工作强度，并可能引起人为操作误差（操作人员的熟练程度不够，对于仪器使用方法的理解偏差，缺乏足够的责任心和耐心均可能带来测试结果的误差）。而随着数字图像处理技术的迅速发展，基于图像处理的颗粒粒径分析方法已经得到了较多的研究和应用。该方法提高了分析过程的自动化程度，并在很大程度上避免了手工操作带来的误差，同时还具有结果直观，直接反映颗粒物的二维几何特征，可以提供非常丰富的分析结果以加深对颗粒的粒度和形貌的理解等优势。

图像处理所包含的内容非常丰富，同时也是一个涉及面非常广的研究方向。例如其包括了基本图像的变换，图像增强（包括空间域和频率域），图像的压缩，图像复原，图像的形态学处理，图像分割，图像识别和模式匹配等技术。不过在颗粒图像的分析中，并不一定会用到所有图像处理技术和方法，因此下面将就颗粒图像分析方法中常会遇到的一些概念和方法进行介绍。

7.5.1 图像类型及转换

在数字图像处理中，图像实际上是按照数组的形式进行存储和处理的。一般来说，可以将其分为真彩色图像、索引图像、灰度图像和二值图像。

① 真彩色图像（true color image）真彩色图像又称 RGB 图像，它是利用 3 个分量 R、G、B 表示一个像素的颜色，R、G、B 分别代表红、绿、蓝 3 种不同的颜色。所以一个尺寸为 $m \times n$ 的彩色图像可存储为一个 $m \times n \times 3$ 的多维数组。如果需要

知道图像中某处的像素值，则可以使用 A $(x, y, 1:3)$ 来进行索引。

② 索引图像（indexed image）　索引图像把不同的颜色对应为不同的序号，各像素存储的是颜色的序号而不是颜色本身，索引图像可包括两个结构，一个是调色板，另一个是图像数据矩阵。调色板是一个 $m×3$ 的色彩映射矩阵，矩阵的每一行都代表一种色彩，与真彩色图像相同，通过 3 个分别代表红、绿、蓝颜色强度的双精度数，形成一种特定的颜色。调色板矩阵每个元素的值可以是在 [0,1] 之间的双精度浮点数。

③ 灰度图像（grayscale image）　灰度图像就是只有强度信息，而没有颜色信息的图像。存储灰度图像只需要一个数据矩阵，矩阵的每个元素表示对应位置的像素的灰度值。

④ 二值图像（binary image）　二值图像就是只有黑白二色的图像，我们可以把它看作是特殊的灰度图像。二值图像只需一个数据矩阵来存储，每个像素只取 0 或者 1。在图像法颗粒粒度分析中最常用的就是将其它类型的图像转换为二值图像，以进行颗粒的识别和粒径处理。

在某些图像操作中，需要对图像的类型进行转换。而在颗粒图像粒度分析中最常用的图像转换，就是将一幅灰度图像转换为二值图像或称为灰度图像的二值化。它是将图像分成对象与背景两部分的操作。最常用的方法是利用灰度值的大小进行二值化，即确定一个灰度值，然后将大于、等于该值的像素判为对象，而将小于此灰度值的像素判为背景；亦可将对象、背景的灰度大小进行对调。这个起分界作用的灰度值在图像处理中称为分割阈值，或简称阈值。

阈值大小需根据图片的情况选取。由于在二值化时阈值直接决定了对象和背景的分割，其值对于之后的颗粒图像分析乃至最后颗粒信息的统计都至关重要。阈值法图像的分割又分为全局阈值法和局部阈值法两种。全局阈值法指利用全局信息（例如整幅图像的灰度直方图）对整幅图像求出最优分割阈值，可以是单阈值，也可以是多阈值；局部阈值法是把原始的整幅图像分为几个小的子图像，再对每个子图像应用全局阈值法分别求出最优分割阈值。其中全局阈值法又可分为基于点的阈值法和基于区域的阈值法，而局部阈值法中仍要用到全局阈值法。由于阈值分割法的结果很大程度上依赖于对阈值的选择，因此该方法的关键是如何选择合适的阈值。常用的图像阈值分割方法有 P-tile 法[9]、最频值法[10]（双峰法）、最大类间方差法[11]（Otsu 法）、灰度直方图最大熵法[12]、最小误差法[13]、灰度直方图凹度分析法[14]、四叉树分解法[15]等。此外，对于一些特殊应用还可以手动方式设置阈值，这样做显然增加了图像处理中的交互性，但是却不可避免地对结果带来人工干预和误差。

图 7-13 和图 7-14 就是将一幅灰度图转换为二值图的实例。

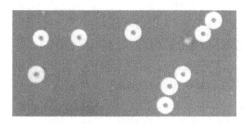

图 7-13　玻璃微珠的灰度图

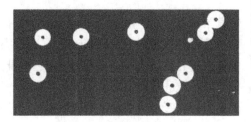

图 7-14　玻璃微珠的转换二值图

7.5.2　常用的几种图像处理方法

7.5.2.1　图像增强

获取和传输图像的过程往往会发生图像失真，所得到的图像和原始图像有某种程度的差别。图像增强（image enhancement）是数字图像处理过程中经常采用的一种方法。其目的是要改善图像的视觉效果，针对给定图像的应用场合，有目的地强调图像的整体或局部特性，将原来不清晰的图像变得清晰或强调某些感兴趣的特征，扩大图像中不同物体特征之间的差别，抑制不感兴趣的特征，改善图像质量、丰富信息量，加强图像判读和识别效果，满足某些特殊分析的需要。

图像增强按所用方法可分成频率域法和空间域法。前者把图像看成一种二维信号，对其进行基于二维傅里叶变换的信号增强；采用低通滤波，可去掉图中的噪声；采用高通滤波，则可增强边缘等高频信号，使模糊的图片变得清晰。基于空间域的算法分为点运算算法和邻域去噪算法。点运算算法即灰度级校正、灰度变换和直方图修正等，目的或使图像成像均匀，或扩大图像动态范围，扩展对比度。邻域增强算法分为图像平滑和锐化两种。平滑一般用于消除图像噪声，但是也容易引起边缘的模糊；常用算法有均值滤波、中值滤波。锐化的目的在于突出物体的边缘轮廓，便于目标识别；常用算法有梯度法、算子、高通滤波、掩模匹配法、统计差值法等。

7.5.2.2　光照不均的校正

假设图像是由光的反射形成的，如果光源照射到景物上的照度不均，那么照度较强的部分将较亮，照度较弱的部分就较暗，并且由此引起较暗部分的图像细节不易看清。通常，对光照不均图像的校正要采取同态滤波的方法。我们知道，由光的反射形成的图像的数学模型为：$f(x, y) = r(x, y)i(x, y)$。

一般照度分量 $i(x, y)$ 是均匀的或者缓变的，其频谱分量落在低频区域；反射分量 $r(x, y)$ 反映图像的细节内容，其频谱有较大的部分落在高频区域。同态滤波就是对图像取对数运算，将模型进行转化。经过分析，取对数运算后，照度分量和反射分量所处区域不变，从而对数域将照度分量和反射分量区分开来。这时就可以根据需要对照度分量和反射分量进行调整，通常为了消除照度不均的影响，应衰减照度分量的频率成分；另一方面，为了更清楚地显示景物暗区的细节，应该对反射分量进行增强。

对于一般照度不均的图像，可以采用下面简单的方法来消除其影响，下面举例说明。首先，估计出图像背景的照度。如取 32×32 大小的图像块中的最小值作为图像背景的照度。然后将粗略估计出的背景照度矩阵扩展成和原始图像大小相同的矩阵，这可以通过双三次插值实现。将估计出的背景照度从原始图像中减去，即可修正照度不均的影响，但是这样的后果是图像变暗，可以通过调整图像的灰度来校正。对于拍摄时背景静止不动、拍摄对象运动不定的情况，可拍摄大量图片（比如 500 张）求平均值，将结果作为背景，从原始图像中减去，也可修正照度不均的影响。

7.5.2.3 形态学变换

在很多情况下，拍摄到的图像即便进行前述处理后，仍不可避免地会出现些许非颗粒物的微小杂质点，这极可能是由于图像拍摄过程中光学元件（如透镜）或者光电探测器（如 CCD 摄像机的感光表面）的污染所致。这可以通过测试者手工涂抹的方式完成清理，也可以运用图像处理中的形态学分析去除。形态学变换最基本的操作是膨胀和腐蚀。对于二值图，膨胀是指找到值为 1 的像素，将其邻近像素都赋为这个值，因此能扩大白色值范围，压缩黑色值范围。腐蚀与之相反。膨胀和腐蚀常搭配使用。如图 7-15 所示，先腐蚀再膨胀称为开运算，可去除微小杂质点。先膨胀再腐蚀称为闭运算，可以用来填充孔洞。该方法在一些颗粒图像分析仪器中得到了应用。

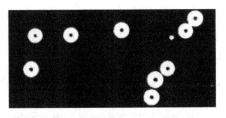

(a)二值图原图

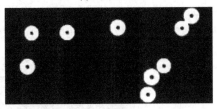

(b)对二值图进行开操作

另外，颗粒粘连和重叠是颗粒图像处理中的一个重要问题。该问题可能是由于图像获取的实验过程中颗粒样品的分散不够，或者是拍摄时颗粒数浓度过高所致。很明显，这会导致对于颗粒的数目统计减少而粒度统计结果增大。若工作量不大，可用手动画线的方式将粘连颗粒分割开，结果根据测试者划分的偶然性而有不同程度的误差。从图像处理技术上可以采用一些算法解决该问题，例如分水岭算法（见图 7-16）。分水岭概念是以对图像进行三维可视化处理为基础：其中两个是坐标，另一个是灰度级。对于这样一种"地形学"的解释，需要考虑三类点：

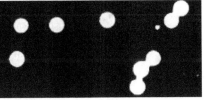

(c)对二值图进行闭操作

图7-15 玻璃微珠二值图的开闭操作

①属于局部性最小值的点；②当一滴水放在某点的位置上的时候，水一定会下落到一个单一的最小值点；③当水处在某个点的位置上时，水会等概率地流向不止一个这样的最小值点。对一个特定的区域最小值，满足条件②的点的集合称为这个最小值的"汇水盆地"或"分水岭"。满足条件③的点的集合组成地形表面的峰线，称为"分割线"或"分水线"。基于这些概念的分水岭算法的主要目标是寻找分水线。基本思想很简单：假设在每个区域最小值的位置上打一个洞并且让水以均匀的上升速率从洞中涌出，从低到高淹没整个地形。当处在不同的会聚盆地中的水将要聚合在一起时，修建的大坝将阻止聚合。水将只能到达大坝的顶部处于水线之上的程度。这些大坝的边界对应于分水岭的分割线[16]。

(a)分割前　　　　　　　　　　　　(b)分割后

图 7-16 分水岭算法分割粘连颗粒

应该注意，对于该问题的解决不能仅仅局限在技术层面，而需要在对颗粒系本身有一定了解的情况下，比如很多胶体颗粒本身就是呈絮凝状态，此时就不能单纯将其进行分割处理。

7.5.2.4 边缘检测

图像中的边缘指的是图像强度发生明显变化的曲线，直观上是一组相连的像素集合，这些像素位于两个区域的边界上。边缘识别通常按照如下的标准判定（参见图 7-17）：①边缘上灰度值的一阶导数在幅值上大于某一给定的阈值；②边缘上灰

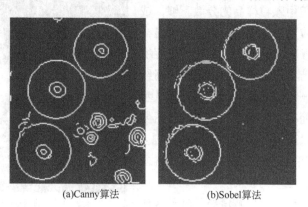

(a)Canny算法　　　　　　　　(b)Sobel算法

图 7-17 颗粒图像的边缘检测图

度值的二阶导数具有零交叉。Canny 算法是常用的边缘检测方法，另外还可通过 Sobel 算子、Scharr 算子、Laplacian 算子等对图像进行滤波得到边缘图，或利用霍夫线变换和霍夫圆变换对图像中的直线段和圆边界进行检测。在实际应用中根据图片的具体情况选择合适的边缘检测方法。

7.5.3　颗粒图像分析处理流程

对于颗粒图像的处理过程大致可以按照图 7-18 进行描述。其基本过程可以有以下几个步骤：首先是图像的导入，必要时需要将图像格式转换成灰度图像；对于颗粒的动态成像，恢复由于运动造成的图像的模糊；解决背景光照不均的现象；调整对比度，增强图像的细节；通过自动计算或手动设置合适的阈值，将灰度图像转换为二值图；去除二值图中的杂质和图像边界上的不完整颗粒等；对二值图进行边缘提取，得到完好的边缘，并在边缘中进行填充（这一步要视具体情况而定，因为有时颗粒本身就呈环状或是中空的）；进行特征量提取，得到所有颗粒的面积、等效粒径等参数，并可以进一步计算得到平均粒径、数目或体积中位径等诸多参数（具体分析过程将在 7.5.4 节详细说明）。

图 7-18　颗粒图像处理步骤示意图

7.5.4　颗粒粒径分析结果表示

在对颗粒图像进行了充分处理之后，可对图像中的颗粒进行标记，之后分别对图像中的颗粒逐个进行分析获得所需要的信息，由于图像分析的原始结果实际上是按照像素来表示的，因此实际应用中还需将分析结果根据显微图片的放大比例还原为实际粒径大小。

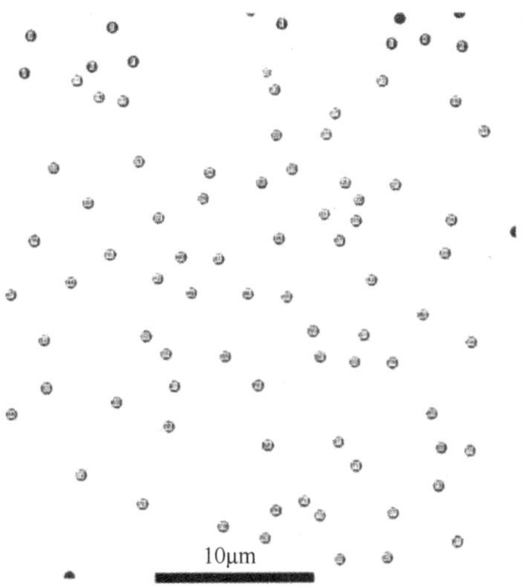

图 7-19 为对于名义尺寸为 $1\mu m$ 的 SiO_2 颗粒的 SEM 图像处理后进行了标记。在对颗粒图像分析中选择了椭圆模式进行了分析（即将颗粒等效为椭圆），显然可以获得更多的有关颗粒的信息。

分析结果可以用表格的形式显示。如表 7-1 所示，第一列为图像中的不同颗粒的编号，第二、三列分别给出了以像素个数表示的长轴和短轴尺寸，第四列为以像素平方表示的相应颗粒图像面积，第五列为以像素个数表示的直径尺寸；根据标定

10μm

图 7-19　对 SEM 图像处理后的颗粒标记[17]

的放大倍数进行换算，颗粒的等效直径可以按照微米单位来表示（第六列）；此外，通过图像分析的方式还可获得更多的信息，例如长短轴比（第七列）。

表 7-1　表格形式表示的颗粒图像分析结果[17]

编号	长轴/pix	短轴/pix	面积/pix²	直径/pix	直径/μm	长短轴比
1	22.29	21.88	383	22.08	1.09	1.02
2	22.23	21.42	374	21.82	1.08	1.04
3	21.96	21.75	375	21.85	1.08	1.01
4	44.6	21.64	758	31.06	1.53	2.06
5	23.42	22.56	415	22.98	1.13	1.04
6	21.59	20.88	354	21.23	1.05	1.03
7	23.6	22.55	418	23.07	1.14	1.05
8	22.99	22.43	405	22.70	1.12	1.02
9	45.29	22.18	789	31.69	1.56	2.04
10	22.76	22.33	399	22.53	1.11	1.02

前面已经提及，采用图像处理方法进行颗粒分析不仅可以获得颗粒数目、粒度等信息，还可以获取关于其形貌特征的参数（可以达到几十种以上）[18]。这非常有利于如混合颗粒的测量，例如，在细胞图像处理中，可通过不同细胞的形状等特征对于不同细胞加以自动区分和计数，极大地提高了工作效率。图 7-20 给出了颗粒图像分析过程中的一些常用形状参数。

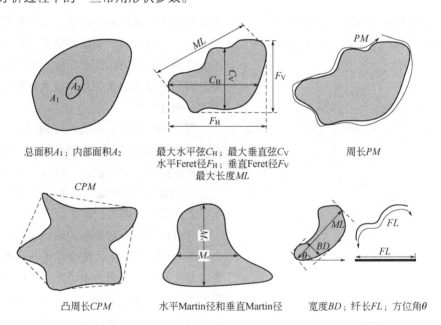

总面积A_1；内部面积A_2

最大水平弦C_H；最大垂直弦C_V
水平Feret径F_H；垂直Feret径F_V
最大长度ML

周长PM

凸周长CPM

水平Martin径和垂直Martin径

宽度BD；纤长FL；方位角θ

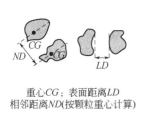

重心CG；表面距离LD
相邻距离ND(按颗粒重心计算)

Heywood径$HD = \sqrt{4A/\pi}$

形状因子(1) SF1 = $(ML)^2/A$

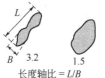

形状因子(2) SF2 = $(PM)^2/A$
(PM—周长；A—面积)

圆度 = $(PM)^2/(4\pi A)$

长度轴比 = L/B

图 7-20 颗粒图像分析参数

　　球形颗粒很容易根据它的投影平面图形确定其直径，不规则颗粒的投影平面图像是不规则的，怎样依据不规则的平面图形确定颗粒的粒径是一个首要解决的问题。目前，被普遍接受并得到使用的有以下几种粒径表述方法，它们都是以试样在玻璃载片上作无序排列和随机测量为前提的。

（1）定方向径，又称 Feret 径（D_F）

　　沿某一确定方向的二平行线之间的距离为颗粒的 Feret 径 D_F，二平行线分别与颗粒的平面投影图像相切，如图 7-21（a）所示。

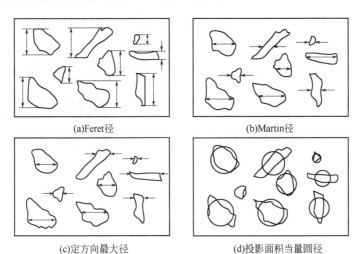

(a)Feret径　　　　　　　　　　　　　　(b)Martin径

(c)定方向最大径　　　　　　　　　　　(d)投影面积当量圆径

图 7-21 颗粒粒径的定义

（2）定方向等分径，又称 Martin 径（D_M）

沿一定方向，将颗粒平面投影图像面积均匀二等分的线段的长度，如图 7-21（b）所示。

（3）定方向最大径（D_L）

沿一定方向，颗粒平面投影图像中最大线段的长度，如图 7-21（c）所示。

（4）投影面积当量圆径（D_A）

它是与颗粒平面投影图像面积相等的圆的直径，如图 7-21（d）所示。

以上所定义的各种粒径，除投影面积当量圆径 D_A 外，其他如 Feret 径 D_F、Martin 径 D_M 和定方向最大径 D_L，当测量对象只有一个颗粒时，其值均与基线的方向有关，方向不同时给出的测量值不同。但对大量排列无序的颗粒群，基线的方向可以任意选取。

显然，对球形颗粒，不同定义的粒径相等，$D_F = D_M = D_L = D_A$；对非球形颗粒，各粒径值之间一般存在如下关系式[19]：

$$D_F > D_L > D_A > D_M \tag{7-2}$$

形状特殊的颗粒，上述关系式可能会改变。Feret 径 D_F 的测量最为方便，但其值最大，适用于圆钝形颗粒。

在图像法中，由于颗粒粒径有不同的定义和表示方法，在对比或评价某一测量结果时，应注意到这一点；尤其在与其它测量方法进行对比时，更要注意分析结果所代表的物理意义。

除了给出针对单个颗粒的参数外，在图像分析时还可以根据一定数目的颗粒进行统计，获得颗粒的粒度分布信息、平均粒度等参数。例如图 7-22 所示的颗粒图像

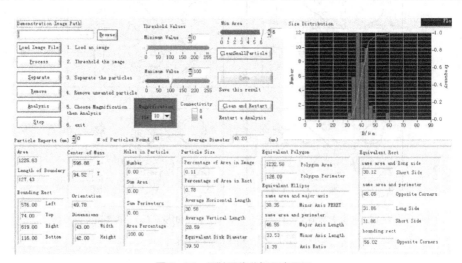

图 7-22　颗粒图像分析程序界面

处理程序[20]，根据数据处理结果给出了实际颗粒粒度分布图和平均粒度。还可以选择查看每个颗粒的具体特征，使得图像分析法的优点得以充分显现。

颗粒图像分析法是颗粒系的显微成像和图像分析结合的一种获取颗粒粒度和多种几何参数的方法。其具有自动化程度高、测量速度快、结果表达方式丰富且非常直观等优点。在使用该方法时，对于实际图片，应选择合适的增强方法、分割方法对图像进行处理，使结果更具有准确性。

7.6 图像法与光散射结合的颗粒测量技术

直接成像法的颗粒粒径测量下限取决于成像系统的解析度或分辨率，一般在一微米（1μm）至十几微米左右，但很多工业在线检测需要对更小粒径的颗粒对象进行测量和表征；另一方面，除了粒度测量外，不少场合还需要对颗粒物浓度进行在线测量或监测，甚至存在低浓度在线测量或远距离遥测等特殊需求。针对不同且特殊的测量需求，可以将成像系统与光散射法相结合，发展新的测量方法。

7.6.1 侧向散射成像法颗粒测量

7.6.1.1 成像系统收集的侧向散射光通量

当单色准直激光光束照射球形颗粒时，颗粒在不同角度散射出不同强度的散射光。根据洛伦兹-米氏理论，均匀球形颗粒的散射光光强可用下式描述：

$$I = \frac{\lambda^2 I_0}{8\pi^2 r^2}[i_1(\lambda, \theta, D, m) + i_2(\lambda, \theta, D, m)] \tag{7-3}$$

其中 I_0 是入射光强度，λ 是入射光波长，D 是球形颗粒直径，m 是颗粒相对于周围环境的折射率，r 是从颗粒到探测器的距离，$i_1(\lambda, \theta, D, m)$ 和 $i_2(\lambda, \theta, D, m)$ 是无量纲强度函数。

如图 7-23 所示，激光束从左向右传播，照射待测颗粒团；将图像传感器平面平行于激光束布置，成像系统（包括镜头和照相机）直接对激光光束照明的颗粒团进行成像，获得颗粒对激光的散射光成像。从激光束到图像传感器的垂直距离记为 L_1，成像系统的视场宽度记为 L_2。

假设颗粒系具有均匀的空间分布并忽略光的衰减（如对于浓度为 50mg/m³ 的 300nm 聚苯乙烯微球溶液，在 0.18m 的光程下光衰减率约为 0.5%），成像系统获得的激光束不同轴向位置的散射光能量即可等效于同一颗粒群不同散射角的散射光能量。散射角 θ_j 为激光束轴线与测量点和透镜光学中心连线（图 7-23 中的虚线）之间的夹角。当颗粒在某位置以散射角 θ_j 的散射光成像时，图像系统获得的是该散射角

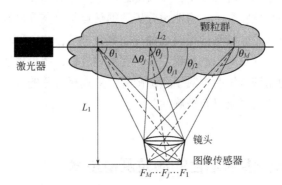

图 7-23 图像法侧向光散射示意图[21]

下某一圆锥立体角中的侧向散射光能通量，该圆锥的平面角为 $\Delta\theta_j(\theta_{j2}-\theta_{j1})$。平面角 $\Delta\theta_j$ 随着成像系统通光孔径大小变化而变化，需要通过实验来确定。该成像方式即为典型的异轴采光方式，在第 2 章中已有详细描述，散射角 θ_j 处收集的光能通量 $F(\theta_j, D)$ 是上述立体角中散射光强度的积分：

$$F(\theta_j, D) = \frac{\lambda^2 I_0}{4\pi^2} \int_{\theta_{j1}}^{\theta_{j2}} [i_1(\lambda, \theta, D, m) + i_2(\lambda, \theta, D, m)]\Delta\varphi \sin(\theta)\mathrm{d}\theta \tag{7-4}$$

其中 $\Delta\varphi$ 由公式（2-55）计算得到。

上述计算是针对单个颗粒的，就一般非单分散的颗粒系而言，假设颗粒系的粒径体积/重量频度分布为 $V_F(D)$，且在空间中均匀分布，通过镜头收集的颗粒系散射光能量可以通过下式计算：

$$F_j = \int_0^\infty \frac{6}{\pi\rho D^3} CV_F(D)F(\theta_j, D)\mathrm{d}D \tag{7-5}$$

其中 ρ 是颗粒密度，通常已知；θ_j 是不同位置处的散射角，通过标定得到。C 是颗粒系的总质量浓度，则是需要测量的参数。

7.6.1.2 图像法侧向光散射的粒径反演

如式（7-3）所示，颗粒粒径和粒径分布对散射光能量通量有影响，因此也对浓度测量有影响。大多数大气气溶胶测量忽略了这种影响，假设测量的颗粒系的尺寸分布与系统校准期间的基本相同。针对颗粒尺寸与系统校准时不同的情况，颗粒粒径分布将基于侧向散射成像模型进行反演计算获得相应颗粒粒径分布，然后基于反演结果进行后续浓度测量。

根据激光粒度分析仪的理论基础，已知散射光强度沿散射角的分布可用于粒度反演，而图像侧向光散射也是基于相同的理论基础，只是还需要另外两个主要假设。一是由于颗粒浓度相对较低，在对激光束每一位置的散射光强进行计算时，入射光强被认为是定值，即忽略上游颗粒物对激光的散射和吸收作用；在颗粒浓度较高而不能忽略时，则需同时考虑消光作用进行修正。二是颗粒系的粒径分布和质量浓度沿激光束方向是相同的，即颗粒群在空间上是均匀分布的。

首先对激光束位置（对应不同散射角）和颗粒粒径分布进行离散化处理。如图7-23所示，将光束分为 M 个区间，每个区间 j（$j = 1, 2, \cdots, M$）对应散射角 θ_j；将粒子尺寸分布离散化为 N 个区间，每个区间 i（$i = 1, 2, \cdots, N$）对应平均直径 D_i 和质量分数 w_i，公式（7-5）的离散形式如下：

$$F_j = \frac{6C}{\rho\pi} \sum_{i=1}^{N} \frac{w_i}{D_i^3} F(\theta_j, D_i) \quad i = 1, 2, \cdots, N; j = 1, 2, \cdots, M \tag{7-6}$$

在粒径反演之前，通过除以 F_j 的最大值对 F_j 值进行归一化，公式（7-6）可以写成矩阵形式：

$$F_j = w_i T_{i,j} \quad i = 1, 2, \cdots, N; j = 1, 2, \cdots, M \tag{7-7}$$

其中 F_j 是空间子区间 j 中散射光能量通量相对值，可以由激光束成像灰度值来表示。$T_{i,j}$ 是每个平均直径 D_i 的颗粒系区间在散射角 θ_j 处的散射光能通量分布的系数矩阵。使用以下公式计算：

$$T_{i,j} = (1 / D_i^3) F(\theta_j, D_i) \tag{7-8}$$

因此，通过最小值优化问题，得到每个粒径水平 D_i 下的离散质量分数 w_i，该优化算法的目标函数 f 如下：

$$\min_w f = \sum_{j=1}^{M} [F_{\text{cal},j} - F_{\text{mea},j}]^2 \tag{7-9}$$

其中，$F_{\text{mea},j}$ 是从实验中测得的归一化图像灰度值，而 $F_{\text{cal},j}$ 是根据光散射理论计算的散射光能量通量，通过最优化反演计算获得各粒径区间的 w_i 值。

7.6.1.3 浓度测量

根据颗粒的尺寸分布 w_i、入射光强度 I_0 和颗粒相对于周围介质的折射率，图像灰度值 G_j 和颗粒物浓度 C 之间的关系可以用下式描述：

$$G_j = \frac{1}{r^2} \tau I_0 k_1 \cdot k_2(\theta_j, w_i) \cdot C \tag{7-10}$$

其中，τ 为相机的曝光时间；k_1 为单位曝光时间内相机的光强响应系数。$I_0 k_1$ 是一个仪器常数，可以通过实验进行校准得到。$k_2(\theta_j, w_i)$ 是相应散射角 θ_j 处来自颗粒系的散射光光能通量的系数，它可以通过已知的粒径分布（用质量分数 w_i 表示）计算如下：

$$k_2(\theta_j, w_i) = \frac{3\lambda^2}{2\rho\pi^3} \sum_{i=1}^{N} \frac{w_i}{D_i^3} F(\theta_j, D_i) \quad j = 1, 2, \cdots, M \tag{7-11}$$

由此通过公式（7-10）计算获得颗粒物浓度。

7.6.2 后向散射成像法颗粒测量

当散射角大于 90°时，即属于后向散射范畴。由于激光的后向散射特性可以将发射端与接收端放置在一起，具有较强的便携性，因此在一些远程监测和移动监测的场所应用较为广泛。

如图 7-24 所示，将成像系统和激光器集中布置，当激光器照射到颗粒上时，由于颗粒的后向光散射特性，相机接收到颗粒群的某个立体角 ω 内的光能量，经过镜头会聚成像为明亮的光斑。由于一般测量距离较远，可将系统近似简化为同轴采光方式[23]。若已知颗粒物折射率和粒度分布等信息，则同样可以通过公式（7-10）获得颗粒物浓度；若已知颗粒物密度，则可计算质量浓度。

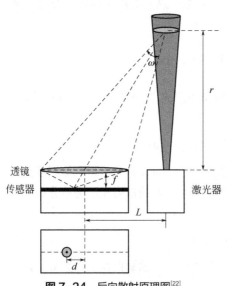

图 7-24 后向散射原理图[22]

当需要对颗粒粒径或粒度分布进行测量时，根据公式（7-10）可知，颗粒物的后向散射图像的灰度值与测量距离、相机曝光时间以及颗粒物浓度等均有关系，为了消除这些变量的影响，可以利用不同波长下后向散射光能的比值进行颗粒粒度分布的反演计算。如采用红、绿和蓝三种不同波长的激光对同一颗粒系进行照明，由于波长不同，后向散射的光强也不同。即可得到关系式：

$$\begin{cases} \dfrac{G_R}{G_G} = \dfrac{(I_0 k_1 k_2)_R}{(I_0 k_1 k_2)_G} \\ \dfrac{G_R}{G_B} = \dfrac{(I_0 k_1 k_2)_R}{(I_0 k_1 k_2)_B} \end{cases} \tag{7-12}$$

在标定实验中，若已知颗粒粒度分布和激光器波长 λ，根据公式（7-11）计算得到不同波长下的 k_2，则可标定获得测量系统每个波长对应的固有参数 $I_0 k_1$。利用该标定结果，对于未知的颗粒粒度分布，采集得到的图像中的散射光斑的灰度值 G 就可以反算得到 k_2 中的颗粒粒径分布。由于利用多波长信息进行粒径反演时，可利用的波长信息较少，一般用于反演平均粒径或假定某种粒度分布如正态分布或双 R 分布的颗粒体系。

在后向散射的测量中，若待测颗粒系与测量系统距离较远，还需要考虑和入射光强相关的两个问题。一是激光光束并不完全准直，而是随着传输距离的增加呈扩散趋势，则当地入射光强随距离增加而降低。二是激光在大气传输时，大气气溶胶粒子对激光具有耗散作用，这种耗散作用主要与能见度、激光波长以及传输距离有关。

假设激光束在被颗粒散射之前已传输的距离为 z，结合激光在大气中消光定律和简单的几何关系，可通过公式（7-13）计算得到距离 r 处的平均入射光强 $I(r)$，再作为公式（7-10）中的 I_0 代入其中进行浓度的计算。

$$I(r) = I \left[\frac{\omega_0}{\omega(r)} \right]^2 \exp \left[-\mu(\lambda)r \right] \tag{7-13}$$

式中，I 为激光器出口处的光强；ω_0 为出口处的束腰半径；$\omega(r)$ 为在 r 处的光束半径；$\mu(\lambda)$ 为大气消光系数，经验公式可采用[24]

$$\mu(\lambda) = \frac{3.192}{V_m} \left(\frac{0.55}{\lambda} \right)^{1.3} \tag{7-14}$$

式中，V_m 为能见度；λ 为激光波长。如选取能见度 V_m 为 10km，激光波长为 0.658μm 时，计算得到相应的消光系数为 0.2528，当传输距离为 100m 时，计算得到激光在大气中传输的透射率为 97.5%。可见在需要进行准确计算时，仍需考虑大气对激光的衰减。

同时，测量距离 r 的准确估计也是影响最终测量结果准确性的重要因素之一。根据相机的成像原理，距离相机不同远近处的颗粒群的散射光斑在相机系统中成像的位置是不同的，可以通过成像光斑的相对位置（图 7-24 中的距离 d）得到测量距离。根据相似三角形原理，图像传感器上成像光斑质心与传感器中心的距离 d 与测量距离 r 之间的关系可简化为：

$$r = \frac{Lf}{d} \tag{7-15}$$

式中，L 为相机轴与激光器间的距离；f 为相机镜头焦距。将公式（7-15）代入公式（7-10）计算得到颗粒系的浓度。

7.6.3 多波段消光成像法颗粒测量

当成像系统在 0°方向上接收穿过颗粒群后的透射光线时，可以与消光原理相结合，形成多波段消光成像法颗粒测量技术；如采用彩色相机或多光谱相机对颗粒群进行 0°方向上的逆光成像，对大颗粒进行阴影成像获得投影轮廓以分析大颗粒粒径的同时，也可以对粒径大小在成像分辨率附近甚至更低的小颗粒进行基于消光原理的颗粒粒径和浓度测量。下面以 RGB 彩色相机为例进行说明，多光谱相机的处理原理类似，只是波段范围、数量和光谱响应数值各有不同。

　　彩色相机一般按照人眼的三色（RGB）视觉原理，采集所拍摄对象的红绿蓝三种颜色的信息。尽管采集颜色信息的方式各有不同，如有的采用三传感器直接采集不同波段的响应，有的采用单传感器结合拜耳模式的彩色滤光片再通过插值获得各像素点不同波段的响应，但最后都能获得不同波段的消光效应。以 IMI tech 公司生产的 IMx-720G 型号的 12 位彩色相机为例，CCD 响应曲线如图 7-25 所示，RGB 三种像素分别在 460nm、532nm 和 623nm 附近的一定波段范围内存在较高响应。

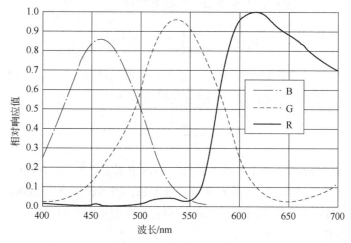

图 7-25　CCD 响应曲线

　　消光成像法颗粒测量系统示意图如图 7-26 所示，光源发出的光（入射光，一般采用宽波段光源，光谱强度用 I_λ 表示）经过测量区域的颗粒群后，照射到 CCD 相机。相机的每个像素传感单元获得响应电荷，并对应输出图片像素点的亮度值 I，这个电荷数或亮度值与光源光谱、颗粒群的消光特性和 CCD 的量子效率有关。若测量区没有颗粒群，入射光直接照射到 CCD 上，则获得的图片灰度可以表示为：

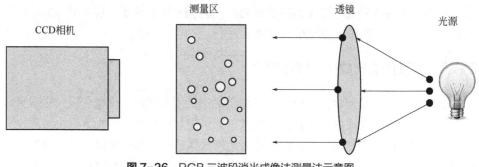

图 7-26　RGB 三波段消光成像法测量法示意图

$$I_k^0 = \int_{\lambda_{k1}}^{\lambda_{k2}} f_k(\lambda) I_\lambda \mathrm{d}\lambda, \quad k = R, G, B \tag{7-16}$$

式中，I_k^0 为 CCD 中 k 波段像元所获得的灰度信号值，上标 0 表示入射光；$f_k(\lambda)$ 为 CCD 中 k 波段像元的光谱响应函数；λ_{k1} 和 λ_{k2} 为 k 波段像元光谱响应范围的下限和上限；I_λ 为光线照射在 CCD 上的光谱强度。

当测量区存在颗粒消光时，由于颗粒的散射作用，透过颗粒群到达 CCD 的光强降低，颗粒群的消光系数 $E(\lambda, D, m)$ 可采用 Mie 散射理论计算。对于单分散颗粒群，引入朗伯-比尔公式，可以得到公式（7-17）；而对于多分散颗粒群，则基于颗粒群的粒度分布计算颗粒群的整体消光效果，并进一步离散化可以得到公式（7-18）。

$$\ln\left(\frac{I}{I_0}\right)_k = -\frac{\pi}{4} D^2 \int_{\lambda_{k1}}^{\lambda_{k2}} f_k(\lambda) I_\lambda E(\lambda, D, m) \mathrm{d}\lambda, \quad k = R, G, B \tag{7-17}$$

$$\ln\left(\frac{I}{I_0}\right)_k = -\frac{\pi}{4} \sum_{\Delta D} [D^2 N(D) \sum_{\Delta \lambda} f_k(\lambda) I_\lambda E(\lambda, D, m)], \quad k = R, G, B \tag{7-18}$$

对于一般的彩色 CCD 相机，可基于三种不同像元的响应得到上述 RGB 波段的关系式；对于多光谱相机，如目前可以达到 16 或 25 个不同的波段，则可以获得相应数量的关系式。按照上述关系式，基于实验获得等号的左边的数据并进行反演，即可以获得颗粒粒度信息。

下面通过理论计算举例分析该方法的适用范围。采用具有图 7-27 所示光谱强度分布的平行光束，照射分散在水中的聚苯乙烯标准颗粒（折射率 1.59），采用具有图 7-25 所示的响应曲线的 CCD 对透射光进行接收，按照公式（7-18）计算获得 RGB 波段的透射光强和入射光强的响应灰度比值。在 0.1～5μm 范围内改变颗粒直径，并对不同波段下的数据采用两两比值的归一化操作，可得图 7-28 所示的变化曲线。

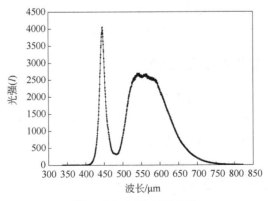

图 7-27 LED 光谱曲线

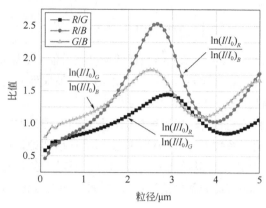

图7-28　0.1～5μm 单一粒径 CCD 在不同波段上响应 $\ln\left(\dfrac{I}{I_0}\right)$ 的比值[25]

由图 7-28 可见，在 0.3～0.5μm 处，曲线随粒径变化比较平稳，可预计该区域的反演计算结果误差将较大；在 0.5～5μm 区域，结合反演计算发现，除了 1.2μm 和 4μm 附近由于比值接近导致反演结果易出现多值性外，其它区域粒径的反演计算误差基本在 10% 以内。值得注意的是，不同光谱响应的相机或不同光谱分布的光源，计算出来的图 7-28 的曲线也不尽相同，其多值性问题存在的区域和程度也不同，但都可采用上述方法进行分析。

7.7　彩色颗粒图像的识别

目前图像法颗粒测量系统一般采用黑白相机获得颗粒灰度图像，颗粒图像的分割也一般基于灰度阈值法或灰度梯度阈值法。但在某些情况下存在颗粒粘连或背景复杂等问题，难以仅通过灰度图片直接实现有效分割，这时需要同时利用其它类型信息，如通过获得颗粒的彩色图像，利用其色彩信息进行颗粒分割和粒度分析研究。

7.7.1　彩色图像的色彩空间及变换

色彩空间描述是用一组数值表示颜色的抽象数学模型，即描述为一组坐标系所定义的空间子区域，区域中的每一个空间点代表一种颜色。在数字图像处理中，常用的色彩空间模型包括 RGB 模型（常用于彩色显示器或彩色相机）、CMY 或 CMYK 模型（彩色印刷）、HSI 模型和 Lab 模型（更符合人眼感知和识别色彩的视觉感应效果）等。最为人们熟知的色彩空间是 RGB 模型，该模型将彩色图像用 R、G、B 这 3 个分量的值来表示，整个色彩空间可以看作三维直角坐标颜色系统中的一个单位正方体，任何一种颜色用正方体中的一个点来表示，如图 7-29 （a）所示。但是因为这 3 个分量与亮度相关，只要亮度改变，3 个分量都会相应地改变，所以 RGB 色彩空间的分割效果容易受到光照的影响。

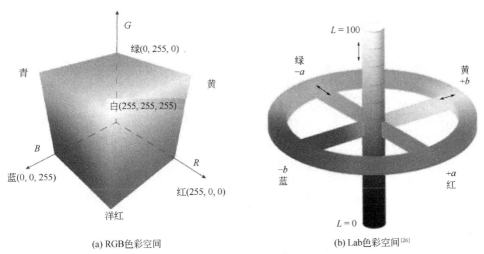

(a) RGB色彩空间　　　　　(b) Lab色彩空间[26]

图 7-29　色彩空间模型示意图

下面重点介绍 Lab 模型及其与 RGB 模型的转换。Lab 模型是由国际照明委员会（CIE）为了准确描述人眼可见的所有颜色而提出的一种色彩模型。Lab 色彩模型是由亮度 L 和有关色彩的 a、b 三个要素组成。L 表示亮度（luminosity），a 表示从洋红色至绿色的范围，b 表示从黄色至蓝色的范围。L 的值域由 0 到 100，$L = 50$ 时，就相当于 50%的黑；a 和 b 的值域都是由+127 至−128，其中 $a = +127$ 就是红色，渐渐过渡到 $a = -128$ 的时候就变成绿色；同样的，$b = +127$ 是黄色，$b = -128$ 是蓝色。所有的颜色就以这三个值交互变化所组成，其色彩空间模型如图 7-29（b）所示。

与 RGB 和 CMYK 等色彩空间相较，Lab 色彩空间最主要的优点是它被设计来接近于人类视觉。它致力于感知均匀性，因此 Lab 色彩空间更符合人眼的视觉感知特性，因而便于应用于基于颜色的图像处理。

用于数码相机采集到的彩色数字图像通常是以 R，G，B 分量的形式保存的，因此基于 Lab 色彩空间对彩色数字图像进行图像处理之前需要进行 RGB 色彩空间到 Lab 色彩空间的转换。

RGB 和 Lab 色彩空间之间没有直接的转换公式，本书中采用 XYZ 色彩空间作为中间层，RGB 色彩空间到 XYZ 色彩空间的转换公式如式（7-19）所示：

$$\begin{bmatrix} X \\ Y \\ Z \end{bmatrix} = \begin{bmatrix} 0.412453 & 0.357580 & 0.180423 \\ 0.212671 & 0.715160 & 0.072169 \\ 0.019334 & 0.119193 & 0.950227 \end{bmatrix} \begin{bmatrix} R \\ G \\ B \end{bmatrix} \tag{7-19}$$

XYZ 色彩空间到 Lab 色彩空间的转换公式如式（7-20）～式（7-22）所示：

$$L = 116 f\left(\frac{Y}{Y_n}\right) - 16 \qquad (7\text{-}20)$$

$$a = 500\left[f\left(\frac{X}{X_n}\right) - f\left(\frac{Y}{Y_n}\right)\right] \qquad (7\text{-}21)$$

$$b = 200\left[f\left(\frac{Y}{Y_n}\right) - f\left(\frac{Z}{Z_n}\right)\right] \qquad (7\text{-}22)$$

其中：

$$f(t) = \begin{cases} t^{\frac{1}{3}} & t > \left(\dfrac{6}{29}\right)^3 \\ \dfrac{1}{3} \times \left(\dfrac{29}{3}\right)^2 t + \dfrac{4}{29} & \text{其余的} \end{cases} \qquad (7\text{-}23)$$

一般情况下，认为 X_n、Y_n、Z_n 均为 1。

7.7.2　彩色颗粒图像的分割

无论是基于哪一种彩色模型，图像中的每一个像素点的色彩都对应于某一向量空间（即颜色空间）中的一个聚类。进行彩色颗粒图像的分割，除了利用二维位置信息外，需要同时利用图像的色彩信息，将图像中每一个像素点基于颜色进行分类，或者说将具有相同或相似颜色的像素识别为同一个或同一类别颗粒所在的区域。常用彩色图像分割方法除了灰度图像处理中也会用到的边缘检测、区域分割、分水岭分割等方法之外，较常用的是聚类分析方法，即对样本集数据进行分类的过程，本书以 K-均值聚类算法为例进行介绍。

K-均值聚类算法[27]是聚类技术中非常著名的一个硬聚类算法，它算法简单，聚类速度快。与其它聚类算法一样，K-均值聚类也是一个迭代寻优的过程。K-均值聚类根据对象的某一特征，认为每一个对象在这一特征空间中有一个对应的空间位置。通过迭代，使得各聚类本身尽可能紧凑，而各聚类之间尽可能分开。这样，同一聚类内的样本的这一特征的相似程度较高，而聚类之间的相似度较低，从而完成分割。假设要将样本集数据 $\{x_1, x_2, \cdots, x_n\}$ 划分到 k 个集合中（$k \leqslant n$），其算法步骤如下：

① 首先在特征空间内随机选取 k 个聚类中心。

② 然后计算各个样本到这 k 个聚类中心的欧式距离，并根据最小距离将每个样本划分到对应的聚类内。

③ 重新计算各个聚类的均值向量，作为新的聚类中心。重复这一过程直到均值向量 μ 收敛为止。

如图 7-30 所示，针对某偏振显微镜拍摄得到的典型彩色岩芯显微图像［图 7-30 (a)］，基于 Lab 色彩空间 *K*-均值聚类算法进行处理，得到的各颜色层图片见图 7-30 (b) ～ (f)，图 7-30 (g) 是将分割得到的各颗粒层合并之后得到的彩色颗粒层；图 7-30 (h) 是将图 7-30 (g) 进行二值化所得的分割结果；图 7-30 (i) 是对图 7-30 (a) 直接进行灰度化后应用 Otsu 阈值法得到的二值化分割结果。可以看出，与经典的 Otsu 法分割结果相比，颗粒的提取率和分割的完整度得到了很大程度的改善。对于颜色与背景色差异较大的颗粒(红色与蓝色)，该算法可以得到良好的分割结果；但是对于颜色与背景色接近的颗粒（淡蓝色、淡红色和灰色），分割结果中存在误分割的情况，这是由于算法本身过度依赖像素颜色而且在分割过程中没有利用颗粒图像的边缘信息的缘故。

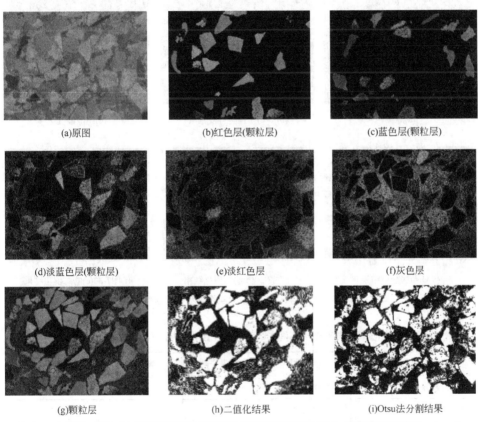

(a)原图　　　　　　　　(b)红色层(颗粒层)　　　　　　(c)蓝色层(颗粒层)

(d)淡蓝色层(颗粒层)　　　　　(e)淡红色层　　　　　　　(f)灰色层

(g)颗粒层　　　　　　　　(h)二值化结果　　　　　　(i)Otsu法分割结果

图 7-30 *K*-均值聚类图像分割算法典型结果及其与 Otsu 分割结果的对比

针对算法上的这一缺陷，可以进一步应用超像素分割算法对其进行优化（图 7-31）。超像素的概念最早在 2003 年由 Ren 等人[28]提出，将图像过分割成一系列子区域，每个子区域内部之间的某个特征具有很强的一致性。这样，可以把每一个子区域当成一个像素来处理，这样的子区域被称为超像素，应用超像素可以大量减少数据点数，且每个超像素集合含有特定的语义，利于后续其它应用。对比图 7-31（e）与图 7-31（f）可以发现，通过应用超像素过度分割，在分割过程中利用了颗粒图像的边缘信息，超像素的边缘包含了颗粒边缘，因此分割结果更加可靠；图像中的噪声以及背景对颗粒的影响被大大抑制。此外，超像素分割大大减少了像素个数，减小了计算量，从而很大程度上提高了运算速度。如表 7-2 所示，在 MATLAB R2012a 的编程环境下，当聚类数均为 6 时，未进行超像素分割的图像（1280×1024）聚类所需时间为 116.57s，进行超像素分割后的图像（超像素个数＝40000）聚类所需时间仅为 3.91s。

(a)原图　　　　　　　　(b)K-均值聚类分割结果　　　　　　　　(c)超像素优化

(d)Otsu法分割结果　　　　(e)图7-30(b)的二值化结果　　　　(f)图7-30(c)的二值化结果

图 7-31　应用超像素对 *K*-均值聚类图像分割算法优化结果比较

表 7-2　超像素分割对聚类时间影响对比表（运行环境：MATLAB R2012a）

项目	图片尺寸	超像素个数	聚类数	聚类所需时间
未进行超像素分割	1280×1024	0	6	116.57s
进行超像素分割	1280×1024	40000	6	3.91s

7.8　总结

本章从图像的基本概念、图像法测量系统的主要部件、图像处理的主要流程以及目前常用的图像法颗粒测量系统或仪器等多个角度，分别进行介绍。可以将图像分析方法理解为是显微镜法的一种发展和延续，但是也应该注意到该方法的内涵目前已经远超过这一含义。很多新颖的颗粒测试手段例如动态图像处理已经突破以往显微镜法的局限性，使其可能真正地用于实时快速检测。可以预计到，图像法由于其直观、可靠的优势，将越来越多地应用于颗粒测量，尤其是在线颗粒测量的场合。

参考文献

[1] 张弘. 数字图像处理与分析. 北京: 机械工业出版社, 2008.

[2] 郭嘉泰, 冯若冰, 周晋阳. 影响显微镜分辨率的几种因素. 中国医学物理学杂志, 2003(04): 278-279+300.

[3] 童钴嵩, 编著. 颗粒粒度与表面测量原理. 上海: 上海科学技术文献出版社, 1989.

[4] [美]Allen T, 著. 颗粒大小测定. 3 版. 赖华璞, 等译. 北京: 中国建筑工业出版社, 1984.

[5] [美]Fayed M E, Otten L, 著. 粉体工程手册. 卢寿慈, 王佩云, 等译. 北京: 化学工业出版社, 1992.

[6] Wu Zhou, et al. Spray drop measurements using depth from defocus. Measurement Science and Technology, 2020, 31(7): 075901.

[7] Rafael C. Gonzalez, Richard E. Woods. 数字图像处理. 2 版. 阮秋琦, 等译. 北京: 电子工业出版社, 2005.

[8] Rafael C. Gonzalez, Richard E. Woods. 数字图像处理（MATLAB 版）. 阮秋琦, 等译. 北京: 电子工业出版社, 2005.

[9] Doyle W. Operation Useful for Similarity——Invariant Pattern Recognition. J Asssoc Comput Mach, 1962, 9: 259-267.

[10] Prewitt J M S, Mendelsohn M L. The Analysis of Cell Image. Ann N Y Acad Sci, 1966, 128: 1035-1053.

[11] Otsu N. A Threshold Selection Method from Gray-Level Histograms, IEEE. Transactions on Systems, Man, and Cybernetics, 1979, 9(1): 62-66.

[12] Kapur J, Sahop P, Wong A.A New Method for Grey - Level Picture Thresholding Using the Entropy of the Histogram. Computer Vision, Graphics, and Image Processing, 1986, 29: 210-239.

[13] Kittler J, Illingworth J. Minimum Error Thresholding. Pattern Recognition, 1986, 19: 41-47.

[14] Rosenfeld A, Torrep De La. Histogram Concavity Analysis as An Aid in Threshold Selection. IEEE Trans, 1983, SMC-13(2): 231-235.

[15] Wu A Y, Rosenfeld A. Threshold Selection Using Quadtree. IEEE Trans on Pattern Anal Mach Intell, 1982, 4: 90-94.

[16] 张弘. 低压汽轮机内二次水滴图像法测量方法研究. 上海: 上海理工大学, 2007.

[17] Ajit Jillavenkatesa, Stanley J. Dapkunas, Lin-Sien H. Lum. Particle Size Characterization. National Institute of Standards and Technology Special Publication, 2001, 960-1: 77-85.

[18] Allen T. Powder Sampling and Particle Size Determination. Elsevier Science, 2003.

[19] [日]三轮茂雄, 日高重助, 著. 粉体工程实验手册. 杨伦, 谢涉娴, 译. 北京: 中国建筑工业出版社, 1987.

[20] 周亮. 基于光学图像颗粒粒径分析仪的颗粒粒径分析. 上海: 上海理工大学, 2008.

[21] Wu Zhou, Cong Mei, Jinwei Qin, et al. A side-scattering imaging method for the in-line monitoring of particulate matter emissions from cooking fumes. Meas Sci and Technol, 2021, 32(3): 034006.

[22] 汪文涛, 周骛, 蔡小舒, 秦金为, 黄玉虎, 石爱军. 基于后向光散射的无组织排放颗粒物质量浓度远程测量方法. 光学学报, 2019(12): 1201001.

[23] 王建华, 徐贯东, 王乃宁. 单个颗粒激光散射在任意方向光通量计算的数学模型. 应用激光, 1995(2): 79-80.

[24] 李丽芳. 大气气溶胶粒子散射对激光大气传输影响的研究. 太原: 中北大学, 2013: 46-53.

[25] 黎石竹. RGB 三波段消光法测量汽轮机湿度研究. 上海: 上海理工大学, 2015.

[26] 陈本廷. 颗粒图像处理及在线测量方法与应用. 上海: 上海理工大学, 2016.

[27] MacQueen J. Some methods for classification and analysis of multivariate observations. Proceedings of the fifth Berkeley symposium on mathematical statistics and probability, 1967, 1(14): 281-297.

[28] Ren X, Malik J. Learning a classification model for segmentation. Computer Vision, 2003.

第 8 章

反演算法

8.1　反演问题的积分方程离散化

颗粒粒径的求解问题往往被归结为一个第一类 Fredholm 方程求解问题。例如，在第 3 章中介绍的激光粒度仪中，前向光电探测器第 i 个探测单元接收到的散射光信号可表示为：

$$E_i = C \int_{D_{\min}}^{D_{\max}} \left\{ D^{-3} \int_{\theta_{i,1}}^{\theta_{i,2}} I_{\mathrm{sca}}(\theta, D) \sin\theta \mathrm{d}\theta \right\} q_3(D) \mathrm{d}D \qquad (8\text{-}1)$$

其中，C 是常数，由探测器光电转换效率和信号放大器的放大倍数决定。散射光信号是探测器对应的散射角范围 $[\theta_{i,1}, \theta_{i,2}]$ 内所有散射光能量的积分，同时也是入射光照射范围内所有不同大小颗粒 $[D_{\min}, D_{\max}]$ 按照体积数分布 $q_3(D)$ 的散射光信号的积分。

再如，在第 4 章中介绍的消光光谱法中，介质的浊度被表示为：

$$-\ln\left[\frac{I(\lambda_i)}{I_0(\lambda_i)} \right] = \frac{\pi}{4} L \int_{D_{\min}}^{D_{\max}} D^2 k_{\mathrm{ext}}(\lambda_i, D) q_0(D) \mathrm{d}D \qquad (8\text{-}2)$$

其中，$I_0(\lambda_i)$ 是入射光谱中波长为 λ_i 的光强；$I(\lambda_i)$ 是对应的透射光强；$k_{\mathrm{ext}}(\lambda_i, D)$ 是消光系数；$q_0(D)$ 是单位体积内颗粒数分布。

公式（8-1）和公式（8-2）具有共性，可以写成如下统一的形式：

$$e_i = \int_{D_{\min}}^{D_{\max}} t_i(D) q(D) \mathrm{d}D \qquad (8\text{-}3)$$

其中，$e_i (i = 1, 2, \cdots, m)$ 表示直接测量量，共 m 个测量通道；$t_i(D)$ 是由测量原理及其相关参数决定的模型量，可以通过理论计算得到；$q(D)$ 是待求解的颗粒粒径分布，通常情况下随着颗粒粒径的变化而平滑变化，具有连续和非负的特征。

根据相应的测试理论模型并从测量信号中求解颗粒粒度分布函数是第一类
Fredholm 方程的求解问题，这类方程目前还无法进行理论求解，只能采用数值计算
方式。通常采用的方式是将第一类 Fredholm 方程作离散化处理。具体地说，将颗粒
粒径区间 $[D_{\min}, D_{\max}]$ 按照某种规律划分成 n 个子区间。该过程称作分档，n 是分档
数。在第 j 个子区间内不同大小的颗粒对测量信号的贡献被视作某个特定粒径颗粒
的贡献，该粒径用 $\bar{D}_j$ 表示。则公式 (8-3) 的积分形式被离散成一个线性方程组：

$$e_i = \sum_{j=1}^{n} t_{ij} W_j \tag{8-4}$$

其中，$W_j = q(\bar{D}_j) \Delta D_j$，$\Delta D_j$ 表示第 j 个子区间的分档宽度。公式 (8-4) 也可
写成矩阵方程的形式 $\boldsymbol{E} = \boldsymbol{TW}$。

$$\boldsymbol{E} = (e_1, e_2, \cdots, e_m)^{\mathrm{T}} \tag{8-5}$$

$$\boldsymbol{W} = (W_1, W_2, W_3, \cdots, W_n)^{\mathrm{T}} \tag{8-6}$$

$$\boldsymbol{T} = \begin{bmatrix} t_{1,1} & t_{2,1} & t_{3,1} & \cdots & t_{n,1} \\ t_{1,2} & t_{2,2} & t_{3,2} & \cdots & t_{n,2} \\ \vdots & \vdots & \vdots & & \vdots \\ t_{1,m} & t_{2,m} & t_{3,m} & \cdots & t_{n,m} \end{bmatrix} \tag{8-7}$$

在公式 (8-4) 的离散化中，将某个子区间内不同大小的颗粒对测量信号的贡献
视作某个特定粒径颗粒的贡献，由此可导致模型与实际情况出现一定的差异。为了
降低这种差异，还可以通过基函数方式来对第一类 Fredholm 方程进行离散化[1]。具
体地说，将颗粒粒径分布函数 $q(D)$ 看成一系列基函数的线性组合：

$$q(D) = \sum_{j=1}^{n} c_j B(D, \bar{D}_j) \tag{8-8}$$

这里，c_j 是第 j 个粒径分档的基函数系数，$B(D, \bar{D}_j)$ 即为基函数。为了使得基
函数尽可能接近颗粒粒径的真实分布，基函数的宽度应远小于颗粒粒径的整体分布
宽度；同时基函数宽度还应覆盖单个子区间的宽度；此外由基函数线性组合的粒径
分布应非负而且足够光顺。为此，通常选 B-Spline 函数作为基函数。

将式 (8-8) 代入式 (8-3) 并调换积分和求和次序，得到：

$$e_i = \sum_{j=1}^{n} u_{ij} c_j \tag{8-9}$$

其中

$$u_{ij} = \int_{D_{\min}}^{D_{\max}} t_i(D) B(D, \bar{D}_j) \mathrm{d}D \tag{8-10}$$

可结合基函数的定义通过理论计算得到。在采用基函数后，公式（8-3）给出的第一类 Fredholm 方程转化为矩阵方程式（8-9），与公式（8-4）具有完全相同的形式。因此，求解得到 c_j 以后，再代入公式（8-8）即可得到颗粒粒径分布。

在离散化处理以后，积分方程转化成了矩阵方程。求解第一类 Fredholm 积分则等价于求解矩阵方程。从数学上来说，可通过求解公式（8-4）中 T 矩阵的逆，即可得到所需要的解 $W = T^{-1}E$，故求解 W 的问题被称作逆问题，相关的运算称作逆运算。当 $n < m$ 时，矩阵方程是超定的（over-determined）；而当 $n > m$ 时，矩阵方程是欠定的（under-determined），可得到多个不同的解。在实际计算中，由于 T 矩阵通常是病态的，在逆问题的数值计算中会引入很大的误差，这会导致所得到的解出现负值且呈现出剧烈的振荡。因此，逆运算中经常会引入一些约束，譬如非负约束、光顺约束。这可以使得最后解更接近实际情况。

8.2 约束算法

8.2.1 颗粒粒径求解的一般讨论

如前所述，颗粒粒径的求解问题往往被归结为一个第一类 Fredholm 方程求解问题。具体求解时又可以根据处理数据时是否事先假设颗粒粒径分布函数，将算法分为分布函数算法（dependent model algorithm）和无分布函数算法（independent model algorithm）两类。前者又称非独立模式算法，后者称独立模式算法。

事实上，在光散射测粒技术发展的早期，受科学技术发展水平的限制，平均粒径算法也有较多的应用。原则上，这种方法只适用于单分散颗粒系，但对于多分散颗粒系，这种方法可以给出其平均粒径。比如在消光法中，在一定条件下（即 $\alpha \leqslant 30$）可以得到如下的式子：

$$\ln(I/I_0) = -\frac{\pi}{4} LND_{32}^2 k(\lambda, m, D_{32}) \tag{8-11}$$

这样，就将一个多分散颗粒的测量转化为相当于具有单一索太尔平均直径（Saulter mean diameter，SMD）的单分散颗粒系的测量。具体求解时，又通常将其分为单波长法、双波长法、多波长法和多对波长法等。

这里单波长法即直接应用式（8-11），注意到该式中实际上具有两个未知数，D_{32} 和颗粒数目浓度 N。所以要应用该法，需要在制备样品时先根据其重量得到其浓度，从而根据测得的消光比值求得颗粒群的平均粒径。该方法在应用上有两个明显的缺点：一是必须知道（或能估计）D_{32} 或者 N 中的一个值，然后求另一个，无法同时测量两个参数；二是测量结果会由于消光特性曲线的多值性带来解的多值性。

为避免多值性影响，必须将测量范围限制在消光特性曲线的单调变化区，一般要求粒径不大于 1～2μm。

双波长法是对单波长法的一种改进。通过两个波长对同一试样进行测量，可得如下两个方程：

$$\ln(I/I_0)_{\lambda_1} = -\frac{\pi}{4}LND_{32}^2 k_{m\lambda_1} \tag{8-12}$$

$$\ln(I/I_0)_{\lambda_2} = -\frac{\pi}{4}LND_{32}^2 k_{m\lambda_2} \tag{8-13}$$

对于同一个颗粒系，式（8-12）和式（8-13）中的 D_{32} 和 N 应该相同，将二式相比可得：

$$\frac{\ln(I/I_0)_{\lambda_1}}{\ln(I/I_0)_{\lambda_2}} = \frac{k_{m\lambda_1}}{k_{m\lambda_2}} \tag{8-14}$$

上式中等号右边可通过测量确定，而右边项由于消光系数只是 D_{32} 的函数（折射率已知时），所以该式中仅有一个未知数 D_{32}。由于无法得到 D_{32} 的显式表达，所以通常用试凑法或作图法求得，然后可以代回到式（8-12）求得颗粒浓度。

与单波长法相比，多波长法无需事先知道颗粒浓度和平均粒径中的一个，也就是说，该方法可以同时测量颗粒粒径和浓度。大大简化了测量过程，也扩大了消光法的适用范围。对于双波长法，同样存在多值性问题，如图 8-1 所示，如果不限制范围，很难从多个可能解选择出真值，所以通常也需要将其限定在不超过 1～2μm。

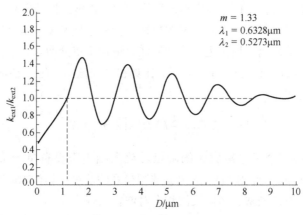

图 8-1 双波长法测量原理

多对波长法和多波长法的做法与双波长法类似，只是通过引起更多的测量信息来解决多值性问题，提高了测量的可靠性，同时也扩大了可测粒径的范围。

从理论上讲，类似的方法完全可以应用到衍射散射式或其它光散射或者超声法测量中，但从实用的角度出发，由于衍射法中光电探测器已经提供了足够的信息，使得仅仅求解平均粒径的方法不必要，也不适宜。而且随着测量手段的提高和计算算法的改进，这类平均粒径方法已经很少应用。

8.2.2 约束算法在光散射颗粒测量中的应用

8.2.2.1 优化问题的构造和一般讨论

约束算法，即分布函数限定法（又称非独立模式法），用于求解颗粒测量中的颗粒粒径分布。例如，在第 3 章所述的散射光能分布中，前向光电探测器上测得的散射光能由光能分布列向量 E 表示，产生该散射光能分布的颗粒分布由尺寸分布列向量 W 表示，这两个向量通过光能分布系数矩阵 T 联系起来。

$$E = (e_1, e_2, \cdots, e_M)^{\mathrm{T}} \tag{8-15}$$

$$W = (W_1, W_2, W_3, \cdots, W_K)^{\mathrm{T}} \tag{8-16}$$

$$T = \begin{bmatrix} t_{1,1} & t_{2,1} & t_{3,1} & \cdots & t_{K,1} \\ t_{1,2} & t_{2,2} & t_{3,2} & \cdots & t_{K,2} \\ \vdots & \vdots & \vdots & & \vdots \\ t_{1,M} & t_{2,M} & t_{3,M} & \cdots & t_{K,M} \end{bmatrix} \tag{8-17}$$

线性方程为：

$$E = TW \tag{8-18}$$

其中光能分布列向量 E 为一组测量，光能分布系数矩阵 T 可由理论计算得到，求解矩阵方程式（8-18），可以获得被测颗粒的尺寸分布 W。

同样，在多波长消光法中，假设颗粒分布可以按照分布函数来描述，即

$$N(D) = N(D, \bar{D}, k) \tag{8-19}$$

则对于 n 个波长均可写出消光方程：

$$\ln(I/I_0)_i = -\frac{\pi}{4} L N_0 \int_a^b N(D, \bar{D}, k) D^2 k_{\mathrm{ext},i} \mathrm{d}D \tag{8-20}$$

$$i = 1, 2, \cdots, n$$

和前面类似，可以将该式写成同样形式的线性方程组：

$$E = TW \tag{8-21}$$

式中，等号左边是测量值，右边由理论计算系数矩阵 T 和待求解粒径分布函数 W 构成。这样，消光法问题的求解从数学处理上与衍射、散射法是一致的，可以采用完全相同的求解方法。

当然，对于消光法，还可以作如下处理，由于在式（8-20）方程组中单位体积内的颗粒总数 N_0、光程 L 均相同，故又可得到如下一组方程：

$$\frac{\ln(I/I_0)_i}{\ln(I/I_0)_j} = \frac{\int_a^b N(D,\ \overline{D},\ k)D^2 k_{\text{ext},i}\mathrm{d}D}{\int_a^b N(D,\ \overline{D},\ k)D^2 k_{\text{ext},j}\mathrm{d}D} \tag{8-22}$$

$$i \neq j \quad i,j = 1, 2, \cdots, n$$

注意到在实际测量时，式（8-22）左边是测量值，右边是理论计算值。由于测量必然存在误差以及实际颗粒系的分布不是完全符合某一分布函数，故式（8-22）左右不可能相等。问题归结为如何选取参数 D、k，很自然地可以将其转化为一有约束最优化问题，即：

$$\sum_{l=1}^{m}\left(\frac{\ln(I/I_0)_i}{\ln(I/I_0)_j} - \frac{\int_a^b N(D,\ \overline{D},\ k)D k_{\text{ext},i}\mathrm{d}D}{\int_a^b N(D,\ \overline{D},\ k)D k_{\text{ext},j}\mathrm{d}D}\right)^2 = \min \tag{8-23}$$

$$i \neq j \quad a < \overline{D} < b \quad k > 0$$

注意到式（8-23）中 m 不等于波长数目，且上式中目标函数的构造和式（8-21）是不同的，并可作人为调整。

上述问题均可用分布函数限定法求解，即预先假定被测颗粒的尺寸分布符合某个特定的函数规律。通常采用双参数分布函数如 R-R 分布、正态分布和对数正态分布等，颗粒的粒径分布由 2 个参数（特征粒径参数和粒径分布宽度参数）决定。调整这 2 个参数的值，可计算相应的猜想值 E_{calc}（对于消光法可以是消光谱，对衍射法可以是光能分布列向量），并与测量值 E_{meas} 比较得到不同的目标函数 $F = \sum_{n=1}^{M}[e_{\text{calc},n} - e_{\text{meas},n}]^2$，这样计算机通过寻优搜索可找到最佳特征粒径参数和粒径分布宽度参数的值，使目标函数达到最小。

需要指出的是，常用的优化算法大多是局部优化算法，而待求解问题是多值性问题，故需求出全局最小值点。一般来说，求整体极值是一个很难解决的问题，目前采用较广泛的有三类方法：其一，从自变量的各种不同初始猜想值开始，分别求出所有的局部极值，从中选取最小的（如果这些局部值不完全相同）；其二，通过选择、交叉和遗传等体现生物圈中繁衍特性的遗传方法寻找全局最优解；其三，对局部极值以一有限步长的扰动，然后分析由此计算出来的结果是稍有改进，还是"一直"保持不变。其中有一类称为"模拟退火"（simulated annealing）方法，在全局极小化问题上取得重要进展。本节将对前两类方法作一定的讨论和分析。

8.2.2.2 Leveberg-Marquart（LM）算法及若干问题讨论

非线性最小二乘优化的 LM 算法[2-4]，可以看作是对求解问题作先线性化再正则化处理。它是 Gauss-Newton（GN）方法的改进，通过正则化改善系数矩阵的性态并改进搜索方向，迭代式为：

$$a_{k+1} = a_k - (C^TC + \lambda I)^{-1}C^Ty \tag{8-24}$$

具体到消光法测量中，C 即为核矩阵（或系数矩阵），由式（8-20）中积分项构成，I 是单位矩阵，λ 为正则化参数，当 $\lambda = 0$ 即为 GN 法。LM 算法具有比 GN 法更高的迭代收敛速度，在很多非线性优化问题中得到了稳定可靠解。该算法目前已成为在许多商业仪器上得到应用的一种经典算法。

图 8-2 给出了采用该方法的一次反演计算结果，对具有波长 $0.41 \sim 0.79\mu m$（属消光法常用范围）的消光谱进行数值模拟。首先设定颗粒群分布为一正态分布函数（$D = 1.5\mu m$，$\sigma = 0.3$）形式，选取优化初始值为 $D_0 = 1\mu m$，$\sigma_0 = 0.5$。

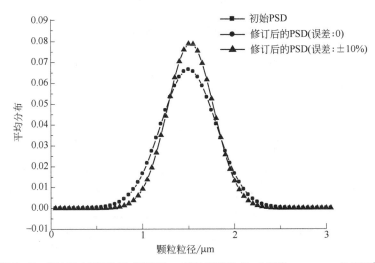

图 8-2 颗粒尺寸反演结果（谱加入 $\pm 10\%$ 误差后 $D = 1.522\mu m$，$\sigma = 0.252$）

图 8-2 显示，采用 LM 算法优化，参数真值被成功地搜寻到（无误差引入 $D = 1.5\mu m$，$\sigma = 0.3$），而对衰减谱随机加入 $\pm 10\%$ 误差的情况，也能获得可以接受的结果，即 $D = 1.522\mu m$，$\sigma = 0.252$（在消光法中，直接测量的量是光强信号，通常由其测量误差引起消光衰减谱的误差小于 10%，例子中夸大了该误差）。

利用基于消光法原理的 TSM 仪器测量聚苯乙烯标准颗粒[GBW(E)120001，1.97±8%]的消光衰减谱，按 LM 算法优化获得图 8-3 所示结果。

颗粒粒径分布类型除了单峰情况外，还会有双峰和多峰的情况（实用中通常考虑双峰较多），此时预先设定一个单峰分布不能满足实际需求。另一方面，由于无法预先确切知道颗粒的分布，所以必须探讨不同粒径分布函数对结果的影响。

由图 8-4 可见，(a) 图采用 R-R 分布去优化一个设定了具有 Gauss 分布的粒径，可知该结果尤其是大颗粒分布区间是吻合得很好的（很多消光法应用场合，尤其要监测大颗粒部分如 D_{90}、D_{97}），而误差是由两种分布函数特征形状所产生。(b)、(c)

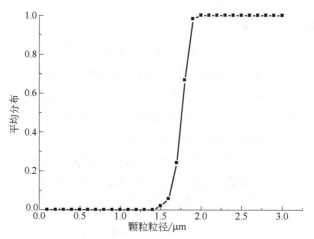

图 8-3 标准粒子反演结果（D=1.92μm，k=50）

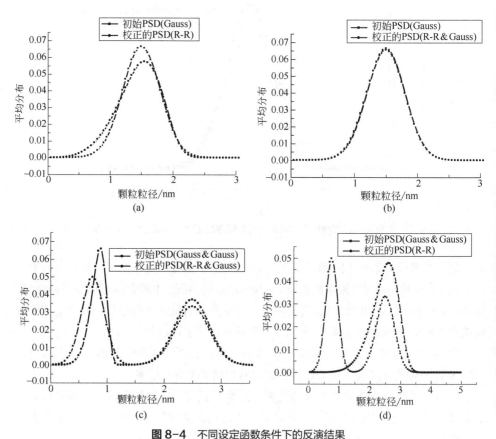

图 8-4 不同设定函数条件下的反演结果

（a）按 R-R 分布优化具有 Gauss 分布的函数；（b）按 R-R 和 Gauss 分布优化具有一个 Gauss 分布函数；
（c）按 R-R 和 Gauss 分布优化具有两个 Gauss 分布函数；（d）按 R-R 分布优化具有两个 Gauss 分布函数

图中均采用了 R-R 和 Gauss 组合形式分别对具有单个和两个 Gauss 分布粒径反演。

对单个 Gauss 情况，经优化后舍弃了初始假设的 R-R 分布；两个 Gauss 分布中同样由 R-R 和 Gauss 带入误差，小的峰值位置由设定 0.75μm 偏离到 0.92μm。注意到预设两个峰进行优化时，将会增加 3 个待优化参数。(d) 图是采用单个 R-R 分布优化双峰分布，可以看到只有一个峰被寻找到了。

前面提及，由于颗粒测量中要求解的是一个全局最优问题，而通常的优化算法只解决了一个局部最优问题，这样的解对于优化的初始猜想值应该是非常敏感的。对于具有平均直径 0.5μm、偏差 0.1 的正态分布颗粒系，分别采用了不同的初始猜想直径进行优化，所得结果如表 8-1 所示。

表 8-1　不同初始值优化结果比较

初始条件	真值	$D_0 = 1.0\mu m$	$D_0 = 0.7\mu m$	$D_0 = 2.0\mu m$
$\bar{D}$ /μm	0.5	0.498	0.494	3.699
σ	0.1	0.066	0.076	0.015
STD	—	5.39×10^{-5}	1.65×10^{-5}	18.93

显然，当初始猜想设定为 $D_0 = 2.0\mu m$ 时，优化结果完全背离真值，通过图 8-5 可以发现，该优化结果寻找到的是一个局部极小值而非全局最小值。这一偏差是因为 LM 算法本身就是一个局部最优算法。

与 LM 算法相似，其它分布函数算法，如单纯形算法、拟牛顿算法等[5] 也存在类似的问题，即只能陷入局部最优解而得不到全局最优解。为了改进分布函数算法的结果，可以设定不同的初值，再根据残差（谱的标准偏差）来确定是否在合理的解的范围，如表 8-1 中对 $D_0 = 2.0\mu m$ 时残差为

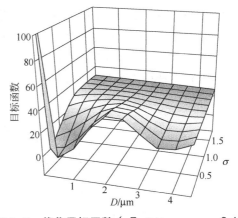

图 8-5　优化目标函数（$\bar{D}$=0.5μm，σ=0.1）

18.93。但当需比较二者在同一数量级并且非常接近时，这种比较并不一定奏效。

为了克服分布函数算法的这一弱点，下面将介绍全局性更好的遗传算法。

8.2.2.3　遗传算法

遗传算法是一种基于生物进化论和自然遗传学说的自适应随机全局优化算法，20 世纪 70 年代由美国密歇根大学的 J.H.Holland 提出。其基本思想是，将可能的问题解表示为若干"染色体"的拼接，并得到一个初始种群；根据目标函数对每个个体的适应度评价后，适应度大的个体有更多的机会被选择进行繁殖，由于继承了父代的优良特性，子代的平均适应度将优于父代（这个结论称为"模式定理"[6]）。

在光散射粒度测量中，已有研究人员对遗传算法的应用进行了研究：Lienert[7]和 Ye 等[8]分别将该方法应用到对角散射和消光粒度测量中；Xu 等[9]将该算法得到的反演结果与单纯形、Chahine 等独立或非独立模式的算法进行了比较。他们的研究结果表明，尽管遗传算法耗用较多的时间，但相比于传统非独立模式算法，它可以得到全局最优解；而相比于独立模式算法，在测量误差较大时，其结果更为稳定、可靠。

（1）粒径分布反演

首先例证遗传算法相对于普通分布函数算法——单纯形算法的优势。假设分散在水中的聚苯乙烯标准颗粒具有 $\bar{D}=0.8\mu m$ 和 $k=6$ 的分布，选择 16 个入射波长（$\lambda_1\sim\lambda_{16}/\mu m$）为：0.3613，0.3861，0.4110，0.4358，0.4606，0.4855，0.5102，0.5351，0.5599，0.5848，0.6096，0.6344，0.6592，0.6841，0.7089，0.7337。先根据设定的 16 个入射光波长及 $\bar{D}$ 和 k 值，由正运算得到光谱 E；然后在此基础上加上一定的随机误差后设为测得光谱进行反演。图 8-6 给出了根据上述粒径分布得到的光谱 E 上加 5%随机误差后目标函数 $1/F$ 的等高线图。优化算法的目标是在图 8-6 中找到 F 的最小值，即 $1/F$ 的全局最大值。设定初始种群规模为 50，最大遗传代数为 250；并对变量进行二进制编码；采用单点交叉和简单变异：选取交叉概率为 0.5，变异概率为 0.05；并采用几何规划排序方法。10 次数值模拟后的结果列于表 8-2，由表可见，标准遗传算法始终能找到全局最优解。相比之下，当我们选择不适当的起始点，传统的单纯形方法往往陷入局部最优解。

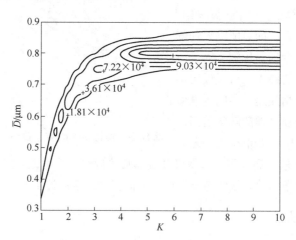

图 8-6 目标函数（$1/F$）的等高线图

（给定粒径分布 $\bar{D}=0.8\mu m$，$k=6$，随机误差 5%）

为了检验遗传算法对真实测量数据的有效性，我们用 TSM 消光法粒度仪[10]测量核工业北京化工冶金研究院生产的 GBW120001 标准颗粒和 Duck 公司生产的标准颗粒（$D_{V50} = 2.08\mu m$ 和 $0.451\mu m$）得到的实验光谱（图 8-7）交由遗传算法反演，反演结果（图 8-8）表明：该算法可以获得较准确的结果。与此同时，采用改进的单纯形方法进行反演，即如前一节所述：设置多个搜索起始点，从反演结果中找出与实验数据的标准偏差最小的粒径分布作为反演结果。比较表明（图 8-8），起始点选择适当时，单纯形方法得到与遗传算法相同的结果，从而进一步验证了遗传算法反演结果的准确性。

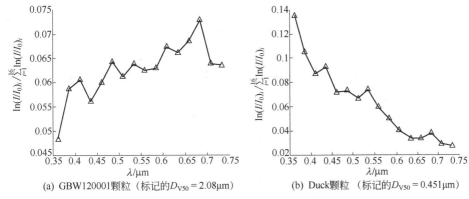

(a) GBW120001颗粒（标记的$D_{V50} = 2.08\mu m$）　　　(b) Duck颗粒（标记的$D_{V50} = 0.451\mu m$）

图8-7　TSM 粒度仪对聚苯乙烯标准颗粒测得的光谱

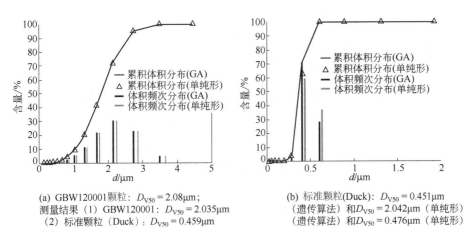

(a) GBW120001颗粒：$D_{V50} = 2.08\mu m$；
测量结果（1）GBW120001：$D_{V50} = 2.035\mu m$
（2）标准颗粒（Duck）：$D_{V50} = 0.459\mu m$

(b) 标准颗粒(Duck)：$D_{V50} = 0.451\mu m$
（遗传算法）和$D_{V50} = 2.042\mu m$（单纯形）
（遗传算法）和$D_{V50} = 0.476\mu m$（单纯形）

图8-8　遗传算法和单纯形算法反演结果比较（单纯形算法起始点：$\bar{D} = 1.0\mu m$，$k = 6$）

（2）折射率反演

利用遗传算法全局寻优的特点，我们还可以探讨消光测量中在已知粒径分布的条件下，反演折射率的可行性。见表8-2。

表 8-2　单纯形方法和遗传算法的反演结果

（5%随机误差，设定 R-R 分布参数：$\bar{D}=0.8\,\mu m$，$k=6$，$D_{V50}=0.75\,\mu m$）

项目	第一次	第二次	第三次	第四次	第五次
Simplex 算法起点（$\bar{D}^{①}$，k）	(4.0, 6.0)	(3.0, 2.0)	(2.0, 5)	(1.0, 5)	(0.5, 2)
Simplex 算法（$\bar{D}^{①}$，k）	(3.08, 97.2)	(3.46, 2.4×10^{-6})	(3.80, 8.5×10^{-6})	(0.80, 7.2)	(0.80, 7.2)
$D_{V50}/\mu m$	2.89	0.81	0.81	0.76	0.76
误差（D_{V50}）/%	285.33	8.00	8.00	1.33	1.33
GA 算法（$\bar{D}^{①}$，k）	(0.80, 4.55)	(0.82, 8.26)	(0.79, 4.31)	(0.82, 7.9)	0.79, 4.6
$D_{V50}/\mu m$	0.74	0.78	0.73	0.78	0.73
误差（D_{V50}）/%	1.33	4.00	2.66	4.00	2.66

① $\bar{D}$ 单位为 μm。

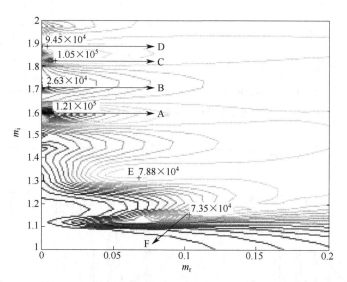

图 8-9　分布参数 $\bar{D}=3.5\,\mu m$，$k=8$ 时，不同折射率对应的目标评价函数（$1/F$）的等高线图

　　假设聚苯乙烯颗粒具有折射率 $m=1.5947+i0$，并服从 $\bar{D}=3.5\,\mu m$，$k=8$ 的 R-R 分布，沿用原先可见光范围内的 16 个波长。首先，通过正运算模拟得到该组波长上的光谱 E，加上 4%的随机误差后作为给定光谱，再由式（8-23）计算得到不同折射率实部 m_r 和虚部 m_i 条件下的评价指标 $1/F$。由图 8-9 所给的 $1/F$ 的等高线可见，对于双变量 m_r 和 m_i，$1/F$ 也呈现多峰形态，B、C、D、E 和 F 点为极值点，A 为最值点，即对应全局最优解。我们的研究表明，如果采用传统的单纯形或拟牛顿等寻优方法，极有可能找到 B、C、D、E 和 F 等点对应的局部最优解；尽管设置多个起始搜索点，并对所得最优解进行二次寻优可能找到全局最优解 A，当极值点较多时，仍可能陷入局部最优解。研究表明，当用消光法测量微米级无吸收颗粒的折射率或

存在较大的测量误差时，目标函数 $1/F$ 呈现多峰形态。此时，传统的优化方法几乎无能为力。另外，对于变量数大于 2 的优化问题，如分布参数和折射率的同时反演，传统方法也失效。而采用遗传算法则可以避免这一情况（遗传算法的参数设置与前面粒径分布反演相同），得到表 8-3 中的正确结果。

表 8-3　由 $\bar{D}=3.5\mu m$，$k=8$，$m=1.595+i0$ 的 R–R 分布颗粒系透射谱
（4%随机误差）反演得到的折射率

次数（n）	1	2	3	4	5	6	7	8	9	10	平均
m_r	1.594	1.594	1.596	1.596	1.596	1.594	1.596	1.594	1.596	1.596	1.595
m_i	0.001	0.001	0.000	0.000	0.000	0.001	0.000	0.001	0.000	0.001	0.0005

由表可见，对于消光粒度测量中折射率反演的多极值问题，遗传算法可以找到全局最优解 $m = 1.595+i5\times10^{-4}$，该结果接近给定的折射率 $m = 1.595+i0$。比较发现：由 $m = 1.595+i5\times10^{-4}$ 重建得到的光谱与给定光谱有良好的吻合性（图 8-10）。

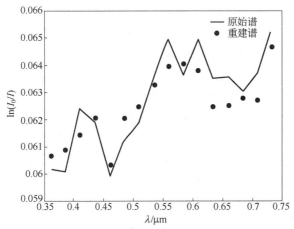

图 8-10　$m=1.595+i0$ 的原始透射谱（加 4%随机误差）
与由 $m=1.595+i5\times10^{-4}$ 重建得到的谱的比较

事实上，对于微米级颗粒，目标函数会出现多峰现象是因为当粒径增大时，消光系数-折射率（k_{ext}-m）曲线存在多值性，即对于同一 k_{ext} 存在多个 m 值与之对应。如图 8-11 所示，当粒径从 0.3μm 增大到 3.5μm 时，随 m 的增大，k_{ext} 曲线由单调递增变为在 2 附近振荡。数值模拟表明，对于单分散性较差的颗粒系，多值性问题更为突出。尽管由遗传算法可以找到全局最优解，但此时较小的测量误差会使该最优解的位置发生偏移，即最值点 A 不在原先给定的位置上，而是漂移到其它极值点附近。这就对透射谱的测量精度提出了较高的要求。为此测量微米级颗粒的折射率时，一方面应采用尽可能多的波长，以获得足够的折射率信息；另一方面，应提高被测

颗粒的单分散性。

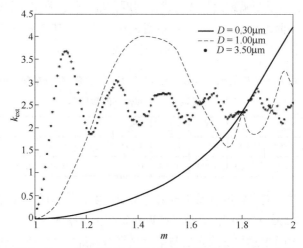

图 8-11 不同粒径颗粒的消光系数-折射率（$k_{ext}-m$）曲线

对于亚微米级和纳米级颗粒的折射率测量，或者当颗粒折射率为存在虚部的吸收性颗粒时，$k_{ext}-m$ 曲线的振荡将大大减弱，因此目标函数的多峰问题可得以缓解甚至避免。

本节给出了标准遗传算法在粒度分析中的一些应用实例。事实上，为了延伸遗传算法的应用范围，我们可以将遗传算法与其它方法结合。比如将遗传算法与 LM 算法结合，既可以获得全局最优解，又可以确保解的局部精度；将遗传算法与 B-样条函数结合，可以得到介于分布和无分布函数算法之间的半独立模式算法（semi-independent model algorithm），既可以抑制反演误差的影响，也可以增加反演的稳定性，使反演得到的粒径分布更光滑[11]。

8.2.3　约束算法在超声颗粒测量中的应用

8.2.3.1 目标函数构建

超声谱颗粒反演基本思想就是采用理论模型预测出依赖于声频率和颗粒粒径的超声谱（衰减、相速度或者阻抗谱），并将其与实验中测得的超声谱作比较：将两者的差别定义为一个误差函数，该误差函数越小，则表明假设的颗粒系与实际的颗粒系越吻合。对于一个多分散系而言，可以将其理论的声衰减预测谱表示为：

$$\alpha_{sim} = \alpha(f, \varphi, R, P) \tag{8-25}$$

这里 f、φ、R 分别是声频率、颗粒体积分数和半径，而 P 为包含了各种参数的矢量。误差函数可以写成：

$$E(f) = \alpha_{\text{meas}}(f) - \alpha(f, \varphi, R, P) \tag{8-26}$$

通过对误差的最小化过程，确定颗粒半径 R。

8.2.3.2 差分进化算法

差分进化算法是一种基于群体智能理论的优化算法，其通过群体内个体间的合作与竞争来对目标进行优化，由 Storn 和 Price 于 1995 年首次提出[12]。该算法的基本思想是：从一个随机产生的初始种群开始，通过把种群中任意两个个体的向量差与第三个个体求和来产生新个体，然后将新个体与当代种群中相应的个体相比较，如果新个体的适应度优于当前个体的适应度，则在下一代中就用新个体取代旧个体，否则仍保存旧个体。通过不断地进化，保留优良个体，淘汰劣质个体，引导搜索向最优解逼近。

基本的差分进化算法主要由以下四个步骤组成：

初始化种群：

$$x_{j,i}(0) = x_{j,i}^L + \text{rand}(0,1) \cdot (x_{j,i}^U - x_{j,i}^L) \tag{8-27}$$

变异操作：

$$v_i(g+1) = x_{r1}(g) + F \cdot [x_{r2}(g) - x_{r3}(g)] \tag{8-28}$$

交叉操作：

$$u_{j,i}(g+1) = \begin{cases} v_{j,i}(g+1), & \text{如果 rand}(0,1) < CR \text{ 或 } j = j_{\text{rand}} \\ x_{j,i}, & \text{其它} \end{cases} \tag{8-29}$$

选择操作：

$$x_i(g+1) = \begin{cases} u_i(g+1), & \text{如果 } f[u_i(g+1)] \leqslant f[x_i(g)] \\ x_i(g), & \text{其它} \end{cases} \tag{8-30}$$

为例证标准差分进化算法相对于传统非独立算法的优势，假设分散在水里的玻璃微珠标准颗粒具有 $\overline{R} = 5\mu m$ 和 $k = 7$ 的分布，由正运算得到超声衰减谱进行反演。优化目标函数，设定初始种群规模为 20，缩放因子为 0.35，交叉概率为 0.85。从图 8-12 中可看出，三种局部最优化算法 DFP、LM、BFGS 的结果均明显偏离真值（这与给定的初值有关），而差分进化算法可以得到全局最优解。

事实上，为了延伸差分进化算法的应用范围，我们可以优化算法控制参数，差分进化算法主要有三个控制参数，即种群大小 NP、缩放因子 F 和交叉因子 CR。缩放因子 F 控制偏差变量放大作用，改变搜索方向，若种群过早收敛则 F 应增加，反之亦然。交叉因子 CR 改变种群多样性，较大的 CR 加速收敛。标准算法中缩放因子、交叉因子为固定值，在算法迭代后期会因其种群个体聚集，造成种群间差异性变小，使算法易陷入局部最优解、出现早熟收敛等问题。因此，可以在算法中引入

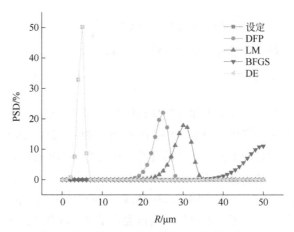

图 8-12 四种算法反演计算的颗粒粒径分布

自适应控制参数因子加以改造[13]，如：

$$F_{i,G+1} = \begin{cases} F_l + \text{rand} \cdot F_u & ,\text{如果 } \text{rand} < \tau_1 \\ F_{i,G} & ,\text{其它} \end{cases} \tag{8-31}$$

$$CR_{i,G+1} = \begin{cases} \text{rand} & ,\text{如果 } \text{rand} < \tau_2 \\ CR_{i,G} & ,\text{其它} \end{cases} \tag{8-32}$$

双峰分布时，需求解参数增至五个（分别用以描述两个分布函数及其配比）。用加入自适应参数的差分进化算法反演结果如表 8-4 所示。

表 8-4 R-R 分布函数下的五个参数反演值

算法	设定值	反演结果				
		$\bar{R}_1/\mu m$	k_1	$\bar{R}_2/\mu m$	k_2	W
改进算法	$\bar{R}_1 = 5\mu m$, $k_1 = 10$, $\bar{R}_2 = 15\mu m$, $k_2 = 25$, $W = 0.5$	4.95	11.48	15.02	23.06	0.49
	$\bar{R}_1 = 10\mu m$, $k_1 = 10$, $\bar{R}_2 = 30\mu m$, $k_2 = 25$, $W = 0.5$	10	10	30	25	0.5
	$\bar{R}_1 = 15\mu m$, $k_1 = 10$, $\bar{R}_2 = 45\mu m$, $k_2 = 25$, $W = 0.5$	15	10	45	25	0.5

8.2.3.3 粒子群算法

该法最初是由美国社会心理学家 J. Kennedy 提出的用于模拟社会行为的方法，并于 1995 年作为优化算法被首次引入[14]。它的基本思想为把种群中的个体看作是单个粒子，每个粒子都以一定速度在解空间运动，并向自身之前最优位置和邻域历史的最优位置靠近，实现对候选解的进化。

假设搜索空间为 D 维，则第 i 个粒子可以用一个 D 维向量表示：

$$X_i = (x_{i1}, x_{i2}, \cdots, x_{iD})^{\text{T}} \tag{8-33}$$

第 i 个粒子的速度（位置）可以用另一个 D 维向量表示为：

$$V_i = (v_{i1}, v_{i2}, \cdots, v_{iD})^{\mathrm{T}} \tag{8-34}$$

第 i 个粒子迄今为止搜索到的最佳位置表示为：

$$P_i = (p_{i1}, p_{i2}, \cdots, p_{iD})^{\mathrm{T}} \tag{8-35}$$

将 g 定义为种群中最佳粒子的指标（即第 g 个粒子是最优的），根据以下两个方程可以对种群中粒子的速度和位置进行更新：

$$v_{id}^{n+1} = v_{id}^n + c_1 r_1^n (p_{id}^n - x_{id}^n) + c_2 r_2^n (p_{gd}^n - x_{id}^n) \tag{8-36}$$

$$x_{id}^{n+1} = x_{id}^n + v_{id}^{n+1} \tag{8-37}$$

粒子群算法有种群规模、加速常数及惯性权重三个重要参数。图 8-13 为设定初始种群规模为 30，加速常数 c_1、c_2 分别选取 2、2.5，惯性权重为 0.5。特征分布参数 $\bar{R}$ 为 15，分布宽度 k 分别取 3、7、10 时 R-R 分布颗粒系粒径反演结果。

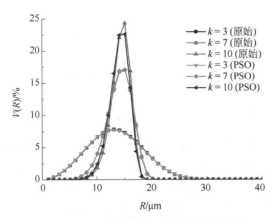

图 8-13 不同分布宽度颗粒系粒径反演结果

双峰分布需要同步优化五个参数，比单峰分布情况复杂，图 8-14 为 $\bar{R}_1 = 10\mu m$、$k_1 = 10$、$\bar{R}_2 = 30\mu m$、$k_2 = 25$、$W = 0.5$ 时的粒径分布，可以看出 PSO 算法两个峰的位置均向左发生了偏移，且峰值处对应的粒径均小于设定值。

前述算例中采用了恒定惯性权重值，即在进化过程中该值保持不变。但有时为了促进全局搜索、降低惯性影响，可对惯性权重动态调整，使粒子在不同进化阶段具有不同搜索能力和开发潜能。

目前采用较多的线性动态权重递减策略是由 Shi 首先提出的，表达式为：

$$w = w_{\max} - \frac{(w_{\max} - w_{\min})i}{T} \tag{8-38}$$

其中，T 为最大迭代次数；i 表示当

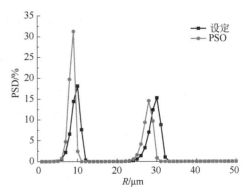

图 8-14 双峰颗粒系粒径分布反演结果

前迭代次数；w_{max}、w_{min} 分别表示最大和最小权重，常取 $w_{max} = 0.9$，$w_{min} = 0.4$。

　　线性权重递减策略因其简单易实现，具有较好的寻优性能而被广泛应用。但有时粒子群的搜索过程是一个复杂的非线性过程，线性过渡方法不能准确反映真实搜索过程，影响全局最优结果。基于此，主要考虑了两种不同的权值递减策略：线性权重递减策略和非线性权重递减策略，如图 8-15 所示。

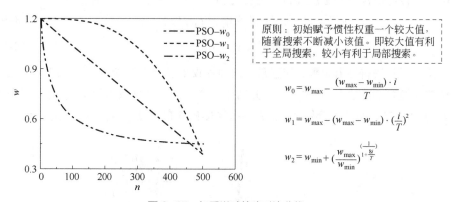

图 8-15　权重递减策略对比曲线

8.2.3.4　和声搜索算法

　　2001 年 Geem 等人提出和声搜索算法[15]，思想源于音乐表演寻求通过美学评估确定最佳和声过程。在解空间随机产生 HMS（harmony memory size）个初始值的和声记忆库，有概率从和声记忆库随机选取一组解，并以概率进行调整产生新解；有概率在解空间随机生成一组新解，若新解优于和声记忆库中最差解，则新解代替最差解，算法迭代到满足终止条件为止。

　　由于在搜索过程中，局部搜索和全局搜索没有清晰分界线，且前期与后期算法需求不同，很难确定 PAR 和 bw 的值。对关键参数进行优化，加入自适应参数 PAR、bw，改进方式如下：

$$PAR = PAR_{min} + (PAR_{max} - PAR_{min})\left(\frac{i}{T}\right)^3 \tag{8-39}$$

$$bw = bw_{set} - bw_{set}\left(\frac{i}{T}\right)^2 \tag{8-40}$$

　　通过不同超声反演算例适应度，动态地寻找一个合适的范围。从图 8-16（a）选择 PAR 可行范围为[0.2,0.4]，根据公式（8-39）选取 PAR_{max} 为 0.4，PAR_{min} 为 0.2，从图 8-16（b）中可知 bw 可行范围为[0.08,0.22]，根据公式（8-40）可选取 bw_{set} 为 0.2。

　　图 8-17 对比了算法改进前后迭代过程适应度的变化算法，初期 bw 参数设置大，搜索步长大，加快了收敛速度，后期继续递减，提高了收敛精度，PAR 的递增加强算法的全局寻优性能，后期可跳出局部最优。

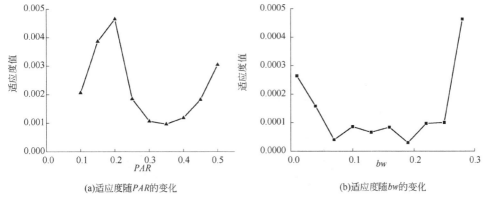

(a)适应度随PAR的变化   (b)适应度随bw的变化

图8-16 适应度随参数的变化

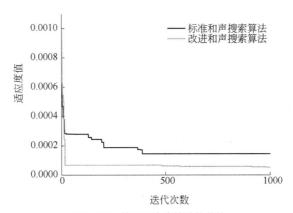

图8-17 算法适应度的迭代曲线

对和声搜索算法第二种改进方式为将全局优化算法和局部优化算法结合[16]：作为全局优化算法，和声搜索算法进化到后期，记忆库多样性降低，贪婪选择容易错过一些有潜力的解向量，陷入极小值，致求解精度不高；而拟牛顿 BFGS 算法局部开发能力强，搜索结果更依赖于给定初值。由于搜索过程，局部和全局搜索未设也不易设清晰分界线，且前期与后期算法需求不同，为了提高反演准确性，将和声搜索算法和拟牛顿 BFGS 算法进行并行计算,HS 全局搜索能力强，将其近似解给 BFGS 赋为初值利用其局部搜索能力，提高得到精确解的概率，两者的融合有利于同步提高全局和局部效率。见图 8-18。

表 8-5 列出了反演结果为 50 次模拟计算平均值，可以看出，在各种算例条件下 IHS 反演结果均更接近设定参数。

反演双峰分布时,需求解参数增至五个(分别用以描述两个分布函数及其配比)。表 8-6 数据为双峰 R-R 分布反演结果，HS 反演无法取得合理近似值，其求解与真值误差极大，最大误差可至 170%。相比之下，IHS 反演峰值位置（$\bar{R}$）与真值偏离较小，最大误差为 10%，分布参数 k 值亦有较明显偏差。

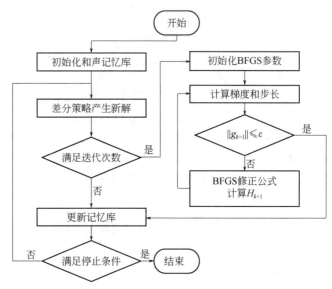

图 8-18 和声搜索算法和 BFGS 拟牛顿算法并行计算流程图

表 8-5 三种分布函数下的单峰参数反演结果

分布	设定参数	HS	IHS
R-R 分布	$\bar{R}=10\mu m$, $k=7$	$\bar{R}=9.56\mu m$, $k=14.87$	$\bar{R}=9.99\mu m$, $k=7.61$
	$\bar{R}=45\mu m$, $k=7$	$\bar{R}=44.08\mu m$, $k=12.40$	$\bar{R}=44.99\mu m$, $k=7.00$
	$\bar{R}=90\mu m$, $k=7$	$\bar{R}=92.91\mu m$, $k=6.11$	$\bar{R}=89.16\mu m$, $k=7.47$
正态分布	$\bar{R}=10\mu m$, $\sigma=3$	$\bar{R}=10.12\mu m$, $\sigma=3.61$	$\bar{R}=9.99\mu m$, $\sigma=2.97$
	$\bar{R}=20\mu m$, $\sigma=3$	$\bar{R}=18.98\mu m$, $\sigma=3.64$	$\bar{R}=20.01\mu m$, $\sigma=2.99$
	$\bar{R}=45\mu m$, $\sigma=3$	$\bar{R}=45.38\mu m$, $\sigma=2.64$	$\bar{R}=45.01\mu m$, $\sigma=3.02$
对数正态分态	$\bar{R}=10\mu m$, $\sigma=0.3$	$\bar{R}=10.28\mu m$, $\sigma=0.1$	$\bar{R}=10.01\mu m$, $\sigma=0.29$
	$\bar{R}=20\mu m$, $\sigma=0.3$	$\bar{R}=17.82\mu m$, $\sigma=0.36$	$\bar{R}=20.87\mu m$, $\sigma=0.27$
	$\bar{R}=90\mu m$, $\sigma=0.3$	$\bar{R}=97.02\mu m$, $\sigma=0.35$	$\bar{R}=91.63\mu m$, $\sigma=0.33$

表 8-6 R-R 分布函数下的五个参数反演值

算法	设定值	反演结果				
		$\bar{R}_1/\mu m$	k_1	$\bar{R}_2/\mu m$	k_2	W
HS（1～10MHz）	$\bar{R}_1=10\mu m$, $k_1=10$, $\bar{R}_2=30\mu m$, $k_2=25$, $W=0.5$	27.08	22.98	46.42	7.75	0.20
	$\bar{R}_1=15\mu m$, $k_1=10$, $\bar{R}_2=45\mu m$, $k_2=25$, $W=0.5$	4.75	10.45	20.16	12.55	0.65
	$\bar{R}_1=20\mu m$, $k_1=10$, $\bar{R}_2=60\mu m$, $k_2=25$, $W=0.5$	8.69	1.892	56.98	6.24	0.57
IHS（1～10MHz）	$\bar{R}_1=10\mu m$, $k_1=10$, $\bar{R}_2=30\mu m$, $k_2=25$, $W=0.5$	10.87	8.20	30.32	16.93	0.52
	$\bar{R}_1=15\mu m$, $k_1=10$, $\bar{R}_2=45\mu m$, $k_2=25$, $W=0.5$	16.66	6.73	45.63	29.93	0.52
	$\bar{R}_1=20\mu m$, $k_1=10$, $\bar{R}_2=60\mu m$, $k_2=25$, $W=0.5$	20.92	14.26	57.28	29.67	0.42

由于实验超声谱测量中往往会引入误差（如实验噪声或谱分析误差），为模拟真实环境中随机噪声或其它干扰，考核算法实用性，在计算衰减谱时人为加入了1%～5%随机误差。

当设定 R-R 分布 $\bar{R}$ = 70μm、k = 10，在 1%、3%随机噪声下 $\bar{R}$ 反演值为 69.83μm 和 69.77μm，在 95%置信水平下的置信区间分别为 69.825～69.838μm 和 69.765～69.777μm，可见反演结果基本稳定在噪声水平内，没有放大。当随机噪声继续增至 5%，寻得平均值 $\bar{R}$ 为 69.36μm，误差从 0.2%增大到 0.9%，粒径参数保持稳定。对于分布参数 k，随机信号为 1%、3%时误差为 2.15%、15.7%，随机信号为 5%时误差可增至 19.66%，可见对 R-R 分布而言，分布参数的反演难度更大。不同噪声水平下 50 次反演变化见图 8-19。

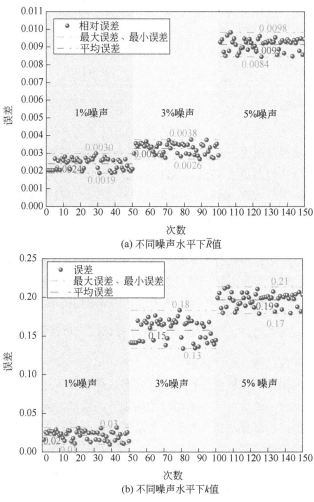

(a) 不同噪声水平下$\bar{R}$值

(b) 不同噪声水平下k值

图 8-19 不同噪声水平下 50 次反演变化

8.3 非约束算法

8.3.1 非约束算法的一般讨论

颗粒测量技术中的颗粒粒径分布求解问题归结为线性方程组的求解。例如，在第 3 章所述的散射光能分布中，前向光电探测器上测得的散射光能由光能分布列向量 E 表示，产生该散射光能分布的颗粒分布由尺寸分布列向量 W 表示，这两个向量通过光能分布系数矩阵 T 联系起来。

$$E = (e_1,\ e_2,\ \cdots,\ e_M)^{\mathrm{T}} \tag{8-41}$$

$$W = (W_1,\ W_2,\ W_3,\ \cdots,\ W_K)^{\mathrm{T}} \tag{8-42}$$

$$T = \begin{pmatrix} t_{1,1} & t_{1,2} & t_{1,3} & \cdots & t_{1,\,K} \\ t_{2,1} & t_{2,2} & t_{2,3} & \cdots & t_{2,\,K} \\ \vdots & \vdots & \vdots & \vdots & \vdots \\ t_{M,1} & t_{M,2} & t_{M,3} & \cdots & t_{M,\,K} \end{pmatrix} \tag{8-43}$$

线性方程组为：

$$E = TW \tag{8-44}$$

其中光能分布列向量 E 为一组测量量，光能分布系数矩阵 T 可由理论计算得到，从所测得的光能分布列向量 E 来求解矩阵方程式 (8-44)，以获得被测颗粒的尺寸分布 W 是一个求逆问题。通常采用分布函数限定法（又称非独立模式法）和自由分布法（又称独立模式法）两种算法。

在上一节介绍分布函数限定法中，预先假定被测颗粒的尺寸分布符合某个特定的函数规律。通常采用两参数分布函数如 R-R 分布、正态分布和对数正态分布等，颗粒的粒径分布由两个参数（特征粒径参数和粒径分布宽度参数）决定。调整这两个参数的值，计算相应的光能分布列向量 E_{calc}，并与测得的 E_{meas} 比较得到不同的目标函数 $F = \sum\limits_{n=1}^{M} [e_{\text{calc},n} - e_{\text{meas},n}]^2$，这样计算机通过寻优搜索可找到最佳特征粒径参数和粒径分布宽度参数的值，使目标函数达到最小。但是，实际的颗粒尺寸分布有时很难与假定的完全相符，或被测颗粒的尺寸分布规律事先不完全知道，这时如果仍采用分布函数限定法可能会得出不够理想的结果，而要改为无函数约束的独立模式求解方法。独立模式求解方法也称为无分布函数限定法或自由分布法，即对待测试样的粒径分布不作任何假定。

自由分布法是对颗粒分布不作任何函数限定的求逆方法的总称，具体方法有很多种[17]。一般采用非负的最小二乘问题（NNLS）求解，这一问题归结为解矩阵方程 $TW = E$，同时满足下列条件：

$$\|\boldsymbol{TW}-\boldsymbol{E}\| = \min \qquad W \geqslant 0 \tag{8-45}$$

其中 $W \geqslant 0$ 表示 $W_i \geqslant 0$（$i = 1, 2, \cdots, K$），即均为非负数解。

此外，在实际的颗粒问题中，还应加上光顺约束。例如，在著名的 Philips-Twomey 算法[12, 18, 19]中，采用了二次差值表达式 $\sum_{i=2}^{K-1}(W_{i-1}-2W_i+W_{i+1})^2$ 或者一次差值 $\sum_{i=2}^{K}(W_{i-1}-W_i)^2$ 作为光顺的测量，由此得到的解为：

$$W=(\boldsymbol{T}^{\mathrm{T}}\boldsymbol{T}+\gamma\boldsymbol{H})^{-1}\boldsymbol{T}^{\mathrm{T}}\boldsymbol{E} \tag{8-46}$$

其中 $\boldsymbol{T}^{\mathrm{T}}$ 是矩阵 $\boldsymbol{T}$ 的转置，$\boldsymbol{H}$ 是光顺因子的矩阵表示，γ 是光顺因子的权重[19]。光顺因子的选择是一个关键问题，应根据具体情况而定[20]。如果选得过小，解的结果会出现振荡，选得过大则导致其解过于平滑，从而无法反映颗粒分布的实际情况。

Philips-Twomey 算法的光顺办法属于正则化（regularization）的一个例子，其基本思想是在光能分布系数矩阵上加上一个光顺矩阵，从而改善矩阵的病态状况，得到一个与实际情况相接近的解。Tikhonov 和 Arsenin 提出了另一种正则化处理方法[21]，他们将反演问题的求解表示为：

$$\sum_{n=1}^{M}\left[\frac{e_n-\sum_{i=1}^{K}t_{n,i}W_i}{\varepsilon_n}\right]^2 + \lambda J = R(\lambda)+\lambda J(\lambda) \tag{8-47}$$

其中，ε_n 是第 n 个探测单元测量误差的期望值，$R(\lambda)$ 是求解结果与测量值之间的残差。$J(\lambda)$ 就是所谓的正则项，λ 是正则化参数，它决定了求解结果与实际情况的接近程度及其光顺程度。正则项和正则化参数可以有很多的选择方法，详细内容请参见参考文献[19]及相关引用文献。

以上的反演问题中，矩阵 $\boldsymbol{T}$ 为常数矩阵，矩阵各元素与所求解的 $\boldsymbol{W}$ 和 $\boldsymbol{E}$ 的具体数值无关。然而，在某些情况下，矩阵 $\boldsymbol{T}$ 的具体数值与求解得到的 $\boldsymbol{W}$ 和 $\boldsymbol{E}$ 存在某种依赖关系。例如，在前向小角度散射方法中，当颗粒浓度很低时，光散射为不相关的单散射，此时散射光能系数矩阵完全由理论计算得到，与颗粒粒径分布无关。但是，当颗粒浓度很高时，散射不再是不相关的单散射，需要作相关散射和复散射修正。此时，散射光能系数矩阵每个元素的值与颗粒粒径分布有关。另一个类似的情况是第 4 章介绍的消光起伏频谱法，在颗粒浓度较高时，由于存在颗粒之间的相互交叠效应，其系数矩阵也与颗粒粒径分布和测量值有关。严格地说，以上两种情况下的求解问题不再是线性问题。对此，前面介绍的 Philips-Twomey 方法和其它正则化方法（如 Tikhonov-Arsenin 算法）不再适用。取而代之，一般采用循环方法来求解这类反演问题。

需要指出的是，循环方法同样也适用于线性方程组的求解，因此它具有更加广泛的应用背景。在这一类算法中，通常采用一个初步优化的粒径分布 $W^{(0)}$ 作为 W 的初始值。然后通过将该分布与修正向量 C 相乘来得到与实际情况接近的解。这个修正过程循环进行，当满足设定的条件时，循环过程结束。

$$W_i^{(p)} = C_i^{(p)} W_i^{(p-1)} \tag{8-48}$$

$$(i = 1, 2, \cdots, K)$$

其中，$W_i^{(p-1)}$ 表示第 p-1 次循环得到的颗粒粒径分布；$W_i^{(p)}$ 则是第 p 次循环的分布，相应的修正因子为正数 $C_i^{(p)} > 0$ 并可在循环过程中根据实际情况调整。循环法的优点之一是可以自动满足非负条件，因为每次修正是在原来的颗粒粒径分布基础上乘上一个正的修正因子。因此，当起始分布为正时，所得求解结果必然是非负的。

最常用的循环方法有 Chahine 法[22]和 Twomey 在 1975 年提出的 Twomey-Chahine 循环法[23]。Chahine 法最初是在测量大气温度分布时提出的，并于 1971 年开始在颗粒测量中得到应用[24-29]。初期的 Chahine 方法由于受到许多因素的影响（如测量误差等）而导致求解结果产生振荡，Twomey-Chahine 循环法就是为了消除这些振荡而提出的一种改善算法。在这个方法中，修正公式（8-48）的具体形式为：

$$W_i^{(p)} = \prod_{n=1}^{M} \left[1 + a_n^{(p)} t_{n,i} \right] \cdot W_i^{(p-1)} \tag{8-49}$$

其中

$$a_n^{(p)} = \frac{e_n}{\sum_{i=1}^{K} t_{n,i} W_i^{(p-1)}} - 1 \tag{8-50}$$

该算法与初期的 Chahine 方法相比有明显改善。但是，有研究指出：Twomey-Chahine 循环法要求矩阵平滑，否则所得结果还是会出现振荡现象[30]；如果初始分布与真实情况偏离太远也会导致最终结果不良[27]；此外，要求修正因子中 $a_i^{(p)} t_{n,i}$ 的绝对值比较小。对此，又提出了不同的改进方法[31,32]。

需要指出，反演问题的求解方法很多，但很难说哪种方法更好。判断一个算法的好坏除了主要看所得解的可靠性和稳定性以及适应范围之外，还要看它的运行速度是不是足够快。所谓可靠性是指算法能得到与实际情况尽可能接近的结果。稳定性则是指算法抗测量误差的能力，好的算法应该在一定的测量误差范围内仍然能得到正确的测量结果。算法的适应性则是一个比较复杂的问题。在颗粒测量求逆问题中，由于测量原理和测量装置参数的不同，系数矩阵各不相同从而其病态状况不同。而各种不同的求逆算法都是根据需要解决的具体问题发展起来的，它们适用的对象具有针对性。当一种新的算法提出来以后，需要经过大量验证和改善，才可能应用到别的场合。例如 Chahine 循环方法是在测量大气温度分布时提出的，经过很多年以后才应用到消光法（光全散射法）、前向光散射法、消光起伏频谱法中并得到改善。

也正因为这个原因，逆计算方法一直处于发展阶段，人们从来没有停止过寻找新的方法。事实上，由于商业因素，很多逆计算方法并没有得到公开发表。

在接下来的几节中，将分别介绍 Chahine 循环算法、投影算法和一种新发展起来的松弛算法（relaxation）。

8.3.2 Chahine 算法及其改进

最初的 Chahine 循环算法中，分布函数的修正由下式表示：

$$W_i^{(p)} = \frac{e_{\text{meas},i}}{e_{\text{calc},i}^{(p-1)}} W_i^{(p-1)} \tag{8-51}$$

这里修正因子为 $C_i^{(p)} = e_{\text{meas},i} / e_{\text{calc},i}^{(p-1)}$。其中，$e_{\text{meas},i}$ 是测量值（$i = 1, 2, \cdots, K$），$e_{\text{calc},i}^{(p-1)}$ 是第 $p-1$ 次循环得到的计算值：

$$e_{\text{calc},n}^{(p-1)} = \sum_{i=1}^{K} t_{n,i} W_i^{(p-1)} \tag{8-52}$$

这里要求颗粒粒径分布的分档数 K 和测量值的数目 M 相等。迭代式（8-51）显示，第 i 个粒径挡的分布只是通过第 i 个测量值来进行修正。因此，收敛过程非常快。但是，这种迭代过程对系数矩阵的要求很高，即系数矩阵主对角线上的元素应该有较大的数值。换言之，第 i 个测量值主要来自于第 i 个颗粒挡的贡献。研究表明：当这种关系无法满足时，所得分布是不稳定的[26, 27, 33]。对此，Ferri 等人提出了改进的 Chahine 算法，将迭代式（8-51）改为：

$$W_i^{(p)} = W_i^{(p-1)} \sum_{n=1}^{M} u_{n,i} \frac{e_{\text{meas},n}}{e_{\text{calc},n}^{(p-1)}} \tag{8-53}$$

其中，$u_{n,i}$ 是一个权重矩阵，由下式定义：

$$u_{n,i} = \frac{t_{n,i}}{\sum_{j=1}^{K} t_{n,j}} \tag{8-54}$$

如此，颗粒粒径分布的迭代修正不再只是来自单个测量值，而是整个测量结果对迭代结果的作用。迭代式（8-53）也可以看作是对迭代式（8-51）的平滑，所得逆计算结果具有稳定性和可靠性。值得一提的是，Ferri 等人的研究表明权重矩阵 $u_{n,i}$ 的选取具有一定的任意性。文献[32]中介绍了另外一种迭代式：

$$W_i^{(p)} = W_i^{(p-1)} \cdot \frac{\sum_{n=1}^{M} t_{n,i} e_{\text{meas},n}}{\sum_{n=1}^{M} t_{n,i} e_{\text{calc},n}^{(p-1)}} \tag{8-55}$$

在循环的收敛速度不快的情况下，也可考虑通过修改权重矩阵的办法来加速。

譬如，公式（8-54）和公式（8-55）可以用如下形式代替。

$$u_{n,i} = \frac{(t_{n,i})^s}{\sum\limits_{j=1}^{K} (t_{n,j})^s} \tag{8-56}$$

$$W_i^{(p)} = W_i^{(p-1)} \cdot \frac{\sum\limits_{n=1}^{M} (t_{n,i})^s e_{\text{meas},n}}{\sum\limits_{n=1}^{M} (t_{n,i})^s e_{\text{calc},n}^{(p-1)}} \tag{8-57}$$

其中参数 s 在稍大于 1 时可以起到加速收敛的效果。

在 Chahine 循环算法中，初始分布的具体数值可以任意设定，也可通过其它逆计算方法得到，但所有数值必须为正[$W_i^{(0)} > 0$]。比较常用的初始值可以选分布比较平坦的单峰分布或者很简单地就取一个常数，譬如 $W_i^{(0)} = 1$。文献[30, 32]的研究表明，Chahine 循环算法所得结果与初始值的具体选取关系不密切。不过，当初始值远离实际情况时，所需要的循环次数相应增加。

计算结果和测量结果之间的差别采用均方差（root-mean-error，RME）表示。

$$RME^{(p)} = \left\{ \frac{1}{M} \sum_{n=1}^{M} \left[e_{\text{meas},n} - e_{\text{calc},n}^{(p)} \right]^2 \right\}^{1/2} \tag{8-58}$$

或者

$$RME^{(p)} = \left\{ \frac{1}{M} \sum_{n=1}^{M} \left[\frac{e_{\text{meas},n} - e_{\text{calc},n}^{(p)}}{\varepsilon_n} \right]^2 \right\}^{1/2} \tag{8-59}$$

其中 ε_n 的定义同公式（8-47）。

循环收敛的判别可用一个小的数值来限定 [譬如取 $RME^{(p)} \leqslant \delta$ 作为收敛条件]，该数值的具体大小视实际情况而定（与测量值的误差大小和要求的计算精度等因素有关）。有时也可取二次连续迭代所得 RME 的相对变化小于某个数值作为收敛判据，表示迭代已经趋向稳定，进一步的迭代对计算结果不再产生明显变化。

$$\left| 1 - \frac{RME^{(p)}}{RME^{(p-1)}} \right| \leqslant 1 \times 10^{-5} \tag{8-60}$$

Chahine 循环算法的收敛速度与迭代方式、系数矩阵的特性、颗粒粒径的实际分布和初始分布有关。

改进的 Chahine 循环算法不要求颗粒分档数 K 与测量值维数 M 一致（可以 $K > M$），其计算过程稳定。但收敛速度与原始的 Chahine 算法相比稍慢。然而，在前向散射光能测试技术中，它仍然能在数秒内（甚至可以小于 1s）得到令人满意的计算结果。

8.3.3　投影算法

投影算法（也称作行投影），最早由 Kaczmarz[34]和 Cimmino[35]提出。其基本思想是将线性方程组［参见公式（8-44）］中的每一个方程看作 K 维线性空间中的一个平面，M 个线性方程即 M 个平面。当这些线性方程存在唯一解时，表示这 M 个方程所代表的平面存在一个公共相交点，这个点在 K 维线性空间中的位置就是线性方程组的解 W。以三维空间为例说明，当存在三个平面且它们线性无关时，三个平面在空间相交于某一特定的点。这个点的坐标就是这三个平面的线性方程构成的方程组的解。因此，借用几何的概念就可以说明投影算法的思想。如图 8-20 所示，从空间任意一点 $W^{(0)}$ 出发向其中的某个平面 p_1 投影，得到位于该平面内的投影点 $W^{(1)}$。显然，投影点和出发点的连线与该平面垂直。从这个投影点再向其余平面依次投影，则可得到一系列的新投影位置。在这个过程中，后面的投影位置必然比前面那个离线性方程组的解 W 更加接近。因此，循环反复以上过程，投影位置最终必然向线性方程组的解逼近。

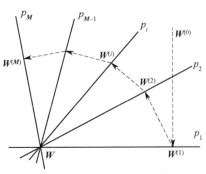

图 8-20　投影算法示意图

投影算法被普遍用于成像重构，而应用到颗粒测量技术中大概始于 20 世纪 90 年代[36]。众所周知，在颗粒测量技术中线性方程组的解就是颗粒粒径分布。因此，理想情况下，线性方程组必然存在一个解。然而，由于存在测量误差等因素，实际情况下线性方程组的解往往不止一个。但可以期望，当测试系统处于比较好的状态时，这些解应该集中在离真实情况很近的一个有限区域内。已有学者证明，如果线性方程组存在唯一解，投影法将收敛到该解；而如果线性方程组存在很多个解，则投影法将根据初始出发点收敛到当中的某个解[37]。

下面介绍投影算法在数学上是如何实现的。根据 K 维线性空间的几何关系，从某一个 $W^{(\alpha)}$ 点向平面 p_β 投影后所得的交点 $W^{(\beta)}$ 为：

$$W_i^{(\beta)} \geqslant W_i^{(\alpha)} - \frac{\sum\limits_{j=1}^{K} t_{\beta,j} W_j^{(\alpha)} - e_\beta}{\sum\limits_{j=1}^{K} (t_{\beta,j})^2} \cdot t_{\beta,i} \tag{8-61}$$

$$(i = 1, 2, \cdots, K)$$

因此，在理想情况下，各个平面方程之间线性无关且只存在一个解时，可以从任意一个初始点出发依次向各个平面投影，得到一系列投影点。完成对所有 M 个平面投影后所得的投影点比初始出发点更加接近线性方程组的解。反复以上过程直到公式（8-58）或公式（8-59）所定义的均方差小于某个特定的小数。此时所得到的投影点即线性方程组的解。

　　以上所述算法由 Kaczmarz 提出，其投影过程是从一个点出发向各个平面依次进行，遍及所有平面的投影过程被看作一个循环。Cimmino 提出的投影过程则稍有差别。他建议从某一个初始点出发向各个平面同时投影，得到 M 个投影点并求出这些点的平均值。然后再从这个点出发进行第二次循环，如此反复循环直至收敛。Cimmino 算法的单个循环可表示如下：

$$W_j^{(r+1)} \geqslant W_j^{(r)} - \frac{1}{M}\sum_{n=1}^{M}\left(\frac{\displaystyle\sum_{i=1}^{K} t_{n,i}W_i^{(r)} - e_n}{\displaystyle\sum_{i=1}^{K}(t_{n,i})^2} \cdot t_{n,j} \right) \tag{8-62}$$

　　其中 $W_i^{(r)}$（$i = 1, 2, \cdots, K$）就是第 r 个循环所得到的各平面投影点的平均值。

　　显然，在理想情况下，无论是 Kaczmarz 的投影算法还是 Cimmino 的投影算法都能得到合理的解。问题是所有的颗粒测量都存在或大或小的误差，这些误差导致各个线性方程所代表的平面在空间中产生平移。因此，M 个线性方程所代表的平面不再相交于一点。因而线性方程组存在多个可能解。在 Kaczmarz 的投影算法中，当最后一次投影停留在某个平面而且该平面所对应的测量误差恰好很大时，得到的解将严重偏离真实情况。Cimmino 的投影算法则不会出现这种情况。然而，在 Cimmino 的投影算法中存在类似的风险，譬如当某些测量数据存在较大的误差时，所获得的投影点平均值也会严重偏离真实解。此外，在以上介绍的投影算法中还存在一些问题：首先是所得的解可能会出现负值，这显然不符合实际；其次是所得的解有可能是振荡的，这种振荡情况与真实颗粒粒径分布相矛盾；最后，测量误差的存在会导致均方差在达到一定的循环次数后振荡。对此，Pedocchi 和 Garcia[38]提出了采用一个收敛因子（或称作松弛参数）来对投影循环算法过程实施控制的方法，数值模拟表明收敛因子可有效避免循环过程的振荡现象。Shen 等人则提出了正定约束和光顺约束的投影算法[39]。所谓的正定约束就是在公式（8-61）和公式（8-62）中对所得到的新投影值进行判别，如果为负数则取 0。而光顺约束则是在循环过程中适当插入光顺处理，譬如 $W_i \Leftarrow \frac{1}{4}(W_{i-1}+2W_i+W_{i+1})$。除此以外还应该指出，通常情况下公式（8-61）的投影过程是对各个平面依次进行的，最后循环会停留在某个特定的平面。可以采用对各个平面随机投影的方式来取代依次投影方式以避免出现这种情况。这样做的好处是可有效增加收敛速度、避免测量结果与某个特定的测量值相关联。

8.3.4　松弛算法

　　矩阵迭代方法具有计算简单、编制程序容易、在很多情况下收敛较快等优点，特别适用于解一些高阶的线性方程组。其基本思想是构造一串收敛到解的序列，即建立一种从已有的近似解计算新的近似解的规则。不同的计算规则构成不同的迭代方法，由此可见矩阵迭代法的多样性。在众多的迭代法中，松弛算法（relaxation method）是在 Gauss-Seidel 迭代法基础上发展起来的一种快速算法。通过引进一个所谓的松弛因子来加速迭代的收敛。根据松弛因子的大小，可以分为低松弛法和超松弛法（successive over-relaxation，SOR）以及由此进一步发展起来的对称超松弛算法（SSOR）和快速松弛法（AOR）[40]。

在这一小节中，介绍一种最近发展起来的松弛算法[41]。称其为松弛算法，是因为它的基本思想建立在松弛算法的基础上，但在建构上又有所不同。其收敛判据 RME 取：

$$RME^{(p)} = \sum_{n=1}^{M} \left[e_{\text{meas},n} - e_{\text{calc},n}^{(p)} \right]^2 + \gamma \cdot \sum_{i=2}^{K-1} \left[W_{i-1}^{(p)} - 2W_i^{(p)} + W_{i+1}^{(p)} \right]^2 \qquad (8\text{-}63)$$

其中第一项为残差项，第二项为二阶光顺项（也可选其它光顺阶数），γ 为权重参数。

在第 p 次循环中，随机地在 $W^{(p)}$ 中抽取一个元素 $W_i^{(p)}$ 进行修正，随即将修正以后得到的 $W_i^{(p+1)}$ 替代 $W_i^{(p)}$ 并同时更新 $RME^{(p)}$。对 $W^{(p)}$ 的所有元素修正后得到 $RME^{(p+1)}$，并与 $RME^{(p)}$ 比较判别是否达到收敛条件。

$W_i^{(p)}$ 的修正采用松弛规则进行。具体过程如下：

① 取松弛因子 s_i，得到 $W_i^{(\text{tmp}+)} = W_i^{(p)} \cdot s_i$ 和 $W_i^{(\text{tmp}-)} = W_i^{(p)} / s_i$。分别用 $W_i^{(\text{tmp}+)}$ 和 $W_i^{(\text{tmp}-)}$ 取代 $W_i^{(p)}$ 并计算相应的 $RME^{(\text{tmp}+)}$ 和 $RME^{(\text{tmp}-)}$。由此得到三组数据 $\{W_i^{(\text{tmp}-)}, RME^{(\text{tmp}-)}\}$、$\{W_i^{(p)}, RME^{(p)}\}$ 和 $\{W_i^{(\text{tmp}+)}, RME^{(\text{tmp}+)}\}$。初始时，所有的松弛因子 s_i 均取 1.01。

② 上面得到的三组数据 $\{W_i^{(\text{tmp}-)}, RME^{(\text{tmp}-)}\}$、$\{W_i^{(p)}, RME^{(p)}\}$ 和 $\{W_i^{(\text{tmp}+)}, RME^{(\text{tmp}+)}\}$ 可以看作 W-RME 平面上的三个点，经拟合得到一条抛物线或者直线。

③ 当拟合曲线为抛物线、可用方程 $RME = a(W-b)^2 + c$ 描述并且 a 和 b 都大于 0 时，RME 的最小值位于 $W = b$ 处（如图 8-21 所示）。则采用以下方法修正：（a）如果 $b < W_i^{(\text{tmp}-)}$，则用 $W_i^{(\text{tmp}-)}$ 取代 $W_i^{(p)}$、用 $W_i^{(p)} / b$ 取代 s_i；（b）如果 $b > W_i^{(\text{tmp}+)}$，则用 $W_i^{(\text{tmp}+)}$ 取代 $W_i^{(p)}$、用 $b / W_i^{(p)}$ 取代 s_i；（c）如果 $W_i^{(\text{tmp}-)} < b < W_i^{(\text{tmp}+)}$ 且 $b > W_i^{(p)}$，则用 b 取代 $W_i^{(p)}$、用 $b / W_i^{(p)}$ 取代 s_i；（d）如果 $W_i^{(\text{tmp}-)} < b < W_i^{(\text{tmp}+)}$ 且 $b < W_i^{(p)}$，则用 b 取代 $W_i^{(p)}$、用 $W_i^{(p)} / b$ 取代 s_i。

④ 如果③中的条件不满足（如图 8-22 所示），则采用以下方法修正：（a）如果 $RME^{(\text{tmp}-)} < RME^{(\text{tmp}+)}$ 和 $RME^{(\text{tmp}-)} < RME^{(p)}$，则由 $W_i^{(\text{tmp}-)}$ 取代 $W_i^{(p)}$，松弛因子 s_i 取最大值 $s_i = s_{\max}$；（b）如果 $RME^{(\text{tmp}+)} < RME^{(\text{tmp}-)}$ 和 $RME^{(\text{tmp}+)} < RME^{(p)}$，则由 $W_i^{(\text{tmp}+)}$ 取代 $W_i^{(p)}$、松弛因子 s_i 取最大值 $s_i = s_{\max}$；（c）否则，$W_i^{(p)}$ 和 s_i 保持原值不变。

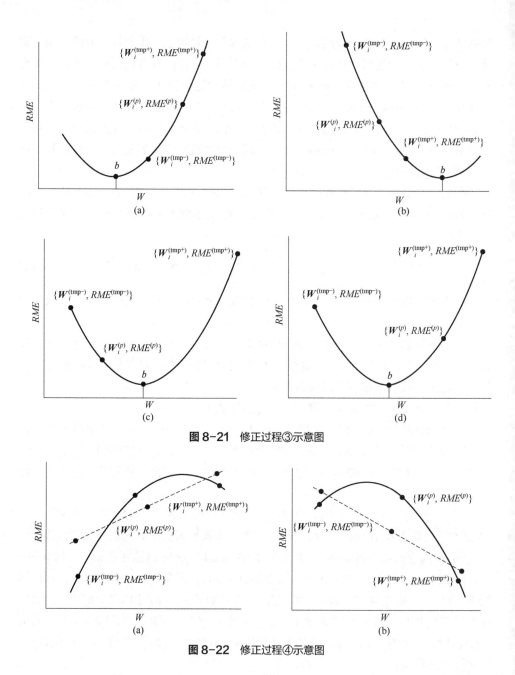

图 8-21 修正过程③示意图

图 8-22 修正过程④示意图

从以上过程可以看到，松弛因子 s_i 在迭代过程中随时得到修正。为了保证循环算法具有一定的收敛速度同时又可以避免振荡现象，松弛因子 s_i 的取值被限制在一个适当的范围内（如 $s_{min} = 1.00001$，$s_{max} = 1.05$）。在实际计算中，以控制残差项的大小为主，故光顺项的权重参数 γ 一般取比较小的数值。但光顺项的权重因子也不宜取得过小，否则会导致计算结果出现毛刺。初始分布向量 $W^{(0)}$ 的选取与 Chahine

循环法一样处理。由于在松弛算法中采用对 $W^{(p)}$ 的所有元素乘以或者除以一个松弛因子 s_i（而且该松弛因子被限制在一个与 1 很接近的范围内）的方法，因此只要初始分布向量 $W^{(0)}$ 的所有元素为正，则最后所得结果总是非负的。和 Chahine 循环法一样，以连续二次迭代所得的 RME 之比作为循环收敛的判据：

$$\frac{RME^{(p)}}{RME^{(p+1)}} \leqslant 1.00001 \tag{8-64}$$

8.3.5 Chahine 算法和松弛算法计算实例

图 8-23～图 8-25 分别给出了 Chahine 循环法和松弛算法在小角前向散射颗粒测试技术中的模拟计算实例。其中光电探测器尺寸参数采用第 3 章表 3-1 中的数据，接收透镜焦距 f 取 63mm。散射光采用 Mie 理论计算，由此得到散射光能系数矩阵。

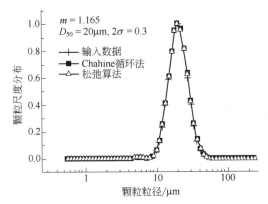

图 8-23 单峰分布颗粒的反演模拟计算

图 8-23 是模拟计算得到的关于单峰分布颗粒的粒径分布。在模拟计算时，首先设定颗粒粒径分布服从对数正态分布，其特征粒径参数和粒径分布宽度参数已在图中标出。由颗粒粒径分布函数计算相应的散射光能分布（相对误差小于±2%），并作为测量值来进行反演计算。可以看出，Chahine 循环法和松弛方法均能得到与输入值基本一致的颗粒分布函数。

图 8-24 给出了 Chahine 算法和松弛算法的迭代收敛过程。在对多峰分布进行计算时，迭代收敛过程类似。

图 8-25 中给出了三峰分布颗粒的反演结果。图 (a) 中的结果对应散射光能分布误差最大值为±2%，图 (b) 曲线对应的散射光能分布误差被控制在±10%之内。可以看出，随着测量误差增大，所得结果逐渐偏离输入分布。然而，即使在±10%的测量误差范围内，Chahine 循环法和松弛方法仍然能得到比较满意的计算结果。

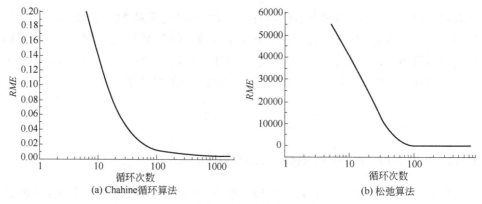

图 8-24　循环算法的收敛速度

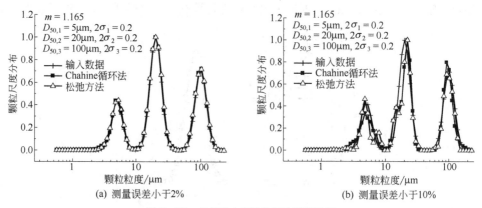

图 8-25　多峰分布颗粒的反演模拟计算

参考文献

[1] Wang T, Shen J, Lin C. Iterative algorithm based on a combination of vector similarity measure and B-spline functions for particle analysis in forward scattering. Opt Laser Technol, 2017, 91: 13-21.

[2] 肖庭延, 于慎根, 王彦飞, 著. 反问题数值解法. 北京: 科学出版社, 2003.

[3] Press W H, Flannery B P, Teukolsky S A, Vitterling W T. Numerical Recipes, The Art of Scientific Computing. Cambridge: Cambridge University Press, 1986.

[4] 苏明旭. LM 优化算法在消光法测粒技术中的应用. 仪器仪表学报, 2005, 26(8): 63-65.

[5] 陈宝林. 最优化理论与算法. 北京: 清华大学出版社, 1989.

[6] Michelewicz Z. Genetic Algoruthms+Data Structure=Evolution Programmes. Berlin: Springer-Verlag, 1996.

[7] Lienert B R, Porter J N, Sharma S K. Repetitive Genetic Algorithm of Optical Extinction Data. App Opt, 2001, 40: 3476-3482.

[8] Ye M, Wang S M, Lu Y, Hu T, Zhu Z, Xu Y Q. Inversion of Particle-size Distribution from Angular Light-scattering Data with Genetic Algorithms. App Opt, 1999, 38: 2677- 2685.

[9] Xu F, Cai X, Ren K, Gréhan G. Application of Genetic Algorithm in Particle Size Analysis by Multi-spectral Extinction Measurements. China Particuology, 2004, 2: 235-240.

[10] Cai X S, Zheng G, Wang N N, Wei W J. A New Type of Particle Sizer. Adv Powder Technol, 1994 5: 25-32.

[11] Philips D L.A Technique for the Numerical Solution of Certain Integral Equations of the First Kind. J Ass Com, 1962, 9: 84-97.

[12] Storn R, Price K. Differential Evolution : A Simple and Efficient Heuristic for Global Optimization over Continuous Spaces. Journal of Global Optimization, 1997, 11(4): 341-359.

[13] 蒋瑜, 贾楠, 苏明旭. 基于改进差分进化算法的超声衰减谱反演计算. 上海理工大学学报, 2020, 42(04): 332-338.

[14] Li F, Liu J C, Shi H T,et al. Multi-objective particle swarm optimization algorithm based on decomposition and differential evolution. Control and Decision, 2017,32(03): 403-410.

[15] Geem Z W, Kim J H, Loganathan G V. A New Heuristic Optimization Algorithm: Harmony Search. Simulation, 2001, 2(2): 60-68.

[16] 蒋瑜, 曲佩玙, 贾楠, 苏明旭. 表征超声衰减谱粒度的改进和声搜索算法. 应用声学, 2021, 40(4): 540-547.

[17] Kandikar M, Ramachandran G. Inverse Methods for Analysing Aerosol Spectrometer Measurements: A Critical Review. J Aerosol Sci, 1999, 30: 413-437.

[18] Twomey S. On the Numerical Solution of Fredholm Integral Equations of the First Kind by the Inversion of the Linear System Produced by Quardature. J Ass Comp, 1963, 10: 97-101.

[19] Twomey S. Introduction to the Mathematics of Inversion in Remote Sensing and Indirect Measurements, New York: Elsevier, 1977.

[20] 蔡小舒. 光全散射法测粒技术及其在湿蒸汽测量中的应用的研究. 上海: 上海机械学院, 1991.

[21] Tikhonov A N, Arsenin V Y. Solution of Ill-posed Problems. New York: Wiley, 1977.

[22] Chahine M T. Determination of the temperature profile in an atmosphere from its outgoing radiance. J Opt Soc Am, 1968, 58: 1634-1637.

[23] Twomey S. Comparison of constrained linear inversion and an iterative non-linear algorithm applied to the indirect estimation of particle size distributions. J Comput Phys, 1975, 18: 188-200.

[24] Grassl H. Determination of aerosol size distributions from spectral attenuation measurements. Appl Opt, 1971, 10: 2534-2538.

[25] Santer R, Herman M. Particle Size Distributions from Forward Scattered Light Using The Chahine Inversion Scheme. Appl Opt, 1983, 22: 2294-2301.

[26] Ferri F, Giglio M, Perini U. Inversion of light scattering data from fractals by the Chahine iterative Algorithm. Appl Opt, 1989, 28: 3074-3082.

[27] Ferri F, Bassini A, Paganini E. Modified Version of the Chahine Algorithm to Invert Spectral Extinction Data for Particle Sizing. Appl Opt, 1995, 34: 5830-5839.

[28] Ferri F, Righini G, Paganini E. Inversion of Low-angle Elastic Light-Scattering Data with a New Method Devised by Modification of the Chahine Algorithm. Appl Opt, 1997, 36: 7539-7550.

[29] Shen J. Particle Size Analysis by Transmission Fluctuation Spectrometry: Fundamentals and Case Studies. Cuvillier Verlag Göttingen, 2003.

[30] Hitzenberger R, Rizzi R. Retrieved and Measured Aerosol Mass Size Distributions: A Comparison. Appl Opt, 1986, 25: 546-553.

[31] Markowski G R. Improving Twomey's Algorithm for Inversion of Aerosol Measurement Data. Aerosol Sci Technol, 1987, 7: 127-141.

[32] Winklmayr W, Wang H C, John W. Adaptation of the Twomey Algorithm to the Inversion of Cascade Impactor Data. Aerosol Sci Technol, 1990, 13: 322-331.

[33] Wolfson N, Mekler Y, Joseph J H. Comparative Study of Inversion Techniques. Part II: Resolving Power, Conservation of Normalization and Superposition Principles. J Appl Meteorol, 1979, 18: 556-561.

[34] Kaczmarz S. Angenachrte Aufloesunf von Systemen Linearer Gleichungen. Bull Ini Acad Po Sci Lett A, 1937: 355.

[35] Cimmino G. Calcolo Approssimato per le Soluzioni dei Sistemi di Equazioni Lineari. Ric Sci progr tech econom naz, 1938(X VI): 326.

[36] Wang J, Xie S, Zhang Y, Li W. Improved Projection Algorithm to Invert Forward Scattered Light for Particle Sizing. Appl Opt, 2001, 40: 3937.

[37] Tanabe K. Projection method for solving a singular system of linear equations and its applications. Numer Math, 1971, 17: 203.

[38] Pedocchi F, Garcia M H. Noise-Resolution Trade-off in Projection Algorithms for Laser Diffraction Particle Sizing. Appl. Opt, 2006, 45: 3620.

[39] Shen J, Yu B, Wang H, Yu H, Wei Y. Smoothness-constrained Projection Method for Particle Analysis Based on Forward Light Scattering. Appl Opt, 2008, 47(11): 1718-1728.

[40] 丁丽娟, 程杞元, 编著. 数值计算方法.北京: 北京理工大学出版社, 2005.

[41] Shen J, Su M, Li J. A New Algorithm of Relaxation Method for Particle Analysis from Forward Scattered Light. China Particuology, 2006, 4: 13-19.

第 **9** 章

电感应法（库尔特法）和沉降法颗粒测量技术

9.1　电感应法（库尔特法）

电感应法（electrical sensing zone method）最早可以追溯到 20 世纪 40 年代末期 W. H. Coulter 在完成美国海军部门所提出的对血细胞计数时所开展的研究工作。1953 年他向美国政府提出了专利申请[1]，并于 1956 年向市场推出了首台仪器。为此，电感应法又有以 Coulter 命名的，并称为库尔特法。由于仪器最初用于对血液中血细胞的计数，因此又被称为库尔特计数器。时至今日，这类仪器一直在医疗系统中获得十分广泛的应用，国外约 98%的自动血细胞计数器都采用了库尔特计数器。

库尔特仪问世不久，即逐渐在粉体工程的粒径测量中得到应用。数十年来，公司先后生产了许多种不同型号的仪器以满足市场的需要，如早期的 A 型到近期的 TA 型以及最近的 Multisizer 型等，其性能不断完善。仪器由计算机操作和控制，具有很高的测量速度（每秒钟可对数以万计的颗粒计数和测量），测量精度也较高（对单分子聚苯乙烯标准乳胶球的测量误差一般不超过 2%），重复性好，粒径测量范围较宽（最新的 Multisizer 4e 可覆盖 0.2～1600μm），并可将测量结果由多个通道（对应粒径分档范围）输出，最高可达 400 个输出通道。目前，Coulter 仪已在颗粒粒径测量和计数中得到了许多应用。

库尔特仪常被用来作为对其它颗粒测量方法的一种对比和互相校验（采用标准乳胶球），并被一些国家列为标准，如英国的 BS3406[2]、法国的 AFNOR 等[3]。还被一些国家定为某些粉体物料的行业标准测量方法，如美国 ASTM 将其定为染料、氧化铝、氧化铍、色料的推荐测量方法，英国药典也将其确定为推荐方法，我国颁布的药典亦将其列为推荐方法之一。

9.1.1 电感应法的基本原理

电感应法的工作原理十分简单。如图 9-1 所示，将被测试样均匀地分散于电解液中，带有小孔的玻璃管同时浸入上述电解液，并设法让电解液流过小孔。小孔的两侧各有一电极并构成回路。每当电解液中的颗粒流过小孔时，由于颗粒部分地阻挡了孔口通道并排挤了与颗粒相同体积的电解液，使得孔口部分的电阻发生变化。显然，小颗粒流过孔口时，电阻的变化较小；反之，大颗粒导致孔口部分电阻的较大变化。由此，颗粒的尺寸大小即可由电阻的变化加以表征和测定。仪器设计时，颗粒流过小孔时的电阻变化是以电压脉冲输出的。每当一个颗粒流过孔口，相应地给出一个电压脉冲，脉冲的幅值对应于颗粒的体积和相应的粒径。为此，对所有测量到的脉冲计数并确定其幅值，即得到被测试样中共有多少个颗粒以及这些颗粒的大小。回路的外电阻应该足够大，使得当颗粒流过孔口时所导致的电阻变化相应很小，使回路中的电流成为一个恒定值。这样，电阻的变化即可以与之成正比的电压变化或脉冲输出加以测量。

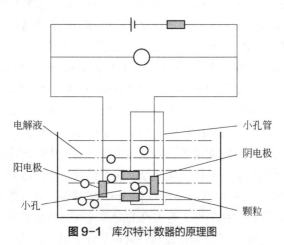

图 9-1 库尔特计数器的原理图

电感应法是建立在对单个颗粒测量的基础之上的，每次只对流过孔口的一个颗粒进行测量。测量结果除粒径分布外，还能得到颗粒总数。对于非球形颗粒，电感应法所测的粒径与其体积相当，称为库尔特体积当量径。

许多学者对颗粒流过孔口时，颗粒体积（或粒径）与电阻变化之间的对应关系进行了研究，其中以 Scarlett 的理论研究最为详尽[4]。他们研究的前提假设或简化条件虽不尽相同，但结论却基本一致，即颗粒流过小孔时的电阻的变化正比于颗粒的体积，二者之间呈线性关系。然而，在响应曲线的线性段范围大小方面却存在着一定的差异。例如，有的学者认为上述线性关系只有当颗粒粒径 D 与小孔直径 O 的比

值 $D/O < 30\%$ 或 40% 时才存在；而有的学者则认为当比值 $D/O > 70\%$ 后才偏离线性规律。除理论研究外，还进行了各种不同的试验研究，以验证理论分析的正确性。表 9-1 给出了一组试验结果，试验是在 Coulter 公司生产的 Multisizer 型仪器上进行的，小孔的孔径为 $70\mu m$，共测量了 9 种不同的标准乳胶球，其名义（或标签）粒径在表中第一行给出，最小的是 $2\mu m$，最大的是 $50\mu m$，与小孔孔径的比值 D/O 分别为 2.8% 和 71.4%，实际测量值则在表中第三行给出。可以看出，在相当大的范围内，相应曲线保持为线性。

表 9-1　9 种标准乳胶球的测量结果（孔口直径 $O = 70\mu m$）

名义粒径/μm	2.0	3.0	5.0	10.0	15.0	20.0	30.0	40.0	50.0
比值（D/O）/%	2.8	4.3	7.1	14.3	21.4	28.6	42.9	57.1	71.4
测量值/μm	2.029	2.801	5.047	9.681	15.72	22.43	30.90	43.04	47.61

为保持获得可靠的测量结果，Coulter 公司建议仪器使用时，应将比值 D/O 控制在较小的范围内，如 $2\%\sim30\%$ 或 $2\%\sim40\%$。例如，当孔口直径 $O = 70\mu m$ 时，可测得的粒径范围为 $1.4\sim20\mu m$ 或 $1.4\sim30\mu m$。如欲测量更大粒径的颗粒，则应选用孔径更大的孔口，反之，则选用较小的孔口。仪器出厂时配备了多种不同孔口直径的玻璃管（或称取样头）供测量时选用，如 15、30、50、70、100、200、280、400、560（μm）等。研究指出颗粒的电阻率与电解液的电阻率十分接近，大多数情况下，被测颗粒的电阻率对测量结果实际上没有什么影响。Coulter 公司早在 1957 年进行的分析计算就指出[5]，当被测颗粒的电阻率由电解液的百万分之一改变为百分之一时，所导致的测量结果相差还不到 1%。然而，Lineo 指出，对导电性良好的颗粒，如铜粉、碳粉等，库尔特法难以给出准确的测量结果[6]。

9.1.2　仪器的配置与使用

库尔特仪总体上可以分为两大部分：取样部分和信号分析部分。取样部分由带有小孔的玻璃管（取样头）及相应的汲吸系统所组成。汲吸系统使带有被测试样颗粒的电解液不断地流经小孔进入玻璃管，使颗粒被检测到。信号分析系统则将每个颗粒流经小孔时所产生的电压脉冲信号进行计数、放大并按其幅值大小分档，送入相应的不同粒径大小的通道中去，从而得到被测试样中的颗粒（总）数以及它们的粒径分布。

仪器的取样部分示意于图 9-2 中，孔口位于一端封闭细长玻璃管的下部侧壁处，由一钻了孔的盘状蓝宝石镶嵌而成。孔口通道为圆柱形，其长度与孔径之比约为（1：1）～（1：2）。测量开始前，开启玻璃管上方的阀 1 使与一负压相连，盛液器中带有悬浮颗粒的电解液即由小孔进入取样头。与此同时，图中右侧的汞柱相应上升到一定高度后，关闭阀 1，与真空系统脱开。这时，汞柱在重力作用下开始下降，不断地汲取电解液流过小孔，悬浮于电解液中的颗粒即被逐个测量和计数。汞柱下降时，相继地接通"开始"触点和"停止"触点，可以实现对不同容积试样的测量。

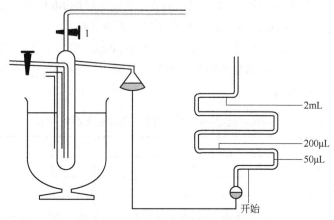

图 9-2　Coulter 计数器的取样系统

信号分析系统由信号放大、甄别及计数部分组成。脉冲信号经放大后，由分辨器或甄别器按每个幅值（或粒径）的大小送入相应通道并进行计数。最后即可得到一定体积的试样中共有多少个颗粒（颗粒总数）和各种不同大小的颗粒各有多少颗（粒径分布）。仪器由计算机操纵，测量结果可以实时显示、存储并打印输出。回路中的电阻可以调节，与所选用的取样头的孔径大小相匹配，以期取得最佳效果。

可供用作电解液的很多，最常用的是 0.9%的 NaCl 溶液，它能满足大多数测量的要求。电解液在使用前需过滤，一般选用 0.45μm 的滤膜，当采用较小孔口的取样头时，则用 0.22μm 的滤膜。电解液配制后可加入微量杀菌剂（如 0.5%的福尔马林），以防止微生物的滋生。

由于颗粒流过孔口时的电阻变化很小，为此，受到背景噪声的限制，库尔特法测量下限不能太小，一般约在 0.5μm，库尔特公司的最新型号 Multisizer 4e 的测量下限已扩展到 0.2μm。有文献提出采用芯片技术的微型电感应纳米颗粒粒度测量方法[7-9]，测量下限可以达到 40nm，并可以将多个微型电感应粒度仪做在 1 个芯片上，实现高通量测量。图 9-3 是微型电感应纳米颗粒粒度仪的原理示意图[10]。

测量上限则受到颗粒沉降的影响。为防止大颗粒的可能沉降，在盛液器中装有搅拌器。一般情况下，当粒径小于 100μm 时，沉降还不致成为主要问题。但当颗粒密度较大时，即使粒径较小，沉降也可能很显著，使颗粒无法通过孔口而被漏

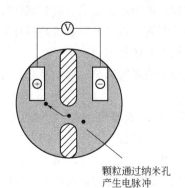

颗粒通过纳米孔
产生电脉冲

图 9-3　微通道库尔特仪的测量原理图

测。这时可以增加电解液的黏度，如加入适量的甘油和蔗糖等。反之，如颗粒的密度与电解液相近，即使粒径很大，例如达到 1000μm 甚至更大，只要备有相应孔口的取样头及信号分析系统，原则上也是能够测量的。

当被测试样的粒径很小而必须使用孔口较小的取样头时，或颗粒的粒径分布较宽时，取样头的孔口很容易被试样中的大颗粒所堵塞，孔口堵塞可以方便地在屏幕上观察到。为防止这一点，在试样制备时，应设法将混入的少量大颗粒除去（如通过沉淀等）。孔口一旦堵塞，可以用毛刷轻轻除去颗粒。当颗粒堵塞孔口难以去除时，可将试样头浸入某一化学溶剂中将颗粒溶解掉。再就是用超声浴清洗，但此时要特别小心，因为孔口也可能损坏。

仪器使用一定时间或孔口清洗后应重新标定一次。标定通常采用单分散性标准乳胶球。所选用的乳胶球直径应在取样头孔径的 5%～20% 之间，但多数情况下取为孔口直径的 20%。对具有多通道输出的仪器。生产厂家大都将相邻的二通道的颗粒体积之比定为 1:2，即其直径比为 $1:\sqrt[3]{2}$ 或 1:1.26。通常采用的标定方法是将仪器调整到使得所测量到的乳胶球颗粒数正好被相邻二通道大致所均分。这时，上一通道的粒径下限即为被标定乳胶球的数量中位径。例如，采用 4.55μm 的乳胶球进行标定并被通道 7 和通道 8 所均分，则通道 8 的下限应为 4.55μm，第 9 通道的下限应为 4.55μm×1.26 = 5.73μm，第 10 通道的下限为 4.55μm×1.26×1.26 = 7.22μm 等。

当被测试样的粒径分布很宽采用一个取样头不能覆盖其整个粒径范围时，就得使用两个不同孔口的取样头进行测量。这时，可能产生的主要问题就是上面所提到的，大颗粒将小的孔口堵塞。可以采用精细筛或沉降等方法将物料中的大、小颗粒加以区分，再分别制成试样后进行测量，并将各测量结果叠加。为得到可靠的最后测量结果，两个取样头的测量通道中至少应有数个（多几个最好）具有相同的粒径挡。例如，设选用 50μm 及 200μm 孔口的两个取样头，经标定后 50μm 取样头的各个通道粒径挡为 1.00、1.26、1.59、2.00、2.52、3.18、4.00、5.04、6.35、8.00、10.09、12.71、16.00、20.16、25.40 及 32.00（μm），则在 4.0～32.0μm 间共有 10 个相同的粒径挡。

当被测试样的粒径很小而必须采用孔口很小的取样头时，背景噪声的影响往往较大。为减小这一负面影响，可以尝试增大电解液的浓度，如 2.0% 或 5.0% 的 NaCl 溶液，以增加孔口部分的电阻从而改善其信噪比。但某些情况下，当 NaCl 溶液的浓度大于 1% 后，有可能产生絮凝现象。这时，就得设法换用其它电解液，如 2%～4% 的磷酸钠等。

当被测试样颗粒可溶于水时，可使用以下方法。一是在测量之前先将试样颗粒在电解液中充分溶解，使之达到饱和。这种测量方法当试样的溶解度很小时才宜使用。它的另一缺点是测量过程中温度应该保持恒定不变。否则，温度增高时，试样颗粒将进一步溶解；而温度降低时，颗粒又会长大（基于这一现象，有人曾用库尔特仪测定颗粒的溶解度)。另一种方法是采用非水的有机溶剂,对溶解度较大的试样,这或许是比较理想的方法。但要注意,不能选用介电常数低的溶剂。Coulter 公司推荐在甲醇、丙醇或异丙醇中加入 5%的硫氰酸铵或 5%的氰化锂。对某些特殊的试样,操作者就得进行专门的试验,以便找到一种可行的试剂供测量之用。

需要指出,每选用一种新的电解液或是为了防止较大颗粒沉降而在电解液中加入适量的甘油或蔗糖以增加其黏度时,都应对仪器重新标定一次,这是绝对必要的。因为这时的孔口电阻以及颗粒流过孔口时电压脉冲将和常用的 0.9% NaCl 时的不同。

9.1.3 测量误差

9.1.3.1 振动与干扰

按电感应法原理工作的库尔特仪,当颗粒逐个流过孔口时所导致的电阻变化以及由此所给出的脉冲信号是很微弱的。为此,仪器应安放在稳固的平台基础之上,防止由于振动或其它原因可能造成的二电极之间距离的微小变化和由此引起的电阻的瞬时改变,发生谬误的信号。然而,在某些情况下最大震动源却可能来自操作者本人。为此,测量进行时,应防止与仪器的任何接触。此外,电磁干扰也可能是一个重要的因素,仪器应安置在一箱子中,箱子应良好屏蔽并接地。目前,激光光散射类颗粒测量仪得到了普通的应用,当实验室中同时配置这类仪器时,要注意防止激光的辐射干扰。

9.1.3.2 重合误差

两个(或多个)颗粒同时流过孔口时被称为重合现象(coincidence)。当试样浓度较大时就有可能出现重合现象。这时产生的脉冲信号是虚假的。重合现象可以分为以下几种情况。一是两个"足够大"的颗粒同时流过孔口,这使测量结果的平均粒径增大,整个分布曲线向大粒径方向偏移,而计数总量(即颗粒总数)减少。二是两个粒径"足够小"的颗粒,当它们分别流过小孔时不能被检测到,而同时流过时由于脉冲叠加,信号增大而被检测到,使最低通道中的计数增大。"足够大"与"足够小"是指当它们分别流过孔口时是否被检测到而言。当然,还可能存在第三种情况,即一个"足够大"的颗粒与一个"足够小"颗粒同时流过孔口,使测量和计数结果送入更高的一个通道中去。

许多学者对重合现象进行了研究,多个颗粒同时流过孔口的概率可以用泊松分布(Poisson distribution)描述。设 N 为试样中实有颗粒数,而 N' 为测量到的颗粒数,则 $N'<N$ 并可按下式计算:

$$\frac{N'}{N} = \frac{V}{S}\left[1 - \exp\left(\frac{SN}{V}\right)\right] \tag{9-1}$$

式中，S 是电敏感区内的体积，可近似取为孔口体积；V 是被测量的电解液体积。Coulter 公司根据式（9-1）给出了如下计算重合误差的经验公式：

$$N = N' + 2.5 \times 10^{-9} \frac{O^3}{V} N'^2 \tag{9-2}$$

式中，O 是孔口直径，单位为 μm；V 的单位是 μL。由式（9-2）可知，采用小口径的取样头有助于重合现象的减少。

需要指出，以上公式只能用于修正总计数量，而不能对每个通道中的计数进行修正。为此，应该从根本上避免重合现象的发生，如减小试样的浓度等，而不是寄希望于测量结果的修正。

Coulter 公司在生产的部分仪器中配置了所谓的校对系统（EDIT），又称"电过滤器"。当两个（或多个）颗粒同时流过孔口时所产生的电压脉冲形状与一个颗粒流过时的会有所不同。校对系统 EDIT 或"电过滤器"对每个测量到的脉冲形状进行分析，把疑为由于重合现象而得到的"畸形"脉冲剔除出去。该系统可以根据需要投入工作或关闭。但要注意的是，当 EDIT 投入工作时，通常要把所测量到的总脉冲数中的约 25%~50%剔除掉，为此，当总计数是测量结果的一个重要的技术指标时，校对系统 EDIT 不宜投入使用。

9.1.3.3　颗粒行程及液力聚焦 HDF

学者们早期推论，颗粒流过孔口时的脉冲形状应该是顶部平坦的，因为他们认为颗粒在孔口内时的电阻变化是一定值。但这一推论并未被实验所证实。实际上，当玻璃管两侧的电极构成一回路后，不仅在小孔内部，而且在小孔以外的某一区域内形成了电敏感区，如图 9-4 所示[5]。敏感区内各点（即使是孔口内部）的感应研究证实了这一点。例如，当颗粒靠近孔口的壁面处流过时，脉冲呈 M 形，而当颗粒沿孔口通道的中心轴线流动时，脉冲的顶部变圆，如图 9-5 所示，它们的幅值也都不同。此外，颗粒在流进孔口之前或流出孔口之后的某一区域内（图 9-4 中阴影区），仍然会感受到一定的电场强度。

为了提高粒径测量的准确性，曾研究过许多不同形状的孔口，使颗粒尽可能地沿孔口中心线流过，如锥形孔口或具有某种型线的孔口等。但颗粒在这些孔口中堵塞的可能性比目前使用的平直形的孔口大了许多。为此，在实践中没有得到采用。液力聚焦（hydro dynamical focusing，HDF）在这方面具有很大的潜在优势[11]。

HDF 的工作原理如图 9-6 所示。清洁电解液以射流方式沿喷口外流入孔口内形成环状射流，待测试样颗粒在射流聚焦作用下从喷口顺序流出通过孔口中心。送入的清洁电解液还使被测试样的浓度稀释为原来的近 1/10，使测量结果更为准确可靠。据文献报道，Coulter 公司已于 20 世纪 80 年代末产生了少量带有 HDF 的仪器，供一些权威部门试用，90 年代初已有了对其技术性能的初步评价。仪器装置的示意图

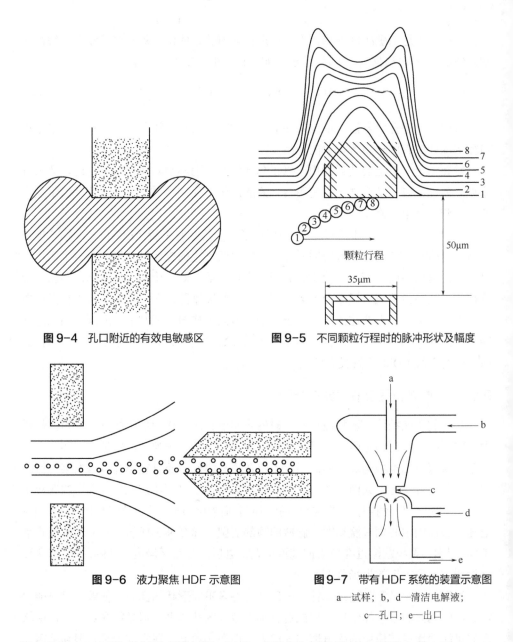

图9-4 孔口附近的有效电敏感区

图9-5 不同颗粒行程时的脉冲形状及幅度

图9-6 液力聚焦HDF示意图

图9-7 带有HDF系统的装置示意图

a—试样；b,d—清洁电解液；

c—孔口；e—出口

给出在图9-7中[12]。被测试样由管a引入，"聚焦"用的清洁电解液由管b引入，二者共同流过孔口 c。为防止颗粒流出孔口后继续"停留"或重新进入电敏感区内，另一股清洁的电解液由管d引入，将颗粒迅速带出电敏感区。带有HDF的脉冲形状和幅值的重复性都良好，脉冲的衰减段也十分短促。

图9-8中对10μm单分散乳胶球的测量结果可以说明常规型、EDIT及HDF三者之间的性能差异，图中横坐标为颗粒体积（对应于粒径），纵坐标是颗粒数。不难

看出，常规型［曲线（a）］测得的粒径范围较宽，在 8.70～11.0μm 之间，且有明显的两个峰值，其虚假峰值甚至高于真实值。EDIT 系统投入后，情况有了改善，但数据量（对应于曲线下的面积）损失了约 35%，采用液力聚焦后，测量结果更符合实际情况。

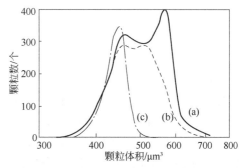

图9-8 10μm 乳胶球颗粒测量结果

（a）常规型；（b）EDIT；（c）HDF

尽管 HDF 较常规型具有更好的技术性能，但也有少数研究人员并不钟情于此。他们认为二者的差别实际上不大，而是更倾向于将那些"畸形"脉冲从测量结果中剔除掉。正如某些用户更愿意使用稍早生产的、不那么复杂的仪器，而不太愿意使用最新生产的、智能化程度过高的仪器一样。

9.1.4　小结

电感应法又称库尔特法。它们的工作原理相对简单，是以悬浮于电解液中的颗粒流过孔口时的电阻变化作为粒径测量的尺度。仪器对单个颗粒依次进行测量，可以同时测得试样中颗粒的粒径及个数。测量结果表示为一定容积中共有多少个颗粒（颗粒总数）以及各种不同大小的颗粒各有多少个，得到真正意义上的粒径分布。对于非球形颗粒，库尔特法给出的是对应于体积的当量径。

仪器使用时，宜将被测颗粒粒径 D 与孔口直径 O 之间的比值 D/O 保持在 2%～30% 或 2%～40% 之间，以期获得准确可靠的测量结果。库尔特法的粒径测量范围通常在 0.5～100μm 之间，其测量下限受到背景噪声的限制，粒径增大时则要防止颗粒在电解液中的沉降而漏测。增大电解液的黏度可以提高仪器的测量上限。

库尔特仪的应用可以分为两大类，一是粉体工程中颗粒粒径的测量，二是清洁介质中杂质颗粒数的计量和控制。

仪器使用时要防止重合现象的出现。重合现象是两个（或多个）颗粒同时流过孔口，这将导致测量结果的偏差。目前多数仪器都配置了校对系统 EDIT，可以在一定程度上对重合现象进行修正。

应用最多的电解液是 0.9% NaCl 溶液，它能满足大多数测量的要求。特殊需要时，可选用或配制其它电解液，但要对仪器重新标定。

现在的库尔特仪具有测量速度快（每秒约数万个颗粒），测量精度较高（误差一般不大于 2%），重现性好等特点，获得了较多的应用。

9.2　沉降法

基于颗粒在液体中沉降（sedimentation）这一基本原理的沉降式测粒仪得到了广泛的应用，它是根据颗粒在液体中的最终沉降速度确定颗粒粒径大小的。这一类仪器有多种不同的测量方法和许多种不同的结构形式。例如，颗粒可以在重力场的作用下作自由沉降（重力沉降法），也可以在离心力的作用下沉降（离心沉降法）。被测试样可以在液柱的表面层加入（线始法），开始向下沉降，也可将试样均匀地分散悬浮在液体内部各处向下沉降（均匀悬浮法）。实际操作时，都不是直接测量颗粒的最终沉降速度，这么做存在着很大的困难，而是测量某一个与最终沉降速度相关的其它物理参数量，如压力、密度、重量、浓度或光透过率等，进而求得颗粒的粒径分布。在测定光透过率时，还可以有白光、激光或 X 射线之分。上述压力、密度、重量、浓度或光透过率的测量可以在液面下某一固定深度处进行，即测量这些参数在该处随时间的变化规律，也可以是经过某一完全确定的沉降时间后，测量这些参数沿液体高度的变化规律，或者是两种情况的组合。在对测量数据进行处理，计算颗粒的粒径分布时，也有增量法和累积法之分。这些都构成了沉降法颗粒测量仪器结构的多样性，但它们的基本原理都是相同的，都是建立在 Stokes 沉降公式的基础上。

重力沉降法的测量范围与待测颗粒及分散介质的物理性质有关，其上限一般不超过 $60\sim70\mu m$，而下限则难以降到 $2\mu m$ 以下。离心沉降法的测量下限显著减小，其值与转速密切相关，约为 $0.05\mu m$，某些超高速离心沉降仪甚至低于 $0.005\mu m$，但它们的测量上限相应减小，约为 $10\mu m$。沉降法完成一次测量的时间一般为 $30\sim60min$。

9.2.1　颗粒在液体中沉降的 Stokes 公式

密度为 ρ_s、粒径为 D 的球形颗粒，在密度为 ρ_f、黏度为 η 的无限容积液体中作沉降运动。由于颗粒的密度大于液体的密度，$\rho_s > \rho_f$，颗粒将在液体中向下沉降，并令任意瞬间的沉降速度为 u。这时，作用在颗粒上的力有三：方向向下的重力 W，方向向上的浮力 F_a 与沉降速度相反的、方向向上、阻止颗粒向下沉降的流动阻力 F_D，如图 9-9 所示。其运动方程可写为：

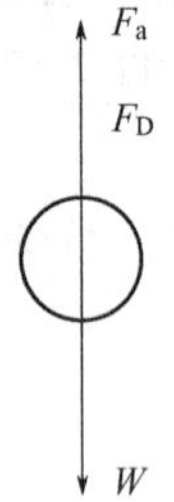

$$W - F_a - F_D = m\frac{du}{dt} \tag{9-3}$$

式中 m 为颗粒的质量。颗粒的重力可写为：

$$W = mg = \frac{\pi}{6}D^3\rho_s g \tag{9-4}$$

浮力在数值上与颗粒所排出液体的重量相等：

图 9-9　球形颗粒沉降过程的受力

$$F_a = \frac{\pi}{6} D^3 \rho_f g \tag{9-5}$$

作用在颗粒上的流动阻力为：

$$F_D = \frac{\pi D^2}{4} \cdot \frac{\rho_f u^2}{2} C_D \tag{9-6}$$

式中，$\pi D^2/4$ 是颗粒在沉降方向上的投影面积；$\rho_f u^2/2$ 是单位体积液体的动能；C_D 是阻力系数。阻力系数 C_D 与颗粒的雷诺数 Re 密切相关，颗粒的雷诺数定义为：

$$Re = \frac{\rho_f u D}{\eta} \tag{9-7}$$

在层流区内，阻力系数 C_D 与颗粒的 Re 之间存在着十分简单的关系，如：

$$C_D = \frac{24}{Re} \tag{9-8}$$

将式（9-8）代入式（9-6）后得阻力为：

$$F_D = 3\pi \eta D u \tag{9-9}$$

称 Stokes 阻力公式。显然，随着沉降速度 u 的增大，阻力 F_D 相应增加，而重力 W 及浮力 F_a 的数值保持不变。由此可知，当沉降速度 u 增大到某一数值，或当流动阻力增大到与重力 W 和浮力 F_a 平衡时，颗粒的加速度 du/dt 为 0，颗粒将以某一平衡速度等速下降，称为最终沉降速度或 Stokes 速度 u_{st}。令式（9-3）中的加速度项 du/dt 为 0 后，可得最终沉降速度为：

$$u_{st} = \frac{(\rho_s - \rho_f)g}{18\eta} D^2 = \frac{\Delta \rho g}{18\eta} D^2 \tag{9-10}$$

或

$$D = \sqrt{\frac{18\eta}{\Delta \rho g} u_{st}} \tag{9-11}$$

式（9-10）和式（9-11）建立了颗粒粒径 D 与最终沉降速度 u_{st} 之间的数学关系式，称为 Stokes 公式。已知颗粒和液体的密度及黏度后，即可按 Stokes 公式由最终沉降速度求得颗粒粒径。Stokes 公式是所有沉降仪的共同基本工作原理。

Stokes 公式在气溶胶工程中也得到了广泛的应用。气溶胶是颗粒悬浮在气体（空气）中的一种混合系。Stokes 公式可用来计算颗粒如灰尘、雨水在大气中的沉降。

离心沉降时，颗粒的受力情况为：阻力、浮力和离心力（重力与离心力相比通常很小，可略去不计）。为此，只要以离心力加速度 $\omega^2 r$ 代替式（9-3）中的重力加速度，即可相应地得到最终沉降速度 u_c 与颗粒粒径 D 之间的关系式。

$$u_c = \frac{\Delta \rho \omega^2 r}{18\eta} D^2 \tag{9-10a}$$

$$D = \sqrt{\frac{18\eta u_c}{\Delta\rho\omega^2 r}} \qquad (9\text{-}11\text{a})$$

式中，ω 是以弧度计的角速度；r 是颗粒所在位置与旋转中心的距离（旋转半径）。沉降过程中，颗粒的旋转半径是一变数，随着沉降过程的进行不断加大。在长臂离心机中，$r{-}s$ 远小于 r，s 是液面距旋转中心的距离，可以认为颗粒的旋转半径不变。

需要指出，Stokes 公式是在许多假设条件下得到的，主要是：①颗粒为球形刚体；②一个孤立颗粒的下沉；③颗粒下降是作层流流动；④液体的容器为无限大且不存在温度梯度等。这些条件在使用中应予以注意，否则将导致测量结果的偏差。

9.2.2 颗粒达到最终沉降速度所需的时间

Stokes 公式给出的最终沉降速度 u_{st} 是颗粒在沉降过程中所达到的最终平衡速度，颗粒在静止液体中开始沉降时，它的起始速度为 0，因而，流体阻力 F_D 为 0。颗粒在重力的作用下，开始以重力加速度下沉。颗粒一旦下沉，与流体之间出现相对速度后，流体即对颗粒产生一流动阻力，使加速度减小。随着颗粒沉降过程的进行，颗粒的沉降速度不断增大，相应的流动阻力也不断增加，使加速度逐渐减小，直到颗粒沉降速度增大到某一数值，或流动阻力增大到使颗粒受到的净力为 0 时，加速度也就减小为 0。自此以后，颗粒即以式（9-10）所给出的最终沉降速度匀速下沉。颗粒在整个下沉过程中的运动规律可按式（9-3）所给出的微分方程计算。对方程式求解后，可得任一瞬间颗粒的沉降速度为：

$$u = \frac{\Delta\rho g D^2}{18\eta}\left[1 - \exp\left(-\frac{18\eta}{\rho_s D^2}t\right)\right] \qquad (9\text{-}12)$$

显然，只有当时间为无穷大（$t\to\infty$）时，方程式（9-12）中的指数项才为 0。

$$\lim_{t\to\infty}\exp\left(-\frac{18\eta t}{\rho_s D^2}\right) = 0$$

这时式（9-12）与式（9-10）一致，$u = u_{st}$，因此从理论上讲，颗粒从静止状态下沉，达到最终沉降速度所需要的时间为无穷大；或者说，颗粒永远不会达到公式（9-10）所给出的最终沉降速度。

但是，颗粒接近最终沉降速度所需要的时间却是十分短暂的。例如，令 $u = 99\% u_{st}$，代入式（9-12）后，可得颗粒由静止状态达到 99%最终沉降速度所需要的时间为：

$$0.99\frac{\Delta\rho g D^2}{18\eta} = \frac{\Delta\rho g D^2}{18\eta}\left[1 - \exp\left(-\frac{18\eta}{\rho_s D^2}t\right)\right]$$

或

$$t = \frac{4.6D^2 \rho_s}{18\eta} \tag{9-13}$$

现以球形石英砂粒在水中的沉降为例，将 ρ_s = 2.65g/cm³ 及 η = 1×10⁻³kg/(m·s) 代入上式后的计算结果如表 9-2 所示。由表可知，对于 5μm 的石英砂，下沉 0.017ms 后即达到最终沉降速度的 99%，50μm 的石英砂所需的时间也只有 1.7ms。因此，完全可以认为：颗粒一旦下沉后，立即就达到了最终沉降速度。换句话说，在整个沉降过程中，颗粒均以 u_{st} 等速下沉。这么做不会带来任何有实际意义的误差，目前所有的沉降仪都是按这一原则设计操作的。

表 9-2　石英砂在水中沉降达到 0.99u_{st} 所需时间

D/μm	t/ms	D/μm	t/ms
1	0.68×10⁻³	20	0.272
2	2.72×10⁻³	50	1.70
5	0.017	70	3.33
10	0.068	100	6.8

9.2.3　临界直径及测量上限

Stokes 公式是在层流条件下得到的。只有在层流区，阻力系数 C_D 才能用十分简单的式（9-8）表示，Stokes 公式才能成立。超过层流区后，C_D 与 Re 之间的关系比较复杂，也就得不到如 Stokes 公式那样的 D 与 u_{st} 之间的简单表达式。为此，确定 Stokes 公式的适用范围十分重要。

实验发现，只有当颗粒雷诺数 $Re \ll 1$ 时，颗粒在液体中的沉降才保持为层流状态。目前，大都取 Re = 0.2 作为层流区的边界，对应于 Re = 0.2 时的粒径称为临界直径 D_{cr}。由式（9-7）得：

$$u = \frac{0.2\eta}{\rho_f D_{cr}}$$

与式（9-10）联立求解得临界直径为：

$$D_{cr} = \sqrt[3]{\frac{3.6\eta^2}{\rho_f \Delta\rho g}} \tag{9-14}$$

例如，密度为 2.65g/cm³ 的球形颗粒石英砂在水中沉降时，其临界直径 D_{cr} 按式（9-14）计算约为 60μm，对密度为 7g/cm³ 的铁粉，其临界直径只有 39μm。此外，同样的石英砂若在空气中沉降，由于空气的密度和黏度与水的相差很大，颗粒的沉降速度加大，其临界直径减小为 30μm。由此可知，Stokes 公式的适用范围不是固定的，与颗粒和液体的物理参数有关。为了加大临界直径的数值，可以选用黏度较大的液体，如甘油等。当然，通过增大层流边界区的 Re 数（如令 $Re = 0.5$ 或 1.0）也可以提高沉降法的测量上限，但这么做会增大测量误差。Allen 认为：层流边界区取为 $Re = 0.2$ 时，最终沉降速度的计算值比实际值约大 5%，或按最终沉降速度求得的粒径比实际约小 2.5%；$Re = 1.0$ 时，颗粒约小 6.2%，误差明显增大。

由以上讨论可知，重力沉降法的测量上限一般为 60～70μm。离心沉降时，颗粒具有较高的最终沉降速度，其临界直径相应减小，转速很高的离心沉降仪的测量上限一般不超过 10μm。

超过层流区后，最终沉降速度 u_{st} 与粒径 D 之间依然存在着对应关系，但比式（9-10）或式（9-11）给出的 Stokes 公式要复杂得多。许多文献中介绍了当 $Re > 0.2$ 后，由最终沉降速度 u_{st} 计算粒径的方法[13-15]。

9.2.4 布朗运动及测量下限

当颗粒在液体中下沉时，除受到重力、浮力及流动阻力之外，还受到周围液体分子热运动的不断撞击。由分子运动学理论可知，任意温度下，液体分子（以及气体分子）自身会不停地作不规则的随机热运动，并以很高的速度和很高的频率撞击到任意表面上。例如，对空气分子而言，常温下它对每平方厘米表面积的撞击次数为每秒约 2.9×10^{23} 次[14]。对粒径为 1μm 的颗粒（其表面积为 $3.1 \times 10^{-8} cm^2$），当在空气中沉降时，每秒钟要受到周围空气分子近 10^{16} 次撞击。颗粒在受到周围分子的撞击后，会产生无规则的随机运动，称为布朗运动。

在液体中沉降时，颗粒受到周围液体分子的撞击频率也是十分巨大的。但是，液体（水）分子的直径（以及质量）与颗粒粒径（质量）相比很小，多数情况下，它对颗粒的撞击一般都可以略去不计。但是，当颗粒粒径很小时，液体分子对颗粒的撞击就不能略去了。这时颗粒除沿重力向下沉降外，还会产生一偏离垂直方向的不规则运动。一定时间 t 后，颗粒在任意方向上由于布朗运动引起的统计平均位移 y 可按下式计算[14]。

$$y = \sqrt{\frac{2kRT}{3\pi\eta ND}t} \tag{9-15}$$

式中，N 是阿伏伽德罗常数；R 和 T 是气体常数和热力学温度；k 是计及流体不连续性的修正系数，对液体可取为 $k = 1$。表 9-3 中给出了室温条件下，密度为 2g/cm³ 的不同大小颗粒，经 1s 后的重力沉降距离 h 和统计平均位移 y 的计算值。不难看出，粒径较大时，例如当 $D = 5$μm 时，重力沉降距离（$h = 13.8$μm）远大于布朗运动的统计平均位移（$y = 0.42$μm）。但是，随着粒径的减小，布朗运动的影响加强，两者的差值减小，而当 $D = 1$μm 时，统计平均位移（0.93μm）已大于重力沉降距离（0.55μm）。由此可知，用重力沉降法测量 2～3μm 以下的颗粒是不妥当的。对多分散颗粒系，当试样中约有 10% 的颗粒小于上述粒径下限时，应不再使用重力沉降法。表 9-3 中的数据按密度为 2g/cm³ 的颗粒计算而得。由式（9-15）可知，统计平均位移 y 与颗粒密度无关，而重力沉降距离 h 与密度相关，为此，密度较大颗粒的测量下限可以更小一些。

表 9-3　球形颗粒（ρ = 2g/cm³）1s 后在水中的沉降距离 h 和统计平均位移 y

粒径 D/μm	0.1	0.25	0.50	1.0	1.5	2.0	2.5	5.0
h/μm	0.006	0.035	0.14	0.55	1.25	2.22	3.46	13.8
y/μm	2.94	1.86	1.34	0.93	0.76	0.66	0.58	0.42

在离心沉降法中，颗粒受到的离心加速度远大于重力加速度，可以显著减少布朗运动的影响，使测量下限大大降低。实践中常常遵循这一准则，即当统计平均位移小于离心沉降距离的 1/10 时，可以略去布朗运动的影响不计。显然，转速越高，可测量的粒径下限越小。目前，高速离心沉降仪的测量下限已达 0.05μm，甚至更小，但这时它的测量上限也相应地大大减小。

9.2.5　Stokes 公式的其它影响因素

9.2.5.1　非球形颗粒和 Stokes 当量径

Stokes 公式适用于表面光滑、均质刚性的球形颗粒，下沉时颗粒可沿重力方向占有任意方位。但大多数粉末颗粒为不规则状，对非球形颗粒，沉降法给出的是 Stokes 当量径，它定义为密度相同且有着相同最终沉降速度时的球形颗粒的粒径。例如，某一密度为 ρ_s = 3.8g/cm³ 的不规则状颗粒，如果它的最终沉降速度与相同密度（3.8g/cm³）粒径为 7.6μm 的球形颗粒相同，则该不规则形状颗粒用沉降法测量所得粒径即为 7.6μm，或称其 Stokes 当量径为 7.6μm。很显然，如果该不规则形状颗粒用其它方法如筛分法或显微镜法测量，其粒径会有不同的数值。

对液滴等非刚性颗粒，沉降过程中受到外力后会变形，以最小阻力的最佳形状（流线形）下沉。其最终沉降速度将比 Stokes 公式的计算值大，其值与液滴和分散液体之间的黏度差值有关。在气溶胶工程中，雨滴在空气中的沉降速度要比 Stokes 公式计算的约大 8%。小气泡在液体中的上升也有类似的情况。

9.2.5.2　有限容器的影响

Stokes 公式讨论的是一个颗粒在无限空间容器中的沉降，这是一种理想情况。实际上，测量器皿或沉降筒的尺寸是不大的。颗粒在有限容器中沉降时，要受到壁面以及流体流线变形的影响。由于黏性的存在，附面层内的液体受到滞阻，流体流线的变形也会增大阻力。Allen 对 Stokes 阻力公式作了如下的修正：

$$F_D = 3\pi\eta Du(1+kD/L) \tag{9-9a}$$

式中，L 是颗粒中心到容器壁面的距离，k 是一常数，对圆柱筒，$k = 2.104$。按此，即可相应地写出：

$$u = u_{st}\frac{1}{1+kD/L} \tag{9-10b}$$

$$D' = D\sqrt{1+kD/L} \tag{9-11b}$$

例如，一个粒径 $D = 50\mu m$ 的颗粒，在 1.0cm 圆柱筒的中心处下沉，将 $L = 0.5$cm 代入得 $D' = 1.01D$，即为达到相同最终沉降速度，颗粒粒径应比理想情况（容器无限大）时的粒径约大 1%，二者相差不大，但对靠近壁面处的那些颗粒，这一影响将逐渐增大。

9.2.5.3 颗粒间的相互影响和试样的浓度

Stokes 公式观察的是一个孤立颗粒的沉降。当存在两个颗粒且相距较近时，根据这两个颗粒的相互位置（上下或同一水平）和粒径大小（粒径相同或不同）可以有不同的影响。例如，一个下降中的颗粒可以产生带动其前另一个颗粒下沉的曳带作用（雨水清洗空气中的尘埃属于这种情况），颗粒下沉排挤相同体积液体时的排斥作用会阻碍临近颗粒的下沉和可能引起颗粒的滚翻和旋转，使阻力增大，以及颗粒之间可能产生的团聚（这已被实验所证实）等。这些情况很复杂，尽管有人对此进行了不少的理论研究，但很少得到实际应用。

实验研究同时指出，如果两个颗粒相距大于粒径的 10 倍时，即可略去其间的影响不计。因此，消除颗粒之间相互影响的有效而又简单的方法就是限制试样的浓度。显然，试样浓度越稀，颗粒之间的相互影响就越小，但也不是越稀越好。为得到足够的测量信号强度（信噪比），以提高测量精度，一般将试样的体积分数限制在 0.01%～1.0% 之间。在线始法中，试样是由液体表面的薄层加入的，该处的起始浓度最大，颗粒间的相互影响比较明显。

9.2.5.4 流体的不连续性

以上讨论中，假设流体（液体或气体）为连续介质，即颗粒与流体之间不发生滑移（shift）。众所周知，一切物质都由分子组成。因此，从微观上讲，流体是不连续的。这一影响可以由分子平均自由程 δ，或平均自由程 δ 与粒径 D 之间的比值（称 Kundsen 数，$K_n = D/\delta$）来表征。分子平均自由程是分子在连续两次碰撞之间所经过的平均距离。当粒径远小于平均自由程时（称分子自由区），流体的不连续性将表现出来。这时，流体不再是连续的，而是以离散的方式阻止颗粒的运动，而颗粒似乎可以更自由地"穿行"在流体分子之间，所受到的阻力较小，其最终沉降速度也就比式（9-10）计算的要大。当粒径大于分子自由程时为连续介质，二者之间则为过渡区。液体分子的平均自由程很小，一般都可不考虑沉降时液体不连续的影响。

然而，空气分子的平均自由程较大，标准状态下其值为 $\delta = 0.066\mu m$。在气溶胶工程中，当小颗粒在空气中沉降时就往往要考虑流体（空气）不连续性的影响。1910年坎宁汉（Cunningham）给出了修正流体不连续性的滑移修正系数 C_c[14]。

$$C_c = 1+2.52\delta/D \tag{9-16}$$

由式可知，坎宁汉修正系数大于 1。式（9-16）在气溶胶工程中得到广泛的应用，例如，当 $D = 1\mu m$ 时，$C_c = 1.16$，即 $1\mu m$ 的颗粒在空气中沉降时，其最终沉降速度比按 Stokes 公式计算的要快 16%；当 $D = 0.5\mu m$ 时，$C_c = 1.33$，比 Stokes 公式计算的快 33%。但当粒径增大后，系数 C_c 接近于 1.0。

9.2.5.5 其它

当液体内部或液体与室温之间存在温差，或者加入的待测试样温度与液体的温度不相等时，都会在液体内部造成自然对流现象。自然对流干扰了颗粒在液体中的平稳下降，为此，应避免任何不均匀温度场或温度梯度的出现。

颗粒形状对沉降的影响也很大，例如，对称性差的颗粒沉降时会伴随着颗粒的翻滚，薄片形颗粒沉降时可能左右摇晃等，与垂直下沉的假设条件有很大的差别。当颗粒的最大横断面与沉降方向垂直时的下沉速度将小于其最小横断面与沉降方向垂直时的下沉速度，为此，非球形颗粒的测量结果与其沉降时的取向有关，具有较大的分散性。

9.2.6 测量方法及仪器类型

沉降法测粒仪的基本原理虽然相同，但在诸如试样的加入方法，被测量的参数，以及这些参数是怎样被测量的等方面却有很大的不同。下面分别作一讨论。

9.2.6.1 线始法和均匀悬浮法

根据被测试样的加入方式，或试样在沉降介质中的初始状态可分为线始法和均匀悬浮法。线始法又称层铺法，是把试样由液柱的顶部加入，呈一薄层。如图 9-10（a）所示。因而，沉降开始时可以认为所有颗粒均由同一高度下沉。均匀悬浮法则假设沉降开始时，被测颗粒均匀地分散在液体内部各处。例如，假设试样中 $5\mu m$ 的颗粒共有 1000 个，如将液柱沿深度等分为 20 个薄层，则每个薄层中各有 50 个，若 $10\mu m$ 的颗粒共有 2000 个，则每层中各有 100 个，以此类推。即沉降开始时，它们的初始位置各不相同，但均匀地分散于液体内部各处，如图 9-10（b）所示。

线始法比较简单，数据处理也比较简单，但由于加入的试样全部集中在液柱表面的薄层，试样起始浓度较大，颗粒之间的相互影响也大。均匀悬浮法虽可避免这一缺点，但要把全部颗粒真正地均匀分散在液体内部各处却并不容易。

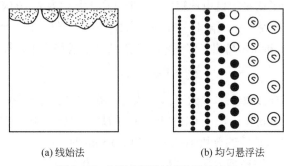

(a) 线始法　　　　　　　　(b) 均匀悬浮法

图 9-10　试样在沉降液中的初始状态

通常的做法是在试样加入后，对悬浮液进行搅拌，或者将沉降筒摇晃几次。这么做实际上难以做到使被测颗粒在液体内部各处完全均匀分布，从而导致测量结果的偏差，均匀悬浮法的数据处理也较复杂。目前，在离心沉降仪中，线始法和均匀沉降法均有应用，而均匀悬浮法则在重力沉降仪中用得较多。

9.2.6.2　测量参数

Stokes 公式虽然建立了最终沉降速度 u_{st} 与粒径 D 之间的单值对应关系，但所有沉降类颗粒测粒仪几乎都不是直接通过测量 u_{st}，而是测量一个与之相关的物理量来确定试样的颗粒分布，如测量液面下某一深度处的压力、密度、重量、浓度、光的浊度（消光）等，现以线始法为例说明之。设试样由三种不同大小的颗粒组成，$D_1 > D_2 > D_3$。沉降开始时 [$t = t_0$，见图 9-11 (a)]，所有颗粒均在液面。沉降开始后，这些颗粒各以自己所对应的沉降速度下沉。由于 $D_1 > D_2 > D_3$，故 $u_{st1} > u_{st2} > u_{st3}$。一定时间 t_1 后，下沉的距离分别为 h_1（$= u_{st1}t_1$）、h_2（$= u_{st2}t_2$）和 h_3（$= u_{st3}t_3$）。显然，$h_1 > h_2 > h_3$ [图 9-11 (b)]。设测点位置为 a，与液面距离为 h。只要 $h > h_1$（$> h_2 > h_3$），即粒径最大的颗粒 D_1 尚未下沉到测点所在位置，则该点（或液面）的各个物理量（如压力、浓度、消光等）不变，与初始值相等。若沉降时间增大，且 $h_1 > h$ 但 $h_2 < h$，[图 9-11 (c)]，即粒径为 D_1 的大颗粒均已通过该液面，则 a 点以上的液体中不再有粒径为 D_1 的颗粒。这时，该点的相关物理量，如压力、密度、重量、浓度、浊度（或消光）等将发生变化。当沉降时间继续增加，$t_3 > t_2$ [图 9-11 (d)]，使粒径为 D_2 的颗粒也都下降到液面 h 以下时（$h_2 > h$），上述参数继续变化，直到颗粒粒径为 D_3 的最小颗粒也已下降到液面 h 以下时为止 [图 9-11 (e)]，这时，由于测点以上液体中不再有颗粒，上述各个参数将不随时间变化。测得上述参数随时间的变化规律后，进行相应的数据处理即可从中求得试样的粒径分布。为了最大限度地取得最重要、最丰富的信息，测量起始时间和延续时间的取值十分重要。例如，当最大粒径的颗粒尚未下沉到测点位置，或最小颗粒已下沉到测点以下的数据都是无效的。均匀分布法的情况与上类似，不再重复。

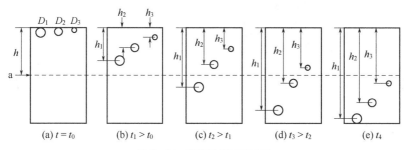

图 9-11 线始法的沉降过程

由于可测参数的多样性，在重力沉降仪的发展过程中，曾经出现过许多种不同的仪器类型。例如，测量浓度变化的移液管法，测量重量变化的沉降天平，测量密度变化的比重计法、沉没子法和密度差天平，以及测量浊度或消光变化的光透法和 X 射线法等[16-19]，其中相当一部分已经不再生产和使用了。目前，在重力沉降仪中，以光透沉降仪及沉降天平应用最多，在离心沉降仪中则都采用光透法。移液管法虽然比较原始，测量时间也长，但其设备十分简单，仔细操作时也可得到比较准确的测量结果，测量重复性也较好，目前尚有一定的应用。

9.2.6.3 测量方式

上面提到的与最终沉降速度相关的各个物理量原则上可以有两种不同的测量方式，即固定深度法和固定时间法。固定深度法是在距液面一定深度处测量这些参数随时间的变化规律，数据处理后从中得到试样的粒径分布。固定时间法则是在沉降开始后的某一特定时刻，测量上述参数沿液面高度的变化规律，实践中也有二者综合使用的。比较起来，前者的结构简单，操作方便，而后者是通过扫描来实现的，结构相对复杂。为此，固定深度法得到了更多的应用。

固定深度法的测量点或测量面总有一定的厚度 Δh，固定时间法的测量时间也有一定的延续 Δt，为得到高的测量分辨率，Δh 及 Δt 应尽可能小。

9.2.6.4 数据采集模式

按数据采集模式，沉降法可分为增量法和累积法，也有称为微分法和积分法的。无论在上面所讨论的固定深度法或固定时间法中，凡测量某一物理量随时间或随液面高度变化的都称为增量法或微分法；反之，凡测量某一液面以上所有颗粒总量的则称为累积法或积分法，沉降天平是累积法的最好例子。图 9-12 和图 9-13 中分别给出了线始法和均匀悬浮法时两种数据采集模式的工作原理图。比较起来，增量法的测量速度较快，累积法的优点是所需试样量较少。目前，这两种模式都得到了应用。

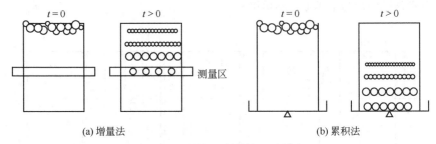

(a) 增量法

(b) 累积法

图 9-12 线始法时的数据采集模式

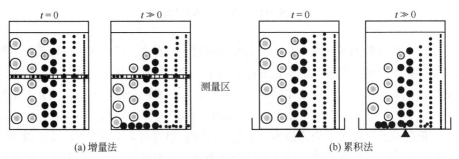

(a) 增量法

(b) 累积法

图 9-13 均匀悬浮法时的数据采集模式

沉降仪的种类很多，下面以目前得到较多应用的沉降天平和光透沉降仪为例作介绍。

9.2.7 沉降天平

顾名思义，沉降天平测量的是沉降到天平托盘上全部沉积物的重量，它属于累积法。

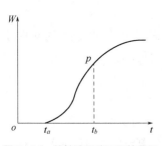

图 9-14 线始法沉降天平的累积重量-时间曲线

在线始法的情况下，所有颗粒认为是由同一起始高度并以与粒径平方 D^2 成正比的最终沉降速度 u_{st} 下降，粒径较大的颗粒先沉降到托盘上，其后则是较小的颗粒，可得如图 9-14 中所示的累积重量-时间 (W-t) 曲线。曲线的起始点不在原点，t_a 是最大粒径 D_{max} 的颗粒由液面沉降到托盘所需的时间。之后，随着时间的增大，粒径较小的颗粒相继沉降到托盘上，沉降颗粒的累计重量不断增大，直到最小粒径 D_{min} 的颗粒到达为止。根据测量所得到的 W-t 曲线可以方便地换算成试样的累计重量与粒径的分布曲线 W-D。例如，由

曲线任一点 p 的横坐标（时间坐标）t_b 除以液面到托盘的距离（是一定值），可得该点的沉降速度，由式（9-11）可进一步求得所对应的粒径 D_b，则 p 点的横坐标就对应于颗粒粒径 D_b，而其纵坐标就是试样中所有粒径大于 D_b 的颗粒的累积重量。

均匀分布的情况比较复杂一些。如前所述，测量开始后，所有颗粒均以与粒径平方 D^2 成正比的速度由初始所在位置向下沉降。但它们的初始位置各不相同，不是像线始法那样全都位于液面，而是均匀地分布在液体内部各处，包括天平托盘处。因此，测量开始后，紧靠托盘的那些颗粒，无论是最大粒径 D_{max} 的颗粒、最小粒径 D_{min} 的颗粒、还是其它粒径的颗粒，都会立即沉降到托盘上，但它们的沉降速率不同。粒径较大的颗粒沉降速率较大；反之较小。其沉降曲线如图 9-15（a）所示，显然，W-t 曲线通过原点。

为讨论方便起见，先假设液体中只有一种粒径为 D_a 的颗粒。由于它们均匀地分散在液体内部各处，且沉降速度相等，其在托盘上的累积沉降量将随时间线性增加，如图 9-15（b）线段 1 所示。线段通过原点，斜率则与颗粒的沉降速度，即颗粒粒径的平方 D_a^2 成正比。到达 a 点后，初始位于液体表面的颗粒也已沉降到托盘上。之后，随着时间的增加，累积沉降物重量保持不变。全部颗粒沉降完毕所需时间 t_a 可以方便地先根据粒径 D_a 求得其最终沉降速度再除以液面到托盘之间的距离 h 后求得。若颗粒的粒径 D_b 较小，$D_b<D_a$，则其沉降曲线如图中线段 2 所示，斜率应小于线段 1 的斜率，而颗粒全部沉降完毕所需的时间较长，即 $t_b>t_a$。

若试样中同时有 D_a 及 D_b 两种颗粒，则其沉积曲线应由线段 1 和 2 叠加而成，如图 9-15（c）所示。在起始段 oc（$t<t_a$），D_a 及 D_b 两种颗粒同时在托盘上沉积。t_a 时刻，粒径为 D_a 的大颗粒沉降完毕。之后（$t_b>t>t_a$），只有粒径较小的 D_b 颗粒继续下沉，cd 段的斜率变小，与线段 2 的斜率相等，曲线在 c 处有一明显的转折。t_b 时刻，粒径较小的颗粒也已沉降完毕，曲线变为水平。

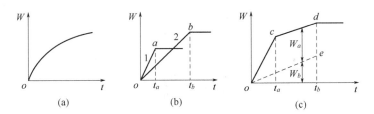

图 9-15 均匀悬浮法沉降天平的累积重量-时间曲线

在原点作 oe 与 cd 平行，即 oe 的斜率与线段 2 的相等。oe 表示不同时刻小颗粒 D_b 在托盘上的累积沉积量。则任一时刻 t 时，总沉积物中 D_a 与 D_b 的份额便可直接由图中求得，如 W_a 和 W_b 所示。

若试样是一多分散性颗粒，则其沉积曲线应是一连续光滑曲线。曲线通过原点，斜率逐渐变小，表现为向上凸出，如图 9-15（a）所示。

测量得到累积重量曲线 W-t 后，可以有不同的方法求得被测试样的粒径分布。图解法是一大类[13,17]，1926 年 Oden 则首先提出了分析计算法[20]，其后 Bostock 对此作了进一步改进[21]。分析法的要点是：任一时刻 t 沉降到托盘上的颗粒重量由两部分组成，第一部分是沉降速度$>h/t$ 的所有颗粒。由 h/t 按 Stokes 公式求得的所对应的颗粒，设为 D_t，则第一部分即为所有粒径大于或等于 D_t 的颗粒的累积重量，不管它们的起始位置在液体中的何处，经时间 t 后都能沉降到天平上，其量可表示为：

$$\int_{D_t}^{D_{max}} f(D)\mathrm{d}D \tag{9-17}$$

式中，$f(D)$ 为颗粒的频率分布曲线。

第二部分则为粒径小于 D_t 的颗粒重量，这部分颗粒尽管粒径较小，不能在 t 时间内全都沉降到托盘上，但由于它们均匀地分布于液体各处，其中仍有一部分能沉降到托盘上。这一部分的份额可以方便地求得如下。设某一粒径为 D 的颗粒的沉降速度为 v_d，t 时刻后能沉降到托盘上的份额即为 v_d^t / h，因此，第二部分的累积重量可表示为：

$$\int_{D_{min}}^{D_t} \frac{v_d^t}{h} f(D)\mathrm{d}D \tag{9-18}$$

总重即为两者之和：

$$W = \int_{D_t}^{D_{max}} f(D)\mathrm{d}D + \int_{D_{min}}^{D_t} \frac{v_d^t}{h} f(D)\mathrm{d}D \tag{9-19}$$

对时间微分得：

$$\frac{\mathrm{d}W}{\mathrm{d}t} = \int_{D_{min}}^{D_t} \frac{v_d}{h} f(D)\mathrm{d}D \tag{9-20}$$

令托盘中第一部分，即粒径大于 D_t 的颗粒累计重量为 W_t，由式（9-19）可得：

$$W = W_t + t\frac{\mathrm{d}W}{\mathrm{d}t} \tag{9-21}$$

或

$$W_t = W - t\frac{\mathrm{d}W}{\mathrm{d}t} \tag{9-22}$$

由此，根据测量所得的 W-t 曲线，按式（9-22）即可逐一求得试样的粒径分布。数据处理过程中，主要误差来自斜率 $\mathrm{d}W/\mathrm{d}t$ 的确定。增大或减小测量时间间隔都无益于精度的改善。近年生产的沉降天平，大都配有计算机，对大量试验点进行光顺化处理或曲线逼近，可以减小误差。

9.2.8 光透沉降法

光透沉降法又称浊度沉降法或消光沉降法，光透沉降仪是沉降类颗粒测量仪中应用最为普遍的一种。设光束（通常为白光）在液面下某一固定深度处穿过待测悬浮液（图 9-16）。由于颗粒的存在，光束穿过悬浮液后的强度受到衰减。令入射光和投射光的强度分别为 I_0 和 I，$I < I_0$，则入射光的衰减程度或消光值 I/I_0 将是表征颗粒粒径的一个尺度。为此，测定消光值随时间的变化，即可从中求得试样的粒径分布。

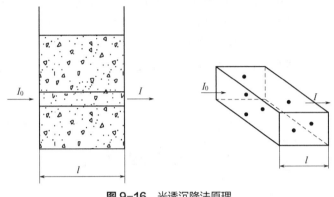

图 9-16 光透沉降法原理

与其它物理量的读取方法相比，由于光的透射性，这种方法对被测试样无任何干扰作用，是其明显的优点。特别在离心沉降的情况下，要从高速旋转的试样中读取信号，光透法实际上是唯一可行的方法。

根据散射原理，当光束穿过一含有颗粒的悬浮液时，光的衰减是由颗粒对入射光的散射和吸收作用所导致的。消光值 I/I_0 可由 Lambert-Beer 定律决定[22]：

$$\ln \frac{I}{I_0} = \tau l \tag{9-23}$$

式中，l 是悬浮液的厚度；τ 是悬浮液的浊度。当悬浮液中的颗粒粒径为 D 时，其浊度可写为（详见第 4 章消光法一节）：

$$\tau = \frac{\pi}{4} D^2 N k_{ext} \tag{9-24}$$

式中，N 是单位容积中的颗粒粒数；k_{ext} 为消光系数。若颗粒为多分散性时，浊度应是各组成部分之和，可写为：

$$\tau = \frac{\pi}{4} \int_{D_{min}}^{D_{max}} f(D) D^2 k_{ext} dD \tag{9-25}$$

式中，$f(D)$ 是颗粒的频率分布函数；$f(D)dD$ 是粒径在 D 和 $D+dD$ 范围内的颗粒数。代入式（9-23）后得：

$$\ln(I_0 / I) = \frac{\pi l}{4} \int_{D_{min}}^{D_{max}} k_{ext} f(D) D^2 dD \tag{9-26}$$

或

$$\ln(I_0 / I) = \frac{\pi l}{4} \sum_{1}^{N} k_{\text{ext},i} N_i D_i^2 \tag{9-27}$$

式（9-26）和式（9-27）建立了消光值 I/I_0 与粒径分布（D_i, N_i）之间的对应关系。消光值测得后，一般都由计算机进行数据处理，求得被测试样的粒径分布。

当颗粒较小时，由于沉降速度很慢，光透沉降类仪器的测量时间很长。为此，有些产品设计为扫描式，其光学系统（光源及检测器）与沉降筒之间有一相对运动，在读取或记录光束的消光值随时间变化的测量过程中，整个光学系统逐渐向液面顶部恒速移动（参见图 9-17），使得小颗粒得到更多的测量，以降低测量时间。

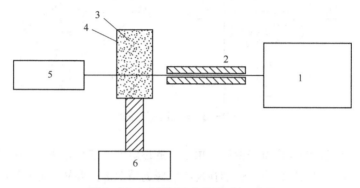

图 9-17 X 射线沉降仪的原则性示意图

1—X 射线源；2—铅块；3—悬浮液；4—器皿；5—接收元件；6—驱动机构

需要指出，以上各式中的消光系数 k_{ext} 并不是一个常数，而是与颗粒粒径、入射光波长、颗粒材质的折射率和吸收系数等密切相关。k_{ext} 的数值虽可按散射理论求得（见第 3 章），但其计算很复杂，特别当光源为白光时（白光是组合光，由各种不同波长的光组成），计算更为烦琐，使得在数据处理时，产生很大的困难。为简单起见，生产厂商都将消光系数 k_{ext} 取为一常数，按厂方所提供的数据取值。这么做会给测量结果带来误差，特别当粒径较小时，误差更大。例如，白光光源时，0.2μm TiO$_2$ 颗粒消光系数 k_{ext} 的数值约是 0.1μm 时的 10 倍，而 0.4μm TiO$_2$ 颗粒将是 0.1μm 的 23 倍，因此，Allen 认为，在对小颗粒进行测量时，如不对消光系数进行修正，测量结果只能供互相对比参考之用[23]。

为消除这一缺点，一些仪器制造厂商采用波长非常短的 X 射线取代白色光。其工作原理与以上讨论过的没有什么差别，只是当 X 射线穿过悬浮液时，射线强度的衰减以颗粒的吸收为主，散射作用很小，其衰减主要与试样的质量浓度 c 有关：

$$\ln \frac{I}{I_0} = Bcl \tag{9-28}$$

式中，B 是与颗粒吸收系数有关的常数。

图 9-17 中给出了 Micromeritics 公司生产的 X 射线沉降仪的原则性示意图。由

同位素源产生的 X 射线穿过铅块的缝隙并经校直, 射线的断面约为 1cm 宽, 0.005cm 厚, 在接近沉降筒的底部穿过悬浮液。随着测量过程的进行, 盛有悬浮液的器皿或沉降筒由一驱动机构操纵, 位置逐渐降低, X 射线即沿液高方向进行扫描, 减少了测量时间。这种情况下, X 射线的衰减将同时是时间及液深二者的函数。已知沉降筒的下降速度或 X 射线的扫描速度后, 不难对测量数据进行处理, 从中求得试样颗粒的重量分布。

无机类颗粒可采用 X 射线沉降法测定。一般来说, 当颗粒的原子序数超过 14 时, 用 X 射线沉降法比较合适。否则, 因吸收系数太小 (如有机类颗粒) 仪器将无法使用。

X 射线沉降仪所需的试样浓度较大, 根据被测颗粒的原子序数不同, 其试样浓度在 0.2%～4% 之间[19]。由于试样浓度较高, 应采用均匀悬浮法。

参考文献

[1]   Coulter W H. U. S. Patent 2656508, 1953.

[2]   British Standard 3406: Part 5, 1983.

[3]   AFNOR Standard NF Ⅻ-670. AFNOR. France, 1989.

[4]   Scarlett B. Theoretical Derivation of the Response of a Coulter Counter. Preprint of 2nd European Symposium on Particle Characterization PARTEC. Nuernberg, 1979.

[5]   Lineo R W. The Electrical Sensing Zone Method, The Coulter Principle// Liquid-and Surface-borne Particle Measurement Hand Book. New York:Maecel Dekker, Inc., 1996.

[6]   Lineo A. Theory of the Coulter. Bulletin TI. Coulter Electronic Inc., 1957.

[7]   Saleh O A, Sohn L L. Quantitative sensing of nanoscale colloids using a microchip Coulter counter. REVIEW OF SCIENTIFIC INSTRUMENTS, 2001, 72(12): 4449-4451.

[8]   Jagtiani A V, Carletta J, Zhe J. An Impedimetric Approach for Accurate Particle Sizing Using a Microfluidic Coulter Counter. J Micromech Microeng, 2011, 21(4): 045036.

[9]   Kim J, Kim E G, Bae S, Kwon S, Chun H. Potentiometric Multichannel Cytometer Microchip for High-throughput Microdispersion Analysis. Analytical Chemisrtry, 2013, 85(1): 362-368.

[10]   http://www. resunbio. cn/Products-36380442. html.

[11]   Goeransson B. Improved Accuracy in the Measurement of Particle Size Distribution with a Coulter Equipped with a HDF Aperture. Part Part Syst Charact, 1990, 7(1): 6-10.

[12]   Thom R. Vergleichende Untersuchungen zur Electronischen Zellvolumen-analyse. AEG Telefunken. ULM, 1972.

[13]   [美]Allen T, 著. 颗粒大小测定. 3 版. 赖华璞, 等译. 北京: 中国建筑工业出版社, 1984.

[14]   Hinds W C. Aerosol Technology. New York: John Wiley & Sons, 1982.

[15]   [美]Dennis R, 著. 气溶胶手册. 梁鸿福, 等译. 北京: 原子能出版社, 1988.

[16]   [日]三轮茂雄, 日高重助, 著. 粉体工程实验手册. 杨伦, 谢涉娴, 译. 北京: 中国建筑工业出版社, 1987.

[17]   童钻嵩, 编著. 颗粒粒度与表面测量原理. 上海: 上海科学技术文献出版社, 1989.

[18]   Washington C. Particle Size Analysis in Pharmaceutical and Other Industry. Ellis Horwood Limited, 1992.

[19] [美]Fayed M E, Otten L, 著.粉体工程手册. 卢寿慈, 王佩云, 等译. 北京: 化学工业出版社, 1992.

[20] Oden S. Sedimentation Analysis and its Application to the Physical Chemistry of Clay and Precipitates// Alexander J, ed. Colloid Chemistry, Chemical Catalog Co. N. Y., 1926.

[21] Bostock W J. Particle Analysis in Sedimentation. J Sci Instr, 1952, 29:209.

[22] Kerker M. The scattering of Light and Other Electromagnetic Radiation. Academic Press, 1969.

[23] Allen T. Particle Size Measurement.5th ed. Chapman & Hall, 1997.

第 **10** 章

工业应用及在线测量

10.1　喷雾液滴在线测量

喷雾的应用十分广泛，例如：在医药领域有喷雾式药剂、消毒液等；在日常生活中有喷雾降温、喷雾加湿、喷雾清洗、淋浴喷头、油漆喷涂等；在农业上有农药喷洒、喷雾灌溉等；在灭火消防中利用雾滴隔断空气；在火电厂排放的喷雾脱除技术和矿场中的喷雾除尘；在冶炼行业中的粉末冶金；在燃油动力方面燃油都经过喷嘴雾化成油滴进入燃烧室。

各种应用场合对喷雾的需求有着巨大的差异，导致了喷嘴的多样性及其相应的技术参数的多样性。以雾化机理来分，有压力雾化和气流雾化等。从喷嘴结构来分类，主要有圆柱形直孔喷嘴、锥形喷嘴、螺旋喷嘴、组合式喷嘴、文丘里喷嘴和特种喷嘴等。从雾化场区域来分，有实心锥喷嘴、层分布锥喷嘴和空心锥喷嘴。这类喷嘴的雾化场一般具有比较大的锥角。广角喷嘴和螺旋喷嘴的锥角可达 170°。按照雾化场形状来分，有圆形喷嘴、椭圆形喷嘴、标准方形喷嘴、矩形喷嘴和扇形喷嘴等。此外，还可根据喷嘴材料、喷嘴工作压力、喷嘴的应用场合等进行分类。

在喷嘴雾化应用中，雾滴的粒度及其分布是最重要的参数之一。以燃油喷嘴雾化为例，燃油雾滴的细度决定了燃油的表面积从而影响到燃烧时间和发动机输出功率；雾化质量不佳可导致燃油的不完全燃烧和排放，影响能源效率、导致发动机内部积炭、加剧空气污染，严重时会导致发动机熄火，造成运行安全隐患。

在不同的应用场合，对雾化细度有不同的要求。譬如，燃气轮机的雾化细度要求不大于 200μm，油粒直径主要分布在 10～40μm；水雾灭火的雾化细度要求不大于 1000μm，中位径一般在 150～400μm 之间，小于 150μm 的雾滴易受风力影响漂移，但对于细水雾灭火的雾化细度则要求在 30～50μm，且粒度分布比较窄，这样水雾可以基本同时蒸发，形成高浓度的水蒸气层，阻碍氧气的扩散，达到窒息火焰的目的[1]；在医学上，吸入式药物治疗要求雾粒的直径一般在 4～30μm 之间[2]。因此，对喷雾液滴进行在线测量，对喷嘴的设计、喷嘴工作参数的优化等都具有非常重要的意义。

10.1.1　激光前向散射法测量

第 3 章 3.3 节介绍的基于前向散射光角分布的激光粒度仪被广泛应用于对喷雾的粒度及其分布进行在线测试。为了适应喷嘴雾化场的特殊环境，激光粒度仪的结构进行了相应的改动，称作喷雾激光粒度仪或喷雾粒度分析仪。国内主要产品有丹东百特生产的 Bettersize2000S 喷雾激光粒度仪、珠海欧美克 DP-02 型喷雾粒度分析仪、真理光学 Spraylink 高速喷雾粒度分析仪、山东济南维纳 Winner319 工业喷雾激光粒度仪和 Winner311XP 喷雾激光粒度分析仪、成都精新 JL-3000 型全自动喷雾激光粒度仪等。国外的主要产品有英国 Malvern 的 Spraytec 喷雾粒度仪、美国 Microtrac 的 Aerotrac 喷雾粒度分析仪等。这些喷雾粒度仪的粒径测量下限都达到了 1μm 以下（某些达到 0.1μm），测量上限大都在 1000μm 或以上。测量重复度优于 3%。

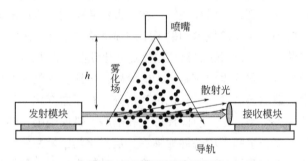

图 10-1　喷雾粒度仪示意图

激光喷雾粒度仪包含发射和接收两个关键模块，如图 10-1 所示。其中，发射模块输出一束直径数毫米的准直激光束，用于照射雾化场；接收模块用于探测雾滴散射光的角分布信号并进行光电转换和放大，输出到计算机进行数据处理。接收模块的关键部件是大口径的接收透镜和环状（扇形）多元探测器。两个模块通常安装在一个导轨上，有利于灵活调整两个模块之间的距离从而适用于多种雾化场的测试。同时，便于调试使得多元探测器对中到良好的工作状态。雾化场位于发射模块和接收模块之间，为防止雾滴对光学器件的污染，两个模块应离开雾化场一定距离，或者对光学器件做一定的防污隔离，如增设隔离气幕等。为了喷雾粒度仪的测量下限和测量上限同时得到保证，接收透镜采用大口径的傅里叶透镜，使小雾滴发出的较大散射角的信号在接收口径范围内从而能够被探测到。同时使入射光束得到很好的聚焦以保证小散射角信号的探测质量。此外，部分喷雾粒度仪还在发射模块中设置了后向散射探测器，用于辅助小雾滴散射光的探测。

在使用喷雾粒度仪时应注意以下几方面的问题：每一款喷嘴都有其规定的工作距离，雾滴的测量应在工作距离下进行，即入射光光束应离开喷嘴口合适的距离 h；喷雾粒度仪的发射模块和接收模块分别位于雾化场的两侧，入射光穿过整个雾化场，因此探测到的信号来自于整个光路中雾滴的散射光，探测结果代表喷嘴口下方 h 高度水平面被照射区域内雾滴的整体情况；在喷雾流量较大的情况下，遮光率较高、复散射现象严重，需要对测量进行修正；雾化场中粒径小于 150μm 的雾滴易受风力影响，应做好喷雾粒度仪的防护；对于锥角较大的雾化场，喷雾粒度仪两个模块之间的距离比较远，远离接收模块一侧的小雾滴散射光有可能无法进入探测角范围（参见第 3 章 3.4.3 节），导致粒径测量结果偏大。可考虑用挡板将部分雾化场遮挡在测量区外，在缩短喷雾粒度仪两个模块之间的距离的同时使得测量区厚度减小。这样既可使测量区中所有颗粒的散射光信号进入探测角范围，又能减少复散射效应，从而保证测量结果的合理性。但需要做好喷雾粒度仪的防护。

当需要对雾化场中某个特定区域进行测量时，分体结构的喷雾粒度仪往往无法满足需求。图 10-2 给出了一种针对喷嘴雾化场进行探测的探针结构，将发射模块和接收模块封装在一起，测量区长度约 80mm，在测量区两侧反充保护气使得雾滴与光学器件隔离。探针做密封处理后可深入雾化场定点进行测试。

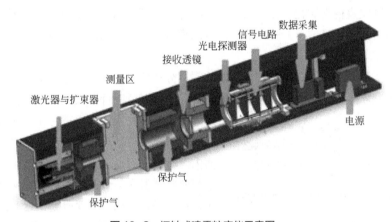

图 10-2 探针式喷雾粒度仪示意图

针对某款燃油喷嘴在喷嘴口下方 120mm 处测量。先对喷嘴递增供压，依次为 0.3MPa、0.5MPa 和 1.0MPa，测试得到的 D_{V50} 值分别为 77.4μm、65.3μm 和 53.7μm；然后进行重复测试，压力依次递减时测量得到的 D_{V50} 值分别为 54.4μm、65.0μm 和 77.6μm。该测试过程中，入射光遮光率 OBS 值在增压过程中分别为 0.120、0.160 和 0.188，减压过程中依次为 0.192、0.157 和 0.122。图 10-3 为 0.5MPa 压力下通过自由模式反演计算得到的雾滴粒径分布曲线，接近 R-R 分布。在压力变化过程中，粒径分布曲线形状未表现出明显的变动，但雾滴 D_{V50} 值随着压力增大往小粒径方向变化且分布宽度减小。可以看出，整个工况变化情况下测试结果具有较好的重复性，遮光率OBS 值显示未发生明显的复散射效应。

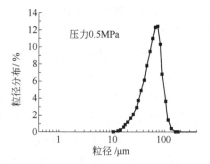

图 10-3　测量得到的燃油喷嘴雾化场粒径分布曲线

10.1.2　消光起伏频谱法测量

在光脉动法中，采用一束窄光束照射流动的颗粒群，接收透射光信号。由于颗粒的散射和吸收作用透射光强度发生衰减，透射光强度 I 与入射光强度 I_0 之比称为透过率 T。测量时需记录透射光平均值和透射光标准差，利用第 4 章 4.2 节介绍的 Gregory 模型可计算得到颗粒的平均粒径和浓度信息。

需要注意的是，Gregory 模型只适用于颗粒粒径小于光束直径 20%的情况。如果颗粒粒径大于这个范围，由于颗粒在光束边缘的概率增大，会引起一定的测量误差。但颗粒粒径过小时，透射光信号的脉动幅度会随之减小甚至淹没在噪声中，这对测试也是不利的。此外颗粒浓度较高或者测量区厚度增大时颗粒交叠效应（复散射效应）引起的误差也不容忽视。后期发展的消光起伏频谱法理论模型适用于光束直径与颗粒直径之比在 0.05～10 的范围，即对于某个固定宽度的窄光束可测试的粒径范围为光束直径的 0.1～20 倍。改进的模型对大颗粒的测试能力得到很大程度的提升。

在实际应用中为了同时获得雾滴的粒径分布信息和速度信息，平行设置两束相同的窄宽度入射光沿着相同方向传输，用两个探测器探测两路透射光信号，如图 10-4

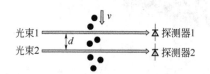

图 10-4　消光起伏频谱法测试技术光路图

所示。两束窄光束中心间隔为 d，雾滴运动方向垂直于光束传播方向且与两束光束在同一平面内。雾滴先后通过第一束和第二束入射光，引起两路透射光信号产生脉动。对两路透过率脉动信号进行互相关处理得到延迟时间并与两光束中心距离 d 结合即可得到雾滴运动速度。对任意一路透射光信号进行频谱分析，通过反演计算即可得到雾滴的粒度分布曲线。透过率起伏频谱分析技术使得颗粒粒径的测量上限得到很大延伸。

基于透过率起伏频谱分析技术研制的探针结构在喷嘴雾化场测试中得到应用。在某款锥形喷嘴的测试中得到了 8～200μm 的雾滴粒径分布曲线；在火力发电厂烟道除尘超大型空心锥雾化场测试中，探针可测试粒径范围覆盖了 10～8000μm，实际测试得到的雾滴粒径分布曲线在 10～2000μm。

消光起伏频谱法具有结构简单、体积小、装置稳定的特点，容易做成探针结构深入雾化场内部测试。由于探测器只接收透射光信号且采用了窄宽度光束，发射端和接收端只需开设很小的通光窗口。因此，在喷雾测试应用中非常容易实现防护。其超大粒径范围的测试能力弥补了激光前向散射法在粒径上限方面的不足，约 10μm 的粒径测量下限可满足大部分雾化场雾滴粒径分布测试的需求。

10.1.3 图像法测量

前文介绍的动态图像法颗粒粒度在线测量技术同样可以应用到喷雾的测量中。图像法测量系统主要包括光源、镜头和相机三大部件，喷雾在下落的过程中经过测量区域也就是成像系统的视场范围；相机采集下落过程中的大量液滴图像，再通过计算机进行去背景、去噪、阈值分割和形态学操作等图像处理，得到液滴粒径并进行统计获得喷雾的粒度分布。在选择镜头时为了解决拍摄时成像"近大远小"的问题，通常会使用物方远心镜头，再结合液滴尺寸的大小确定合适的镜头倍率；为扩大成像的景深范围，一般选用 LED 平行光源背光照明的方式；相机的像素尺寸和分辨率是直接影响测量精度和范围的关键因素，所以当需要降低测量下限和提高测量精度时要优先考虑像素尺寸小、分辨率高的相机；为保证相同的景深范围，需对统计结果进行修正，而文献[3]表明在采用单一阈值处理方式时，颗粒可识别的深度范围与颗粒粒径大小成正比。针对某款实心喷嘴在其正下方 250mm 处进行测量，用图像法测量系统测得 D_{V10}、D_{V50}、D_{V90} 分别为 103.2μm、192.7μm 和 479.0μm，粒度分布的范围在 20~1000μm，测量结果如图 10-5 所示。

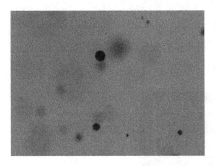
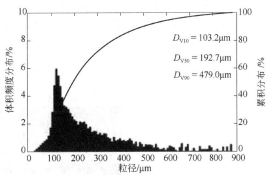

图 10-5 某喷嘴雾化场的典型图片及粒度测量结果

图像法测量技术属于非接触式测量，相较于其它光学颗粒测量方法而言，最大优点是直观，属于逐个液滴的计数式统计测量，测量结果精度高、受干扰程度较小，尤其是对于含特大液滴且粒径分布很宽的喷雾，图像法测量有着明显的优势[3]。但图像法也存在相应缺点，包括测量下限受光学分辨率的限制、当喷雾液滴浓度过高时对重叠的部分无法很好的分割、成像系统景深有限使得液滴图像产生离焦模糊、由于液滴运动速度过大而导致图像运动模糊等。圆形液滴的轻微重叠问题一般可采用霍夫圆检测、凹点检测等算法进行处理；离焦图像可采用直接去除、基于梯度信息进行边界识别、基于双相机进行粒径和深度的同步识别[4]等方法进行处理；为了避免液滴成像过程中产生运动模糊图像，一般采用光源频闪和相机同步触发的方式，"冻结"被测对象来获得清晰图像。随着相机、计算机和图像处理技术的不断更新发展，图像法在喷雾测量方面的应用会越来越普遍。

10.1.4 彩虹法测量

作为一种先进的光学测量技术，彩虹折射技术能够实时、非接触地测量喷雾场中液滴的温度、粒径及分布、浓度、蒸发速率等参数，从 20 世纪 90 年代至今，经历了标准彩虹折射技术[5]、全场彩虹折射技术[6]、相位彩虹折射技术[7]。此外，相比于其它粒径、温度、组分测量技术，具有系统简单、成本低廉、避免示踪剂添加等优势，非常适用于科学研究和工业过程中雾化液滴群的测量研究，近几年来在雾化气液两相流领域得到了快速发展。

法国 G. Gréhan 课题组[8,9]利用全场彩虹技术测量了液滴温度及粒径分布，并将其应用到代表压水核反应堆严重事故的热液条件下喷雾的测试。在混合喷雾测量方面，吴学成等[10]利用全场彩虹技术对水-乙醇混合喷雾的组分和浓度进行了测量。在不考虑各液滴散射光相互干涉的前提下，混合喷雾的彩虹信号可以认为是各个喷雾的散射彩虹信号的线性叠加。对此进行逆向分析，分解混合喷雾的彩虹信号，可依次得到各个喷雾的彩虹信号，从而获得各个喷雾的折射率和粒径分布。之后，吴迎春等[11]提出了一种新的反演算法来计算喷雾粒径分布，进一步发展了混合喷雾浓度的彩虹测量方法，将其拓展到三元混合喷雾的测量中。图 10-6 为水和 30%乙醇二元混合喷雾，以及水、30%乙醇和无水乙醇三元混合喷雾的全场彩虹信号及其测量结

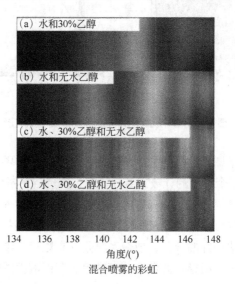

图中标注：(a) 水和30%乙醇；(b) 水和无水乙醇；(c) 水、30%乙醇和无水乙醇；(d) 水、30%乙醇和无水乙醇

角度/(°)

混合喷雾的彩虹

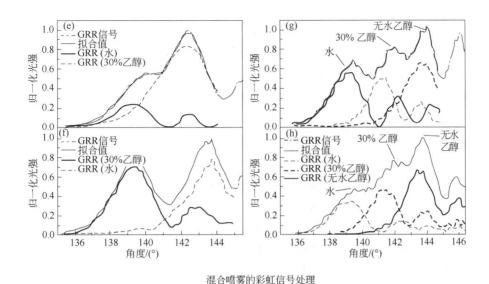

混合喷雾的彩虹信号处理

图10-6 混合喷雾的彩虹信号、分离及体积比

果。实验证明,该方法对于各个组分的浓度测量误差可控制在 5%以内,可应用于农业、液体火箭发动机中混合喷雾的测量。

须注意的是彩虹测试技术都基于散射光的角分布与颗粒参数的依赖关系,因此在进行喷雾测试时,需要对 CCD 进行角度标定。

彩虹折射技术在燃烧、蒸发的喷雾等热态过程中同样得到了应用。C. Letty 等[12]将全场彩虹折射技术用于正庚烷/空气两相火焰前缘附近燃料液滴温度的测量,从燃料滴温度分布的角度分析燃料滴与火焰前缘的相互作用,实验给出了非反应流条件下的速度场、液滴尺寸分布和液滴温度。在污染物脱除领域,法国鲁昂大学的 M. Ouboukhlik 等[13]应用全场彩虹折射技术测量 MEA 溶液吸收 CO_2 过程中液体的传质系数。在喷雾 CO_2 反应吸收过程中,液滴内部浓度发生变化,反映到折射率的演化,见图 10-7,从而可以用于表征吸收过程的传质系数。在此基础上,进一步测量不同

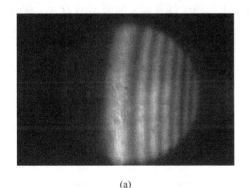

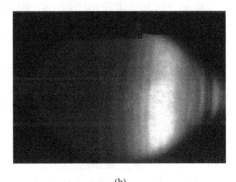

(a)　　　　　　　　　　　　　(b)

图10-7 MEA 吸收 CO_2 前(a)、后(b)的彩虹图像

高度处的液滴折射率及 CO_2 吸收浓度，最终得到随时间演变的 CO_2 吸收流量。实验表明，在吸收的开始阶段和最后阶段，全场彩虹折射技术测量结果稍低于模拟结果，基本相吻合；而在中间阶段，全场彩虹折射技术测量的实验值远高于模拟值，这一现象主要原因是该阶段液滴内部的浓度梯度。

10.1.5　其它散射法测量

除了上面介绍的光散射测量技术外，可用于喷雾测量的光散射测量技术还有很多，例如时间漂移技术（time-shift technique，TS）、相位多普勒技术（phase-Doppler analyzer，PDA）[14-16]、干涉粒子成像技术（interferometric particle imaging，IPI）[17-22]、数字全息技术（digital holographic method，DHM）[23-25]以及粒子图像测速技术（particle image velocimetry，PIV）[26]等光散射测试技术。

德国 AOM 系统公司于 2015 年推出了一种基于时间漂移技术的商用喷雾监测仪 SpraySpy AOM。该粒度仪采用会聚的激光光束照射颗粒，测量区位于光束束腰位置，测量区大小约为 $200\mu m \times 200\mu m \times 200\mu m$。喷雾粒度仪的典型工作距离约为 125mm，离雾化场较近，可测量粒度在 $1 \sim 1000\mu m$ 范围内的透明和不透明颗粒。除了可得到颗粒粒度分布外，还可测量颗粒的运动速度。

对于透明球形雾滴的 TS 技术测量原理如图 10-8 所示[27-29]，探测器对应的散射角 θ_S 稍大于一阶彩虹散射角 θ_{RB}。在会聚的高斯片光束照射下，雾滴以速度 v 垂直于光束传播方向横穿光束束腰区时，探测区最先接收到雾滴表面反射光（$p = 0$ 级 Debye 分波）脉冲，然后依次是 $p = 2.1$ 和 $p = 2.2$ 级 Debye 分波产生的脉冲。三个脉冲的峰高和宽度中包含了颗粒粒度、颗粒折射率以及颗粒运动速度的信息。通过对每个探测到的颗粒信号脉冲进行计数统计，最终可得到颗粒的粒径分布。由于每个颗粒对应了三个脉冲信号，因此该技术早期被称作三峰技术 (triple-peak technique)[30]。图 10-8 所示的测量技术在片光束束腰直径大于 $20\mu m$ 时只能测量直径为数十微米以上的球形透明颗粒。

后期的探测装置采用了两个会聚的片光束和四个探测器，如图 10-9 所示。探测器 A 和 B 分别位于光束 A 的两侧，以相同的夹角对准光束 A 的束腰中心，构成探

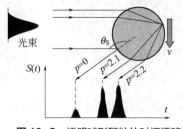

图 10-8　透明球形颗粒的时间漂移
（TS）测试技术原理图

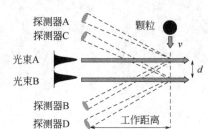

图 10-9　不透明颗粒的时间漂移
（TS）测试技术原理图

测系统 1。同样，探测器 C 和 D 与光束 B 一起构成探测系统 2。两个探测系统平行放置，光束束腰中心距离为 d。待测颗粒垂直于光束传播方向以速度 v 穿过束腰平面。每个颗粒经过测量区均在四个探测器上产生一组脉冲序列。该脉冲序列包含了颗粒的运动速度和颗粒信息，通过脉冲宽度、脉冲间隔以及光束束腰宽度和光束间隔 d 之间的关系体现。该装置可测量的颗粒粒径大小小于光束束腰宽度，且测试对象不再局限于球形颗粒和非吸收性颗粒。

相位多普勒分析仪又称为相位多普勒粒子分析仪（phase-Doppler particle ananyzer，PDPA），它是由激光多普勒测速仪（laser-Doppler analyzer）发展而来。早期的相位多普勒法在两个散射角方向探测颗粒散射光信号的相位信息，根据两个信号之间的相位差获得颗粒粒径、折射率以及颗粒运动速度信息，其工作原理如图 10-10 所示。激光器发出的光束经过扩束器分成两束激光被透镜 1 折射形成一个交叠区，交叠区中两束入射光相干形成等间距的干涉条纹。当颗粒垂直穿过该区域时，受到两束相干光照射后发生散射现象。散射光被透镜 2 收集到探测器，经放大后送相位处理器进行分析。透镜 2 和探测器可以设置在多种不同的散射角位置。比较典型的有 0°散射角接收（对穿式 PDA）和 180°接收（单边式 PDA）。对穿式 PDA 只能在较低的雾滴浓度下进行测量，而单边式 PDA 对此没有限制，但是在高浓度情况下只能测量雾化场外围的雾滴。

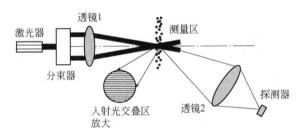

图 10-10 相位多普勒分析仪示意图

在相位多普勒方法中，利用一束偏振光照射颗粒可以在一个散射角方向同时测量垂直和平行偏振散射光信号的相位信息，这大大简化了相位多普勒方法的系统结构[13]。此外，PDA 通过测量散射光信号的强度，还可以得到颗粒的吸收系数，从而进一步增加了 PDA 测量参数的种类。目前，相位多普勒法在测试技术上业已成熟并在喷雾测量中得到了广泛的应用。可测最大速度接近 300m/s，粒径下限约 1μm。商用相位多普勒分析仪主要依赖进口，如 TSI、Aerometrics、Dantec Dynamics A/S 等外国公司的产品。

图 10-11 给出激光干涉图像技术原理图。入射光照射下颗粒在前向一定角度范围（通常选在 20°~90°之间）内的散射光被透镜转化为会聚光。根据 Mie 散射的 Debye 级数展开理论，该角度范围内的散射光主要由 $p = 0$ 和 $p = 1$ 级 Debye 分波形成，呈现出规律性振荡（参见第 2 章 2.2 节和 2.3 节相关内容）。因此，当 CCD 面元偏离

颗粒的共轭面时，每个颗粒在 CCD 面元上形成一个带有明暗条纹的圆斑。根据几何光学理论，圆斑的大小由颗粒离开透镜的距离、透镜焦距和口径决定。圆斑内条纹间隔以及条纹数则由颗粒粒径和折射率决定。由圆斑中心位置和圆斑大小可确定颗粒的三维坐标。在已知折射率情况下由干涉条纹间隔或条纹数可确定颗粒的粒径；反之，如已知颗粒粒径则可得到颗粒折射率信息。

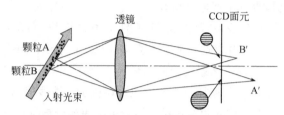

图 10-11 激光干涉粒子成像方法原理图

激光干涉图像的原理也可以采用几何光学方法来理解。在入射光照射下，散射光中 $p = 0$ 和 $p = 1$ 级光线在颗粒表面不同位置形成两个耀斑。当 CCD 面偏离颗粒在像方的共轭面时，这两个耀斑发生杨氏双缝干涉形成了干涉条纹。当 CCD 面元位于颗粒共轭面时，则每个颗粒的散射光形成一对点像（故又称作几何光像点法）。这一对点像之间的距离与颗粒的粒径和折射率有关。由于干涉条纹的记录在共轭面外，因此该技术又被称作散斑测试技术。

激光干涉图像法可用来对喷雾的粒径和雾滴的空间分布进行测量。当雾化场中粒子浓度很高时，带有明暗干涉条纹的散斑发生严重的重叠，造成测试困难。为了将激光干涉成像测量技术发展成一种能够应用于高浓度喷雾测量的技术，人们尝试利用图像压缩光学系统来解决重叠问题。一种方法是在透镜后加置一块柱透镜，压缩方向与粒子干涉条纹垂直，将粒子干涉图像从二维压缩为一维。使用这种装置，粒子的干涉图像在整张图像中所占据的面积大大缩小，从而减小了粒子图像重叠的可能性。这种压缩技术使得记录的干涉条纹具有足够的信号强度，但要求压缩方向与粒子的干涉条纹严格垂直以免干涉条纹信息丢失。另一种方法是在透镜后加置一条与条纹垂直的狭缝。这种方式会牺牲一部分信号强度，但不会造成干涉条纹信息丢失。激光干涉图像法一般用于对 10μm 以上的颗粒测试，公开文献报道中最低测试粒径为 2μm。

10.2　乳浊液中液体颗粒大小的测量

乳浊液或悬浮液是由 2 种不相混的液体组成，或由密度很小、粒度也很小、可以长时间悬浮在液体中的固体颗粒与液体组成。在化工、医药行业中经常会遇到各种不同用途的乳浊液，能源工程中的乳化燃料（俗称油包水）也是一种乳浊液。根据用途的不同，对乳浊液中液体颗粒的大小有一定的要求，有时甚至是非常严格苛刻的要求。例如，医药工业中的某些乳化脂肪类针剂，按药典要求分散相的脂肪颗粒的体积平均径不得大于 0.5μm，大于 5μm 的脂肪颗粒的加权总体积不得超过脂肪相总体积的 0.05%。否则，注入人体后可能产生不良后果。乳浊液中液体颗粒大小测量的最简单方法就是显微镜法，取出少量试样涂刮在载玻片上观察，但这种方法费时费力，劳动强度大，观察（测量）的颗粒数很少，难以给出有统计意义的可靠结果。目前，Coulter 仪在这方面得到了较多的应用，但许多情况下，被测液体颗粒直径往往超出 Coulter 仪的测量下限，难以给出明确的结果。采用光散射法则可给出满意的测量结果。表 10-1 给出了采用多波长消光法测量某种脂肪乳注射液的测量结果。由表可知，大部分颗粒在 0.17～0.53μm 之间，66.77%的脂肪乳颗粒小于0.41μm，符合药典要求。

表 10-1　某脂肪乳注射液测量结果

粒径分档/μm	频率分布/%	累计分布(小于)/%	粒径分档/μm	频率分布/%	累计分布(小于)/%
0.05～0.17	5.02	5.02	0.53～0.65	6.56	99.55
0.17～0.29	22.85	27.87	0.65～0.75	0.45	100.00
0.29～0.41	38.90	66.77	0.75～0.85	0.00	100.00
0.41～0.53	26.22	92.99	0.85～1.00	0.00	100.00

10.3　汽轮机湿蒸汽在线测量[30-32]

大型汽轮机低压缸的后几级以及压水堆核电汽轮机的大部分级都运行在湿蒸汽区。湿蒸汽中的水滴依其产生机理不同可分成两类：一类是自发或有核凝结生成的一次水滴，这类水滴的直径比较小，一般不超过 1～2μm，与主蒸汽流的跟随性好，其数目浓度非常高，可达 10^6～10^8 颗/cm³，流动速度也很高，可达 300m/s 以上，这部分水滴是湿蒸汽中湿度的主要部分；另一类是由部分一次水滴沉积在静叶栅和动叶栅上形成的水膜在气流作用下破碎而形成的二次水滴，这部分水滴的直径范围较大，从十微米左右到数百微米，其流动速度和方向与水滴大小有关，速度范围从约10m/s 到 250m/s，数量远比一次水滴少，是造成低压级动叶片严重水蚀破坏的主要原因。湿蒸汽不仅带来湿汽损失，降低了汽轮机的效率和安全性，也给汽轮机低压级的设计带来困难。国际上从 20 世纪 70 年代开始对汽轮机内湿蒸汽进行研究，取得了长足的进展，但由于湿蒸汽两相流动的复杂性，迄今对湿蒸汽的流动特性等还不是很清楚。

对汽轮机内湿蒸汽的测量，由于存在这两类不同性质的水滴，各自的流动速度和数量差别很大，且测量环境很恶劣：高湿、高真空、振动、高速旋转部件等，通常的测量仪器很难应用。考虑到湿蒸汽中自发凝结核和有核凝结产生的一次水滴的粒径一般不大于2μm，符合多波长消光法的测量范围，因此，采用多波长消光法测量其粒度分布和浓度。二次水滴因产生的机理不同，粒度分布范围从十微米左右到数百微米，数量浓度不高，且流动方向不稳定，考虑到这些因素，采用光脉动法测量，并用互相关法测量二次水滴的流动速度。图10-12是融合了上述多种测量原理的湿蒸汽测量集成探针的原理示意图，该探针系统还集成了湿蒸汽气动参数的测量装置。

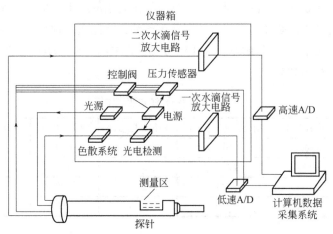

图 10-12　湿蒸汽测量集成探针系统原理示意图

　　整个探针系统由白光光源、光纤、探针、光纤光谱仪、光电探测系统、高速数据采集系统和计算机构成。测量湿蒸汽气动参数部分还包括4孔气动测量探头、压力传感器和温度传感器、扫气控制系统和数据采集系统等。

　　由白光光源（卤素灯）发出的光经透镜会聚后进入石英光导纤维，到达探针端部，再经透镜形成准平行光入射到测量区。在测量区测量光被流过测量区的水滴散射，衰减后的透射光经透镜会聚后由接收光纤到光纤光谱仪，在光纤光谱仪中白光被色散为不同波长的信号，再经A/D转换后送入计算机，按多波长消光法编制的软件处理该信号得到一次水滴的平均粒度、粒度分布和浓度以及湿度。

　　二次水滴的测量则是在准平行光束中巧妙地取出一束很细的测量光，当粒径较大的二次水滴通过该测量光束时，透射光信号将会产生脉动，被高速光敏二极管探测，得到的脉动光信号经高速放大电路放大后由高速数据采集系统采集进入计算机，进行数据处理，再经光脉动法理论分析，得到二次水滴的粒径分布和数目浓度。为得到二次水滴的速度，在测量区布置了两束平行的测量光，当二次水滴先后流过这两束测量光时，2个光电探测器会输出有一定时间滞后的信号，用互相关理论分析这两束时间序列信号，可以得到水滴的速度。

在设计和使用光学探针时，要注意防止蒸汽在光学元器件的表面凝结，形成水膜，以致破坏探针的正常工作。为此，需自外界连续不断地向位于窗口两侧的光学元器件表面不间断送气，在光学元器件与湿蒸汽之间形成一隔离气帘，保护探针的正常工作。还需要采用专门设计的光源以保证光源的发光强度在整个测量过程中维持稳定。

图 10-13 给出了在 1 台 300MW 汽轮机上蒸汽凝结过程的测量结果。随汽轮机背压的逐步降低，蒸汽首先出现有核凝结，形成粒径在 2μm 左右的水滴，随背压的进一步降低达到满足自发凝结条件时，蒸汽自发凝结突然出现，产生大量约 0.25μm 的水滴，并且水滴的数量随压力的进一步降低继续增加，而有核凝结形成的水滴数量相对自发凝结水滴的数量少 2 个数量级以上。

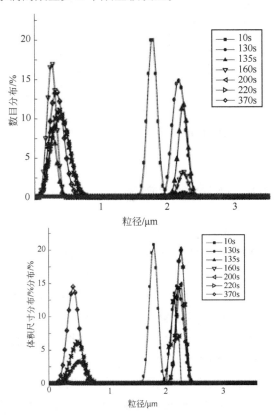

图 10-13 测得的汽轮机背压降低过程中蒸汽凝结过程

图 10-14 和图 10-15 分别是测得的二次水滴的信号及对此信号用光脉动谱法处理后得到的二次水滴粒度分布。

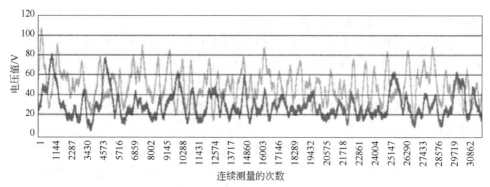

图 10-14　湿蒸汽二次水滴信号

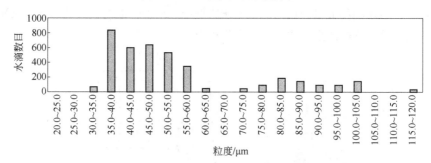

图 10-15　湿蒸汽二次水滴粒度分布

10.4　烟气轮机入口颗粒在线测量[33]

在炼油工艺中需要大量使用催化剂,一定时间后,催化剂的表面会因积炭而逐渐丧失其功能,需通过燃烧方式除去其表面的积炭(再生)以恢复其活性,继续使用。在再生器中,催化剂再生产生大量高温(约 700℃)高压烟气,为最大限度地提高生产装置的总体经济效益,通常将高温高压烟气通入烟气透平,膨胀做功以回收其能量。催化剂颗粒的硬度较大,会对烟气透平叶片造成冲蚀和磨损,须对含催化剂颗粒的高温烟气进行分离。虽经三级分离,高温烟气仍会残留一定量的催化剂颗粒。如果烟气透平长期运行含高浓度催化剂颗粒的烟气,则会严重影响烟气透平的安全运行。为减少催化剂颗粒对烟气透平的损伤,对其数量和粒径大小必须加以限制。一般要求烟气透平入口处催化剂颗粒的最大粒径不超过 10μm,浓度小于 200mg/m³。因此,烟气透平入口的烟气中催化剂颗粒的粒度大小及浓度监测对于保障烟气透平的安全运行十分重要。

高温烟气中催化剂颗粒经过三级旋风分离后,残余的催化剂颗粒粒度一般在 5μm 以下,最大不超过 10μm。如果催化剂颗粒的粒度大于 10μm,则有可能是旋风分离器出现问题,没有将催化剂颗粒分离出去。该粒度范围符合多波长消光法的测量范围，可以应用多波长消光法进行在线测量。

图 10-16 是烟气透平入口高温烟气在线测量装置的示意图。白光光源发出的光经透镜系统准直后成为准平行光，穿过烟道，到达对面的接收透镜，经接收透镜会聚后进入光纤光谱仪，白光信号光色散成不同波长的信号光，在经 A/D 转换后送入计算机进行数据处理，得到催化剂颗粒的粒度分布和浓度。

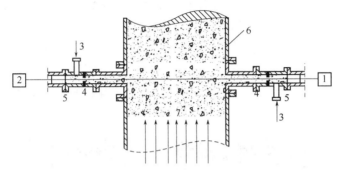

图10-16 烟气透平入口高温烟气颗粒在线测量装置示意图

1—光源；2—透射光接收系统；3—压缩空气；4—光阑；5—保护用石英玻璃；6—烟气管道；7—高温烟气

受限于炼油工艺的要求，一般整套炼油装置连续运行约 4 年才停机大修。这就要求催化剂颗粒在线测量系统在整个大修周期能可靠运行，光源的定期更换不应该影响烟气透平的工作，而且光源更换周期越长越好。一般采用卤素灯作为多波长光源。卤素灯有光谱光滑连续、波长范围大的优点，其正常使用寿命为 2000h，即每个季度需更换灯泡。长寿命卤素灯的寿命可以到 4000h，即使这样，每半年也需要更换灯泡。可采取多种措施延长灯泡寿命，如适当降低灯泡的供电电压。当灯泡供电电压从 12V降低到 11.5V，灯泡寿命大约可以延长 50%以上。但降低灯泡供电电压的前提是保证在光信号接收端的光强足够强，以满足准确测量的要求。同时还监测灯泡的发光强度，实时补偿灯泡发光强度变化的影响。还可以采用白光 LED 或 RGB 光源。

该在线测量装置还通过设置压缩空气保护系统来防止催化剂颗粒进入信号光通道污染光学元件。

在软件设计中考虑了停电后再来电的自启动，测量数据实时保存，超标数据报警，超标时间累积体积等功能。

10.5　烟雾在线测量探针

工业生产的高速发展对环境造成了严重污染，大气质量明显恶化。据报道，许多城市大气中的总悬浮颗粒物（total suspended particles，TSP）居高不下，一定程度上制约了经济的持续发展。在治理和控制环境污染中，实现对排放源烟尘排放浓度和排放总量的监控和测量是十分重要的。在实验室研究烟雾生成机理、军事上烟雾隐蔽特性研究等也都需要对烟雾颗粒进行在线测量。光散射颗粒粒度测量方法因具有测量范围大等特点，由于光的穿透性，易于实现光电之间的转换和与计算机的连接等，使得基于光学原理的测量方法能够对烟雾进行远距离的连续测量。

根据光散射原理和消光法原理研制的探针型烟雾粒度浓度在线测量仪见图10-17。该仪器所有光学和电子元器件都集成在直径100mm的不锈钢探针内。光源采用650nm半导体激光器，激光经透镜系统形成平行测量光，通过测量区。在测量区激光束被烟雾颗粒散射和吸收，散射光信号和透射光信号经安装在测量区另一端的透镜后分别被光靶和光敏管接收，然后经信号放大和数据采集，通过安装在探针尾部的信号电缆送到计算机进行数据处理，获得实时烟雾颗粒粒度分布和浓度的测量结果，见图10-18。

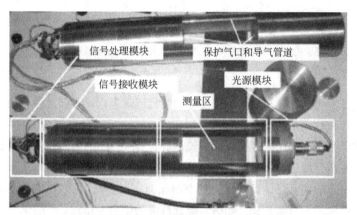

图10-17 探针型烟雾粒度浓度在线测量仪

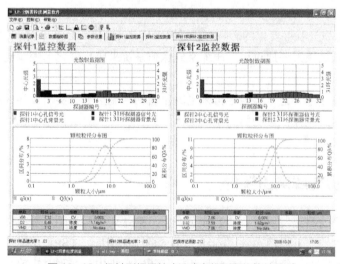

图10-18 探针型烟雾粒度浓度在线测量仪软件界面

为保护激光发射端和散射信号接收端的透镜不被烟雾污染,设置了保护气系统,压缩空气从探针的尾部进入经导气管道在两端透镜处形成保护气帘,阻止了烟雾颗粒与透镜的接触。

10.6　动态图像法测量快速流动颗粒

随 CCD/CMOS 技术、激光技术、数字图像处理算法和计算机技术等的飞速发展,图像法测量方法在随胶卷和全息干板逐渐被数字图像取代而衰落后,又"卷土重来",已逐渐成为颗粒测量的一种新方法,近年来发展迅速。以前基于数码相机与显微镜相结合的测量静态颗粒粒度分布和形态分析的静态图像法粒度仪还很昂贵,现已成为普遍使用的颗粒测量仪器,并且由于可以进行颗粒形貌分析,得到越来越广泛的应用。为解决粉体颗粒团聚而发展的干粉动态图像粒度仪也已有国内外多家颗粒仪器厂商生产。但这些图像粒度仪器仍属实验室分析仪器,无法测量生产过程中处于流动状态的颗粒的粒度和浓度。

在颗粒运动速度较高时,为得到清晰的颗粒图像,要求数字相机的快门速度很高。如为了拍摄清楚以 10m/s 速度运动的 10μm 大小颗粒,要求相机快门速度应在 0.1μs。如果快门速度低于这个时间,得到的将是一张模糊的颗粒运动图像,见图 10-19 (a)。显然,如此高速的相机极其昂贵。解决这一问题的另一个办法是采用极短脉冲发光的激光器作为拍摄图像的光源,如脉冲宽度仅为 1ns,甚至更短的脉冲激光器。但这类极短脉冲激光器的价格同样非常昂贵,很难作为运动颗粒粒度分布测量的仪器。

  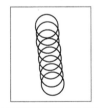

(a)快门速度低得到的颗粒图像　　(b)颗粒运动模糊图像　　(c)运动模糊图像的物理本质

图 10-19　水滴运动模糊图像及物理意义

对如图 10-19 (b) 所示的运动水滴模糊图像的研究发现,运动水滴的模糊影像实际上是水滴在相机曝光时间内作匀速直线运动产生的。从物理本质上看,运动模糊图像实际上就是同一水滴在运动方向上经过一系列的距离延迟后再叠加,最终形成的图像,见图 10-19 (c)。而在与运动方向垂直的方向上,影像的宽度实际上仍是颗粒的直径。采用图像处理方法对在已知电子快门速度的前提下获得的颗粒运动模糊图像进行处理,可以得到颗粒的粒度分布和速度。在确定测量区大小后,还可以得到颗粒的浓度。采用这种图像处理方法,可以用较低快门速度的数字相机测量高速运动颗粒的粒度分布和速度，大大降低了图像法测量快速运动颗粒粒径分布和浓度的成本。

图 10-20 是压力为 0.6MPa 时喷雾水滴的运动图像，测量时 CCD 的曝光时间整定为 50μs。通过对所得图像采用上述方法进行计算和分析，得到喷雾水滴的平均粒径为 63.5μm，平均速度为 1.71m/s。实验测得水滴粒径分布较宽，主要集中在 30～90μm，个别水滴的粒径在 140μm 以上。图 10-21 和图 10-22 分别是测得的水滴粒径分布和速度分布。

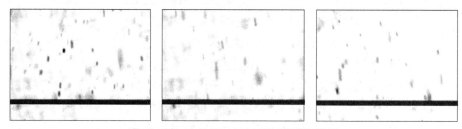

图 10-20　0.6MPa 压力下雾化液滴运动图

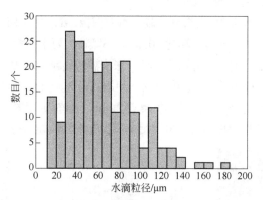

图 10-21　水滴粒径分布

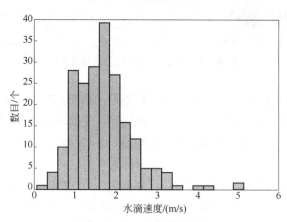

图 10-22　水滴速度分布

10.7　粉体颗粒粒度、浓度和速度在线测量

10.7.1　电厂气力输送煤粉粒径、浓度和速度在线测量[34]

大型电站锅炉基本上是煤粉锅炉，从磨煤机出来的煤粉经煤粉管由一次风携带进入炉膛燃烧。各煤粉管之间煤粉浓度的不均匀性对锅炉的燃烧有很大影响，若各个燃烧器中的煤粉浓度相差太大，则燃烧不能很好组织，会引起火焰偏斜、结焦、燃烧不稳等。而煤粉粒度过大或过细则会造成机械不完全燃烧损失增大、锅炉效率下降、磨煤机功耗增加等。煤粉浓度不均匀或粒度大小不合适还会造成煤粉管道堵塞，严重时电厂将被迫停机或减负荷来消除堵塞，从而给电厂造成重大损失，影响安全运行。

国内外在在线煤粉浓度和速度测量方面做了不少研究，如采用热力学法、超声波法、光学法、电容法、X 射线法、微波法等。但煤粉粒度的在线测量方面的报道极少。而管道内煤粉的粒度、浓度和速度是密切相关的，上述方法均不能同时测量这 3 个参数，因而无论是煤粉气固两相流理论研究还是解决电厂的实际问题都需要发展煤粉在线测量技术。

基于光脉动法原理研制的煤粉在线监测装置，可以直接实时测量煤粉的粒度、浓度和速度。图 10-23 是该测量装置的示意图。该装置由探针、光电信号检测及信号放大、4～20mA 信号变换、A/D 数据采集、计算机和空气保护系统等组成。

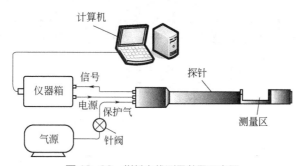

图 10-23　煤粉在线测量装置示意图

考虑到耐磨性，探针为细长杆状的刚玉陶瓷管或氧化锆陶瓷管，采用半导体激光器作光源，激光经过光纤、透镜和小孔形成直径很小的测量光束，测量光束穿过位于探针前端的测量区后由半导体光敏元件转换成电压信号。为提高测量系统的抗干扰性能，将该电压信号放大变换成 4～20mA 的电流信号，经长距离传输后送入A/D 数据采集系统经计算机数据处理后得到煤粉的粒度、浓度。为提高测量准确性，在探针头部布置了两个测量光束，将这两个测量光束测得的结果平均后得到最终结果。这两个光束的信号同时用作互相关法的信号来测量煤粉的速度，进而得到煤粉

的流量。互相关法的原理可参考相关文献。

为防止测量光束通过的小孔被煤粉堵塞，以及防止半导体激光器和光电元件被锅炉高温一次风过热损坏，在探针中用压缩空气来冷却半导体激光器和光电元件以及防止煤粉进入透光小孔。为现场测量的方便，稳压电源、半导体激光器、光纤、光电信号转换和放大以及电压电流信号变换等均集成在直径为20mm，长1m，测量区长度10mm的探针里，见图10-24。图10-25是探针安装在电厂煤粉管上的照片，图10-26则给出了电厂煤粉监测的实时数据。从图中可以清楚看出：煤粉浓度随锅炉负荷的增加而增加，而煤粉平均粒度则变化很小。图10-27给出了在线测量得到

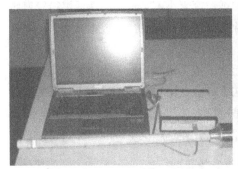

图 10-24　便携式煤粉在线监测仪　　　图 10-25　煤粉在线测量探针安装在煤粉管上

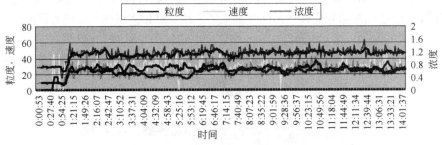

图 10-26　电厂煤粉实时在线监测结果

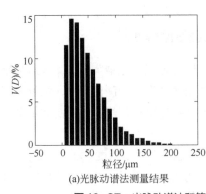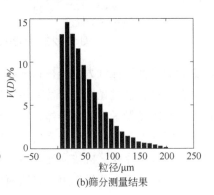

(a)光脉动谱法测量结果　　　　　　　(b)筛分测量结果

图 10-27　光脉动谱法和筛分法测得的煤粉粒度分布比较

的煤粉粒度分布和取样后用筛分法得到的煤粉粒度分布，在线测量得到的 R-R 分布函数的两个参数分别是 $\overline{D}=50\mu m$、$k=1.3$，而筛分测量得到的 R-R 分布函数的两个参数分别是 $50.98\mu m$ 和 1.20，二者吻合很好。

该测量装置不仅可用于在线监测电厂煤粉的粒度、浓度和速度，还可以用于其它粉体气力输送、粉体颗粒生产过程等的在线监测。

10.7.2　水泥在线测量[35]

水泥的粉磨细度是影响出厂水泥品质和生产线能耗的重要指标。水泥磨得越细，其比表面积越大，水泥的各龄期强度都会增大，但同时粉磨单位产品的电耗也将增加。表征水泥细度的传统指标一般包括筛余（如常用的 $45\mu m$ 筛余和 $80\mu m$ 筛余）、比表面积、颗粒级配、平均粒径等，而随着人们认识的不断深入，上述指标参数已显现出局限，不能完整体现水泥产品的质量。如水泥在混凝土中的性能主要依靠 $0\sim80\mu m$ 的颗粒，但对于水泥强度的贡献，则主要是 $3\sim32\mu m$ 的颗粒；$80\mu m$ 的筛余只反映出 $80\mu m$ 以上颗粒的百分比含量，用其控制水泥的质量无疑是非常困难的。

且传统的水泥细度测量一般采用离线测量法，由实验室操作人员现场取样后拿到实验室进行分析，其取样量小、代表性不够，且取样间隔时间长、测定结果滞后，不能满足生产过程中水泥质量控制的要求。随着颗粒在线测量技术的发展，粒度分布和形貌特征将为水泥细度的表征提供更加详细的数据，为水泥质量的控制提供更加可靠的依据。水泥粉末的在线测量方法可以分为两类，一类是基于前向光散射的激光粒度分析法，另一类是基于背光成像的动态图像分析法。

目前已经商业化应用的测量仪器主要采用激光散射法，如国内丹东百特生产的 BT-Online1 在线激光粒度监测与控制系统（系统示意图如图 10-28 所示）和济南微

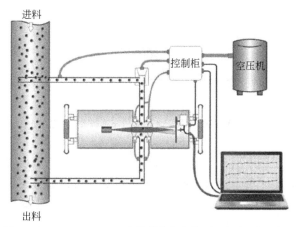

图 10-28　BT-Online1 在线激光粒度监测与控制系统示意图

纳生产的 Winner7000 在线粒度监测系统等；国外的产品有英国奥普泰克生产的 Xoptix 在线粒度监控系统和德国新帕克生产的 MYTOS-TWISTER 干法在线激光粒度分析仪等。上述在线测量系统可以实现对产品输送管路中水泥颗粒的粒径分布和变化趋势的实时监测，并返回测量信号，以满足自动控制的要求。这类在线粒度仪一般包括在线取样和分散系统、测量窗口保护系统、测量系统等几个部分。由于测量方法和原理与离线激光粒度分析仪相同，因此在线激光粒度仪的关键问题在于取样和分散系统，及工业在线安装和应用的安全性及稳定性等问题。一般采用文丘里结构进行取样，并设计气幕保护系统避免镜头和光源受水泥样品的污染，以实现长期、连续的粒度检测与控制。水泥在线测量中的主要难点是水泥属容易团聚的颗粒，要保证测量时水泥颗粒的充分分散。

随着对形貌要求的提出及日益严格，图像分析系统也逐渐获得科研和工程人员的青睐，目前已有动态图像法水泥在线粒度和形貌测量技术。与激光在线粒度仪比较而言，从测量系统硬件的角度，除了核心测量部件由激光信号发射与散射信号采集系统置换为图像法照明与成像系统外，其它并无太大差别，只是测量原理与数据处理方法为图像分析法。由于动态图像分析系统的粒径测量下限在 1μm 以上，而水泥中存在部分小于 1μm 的颗粒，故需要对颗粒粒度分布进行修正。一般制备过程中粉体颗粒分布遵循 Rosin-Rammler 分布，按此进行修正的结果示例如图 10-29 所示。

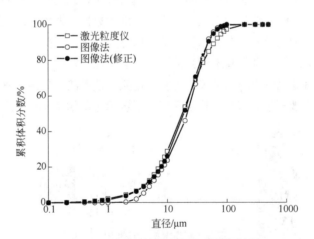

图10-29　水泥粉体粒度分布测量数据比较

水泥颗粒圆形度的不同对水泥的需水量、凝结时间、抗压强度等参数的影响也不一样。为了直观地了解水泥颗粒形貌并进行定量表征，通过在线图像法获取水泥颗粒图片后，可通过图像处理得到颗粒的圆形度信息。如图 10-30 所示，图中标注了部分水泥颗粒的圆形度，同时也可由此判断是否为团聚颗粒。

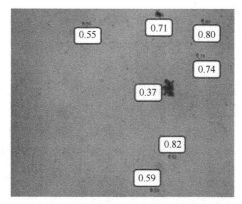

图10-30 水泥粉体颗粒识别及部分颗粒的圆形度

10.8 超细颗粒折射率测量[36]

由第4章可知,对于相同材质的单分散颗粒系,若折射率不同,其消光系数曲线也不同,见图 10-31。利用这个特性可以应用多波长消光法的原理求得超细颗粒的折射率。

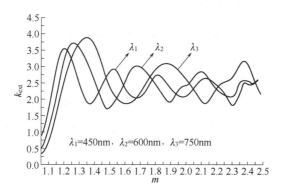

图10-31 相同粒径(1.5μm)不同波长消光系数随折射率的变化

由第4章可知,被测颗粒的粒径、颗粒数和消光系数与消光值 I/I_0 有如下关系式:

$$\ln(I_0/I) = -\frac{\pi}{4}LND^2k_{\text{ext}} \tag{10-1}$$

当采用多波长消光法原理进行测量时(见第4章),同样可得下列一组方程:

$$\ln(I_0/I)_i = -\frac{\pi}{4}LND^2k_{\text{ext}} \quad i=1,2,\cdots,n \tag{10-2}$$

若被测颗粒的粒径 D 已知(这可用其它方法,如电子显微镜等确定),则 N 和

k_{ext} 为待求值。按多波长消光法，消去颗粒数 N 后有：

$$\frac{\ln(I/I_0)_i}{\ln(I/I_0)_j} = \frac{k_{exti}}{k_{extj}} \tag{10-3}$$

上式左边是消光测量值，右边是消光系数比 k_{exti}/k_{extj}，在波长、粒径已知的情况下只是折射率的函数，由此可解得折射率。第 4 章已经讨论过，由于消光系数曲线呈振荡型，式（10-3）中的每个方程有多个解，但被测颗粒的折射率只有 1 个，该折射率的值应出现在每个方程的解中，从而可以确定被测颗粒的折射率。理论分析表明，采用 3 个或 3 个以上的波长进行测量就能得到被测颗粒的折射率。若被测颗粒的直径小于 1～2μm，此时，颗粒直径范围处于消光系数曲线的第 1 个峰前，用 2 个波长就可确定被测颗粒的折射率。实验研究证实了上述方法的可行性，例如，某试验中，已知某 2 种乳胶颗粒的直径分别是 1.98μm 和 3.26μm，应用上述方法测得该类乳胶颗粒的折射率是 1.643。将折射率取为 1.643，进一步对同类材料但不同粒径的其它颗粒进行测量时，测得的粒径与预期值相同。这表明用多波长消光法测量超细颗粒的折射率是可行的。

10.9　超声测量高浓度水煤浆[37]

水煤浆是煤粉和水的两相混合物，它是一种新型洁净燃料，作为水煤浆锅炉的燃料，或在煤清洁利用煤气化中作为原料，通常使用的质量分数可达 65%～70%。水煤浆燃料在国家节能减排政策中占有重要地位，它可以大量利用粉煤，实现无需化学转化、只经物理加工即可达到以煤代油、减少粉尘污染的目的。而且从资源的长久利用角度考虑，中国的石油资源远远不能满足经济发展需求，而煤炭资源相对较为丰富，因此用水煤浆替代燃油也是能源发展的基本国策之一。水煤浆的燃烧特性与它的浓度及粒度有着很大的关系。合适的水煤浆浓度和粒度分布能改善水煤浆的黏度，提高水煤浆的稳定性和燃烧效率。

超声测量水煤浆浓度可以采用两种不同的方法，一种是考虑温度影响的声速标定法，另一种是非标定的超声多次回波方法。对于水煤浆粒度分布测量，采用考虑黏性损失的 Harker & Temple 耦合相模型预测到的声衰减加上由 U.Riebel 等发展的 Bouguer-Lambert-Beer-law（简称 BLBL 模型）计算的散射损失的叠加来描述总的声衰减。按照 ORT 最优正则化算法进行数据反演处理后得到水煤浆粒径分布。

图 10-32 是根据上述原理研制的超声水煤浆在线监测仪。该仪器采用一发一收的形式，即在水煤浆管道测量段的一侧安装 1 个超声发射换能器，另一侧安装 1 个超声接收换能器，水煤浆在管道中流动。从超声发射换能器发出的超声信号透过水煤浆后被另一侧的超声接收换能器接收，然后经计算机数据处理得到水煤浆的粒度

和浓度。图 10-33 是测得的水煤浆粒度累积分布曲线。

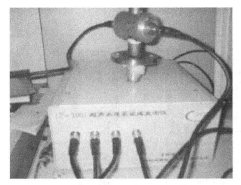

图 10-32　水煤浆在线监测仪

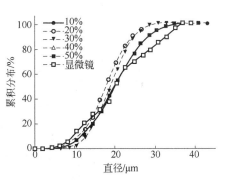

图 10-33　水煤浆粒度累积分布

由于强穿透特性，超声法还可以在线测量其它类似水煤浆这样的高浓度颗粒，如巧克力生产过程中在线监测可可粉的粒度和浓度，在线监测河流泥沙粒度和浓度等。

10.10　结晶过程颗粒超声在线测量

结晶是指固体物质从溶液、熔融体或蒸汽中析出的过程，一直以来结晶过程都以高纯度、高效率、低能耗等优点广泛应用于医药、化工、冶金和食品等行业的分离、提纯、净化等方面。为了确保产品质量和纯度，必须严格控制影响该过程的参数，其中晶体尺寸是表征产品质量最直观、最重要的因素，不仅影响颗粒的下游产品加工，也会影响产品的最终性能。

图 10-34 给出结晶过程测量装置示意图。在超声脉冲发射接收仪的激励下，探针式超声测量确保换能器同时发射和接收声信号。图像法中相机和光源采用背光式布置，置于同一水平轴的样品池两侧，对样品池中晶粒实时拍摄，图像由计算机保存用于后续数据分析，光学浊度探针监测溶液、监测晶核出现时信号变化。

实验对象为无水醋酸钠，配制初始体积分数为 15%的无水醋酸钠溶液，于 30℃恒温条件下保持 30min 以上。待完全溶解后，分别按照不同降温速率（0.3℃/min、0.6℃/min、1.0℃/min）和搅拌速率（100r/min、200r/min、300r/min）将温度降至 10℃以实现无水醋酸钠的结晶过程。

图 10-35 为降温速率 0.6℃/min，搅拌速率 200r/min 时超声法测得晶粒粒径分布。由于结晶初期晶体以成核作用为主，颗粒尺寸集中在较小的分布范围；随温度降低，无水醋酸钠溶液体系进入一个相对稳定的晶体成核和生长期，晶体粒径不断增加，颗粒分布范围也逐渐变宽。图 10-36 给出了中位径变化，析晶初期颗粒数较少，图

像与超声法的偏差较大，但随着晶体析出量增加，两者平均粒度趋于接近，偏差在15%以内。

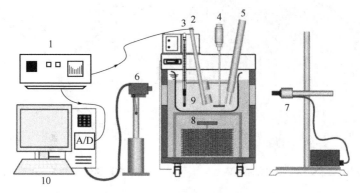

图 10-34 结晶过程的实验装置

1—超声脉冲发射接收仪；2—超声探针；3—Pt100 温度传感器；4—电动搅拌器；5—浊度计探针；
6—CCD 相机；7—相机光源；8—循环低温恒温水浴槽；9—样品池；10—PC

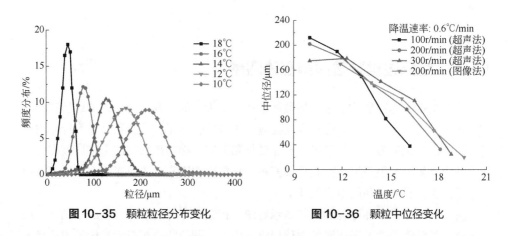

图 10-35 颗粒粒径分布变化   **图 10-36 颗粒中位径变化**

超声方法可针对不同工况条件结晶过程的颗粒尺寸演化在线分析，可为工业上寻求最优的生产工况提供理论基础。

10.11 含气泡气液两相流超声测量

研究含气泡气液两相流实验循环系统参数的超声检测。图 10-37 所示主要部件有：蠕动泵、恒温槽（预热器）、矩形窄通道、超声检测实验段、电加热片、玻璃转子流量计、冷凝器、气液分离器以及水箱。流量计与恒温水浴布置在泵的出口处。实验段使用钢化玻璃密封，用于可视化，观察沸腾特性。实验中使用的去离子水，由蠕动泵驱动，经恒温槽预热，达到实验段设定的入口温度。

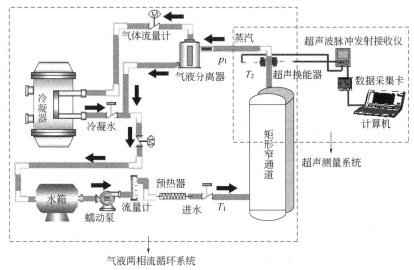

图10-37　气液两相流实验系统示意图

表10-2 列出由不同加热功率 P、窄通道出口温度 T_2、出口绝对压力 p_1 和气液两相流质量流量 Q_m 构成的实验工况。

表10-2　各工况的具体参数

工况		P/W	T_2/K	p_1/MPa	Q_m/[kg/(m² · s)]
1	1-1	718	374.05	0.103	2.22
	1-2	787	374.18	0.102	2.86
	1-3	933	374.28	0.104	3.49
2	2-1	782	378.55	0.123	2.22
	2-2	1024	378.45	0.122	2.86
	2-3	1109	378.78	0.125	3.49
3	3-1	858	381.07	0.130	2.22
	3-2	1103	379.13	0.127	2.86
	3-3	1196	381.07	0.132	3.49

表10-3 为超声法测量得到的气泡中位径。可知在一定流量下，随着工况中加热功率、出口温度和压力的增加，气泡粒径增大，在同一工况下，随着流量的增大，气泡粒径减小。

同时测出气液两相流的含气率，并与气液分离法（gas-liquid separation method, GLSM）比较，见表10-4。在一定流量条件下（如工况 1-1、2-1、3-1），气液两相流的含气率随加热功率增大，窄通道内水从过冷沸腾到泡状流，对流传热增强，产生的气泡量增大；当加热功率相当时，随着流量增大（如工况 1-1、1-2、1-3），过

表 10-3　超声法测量的气泡中位径 D_{50}　　　　单位：mm

工况	D_{50}	工况	D_{50}	工况	D_{50}
1-1	0.398	1-2	0.2	1-3	0.173
2-1	0.477	2-2	0.276	2-3	0.251
3-1	0.597	3-2	0.389	3-3	0.355

表 10-4　超声法与气液分离法含气率比较

工况	超声法	气液分离法	相对偏差	工况	超声法	气液分离法	相对偏差
1-1	0.323	0.335	3.6%	2-3	0.281	0.287	2.1%
1-2	0.215	0.216	0.5%	3-1	0.532	0.549	3.1%
1-3	0.196	0.224	12.5%	3-2	0.406	0.413	1.7%
2-1	0.416	0.425	2.1%	3-3	0.335	0.339	1.2%
2-2	0.298	0.312	4.5%				

冷液体量增加，气泡遇到过冷液体被冷凝而湮灭，两相流含气率降低。

　　此外，气泡（尤其是处于共振状态）对声的散射很强，0°～360°方向的散射信号包含了很多气泡群的特征，可以得到气液两相流中气泡的尺寸分布、气泡密集程度和含气率等特性，但机理较复杂，如果能同步提取散射信号反演气泡粒径分布，适用性将提升。此外，气泡的存在可能会干扰悬浊液中其它颗粒物的测量，研究气泡散射特性同时有利于识别气泡特征并排除干扰。

10.12　排放和环境颗粒测量

10.12.1　PM$_{2.5}$测量

　　随着工业化和城市化的快速推进，全球大气污染日益严重，大气颗粒物已成为城市尤其是东亚城市的首要空气污染物，由此造成的一系列问题已成为全球关注的环境话题和重要研究课题。例如，城市灰霾天气的频发、臭氧层的破坏、酸雨的形成、光化学雾的发生以及对人类健康的影响等。大气中总悬浮颗粒物 TSP 是最重要的大气污染物之一。包括天然污染源和人为污染源释放到大气中直接造成污染的物质以及通过某些大气化学过程所产生的微粒，如风扬起的灰尘、燃烧和工业烟尘、汽车尾气、二氧化硫转化生成的硫酸盐等。大气中总悬浮颗粒物（TSP）组成复杂且变化大。在我国，燃煤排放烟尘、工业废气中的粉尘、车辆尾气及地面扬尘是大气中总悬浮微粒的重要来源。

　　TSP 对人体的危害程度主要决定于自身的粒度大小及化学组成。其中，粒径大于 10μm 的物质，几乎都可被鼻腔和咽喉所捕集，不进入肺泡。对人体危害最大的是 10μm 以下的浮游状颗粒物，称为可吸入颗粒物（即 PM_{10}）。研究表明，PM_{10}/TSP 的重量比值为 60%～80%。PM_{10} 可经过呼吸道沉积于肺泡。慢性呼吸道炎症、肺气肿、肺癌的发病与空气中颗粒物的污染程度明显相关，当长年接触颗粒物浓度高于 $0.2mg/m^3$ 的空气时，呼吸系统病症增加。在可吸入颗粒物（即 PM_{10}）中，粒径小于 2.5μm 的颗粒物（即 $PM_{2.5}$）可深达肺泡并沉积，进而进入血液循环，可导致与心肺功能障碍有关的疾病并导致死亡率增高。美国癌症协会的调查显示，空气中 $PM_{2.5}$ 每增加 $10μg/m^3$，心肺疾病死亡率增加 6%、肺癌死亡率增加 8%。因此，$PM_{2.5}$ 已成为国际大气污染研究领域的研究热点和前沿。

$PM_{2.5}$ 测试技术主要有微量振荡天平法（tapered element oscillating microbalance, TEOM）、β 射线法（beta attenuation monitoring, BAM）和光散射法（light scattering, LS）。在实际应用中，由于空气中水分对膜片和吸附颗粒物均有较大的影响，因此 β 射线法须加装动态加热系统（dynamic heating system, DHS），以最大限度减少空气湿度对颗粒物测量的影响；微量振荡天平法（TEOM）须加装膜动态测量系统（filter dynamics measurement system, FDMS），以补偿测量过程中挥发掉的颗粒物。

2013 年，中国环境监测总站发布了《$PM_{2.5}$ 自动监测仪器技术指标与要求（试行）(2013 年版)》。确定了三种 $PM_{2.5}$ 的自动监测方法，分别是 β 射线加动态加热系统方法（BAM+DHS）、β 射线加动态加热系统联用光散射法（BAM+DHS+LS）、微量振荡天平加膜动态测量系统方法（TEOM+FDMS）。这三种 $PM_{2.5}$ 自动监测方法均存在各自的优缺点。BAM+DHS 法响应速度较慢、通常只能给出小时平均值，在高湿度地区、湿度短期变化起伏大的地区易出现结果偏差；TEOM+FDMS 法测量准确度较高，但易受温度、湿度、振动和噪声等影响，在细颗粒物浓度过高时易发生透水膜微孔堵塞故障；BAM+DHS+LS 法在 BAM+DHS 法基础上增设了光散射方法，因此数据时间分辨率得到很大程度的提高，可获得分钟水平的监测数据。增设的光散射法监测仪还能提供颗粒粒径分布的详细信息，这是 TEOM+FDMS 和 BAM+DHS 法所不具备的突出优势。

相对 TEOM+FDMS 法和 BAM+DHS 法而言，光散射法无需采样、对环境（温度和湿度）的要求较低、维护量少，且具有测量速度快、灵敏度高、重复性好、可测粒子尺寸宽、可测浓度动态范围大、可提供颗粒粒径分布信息、适于在线测量等优点。目前在 $PM_{2.5}$ 监测中用到的光散射法主要有基于消光原理的浊度法（light turbidity）和基于角散射的颗粒计数法（optical particle counter, OPC）。

光浊度法（也称消光法）的原理参见第 4 章，该方法具有结构简单、体积小的优点，但在低浓度情况下光透过率接近 1，其监测能力会受到光源漂移等因素的影响，故只能达到 mg/m^3 的数量级。美国热电公司生产的 5030-SHARP 型 β 射线加动态加热系统联用光散射方法 $PM_{2.5}$ 监测仪中就采用了光浊度法。

光散射颗粒计数法测试原理参见第 3 章 3.6 节。与光浊度法相比较，光散射颗粒计数法对低浓度颗粒系的测量能力有明显提高，但其光学结构比较复杂。从测试原理来讲，$PM_{2.5}$ 的测量涉及到 Mie 谐振区的非单调区域，小粒径散射光信号对颗粒折射率敏感。另外，小颗粒散射光的信号很弱，故对探测器的灵敏度要求较高（通常用光电倍增管探测）。尽管如此，其对小颗粒的计数效率仍然偏低。如何解决光散射颗粒计数法中所存在的问题一直是该领域中的研究热点。德国 GRIMM 气溶胶技术公司研制生产的 EDM180 型在线环境颗粒物/气溶胶粒径谱仪采用了基于角散射原理的激光颗粒计数技术。

10.12.2　图像后向散射法无组织排放烟尘浓度遥测

颗粒物的无组织排放是指颗粒物不经过排气筒的无规则排放，例如道路扬尘、采矿或建筑施工扬尘、风蚀沙尘等，具有小而散、排放不规律、浓度范围广、瞬发性强的特点[38]。与有组织排放（如电厂烟囱）相比，无组织排放颗粒物浓度的监测和治理难度较大。

无组织排放颗粒物浓度的监测方法一般分为取样法和非取样法。取样法一般是指从待测烟尘中抽取部分具有代表性的样品，然后利用专业的测量系统测量从样品中分离出来的颗粒物从而得到烟尘浓度的方法。其主要包括滤膜称重法、β 射线吸收法、微量振荡天平法以及压电晶体差频法等[39]。颗粒物质量浓度测量的基本方法是滤膜称重法，首先按照一定的流量进行采样，空气中的颗粒物会过滤在滤膜上，称量得到滤膜采样前后的质量变化，即为采集得到的颗粒物的质量，将采集到的颗粒物的质量与采样时间段内的空气量相除即可得到被测颗粒物的质量浓度。该方法原理简单，测定数据可靠，测量不受颗粒物物理性质的影响，技术规范比较成熟，但这种方法前期准备时间长，操作烦琐费时，且容易受到天气因素的影响，精度较低，不能实现在线实时监测。

非取样法是利用无组织排放颗粒物与光等作用后产生的衰减、散射等现象来间接测量颗粒物浓度的方法，如基于消光法或散射法。在大气气溶胶测量中，激光雷达法已有商业化应用，如 SigmaSpace 公司的微脉冲激光雷达；但由于无组织排放颗粒物性质的不确定性和空间分布的不均匀性，其在无组织方面的应用主要还处在实验研究阶段。

由 7.6.2 节所述原理，基于多波长后向光散射成像法，所研制的无组织颗粒物排放监测装置如图 10-38（左侧白色设备）所示[40]。多波长激光器（信号发射装置）和成像系统（信号接收装置）同侧布置，已集成到该设备中；图中右侧水槽中散布着已知粒径和浓度的标准颗粒，以用于系统粒径反演的验证和浓度测量的标定。颗粒的后向散射光由成像系统捕捉并被图像传感器采集，按照 7.6 节所述的处理方法进行图像和数据处理，获得待测系统颗粒粒径和浓度信息。

图 10-39 为四波长测量系统某次浓度标定结果,颗粒物浓度与测量系统响应(拍摄得到的图片平均灰度值)基本为线性关系。由于颗粒物分散的不稳定性,数据稍有偏差,但可以通过重复实验进行优化。

图 10-38 多波长后向光散射成像的无组织颗粒物排放监测装置及标定试验台

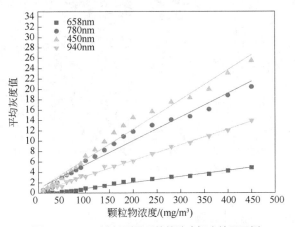

图 10-39 四波长测量系统的浓度标定结果示例

为验证测量系统远程遥测的可行性,采用熏香产生的烟尘作为测量对象,并将熏香放在某厂区楼顶,测量装置放置于厂区地面,实际测量距离为 101m,测量获得的烟尘浓度数据如图 10-40 所示。该系统记录了该时间段内颗粒物浓度由低到高随后又逐渐降低的整个过程,即表征了烟尘从产生到最终消散的整个变化过程。由于测量时外界风向多变,测量曲线产生了一定幅度的波动;浓度最大值为 1556mg/m³,浓度最小值为 50mg/m³,平均浓度为 556mg/m³。可见该测量系统可以对浓度变化较大的颗粒烟羽进行实时在线测量。

基于后向散射法的测量仪器有着结构紧凑和便于携带等优点,为开放场地或野外无组织排放颗粒物浓度的快速遥测提供了可能(图 10-41)。

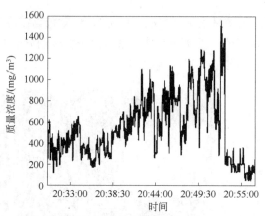

图 10-40　无组织排放颗粒物浓度测量结果

图 10-41　火电厂烟囱排放烟尘遥测

10.12.3　图像侧向散射法餐饮油烟排放监测[41]

　　随着社会经济的发展，餐饮、食品加工等行业排放的油烟不仅造成了室内或工作场所内污染，而且已经成为影响空气质量的重要原因之一。油烟的主要成分为颗粒物和挥发性有机化合物（VOCs），其中颗粒物主要以细颗粒物为主，其与人体呼吸道健康密切相关，因此对餐饮源颗粒物排放的监测显得尤为重要。

　　目前对餐饮油烟颗粒物浓度测量的标准方法为采样称重法，即按照颗粒物等速采样原理，使用滤芯采集餐饮排气中的油烟颗粒物，通过采样前后滤芯的质量差获得颗粒物浓度。但其由于成本高，时间覆盖率低，监测范围有限，对样品处理需要一定时间，难以实现餐饮油烟排放浓度的实时监测。虽然近年来市场上出现了若干油烟排放在线监测系统，但大部分仍基于取样法，传感器易被油烟覆盖而导致使用寿命较短；部分传感器基于标准油烟获得浓度与电化学反应电流的关系，而与实际油烟物性差距较大，导致检测精度不高。

基于非取样、非接触式油烟颗粒物排放浓度在线监测系统，可避免抽气取样带来的易污染问题。如图 10-42 所示，应用图像侧向光散射法（见本书 7.6.1 节）对油烟颗粒物浓度直接进行在线测量，激光光束横向照亮油烟管道，相机从垂直于激光光束的方向进行拍摄，利用光束光强及其分布反演颗粒物粒径并计算相应浓度。采用文丘里型测量管段是为了对激光器和相机等形成鞘流保护，避免油烟污染。

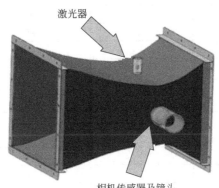

图 10-42 图像侧向光散射法自洁式油烟颗粒物排放监测管段

图 10-43 为典型的图像侧向光散射方法获得的油烟颗粒物被激光束照明的图像，将图像灰度值沿光束方向进行提取，可得到其灰度分布，图 10-44 给出了不同食用油流量下的灰度分布结果。

图 10-43 油烟颗粒物散射光成像图片

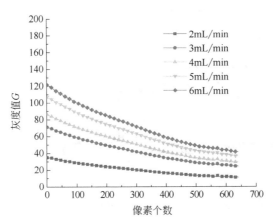

图 10-44 油烟发生系统不同工况下测得的沿光束的灰度值分布

根据图10-44的分布趋势，对其进行归一化处理后，采用粒径优化算法获得粒径分布，反演过程中假设油烟粒径遵从 R-R 分布，得到的特征参数结果如表 10-5 所示。

表10-5　油烟颗粒物粒径计算结果

食用油流量/(mL/min)	计算次数	罗辛-罗姆勒分布	
		$\bar{D}$/μm	k
2	1	0.46	4.18
	2	0.47	3.78
	3	0.43	3.93
3	1	0.46	4.35
	2	0.43	3.75
	3	0.48	4.31
4	1	0.46	3.00
	2	0.50	4.61
	3	0.45	3.26
5	1	0.49	3.40
	2	0.45	3.47
	3	0.43	3.00
6	1	0.41	3.00
	2	0.45	3.48
	3	0.48	3.82

由前文所述的测量方法，需要知道标定系统的常数系数才可以计算出浓度。采用粒径为 5μm 的聚苯乙烯混合于水中进行标定实验，得到其实验系统曝光时间为 20ms 时系统标定系数 I_0k_1 为 3.06。图 10-45 为将其应用于一油烟发生平台时，不同食用油流量工况下油烟颗粒物浓度变化的检测结果。

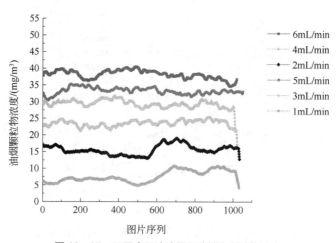

图10-45　不同食用油流量下油烟中颗粒物浓度

10.13 图像动态光散射测量纳米颗粒

10.13.1 纳米颗粒合成制备过程原位在线测量

图像动态光散射法的测量时间非常短,目前最短可以达到 250μs,且不需要维持被测颗粒恒温,仅同时测量溶液温度即可,因此该测量方法可用于纳米颗粒的原位在线检测。采用该方法对用种子介导法对苯二酚水溶液还原反应合成海胆形纳米金颗粒全过程进行了原位在线测量,从反应过程开始到反应结束 10s 时间内实时测量了纳米金颗粒粒径增长的全过程。选择海胆形的 Au 纳米颗粒合成实验的原因是该反应发生迅速,整个过程仅在几秒内便已完成。对于如此快速的反应过程以往难以实现原位在线测量。

首先,将 0.015μmol Au 晶种与 HAuCl₄ 溶液混合制备成前体溶液,然后用 30μL 可溶性淀粉溶液(0.2mol/L)和 1mL 对苯二酚溶液(30mmol/L)混合制备成可溶性淀粉-对苯二酚体系。合成开始时将前体溶液注入可溶性淀粉-对苯二酚体系中,同时启动 UIDLS 测量设备,以 250μs 测量 1 次的频率检测 Au 纳米颗粒的生长过程,直至 10s 后反应结束,测量停止,共计获得 40000 个测量结果。

图 10-46 是 40000 个测量结果随时间的变化,时间分辨率是 250μs。高时间分辨率测量可以反映 Au 纳米颗粒在其合成反应中的生长过程,然而结果会随时间剧烈波动,可能无法清楚地提供合成过程的必要信息。

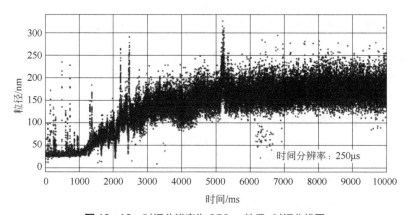

图 10-46 时间分辨率为 250μs 粒径-时间曲线图

对上述测量结果进行 ms 级时间分辨率的平滑处理,可以更清晰地显示合成过程中 Au 纳米颗粒的生长过程。图 10-47 和图 10-48 中连续曲线是分别用直接平均法和移动平均法获得的 5ms 时间分辨率结果。

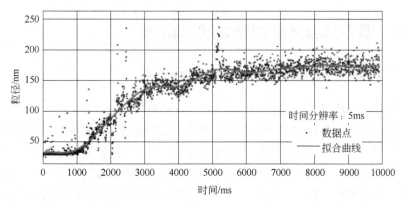

图10-47 采用直接平均法拟合粒径-时间曲线图（时间分辨率为5ms）

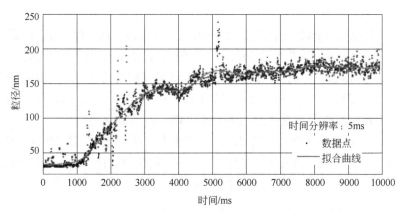

图10-48 采用移动平均法拟合粒径-时间曲线图（时间分辨率为5ms）

从图10-47和图10-48可以清楚地看出，Au纳米颗粒的生长大致可以分为四个阶段：诱导阶段、主反应阶段、反应耗尽阶段和反应完成阶段。第一阶段是诱导阶段，从反应开始到1200ms左右，Au纳米颗粒的粒径从30.4nm增大到34.1nm，平均增长率α只有3.08nm/s。因此，在诱导阶段几乎不发生还原反应。第二阶段是主反应阶段，在2400ms内Au纳米颗粒的粒径从34.1nm急剧增大到142.2nm。在这期间，平均增长率α达到45.04nm/s，强烈的还原反应导致Au纳米颗粒粒径的快速增长。第三阶段是反应耗尽期，从3600ms到7000ms，Au纳米颗粒粒径从142.2nm增加到174.0nm，平均增长率α降低到9.35nm/s。此时还原反应的化学反应速率明显降低，原因可能是由于反应物的浓度逐渐降低。最后，从大约7000ms到实验结束10000ms，Au纳米颗粒的尺寸略有增加，最终稳定在176.2nm左右。这一阶段还原反应基本完成，平均增长率α减少到0.73nm/s。表10-6给出了这四个反应阶段的平均增长率α值。这些数据反映了纳米颗粒合成过程中的化学反应速率。

图10-49是4个反应阶段终端时刻的Au纳米颗粒粒径分布图。由图可知，随着还原反应的进行，不仅Au纳米颗粒粒径值增大，而且其粒径分布范围也渐宽。

图 10-49 中 σ 表明了粒径分布的离散程度。在还原反应结束时，Au 纳米颗粒的平均

表10-6　四个不同反应阶段的粒径平均增长率

反应阶段	0～1200th ms		1200th～3600th ms		3600th～7000th ms		7000th～10000th ms	
粒径/nm	30.4	34.1	34.1	142.2	142.2	174.0	174.0	176.2
α/(nm/s)	3.08		45.04		9.35		0.73	

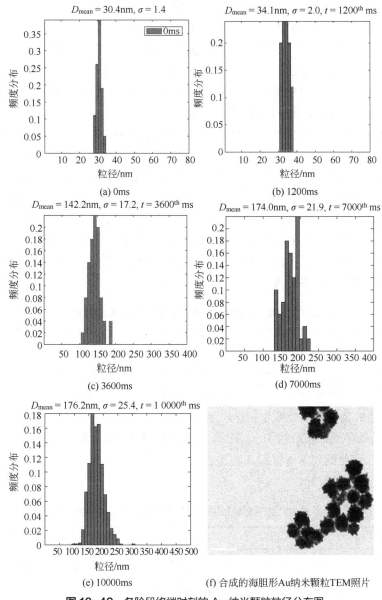

(a) 0ms

(b) 1200ms

(c) 3600ms

(d) 7000ms

(e) 10000ms

(f) 合成的海胆形Au纳米颗粒TEM照片

图10-49　各阶段终端时刻的 Au 纳米颗粒粒径分布图

粒径为 176.2nm。图 10-49（f）是还原反应完成后 Au 纳米颗粒的电镜照片。由图可见测得的反应结束时的平均粒径与 TEM 测量结果吻合较好。

10.13.2　非球形纳米颗粒形貌拟球形度 Ω 测量

纳米颗粒大多是非球形的，颗粒形状对纳米颗粒的应用有极大影响，甚至是关键的参数。用电子显微镜或原子力显微镜可以获得纳米颗粒精确的形貌，但样品制备烦琐，仪器价格昂贵，测量速度慢。从偏振图像动态光散射方法可知，在 90°散射角用偏振光（I_V）入射纳米颗粒，球形纳米颗粒在 90°偏振方向（I_{VH}）和 0°偏振方向（I_{VV}）的散射光强差别很大，I_{VH} 接近零。而对于非球形纳米颗粒，在 90°偏振方向（I_{VH}）和 0°偏振方向（I_{VV}）的散射光强比值依被测颗粒偏离球形的程度而增加。利用这个特性，可以用偏振图像动态光散射方法快速测量纳米颗粒的拟球形度 Ω，尤其适合仅需要大致了解纳米颗粒偏离球形程度的场合。

表 10-7 是对 6 种 TiO_2 纳米颗粒采用偏振图像动态光散射方法测量的颗粒粒度及分布，以及它们的拟球形度值。从测量结果可以看出根据拟球形度 Ω，这些颗粒可以分成 3 组：第一组是 1 号和 2 号样品，它们的拟球形度 Ω 基本一致，接近于球形；第二组是 4 号、5 号和 6 号样品，其拟球形度 Ω 也大致相同，但小于第一组，表明偏离球形较第一组颗粒大；而 7 号颗粒是第三组，拟球形度更小，即偏离球形最远。据了解其原因是在该纳米颗粒制备过程中对制备工艺作了调整，产量提高了，但颗粒球形度变差了。这表明偏振动态光散射法测量纳米颗粒的拟球形度 Ω 可以用于指导纳米颗粒的制备过程。

表 10-7　TiO_2 纳米颗粒粒度测量及拟球形度 Ω 测量结果

颗粒编号	1	2	4	5	6	7
粒径/nm	225	232	234	706	104	456
拟球形度	0.9560	0.9425	0.8897	0.9099	0.8850	0.8278

表 10-8 是片状纳米颗粒和纳米线的粒度测量及拟球形度 Ω 的测量结果，图 10-50 是这 4 种纳米颗粒的 SEM 照片。由测量结果可知这 4 种纳米颗粒的拟球形度 Ω 值较小，表明偏离球形较远，尤其是银纳米线的拟球形度 Ω 仅 0.501。这些结果与 SEM 照片吻合较好。

表 10-8　4 种片状纳米颗粒和纳米线的粒度测量及拟球形度 Ω 估测结果

颗粒名称	Ag NPc	银三角片 A	银三角片 B	银纳米线
平均粒度/nm	46.82	48.98	46.6	559.74
拟球形度 Ω	0.583	0.609	0.613	0.501

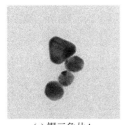
(a) 银三角片A

(b) 银三角片B

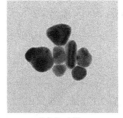
(c) Ag NPc

(d) 银纳米线

图 10-50 4 种纳米颗粒的 SEM 照片

对于纳米颗粒，在团聚过程中，不仅粒度增大，颗粒的拟球形度 Ω 也会发生变化，通常是拟球形度 Ω 降低。因此利用测量纳米颗粒的粒径和拟球形度 Ω 随时间的变化，还可以检测颗粒的团聚特性，起到与测量 Zeta 电势相似的效果。

10.13.3　纳米气泡测量

纳米气泡具有许多与宏观气泡不同的特点，如比表面积大、可以长时间存在、拥有高的 Zeta 电位等，这些特殊的物理化学性质使得纳米气泡在生物医药、环境污染治理、功能性材料制备、农业生产等领域具有非常重要的价值。

纳米气泡也属于纳米颗粒范畴，与纳米固体颗粒不同的是纳米气泡的相对折射率小于 1，散射光比较弱，测量相对困难，另外，气泡的粒径和数量会随时间发生变化，不同时间的测量结果可能会不相同。对纳米气泡的测量包括粒径及分布、浓度和寿命。不同大小的纳米气泡存在的时间（寿命）是不同的，小的纳米气泡可以长时间存在，而大的纳米气泡可能很快就消失了。

采用图像动态光散射方法可以快速测量纳米气泡的粒径，并且可以根据测得的散射光强弱得到气泡浓度的相对变化。表 10-9 是用图像动态光散射法测量纳米气泡样品的结果。在该测量过程中，纳米气泡水样品加入到样品池中，样品池用专用密封带密封，放入测量装置中，在测量期间连续多天保持样品池和测量装置的状态不变。从表中可知 400nm 的气泡粒径可以长时间维持，但在 3 天时间内气泡的相对浓度在逐步降低，到第 3 天浓度降低了 65%。

表 10-9　气泡粒径和浓度、寿命测量结果

时间	0	12h	24h	2d	3d
粒径/nm	403.9	371.3	427.5	425.5	394.8
测得的散射光强	169290	107736	79929	58853	59086
相对浓度/%	100	63.64	47.21	34.76	34.90

但并不是所有纳米气泡均会保持长时间粒径基本不变。纳米气泡制备后粒径也可能在短时间内迅速发生变化，然后保持不变。图 10-51 给出了纳米氢气泡的测量

结果。氢气泡在制备后 5h 内粒径减小了一半，从 511.76nm 降低到 246.76nm，然后保持不变。

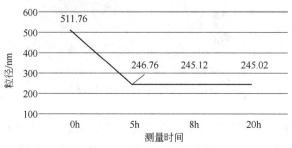

图 10-51 纳米氢气泡粒径测量结果

参考文献

[1] 苏海林，蔡小舒，许德毓，等. 细水雾灭火机理探讨. 消防科学与技术, 2000: 4.

[2] 杜桂彬，周兆英, 朱俊华. 医用微喷雾化器中喷孔分布结构研究. 医疗卫生装备, 2005, 26(6):1-2.

[3] Wu Zhou, et al. Spray drop measurements using depth from defocus. Measurement Science and Technology, 2020, 31(7): 075901.

[4] 陈小艳，周骘，蔡小舒，黄燕，袁益超. 大型喷雾粒径分布的图像法测量. 化工学报, 2014, 65(02): 480-487.

[5] Roth N, Anders K, Frohn A. Refractive-index measurements for the correction of particle sizing methods. Appl Opt, 1991, 30: 4960-4965.

[6] Van Beeck J P, Giannoulis D, Zimmer L, et al. Global rainbow thermometry for droplet-temperature measurement. Opt Lett, 1999, 24: 1696-1698.

[7] Yingchun Wu, Jantarat Promvongsa, Sawitree Saengkaew, Xuecheng Wu, Jia Chen, Gérard Gréhan. Phase rainbow refractometry for accurate droplet variation characterization. Opt Lett, 2016, 41(20): 4672-4675.

[8] Lemaitre P, Gréhan G, Porcheron E, et al. Global rainbow refractometry development for droplet temperature measurement in hostile environment. 9th International Conference on Liquid Atomization and Spray Systems, Sorrento, Italy, 2003.

[9] Lemaitre P, Porcheron E, Gréhan G, et al. Development of a global rainbow refractometry technique to measure the temperature of spray droplets in a large containment vessel. Meas Sci Technol, 2006, 17(6): 1299.

[10] Wu X, Wu Y, Saengkaew S, et al. Concentration and composition measurement of sprays with a global rainbow technique. Meas Sci Technol, 2012, 23(12): 125302.

[11] Wu Y, Li C, Cao J, et al. Mixing ratio measurement in multiple sprays with global rainbow refractometry. Exp Therm Fluid Sci, 2018, 98: 309-316.

[12] Letty C, Renou B, Reveillon J, et al. Experimental study of droplet temperature in a two-phase heptane/air V-flame. Combustion and flame, 2013, 160(9): 1803-1811.

[13] Ouboukhlik M, Godard G, Saengkaew S, et al. Mass transfer evolution in a reactive spray during carbon dioxide capture. Chem Eng Technol, 2015, 38(7): 1154-1164.

[14] Naqwi A, Durst F, Liu D . Extended Phase-Doppler System for Characterization of Multiphase Flows. Part Part Syst Charact, 2010, 8(1-4): 16-22.

[15] Yokoi N, Aizu Y, Mishina H. Polarized-type phase Doppler method for simultaneous measurements of particle velocity, diameter, and refractive index. Proceedings of SPIE-The International Society for Optical Engineering, 2001: 4317.

[16] Fabrice, Onofri, Thierry, et al. Phase-Doppler Anemometry with the Dual Burst Technique for measurement of refractive index and absorption coefficient simultaneously with size and velocity. Part Part Syst Charact, 2006, 13(2): 112-124.

[17] Yao K, Shen J. Measurement of particle size and refractive index based on interferometric particle imaging. Opt Laser Technol, 2021, 141: 107110.

[18] LV Q, Yu X, Xu J. Detection of particle position from a linear interferometric out-of-focus image. Opt Laser Technol, 2019, 115: 81-89.

[19] Shen H, Coetmellec S, Brunel M. Cylindrical interferometric out-of-focus imaging for the analysis of droplets in a volume. Opt Lett, 2012, 37: 3945-3947.

[20] LV Q, Yu X, Shen S, et al, Visualization of spatial distribution of the droplet size and velocity in flash boiling spray with extended glare-point imaging technique. Fuel, 2019, 242: 222-231.

[21] 吕且妮, 葛宝臻, 陈益亮, 等. 激光干涉粒子成像乙醇喷雾场粒子尺寸和粒度分布测量. 中国激光, 2011, 38: 174-179.

[22] Albrecht H E, Damaschke N, Borys M, Tropea C. Laser Doppler and Phase Doppler measurement techniques. Springer-Verlag, 2003.

[23] Wu Y, Wu X, Yang J, et al, Wavelet-based depth-of-field extension, accurate autofocusing, and particle pairing for digital inline particle holography. Appl Opt, 2014, 53: 556-564.

[24] 吕且妮, 赵晨, 马志彬, 等. 柴油喷雾场粒子尺寸和粒度分布的数字全息实验. 中国激光, 2010, 3: 779-783.

[25] 赵华锋. 数字显微全息测量脱流浆液试验研究. 杭州: 浙江大学, 2015.

[26] Yang Y, Kang B. Measurements of the characteristics spray droplets using in-line digital particle holography. J Mech Sci Technol, 2009, 23(6): 1670-1679.

[27] Schäfer W, Tropea C. The time-shift technique for measurement of siza and velocity of particles, ILASS-Europe 2011, 24th European Conference on Liquid Atomization and Spray Systems, Estoril, Portugal, September, 2011.

[28] Rosenkranz S, Tropea C, Zoubir A M. Detection of drops measured by the time shift technique for spray characterization. ICASSP, 2016: 2213-2218.

[29] Schäfer W, Tropea C. Time-shift technique for simultaneous measurement of size, velocity, and relative refractive index of transparent droplets or particles in a flow. Appl Opt, 2014, 53: 587-596.

[30] Yu P Y W, Varty R L. Laser-Doppler measurement of the velocity and diameter of bubbles using the triplepeak technique. Int J Multiphase Flow, 1988, 14: 765-776.

[31] Cai X S, Ning T B, Niu F X, Wu G C, Song Y Y. Investigation of Wet Steam Flow in a 300MW Direct Air-Cooling Steam Turbine. Part 1: Measurement Principle, Probe and Wetness. IMechE Part A: J Power Energy, 2009, 223(5): 625-634.

[32] Cai X, Niu F, Ning T, Wu G, Song Y. Investigation of Wet Steam Flow in a 300MW Direct Air-Cooling Steam Turbine. Part 3: heterogeneous/homogeneous condensation. IMechE Part A: J Power and Energy, 2010, 224(4): 583-589.

[33] 李俊峰, 许利华, 蔡小舒, 等.基于多方法集成的烟气、烟尘排放监测系统. 中国粉体技术, 2008, 14(s1): 23-28.

[34] Cai X S, Li J F, Ouyang X, Zhao Z J, Su M X. In-line Measurement of Pneumatically Conveyed Particles by Light Transmission Fluctuation Method. Flow Meas Instrum, 2005, 16: 315-320.

[35] 杨建, 周骛, 陈本斑, 蔡小舒. 图像法水泥颗粒细度及圆形度在线测量研究. 上海理工大学学报, 2019, 41(01): 7-13.

[36] 徐峰, 蔡小舒, 苏明旭, 任宽芳. 消光法粒度测量中折射率反演问题研究. 中国粉体技术, 2005, 11(3): 1-3.

[37] 薛明华, 苏明旭, 蔡小舒, 董黎丽, 尚志涛. 超声法测量高浓度水煤浆若干问题研究. 工程热物理学报, 2007, 28(S1): 213-216.

[38] 车飞, 张国宁, 顾闫悦, 等. 国内外工业源颗粒物无组织排放控制标准研究. 中国环境管理, 2017, 9(06): 34-40.

[39] 李昆, 钟磊, 张洪泉. 烟尘浓度测量方法综述. 传感器与微系统, 2013, 32(02): 8-11.

[40] 汪文涛. 基于后向光散射的无组织排放颗粒物远程测量方法研究. 上海: 上海理工大学, 2020.

[41] Zhou W, Mei C, Qin J, et al. A side-scattering imaging method for the in-line monitoring of particulate matter emissions from cooking fumes. Meas Sci Technol, 2021, 32(3): 034006.

附　录

附录1

国内外主要颗粒仪器生产厂商

仪器公司名称	仪器类型
丹东百特仪器有限公司	激光散射粒度分析仪
	喷雾激光粒度仪
	离心沉降颗粒粒度分析仪
	图像粒度分析仪
	动态光散射纳米颗粒粒度和 Zeta 电势分析仪
珠海真理光学仪器有限公司	激光散射粒度分析仪
	动态光散射纳米粒度仪
	喷雾粒度测量仪
	图像粒度分析仪
济南微纳颗粒仪器股份有限公司	激光散射粒度分析仪
	图像粒度分析仪
	动态光散射纳米粒度仪
成都精新粉体测试设备有限公司	激光散射粒度分析仪
	图像粒度分析仪
	动态光散射纳米粒度仪
珠海欧美克仪器有限公司	激光粒度分析仪
	喷雾粒度测量仪
	动态光散射纳米粒度仪
	电阻法颗粒计数器
	颗粒图像分析处理仪
Malvern Panalytical Ltd 中文名：马尔文帕纳科公司	激光散射粒度分析仪
	喷雾激光粒度仪
	图像粒度分析仪
	颗粒在线测量仪器
	动态光散射纳米颗粒粒度和 Zeta 电势分析仪
Sympatec GmbH 中文名：新帕泰克	激光衍射粒度分析仪
	图像粒度粒形分析仪
	超声粒度分析仪
	动态光散射纳米粒度仪
	颗粒在线测量仪器

仪器公司名称	仪器类型
Beckman Coulter Ltd 中文名：贝克曼库尔特国际贸易（上海）有限公司	激光粒度分析仪 库尔特计数及粒度分析仪 洁净室尘埃粒子计数器 液体颗粒计数器 全自动细胞计数仪
Microtrac MRB 中文名：麦奇克莱驰	激光粒度仪 动态光散射纳米粒度仪、图像粒度仪（美国工厂）、动态图像法和静态图像法粒度粒形分析仪 Camsizer 系列（德国工厂） 比表面及孔隙分析仪
Micromeritics Instruments Corporation 中文名：美国麦克仪器公司	图像粒度分析仪 沉降法粒度仪 气体吸附粒度及比表面积测量仪
Particle Sizing Systems	动态光散射纳米粒度仪 在线颗粒计数器 颗粒计数器
HORIBA 中文名：堀场集团	激光散射粒度分析仪 动态光散射纳米粒度仪 Zeta 电势分析仪 颗粒计数器
Shimadzu Corporation 中文名：岛津中国	动态颗粒图像分析仪 激光衍射粒度分析仪 诱导光栅动态光散射纳米粒度仪
Brookhaven Instruments Corporation	动态光散射纳米粒度仪 Zeta 电势测量仪 重力和离心沉降颗粒粒度仪
Dispersion Technology, INC.	电声颗粒粒度-Zeta 电势仪 在线电声颗粒粒度-Zeta 电势仪 超声颗粒粒度仪 Zeta 电势测量仪
TSI Incorporated	凝结式颗粒计数器
RETSCH GmbH 中文名：莱驰	筛分粒度分析仪
Fritsch 中文名：福里茨	激光散射粒度分析仪 图像粒度分析仪
Haver & Boecker	图像粒度分析仪 气动式筛分粒度分析仪 机械式筛分粒度分析仪
Formulaction	激光后向散射粒度分析仪

附录 2

颗粒表征国家标准和国际标准

（1）国内颗粒测量相关标准

国标号	名　　称
GB/T 16418—2008	颗粒系统术语
GB/T 16742—2008	颗粒粒度分布的函数表征 幂函数
GB/T 19077—2016	粒度分析 激光衍射法
GB/T 29024.2—2016	粒度分析 单颗粒的光学测量方法 第 2 部分：液体颗粒计数器光散射法
GB/T 29024.3—2012	粒度分析 单颗粒的光学测量方法 第 3 部分：液体颗粒计数器光阻法
GB/T 29024.4—2017	粒度分析 单颗粒的光学测量方法 第 4 部分：洁净间光散射尘埃粒子计数器
GB/T 29025—2012	粒度分析 电阻法
GB/T 21649.1—2008	粒度分析 图像分析法 第 1 部分：静态图像分析法
GB/T 21649.2—2017	粒度分析 图像分析法 第 2 部分：动态图像分析法
GB/T 38879—2020	颗粒 粒度分析 彩色图像分析法
GB/T 19627—2005	粒度分析——光子相关光谱法
GB/T 26645.1—2011	粒度分析 液体重力沉降法 第 1 部分：通则
GB/T 26645.4—2018	粒度分析 液体重力沉降法 第 4 部分：天平法
GB/T 21780—2008	粒度分析 重力场中沉降分析 吸液管法
GB/T 15445.1—2008	粒度分析结果的表述 第 1 部分：图形表征
GB/T 15445.2—2006	粒度分析结果的表述 第 2 部分：由粒度分布计算平均粒径/直径和各次矩
GB/T 15445.4—2006	粒度分析结果的表述 第 4 部分：分级过程的表征
GB/T 15445.5—2011	粒度分析结果的表述 第 5 部分：用对数正态概率分布进行粒度分析的计算方法
GB/T 15445.6—2014	粒度分析结果的表述 第 6 部分：颗粒形状和形态的定性及定量表述
GB/T 29023.1—2012	超声法颗粒测量与表征 第 1 部分：超声衰减谱法的概念和过程
GB/T 29023.2—2016	超声法颗粒测量与表征 第 2 部分：线性理论准则
GB/T 32868—2016	纳米技术 单壁碳纳米管的热重表征方法
GB/T 32869—2016	纳米技术 单壁碳纳米管的扫描电子显微术和能量色散 X 射线谱表征方法
GB/T 30543—2014	纳米技术 单壁碳纳米管的透射电子显微术表征方法

国标号	名 称
GB/T 33243—2016	纳米技术 多壁碳纳米管表征
GB/T 34831—2017	纳米技术 贵金属纳米颗粒电子显微镜成像 高角环形暗场法
GB/T 33714—2017	纳米技术 纳米颗粒尺寸测量 原子力显微术
GB/T 36083—2018	纳米技术 纳米银材料 生物学效应相关的理化性质表征指南
GB/T 37225—2018	纳米技术 水溶液中多壁碳纳米管表征 消光光谱法
GB/T 36082—2018	纳米技术 特定毒性筛查用金纳米颗粒表面表征 傅里叶变换红外光谱法
GB/T 36081—2018	纳米技术 硒化镉量子点纳米晶体表征 荧光发射光谱法
GB/T 37966—2019	纳米技术 氧化铁纳米颗粒类过氧化物酶活性测量方法
GB/T 32269—2015	纳米科技 纳米物体的术语和定义 纳米颗粒、纳米纤维和纳米片
GB/T 30544.6—2016	纳米科技 术语 第6部分：纳米物体表征
GB/T 24369.1—2009	金纳米棒表征 第1部分：紫外/可见/近红外吸收光谱方法
GB/T 24369.2—2018	金纳米棒表征 第2部分：光学性质测量方法
GB/T 24369.3—2017	金纳米棒表征 第3部分：表面电荷密度测量方法
GB/T 32669—2016	金纳米棒聚集结构的消光光谱表征
GB/T 6288—2021	粒状分子筛粒度测定方法
GB/T 21865—2008	用半自动和自动图像分析法测量平均粒度的标准测试方法
GB/T 37167—2018	颗粒 无机粉体中微量和痕量磁性物质分离与测定
GB/T 31057.1—2014	颗粒材料 物理性能测试 第1部分：松装密度的测量
GB/T 31057.2—2018	颗粒材料 物理性能测试 第2部分：振实密度的测量
GB/T 31057.3—2018	颗粒材料 物理性能测试 第3部分：流动性指数的测量
GB/T 11986—1989	表面活性剂 粉体和颗粒休止角的测量
GB/T 1480—2012	金属粉末 干筛分法测定粒度
GB/T 21650.1—2008	压汞法和气体吸附法测定固体材料孔径分布和孔隙度 第1部分：压汞法
GB/T 21650.2—2008	压汞法和气体吸附法测定固体材料孔径分布和孔隙度 第2部分：气体吸附法分析介孔和大孔
GB/T 21650.3—2011	压汞法和气体吸附法测定固体材料孔径分布和孔隙度 第3部分：气体吸附法分析微孔
GB/T 6524—2003	金属粉末 粒度分布的测量 重力沉降光透法
GB/T 13390—2008	金属粉末比表面积的测定 氮吸附法
GB/T 21779—2008	金属粉末和相关化合物粒度分布的光散射试验方法
GB/T 11107—2018	金属及其化合物粉末 比表面积和粒度测定 空气透过法
GB/T 3249—2009	金属及其化合物粉末费氏粒度的测定方法
GB/T 6394—2017	金属平均晶粒度测定方法
GB/T 6406—2016	超硬磨料 粒度检验
GB/T 32871—2016	单壁碳纳米管表征 拉曼光谱法
GB/T 26647.1—2011	单粒与光相互作用测定粒度分布的方法 第1部分：单粒与光相互作用

国标号	名　称
GB/T 14634.6—2010	灯用稀土三基色荧光粉试验方法 第 6 部分：比表面积的测定
GB/T 11847—2008	二氧化铀粉末比表面积测定 BET 容量法
GB/T 21782.13—2009	粉末涂料 第 13 部分：激光衍射法分析粒度
GB/T 21782.1—2008	粉末涂料 第 1 部分：筛分法测定粒度分布
GB/T 12005.7—1989	粉状聚丙烯酰胺粒度测定方法
GB/T 10558—1989	感光材料均方根颗粒度测定方法
GB/T 16157—1996	固定污染源排气中颗粒物测定与气态污染物采样方法
GB/T 2481.1—1998	固结磨具用磨料 粒度组成的检测和标记 第 1 部分:粗磨粒 F4～F220
GB/T 2481.2—2020	固结磨具用磨料 粒度组成的检测和标记 第 2 部分：微粉
GB/T 19921—2018	硅抛光片表面颗粒测试方法
GB/T 15057.11—1994	化工用石灰石粒度的测定
GB/T 15432—1995	环境空气 总悬浮颗粒物的测定 重量法
GB/T 32668—2016	胶体颗粒 zeta 电位分析 电泳法通则
GB/T 5758—2001	离子交换树脂粒度、有效粒径和均一系数的测定
GB/T 10209.4—2010	磷酸一铵、磷酸二铵的测定方法 第 4 部分：粒度
GB/T 20966—2007	煤矿粉尘粒度分布测定方法
GB/T 7702.20—2008	煤质颗粒活性炭试验方法 孔容积 比表面积的测定
GB/T 7702.2—1997	煤质颗粒活性炭试验方法 粒度的测定
GB/T 12496.2—1999	木质活性炭试验方法 粒度分布的测定
GB/T 13221—2004	纳米粉末粒度分布的测定 X 射线小角散射法
GB/T 28873—2012	纳米颗粒生物形貌效应的环境扫描电子显微镜检测方法通则
GB/T 2999—2016	耐火材料 颗粒体积密度试验方法
GB/T 22459.5—2008	耐火泥浆 第 5 部分：粒度分布(筛分)试验方法
GB/T 2441.7—2010	尿素的测定方法 第 7 部分：粒度 筛分法
GB/T 19587—2017	气体吸附 BET 法测定固态物质比表面积
GB/T 26570.1—2011	气体中颗粒含量的测定 光散射法 第 1 部分：管道气体中颗粒含量的测定
GB/T 5542—2016	染料 大颗粒的测定 单层滤布过滤法
GB/T 2007.7—1987	散装矿产品取样、制样通则 粒度测定方法 手工筛分法
GB/T 3520—2008	石墨细度试验方法
GB/T 24177—2009	双重晶粒度表征与测定方法
GB/T 8074—2008	水泥比表面积测定方法 勃氏法
GB/T 5917.1—2008	饲料粉碎粒度测定 两层筛筛分法
GB/T 3780.17—2017	炭黑 第 17 部分：粒径的间接测定 反射率法
GB/T 3780.5—2017	炭黑 第 5 部分：比表面积的测定 CTAB 法
GB/T 10722—2014	炭黑 总表面积和外表面积的测定 氮吸附法
GB/T 13247—2019	铁合金产品粒度的取样和检测方法

国标号	名　　称
GB/T 10322.8—2009	铁矿石 比表面积的单点测定 氮吸附法
GB/T 10322.7—2016	铁矿石和直接还原铁 粒度分布的筛分测定
GB/T 9258.1—2000	涂附磨具用磨料 粒度分析 第1部分：粒度组成
GB/T 9258.2—2008	涂附磨具用磨料 粒度分析 第2部分：粗磨粒 P12～P220 粒度组成的测定
GB/T 9258.3—2017	涂附磨具用磨料 粒度分析 第3部分：微粉 P240～P2500 粒度组成的测定
GB/T 19816.2—2005	涂覆涂料前钢材表面处理 喷射清理用金属磨料的试验方法 第2部分：颗粒尺寸分布的测定
GB/T 10664—2003	涂料印花色浆 色光、着色力及颗粒细度的测定
GB/T 35099—2018	微束分析 扫描电镜-能谱法 大气细粒子单颗粒形貌与元素分析
GB/T 35097—2018	微束分析 扫描电镜-能谱法 环境空气中石棉等无机纤维状颗粒计数浓度的测定
GB/T 4195—1984	钨、钼粉末粒度分布测试方法(沉降天平法)
GB/T 4197—1984	钨、钼及其合金的烧结坯条、棒材晶粒度测试方法
GB/T 21524—2008	无机化工产品中粒度的测定 筛分法
GB/T 20170.2—2006	稀土金属及其化合物物理性能测试方法 稀土化合物比表面积的测定
GB/T 20170.1—2006	稀土金属及其化合物物理性能测试方法 稀土化合物粒度分布的测定
GB/T 13220—1991	细粉末粒度分布的测定 声波筛分法
GB/T 23656—2016	橡胶配合剂 沉淀水合二氧化硅比表面积的测定 CTAB法
GB/T 10515—2012	硝酸磷肥粒度的测定
GB/T 17260—2008	亚麻纤维细度的测定 气流法
GB/T 6609.27—2009	氧化铝化学分析方法和物理性能测定方法 第27部分：粒度分析 筛分法
GB/T 6609.35—2009	氧化铝化学分析方法和物理性能测定方法 第35部分：比表面积的测定 氮吸附法
GB/T 6609.37—2009	氧化铝化学分析方法和物理性能测定方法 第37部分：粒度小于20μm颗粒含量的测定
GB/T 6609.28—2004	氧化铝化学分析方法和物理性能测定方法 小于60μm的细粉末粒度分布的测定 湿筛法
GB/T 20082—2006	液压传动 液体污染 采用光学显微镜测定颗粒污染度的方法
GB/T 10305—1988	阴极碳酸盐粒度分布的测定 离心沉降法
GB/T 13025.1—2012	制盐工业通用试验方法 粒度的测定
GB/T 22231—2008	颗粒物粒度分布/纤维长度和直径分布

（2）颗粒测量相关国际标准

国际标准编号	国际标准名称
ISO 13320:2009	Particle size analysis — Laser diffraction methods
ISO 26824:2013	Particle characterization of particulate systems — Vocabulary
ISO 21501-1:2009	Determination of particle size distribution — Single particle light interaction methods — Part 1: Light scattering aerosol spectrometer

国际标准编号	国际标准名称
ISO 21501-2:2019	Determination of particle size distribution — Single particle light interaction methods — Part 2: Light scattering liquid-borne particle counter
ISO 21501-3:2019	Determination of particle size distribution — Single particle light interaction methods — Part 3: Light extinction liquid-borne particle counter
ISO 21501-4:2018	Determination of particle size distribution — Single particle light interaction methods — Part 4: Light scattering airborne particle counter for clean spaces
ISO 21501-4:2018	Determination of particle size distribution — Single particle light interaction methods — Part 4: Light scattering airborne particle counter for clean spaces
ISO 14488:2007 AMD 1:2019	Particulate materials — Sampling and sample splitting for the determination of particulate properties
ISO 14887:2000	Sample preparation — Dispersing procedures for powders in liquids
ISO/TR 13097:2013	Guidelines for the characterization of dispersion stability
ISO 22412:2017	Particle size analysis — Dynamic light scattering (DLS)
ISO 19430:2016	Particle size analysis — Particle tracking analysis (PTA) method
ISO 13319:2007	Determination of particle size distributions — Electrical sensing zone method
ISO 13322-1:2014	Particle size analysis — Image analysis methods — Part 1: Static image analysis methods
ISO 13322-2:2006	Particle size analysis — Image analysis methods — Part 2: Dynamic image analysis methods
ISO 20998-1:2006	Measurement and characterization of particles by acoustic methods — Part 1: Concepts and procedures in ultrasonic attenuation spectroscopy
ISO 20998-2:2013	Measurement and characterization of particles by acoustic methods — Part 2: Guidelines for linear theory
ISO 20998-3:2017	Measurement and characterization of particles by acoustic methods — Part 3: Guidelines for non-linear theory
ISO 9276-1:1998, Cor 1:2004	Representation of results of particle size analysis — Part 1: Graphical representation
ISO 9276-2:2014	Representation of results of particle size analysis — Part 2: Calculation of average particle sizes/diameters and moments from particle size distributions
ISO 9276-3:2008	Representation of results of particle size analysis — Part 3: Adjustment of an experimental curve to a reference model
ISO 9276-4:2001 AMD 1:2017	Representation of results of particle size analysis — Part 4: Characterization of a classification process
ISO 9276-5:2005	Representation of results of particle size analysis — Part 5: Methods of calculation relating to particle size analyses using logarithmic normal probability distribution
ISO 9276-6:2008	Representation of results of particle size analysis — Part 6: Descriptive and quantitative representation of particle shape and morphology
ISO 13318-1:2001	Determination of particle size distribution by centrifugal liquid sedimentation methods — Part 1: General principles and guidelines
ISO 13318-2:2007	Determination of particle size distribution by centrifugal liquid sedimentation methods — Part 2: Photocentrifuge method
ISO 13318-3:2004	Determination of particle size distribution by centrifugal liquid sedimentation methods — Part 3: Centrifugal X-ray method
ISO 13317-3:2001	Determination of particle size distribution by gravitational liquid sedimentation methods — Part 3: X-ray gravitational technique
ISO 13317-4:2014	Determination of particle size distribution by gravitational liquid sedimentation methods — Part 4: Balance method
ISO 17867:2015	Particle size analysis — Small-angle X-ray scattering

国际标准编号	国际标准名称
ISO/TS 14411-1: 2017	Preparation of particulate reference materials — Part 1: Polydisperse material based on picket fence of monodisperse spherical particles
ISO 14488:2007 AMD 1:2019	Particulate materials — Sampling and sample splitting for the determination of particulate properties
ISO 18747-1:2018	Determination of particle density by sedimentation methods — Part 1: Isopycnic interpolation approach
ISO 18747-2:2019	Determination of particle density by sedimentation methods — Part 2: Multi-velocity approach
ISO/TR 19997:2018	Guidelines for good practices in zeta-potential measurement
ISO 13099-1:2012	Colloidal systems — Methods for zeta-potential determination — Part 1: Electroacoustic and electrokinetic phenomena
ISO 13099-2:2012	Colloidal systems — Methods for zeta-potential determination — Part 2: Optical methods
ISO 13099-3:2014	Colloidal systems — Methods for zeta potential determination — Part 3: Acoustic methods
ISO 12154:2014	Determination of density by volumetric displacement — Skeleton density by gas pycnometry
ISO 13317-1:2001	Determination of particle size distribution by gravitational liquid sedimentation methods — Part 1: General principles and guidelines
ISO 13317-2:2001	Determination of particle size distribution by gravitational liquid sedimentation methods — Part 2: Fixed pipette method
ISO 9277:2010	Determination of the specific surface area of solids by gas adsorption — BET method
ISO 15900:2009	Determination of particle size distribution — Differential electrical mobility analysis for aerosol particles
ISO 15901-1:2016	Evaluation of pore size distribution and porosity of solid materials by mercury porosimetry and gas adsorption — Part 1: Mercury porosimetry
ISO 27891:2015	Aerosol particle number concentration — Calibration of condensation particle counters
ISO 15901-1:2016	Evaluation of pore size distribution and porosity of solid materials by mercury porosimetry and gas adsorption — Part 1: Mercury porosimetry
ISO 15901-2:2006 Cor 1:2007	Pore size distribution and porosity of solid materials by mercury porosimetry and gas adsorption — Part 2: Analysis of mesopores and macropores by gas adsorption
ISO 15901-3:2007	Pore size distribution and porosity of solid materials by mercury porosimetry and gas adsorption — Part 3: Analysis of micropores by gas adsorption
ISO 556:1980	Coke (greater than 20 mm in size) — Determination of mechanical strength
ISO 1953:2015	Hard coal — Size analysis by sieving
ISO 2030:2018	Granulated cork — Size analysis by mechanical sieving
ISO 2325:1986	Coke — Size analysis (Nominal top size 20 mm or less)
ISO 2624:1990	Copper and copper alloys — Estimation of average grain size
ISO 2926:2013	Aluminium oxide used for the production of primary aluminium — Particle size analysis for the range 45 μm to 150 μm — Method using electroformed sieves
ISO 4150:2011	Green coffee or raw coffee — Size analysis — Manual and machine sieving
ISO 4497:1983	Metallic powders — Determination of particle size by dry sieving
ISO 4701:2019	Iron ores and direct reduced iron — Determination of size distribution by sieving
ISO 6106:2013	Abrasive products — Checking the grain size of superabrasives
ISO 6230:1989	Manganese ores — Determination of size distribution by sieving

国际标准编号	国际标准名称
ISO 6344-1:1998	Coated abrasives — Grain size analysis — Part 1: Grain size distribution test
ISO 6344-2:1998	Coated abrasives — Grain size analysis — Part 2: Determination of grain size distribution of macrogrits P12 to P220
ISO 6344-3:2013	Coated abrasives — Grain size analysis — Part 3: Determination of grain size distribution of microgrits P240 to P2500
ISO 643:2012	Steels — Micrographic determination of the apparent grain size
ISO 728:1995	Coke (nominal top size greater than 20 mm) — Size analysis by sieving
ISO 8130-1:2019	Coating powders — Part 1: Determination of particle size distribution by sieving
ISO 8130-13:2019	Coating powders — Part 13: Particle size analysis by laser diffraction
ISO 8486-1:1996	Bonded abrasives — Determination and designation of grain size distribution — Part 1: Macrogrits F4 to F220
ISO 8486-2:2007	Bonded abrasives — Determination and designation of grain size distribution — Part 2: Microgrits F230 to F2000
ISO 9136-1:2004	Abrasive grains — Determination of bulk density — Part 1: Macrogrits
ISO 9136-2:1999	Abrasive grains — Determination of bulk density — Part 2: Microgrits
ISO 9138:2015	Abrasive grains — Sampling and splitting
ISO 9284:2013	Abrasive grains — Test-sieving machines
ISO 9285:1997	Abrasive grains and crude — Chemical analysis of fused aluminium oxide
ISO 9286:1997	Abrasive grains and crude — Chemical analysis of silicon carbide
ISO 10142:1996	Carbonaceous materials for use in the production of aluminum - Calcined coke - Determination of grain stability using a laboratory vibration mill
ISO 11277:2009	Soil quality - Determination of particle size distribution in mineral soil material - Method by sieving and sedimentation
ISO 11286:2004	Tea - Classification of grades by particle size analysis
ISO 12194:1995	Leaf tobacco - Determination of strip particle size
ISO 12984:2018	Carbonaceous materials used in the production of aluminum - Calcined coke - Determination of particle size distribution
ISO 13765-5:2004	Refractory mortars - Part 5: Determination of grain size distribution (sieve analysis)
ISO 14250:2000	Steel - Metallographic characterization of duplex grain size and distributions
ISO 15825:2017	Rubber compounding ingredients - Carbon black - Determination of aggregate size distribution by disc centrifuge photos sedimentometry
ISO 16014-1:2019	Plastics — Determination of average molecular weight and molecular weight distribution of polymers using size-exclusion chromatography — Part 1: General principles
ISO 16014-2:2019	Plastics — Determination of average molecular weight and molecular weight distribution of polymers using size-exclusion chromatography — Part 2: Universal calibration method
ISO 16014-3:2019	Plastics — Determination of average molecular weight and molecular weight distribution of polymers using size-exclusion chromatography — Part 3: Low-temperature method
ISO 16014-4:2019	Plastics — Determination of average molecular weight and molecular weight distribution of polymers using size-exclusion chromatography — Part 4: High-temperature method

国际标准编号	国际标准名称
ISO 16014-5:2019	Plastics — Determination of average molecular weight and molecular weight distribution of polymers using size-exclusion chromatography — Part 5: Light-scattering method
ISO 18395:2005	Animal and vegetable fats and oils — Determination of monoacylglycerols, diacylglycerols, triacylglycerols and glycerol by high-performance size-exclusion chromatography (HPSEC)
ISO 20203:2005	Carbonaceous materials used in the production of aluminium — Calcined coke — Determination of crystallite size of calcined petroleum coke by X-ray diffraction
ISO 22498:2005	Plastics - Vinyl chloride homopolymer and copolymer resins - Particle size determination by mechanical sieving

附录 3

国内外标准颗粒主要生产厂商

制造商	产品	地址
NIST（美国标准局）	提供从 10nm 到 29.64μm 多种不同材质单分散标准颗粒和从 0.1μm 到 2450μm 不同材质多种多分散标准颗粒	Standard Reference Materials Program National Institute of Standards and Technology 100 Bureau Drive, Stop 2322 Gaithersburg, MD 20899-2322, USA
Duke Scientific Corporation（现属 Thermo Fisher Scientific Inc.）	7 个系列从 20nm 到 2000μm 单分散标准颗粒，包括可溯源至 NIST	7998 Georaetown Road, Suite 1000, Indianapolis, IN 46268, USA
Whitehouse Scientific	7 个系列从 1.5μm 到 5000μm 单分散标准颗粒和 0.1μm 到 5000μm 多分散标准颗粒，包括可溯源至 NIST	Whitchurch Road, Waverton, Chester, CH3 7PB, United Kingdom
IRMM(BCR) Institute for Reference materials and Measurements, European commission	提供 10 种 0.35～5000μm 多分散石英和刚玉粉标准颗粒，20nm、40nm 和 80nm 3 种胶体硅单分散标准颗粒，3 种微米聚苯乙烯标准颗粒，1 种双峰分布标准颗粒，1 种 SiO_2 纳米棒标准颗粒，1 种颗粒数目标准颗粒和 2 种 Zeta 电势测量用标准颗粒	IRMM Reference Materials Unit Retieseweg 111 B-2440 Geel Belgium
北京海岸鸿蒙标准物质技术有限责任公司	可提供粒度范围从 30nm 到 240μm 的上百种国家 1 级和 2 级标准颗粒	北京大兴工业开发区金苑路 14 号
中国石油大学（北京）重质油国家重点实验室和北京纳微标物科技有限公司	可提供 17 种粒径范围为 60nm～120μm 的单分散聚苯乙烯球和二氧化硅微球一级粒度标准物质；1 种 20～110μm 的一级粒度分布（多峰）标准物质；11 种粒径范围为 40nm～2μm 的单分散聚苯乙烯微球和二氧化硅微球二级粒度标准物质	北京市昌平区，府学路 18 号
中国计量科学研究院	可提供从 75nm 到 36.6μm 共 11 种聚苯乙烯标准颗粒和 2 种筛分用玻璃珠标准颗粒	北京市朝阳区北三环东路 18 号

制造商	产品	地址
北京市计量检测科学研究院	可提供0.3～10μm的12种荧光标准颗粒，11种0.3～10μm的聚苯乙烯标准颗粒，8种用于PM$_{2.5}$气溶胶切割器的聚苯乙烯标准颗粒	北京市朝阳区立水桥甲十号6307
上海市计量测试技术研究院	可以提供从10μm到150μm共10种玻璃珠标准颗粒	上海市张衡路1500号

液体的黏度和折射率

名称	温度/℃	绝对黏度	折射率
（正）己烷	20/25	0.326/0.294	1.3754
（正）十四（碳）烷	20/50	2.31/1.32	1.429
安息香醛，苯甲醛	20/25	1.6/1.39	1.5463
苯	20/50	0.652/0.436	1.5011
苯胺	20/50	4.40/1.85	1.5863
苯酚，石炭酸	50	3.4	1.5425
苯甲胺，苄胺	20	1.59	1.5401
苯甲醇，苄醇	20/50	5.8/2.57	1.5396
苯乙烯	20/50	0.749/0.502	1.55
蓖麻油	25	600	1.47
丙二醇（10%）	20/30	1.5/1.2	1.344
丙二醇（20%）	20/30	2.18/1.59	1.355
丙二醇（30%）	20/30	3.0/2.1	1.367
丙二醇（100%）	20/40	56/18	1.433
丙酮	20/25	0.326/0.316	1.3589
碘甲烷	20	0.500	1.5293
丁酮，甲乙酮	20/50	0.42/0.31	1.38
对二甲苯	16/20	0.696/0.648	1.4958
对甲苯胺	20	0.80	1.5532
二甲基苯胺	20/50	1.41/0.9	1.5582
二甲基甲酰胺，DMF	25	0.802	1.42
二甲亚砜	25	2.0	1.47
二氯甲烷	15/30	0.449/0.393	1.4237
二乙醚	20/25	0.233/0.222	1.3497
氟利昂（11 和 113）	25	0.415	1.36
氟利昂 113	20/24	0.72/0.42	1.36
甘油，丙三醇（质量分数 10%）	20/25	1.311/1.153	1.345
甘油，丙三醇（质量分数 20%）	20/25	1.769/1.542	1.357
甘油，丙三醇（质量分数 40%）	70/25	3.750/3.181	1.384

名称	温度/℃	绝对黏度	折射率
甘油，丙三醇（100%）	20/30	1490/629	1.4729
庚烷	20/25	0.409/0.386	1.3876
硅油		（具体值因不同生产厂家而异）	
癸烷	20/50	0.92/0.615	1.4120
环己醇	20/50	68/11.8	1.4656
环己酮			1.451
环己烷	17/20	1.02/0.696	1.4290
环己烯	20/50	0.696/0.456	1.4451
茴香醚，苯甲醚	20	1.32	1.5179
甲苯	20/30	0.590/0.526	1.4969
甲醇，木精	20/25	0.597/0.547	1.3312
甲基异丁基酮	20/50	0.579/0.542	1.396
甲酸，蚁酸	20/50	1.80/1.03	1.3714
甲酰胺	20/25	3.76/3.30	1.4453
间二甲苯	15/20	0.650/0.620	1.4972
间甲苯胺	20	0.81	1.5711
间溴苯胺	20	6.81	1.6260
糠醛	20/25	1.63/1.49	1.5261
邻二甲苯	16/20	0.876/0.810	1.5055
邻甲苯胺	20	0.39	1.5728
邻硝基甲苯	20/40	2.37/1.63	1.5474
硫酸	20	0.254	1.8340
氯苯	20/50	0.799/0.58	1.5248
氯仿	20/25	0.580/0.542	1.4464
普通酒精，威士忌		（参见乙醇，酒精）	
（正）壬烷	20/50	0.711/0.492	1.4054
肉桂醛			1.61
三氯乙烷	20	0.2	1.4377
水	20/30	1.005/0.801	1.3300
四氯化碳	20/50	0.969/0.654	1.4630
四氢呋喃	20/30	0.575/0.525	1.40
戊醇，正戊醇，1-戊醇	15/30	4.65/2.99	1.4099
烯丙醇	20/30	1.363/1.07	1.4135
硝基苯	20/50	2.0/1.24	1.5529
硝基甲烷	20/25	0.66/0.620	1.3818
溴丙烷	20	0.524	1.4341
溴仿，三溴甲烷	15/25	2.15/1.89	1.5980
溴化乙烯	20	1.721	1.5379

名称	温度/℃	绝对黏度	折射率
溴乙烷	20	0.402	1.4239
乙苯	17/25	0.691/0.640	1.49
乙醇，酒精（纯度100%）	20/30	1.2/1.003	1.3624
乙二醇（纯度10%）	20/30	0.812/0.699	1.4627
乙二醇（纯度100%）	20/30	19.9/12.2	1.4627
乙二醇（纯度20%）	20/30	1.835/1.494	1.4627
乙二醇（纯度50%）	20/30	4.2/3.11	1.4627
乙二醇（纯度70%）	20/30	7.11/5.04	1.4627
乙腈	15/25	0.375/0.345	1.3460
乙腈	20/25	0.26/0.345	1.3460
乙醛	10/20	0.255/0.22	1.3316
乙酸	18/25	1.30/1.16	1.3718
乙酸酐，无水醋酸	18/50	0.90/0.62	1.3904
乙酸甲酯	20/25	0.381/0.286	1.3594
乙酸乙酯	20/25	0.455/0.441	1.3722
乙酸异丙酯	20	0.525	1.377
乙酰苯，苯乙酮，苯基甲基酮	20/25	1.8/1.62	1.5342
异丙醇	15/30	2.86/1.77	1.377
异丁醇	15/20	4.703/3.9	1.3968
异链烷烃溶剂 G	20/40	1.49/1.12	1.4186
异链烷烃溶剂 M			1.4362
异戊烷	20	0.223	1.3550
油	（参见硅树脂、具体种类的油或植物油）		
正丙醇	20/30	2.23/1.72	1.3854
正丁醇	20/50	2.948/1.42	1.3993
正构烷烃 15			1.429
正戊烷	0/20	0.277/0.240	1.3570
正辛烷	20/50	0.542/0.389	1.3975
正乙酸丙酯	20/50	0.537/0.39	1.384
植物油			1.47

固体化合物的折射率

名称	化学式	折射率
氯化铝	Al_2Cl_6	1.56
氢氧化铝	$Al(OH)_3$	1.50～1.56
六水氯化铝	$AlCl_3 \cdot 6H_2O$	1.6
硝酸铝	$Al(NO_3)_3 \cdot 9H_2O$	1.54
氧化铝	Al_2O_3	1.765
蓝宝石（刚玉）	Al_2O_3	1.762～1.770（蓝）
红宝石（金刚砂）	Al_2O_3	1.759～1.763（粉红，红）
一水氧化铝	$Al_2O_3 \cdot H_2O$	1.624
三水氧化铝 　天然水铝矿 　三水铝矿，银星石 　天然三羟铝石	$Al_2O_3 \cdot 3H_2O$	1.577 1.595 1.583
硅酸铝 　天然硅线石，红柱石，蓝晶石	$Al_2O_3 \cdot SiO_2$	1.66
硅酸铝	$3Al_2O_3 \cdot 2SiO_2$	1.653
瓷料黏土（高岭石）	$Al_4Si_4O_{10}(OH)_8$	1.533～1.565（白） 1.559～1.569（淡红） 1.560～1.570（青蛋白）
高岭土	$Al_2(Si_2O_5)(OH)_4$	1.64
歪长石	$(Na,K)AlSi_3O_8$	1.523（无色） 1.528～1.529（白）
十二水合硫酸铝铵 　天然铵明矾	$NH_4Al(SO_4)_2 \cdot 12H_2O$	1.459
氯化镉铵	$4NH_4Cl \cdot CdCl_2$	1.603
磷酸钙铵	$NH_4CaPO_4 \cdot 7H_2O$	1.561
磷酸氢二铵	$(NH_4)_2HPO_4$	1.52
碳酸氢铵	NH_4HCO_3	1.423
高氯酸铵	NH_4ClO_4	1.482

（铝：氯化铝至歪长石；铵：十二水合硫酸铝铵至高氯酸铵）

名称	化学式	折射率
铵 氯化铵 　氯化铵，卤砂	NH_4Cl	1.642
硝酸铵	NH_4NO_3	1.41
硫酸铵 　天然铵矾	$(NH_4)_2SO_4$	1.533
硫酸氢铵 　硫酸氢铵	NH_4HSO_4	1.473
硫氢化铵	NH_4HS	1.74
亚硫酸铵	$(NH_4)_2SO_3 \cdot H_2O$	1.515
重酒石酸铵	$(NH_4)_2C_4H_4O_6$	$\alpha 1.55$ $\beta 1.58$
重酒石酸氢铵	$NH_4HC_4H_4O_6$	1.561
硫酸锌铵	$(NH_4)_2SO_4 \cdot ZnSO_4 \cdot 6H_2O$	1.493
锑 溴化锑	$SbBr_3$	1.74
五氯化锑	$SbCl_5$	1.601
四氧化二锑 　天然黄锑华	Sb_2O_4 或 $Sb_2O_3 \cdot Sb_2O_5$	2.00
三氧化二锑 　天然方锑矿	Sb_2O_3 或 Sb_4O_6	2.087
三氧化二锑 　天然锑华	Sb_2O_3 或 Sb_4O_6	2.18
砷 三碘化砷	AsI_3	2.59（α型） 2.23（β型）
三氧化二砷 　天然砷华	As_2O_3 或 As_4O_6	1.76
三氧化二砷 　白砷石	As_2O_3 或 As_4O_6	1.92
钡 水合乙酸钡	$Ba(C_2H_3O_2)_2 \cdot H_2O$	1.525
碳酸钡 　天然碳酸钡矿	$BaCO_3$	1.529（无色，白） 1.676（灰） 1.677（棕黄）
α-氯化钡	$BaCl_2$	1.736
连二硫酸钡	$Ba(SO_3)_2 \cdot 2H_2O$	1.586
氟化钡	BaF_2	1.474
甲酸钡	$Ba(CHO_2)_2$	1.597
氢氧化钡，羟化钡	$Ba(OH)_2 \cdot 8H_2O$	1.471
硝酸钡 　钡硝石	$Ba(NO_3)_2$	1.572
氧化钡	BaO	1.98（无色，白黄）
硒化钡	$BaSe$	2.268

名称		化学式	折射率
钡	硫酸钡 天然重晶石	$BaSO_4$	1.6362（无色） 1.6373（白） 1.6482（棕，绿）
	硫化钡	BaS	2.155（无色）
	钛酸钡	$BaTiO_3$	2.40
铍	铝酸铍	$BeAl_6O_{10}$	1.751
	硅酸铝铍 天然绿柱石	$Be_3Al_2(SiO_3)_6$	1.580 1.547
	氧化铍 天然铍石	BeO	1.725
铋	三氧化二铋	Bi_2O_3	1.9
	硅酸铋 天然硅铋石	$2Bi_2O_3 \cdot 3SiO_2$	2.05
硼	偏硼酸	HBO_2	1.62
	硼酸，正硼酸	H_3BO_3	1.337（白色粉末状结晶） 1.462（三斜轴面光泽结晶）
	氧化硼	B_2O_3	1.63
镉	镉	Cd	1.13
	氟化镉	CdF_2	1.56
	氧化镉	CdO	2.49
	碘化镉	CdI_2	2.7
	硅酸镉	$CdSiO_3$	1.739
	水合硫酸镉	$3CdSO_4 \cdot 8H_2O$	1.565
	硫化镉 天然硫镉矿	CdS	2.35～2.53
钙	醋酸钙	$Ca(C_2H_3O_2)_2$	1.55
	铝酸钙	$CaAl_2O_4$ 或 $CaO \cdot Al_2O_3$	1.643
	三铝酸钙	$Ca_3Al_2O_6$ 或 $3CaO \cdot Al_2O_3$	1.710
	钙长石	$CaAl_2Si_2O_8$	1.577（白，黄） 1.585（绿） 1.590（黑）
	偏硼酸钙	$Ca(BO_2)_2$（col） （其它）	1.550 1.660
	碳化钙	CaC_2	1.750
	碳酸钙 天然霰石	$CaCO_3$	1.530～1.531（无色） 1.680～1.686（白）
	粉笔	$CaCO_3$	1.510～1.645

续表

名称		化学式	折射率
钙	天然方解石	$CaCO_3$	1.486～1.550（无色，白） 1.658～1.740（灰，黄，粉红，蓝）
	碳酸钙 六水合物	$CaCO_3 \cdot 6H_2O$	1.460（α 型） 1.535（β 型）
	氯化钙	$CaCl_2$	1.52
	氯化铝酸钙	$3CaO \cdot Al_2O_3 \cdot CaCl_2 \cdot 10H_2O$	1.550
	六水合氯化钙	$CaCl_2 \cdot 6H_2O$	1.417
	次氯酸钙（粉末状）	$Ca(ClO)_2$	1.545（α 型） 1.69（β 型）
	氟化钙 天然萤石	CaF_2	1.433～1.435（白，紫，无色，黄，绿）
	氢氧化钙	$Ca(OH)_2$	1.574
	天然硅藻土	$4CaO \cdot Fe_2O_3 \cdot Al_2O_3$	1.98
	钼酸钙	$CaMoO_4$	1.97
	碳酸镁 天然白云石	$CaCO_3 \cdot MgCO_3$	1.663（α 型） 1.502（β 型）
	透辉石	$CaO \cdot MgO \cdot 2SiO_2$	1.663～1.699（α 型） 1.671～1.705（β 型） 1.693～1.728（γ 型）
	原硅酸镁	$3CaO \cdot MgO \cdot SiO_2$	1.708
	氧化钙 石灰	CaO	1.838
	偏磷酸钙	$Ca(PO_3)_2$	1.588
	磷酸氢钙 天然透钙磷石	$CaHPO_4 \cdot 2H_2O$	1.557
	磷酸二氢钙	$Ca(H_2PO_4)_2 \cdot H_2O$	1.529
	磷酸钙 天然白磷钙矿	$Ca_3(PO_4)_2$	1.629
	过氧化钙	CaO_2	1.895
	焦磷酸钙	$Ca_2P_2O_7$	1.585
	硬脂酸钙	$Ca(C_{18}H_{35}O_2)_2$	1.46
	硫酸钙 天然无水石膏	$CaSO_4$	1.5698（无色） 1.5754（白青色） 1.6136（紫罗兰）
	硫酸钙 可溶性无水石膏	$CaSO_4$	1.505

名称	化学式	折射率
钙 二水合硫酸钙 天然石膏	CaSO$_4$·2H$_2$O	1.519~1.521（白，无色） 1.523~1.526（灰） 1.529~1.531（红，黄，棕）
硫化钙	CaS	2.137（浅栗棕）
钛酸钙	CaTiO$_3$	1.57
碳 碳 金刚石	C	2.4175（无色，白，黄，棕）
铈 氟碳酸铈 天然氟碳铈矿	CeFCO$_3$	1.717
氟化铈（Ⅳ）	CeF$_4$·H$_2$O	1.614
钼酸铈（Ⅲ）	Ce$_2$(MoO$_4$)$_3$	2.019
正磷酸铈（Ⅲ） 天然独居石	CePO$_4$	1.795
铯 硫酸铝铯	CsAl(SO$_4$)$_2$·12H$_2$O	1.458
硼氢化铯	CsBH$_4$	1.498
溴化铯	CsBr	1.698
氯化铯	CsCl	1.64
硒酸铯	Cs$_2$SeO$_4$	1.595
硫酸铯	Cs$_2$SO$_4$	1.564
铬 三氧化二铬（Ⅲ）	Cr$_2$O$_3$	2.551
正磷酸铬（Ⅲ）	CrPO$_4$·6H$_2$O	1.568
硫酸铬（Ⅲ）	Cr$_2$(SO$_4$)$_3$·18H$_2$O	1.564
钴 醋酸钴（Ⅱ）	Co(C$_2$H$_3$O$_2$)$_2$·4H$_2$O	1.542
二水合氯化钴	CoCl$_2$·2H$_2$O	1.62
硝酸钴	Co(NO$_3$)$_2$·6H$_2$O	1.52
硒酸钴	CoSeO$_4$	1.523
七水合硫酸钴（Ⅱ） 天然赤矾，钴矾	CoSO$_4$·7H$_2$O	1.477
四硝基·二氨合钴（Ⅲ） 酸铵	NH$_4$[Co(NH$_3$)$_2$(NO$_2$)$_4$]	1.78
咖啡粉		1.53
铜 醋酸铜（Ⅱ） 天然铜绿	Cu(C$_2$H$_3$O$_2$)$_2$·H$_2$O	1.545
碳酸铜（Ⅱ）	CuCO$_3$	1.655
碱性碳酸铜（Ⅱ） 天然孔雀石	CuCO$_3$·Cu(OH)$_2$	1.652~1.658（亮绿） 1.872~1.878（暗绿） 1.906~1.912（黑绿）
碱性碳酸铜（Ⅱ） 天然蓝铜矿	2CuCO$_3$·Cu(OH)$_2$	1.730
高氯酸铜	Cu(ClO$_4$)$_2$	1.495

名称		化学式	折射率
铜	氯化亚铜 天然铜盐	CuCl 或 Cu_2Cl_2	1.954 1.93
	二水合氯化铜 天然水氯铜矿	$CuCl_2 \cdot 2H_2O$	1.644
	氧化亚铜 天然赤铜矿	Cu_2O (红，有时是黑)	2.705
	氧化铜 天然黑铜矿	CuO	2.63
	硫酸铜	$CuSO_4$	1.724～1.739（灰） 1.733（绿，白） 1.514～1.543（蓝）
	硫酸铜（Ⅱ） 天然水胆矾	$CuSO_4 \cdot 3Cu(OH)_2$	1.771
	硫化铜（Ⅱ） 天然铜蓝	CuS	1.45（黑）
镓	锑化镓	GaSb	3.8（近似）
	砷化镓	GaAs	3.33（近似）
	磷化镓	GaP	3.39
	氧化镓	Ga_2O_3	1.92
石榴石		$Mg_3Al_2(SiO_4)_3$	1.81
锗	四溴化锗	$GeBr_4$	1.626
	二氧化锗（可溶解）	GeO_2	1.650
铪	氟化铪	HfF_4	1.56
羟磷灰石		$Ca_{10}(PO_4)_6(OH)_2$	1.63
羟胺	二水合六氟锗酸二（羟胺）	$(NH_2OH)_2H_2GeF_6 \cdot 2H_2O$	1.418
墨水颜料			1.51
铁	天然臭葱石	$FeAsO_4 \cdot 2H_2O$	1.765
	碳酸亚铁 天然菱铁矿	$FeCO_3$	1.875
	六水合高氯酸亚铁	$Fe(ClO_4)_2 \cdot 6H_2O$	1.493
	氯化亚铁 天然陨氯铁	$FeCl_2$	1.567
	氢氧化铁 天然针铁矿	FeO(OH)	2.260
	氧化亚铁（Ⅱ）	FeO	2.32
	四氧化三铁 磁铁矿	Fe_3O_4	2.420（黑，棕）
	三氧化二铁 赤铁矿	Fe_2O_3	3.22（钢灰色） 2.94（暗红至亮红）

名称	化学式	折射率
铁	硫化亚铁（磁黄铁矿）	$Fe_{(0.8\sim1)}S$	1.56（黄铜，棕，锈蚀）
	硫酸铁（Ⅲ）	$Fe_2(SO_4)_3$	1.814（黄）
	七水合硫酸亚铁 天然水绿矾	$FeSO_4 \cdot 7H_2O$	1.471
	五水合硫酸亚铁	$FeSO_4 \cdot 5H_2O$	1.526
	四水合硫酸亚铁	$FeSO_4 \cdot 4H_2O$	1.533
	钽酸亚铁 天然重钽铁矿	$Fe(TaO_3)_2$	2.27
	钨酸亚铁 天然钨铁矿	$FeWO_4$	2.40
镧	水合硫酸镧	$La_2(SO_4)_3 \cdot 9H_2O$	1.564
	氟化镧	LaF_3	1.60
乳汁，乳胶，橡胶			1.540
铅	铅	Pb	2.6
	三水醋酸铅 铅糖	$Pb(C_2H_3O_2)_2 \cdot 3H_2O$	1.567
	碳酸铅 天然白铅矿	$PbCO_3$	1.8036（无色） 2.0765（灰） 2.0786（蓝，黑，绿）
	氯化铅 氯铅矿	$PbCl_2$	2.199
	硝酸铅	$Pb(NO_3)_2$	1.782
	铬酸铅 赤铅矿	$PbCrO_4$	2.35
	氟化铅	PbF_2	1.75
	钼酸铅	$PbMoO_4$	2.38
	铅丹	Pb_3O_4	2.40～2.44（深红，蓝红）
	二氧化铅	PbO_2	2.3
	一氧化铅 铅黄	PbO	2.665 2.535（红）
	正磷酸铅	$Pb_3(PO_4)_2$	1.97
	硫酸铅 天然硫酸铅矿	$PbSO_4$	1.8771（无色） 1.8826（白） 1.8937（灰，浅黄绿）
	碱式硫酸铅 天然黄铅矾	$PbSO_4 \cdot PbO$	1.930
	硫化铅 天然方铅矿	PbS	3.921（蓝）
	连二硫酸铅	$PbS_2O_6 \cdot 4H_2O$	1.635

名称	化学式	折射率
铅	钨酸铅 天然钨铅矿	$PbWO_4$	2.269
锂	醋酸锂	$LiC_2H_3O_2 \cdot 2H_2O$	1.40（α） 1.50（β）
	碳酸锂	Li_2CO_3	1.428
	氧化锂	Li_2O	1.644
	氟化锂	LiF	1.391
	氟硅化锂	$Li_2SiF_6 \cdot 2H_2O$	1.300
	氢氧化锂	$LiOH$	1.464
镁	四水醋酸镁	$Mg(C_2H_3O_2)_2 \cdot 4H_2O$	1.491
	天然尖晶石	$MgAl_2O_4$	1.719（绿，红，蓝）
	碳酸镁 天然菱镁矿	$MgCO_3$	1.700～1.782（黄棕） 1.509～1.563（无色，白）
	天然纤维菱镁矿 碱式纤维菱镁矿	$MgCO_3 \cdot Mg(OH)_2 \cdot 3H_2O$	1.489 1.534
	碱式碳酸镁 天然水菱镁矿	$3MgCO_3 \cdot Mg(OH)_2 \cdot 3H_2O$	1.527
	五水碳酸镁 天然多水菱镁矿	$MgCO_3 \cdot 5H_2O$	1.456
	三水碳酸镁 天然三水菱镁矿	$MgCO_3 \cdot 3H_2O$	1.495
	氯化镁	$MgCl_2$	1.675
	六水氯化镁 天然水氯镁石	$MgCl_2 \cdot 6H_2O$	1.495
	氢氧化镁 氢氧镁石	$Mg(OH)_2$	1.559
	氟化镁 氟镁石	MgF_2	1.52
	氧化镁 方镁石	MgO	1.7350（无色，灰白，黄，棕黄，绿，蓝）
	硫酸镁	$MgSO_4$	1.56
	七水合硫酸镁 泻盐，天然泻利盐	$MgSO_4 \cdot 7H_2O$	1.433
	一水合硫酸镁 天然硫酸镁石	$MgSO_4 \cdot H_2O$	1.520（无色） 1.535（白）
锰	锰	Mn	2.52
	氟硅化锰	$MnSiF_6 \cdot 6H_2O$	1.357
	氢氧化锰（Ⅱ） 天然羟锰矿	$Mn(OH)_2$	1.723

名称		化学式	折射率
锰	氢氧化锰（Ⅲ） 水锰矿	MnO(OH)	2.24
	二氧化锰 软锰矿	MnO_2	2.4
	氧化锰 方锰矿	MnO	2.16（翠绿，暗蓝）
	氧化锰 天然黑锰矿	Mn_3O_4	2.46（黑）
	碳酸锰 菱锰矿	$MnCO_3$	1.816（粉红，红） 1.597（棕，黄棕）
	焦磷酸锰（Ⅱ）	$Mn_2P_2O_7$	1.695
	硅酸锰 天然蔷薇辉石	$MnSiO_3$	1.733
	一水硫酸锰（Ⅱ） 天然锰矾	$MnSO_4 \cdot H_2O$	1.562
	五水硫酸锰（Ⅱ）	$MnSO_4 \cdot 5H_2O$	1.495
	硫化锰（Ⅱ） 天然硫锰矿	MnS	2.70
	钽铁矿	$Mn(TaO_3)_2$	2.22
三聚氰胺			1.87
汞	水银	Hg	1.8
	氯化汞	$HgCl_2$	1.8
	碘化汞	HgI_2	2.5
云母	云母（参见"钾"栏）	$K_2(Li,Al)_{5\sim6}$ $Si_{6\sim7}AlO_2O(OH,F)_4$	$1.525\sim1.548$（无色） $1.551\sim1.686$（浅粉红） $1.554\sim1.587$（浅紫）
钕	硫酸钕	$Nd_2(SO_4)_3 \cdot 8H_2O$	1.41
镍	一氧化镍 天然绿镍矿	NiO	2.182
	硫化镍 针镍矿	NiS	1.81（浅黄铜，灰）
	硫酸镍	$NiSO_4$	1.48
磷	白磷	P_4	2.144
塑胶			1.495
聚苯乙烯			1.591
聚氯乙烯		PVC	1.53
聚乙烯醇		PVA	1.51
聚甲基苯乙烯			1.59

名称		化学式	折射率
钾	铝硅酸钾 天然正长石	$KAlSi_3O_8$ 或 $K_2O \cdot Al_2O_3 \cdot 6SiO_2$	1.518～1.529（无色，白） 1.522～1.533（粉红，红） 1.522～1.539（黄，绿）
	铝硅酸钾 天然微斜长石	$KAlSi_3O_8$ 或 $K_2O \cdot Al_2O_3 \cdot 6SiO_2$	1.514～1.529（无色，白） 1.518～1.533（粉红，红） 1.521～1.539（黄，绿）
	铝硅酸钾 天然白云母	$KAl_3Si_3O_{10}(OH)_2$ 或 $K_2O \cdot 3Al_2O_3 \cdot 6SiO_2 \cdot 2H_2O$	1.551
	金云母	$KMg_3AlSi_3O_{10}(OH,F)_2$	1.530～1.590（无色至黄棕） 1.557～1.637（绿） 1.558～1.637（红棕，棕）
	硅酸铝钾 天然白榴石	$KAlSi_2O_6$	1.508
	正硅酸铝钾 钾霞石（菱形）	$KAlSiO_4$	1.532
	硫酸铝钾 天然纤维钾明矾	$KAl(SO_4)_2 \cdot 12H_2O$	1.454
	酒石酸锑钾	$KSbC_4H_4O_7 \cdot 1/2H_2O$	1.620
	偏硼酸钾	KBO_2	1.45
	溴化钾	KBr	1.559
	硫酸镁钙 杂卤石	$K_2Ca_2Mg(SO_4)_4 \cdot 2H_2O$	1.548
	碳酸钾	K_2CO_3	1.531
	二水合碳酸钾	$K_2CO_3 \cdot 2H_2O$	1.380
	碳酸氢钾	$KHCO_3$	1.482
	三水合碳酸钾	$2K_2CO_3 \cdot 3H_2O$	1.380
	氯酸钾	$KClO_3$	1.409
	高氯酸钾	$KClO_4$	1.471
	氯化钾 天然钾盐	KCl	1.490（无色或白，有时是灰，蓝，黄或红）
	铬酸钾	$K_2Cr_2O_4$	1.74
	重铬酸钾	$K_2Cr_2O_7$	1.738
	氟化钾	KF	1.363
	碘化钾	KI	1.677
	氯化亚铁钾钠盐	$3KCl \cdot NaCl \cdot FeCl_2$	1.589
	硫酸铁钾	$KFe(SO_4)_2 \cdot 12H_2O$	1.452
	硫酸铁（Ⅲ）钾 天然钾铁矾	$K_2SO_4 \cdot Fe_2(SO_4)_3 \cdot 24H_2O$	1.482
	硫酸铁（Ⅱ）钾	$K_2SO_4 \cdot FeSO_4 \cdot 6H_2O$	1.476

名称		化学式	折射率
钾	硫酸镁钾 　天然钾镁矾	$K_2SO_4 \cdot MgSO_4 \cdot 4H_2O$	1.483
	高锰酸钾	$KMnO_4$	1.59
	钾锰盐	$4KCl \cdot MnCl_2$	1.50
	硫酸锰钾	$K_2SO_4 \cdot 2MnSO_4$	1.572
	亚甲基二磺酸钾 　二磺酸钾	$K_2CH_2(SO_3)_2$	1.539
	硝酸钾	KNO_3	1.335 1.505
	草酸钾	$K_2C_2O_4 \cdot H_2O$	1.440
	草酸氢钾	KHC_2O_4	1.382
	四草酸钾	$KHC_2O_4 \cdot H_2C_2O_4 \cdot 2H_2O$	1.56
	磷酸钾	K_3PO_4	1.50
	磷酸二氢钾	KH_2PO_4	1.50
	二硅酸钾	$K_2Si_2O_5$	1.502
	硅酸钾	K_2SiO_3	1.520 1.528
	四硅酸钾	$K_2Si_4O_9 \cdot H_2O$	1.495（α） 1.535（β）
	二硅酸氢钾	$KHSi_2O_5$	1.480
	氢化钾	KH	1.530
	硫酸氢钾 　纤重钾矾，天然重钾矾	$KHSO_4$	1.480
	d-酒石酸氢钾	$KHC_4H_4O_6$	1.511
	硫氰酸钾	$KSCN$	1.66
甘氨酸 　大豆油			1.4729
葵花籽油			1.4694
玉米油			1.4734
橄榄油			1.4679
米糠（精制）			1.469
镨	八水合硫酸镨	$Pr_2(SO_4)_3 \cdot 8H_2O$	1.54
铷	氟化铷	RbF	1.396
硒	硒	Se	2.8（近似）
	氧化硒	SeO_2	1.76
硅	硅	Si	3.5（近似）
	碳化硅	SiC	2.61
	氮化硅	Si_3N_4	2.02
	普通密度玻璃	SiO_2	1.51
	高密度玻璃	SiO_2	1.91

名称	化学式	折射率
硅	硫化砷玻璃	SiO_2	2.61
	硅藻土	SiO_2	1.435
	玉髓	SiO_2	1.544（无色，白，玫瑰色） 1.553（紫，绿，蓝）
	天然方石英	SiO_2	1.484（无色） 1.487（白，黄）
	天然焦石英	SiO_2	1.45
	天然蛋白石	$SiO_2 \cdot H_2O$	1.41
	天然鳞石英	SiO_2	1.471～1.479（无色） 1.474～1.483（白）
	天然石英	SiO_2	1.544
	打火石（杂质石英）	SiO_2	1.553
	打火石玻璃		1.5～1.96
	玛瑙	SiO_2	1.544（白色，玫瑰红） 1.553（黑，紫，绿，蓝）
银	溴化银 溴银矿	$AgBr$	2.235
	氯化银 天然角银矿	$AgCl$	2.071
	氰化银	$AgCN$	1.685（无色） 1.940（白）
	碘化银 天然碘银矿	AgI	2.21
	硫银矿（硫化银）	Ag_2S	2.2（黑铁色）
	硝酸银	$AgNO_3$	1.729（无色）
	硫酸银	Ag_2SO_4	1.758
肥皂（粉状）			1.500
钠	钠	Na	4.22
	醋酸钠	$NaC_2H_3O_2$	1.464
	铝硅酸钠 天然钠长石	$NaAlSi_3O_8$ 或 $Na_2O \cdot Al_2O_3 \cdot 6SiO_2$	1.527（无色，白，黄） 1.531（粉红） 1.538（绿）
	钠云母	$NaAl_2Si_3AlO_{10}(OH)_2$	1.564～1.580（无色） 1.594～1.609（浅黄）
	奥长石	$([NaSi]_{0.9-0.7}$ $[CaAl]_{0.1-0.3})AlSi_2O_8$	1.533～1.544（无色，白） 1.537～1.548（灰，浅绿） 1.543～1.552（粉红）

名称	化学式	折射率
蒙脱石（黏土矿）	$(Na,Ca)_{0.33}(Al,Mg)_2$ $(Si_4O_{10})(OH)_2 \cdot nH_2O$	1.48～1.61（白） 1.50～1.64（黄） 1.50～1.64（绿）
偏铝酸钠	$NaAlO_2$	1.566
三斜霞石	$Na_2O \cdot Al_2O_3 \cdot 2SiO_2$	1.537
硫酸铝钠	$NaAl(SO_4)_2 \cdot 12H_2O$	1.4388
四硼酸钠	$Na_2B_4O_7$	1.50
十水合四硼酸钠 硼砂	$Na_2B_4O_7 \cdot 10H_2O$	1.4466（无色，白色） 1.4717（蓝或青蛋白）
氢硼化钠	$NaBH_4$	1.542
溴化钠	$NaBr$	1.64
氟化钠	NaF	1.32
碳酸钠	Na_2CO_3	1.500（白色，粉状）
十水合碳酸钠 洗涤碱	$Na_2CO_3 \cdot 10H_2O$	1.405
一水合碳酸钠 晶碱，苏打结晶，水碱	$Na_2CO_3 \cdot H_2O$	1.506
高氯酸钠	$NaClO_4$	1.460
氯化钠 食盐，天然岩盐	$NaCl$	1.544（无色，白，橙，红）
氰化钠	$NaCN$	1.452
亚铁氰酸钠 黄血盐钠	$Na_4Fe(CN)_6 \cdot 10H_2O$	1.519
氟硅酸钠	Na_2SiF_6	1.312
碘化钠	NaI	1.774
硫酸铁钠	$3Na_2SO_4 \cdot Fe_2(SO_4)_3 \cdot 6H_2O$	1.558
硫酸镁钠 天然钠镁矾	$Na_2SO_4 \cdot MgSO_4 \cdot 4H_2O$	1.486
硝酸钠 天然硝石	$NaNO_3$	1.587
连二磷酸钠	$Na_4P_2O_6 \cdot 10H_2O$	1.477
六偏磷酸钠 格雷姆盐	$(NaPO_3)_6$	1.482
正磷酸钠	$Na_3PO_4 \cdot 12H_2O$	1.446
无水硫酸钠	Na_2SO_4	1.480
十水合硫酸钠 芒硝，硫酸钠	$Na_2SO_4 \cdot 10H_2O$	1.394
亚硫酸钠	Na_2SO_3	1.565
d-酒石酸氢钠	$NaHC_4H_4O_6 \cdot H_2O$	1.53

（左侧纵向标注：钠）

名称		化学式	折射率
钠	硫代砷酸钠	$Na_3AsS_4 \cdot 8H_2O$	1.680
	连二硫酸钠	$Na_2S_2O_6 \cdot 2H_2O$	1.482
	乙酸铀酰钠	$(C_2H_3O_2)_3NaUO_2$	1.501
淀粉			1.530
锶	碳酸锶	$SrCO_3$	1.61
	二水合氯化锶	$SrCl_2 \cdot 2H_2O$	1.594
	氟化锶	SrF_2	1.442
	亚硝酸锶	$Sr(NO_2)_2 \cdot H_2O$	1.588
	氧化锶	SrO	1.810
	硫酸锶 天然天青石	$SrSO_4$	1.622
	硫氢化锶	$Sr(HS)_2$	2.107
	钛酸锶	$SrTiO_3$	2.39
	铬酸锶	$SrCrO_4$	2.01
苯乙烯/丁二烯（60/40）			1.56
苯乙烯/丁二烯（95/5）			1.58
苯乙烯/二乙烯基苯（95/5）			1.59
糖（蔗糖）			1.54
硫	硫	S_6	1.957
	二氯化硫	SCl_2	1.557
	一氯化硫	S_2Cl_2	1.666
酒石酸			1.49
茶粉			1.530
碲		Te	1.002
铊	溴化铊	$TlBr$	2.40
	溴化铊-氯化铊	$TlBr\text{-}TlCl$	2.33
	溴化铊-碘化铊	$TlBr\text{-}TlI$	2.57
	氯化铊	$TlCl$	2.22
锡	二氧化锡（IV） 天然锡石	SnO_2	1.997
钛	四氯化钛	$TiCl_4$	1.61
	二氧化钛 天然板钛矿	TiO_2	2.5831（棕） 2.5843（黄棕或红棕） 2.7004（黑）
	二氧化钛 锐钛矿	TiO_2	2.5612（棕，黄棕，红棕） 2.4880（蓝，黑，绿，灰）
	二氧化钛 金红石	TiO_2	2.605~2.613（红棕到红） 2.899~2.901（微黄，蓝）
	钛钡蛋白	TiO_2 25%，$BaSO_4$ 75%	1.7~2.5

名称		化学式	折射率
钛	钛钙蛋白	TiO$_2$ 25%, CaSO$_4$ 75%	1.8～2.0
烟草灰尘			1.53
尿素甲醛			1.43
钒		V	3.03
钨	钨锰铁矿	W	2.3
钇	硫酸钇	Y$_2$(SO$_4$)$_3$	1.55
	八水合硫酸钇	Y$_2$(SO$_4$)$_3$·8H$_2$O	1.543
锌	二水合醋酸锌	Zn(C$_2$H$_3$O$_2$)$_2$·2H$_2$O	1.494
	溴酸锌	Zn(BrO$_3$)$_2$·6H$_2$O	1.5452
	碳酸锌	ZnCO$_3$	1.7
	氯化锌	ZnCl$_2$	1.681
	天然红锌矿	ZnO	2.029
	氧化锌	ZnO	2.008（白）
	α-磷锌矿（四水正磷酸锌）	Zn$_3$(PO$_4$)$_2$·4H$_2$O	1.572
	β-磷锌矿（四水正磷酸锌）	Zn$_3$(PO$_4$)$_2$·4H$_2$O	1.574
	硒化锌	ZnSe	2.89
	硅酸锌 　天然异极矿	2ZnO·SiO$_2$·H$_2$O	1.60
	硫化锌 　纤维锌矿	ZnS	2.35（无色） 2.369（棕，黄，红，白） 2.378（黑）
锆	硝酸锆	Zr(NO$_3$)$_4$·5H$_2$O	1.60
	氧化锆 　天然斜锆石	ZrO$_2$	2.13（无色） 2.19（黄，绿） 2.20（红棕，棕，黑）
	锆英砂	ZrSiO$_2$	1.97
	硅酸锆 　锆石	ZrSiO$_4$	1.923～1.960（红棕，黄） 1.968～2.015（灰，绿）

分散剂类别

固体类别	液体类别	条件	分散剂类别
金属	水		PEO/硫醇
		封装于胶体内亦有效	
	有机物		有机胺
碳	水		PEO/酒精
	有机物		PEO/烷烃
金属氧化物	水	IS < 0.1	调节 pH < pH_{iso}−2 或者 pH > pH_{iso}+2
		IS > 0.1	聚离子
	有机物		有机酸或有机胺
金属氢氧化物	使用同金属氧化物相同的方法		
离子盐	水	IS < 0.1	尝试同离子效应
		IS > 0.1	聚离子
	氢键有机物		PEO/PPO 共聚物
	强极性		PEO/PPO 共聚物
	弱极性		PEO/烷烃
	非极性		PEO/烷烃
蛋白质	水	IS < 0.1	调节 pH < pH_{iso}−2 或者 pH > pH_{iso}+2
		IS > 0.1	聚离子
	有机物		磷脂
有机酸	水	IS < 0.1	调节 pH > pK_a+2
		IS > 0.1	磷脂
	有机物		聚酯/聚丙烯酸酯
有机胺	水	IS < 0.1	调节 pH < pK_b−2
		IS > 0.1	磷脂
	有机物		聚酯/聚丙烯酸酯
氢键有机物	水		PEO/PPO 共聚物
	有机物		磷脂
强极性	氢键有机物		PEO/PPO 共聚物
	强极性		PEO/PPO 共聚物

固体类别	液体类别	条件	分散剂类别
强极性	弱极性		PEO/烷烃共聚物
	非极性		PEO/烷烃共聚物
弱极性	水		聚离子或聚酯
	氢键有机物		PPO/烷烃共聚物
	强极性		PPO/烷烃共聚物
	弱极性		PPO/烷烃共聚物
	非极性		PPO/烷烃共聚物
非极性	水	IS < 0.1; pH < 5	季铵盐
		IS < 0.1; pH = 5～8	有机磺酸盐
		IS < 0.1; pH > 8	有机酸盐
		IS > 0.1	磷脂或 PEO/硅氧烷
	氢键有机物		PPO/烷烃共聚物
	强极性		PPO/烷烃共聚物
	弱极性		PPO/烷烃共聚物
	非极性		不需要
碳氟化合物	水		全氟有机酸
	有机物		PPO/烷烃共聚物